An Introduction to Statistical Learning
: with Applications in R

가볍게 시작하는 **통계학습**
:R로 실습하는

발행일 2016년 4월 18일 초판

지은이 Gareth James, Daniela Witten, Trevor Hastie, Robert Tibshirani
옮긴이 마이클

발행인 한창훈

발행처 루비페이퍼
등록 2013년 11월 6일 제 385-2013-000053 호
주소 경기도 부천시 원미구 소향로 143 1동 1118호
전화 032-322-6754
팩스 031-8039-4526

홈페이지 www.RubyPaper.co.kr
ISBN 979-11-86710-05-0

표지 너미날(ganda0ju@naver.com)
디자인 승우

이 책은 저작권법에 따라 보호받는 저작물이므로 무단 전재와 무단 복제를 금하며, 이 책 내용의 전부 또는 일부를 이용하려면 저작권자와 루비페이퍼의 서면 동의를 받아야 합니다.

책값은 뒤표지에 있습니다.

잘못된 책은 구입하신 곳에서 바꾸어 드립니다.

An Introduction to Statistical Learning

with Applications in R

가볍게 시작하는 **통계학습 : R로 실습하는**

Ruby paper
루비페이퍼

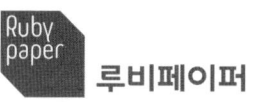

An Introduction to Statistical Learning
by Gareth James, Daniela Witten, Trevor Hastie and Robert Tibshirani
Copyright © 2013 Springer New York
Springer New York is a part of Springer+Business Media
All rights reserved
Korean translation copyright © 2016 by Rubypaper

이 책의 한국어판 저작권은 대니홍 에이전시를 통한 저작권사와의 독점 계약으로 루비페이퍼에 있습니다.
신저작권법에 의해 한국 내에서 보호를 받는 저작물이므로 무단 전재와 복제를 금합니다.

역자 서문

2015년 3월, 구글의 인공지능 시스템 알파고(AlphaGo)와 이세돌 9단의 바둑대결을 통해 '머신러닝(기계학습)'이 큰 화제가 되었다. 많은 사람이 바둑은 경우의 수가 워낙 많아 컴퓨터가 사람을 이기기는 힘들 것이라고 예상하였다. 그러나 결과는 예상과 정반대였다. 클라우드 컴퓨팅을 이용한 엄청난 계산능력에 정교한 데이터 분석 및 추론 알고리즘이 더해져 과거에는 불가능하다고 여겼던 것이 현실이 되었다.

사실, 기계학습에 기초한 인공지능은 이미 의료, 금융, 서비스 등 여러 분야에 적용되고 있다. 인지컴퓨팅을 통한 전문지식으로 암을 진단하는 IBM의 Watson과 딥 러닝(deep learning)에 기반을 둔 얼굴 인식 프로그램인 페이스북(Facebook)의 딥 페이스(Deep Face)가 그러한 예다. Watson의 암 진단 정확도는 90% 이상으로 전문의보다 월등히 높다고 알려졌으며, 딥 페이스의 인식 정확도는 97%로 사람의 눈과 거의 차이가 없는 수준이다.

이러한 정교한 인공지능 시스템에서 핵심적인 기능 중 하나는 기계학습이다. 기계학습의 근간은 컴퓨터가 스스로 복잡하고 다양한 자료에서 상관관계를 분석하고 학습하여 유의미한 결과를 도출하는 통계적 학습이다. 기계학습 알고리즘을 적용하는 데 수학적 이론을 모두 이해할 필요는 없겠지만, 이 책에서 다루는 다양한 통계학습 방법들에 대한 기본적 이해는 알고리즘의 구현 및 적용, 그리고 결과에 대한 이해나 해석능력을 높여주는 데 중요한 자산이 될 수 있을 것이다. 또한, R을 이용한 Lab에서 제공하는 실질적 경험은 도메인(domain)에 맞는 학습 알고리즘의 개발과 최적화에 많은 도움이 될 수 있을 것으로 생각한다.

2016년 4월 5일
마이클

차례

Chapter 01 도입(introduction) — 1

- 1.1 통계학습의 개요 — 1
- 1.2 통계학습의 간단한 역사 — 6
- 1.3 표기법과 간단한 행렬 대수 — 7
- 1.4 Lab과 연습문제에 사용된 자료 — 10

Chapter 02 통계학습(Statistical Learning) — 13

- 2.1 통계학습이란? — 13
  - 2.1.1 f를 추정하는 이유는? — 15
  - 2.1.2 어떻게 f를 추정하는가? — 19
  - 2.1.3 예측 정확도와 모델 해석력 사이의 절충(Trade-Off) — 23
  - 2.1.4 지도학습과 비지도학습 — 26
  - 2.1.5 회귀와 분류문제 — 28
- 2.2 모델의 정확도 평가 — 29
  - 2.2.1 적합의 품질 측정 — 30
  - 2.2.2 편향-분산 절충 — 35
  - 2.2.3 분류 설정 — 38
- 2.3 Lab: R에 대한 소개 — 44
  - 2.3.1 기본 명령어 — 44

2.3.2 그래프	48
2.3.3 데이터 인덱싱(Indexing)	50
2.3.4 데이터 로딩(Loading)	52
2.3.5 추가적인 그래프와 수치 요약	53
2.4 연습문제	**56**

Chapter 03 선형회귀(Linear Regression) — 63

3.1 단순선형회귀	**64**
3.1.1 계수 추정	65
3.1.2 계수 추정값의 정확도 평가	67
3.1.3 모델의 정확도 평가	73
3.2 다중선형회귀	**76**
3.2.1 회귀계수의 추정	78
3.2.2 몇 가지 중요한 질문	81
3.3 회귀모델에서 다른 고려할 사항	**90**
3.3.1 질적 설명변수	90
3.3.2 선형모델의 확장	95
3.3.3 잠재적 문제	102
3.4 마케팅 플랜(Marketing Plan)	**115**
3.5 선형회귀와 K-최근접이웃의 비교	**117**
3.6 Lab : 선형회귀	**123**
3.6.1 라이브러리	123
3.6.2 단순선형회귀	123
3.6.3 다중선형회귀	128
3.6.4 상호작용 항	130

3.6.5 설명변수의 비선형 변환	131
3.6.6 질적 설명변수	134
3.6.7 함수의작성	136
3.7 연습문제	**138**

Chapter 04 분류(Cassification) — 147

4.1 분류의 개요	**147**
4.2 왜 선형회귀를 사용하지 않는가?	**149**
4.3 로지스틱 회귀(Logistic Regression)	**151**
4.3.1 로지스틱 모델	152
4.3.2 회귀계수의 추정	154
4.3.3 예측하기	155
4.3.4 다중로지스틱 회귀	156
4.3.5 반응변수의 클래스가 2개보다 많은 로지스틱 회귀	159
4.4 선형판별분석(Linear Discriminant Analysis)	**159**
4.4.1 분류를 위한 베이즈 정리의 사용	160
4.4.2 선형판별분석($p = 1$)	161
4.4.3 선형판별분석($p > 1$)	164
4.4.4 이차선형판별분석	172
4.5 분류방법의 비교	**174**
4.6 Lab : 로지스틱 회귀, LDA, QDA, KNN	**178**
4.6.1 주식시장자료	178
4.6.2 로지스틱 회귀	180
4.6.3 선형판별분석	186
4.6.4 이차판별분석	188

	4.6.5 K-최근접이웃	189
	4.6.6 Caravan 보험 자료에 적용	191
4.7 연습문제		**195**

Chapter 05 재표본추출 방법 — 201

5.1 교차검증(Cross-Validation) — 202
- 5.1.1 검증셋 기법(Validation Set Approach) — 202
- 5.1.2 LOOCV(Leave-One-Out Cross-Validation) — 205
- 5.1.3 k-fold 교차검증 — 207
- 5.1.4 k-fold 교차검증에 대한 편향-분산 절충 — 210
- 5.1.5 분류문제에 대한 교차검증 — 211

5.2 붓스트랩(Bootstrap) — 214

5.3 Lab : 교차검증과 붓스트랩 — 218
- 5.3.1 검증셋 기법 — 219
- 5.3.2 LOO(Leave-One-Out) 교차검증 — 220
- 5.3.3 k-fold 교차검증 — 222
- 5.3.4 붓스트랩 — 222

5.4 연습문제 — 227

Chapter 06 선형모델 선택 및 Regularization — 233

6.1 부분집합 선택 — 235
- 6.1.1 최상의 부분집합 선택 — 235

6.1.2 단계적 선택	237
6.1.3 최적의 모델 선택	241
6.2 Shrinkage 방법	**246**
6.2.1 능형회귀	247
6.2.2 Lasso	251
6.2.3 조율 파라미터 선택	262
6.3 차원축소 방법	**263**
6.3.1 주성분회귀	265
6.3.2 부분최소제곱	273
6.4 고차원의 고려	**275**
6.4.1 고차원 데이터	275
6.4.2 고차원에서 무엇이 문제인가?	276
6.4.3 고차원에서의 회귀	278
6.4.4 고차원에서의 결과 해석	280
6.5 Lab 1: 부분집합(서브셋) 선택 방법	**281**
6.5.1 최상의 서브셋 선택	281
6.5.2 전진 및 후진 단계적 선택	285
6.5.3 검증셋 기법과 교차검증을 사용한 모델 선택	286
6.6 Lab 2: 능형회귀와 Lasso	**290**
6.6.1 능형회귀	291
6.6.2 Lasso	294
6.7 Lab 3: PCR과 PLS 회귀	**296**
6.7.1 주성분회귀	296
6.7.2 부분최소제곱	298
6.8 연습문제	**301**

Chapter 07 선형성을 넘어서 · · · 309

- 7.1 다항식회귀 · · · 310
- 7.2 계단함수 · · · 313
- 7.3 기저함수 · · · 315
- 7.4 회귀 스플라인 · · · 316
  - 7.4.1 조각별 다항식 · · · 316
  - 7.4.2 제약조건과 스플라인 · · · 317
  - 7.4.3 스플라인 기저 표현 · · · 319
  - 7.4.4 매듭의 수와 위치 선택 · · · 320
  - 7.4.5 다항식회귀와 비교 · · · 323
- 7.5 평활 스플라인 · · · 324
  - 7.5.1 평활 스플라인의 개요 · · · 324
  - 7.5.2 평활 파라미터 λ의 선택 · · · 325
- 7.6 국소회귀 · · · 327
- 7.7 일반화가법모델(Generalized Additive Models) · · · 330
  - 7.7.1 회귀문제에 대한 GAMs · · · 331
  - 7.7.2 분류문제에 대한 GAMs · · · 334
- 7.8 Lab : 비선형모델링 · · · 336
  - 7.8.1 다항식회귀와 계단함수 · · · 336
  - 7.8.2 스플라인(Splines) · · · 342
  - 7.8.3 GAMs · · · 344
- 7.9 연습문제 · · · 348

Chapter 08 트리 기반의 방법 … 355

8.1 의사결정트리의 기초 … 355
- 8.1.1 회귀트리 … 356
- 8.1.2 분류트리 … 365
- 8.1.3 트리와 선형모델 … 369
- 8.1.4 트리의 장단점 … 369

8.2 배깅, 랜덤 포리스트, 부스팅 … 371
- 8.2.1 배깅(Bagging) … 371
- 8.2.2 랜덤 포리스트(Random Forests) … 375
- 8.2.3 부스팅(Boosting) … 378

8.3 Lab : 의사결정 트리 … 381
- 8.3.1 분류트리 적합 … 381
- 8.3.2 회귀트리 적합 … 385
- 8.3.3 배깅(Bagging)과 랜덤 포리스트(Random Forest) … 387
- 8.3.4 부스팅(Boosting) … 389

8.4 연습문제 … 392

Chapter 09 서포트 벡터 머신(Support Vector Machines) … 397

9.1 최대 마진 분류기 … 398
- 9.1.1 초평면은 무엇인가? … 398
- 9.1.2 분리 초평면(Separating Hyperplane)을 사용한 분류 … 400
- 9.1.3 최대 마진 분류기 … 402
- 9.1.4 최대 마진 분류기의 구성 … 404
- 9.1.5 분류 불가능한 경우 … 405

9.2 서포트 벡터 분류기 — 405
9.2.1 서포트 벡터 분류기의 개요 — 405
9.2.2 서포트 벡터 분류기의 세부 사항 — 407

9.3 서포트 벡터 머신 — 412
9.3.1 비선형 결정경계를 가진 분류 — 412
9.3.2 서포트 벡터 머신 — 414
9.3.3 심장질환 자료에 적용 — 417

9.4 클래스가 2개보다 많은 SVM — 419
9.4.1 일대일 분류 — 420
9.4.2 일대전부(One-Versus-All) 분류 — 420

9.5 로지스틱 회귀에 대한 상관관계 — 420

9.6 Lab: 서포트 벡터 머신 — 423
9.6.1 서포트 벡터 분류기 — 423
9.6.2 서포트 벡터 머신 — 428
9.6.3 ROC 곡선 — 431
9.6.4 다중클래스 SVM — 432
9.6.5 유전자 발현 자료에 적용 — 433

9.7 연습문제 — 435

Chapter 10 비지도학습(Unsupervised Learning) — 441

10.1 비지도학습의 어려움 — 442

10.2 주성분분석 — 443
10.2.1 주성분은 무엇인가? — 443
10.2.2 주성분의 다른 해석 — 448
10.2.3 PCA에 대해 더 알아보기 — 450

10.2.4 주성분에 대한 다른 사용 예	455
10.3 클러스터링 방법	**455**
10.3.1 K-평균 클러스터링	457
10.3.2 계층적 클러스터링	461
10.3.3 클러스터링에서의 실질적 이슈	473
10.4 Lab 1: 주성분분석	**476**
10.5 Lab 2: 클러스터링	**479**
10.5.1 K-평균 클러스터링	479
10.5.2 계층적 클러스터링	481
10.6 Lab 3: NCI60 데이터 예제	**483**
10.6.1 NCI60 데이터에 대한 PCA	483
10.6.2 NCI60 데이터의 관측치에 대한 클러스터링	486
10.7 연습문제	**491**

An Introduction to Statistical Learning
: with Applications in R

도입
Introduction

CHAPTER 01

1.1 통계학습의 개요

통계학습(*statistical learning*)은 데이터에 대한 이해를 위한 방대한 도구 집합을 말한다. 이러한 도구들은 *지도(supervised)* 학습 또는 *비지도(자율)(unsupervised)* 학습으로 분류될 수 있다. 넓게 얘기하면, 지도적 통계학습은 하나 이상의 입력(*input*)변수를 기반으로 출력(*output*)변수를 예측하거나 추정하는 통계적 모델을 만드는 것과 관련된다 이러한 속성의 문제는 비즈니스, 의학, 천체 물리학, 공공 정책과 같이 다양한 분야에서 발생된다. 비지도 통계학습에서는 출력변수 없이 입력변수만 있지만 자료의 상관관계와 구조를 파악할 수 있다. 통계학습의 몇 가지 응용예를 보여 주기 위해, 이 책에서 고려되는 3가지 실제 자료에 대해 간략히 살펴본다.

Wage 자료

이 자료는 미국의 대서양 지역에 거주하는 한 그룹의 남성들에 대한 임금(wage)과 관련된 여러 가지 요소들에 대해 살펴보는 데 사용된다. 이 자료에서는 특히, 고용인의 age(나이)와 education(교육), 그리고 임금을 받은 year(연도) 사이의 관련성을 이해하고자 한다. 예를 들어, 그림 1.1의 왼쪽 패널을 고려해보자. 이 그림은 자료에 있는 개개인의 wage를 age 별로 나타낸 것이다. wage는 나이에 따라 증가하지만 대략 60세 이후에는 다시 줄어든다는 것을 볼 수 있다. 그림에서 파란색 선은 주어진 age에 대한 평균 wage의 추정값이며 추세(trend)를 명확하게 보여 준다. 고용인의 나이가 주어지면 이 곡선을 사용하여 그의 임금을 예측할 수 있다. 하지만 그림 1.1에서 명백히 볼 수 있듯이, 이 평균값에는 상당한

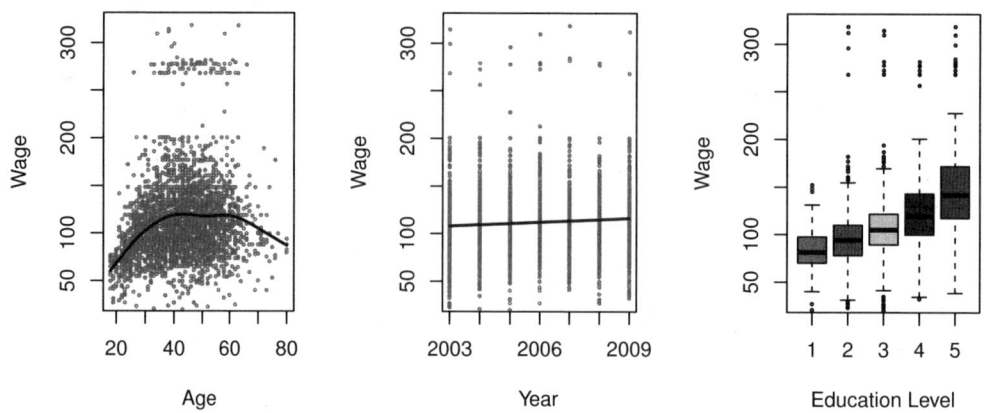

그림 1.1: 미국의 중앙 대서양 지역의 남성들에 대한 소득 조사 정보를 포함하는 Wage 자료. 왼쪽: age의 함수로 나타낸 wage. 평균적으로 임금은 60세 까지는 나이가 올라감에 따라 증가하고, 60세 이후부터는 나이에 따라 줄어든다. 중앙: year의 함수로 나타낸 wage. 2003년에서 2009년 사이에 평균 임금은 대략 $10,000 정도 꾸준히 증가한다. 오른쪽: 교육수준의 함수로 wage를 표시한 박스도표(boxplot). 교육수준이 가장 낮은(고등학교 졸업 미만) 것은 1이고, 가장 높은(대학원 졸업) 것은 5이다. 평균적으로 임금은 교육수준에 따라 증가한다.

변동이 있어 나이만으로는 남성의 임금을 정확하게 예측할 수 없을 것 같다.

또한, 고용인의 교육수준과 임금이 지불된 연도에 대한 정보가 있다. 그림 1.1의 중앙 및 오른쪽 패널은 wage를 year과 eduation의 함수로 표시하며, 둘 다 wage와 관련이 있음을 나타낸다. 2003년과 2009년 사이의 임금 증가는 대략 $10,000로 거의 선형(또는 직선)적이며, 데이터의 변동성에 비하면 아주 미미한 수준이다. 임금은 또한 교육수준이 높을 경우 보통 더 높다. 가장 낮은 교육수준(1)의 남성은 가장 높은 교육수준(5)의 남성에 비해 훨씬 낮은 임금을 받는 경향이 있다. 명백히, 주어진 남성의 wage에 대한 가장 정확한 예측은 그의 age, education, 그리고 year를 함께 고려함으로써 얻어질 것이다. 3장에서는 이 자료로부터 wage를 예측하는 데 사용될 수 있는 선형회귀에 대해 살펴본다. 이상적으로는 wage와 age 사이의 비선형적 상관관계가 설명되도록 wage를 예측해야 한다. 이러한 문제를 다루기 위한 기법들에 대해서는 7장에서 논의한다.

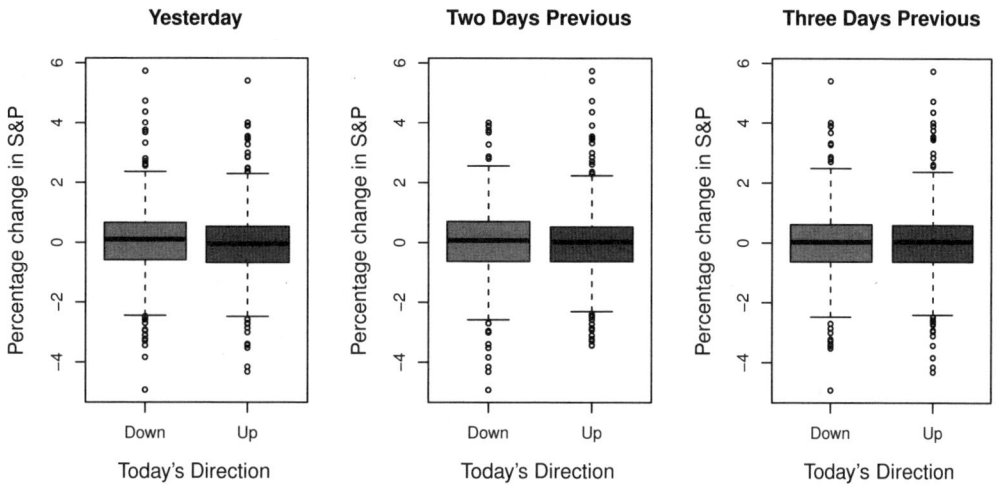

그림 1.2: 왼쪽: Smarket 자료에서 주가지수가 상승하거나 하락한 날에 대한 전날의 S&P 지수 변동률을 나타내는 박스도표. 중앙 및 오른쪽: 왼쪽 패널과 동일한 그래프로, 2일전과 3일전의 변동률을 각각 나타낸다.

주식시장 자료

Wage 자료는 연속적(continuous) 또는 양적(quantitative) 출력값을 예측하는 것에 관련된다. 이것은 흔히 회귀(regression) 문제라고 한다. 하지만, 어떤 경우에는 수치적 값이 아닌, 즉 범주형(categorical) 또는 질적qualitative) 출력을 예측하고자 할 수 있다. 예를 들어, 4장에서는 2001년과 2005년 사이 5년에 걸친 스탠더드앤푸어스(S&P) 주가지수의 일일 변동량을 포함하는 주식시장 자료를 살펴본다. 이 자료는 Smarket 데이터라고 한다. 목적은 과거 5일 동안의 주가지수 변동을 이용하여 주어진 날짜에 대한 주가지수의 상승 또는 하락를 예측하는 것이다. 여기서의 통계학습 문제는 수치를 예측하는 것이 관련되지 않는다. 대신에, 주어진 날짜의 주식시장이 상승(Up) 또는 하강(Down)국면에 속할것인지를 예측하는 것이 관련된다. 이것은 분류(classification) 문제로 알려져 있다. 주식시장이 어느 방향으로 움직일지 정확하게 예측할 수 있는 모델이 있다면 아주 유용할 것이다!

그림 1.2의 왼쪽 패널은 백분율로 나타낸 전날의 주가지수 변동을 두개의 박스도표로 나타낸 것이다. 하나는 그 다음날 주식시장이 증가한 647일에 대한 도표이고, 다른 하나는 그 다음날 주식시장이

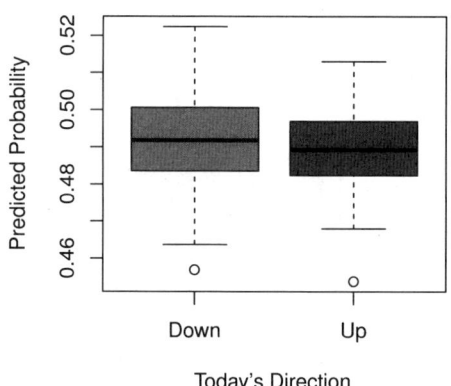

그림 1.3: Smarket 자료에서 2001-2004년 데이터에 이차판별분석(quadratic discriminant analysis) 모델을 적합하고, 2005년 데이터를 사용하여 주식시장의 하락 확률을 예측. 평균적으로 시장의 하락에 대한 예측확률은 시장이 실제로 하락한 날 더 높다. 이러한 결과를 기반으로 60% 정도는 시장의 움직임 방향을 정확하게 예측할 수 있다.

감소한 602일에 대한 도표이다. 두 도표는 거의 동일하게 보이는데, 이것은 어제의 S&P 지수 움직임을 이용하여 오늘의 수익율을 예측할 수 있는 간단한 방법이 없음을 시사한다. 나머지 그림은 오늘 이전 2, 3일 동안의 주가 변동에 대한 박스도표이며, 마찬가지로 과거와 현재의 수익률 사이에 거의 연관성이 없음을 나타낸다. 물론, 이렇게 아무 패턴이 없는 것은 예상되었던 것이다. 왜냐하면, 연속된 날짜 사이의 수익률에 강한 상관성이 있다면 간단한 거래 전략을 통해 시장에서 수익을 얻을 수 있을 것이기 때문이다. 그럼에도 불구하고, 4장에서 몇 가지 다른 통계학습방법을 사용하여 이러한 데이터에 대해 살펴볼 것이다. 흥미롭게도, 이 데이터에는 강하지는 않지만 어떤 추세에 대한 힌트가 있으며, 적어도 이 5년의 기간에 대해서는 대략 60% 정도 시장의 움직임 방향을 정확하게 예측할 수 있다(그림 1.3).

유전자 발현 자료

앞의 두 자료는 입력과 출력변수를 둘 다 가지고 있는 경우에 대한 것이다. 하지만, 또 다른 중요한 부류의 문제는 입력변수들만 관측할 수 있고 대응하는 출력변수가 없는 경우이다. 예를 들어, 마케팅에서

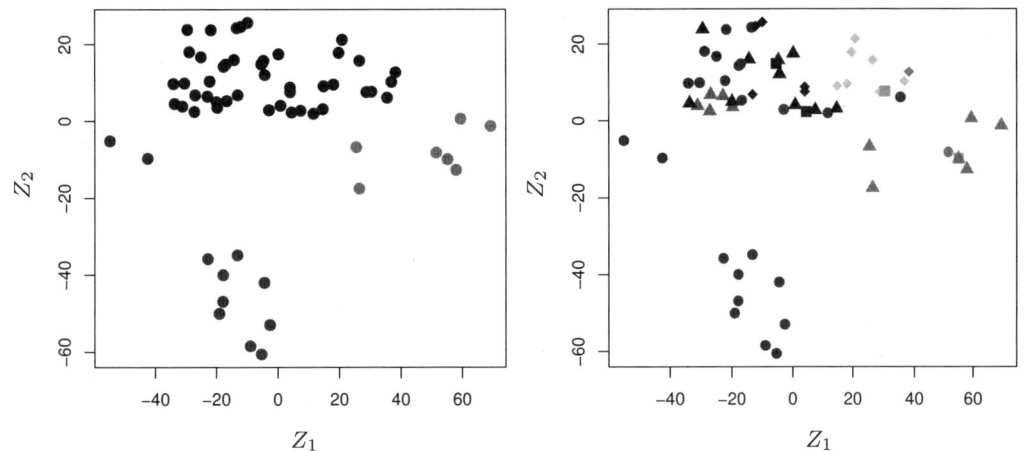

그림 1.4: 왼쪽: 2차원 공간 Z_1과 Z_2에 나타낸 NCI60 유전자 발현 자료. 그래프의 각 포인트는 64개 세포주 중 하나에 해당한다. 4개의 세포주 그룹이 있는 것처럼 보이며, 다른 색깔을 이용하여 표시한다. 오른쪽: 다른 색깔의 기호를 사용하여 14개 다른 유형의 암을 각각 표시한 것을 제외하면 왼쪽 패널과 동일. 동일한 암 유형에 대응하는 세포주들은 2차원 공간에서 서로 가까이 위치하는 경향이 있다.

다수의 현재 또는 잠재직인 고객에 대한 인구통계적 정보가 있을 수 있고, 우리는 개인을 관찰된 특징에 따라 그룹화하여 어느 유형의 고객들이 서로에게 유사한지 이해하고자 할 수 있다. 이것은 클러스터링 (clustering) 문제로 알려져 있다. 앞의 예제와는 달리, 여기서는 출력변수를 예측하려고 하지 않는다.

10장 전체를 통해 출력변수가 없는 문제에 대한 통계학습방법들에 대해 살펴본다. 고려하는 NCI60 자료는 64개의 암 세포주(cell lines) 각각에 대한 6,830개의 유전자 발현 측정치로 구성된다. 특정 출력변수를 예측하는 대신, 유전자 발현 측정치를 기반으로 세포주들 사이에 그룹 또는 클러스터들이 있는지 결정하는 것에 관심이 있다. 이것은 다루기 어려운 문제인데, 그 이유의 일부는 세포주별로 수천개의 유전자 발현 측정치가 있어 데이터를 시각화하기 어렵기 때문이다.

그림 1.4의 왼쪽 패널은 64개 세포주 각각을 단지 두 개의 수 Z_1과 Z_2를 사용하여 표현함으로써 이 문제를 처리한다. Z_1과 Z_2는 데이터의 처음 두 개의 주성분(principal components)이며, 각 세포주에 대한 6,830개의 발현 관측치를 2개의 수 또는 차원으로 요약한다. 이러한 차원축소는 일부 정보의

손실을 초래하지만, 이제 클러스터링의 증거를 위해 데이터를 시각적으로 살펴볼 수 있다. 클러스터의 수를 결정하는 것은 보통 어려운 문제이다. 그러나, 그림 1.4의 왼쪽 패널은 다른 색깔로 표시된 적어도 4개의 세포주 그룹들을 시사한다. 이제, 각 클러스터 내 세포주들의 암 유형에 대한 유사성을 조사하여 유전자 발현 레벨과 암 사이의 관계를 더 잘 이해할 수 있다.

이 특정 자료의 세포주들은 14개 다른 유형의 암에 해당한다는 것이 밝혀졌다(하지만, 이 정보는 그림 1.4의 왼쪽 패널을 표현하는 데 사용되지 않았다). 그림 1.4의 오른쪽 패널은 왼쪽 패널과 동일하며, 차이는 단지 14개의 암 유형이 서로 같지 않은 색깔의 기호를 사용하여 표시된 것이다. 명백하게 동일한 암 유형을 가진 세포주들은 이 2차원 표현에서 서로에게 가깝게 위치하는 경향이 있다. 또한, 암 정보는 비록 왼쪽 패널의 그래프를 그리는 데 사용되지 않았지만, 클러스터링 결과는 오른쪽 패널에서 관측된 실제 암 유형의 일부와 닮은점이 있다. 이것은 클러스터링 분석이 정확하다는 것을 독립적으로 일부 입증하는 것이다.

1.2 통계학습의 간단한 역사

통계학습이란 용어는 상당히 새로운 것이지만, 이 분야의 기반이 되는 많은 개념들은 오래전에 개발되었다. 19세기 초반에 르장드르(Legendre)와 가우스(Gauss)는 *최소제곱법*에 대한 논문을 발표하였으며, 이 논문에서 지금은 *선형회귀(linear regression)*로 알려진 형태를 구현하였다. 이 방법은 처음에 천문학 문제에 성공적으로 적용되었다. 선형회귀는 개인의 급여와 같은 양적 값들을 예측하는데 사용된다. 환자가 생존하거나 사망할지, 또는 주식시장이 증가하거나 감소할지와 같은 질적 값들을 예측하기 위해서 피셔(Fisher)는 1936년에 *선형판별분석(linear discriminant analysis)*을 제안하였다. 1940년대에는 다양한 저자들이 대안적 방법인 *로지스틱 회귀(logistic regression)*를 제안하였다. 1970년대 초에 넬더(Nelder)와 웨더번(Wedderburn)은 전체 통계학습방법들에 대해 *일반화된 선형모델(generalized linear model)*이란 용어를 만들었으며, 선형회귀와 로지스틱 회귀는 특수한 경우로 여기에 포함된다.

1970년대 말에는 데이터에서 학습하는 더 많은 기법들이 개발되었다. 하지만, 이것들은 거의 전적으로 *선형적인* 방법이었다. 이유는 *비선형적* 상관관계를 적합하는 것이 그 당시에는 계산적으로 실행 불가능하였기 때문이다. 1980년대에 이르러 계산 기술이 충분히 발전하여 비선형적 방법들도 계산적으로 실행 가능해졌다. 1980년대 중반에 브라이먼(Breiman), 프리드먼(Friedman), 올쉔(Olshen), 스톤(Stone)은 *분류 및 회귀 나무(classification and regression tree)*를 도입하였고, 모델 선택을 위한 교차검증을 포함하여 처음으로 상세하고 실질적인 구현의 유용성에 대해 보여주었다. 해스티(Hastie)와 티브시라니(Tibshirani)는 1986년에 일반화된 선형모델의 비선형적 확장에 대해 *일반화가법모델(generalized additive model)*이란 용어를 만들었으며, 또한 실용적인 소프트웨어로 구현하였다.

그 이후 *기계학습(machine learning)*과 다른 기법의 출현으로 영향을 받은 통계학습은 통계학의 새로운 한 분야로 부상하였으며 지도학습 및 비지도학습 모델링과 예측에 집중하였다. 최근에는 통계학습의 진보가 R 시스템과 같은 강력하고 비교적 사용자 친화적인 무료 소프트웨어의 증가로 특징 지어진다. 이것은 통계학자와 컴퓨터 과학자에 의해 사용되고 개발되는 기법들을 훨씬 넓은 분야의 사람들에게 중요한 도구가 되게 해줄 가능성이 있다.

1.3 표기법과 간단한 행렬 대수

데이터 표본에서 데이터 포인트 수 또는 관측치의 수를 나타내는 데 n을 사용할 것이다. 예측하는 데 사용할 수 있는 변수들의 수는 p로 나타낸다. 예를 들어, Wage 자료는 3,000명의 사람들에 대해 12개의 변수로 구성되며, 따라서 $n = 3,000$개의 관측치와 $p = 12$개의 변수(year, age, wage 등)를 가진다. 이 책 전체에서 변수 이름은 많은 경우 영문을 그대로 사용한다.

어떤 예제에서 p는 수천 또는 심지어 수백만의 아주 큰 값이 될 수 있다. 이러한 경우는, 예를 들어 현대 생물학 데이터 또는 웹 기반 광고 데이터에서 아주 흔하게 볼 수 있는 현상이다.

일반적으로, i번째 관측치에 대한 j번째 변수의 값은 x_{ij}로 나타내고, $i = 1, 2, \ldots, n$ 이고 $j = 1, 2, \ldots, p$ 이다. 이 책에서, i는 표본 또는 관측치(1에서 n까지)를 인덱싱하는 데 사용될 것이고 j는 변수(1에서 p까지)를 인덱싱하는 데 사용될 것이다. **X**는 $n \times p$ 행렬을 나타내고, 이 행렬의 (i, j)번째 원소는 x_{ij}이다. 즉, **X**는 다음과 같이 표현된다.

$$\mathbf{X} = \begin{pmatrix} x_{11} & x_{12} & \cdots & x_{1p} \\ x_{21} & x_{22} & \cdots & x_{2p} \\ \vdots & \vdots & \ddots & \vdots \\ x_{n1} & x_{n2} & \cdots & x_{np} \end{pmatrix}$$

행렬에 대해 익숙하지 않다면, $\mathbf{X}$을 n개의 행과 p개의 열을 가진 스프레드시트(spreadsheet)로 생각하면 도움이 된다.

$\mathbf{X}$의 행을 나타낼 필요가 있을 때에는 $x_1, x_2, \ldots, x_n$으로 나타낸다. 여기서, x_i는 길이가 p인 벡터이고 i번째 관측치에 대해 p개의 변수값을 포함한다. 즉,

$$x_i = \begin{pmatrix} x_{i1} \\ x_{i2} \\ \vdots \\ x_{ip} \end{pmatrix} \tag{1.1}$$

예를 들어, Wage 자료의 경우, x_i는 길이가 12인 벡터이고 i번째 사람에 대한 year, age, wage, 그리고 다른 값들로 구성된다. $\mathbf{X}$의 열들을 나타낼 필요가 있을 경우 $\mathbf{x}_1, \mathbf{x}_2, \ldots, \mathbf{x}_p$로 나타낸다. 각각은 길이가 n인 벡터이다. 즉,

$$\mathbf{x}_j = \begin{pmatrix} x_{1j} \\ x_{2j} \\ \vdots \\ x_{nj} \end{pmatrix}$$

예를 들어, Wage 자료의 경우, $\mathbf{x}_1$은 year에 대해 $n = 3,000$개의 값을 포함한다.

이 표기법을 사용하여 행렬 $\mathbf{X}$는 다음과 같이 표현할 수 있다.

$$\mathbf{X} = (\mathbf{x}_1 \quad \mathbf{x}_2 \quad \cdots \quad \mathbf{x}_p),$$

또는

$$\mathbf{X} = \begin{pmatrix} x_1^T \\ x_2^T \\ \vdots \\ x_n^T \end{pmatrix}$$

여기서, T는 행렬 또는 벡터의 *전치(transpose)*를 나타낸다. 예를 들어,

$$\mathbf{X}^T = \begin{pmatrix} x_{11} & x_{21} & \cdots & x_{n1} \\ x_{12} & x_{22} & \cdots & x_{n2} \\ \vdots & \vdots & \ddots & \vdots \\ x_{1p} & x_{2p} & \cdots & x_{np} \end{pmatrix},$$

반면에, $x_i^T = (x_{i1} \quad x_{i2} \quad \cdots \quad x_{ip})$이다.

y_i를 사용하여 wage와 같은 예측하고자 하는 변수의 i번째 관측치를 나타낸다. 따라서, n개 관측치의 집합을 다음과 같이 벡터 형태로 표현할 수 있다.

$$\mathbf{y} = \begin{pmatrix} y_1 \\ y_2 \\ \vdots \\ y_n \end{pmatrix}$$

그러면, 관측된 데이터는 $\{(x_1, y_1), (x_2, y_2), \ldots, (x_n, y_n)\}$으로 구성되며, 여기서 x_i는 길이가 p인 벡터이다(만약 $p = 1$이면, x_i는 단순히 스칼라이다).

이 책에서 길이가 n인 벡터는 항상 소문자의 볼드체*(lower case bold)*로 나타낼 것이다. 예를 들어,

$$\mathbf{a} = \begin{pmatrix} a_1 \\ a_2 \\ \vdots \\ a_n \end{pmatrix}$$

하지만, ((1,1)의 길이가 p인 변수벡터들과 같이) 길이가 n이 아닌 벡터들은 소문자의 보통 폰트, 예를 들어 a로 나타낼 것이다. 스칼라들도 또한 소문자의 보통 폰트, 예를 들어 a로 나타낼 것이다. 흔하지는 않지만 이 두 가지 경우가 어느 것을 말하는지 명확하지 않으면 어느 것을 말하는지 분명하게 언급할 것이다. 행렬은 $\mathbf{A}$와 같이 볼드 *대문자*로 나타낼 것이다. 랜덤 변수들은 차원에 관계없이 *대문자 보통 폰트*, 예를 들어 A를 사용하여 나타낼 것이다.

때로는 특정 객체의 차원을 나타내고자 할 것이다. 객체가 스칼라인 경우 $a \in \mathbb{R}$을 사용하고, 길이가 k인 벡터인 경우에는 $a \in \mathbb{R}^k$ (또는 만약 길이가 n이면, $\mathbf{a} \in \mathbb{R}^n$)을 사용할 것이다. 객체가 $r \times s$ 행렬인 것은 $\mathbf{A} \in \mathbb{R}^{r \times s}$를 사용하여 나타낸다.

가능하다면 행렬 연산을 하지 않는다. 하지만, 어떤 경우에는 행렬 연산을 전혀 사용하지 않기가 힘들 수 있다. 이런 경우에는 두 행렬의 곱셈에 대한 개념을 이해하는 것이 중요하다. $\mathbf{A} \in \mathbb{R}^{r \times d}$와 $\mathbf{B} \in \mathbb{R}^{d \times s}$가 있다고 해보자. 그러면, $\mathbf{A}$와 $\mathbf{B}$의 곱은 $\mathbf{AB}$로 나타낸다. $\mathbf{AB}$의 (i,j)번째 원소는 $\mathbf{A}$의 i번째 행의 각 원소를 B의 j번째 열의 대응하는 원소와 곱하여 계산된다. 즉, $(\mathbf{AB})_{ij} = \sum_{k=1}^{d} a_{ik} b_{kj}$이다. 예를 들어 다음을 고려해보자.

$$\mathbf{A} = \begin{pmatrix} 1 & 2 \\ 3 & 4 \end{pmatrix}, \quad \mathbf{B} = \begin{pmatrix} 5 & 6 \\ 7 & 8 \end{pmatrix}$$

그러면,

$$\mathbf{AB} = \begin{pmatrix} 1 & 2 \\ 3 & 4 \end{pmatrix} \begin{pmatrix} 5 & 6 \\ 7 & 8 \end{pmatrix} = \begin{pmatrix} 1 \times 5 + 2 \times 7 & 1 \times 6 + 2 \times 8 \\ 3 \times 5 + 4 \times 7 & 3 \times 6 + 4 \times 8 \end{pmatrix} = \begin{pmatrix} 19 & 22 \\ 43 & 50 \end{pmatrix}$$

이 연산에 의해 $r \times s$ 행렬이 생성된다. $\mathbf{AB}$를 계산하는 것은 $\mathbf{A}$의 열의 개수와 $\mathbf{B}$의 행의 개수가 동일한 경우에만 가능하다.

1.4 Lab과 연습문제에 사용된 자료

이 책에서는 통계학습방법들을 마케팅, 금융, 생물학, 그리고 다른 분야에 적용하여 설명한다. 책의 웹사이트에서 얻을 수 있는 ISLR 패키지는 Lab과 연습문제에 필요한 다수의 자료를 포함한다. 다른

이름	설명
Auto	자동차들에 대한 연비, 마력, 그리고 다른 정보
Boston	Boston 근교의 집값 및 다른 정보
Caravan	이동식 주택 보험이 제안된 사람들에 대한 정보
Carseats	400개 판매점의 카시트(car seat) 판매에 대한 정보
College	미국 대학의 인구통계학적 특징, 수업료 등
Default	신용카드 회사 고객의 연체 기록
Hitters	야구 선수들의 기록과 연봉
Khan	4가지 암 종류에 대한 유전자 발현 측정치
NCI60	64개의 암 세포주에 대한 유전자 발현 측정치
OJ	Citrus Hill과 Minute Maid 오렌지 쥬스에 대한 판매 정보
Portfolio	포트폴리오 할당에 사용된 금융자산의 과거 가치
Smarket	5년 동안의 S&P 500의 일간 수익률
USArrests	미국 50개 주에서 주민 10만 명당 범죄 통계
Wage	미국의 중부 대서양 지역에 사는 남성들의 수입에 대한 조사 데이터
Weekly	21년 동안의 1,089개 주간 주식시장 수익

표 1.1: 이 책의 Lab과 연습문제에 필요한 자료 리스트. Boston(MASS의 일부)과 USArrests(기본 R 배포판의 일부)를 제외한 모든 자료는 ISLR 리이브러리에 들어 있다.

자료 하나는 MASS 라이브러리에 포함되어 있고, 또 다른 하나는 기본 R 배포판의 일부이다. 표 1.1은 이들 자료의 요약정보를 포함한다. 또한, 자료 중 일부는 2장에서 사용하기 위해 이 책의 웹사이트에 텍스트 파일로 올려져 있다.

웹 사이트

이 책 원문에 대한 웹 사이트는 www.StatLearning.com이다. 이 사이트에는 책과 관련된 R 패키지를 포함하여 다수의 리소스(resources)와 몇 가지 추가적인 자료가 있다.

통계학습
Statistical Learning

CHAPTER 02

2.1 통계학습이란?

통계학습에 대한 동기 부여를 위해 간단한 예를 먼저 살펴본다. 예를 들어, 우리는 통계 컨설턴트로서 어떤 특정 제품의 판매 증진을 위해 자문을 제공한다고 해보자. Advertising 자료는 200개의 다른 시장에서 제품의 sales(판매 수치)와 각 시장별로 그 제품에 대한 광고예산으로 구성된다. 광고예산은 세 가지 매체, 즉 TV, radio(라디오), newspaper(신문)에 대한 것이다. 이 데이터는 그림 2.1에 도시되어 있다. 우리의 고객이 직접적으로 제품의 판매를 증가시킬 수 있는 방법은 없다. 하지만 그는 세 매체에 대한 광고 지출을 제어할 수 있다. 그러므로, 만약 우리가 광고와 판매 사이의 상관관계를 결정할 수 있으면, 우리는 고객에게 광고예산을 조절하게 하여 간접적으로 판매를 증진시킬 수 있다. 다시 말하면, 우리의 목적은 세 매체에 대한 광고예산을 기반으로 판매를 예측할 수 있는 정확한 모델을 개발하는 것이다.

여기서, 광고예산은 입력변수이고, sales는 출력변수이다. 입력변수들은 보통 X로 나타내고 첨자를 사용하여 그들을 구분한다. 그래서, X_1은 TV 예산, X_2는 radio 예산, 그리고 X_3는 newspaper 예산을 나타낼 수 있다. 입력변수는 여러 가지 이름으로 불리며, 설명변수 또는 예측변수(predictor), 독립변수, 특징(feature), 또는 단지 변수라고 불린다. 출력변수—이 예에서는 sales—는 반응변수, 응답변수(response), 또는 종속변수라고 불리며 보통 Y를 사용하여 나타낸다.

좀 더 일반적으로, 양적(quantitative) 반응변수 Y와 p개의 다른 설명변수 $X_1, X_2, \ldots, X_p$가 관찰된다고 해보자. Y와 $X = (X_1, X_2, \ldots, X_p)$ 사이에 어떤 상관관계가 있다고 가정하면 다음과 같은

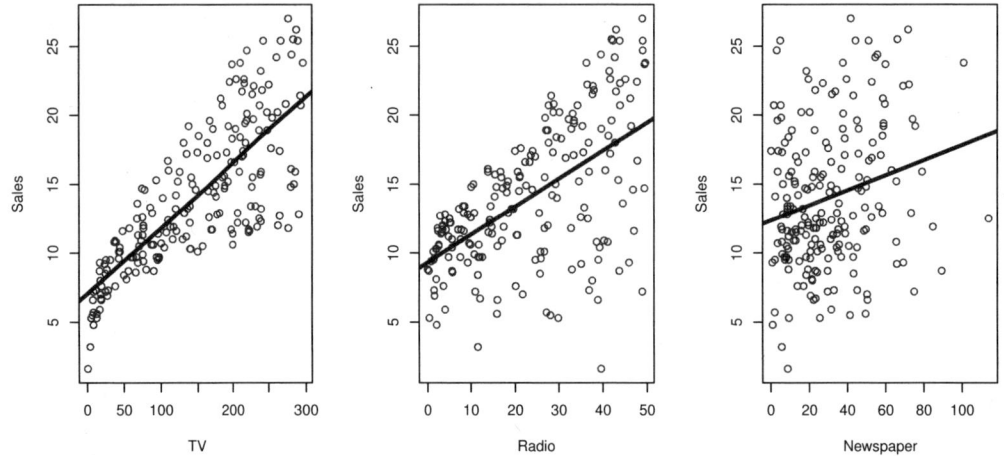

그림 2.1: Advertising 자료. 그래프는 200개의 마켓에 대한 sales를 TV, radio, newspaper 예산의 함수로 나타낸 것으로, sales의 단위는 1천 유닛이고 광고예산의 단위는 1천 달러이다. 각 그래프는 각 변수에 대한 sales의 단순최소제곱적합(simple least squares fit)(3장에서 설명함)을 보여준다. 다시 말하면, 각 그래프의 파란색 직선은 TV, radio, newspaper 각각을 사용하여 sales를 예측하는 데 사용될 수 있는 간단한 모델을 나타낸다.

일반적인 형태로 나타낼 수 있다.

$$Y = f(X) + \epsilon \qquad (2.1)$$

여기서, f는 $X_1, \ldots, X_p$에 대한 알려지지 않은 어떤 고정 함수이고, ϵ은 랜덤 오차항(error term)이다. 오차항은 X와 독립적이며 평균은 0이다. 이 식에서 f는 X가 Y에 대해 제공하는 체계적인 정보를 나타낸다.

다른 예로서 그림 2.2의 왼쪽 패널을 고려해보자. 이 그래프는 Income 자료에 있는 30명의 개인에 대해 income(소득)과 교육기간(years of education)의 관계를 나타낸 것이다. 이 그래프는 교육기간을 이용하여 income을 예측할 수도 있음을 시사한다. 하지만, 일반적으로 입력 변수를 출력 변수에 연결하는 함수 f는 알려져 있지 않다. 이러한 경우, 함수 f는 관찰된 점들을 기반으로 추정하여야 한다. Income은 모의 자료이므로, f는 알려져 있고 그림 2.2의 오른쪽 패널에 파란색으로 표시된다. 수직선

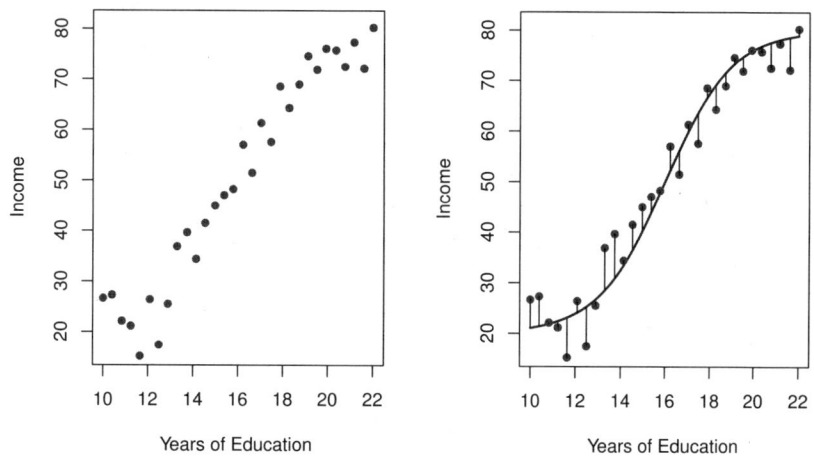

그림 2.2: Income 자료. 왼쪽: 붉은색 점들은 30명 각각의 income(1만 달러 단위)과 교육기간의 관측치이다. 오른쪽: 파란색 곡선은 income과 교육기간 사이의 실제 상관관계를 나타낸다(실제 상관관계는 보통 알려져 있지 않지만 여기서는 모의 데이터이므로 알고 있다). 검은색 선은 각 관측치와 관련된 오차를 나타낸다. 어떤 오차는 양수이고(관측치가 파란색 곡선보다 위에 있을 경우), 또 어떤 것은 음수이다(관측치가 파란색 곡선보다 아래에 있을 경우). 전체적으로 이 오차들의 평균은 대략 0이다.

들은 오차항 ϵ을 나타낸다. 30개 관찰치의 일부는 파란색 곡선의 윗 부분에 있고 일부 다른 데이터는 곡선 아래에 있다. 전체적으로 오차의 평균은 대략 0이다.

일반적으로 함수 f는 2개 이상의 입력 변수에 관련될 수 있다. 그림 2.3은 income을 교육 기간과 seniority(연공서열)의 함수로 나타낸 그래프이다. 여기서, f는 관찰된 데이터에 기초하여 추정되어야 하는 2차원 곡면(surface)이다.

본질적으로, 통계학습은 f를 추정하는 일련의 기법들을 말하는 것이다. 이 장에서는 f를 추정하는 데 필요한 몇 가지 중요한 이론적 개념과 얻어진 추정치들을 평가하기 위한 도구들에 대해 소개한다.

2.1.1 f를 추정하는 이유는?

f를 추정하고자 하는 두 가지 주요한 이유는 예측과 추론이며, 이들에 대해 차례로 살펴본다.

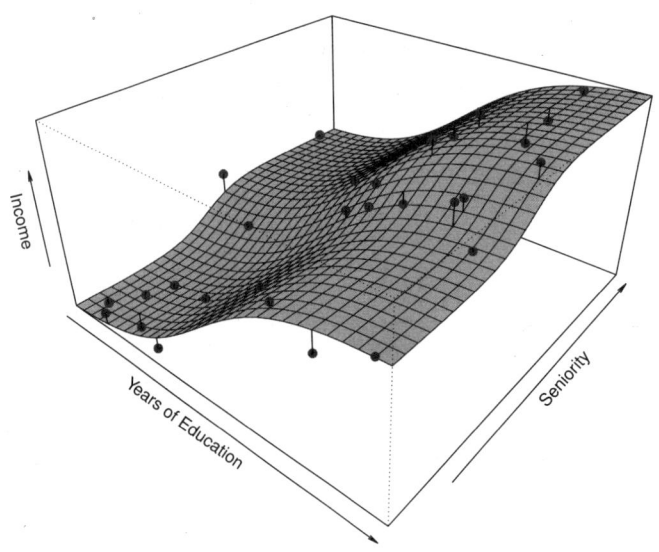

그림 2.3: Income 자료에서 교육기간과 seniority의 함수로 나타낸 income. 파란색 곡면은 income과 교육기간 및 seniority 사이의 실제 상관관계를 나타낸다. 모의 데이터이므로 실제 상관관계는 알려져 있다. 그래프에서 빨간색 점은 30명 각각에 대한 관측치를 나타낸다.

예측

많은 경우, 입력 X는 쉽게 얻을 수 있지만 출력 Y는 쉽게 얻을 수 없다. 여기서, 오차항은 평균이 영이므로 다음 식을 사용하여 Y를 예측할 수 있다.

$$\hat{Y} = \hat{f}(X) \qquad (2.2)$$

여기서, $\hat{f}$는 f에 대한 추정을 나타내고 $\hat{Y}$는 Y에 대한 예측 결과를 나타낸다. 이러한 설정에서, $\hat{f}$는 보통 블랙박스(black box)로 취급된다. 이유는 $\hat{f}$가 Y에 대한 정확한 예측을 제공한다면 그것의 정확한 형태에 대해서는 통상 신경쓰지 않기 때문이다.

예로서, $X_1, \ldots, X_p$는 실험실에서 쉽게 관측할 수 있는 어떤 환자의 혈액 샘플이라 하고, Y는 특정 약물에 심각한 부작용을 보일 수 있는 그 환자의 위험성을 나타내는 변수라 하자. 자연스럽게 X를 사용하여 Y를 예측하려 할 것이다. 왜냐하면, 심각한 부작용의 위험성이 높은 환자들, 즉 Y의 추정값이 높은 환자들에게는 그러한 약물을 주지 않을 수 있기 때문이다.

Y에 대한 예측인 $\hat{Y}$의 정확성은 축소가능 오차(reducible error)와 축소불가능 오차(irreducible error)라고 불리는 두 가지에 달려 있다. 일반적으로, $\hat{f}$는 f를 완벽하게 추정하지 못하며, 이러한 부정확성으로 인해 오차가 발생될 것이다. 이러한 오차는 축소가능하다. 왜냐하면 가장 적절한 통계학습 기법을 사용하여 f를 추정함으로써 $\hat{f}$의 정확성을 개선할 수 있기 때문이다. 하지만, 심지어 f를 완벽하게 추정할 수 있어 추정된 반응변수 값이 $\hat{Y} = f(X)$의 형태를 취하더라도 예측한 값은 여전히 어떤 오차를 가지고 있을 수 있다! 이러한 이유는 Y도 또한 ϵ의 함수이고, 정의에 의하면 ϵ은 X를 사용하여 예측할 수 없기 때문이다. 그러므로, ϵ과 관련된 변동성도 또한 예측의 정확성에 영향을 미친다. 이것은 축소불가능 오차로 알려져 있으며, 이유는 아무리 f를 잘 추정하더라도 ϵ에 의해 도입된 오차를 줄일 수 없기 때문이다.

축소가능 오차가 0보다 큰 이유는 무엇인가? ϵ은 Y를 예측하는 데 유용한 측정되지 않은 변수들을 포함할 수 있다. 이 변수들은 측정하지 않으므로 f는 예측에 이들을 사용할 수 없다. ϵ은 또한 측정할 수 없는 변동성을 포함할 수 있다. 예를 들어, 부작용의 위험성은 주어진 날 주어진 환자에 따라 다를 수 있고, 약물 자체의 제조상의 차이 또는 그 환자의 그 날 기분이나 상황에 따라 다를 수 있다.

$\hat{Y} = \hat{f}(X)$을 예측하는 주어진 추정 $\hat{f}$의 설명변수 X를 고려해보자. 지금은 $\hat{f}$와 X는 고정되어 있다고 가정한다. 그러면, 다음을 보여 주는 것은 어렵지 않다.

$$\begin{aligned} E(Y - \hat{Y})^2 &= E[f(X) + \epsilon - \hat{f}(X)]^2 \\ &= \underbrace{[f(X) - \hat{f}(X)]^2}_{\text{reducible}} + \underbrace{\text{Var}(\epsilon)}_{\text{irreducible}} \end{aligned} \qquad (2.3)$$

여기서, $E(Y - \hat{Y})^2$은 Y의 예측 및 실제값 사이의 차이의 제곱에 대한 평균 또는 기댓값(expected value)을 나타내며, $\text{Var}(\epsilon)$은 오차항 ϵ과 관련된 분산(variance)을 나타낸다.

이 책에서는 축소가능 오차를 최소로 하며 f를 추정하는 기법들에 대해 중점적으로 다룬다. 축소불가능 오차는 항상 Y에 대한 예측 정확도의 상한선이 될 것이지만 그 경계는 현실적으로 거의 언제나 알려져 있지 않다.

추론(Inference)

보통 $X_1,\ldots,X_p$가 변함에 따라 Y가 어떻게 영향을 받는지 이해하는 데 관심이 있다. 이러한 상황에서, f를 추정하고자 하지만 반드시 Y에 대해 예측하는 것이 목적인 것은 아니다. 대신에 X와 Y 사이의 관계를 이해하길 원하거나, 좀 더 상세하게는, $X_1,\ldots,X_p$의 함수로서 Y가 어떻게 변하는지 이해하고자 한다. 이제, $\hat{f}$는 블랙박스로 취급될 수 없다. 왜냐하면, 그것의 정확한 형태를 알아야 할 필요가 있기 때문이다. 이런 설정에서 다음 질문들에 대한 답에 관심이 있을 수 있다.

- *어떤 설명변수들이 반응변수와 관련되어 있는가?* 많은 경우, 사용할 수 있는 설명변수들 중 아주 작은 일부만이 Y와 실질적으로 관련되어 있다. 많은 가능한 변수들 중에서 일부 중요 설명변수를 찾아내는 것은 응용에 따라서는 아주 유용할 수 있다.

- *반응변수와 각 설명변수 사이의 상관관계는 무엇인가?* 어떤 설명변수들은 그 값이 증가함에 따라 Y의 값도 증가한다는 점에서 Y와 양의(positive) 상관관계를 가지고 있을 수 있다. 다른 설명변수들은 상반된 상관관계를 가질 수도 있다. f의 복잡도에 따라 반응변수와 주어진 설명변수 사이의 상관관계는 다른 설명변수들의 값에 따라 변할 수도 있다.

- *Y와 각 설명변수의 상관관계는 선형 방정식을 사용하여 충분히 요약될 수 있는가? 또는 이 상관관계는 더 복잡한가?* 역사적으로 f를 추정하는 대부분의 방법들은 선형 형태를 취한다. 어떤 경우에는 이러한 가정이 합리적이거나 심지어 바람직하다. 그러나, 실제 상관관계는 보통 더 복잡하며 선형모델은 입력과 출력변수들 사이의 상관관계를 정확하게 표현하지 못할 수 있다.

이 책에서는 예측, 추론 또는 이 둘을 결합한 경우에 속하는 다수의 예제들을 살펴볼 것이다.

예를 들어, 직접 마케팅 캠페인을 하는데 관심이 있는 회사를 고려해보자. 목적은 각 개인에 대해 측정한 인구통계적 변수들의 관측치를 기반으로 메일광고에 긍정적으로 반응하게 될 사람들을 식별하는 것이다. 이 경우, 인구통계적 변수들은 설명변수 역할을 하고 마케팅 캠페인에 대한 반응변수는 (긍정적이든 또는 부정적이든) 결과의 역할을 한다. 이 회사는 각 개별 설명변수와 반응변수 사이의 관계를 깊이 이해하는 데는 관심이 없다. 대신에, 단순히 설명변수들을 사용하여 반응변수를 예측하는 정확한 모델을 원한다. 이것은 예측 모델링의 한 예이다.

반대로, 그림 2.1에서 보여준 Advertising 자료를 고려해보자. 다음과 같은 질문의 답에 관심이 있을 수도 있다.

- *어느 매체가 판매에 기여하는가?*

- *어느 매체가 판매를 가장 크게 증가시키는가?*

- *얼마만큼의 판매 증가가 TV 광고 증가와 관련되는가?*

이러한 상황은 추론의 전형적인 예에 해당한다. 또 다른 예는 가격, 매장 위치, 할인 수준, 경쟁자의 가격 등과 같은 변수를 기반으로 고객이 구매할 수 있는 제품의 브랜드를 모델링하는 것이 관련된다. 이러한 상황에서는 각 개별 변수가 구매 가능성에 어떻게 영향을 미치는지에 대해 가장 관심이 있을 것이다. 예를 들어, *제품의 가격을 변경하는 것은 판매에 어떤 영향을 미칠 것인가?* 이것은 추론에 대한 모델링의 예이다.

마지막으로, 어떤 모델링은 예측과 추론 둘 다를 위해 수행될 수 있다. 예를 들어, 부동산 시장에서 범죄율, 지역, 강과의 거리, 공기의 청정도, 학교, 지역의 소득 수준, 집의 크기 등과 같은 입력에 집값을 연관시키고자 할 수 있다. 이러한 경우, 개별 입력 변수들이 어떻게 가격에 영향을 미치는지 관심이 있을 수 있다. 즉, *만약 집의 전망이 강을 내려다 볼수 있다면 그 집의 가치가 얼마나 더 올라가는가?* 이것은 추론 문제이다. 아니면, 단순히 주어진 집의 특징에 대해 그 집의 가치를 예측하는 데 관심이 있을 수 있다. 즉, *이 집이 과소 또는 과대 평가되었는가?* 이것은 예측 문제이다.

최종 목적이 예측, 추론 또는 이 둘을 결합한 것인지의 여부에 따라 f를 추정하는 데 다른 방법들을 사용하는 것이 적절할 수 있다. 예를 들어, *선형모델들*은 비교적 간단하고 해석 가능한 추론을 할 수 있지만 몇몇 다른 기법들만큼 정확한 예측을 할 수 없을 수 있다. 반대로, 이 책의 후반부에서 다루는 몇 가지 고도의 비선형적인 기법들은 잠재적으로 Y에 대해 아주 정확한 예측을 제공할 수 있지만 추론을 더욱 어렵게 만드는 이해하기 어려운 모델을 초래한다.

2.1.2 어떻게 f를 추정하는가?

이 책에서는 f를 추정하기 위한 많은 선형 및 비선형적인 기법들을 살펴본다. 하지만, 이러한 방법들은 일반적으로 어떤 특징들을 공유하는데, 이 절에서는 이러한 특징들에 대한 개요를 제공한다. 언제나

n개의 다른 데이터 포인트를 관측한다고 가정할 것이다. 예를 들어, 그림 2.2에서는 $n = 30$개 데이터 포인트를 관측하였다. 이러한 관측치들은 훈련 데이터(training data)라고 하는데, 그 이유는 고려 중인 방법이 f를 어떻게 추정할지 훈련시키는 데 이 값들을 사용할 것이기 때문이다. x_{ij}는 관측 i에 대한 j번째 설명변수 또는 입력의 값을 나타낸다고 하자. 여기서, $i = 1, 2, \ldots, n$이고, $j = 1, 2, \ldots, p$이다. 이에 대응하여 y_i는 i번째 관측에 대한 반응변수를 나타낸다고 하자. 그러면, 훈련 데이터는 $\{(x_1, y_1), (x_2, y_2), \ldots, (x_n, y_n)\}$으로 구성되며, 여기서 $x_i = (x_{i1}, x_{i2}, \ldots, x_{ip})^T$이다.

우리의 목적은 통계학습방법을 훈련 데이터에 적용하여 알려지지 않은 함수 f를 추정하는 것이다. 다시 말하면, 임의의 관측치 (X, Y)에 대해 $Y \approx \hat{f}(X)$을 만족하는 함수 f를 찾고자 한다. 넓게 얘기하면, 이 일을 위한 대부분의 통계학습방법들은 모수적(parametric) 또는 비모수적(non-parametric)으로 특징지을 수 있다. 이제 이 두 종류의 기법에 대해 간단히 살펴본다.

모수적 방법(Parametric Methods)

모수적 방법은 2단계로 된 모델 기반의 기법이다.

1. 먼저, f의 함수 형태 또는 모양에 대해 가정한다. 예를 들어, 아주 단순하게 f는 X에 대해 선형적이라고 가정한다.

$$f(X) = \beta_0 + \beta_1 X_1 + \beta_2 X_2 + \cdots + \beta_p X_p \tag{2.4}$$

이것은 선형모델이며, 3장에서 자세하게 다룰 것이다. 일단 f가 선형이라는 가정이 있으면, f를 추정하는 문제는 크게 단순화된다. 완전히 임의의 p 차원 함수 $f(X)$를 추정해야 하는 대신에, $p + 1$개의 계수 $\beta_0, \beta_1, \ldots, \beta_p$만 추정하면 된다.

2. 모델이 선택된 후 훈련 데이터를 사용하여 모델을 적합(fit)하거나 훈련시키는 절차가 필요하다. 선형모델 (2.4)의 경우, 파라미터 $\beta_0, \beta_1, \ldots, \beta_p$를 추정해야 한다. 즉, 다음을 만족하는 파라미터들의 값을 찾고자 한다.

$$Y \approx \beta_0 + \beta_1 X_1 + \beta_2 X_2 + \cdots + \beta_p X_p$$

모델 (2.4)의 적합에 가장 일반적으로 사용되는 기법은 3장에서 다루는 (보통의)최소제곱이다.

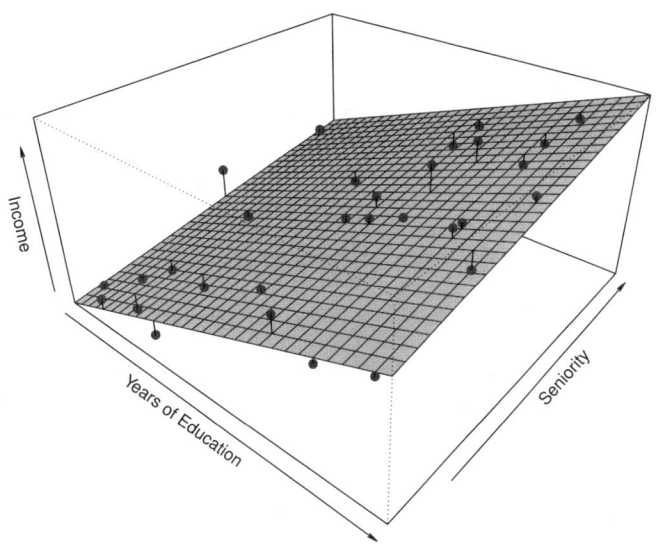

그림 2.4: 그림 2.3의 Income 자료에 대한 최소제곱에 의한 선형모델의 적합. 관측치들은 붉은색으로 표시되고 노란색 평면은 데이터에 대한 최소제곱적합을 나타낸다.

하지만, 최소제곱은 선형모델을 적합하는 많은 가능한 방법들 중의 하나이다. 6장에서는 (2.4)의 파라미터들을 추정하는 다른 기법들에 대해 다룬다.

조금 전에 설명한 모델 기반의 기법은 모수적 방법이라 하며, 여기서는 f를 추정하는 문제가 파라미터 집합을 추정하는 문제로 된다. f에 대한 모수적 형태를 가정하는 것은 f를 추정하는 문제를 단순화한다. 왜냐하면, 선형모델 (2.4)의 $\beta_0, \beta_1, \ldots, \beta_p$와 같은 파라미터들을 추정하는 것이 전적으로 임의의 함수 f를 적합하는 것보다 일반적으로 훨씬 쉽기 때문이다. 모수적 방법의 잠재적인 단점은 선택하는 모델이 알려지지 않은 f의 실제 형태와 보통은 맞지 않을 것이라는 것이다. 만약 선택된 모델이 f의 실제 모양과 너무 다르면 추정이 정확하지 않을 것이다. f에 대해 많은 다른 가능한 함수 형태를 적합할 수 있는 *유연한* 모델을 선택함으로써 이 문제를 해결하려고 시도할 수 있다. 그러나, 일반적으로 적합하는 모델이 유연할수록 추정해야 하는 파라미터 수도 많아진다. 이러한 좀 더 복잡한 모델들은 데이터에 대한 *과적합(overfitting)*을 초래할 수 있다. 과적합은 본질적으로 오차 또는 *노이즈(noise)*를 너무 면밀히 추적하는 것을 의미한다. 이러한 이슈에 대해서는 앞으로 계속 논의될 것이다.

그림 2.4는 그림 2.3의 Income 자료에 적용된 모수적 방법의 예를 보여 준다. 이것은 다음 형태의 선형모델을 적합한다.

$$\text{income} \approx \beta_0 + \beta_1 \times \text{education} + \beta_2 \times \text{seniority}$$

반응변수와 2개의 설명변수 사이에 선형 상관관계가 있다고 가정하므로, 전체 적합 문제는 $\beta_0, \beta_1, \beta_2$를 추정하는 문제로 바뀌고, 이것은 최소제곱 선형회귀를 사용하여 추정한다. 그림 2.3을 그림 2.4와 비교해 보면, 그림 2.4에서 주어진 선형적합은 잘 맞지 않다는 것을 볼 수 있다. 실제 f는 선형적합으로는 포착되지 않는 곡선 부분이 있다. 하지만, 선형적합은 여전히 교육기간과 income 사이의 양의 상관관계뿐만 아니라 seniority와 income 사이의 약간 덜 긍정적인 상관관계를 합리적으로 포착하는것처럼 보인다. 이렇게 적은 수의 관측치으로는 이것이 할 수 있는 최선일 수 있다.

비모수적 방법(Non-parameteric Methods)

비모수적 방법은 f의 함수 형태에 대해 명시적인 가정을 하지 않는다. 대신에 너무 거칠거나 왔다갔다 하지 않으면서 데이터 포인트들에 가능하면 가까워지는 f의 추정을 얻으려고 한다. 이러한 접근법은 모수적 방법에 비해 주요한 장점이 있을 수 있다. 즉, f의 함수 형태에 대한 가정을 하지 않아도 되므로 더 넓은 범위의 f 형태에 정확하게 적합될 가능성이 있다. 어떠한 모수적 방법이라도 f를 추정하는 데 사용된 함수 형태가 실제 f와 아주 많이 다를 수 있으며, 이 경우 결과 모델은 데이터에 잘 적합되지 않을 것이다. 이에 반해, 비모수적 방법은 f의 형태에 대한 어떠한 가정도 하지 않기 때문에 이러한 위험을 완전히 회피한다. 하지만, 비모수적 방법은 중요한 단점이 있다. 이 방법은 f를 추정하는 문제를 작은 수의 파라미터 추정 문제로 축소하지 않으므로, f에 대한 정확한 추정을 얻기 위해서는 아주 많은 수의(모수적 기법에서 보통 필요로 하는 것보다 훨씬 더 많은 수의) 관측치가 필요하다.

Income 자료를 적합하는 비모수적 방법의 한 예가 그림 2.5에 도시되어 있으며, 여기서는 *박판 스플라인(thin-plate spline)*이 f를 추정하는 데 사용된다. 이 기법은 f에 대해 어떠한 미리 지정된 모델을 고려하지 않는다. 대신에 관측된 데이터에 가능하면 가까워지는, 즉 그림 2.5의 노란색 표면이 *평활하게 (smooth)* 적합되게 하는 f에 대한 추정을 얻으려고 한다. 이 예에서 비모수적 적합은 그림 2.3에 보여준 실제 f 값을 놀라울만큼 정확하게 추정한다. 박판 스플라인을 적합하기 위해서는 평활정도를 선택해야

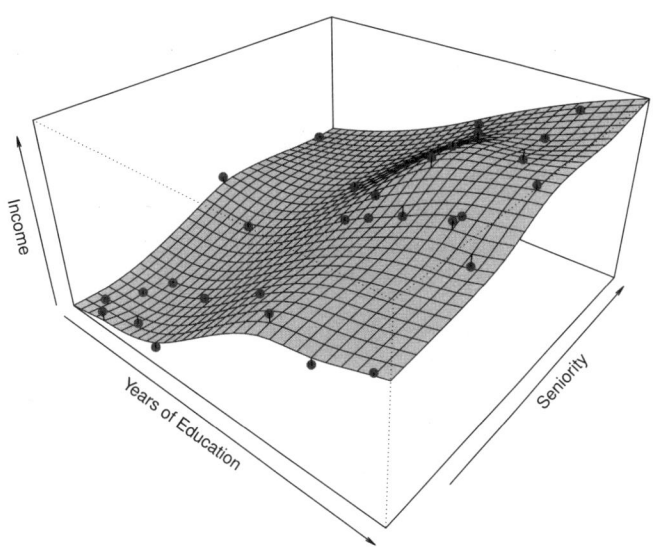

그림 2.5: 그림 2.3의 Income 자료에 대한 평활 박판 스플라인(smooth thin-plate spline) 적합(노란색). 관측치들은 붉은색으로 표시된다. 스플라인(spline)은 7장에서 논의된다.

한다. 그림 2.6은 동일한 박판 스플라인 적합을 사용하지만 약간 거친 적합을 초래하는 평활정도가 낮은 경우을 보여준다. 결과 추정값은 관측된 데이터에 아주 잘 맞는다! 하지만, 그림 2.6의 스플라인 적합은 그림 2.3의 실제 함수 f 보다 변동이 훨씬 더 많다. 이것은 앞에서 언급한 과적합(overfitting)의 한 예이다. 이러한 과적합 상황은 바람직하지 않다. 왜냐하면, 얻어진 적합이 원래의 훈련 데이터에 속하지 않는 새로운 관측치들에 대한 반응변수를 정확하게 추정하지 못할 것이기 때문이다. 올바른 평활도 수준을 선택하는 방법에 대해서는 5장에서 논의할 것이다.

지금까지 살펴본 바와 같이, 통계학습에서 모수적 방법과 비모수적 방법에는 장단점이 있다. 이 두 유형의 방법에 대해서는 책 전반에 걸쳐 살펴본다.

2.1.3 예측 정확도와 모델 해석력 사이의 절충(Trade-Off)

이 책에서 살펴보는 많은 방법들 중에서 일부는 f를 추정하는 데 비교적 작은 범위의 함수 형태만 제공할 수 있다는 점에서 덜 유연하거나 더 제한적이다. 예를 들어, 선형회귀는 비교적 유연하지 않은

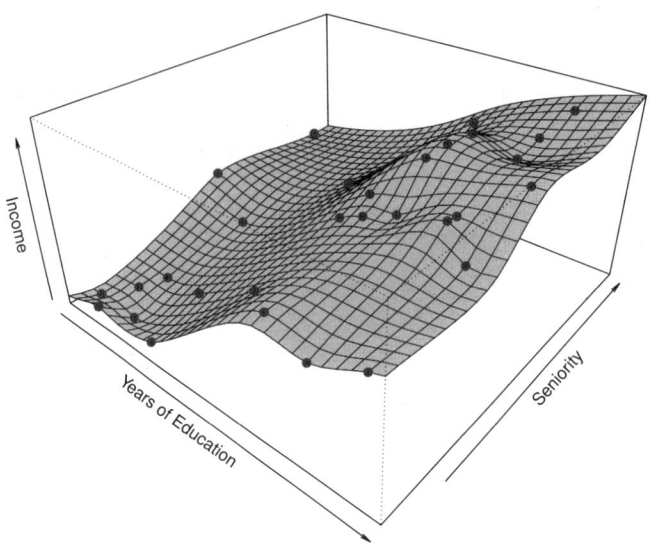

그림 2.6: 그림 2.3의 Income 자료에 대한 거친 박판 스플라인 적합. 이 적합은 훈련 데이터에 대해 오차가 없다.

기법인데, 이유는 그림 2.1에 보여준 직선 또는 그림 2.4에 보여준 평면과 같은 선형함수들만 생성할 수 있기 때문이다.

그림 2.5와 2.6에 보여준 박판 스플라인과 같은 다른 방법들은 훨씬 더 유연하다. 왜냐하면, 이들은 f를 추정하는 데 훨씬 넓은 범위의 가능한 함수 형태를 생성할 수 있기 때문이다.

상식적으로 다음과 같은 의문이 있을 수 있다. *도대체 왜 매우 유연한 기법 대신에 더 제한적인 방법을 선택하여 사용하는가?* 좀 더 제한적인 모델을 선호할 수 있는 몇 가지 이유가 있다. 만약 주 관심사가 추론이면, 제한적인 모델이 훨씬 더 해석하기 쉽다. 예를 들어, 추론이 목적인 경우, 선형모델은 Y와 $X_1, X_2, \ldots, X_p$ 사이의 상관관계를 이해하는 것이 아주 쉽기 때문에 좋은 선택일 수 있다. 이에 반해, 7장에서 다루며 그림 2.5와 2.6에 도시된 스플라인과 8장에서 다루는 부스팅 방법(boosting method)과 같은 매우 유연한 기법들은 f 추정이 복잡하게 되어 어떤 개별 설명변수가 반응변수와 어떻게 연관되는지 이해하기 어려울 수 있다.

그림 2.7은 이 책에서 다루는 일부 방법들에 대한 유연성과 해석력 사이의 관계를 보여준다. 3장에서 다루는 최소제곱 선형회귀는 비교적 유연하지 않지만 해석력은 상당히 좋다. 6장에서 다루는 *lasso*

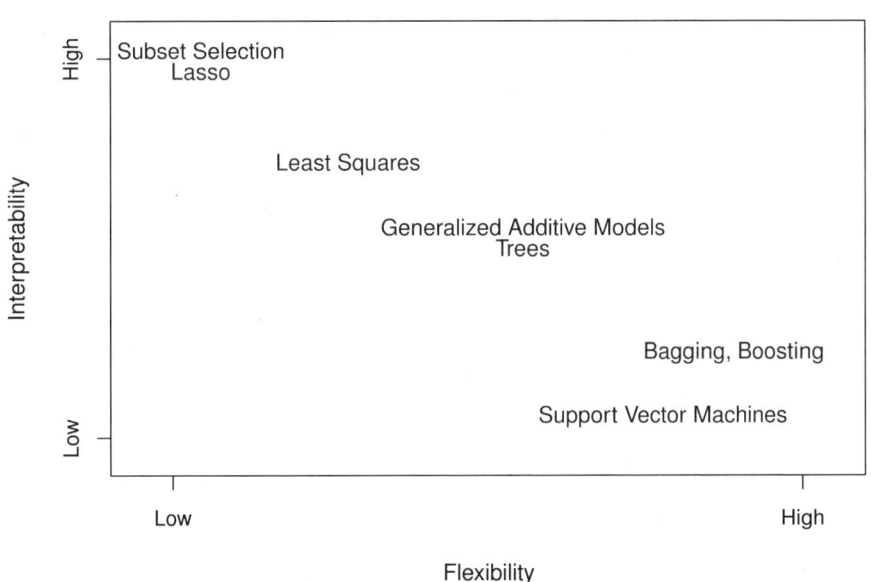

그림 2.7: 통계학습방법에 따른 유연성과 해석력 사이의 관계. 일반적으로 유연성이 증가함에 따라 해석력은 감소한다.

는 선형모델 (2.4)에 의존하지만 계수 $\beta_0, \beta_1, \ldots, \beta_p$를 추정하기 위해 다른 적합 절차(procedure)를 사용한다. 이 새 절차는 계수들을 추정하는 데 더 제한적이며 계수들 중 다수를 정확하게 영으로 설정한다. 이러한 관점에서 lasso는 선형회귀보다 유연성이 떨어지는 기법이다. 또한, lasso는 선형회귀보다 해석력이 더 낮다. 왜냐하면, 최종 모델에서 반응변수는 설명변수들의 작은 부분집합, 즉, 계수 추정값이 영이 아닌 것에만 관련될 것이기 때문이다. 7장에서 다루는 일반화가법모델(*Generalized Additive Models(GAMs)*)은 선형모델 (2.4)을 확장하여 특정 비선형 관계에 적용할 수 있게 한다. 결과적으로, GAM은 선형회귀보다 더 유연하다. 또한, GAM은 선형회귀보다는 다소 해석력이 떨어지는데, 이유는 각 설명변수와 반응변수 사이의 관계가 곡선(커브)을 사용하여 모델링되기 때문이다. 마지막으로, 배깅(*bagging*), 부스팅(*boosting*), 서포트 벡터 머신(*support vector machines*)과 같은 비선형 커널(kernel)을 가진 완전히 비선형적 방법들은 8장과 9장에서 다루어지며 해석이 더 어려운 아주 유연한 기법들이다.

추론이 목적일 때는 단순하고 비교적 덜 유연한 통계학습방법을 사용하는 것이 명백히 장점이 있다는 것을 살펴보았다. 하지만, 어떤 경우에는 예측에만 관심이 있고 예측 모델의 해석력에는 관심이 없다. 예를 들어, 만약 주식 가격을 예측하는 알고리즘을 개발하고자 한다면, 이 알고리즘에 대한 유일한 요구사항은 예측에 대한 정확도이고, 해석력에는 관심이 없다. 이러한 경우, 적용 가능한 가장 유연한 모델을 사용하는 것이 최선이라고 예상할 수 있다. 하지만 놀랍게도 이것이 항상 맞는 것은 아니다! 우리는 종종 덜 유연한 방법을 사용하여 더 정확한 예측을 얻을 것이다. 처음에는 직관에 반하는 것처럼 보이는 이러한 현상은 아주 유연한 방법들의 잠재적인 과적합과 관련이 있다. 그림 2.6에서 과적합의 예를 살펴보았다. 이 중요한 개념에 대해서는 2.2절과 이 책 전반에 걸쳐 좀 더 논의할 것이다.

2.1.4 지도학습과 비지도학습

대부분의 통계학습 문제들은 두 가지 부류 중 어느 하나, 즉 *지도학습(supervised)* 또는 *비지도학습(unsupervised)*에 속한다. 지금까지 이 장에서 다룬 예들은 모두 지도학습에 속한다. 설명변수를 측정한 각 관측치 $x_i(i=1,\ldots,n)$에 대해 연관된 반응변수의 측정값 y_i가 있다. 이 때, 반응변수를 설명변수에 관련시키는 모델을 적합하고자 하며, 목적은 미래 관측(예측)에 대해 반응변수를 정확하게 예측하거나 반응변수와 설명변수들 사이의 상관관계(추론)를 더 잘 이해하는 것이다. 선형회귀와 *로지스틱 회귀(logistic regression)*(4장)와 같은 많은 고전적 통계학습방법뿐만 아니라 GAM, 부스팅, 서포트 벡터 머신과 같은 좀 더 최근의 기법들도 지도학습의 범주에 속한다. 이 책의 대부분은 이러한 지도학습 방법에 관련된다.

이에 반해, 비지도학습은 모든 관측 $i=1,\ldots,n$에 대해 측정값 x_i를 관측하지만 연관된 반응변수 측정값 y_i가 없는 좀 더 어려운 상황을 설명한다. 예측할 반응변수가 없으므로 선형모델을 적합하는 것은 불가능하다. 이러한 설정에서는 어떤 의미에서 뚜렷한 방향성 없이 분석이 이루어지며, 분석을 지도할 수 있는 반응변수가 없으므로 *비지도학습*이라고 한다. 비지도 기법으로 어떤 종류의 통계 분석이 가능한가? 우리는 변수들 간 또는 관측치들 간의 상관관계를 이해하고자 한다. 이러한 설정에서 사용할 수 있는 통계학습 도구는 *클러스터링 분석(clustering analysis)* 또는 클러스터링이다. 클러스터 분석의 목적은 $x_1,\ldots,x_n$을 기반으로 관측치들이 상대적으로 구별되는 그룹에 속하는지 확인하는 것이다. 예

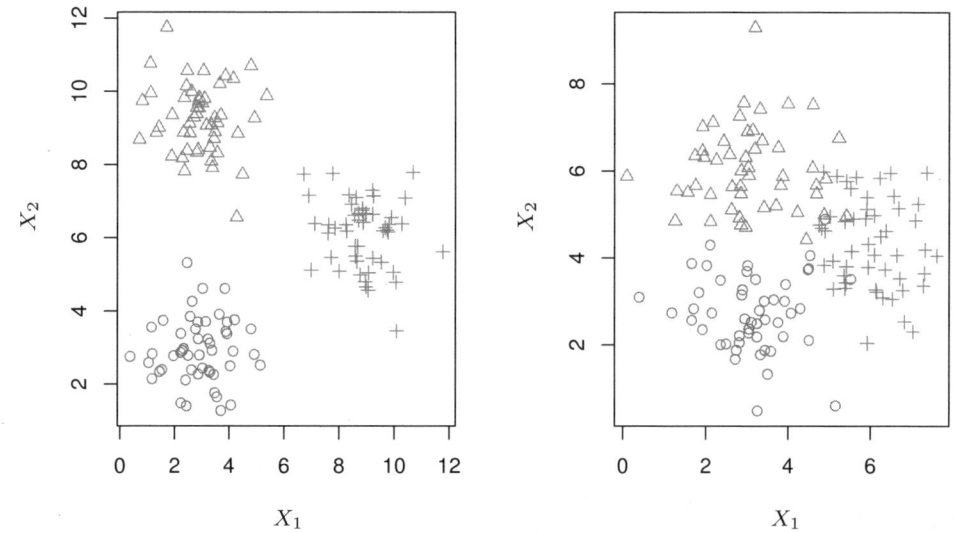

그림 2.8: 3개의 그룹이 관련된 클러스터링 자료. 각 그룹은 다른 색깔의 기호를 사용하여 표시된다. 왼쪽: 3개 그룹이 잘 분리되어 있다. 이 경우 클러스터링 기법은 세 그룹을 성공적으로 식별해야 한다. 오른쪽: 그룹들 사이에 겹쳐지는 부분이 존재한다. 이러한 경우 클러스터링이 쉽지 않다.

를 들어, 시장분할(market segmentation) 연구에서 우편 번호, 가족 수입, 쇼핑 습관과 같은 잠재적인 고객에 대한 다수의 특징(변수)들을 관측할 수 있다. 고객들은 다른 그룹, 예를 들어 지출이 큰 그룹과 지출이 작은 그룹에 속한다고 생각할 수 있다. 만약 각 고객의 지출 패턴에 대한 정보가 있다면 지도분석 (supervised analysis)이 가능할 것이다. 하지만 이러한 정보는 구할 수 없다. 즉, 잠재적인 각 고객의 지출이 많은지 혹은 적은지 알수 없다. 이러한 설정에서는 잠재 고객들이 속하는 그룹을 식별하기 위해 측정된 변수들을 기반으로 고객들을 클러스터링할 수 있다. 이렇게 그룹을 식별하는 것에 관심이 있을 수 있는 이유는 고객 그룹별로 지출 습관과 같은 어떤 관심있는 성질이 다를 수 있기 때문이다.

그림 2.8은 클러스터링 문제에 대해 간략히 보여준다. 이 그림은 두 변수 X_1과 X_2에 대한 측정값으로 구성된 150개 관측치를 그래프로 나타낸 것이다. 각 관측치는 세 개의 다른 그룹 중 어느 하나에 해당된다. 예시를 위해 각 그룹에 속하는 구성원들은 다른 색깔과 기호를 사용하여 나타낸다. 하지만,

실제로는 각 관측치가 어느 그룹에 속하는지 알려져 있지 않으며, 각 관측치가 속하는 그룹을 결정하는 것이 목적이다. 그림 2.8의 왼쪽 패널에서는 그룹들이 잘 분리되어 있기 때문에 그룹을 결정하는 것이 비교적 쉽다. 하지만 오른쪽 패널은 그룹들 간에 겹쳐지는 부분이 있는 좀 더 어려운 문제를 보여준다. 클러스터링 방법이 겹치는 점들을 모두 올바른 그룹(파란색, 녹색, 또는 오렌지색)으로 할당한다고 기대할 수는 없다.

그림 2.8의 예는 변수가 2개밖에 없어 관측치들에 대한 산점도(scatterplot)를 단순히 눈으로 검사하여 클러스터를 식별할 수 있다. 하지만, 실제 자료는 보통 변수의 수가 2개보다 훨씬 많을 것이다. 이러한 경우, 관측치들을 쉽게 그래프로 나타낼 수 없다. 예를 들어, 자료에 p개의 변수가 있으면, $p(p-1)/2$개의 다른 산점도가 만들어질 수 있어 시각적 검사는 클러스터를 식별하는 데 사용할 수 있는 방법이 아니다. 이러한 이유로 자동화된 클러스터링 방법이 중요하다. 클러스터링과 다른 비지도학습 기법들에 대해서는 10장에서 논의한다.

많은 문제들이 자연스럽게 지도학습 또는 비지도학습 패러다임(paradigm)에 속한다. 하지만 어떤 경우에는 분석을 지도적 또는 비지도적으로 해야 하는지 명확하지 않다. 예를 들어, n개 관측치의 집합이 있다고 해보자. $m < n$개의 관측치에 대한 설명변수의 측정값과 반응변수 측정값을 가지고 있다. 나머지 $n-m$개의 관측치에 대해서는 설명변수 측정값은 있지만 반응변수 측정값은 없다. 이런 시나리오는 설명변수들은 비교적 쉽게 측정할 수 있지만 대응하는 반응변수는 수집하기가 쉽지 않은 경우 발생한다. 이러한 설정을 *준지도학습(semi-supervised learning)* 문제라고 한다. 이 경우, 반응변수의 측정값을 이용할 수 있는 m개 관측치뿐만 아니라 반응변수 측정값을 이용할 수 없는 $n-m$개 관측치도 포함할 수 있는 통계학습방법을 사용하고자 한다. 이것은 비록 흥미로운 주제이긴 하지만 이 책의 범위를 벗어난다.

2.1.5 회귀와 분류문제

변수는 양적 변수 또는 *질적*(또는 범주형) 변수로 구분할 수 있다. 양적 변수는 수치 값을 취하는 것으로, 사람의 나이, 키 또는 수입, 집 값, 그리고 주식 가격이 그 예다. 반대로, 질적 변수는 K개의 다른 *클래스(classes)* 또는 카테고리(category) 중의 하나를 값으로 가진다. 질적 변수의 예로는 사람의 성별(남성 또는 여성), 구입한 제품의 브랜드(브랜드 A, B, 또는 C), 어떤 사람의 채무 지불 여부(연체 또는 연체

아님), 또는 암 진단(급성 골수성 백혈병, 급성 림프구성 백혈병, 또는 백혈병 아님)을 포함한다. 보통 양적 반응변수를 가지는 문제는 *회귀* 문제라고 하고, 질적 반응변수가 관련된 문제는 *분류* 문제라고 한다. 하지만 이 구분이 항상 명확한 것은 아니다. 최소제곱 선형회귀(3장)는 양적 반응변수와 같이 사용된다. 반면에 로지스틱 회귀(4장)는 전형적으로 질적(2-클래스 또는 이진(binary)) 반응변수와 함께 사용된다. 그래서 이것은 흔히 분류 방법으로 사용된다. 그러나 이것은 클래스 확률을 추정하므로 회귀 방법으로 생각될 수도 있다. *K*-최근접이웃(2장, 4장)과 부스팅(8장)과 같은 몇몇 통계 방법은 양적 또는 질적 반응변수에 사용될 수 있다.

반응변수가 양적인지 또는 질적인지에 따라 통계학습방법을 선택하는 경향이 있다. 즉, 반응변수가 양적인 경우 선형회귀를 사용하고 질적인 경우 로지스틱 회귀를 사용할 수 있다. 하지만 *설명변수*가 양적인지 또는 질적인지 여부는 일반적으로 덜 중요하다고 생각된다. 이 책에서 다루는 대부분의 통계학습방법은 질적 설명변수들이 분석 진행 이전에 적절하게 *코딩(coded)*된다면 설명변수 유형에 상관없이 적용될 수 있다. 이것에 대해서는 3장에서 다룬다.

2.2 모델의 정확도 평가

이 책의 주요 목적 중 하나는 표준 선형회귀 기법을 넘어서는 넓은 범위의 통계학습방법을 소개하는 것이다. 하나의 *최고의* 방법 대신 왜 이렇게 많은 통계학습 기법을 소개하는 것이 필요한가? 통계 분야에서 가능한 모든 자료에 대해 어떤 한 방법이 다른 방법들보다 지배적으로 나은 경우는 없다. 특정 자료에 대해 어떤 한 방법이 가장 좋은 결과를 줄 수 있지만, 비슷하지만 다른 자료에 대해서는 어떤 다른 방법이 더 나은 결과를 제공할 수 있다. 그러므로 임의의 주어진 자료에 대해 어느 방법이 최고의 결과를 제공하는지 결정하는 것은 중요한 일이다. 최고의 기법을 선택하는 것이 실제로 통계학습을 수행하는 데 있어서 가장 어려운 부분 중의 하나이다.

이 절에서는 특정 자료에 대한 통계학습 절차(프로시저, procedure)를 선택하는 데 있어서 가장 중요한 개념 중의 일부를 다룬다. 또한, 여기서 살펴본 개념들이 실제로는 어떻게 적용될 수 있는지 설명할 것이다.

2.2.1 적합의 품질 측정

주어진 자료에 대한 통계학습방법의 성능을 평가하기 위해서는 이 방법에 의한 예측이 관측된 데이터와 실제로 얼마나 잘 맞는지 측정하는 방법이 필요하다. 즉, 주어진 관측치에 대해 예측된 반응 값이 관측치에 대한 실제 반응 값에 얼마나 가까운지를 수량화하는 것이 필요하다. 이러한 회귀 설정에서 가장 일반적으로 사용되는 측도는 아래 식으로 주어지는 *평균제곱오차(MSE: mean squared error)* 이다.

$$MSE = \frac{1}{n}\sum_{i=1}^{n}\left(y_i - \hat{f}(x_i)\right)^2 \qquad (2.5)$$

여기서, $\hat{f}(x_i)$는 i번째 관측치에 대한 예측값이다. 예측된 반응 값들이 실제 반응 값들과 아주 가까우면 MSE는 작을 것이다. 하지만, 일부 관측치들에 대한 예측값과 실제값이 상당히 다를 경우 MSE는 큰 값이 될 것이다.

(2.5)의 MSE는 모델을 적합하는 데 사용된 훈련 데이터(training data)를 사용하여 계산되므로 좀 더 정확하게 말해 훈련 *MSE*라고 한다. 그러나, 일반적으로는 통계학습방법이 훈련 데이터에 대해 얼마나 잘 동작하는지는 관심이 없다. *실제로 관심이 있는 것은 통계학습방법을 사전에 본적이 없는 검정 데이터(test data)에 적용할 때 얻는 예측 정확도이다.* 왜 이러한 검정 데이터에 대한 정확도에 관심이 있는가? 이전의 주식 수익률를 기반으로 주식 가격을 예측하는 알고리즘을 개발하려고 한다고 해보자. 과거 6개월의 주식 수익률을 사용하여 통계학습방법을 훈련시킬 수 있다. 그러나, 이 통계학습방법이 지난주의 주식 가격을 얼마나 잘 예측하는지는 사실 관심이 없다. 정말로 관심이 있는 것은 이 방법이 내일 또는 다음 달의 주식 가격을 얼마나 잘 예측하느냐는 것이다. 유사한 관점에서, 다수의 환자에 대한 임상 측정치(예를 들어, 체중, 혈압, 키, 나이, 질병의 가족력)와 각 환자가 당뇨병인지에 대한 정보가 있다고 해보자. 이 환자들을 사용하여 임상 측정치를 기반으로 당뇨병의 위험을 예측하는 통계학습방법을 훈련시킬 수 있다. 실제로 우리가 원하는 것은 이 방법이 임상 측정치를 기반으로 *미래* 환자에 대한 당뇨병 위험을 정확하게 예측하는 것이다. 모델을 훈련하는 데 사용된 환자들에 대한 당뇨병 위험을 정확하게 예측하는지에 대해서는 별로 관심이 없다. 왜냐하면, 그 환자들 중 누가 당뇨병이 있는지는 이미 알고 있기 때문이다.

좀 더 수학적으로 설명하기 위해, 통계학습방법을 훈련 관측치(training observation) $\{(x_1, y_1), (x_2, y_2), \ldots, (x_n, y_n)\}$에 적합하여 추정함수 $\hat{f}$을 얻는다고 해보자. 그러면, $\hat{f}(x_1), \hat{f}(x_2), \ldots, \hat{f}(x_n)$을 계산할 수 있다. 만약에 이 값들이 $y_1, y_2, \ldots, y_n$과 거의 같다면, (2.5)에 의해 주어지는 훈련 MSE는 작을 것이다. 하지만, $\hat{f}(x_i) \approx y_i$인지 대해서는 관심이 없고, 대신에 $\hat{f}(x_0)$가 y_0와 거의 같은지 알고자 한다. 여기서, (x_0, y_0)은 이 통계학습방법을 훈련시키는 데 사용되지 않은 사전에 본적이 없는 *검정 관측치(test observation)*이다. 가장 낮은 훈련 MSE가 아니라 가장 낮은 검정 MSE를 제공하는 방법을 선택하고자 한다. 다시 말하면, 아주 큰 수의 검정 관측치가 있다면, 이들 검정 관측치 (x_0, y_0)에 대한 평균제곱예측오차인 다음 식을 계산할 수 있다.

$$\text{Ave}\left(y_0 - \hat{f}(x_0)\right)^2 \tag{2.6}$$

이 예측오차, 즉 검정 MSE가 가능한 한 작은 모델을 선택하고자 한다.

검정 MSE를 최소로 하는 방법을 어떻게 선택할 수 있는가? 어떤 경우에는 사용할 수 있는 검정 데이터셋이 있을 수 있다. 즉, 통계학습방법을 훈련시키는 데 사용되지 않았던 관측치들에 접근할 수도 있다. 이 경우엔 단순히 검정 관측치에 대해 (2.6)을 평가하여 검정 MSE가 가장 작은 학습방법을 선택한다. 그러나, 사용할 수 있는 검정 관측치가 없으면 어떻게 하는가? 이러한 경우, 훈련 MSE (2.5)를 최소로 하는 통계학습방법을 선택하는 것을 생각해 볼 수도 있다. 훈련 MSE와 검정 MSE는 밀접하게 관련되어 있어 보이므로 이것은 현명한 접근법인 것 같다. 유감스럽지만, 이 방식에는 근본적인 문제가 있다. 훈련 MSE가 가장 낮은 방법이 검정 MSE도 가장 낮게 할 것이라는 보장이 없다. 문제는 많은 통계방법들이 특별히 훈련 MSE가 최소가 되도록 계수들을 추정하는 것이다. 이러한 방법들의 경우, 훈련 MSE는 상당히 작을 수 있지만 검정 MSE는 보통 훨씬 더 크다.

그림 2.9는 이러한 현상의 간단한 예를 보여준다. 그림 2.9의 왼쪽 패널에서 검은색 곡선으로 주어진 실제 f를 가지고 식 (2.1)로부터 관측치들을 생성하였다. 오렌지색, 파란색, 녹색 곡선은 유연성 수준이 증가하는 방법들을 사용하여 얻은 세 가지 가능한 f에 대한 추정을 보여준다. 오렌지색 직선은 선형회귀 적합이며 이것은 비교적 유연하지 않다. 파란색과 녹색 곡선은 7장에서 논의될 *평활 스플라인(smoothing spline)*을 사용하며 평활도는 다르게 하여 생성되었다. 명백히, 유연성의 수준이

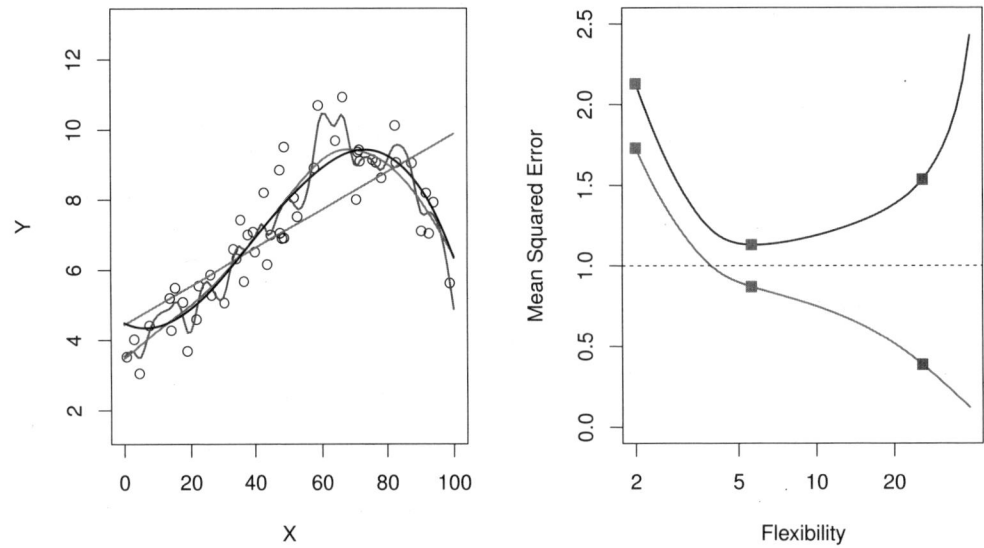

그림 2.9: 왼쪽: 검정색으로 표시한 f로부터 얻은 모의 데이터. f의 추정으로 선형회귀선(오렌지색)과 2개의 평활 스플라인 적합(파란색과 녹색)을 보여준다. 오른쪽: 훈련 MSE(회색 곡선), 검정 MSE(붉은색 곡선), 그리고 모든 방법에 대해 가능한 최소의 검정 MSE(파선). 사각형들은 왼쪽 패널에 보여준 3가지 적합에 대한 훈련 및 검정 MSE를 나타낸다.

증가할수록 곡선은 관측된 데이터를 더 가깝게 적합한다. 녹색 곡선이 가장 유연하며 데이터에 아주 잘 맞는다. 하지만, 이것은 너무 꾸불꾸불하기 때문에 실제 f(검은색으로 표시)를 잘 적합하지 못한다. 평활 스플라인 적합의 유연성 수준을 조절함으로써 이 데이터에 대한 많은 다른 적합을 얻을 수 있다.

이번엔 그림 2.9의 오른쪽 패널을 살펴보자. 회색 곡선은 몇몇 평활 스플라인들에 대해 평균 훈련 MSE를 유연성 또는 좀 더 공식적으로 *자유도(degrees of freedom)*의 함수로 나타낸 것이다. 자유도는 곡선의 유연성을 요약해주는 수치이며, 이것에 대해서는 7장에서 자세히 살펴본다. 오렌지색, 파란색, 그리고 녹색 사각형들은 왼쪽 패널의 대응하는 곡선들과 연관된 MSE를 나타낸다. 좀 더 제한적이어서 더 매끄러운 곡선은 꾸불꾸불한 곡선보다 자유도가 낮다—그림 2.9에서 선형회귀는 가장 제한적인 것이며 자유도는 2이다. 이 예에서, 실제 f는 비선형적이고, 따라서 오렌지색 선형적합은 f를 잘 추정할

만큼 충분히 유연하지 않다. 녹색 곡선은 세 가지 방법들 중 가장 낮은 훈련 MSE를 가진다. 왜냐하면, 이것은 왼쪽 패널의 세 가지 곡선적합 중 가장 유연한 것에 대응하기 때문이다.

이 예에서는 실제 함수 f를 알고 있으므로 아주 큰 검정셋에 대해 검정 MSE를 유연성의 함수로 계산할 수 있다(물론, 보통은 f를 모르므로 이 계산을 할 수는 없을 것이다). 검정 MSE는 그림 2.9의 오른쪽 패널에서 붉은색 곡선으로 표시된다. 훈련 MSE와 같이 검정 MSE는 처음에는 유연성이 증가함에 따라 줄어든다. 하지만, 어떤 지점 이후부터 검정 MSE는 다시 증가하기 시작한다. 그 결과, 오렌지색 및 녹색 곡선은 둘 다 높은 검정 MSE를 가진다. 파란색 곡선이 검정 MSE를 최소가 되게 하는데, 이것은 그림 2.9의 왼쪽 패널에서 f를 가장 잘 추정하는 것이 파란색 곡선인 것을 보면 쉽게 이해가 된다. 수평의 파선은 (2.3)의 축소불가능 오차 $Var(\epsilon)$을 나타내며, 이것은 모든 가능한 방법들 중에서 달성할 수 있는 가장 낮은 검정 MSE에 해당한다. 따라서, 파란색 곡선으로 나타낸 평활 스플라인은 가장 최적에 가깝다.

그림 2.9의 오른쪽 패널을 보면, 통계학습방법의 유연성이 증가함에 따라 훈련 MSE는 단조감소하지만 검정 MSE는 U 모양을 보인다. 이것은 가지고 있는 자료와 사용되는 통계방법에 관계없이 성립하는 통계학습의 기본적인 성질이다. 모델의 유연성이 증가함에 따라 훈련 MSE는 감소할 것이지만 검정 MSE는 그렇지 않을 수도 있다. 주어진 방법이 훈련 MSE는 작지만 검정 MSE는 큰 결과를 제공할 때 데이터를 *과적합(overfitting)*한다고 한다. 이러한 과적합은 통계학습 절차(프로시저)가 훈련 데이터에서 패턴을 찾는 데 지나치게 집중하여 알려지지 않은 함수 f의 실제 성질에 의한 것이 아니라 단순히 우연에 의한 어떤 패턴을 찾을 수도 있기 때문에 발생한다. 훈련 데이터를 과적합할 경우, 통계방법이 훈련 데이터에서 찾은 패턴이라는 것이 검정 데이터에서는 존재하지 않을 것이므로 검정 MSE가 아주 클 것이다. 과적합의 발생여부에 관계없이 훈련 MSE는 거의 항상 검정 MSE보다 작을 것으로 예상된다. 왜냐하면 대부분의 통계학습방법은 직접적으로 또는 간접적으로 훈련 MSE를 최소화하려고 하기 때문이다. 덜 유연한 모델이 더 작은 검정 MSE를 제공하는 경우에 특별히 과적합이라고 말한다.

그림 2.10은 실제 f가 거의 선형인 예를 보여준다. 여기서도 모델의 유연성이 증가함에 따라 훈련 MSE는 단조 감소하지만 검정 MSE는 U 모양인 것을 볼 수 있다. 하지만 실제 함수가 선형에 가까우므로 검정 MSE는 다시 증가하기 시작하기 전에 약간만 감소하고, 그래서 오렌지색의 최소제곱적합이 유연성이 아주 높은 녹색 곡선보다 훨씬 낫다. 마지막으로, 그림 2.11은 f가 상당히 비선형적인 예를

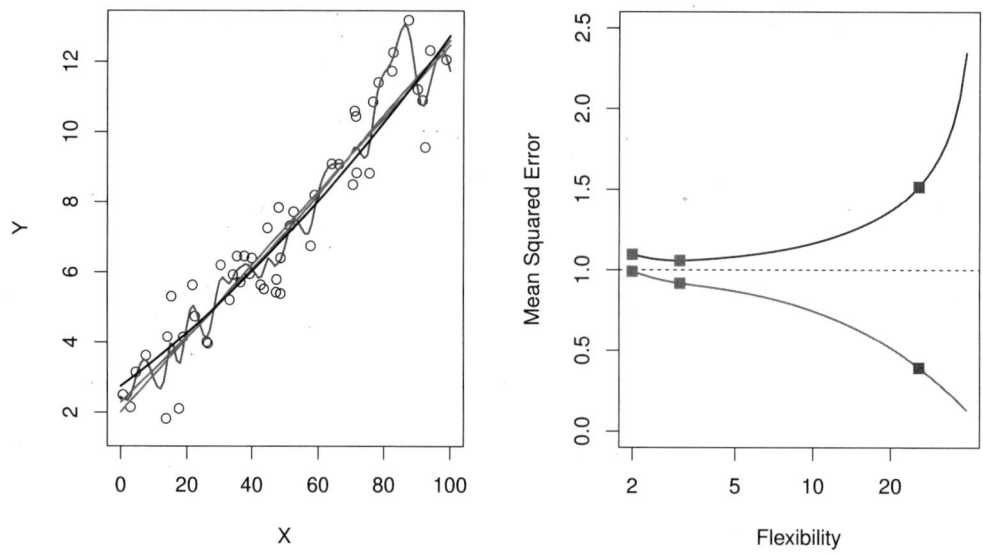

그림 2.10: 직선에 훨씬 더 가까운 f를 사용하여 그림 2.9에서와 동일한 3가지 적합 결과를 보여준다. 이 설정에서는 선형회귀가 데이터에 아주 잘 적합된다.

보여준다. 훈련 MSE와 검정 MSE 곡선은 여전히 동일한 일반적 패턴을 보이지만, 이번에는 검정 MSE 증가가 천천히 시작되기 전에 두 곡선이 급격하게 감소한다.

실제로, 훈련 MSE는 비교적 쉽게 계산할 수 있다. 그러나, 보통은 사용가능한 검정 데이터가 없으므로 검정 MSE를 추정하는 것은 상당히 어렵다. 앞의 세 가지 예에서 보듯이, 검정 MSE가 최소가 되는 모델에 대응하는 유연성 수준은 자료에 따라 상당히 다를 수 있다. 이 책에서는 검정 MSE가 최소로 되는 지점을 실제로 추정하는 데 사용될 수 있는 다양한 기법들에 대해 논의한다. 이러한 기법들 중 중요한 한 방법은 교차검증(*cross-validation*)(5장)인데, 이것은 훈련 데이터를 사용하여 검정 MSE를 추정하는 방법이다.

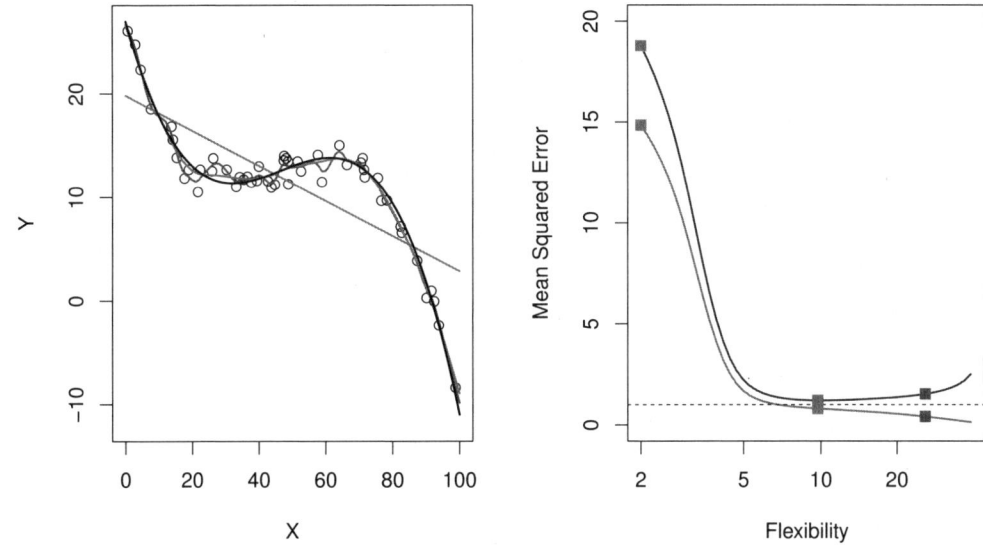

그림 2.11: 직선과는 상당히 다른 f를 사용하여 그림 2.9에서와 동일한 3가지 적합 결과를 보여준다. 여기서는 선형회귀가 데이터에 제대로 적합되지 않는다.

2.2.2 편향-분산 절충

검정 MSE 곡선이 U 모양(그림 2.9–2.11)을 보이는 것은 통계학습방법의 두 가지 상충되는 성질 때문이다. 이것을 수학적으로 증명하는 것은 이 책의 범위를 벗어나지만, 주어진 값 x_0에 대한 기대(expected) 검정 MSE는 항상 세 가지의 기본적 수량인 $\hat{f}(x_0)$의 분산, $\hat{f}(x_0)$의 제곱편향, 그리고 오차항 ϵ의 분산의 합으로 분해된다는 것을 보여줄 수 있다. 즉, 다음식이 성립한다.

$$E\left(y_0 - \hat{f}(x_0)\right)^2 = \text{Var}(\hat{f}(x_0)) + [\text{Bias}(\hat{f}(x_0))]^2 + \text{Var}(\epsilon) \tag{2.7}$$

여기서, $E(y_0 - \hat{f}(x_0))^2$은 기대 검정 MSE에 대한 정의로, 아주 큰 수의 훈련자료들을 사용하여 f를 반복적으로 추정하고 각각을 x_0에서 검정했을 경우 얻어지는 검정 MSE의 평균을 말한다. 전체 기대 검정 MSE는 검정자료의 모든 가능한 x_0 값에 대해 $E(y_0 - f(x_0))^2$을 평균하여 계산할 수 있다.

식 (2.7)에 의하면, 기대검정오차를 최소화하기 위해서는 낮은 *분산*과 낮은 편향을 동시에 달성하는 통계학습방법을 선택해야 한다. 분산은 본질적으로 음수가 아니고 제곱편향도 또한 음수가 아니다. 그러므로, 기대 검정 MSE는 (2.3)의 축소불가능 오차인 Var(ϵ)보다 작을 수 없다.

통계학습방법의 *분산*과 *편향*은 무엇을 의미하는가? 분산은 다른 훈련자료를 사용하여 추정하는 경우 $\hat{f}$이 변동되는 정도를 말한다. 훈련자료는 통계학습방법을 적합하는 데 사용되므로, 다른 훈련자료를 사용하면 $\hat{f}$이 달라질 것이다. 그러나 이상적으로는 f에 대한 추정이 훈련자료에 따라 너무 많이 변동되지 않아야 한다. 하지만, 분산이 높으면 훈련 데이터의 변화가 작아도 $\hat{f}$는 크게 변할 수 있다. 일반적으로, 통계학습방법의 유연성이 높을수록 분산도 더 높다. 그림 2.9의 녹색과 오렌지색 곡선을 살펴보자. 유연한 녹색 곡선은 관측치들을 아주 잘 따라간다. 이것은 분산이 높은데, 이유는 이들 데이터 포인트 중 어느 하나를 변화시키면 추정치 $\hat{f}$이 상당히 크게 변할 수도 있기 때문이다. 반대로, 오렌지색의 최소제곱선은 비교적 유연하지 않으며 분산이 낮다. 왜냐하면, 어느 하나의 관측치를 이동해도 직선의 위치 변화는 크지 않을 것이기 때문이다.

한편, 편향은 실제 문제를 훨씬 단순한 모델로 근사시킴으로 인해 발생되는 오차로, 극도로 복잡할 수도 있다. 예를 들어, 선형회귀는 Y와 $X_1, X_2, \ldots, X_p$ 사이에 선형 상관관계가 있다고 가정한다. 실제 문제가 이러한 단순한 선형 상관관계를 가질 가능성은 거의 없으므로 선형회귀를 수행하면 f 추정에 틀림없이 어떤 편향이 발생할 것이다. 그림 2.11에서 실제 f는 상당히 비선형적이므로, 아무리 많은 훈련 관측치가 있어도 선형회귀를 사용해서는 정확한 추정을 할 수 없을 것이다. 하지만, 그림 2.10에서는 실제 f가 거의 선형적이므로 데이터만 충분히 있으면 선형회귀로 정확하게 추정할 수 있을 것이다. 일반적으로는 유연성이 높은 방법일수록 편향이 적다.

원칙적으로 유연성이 높은 방법을 사용할수록 분산이 증가하고 편향은 감소할 것이다. 이러한 분산과 편향의 상대적 변동율이 검정 MSE가 증가 또는 감소하는지를 결정한다. 통계방법의 유연성을 증가시킴에 따라 편향은 처음에는 분산의 증가보다 더 빠르게 감소하는 경향이 있다. 하지만, 어떤 지점에서 유연성 증가는 편향에 거의 영향이 없지만 분산은 크게 증가시키기 시작한다. 이럴 경우, 검정 MSE는 증가한다. 그림 2.9–2.11의 오른쪽 패널을 보면 검정 MSE는 감소하다가 다시 증가하는 패턴을 보인다.

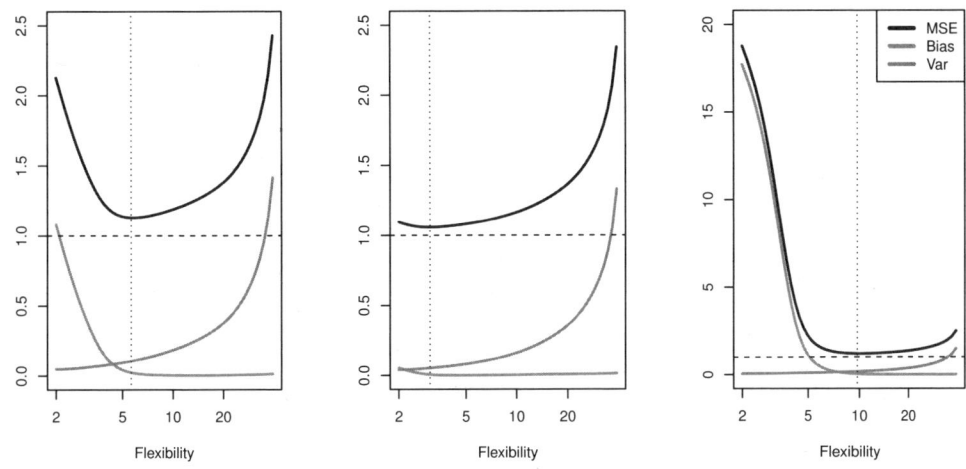

그림 2.12: 그림 2.9–2.11의 세 자료에 대한 제곱편향(파란색 곡선), 분산(오렌지색 곡선), $Var(\epsilon)$(파선), 검정 MSE(붉은색 곡선). 수직의 점선은 검정 MSE가 가장 작아지는 유연성 수준을 나타낸다.

그림 2.12에 나타낸 세 가지 그림은 그림 2.9–2.11에서 도시한 예에 대한 식 (2.7)을 보여준다. 각 그림에서 파란색 곡선은 다른 수준의 유연성에 대한 제곱편향을 나타내고, 오렌지색 곡선은 분산을 나타내며, 수평 파선은 축소불가능 오차 $Var(\epsilon)$을 나타낸다. 마지막으로, 붉은색 곡선은 검정 MSE로, 제곱편향, 분산, 그리고 축소불가능 오차의 합이다. 세 경우 모두에서 유연성이 증가함에 따라 분산은 증가하고 편향은 감소한다. 하지만, 자료에 따라 최적의 검정 MSE를 제공하는 유연성 수준은 상당히 다르다. 이유는 각 자료에서 제곱편향과 분산이 변하는 속도가 다르기 때문이다. 그림 2.12의 왼쪽 패널에서 편향은 초기에 빠르게 감소하여 기대 검정 MSE도 급격히 감소한다. 반면에, 그림 2.12의 중앙 패널에서는 실제 f가 선형에 가까워 유연성이 증가해도 편향감소가 미미하고, 검정 MSE는 분산이 증가함에 따라 약간 감소하다가 다시 빠르게 증가한다. 마지막으로, 그림 2.12의 오른쪽 패널에서는 유연성이 증가함에 따라 편향이 급격히 감소되는데, 이유는 실제 f가 아주 비선형적이기 때문이다. 또한, 유연성이 증가해도 분산의 증가는 거의 없다. 그 결과 검정 MSE는 유연성이 증가함에 따라 현저히 줄어들다가 다시 약간 증가한다.

그림 2.12에 나타낸 식 (2.7)로 주어지는 편향, 분산, 검정 MSE 사이의 관계를 편향-분산 절충이

라고 한다. 통계학습방법이 검정자료에 대해 좋은 성능을 내려면 분산뿐만 아니라 제곱편향도 낮아야 한다. 이것을 절충(trade-off)이라고 하는 이유는 편향은 아주 낮지만 분산이 높은 방법을 얻거나(예를 들어, 각 훈련 관측치를 하나하나 지나가는 곡선을 사용하여) 분산은 매우 낮지만 편향이 높은 방법을 얻는 것은(수평선을 데이터에 적합하여) 어렵지 않기 때문이다. 분산과 제곱편향이 둘 다 낮은 방법을 찾는 것이 어려운 것이다. 이러한 절충은 이 책에서 반복하여 다루는 가장 중요한 주제 중의 하나이다.

f가 관측되지 않는 실질적인 상황에서는 통계학습방법에 대한 검정 MSE, 편향 또는 분산을 명시적으로 계산하는 것이 일반적으로 불가능하다. 그럼에도 불구하고 편향-분산 절충을 항상 염두에 두고 있어야 한다. 이 책에서는 유연성이 극도로 높아 편향을 근본적으로 제거할 수 있는 방법들에 대해 살펴본다. 하지만, 이것이 선형회귀와 같은 훨씬 단순한 방법보다 더 나을 것이라는 보장은 없다. 실제 f가 선형인 극단적인 예를 하나 들어보자. 이 경우 선형회귀는 편향이 없을 것이므로 더 유연한 방법으로 좋은 성능을 내기는 매우 어려울 것이다. 반면에, 만약 실제 f가 아주 비선형적이고 많은 수의 훈련 관측치가 있다고 하면 그림 2.11에서와 같이 아주 유연성이 높은 기법을 사용하여 더 나은 성능을 낼 수도 있다. 5장에서 교차검증(cross-validation)에 대해 다루는데, 이것은 훈련 데이터를 사용하여 검정 MSE를 추정하는 방법이다.

2.2.3 분류 설정

지금까지 모델 정확도에 대한 논의는 회귀설정에 중점을 두었다. 그러나, 편향-분산 절충과 같은 많은 개념은 y_i가 더 이상 수치가 아니기 때문에 약간의 수정이 필요하지만 분류 설정에서도 사용된다. 훈련 관측치 $\{(x_1, y_1), \ldots, (x_n, y_n)\}$을 기반으로 f를 추정하고자 한다고 해보자. 여기서, $y_1, \ldots, y_n$은 질적 변수이다. 추정치 $\hat{f}$의 정확도를 수량화하는 가장 흔한 기법은 훈련오차율로, 이것은 $\hat{f}$을 훈련 관측치에 적용할 경우 발생하는 오차율이다.

$$\frac{1}{n}\sum_{i=1}^{n} I(y_i \neq \hat{y}_i) \tag{2.8}$$

여기서, $\hat{y}_i$는 $\hat{f}$을 사용하여 예측된 i번째 관측치에 대한 클래스 표시(label)이고, $I(y_i \neq \hat{y}_i)$는 지시변수 (indicator variable)로 $y_i \neq \hat{y}_i$이면 1이고 $y_i = \hat{y}_i$이면 0이다. 만약 $I(y_i \neq \hat{y}_i) = 0$이면 i번째 관측치는 분류방법에 의해 올바르게 분류되었고, 그렇지 않으면 잘못 분류되었다. 따라서 식 (2.8)은 잘못 분류된

비율을 계산한다.

식 (2.8)은 분류기를 훈련시키는 데 사용되었던 데이터를 기반으로 계산되기 때문에 훈련오차율 *(training error rate)*이라고 한다. 회귀 설정에서와 같이 가장 관심있는 것은 훈련에 사용되지 않았던 검정 관측치에 분류기를 적용해 얻은 오차율이다. (x_0, y_0) 형태의 검정 관측치들의 집합과 연관된 *검정오차율(test error rate)*은 다음 식으로 주어진다.

$$\text{Ave}\left(I(y_0 \neq \hat{y}_0)\right) \qquad (2.9)$$

여기서, $\hat{y}_0$는 설명변수가 x_0인 검정 관측치에 분류기를 적용하여 얻은 예측된 클래스이다. 좋은 분류기는 검정오차 (2.9)가 가장 작은 것이다.

베이즈 분류기(Bayes Classifier)

검정오차율 (2.9)는 평균적으로 주어진 설명변수 값에 대해 가장 가능성이 높은 클래스에 각 관측치를 할당하는 매우 단순한 분류기에 의해 그 값이 최소가 된다는 것을 보여줄 수 있다(비록 증명은 이 책의 범위를 벗어나지만). 다시 말하면, 설명변수 벡터 x_0를 가지는 검정 관측치는 단순히 다음 식 (2.10)이 가장 큰 클래스 j에 할당되어야 한다.

$$\Pr(Y = j | X = x_0) \qquad (2.10)$$

(2.10)은 *조건부확률(conditional probability)*로, 관측된 설명변수 벡터 x_0가 주어진 경우에 대해 $Y = j$일 확률이다. 이 단순한 분류기를 *베이즈 분류기*라고 한다. 오직 두 개의 반응변수 값, 이를테면 클래스 *1* 또는 클래스 *2*만 가능한 2-클래스 문제에서 베이즈 분류기는 $\Pr(Y = 1 | X = x_0) > 0.5$이면 클래스 1, 그렇지 않으면 클래스 2를 예측하는 것에 해당한다.

그림 2.13은 설명변수 X_1과 X_2로 구성된 2차원 공간에서 모의 자료를 사용한 예이다. 오렌지색과 파란색 원은 두 개의 다른 클래스에 속하는 훈련 관측치들이다. X_1과 X_2 각 값에 대해 오렌지색 또는 파란색에 속하는 반응변수의 확률이 다르다. 이 자료는 모의 데이터이므로, 데이터가 어떻게 생성되었는지 알고 있으며 X_1과 X_2의 각 값에 대한 조건부확률을 계산할 수 있다. 오렌지색 영역은

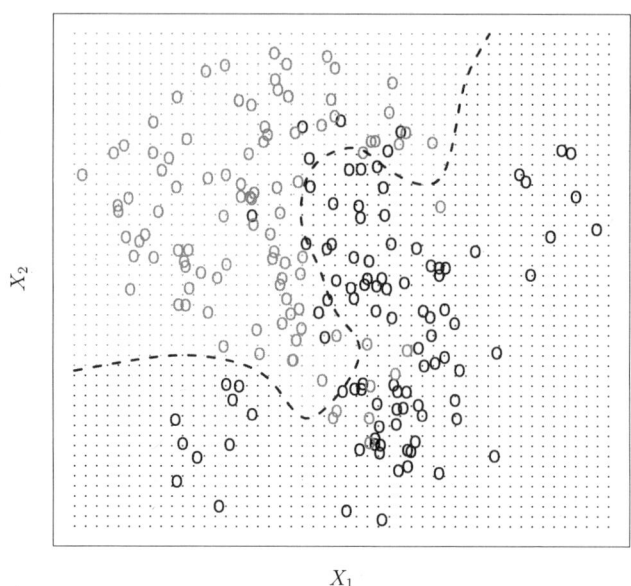

그림 2.13: 두 개 그룹에 각각 100개의 관측치가 있는 모의 자료. 각 그룹의 관측치는 파란색과 오렌지색으로 표시된다. 보라색 파선은 베이즈 결정경계를 나타낸다. 오렌지색 격자는 검정 관측치가 오렌지색 클래스에 할당될 영역을 표시하고, 파란색 격자는 검정 관측치가 파란색 클래스에 할당되게 될 영역을 나타낸다.

$\Pr(Y = \text{orange}|X)$가 50%보다 큰 점들의 집합을 나타내고, 파란색 영역은 이 확률이 50%보다 작은 점들의 집합을 나타낸다. 보라색 파선은 이 조건부확률이 정확하게 50%인 점들을 나타내며, 이것을 *베이즈 결정경계(Bayes decision boundary)*라고 한다. 베이즈 분류기의 예측은 베이즈 결정경계에 의해 결정된다. 결정경계에서 오렌지색 쪽에 속하는 관측치는 오렌지색 클래스에 할당되고 파란색 쪽에 속하는 관측치는 파란색 클래스에 할당될 것이다.

베이즈 분류기가 제공하는 검정오차율은 가능한 검정오차율 중 가장 낮은 값이고, 이것을 *베이즈 오차율*이라고 한다. 베이즈 분류기는 항상 (2.10)이 최대가 되는 클래스를 선택하므로 $X = x_0$에서의 오차율은 $1 - \max_j \Pr(Y = j|X = x_0)$일 것이다. 일반적으로, 전체 베이즈 오차율은 다음 식과 같다.

$$1 - E\left(\max_j \Pr(Y = j|X)\right) \qquad (2.11)$$

여기서 기대값은 가능한 모든 X 값에 대해 확률을 평균한 것이다. 이 예에 사용된 모의 자료의 베이즈 오차율은 0.1304이다. 이것은 영보다 큰 값인데, 이유는 실제 모집단에서는 클래스가 겹쳐지므로 일부 x_0 값에 대해 $\max_j \Pr(Y = j | X = x_0) < 1$이기 때문이다. 베이즈 오차율은 앞서 논의한 축소불가능 오차와 유사하다.

K-최근접이웃(K-Nearest Neighbors)

이론상 질적 반응변수는 베이즈 분류기를 사용하여 예측하는 것이 항상 가장 좋다. 그러나, 실제 데이터에서는 주어진 X에 대한 Y의 조건부분포를 모르므로 베이즈 분류기를 계산할 수 없다. 그러므로, 베이즈 분류기는 다른 방법들을 비교하는 데 사용되는 달성할 수 없는 표준 역할을 한다. 많은 기법들이 주어진 X에 대한 Y의 조건부분포를 추정하여 가장 높은 추정확률을 가지는 클래스로 관측치를 분류하고자 한다. 이러한 방법 중 하나가 K-최근접이웃(KNN) 분류기이다. 양의 정수 K와 검정 관측치 x_0에 대해 KNN 분류기는 먼저 훈련 데이터에서 x_0에 가장 가까운 K개 점($\mathcal{N}_0$로 표시)을 식별한다. 그다음에, 클래스 j에 대한 조건부확률을 반응변수 값이 j인 $\mathcal{N}_0$ 내 점들의 비율로 추정한다.

$$\Pr(Y = j | X = x_0) = \frac{1}{K} \sum_{i \in \mathcal{N}_0} I(y_i = j) \tag{2.12}$$

마지막으로, 베이즈 규칙을 적용하여 검정 관측치 x_0을 확률이 가장 높은 클래스에 할당한다.

그림 2.14는 KNN 기법의 한 예를 보여준다. 왼쪽 패널은 6개의 파란색 관측치와 6개의 오렌지색 관측치로 구성된 작은 규모의 훈련자료를 나타낸다. 검은색 X-표시의 관측치에 대해 예측하는 것이 목적이다. $K = 3$을 선택한다고 해보자. 그러면 KNN은 X-표시된 점에 가장 가까운 3개의 관측치를 먼저 식별할 것이다. X-표시된 점의 이웃(neighborhood)은 원형으로 표시되며, 여기에는 2개의 파란색 점과 1개의 오렌지색 점이 포함되어 있어 파란색 클래스의 추정확률은 2/3이고 오렌지색 클래스는 1/3이다. 따라서, KNN은 X-표시된 관측치를 파란색 클래스에 속하는 것으로 예측할 것이다. 그림 2.14의 오른쪽 패널은 $K = 3$인 KNN 기법을 모든 X_1과 X_2 값에 적용하여 대응하는 KNN 결정경계를 그린 것이다.

아주 단순한 기법임에도 불구하고 KNN은 보통 최적의 베이즈 분류기에 놀라울 만큼 가까운 분류

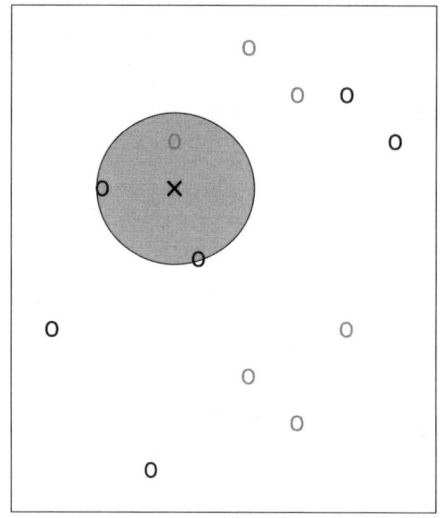 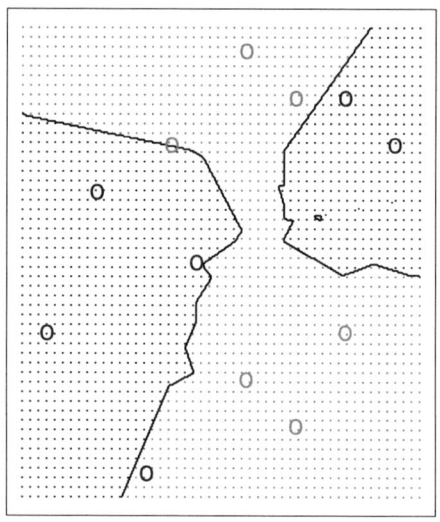

그림 2.14: $K = 3$인 KNN 기법을 6개의 파란색 관측치와 6개의 오렌지색 관측치로 구성된 간단한 상황에서 보여준다. 왼쪽: 클래스를 예측하고자 하는 검정 관측치는 검은색 X로 표시된다. 이 검정 관측치에 가장 가까운 3개의 점이 식별되고, 이 3개 관측치가 가장 자주 포함되는 클래스, 이 예에서는 파란색 클래스에 검정 관측치가 속한다고 예측한다. 오른쪽: 이 예의 KNN 결정경계가 검은색으로 표시된다. 파란색 격자는 검정 관측치가 파란색 클래스에 할당되게 될 영역을 나타내고 오렌지색 격자는 검정 관측치가 오렌지색 클래스에 할당되게 될 영역을 나타낸다.

기를 제공할 수 있다. 그림 2.15는 그림 2.13의 규모가 더 큰 모의 자료에 $K = 10$인 KNN을 적용하여 얻은 결정경계를 나타낸다. KNN 분류기는 실제 분포를 모르지만 KNN 결정경계는 베이즈 분류기에 상당히 가깝다. KNN을 사용한 검정오차율은 0.1363으로, 베이즈 오차율 0.1304에 근접한다.

K의 선택은 얻어지는 KNN 분류기에 큰 영향을 미친다. 그림 2.16은 그림 2.13의 모의 자료에 $K = 1$과 $K = 100$을 사용한 두 가지 KNN 적합을 나타낸다. $K = 1$일 때, 결정경계는 지나치게 유연하고 베이즈 결정경계와 맞지 않는 데이터 패턴들을 발견한다. 이것은 편향은 낮지만 분산이 높은 분류기에 해당한다. K가 증가할수록 이 방법은 덜 유연해지고, 선형에 가까운 결정경계를 제공한다. 이것은 분산은 낮지만 편향이 높은 분류기에 해당한다. 이 모의 자료에서 $K = 1$과 $K = 100$ 어느 것을 사용해도 예측결과가 좋지 않으며, 검정오차율은 각각 0.1695와 0.1925이다.

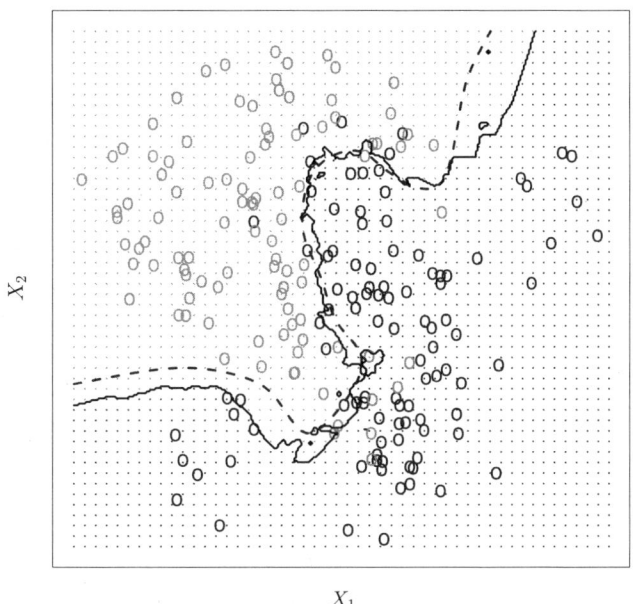

그림 2.15: 검은색 곡선은 그림 2.13의 자료에 $K = 10$을 사용한 KNN 결정경계를 나타낸다. 베이즈 결정경계는 보라색 파선으로 표시된다. KNN 결정경계와 베이즈 결정경계는 매우 흡사하다.

회귀 설정에서와 같이, 훈련오차율과 검정오차율 사이에 강한 상관관계는 없다. $K = 1$인 경우 KNN 훈련오차율은 0이지만, 검정오차율은 상당히 높을 수 있다. 일반적으로, 유연성이 높은 분류방법을 사용할수록 훈련오차율은 감소할 것이지만 검정오차율은 그렇지 않을 수도 있다. 그림 2.17에서 KNN의 검정오차율과 훈련오차율을 $1/K$의 함수로 나타내었다. $1/K$이 증가함에 따라 KNN 방법의 유연성도 증가한다. 회귀 설정에서와 같이, 훈련오차율은 유연성이 증가함에 따라 지속적으로 감소한다. 하지만, 검정오차는 U 모양을 보이며, 처음에는 감소하다가(대략 $K = 10$일 때 최소) 유연성이 지나치게 커져 과적합이 일어날 때 다시 증가한다.

회귀와 분류 설정에서 올바른 수준의 유연성을 선택하는 것은 통계학습방법의 성공에 아주 중요하다. 편향-분산 절충과 검정오차(오류)의 U 모양은 유연성 수준 선택을 어렵게 만들 수 있다. 5장에서는 검정오차율을 추정하여 주어진 통계학습방법에 대한 최적의 유연성 수준을 선택하는 다양한 방법들에 대해 논의한다.

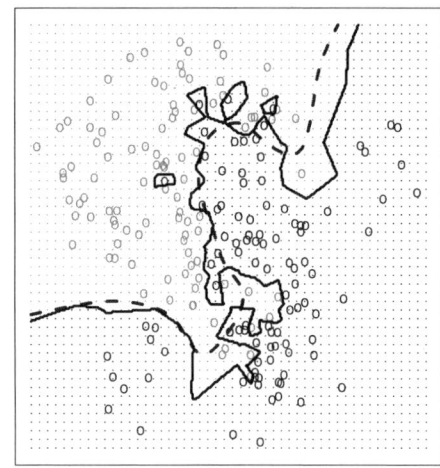
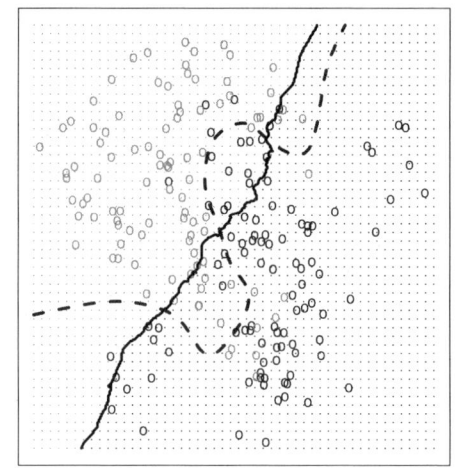

그림 2.16: 그림 2.13의 자료에 $K = 1$과 $K = 100$을 사용하여 얻은 KNN 결정경계(검은색 곡선). $K = 1$인 경우 결정경계는 지나치게 유연하지만 $K = 100$인 경우에는 충분히 유연하지 않다. 베이즈 결정경계는 보라색 파선으로 표시된다.

2.3 Lab: R에 대한 소개

간단한 몇몇 R 명령어를 소개한다. R은 아래 웹 사이트에서 다운로드 받을 수 있다.

```
http://cran.r-project.org/
```

2.3.1 기본 명령어

R은 *함수(function)*를 사용하여 연산을 수행한다. funcname이라는 함수를 실행하기 위해서는 funcname(input1, input2)를 입력한다. 여기서, input1과 input2는 R이 함수를 실행하는 데 필요한 값을 전달해 주는 *인자*이다. 함수는 임의의 수의 입력을 가질 수 있다. 예를 들어, 숫자들로 이루어진 벡터를 생성하기 위해 함수 c()를 사용한다. 괄호안의 숫자들은 생성된 벡터의 원소가 된다. 다음의 R 명령은 숫자 1, 3, 2, 5를 원소로 하는 *벡터*를 생성하여 그것을 x에 할당(저장)한다. 벡터 이름 x를 입력하면 그

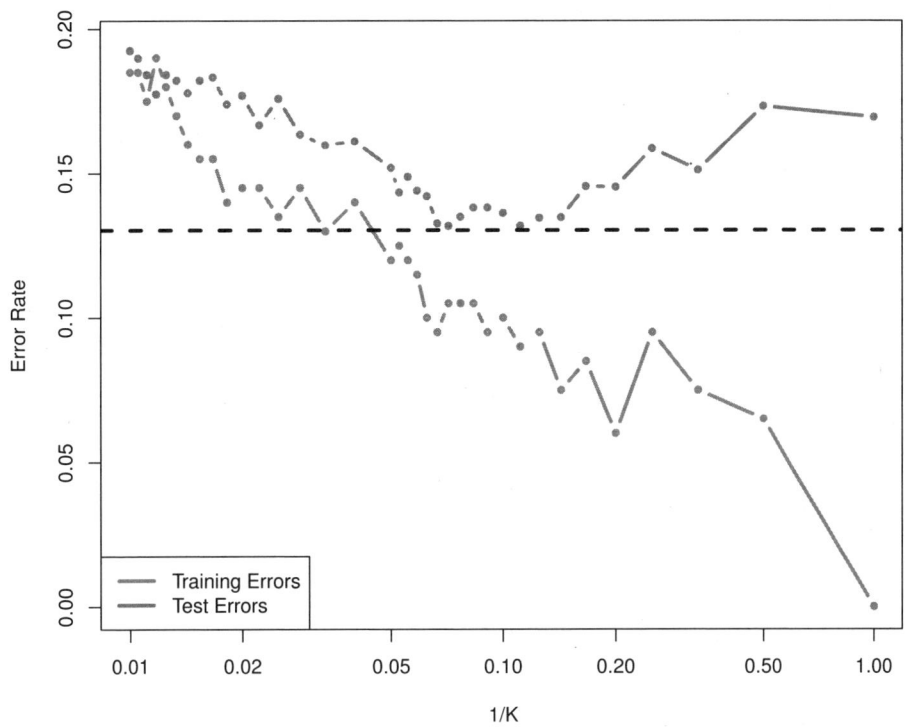

그림 2.17: 그림 2.13의 자료에 대해 KNN의 훈련오차율(파란색, 200개 관측치)과 검정오차율(오렌지색, 5,000개 관측치)을 유연성 수준($1/K$로 평가된) 증가 또는 동등하게 이웃의 수 K 감소에 따라 나타낸 도면. 검은색 파선은 베이즈 오차율을 나타낸다. 곡선이 매끄럽지 않은 것은 훈련자료의 크기가 작기 때문이다.

원소가 출력된다.

```
> x <- c(1,3,2,5)
> x
[1] 1 3 2 5
```

기호 > 는 명령의 일부가 아니다. 이것은 R이 출력한 것으로 또 다른 명령 입력을 받아들일 준비가 되어 있다는 것을 나타낸다. 기호 <- 대신에 = 을 사용할 수도 있다.

```
> x = c(1,6,2)
> x
[1] 1 6 2
> y = c(1,4,3)
```

위쪽 방향 화살표 키를 여러 번 누르면 이전에 입력된 명령어들이 나타날 것이다. 이 기능은 유사한 명령어를 반복하고자 할 때 유용하다. 또한, ?funcname(함수이름 앞에 물음표를 붙임)을 입력하면 R은 함수 funcname에 대한 추가 정보를 보여주는 새로운 도움말 창을 연다.

R을 사용하여 두 셋(set) 내의 숫자들을 각각 더할 수 있다. 즉, x의 첫 번째 숫자는 y의 첫 번째 숫자에 더해지고 x의 두 번째 숫자는 y의 두 번째 숫자에 더해지는 방식이다. 하지만, 이러한 연산은 x와 y의 길이가 동일해야 가능하다. length() 함수를 사용하면 그 길이를 확인할 수 있다.

```
> length(x)
[1] 3
> length(y)
[1] 3
> x+y
[1]  2 10  5
```

ls() 함수는 지금까지 저장한 데이터 및 함수들과 같은 모든 객체의 리스트를 보여준다. rm() 함수는 객체를 삭제하는 데 사용된다.

```
> ls()
[1] "x" "y"
> rm(x,y)
> ls()
character(0)
```

객체들을 한 번에 모두 제거하는 것도 가능하다.

```
> rm(list=ls())
```

matrix() 함수는 행렬을 생성하는 데 사용될 수 있다. matrix() 함수를 사용하기 전에, 아래와 같이 이 함수에 대한 도움말을 확인해 볼 수 있다.

```
> ?matrix
```

도움말 파일에 의하면 matrix() 함수는 다수의 입력을 취하지만, 지금은 처음 3개의 입력, 즉 데이터(행렬의 엔트리), 행의 수, 그리고 열의 수에 중점을 둔다. 먼저, 간단한 행렬을 하나 만들어 보자.

```
> x=matrix(data=c(1,2,3,4), nrow=2, ncol=2)
> x
     [,1] [,2]
[1,]    1    3
[2,]    2    4
```

위의 matrix() 명령어에서 data=, nrow=, ncol=을 생략할 수 있다. 즉, 아래와 같이 입력해도 결과는 동일하다.

```
> x=matrix(c(1,2,3,4),2,2)
```

하지만, 때로는 전달되는 인자의 이름을 명시하는 것이 유용할 수 있다. 왜냐하면, 전달인자의 이름을 명시하지 않을 경우 R은 이 함수의 도움말 파일에 주어진 것과 동일한 순서로 함수 인자들이 전달된다고 가정할 것이기 때문이다. 이 예에서 보여주듯이, R은 기본적으로 열을 순서대로 채워 행렬을 생성한다. byrow=TRUE 옵션을 사용하면 행을 순서대로 채워 행렬이 만들어진다.

```
> matrix(c(1,2,3,4),2,2,byrow=TRUE)
     [,1] [,2]
[1,]    1    2
[2,]    3    4
```

위의 명령어 실행에서는 행렬을 x와 같은 값에 할당하지 않았다. 이 경우 행렬이 화면에 출력은 되지만 저장되지는 않는다. sqrt() 함수는 벡터 또는 행렬의 각 원소의 제곱근을 반환(return)한다. 명령어 x^2은 x의 각 원소를 제곱한다. 분수 또는 음의 제곱을 포함하여 임의의 제곱을 사용할 수 있다.

```
> sqrt(x)
     [,1] [,2]
[1,] 1.00 1.73
[2,] 1.41 2.00
> x^2
     [,1] [,2]
[1,]    1    9
[2,]    4   16
```

rnorm() 함수는 첫 번째 인자를 표본의 크기로 하는 정규분포의 랜덤 숫자를 생성한다. 이 함수는 호출될 때마다 다른 값을 생성할 것이다. 여기서는 상관된 숫자들로 구성된 두 개의 셋 x와 y를 생성하고, cor() 함수를 사용하여 그들 사이의 상관계수를 계산한다.

```
> x=rnorm(50)
> y=x+rnorm(50,mean=50,sd=.1)
> cor(x,y)
[1] 0.995
```

기본적으로, rnorm()은 평균이 0이고 표준편차가 1인 표준정규분포의 랜덤 숫자를 생성한다. 하지만, 위에서 보여준바와 같이 mean과 sd 인자를 사용하여 평균과 표준편차를 바꿀 수 있다. 정확하게 동일한 셋의 랜덤 숫자들을 생성하기를 원한다면 set.seed() 함수를 사용할 수 있다. 이 함수는 (임의의) 정수를 인자로 취한다.

```
> set.seed(1303)
> rnorm(50)
[1] -1.1440  1.3421  2.1854  0.5364  0.0632  0.5022 -0.0004
...
```

Lab에서 랜덤 숫자가 관련되는 계산을 수행할 때는 항상 set.seed()를 사용한다. 이렇게 함으로써 같은 절차에 대해 동일한 결과를 얻을 수 있을 것이다. 하지만 R의 버전에 따라 결과가 약간 다를 수도 있다.

mean()과 var() 함수는 평균과 분산을 계산하는 데 사용된다. var()의 결과에 sqrt()을 적용하면 표준편차가 얻어질 것이다. 표준편차는 sd() 함수를 사용하여 계산할 수도 있다.

```
> set.seed(3)
> y=rnorm(100)
> mean(y)
[1] 0.0110
> var(y)
[1] 0.7329
> sqrt(var(y))
[1] 0.8561
> sd(y)
[1] 0.8561
```

2.3.2 그래프

plot() 함수는 R에서 데이터를 그래프로 나타내는 주요 방법이다. 예를 들어, plot(x, y)는 x와 y 내 숫자들의 산점도(scatterplot)를 그려준다. plot() 함수에는 다양한 옵션들이 사용될 수 있다. 예를 들어, xlab 인자를 전달하면 x 축 제목이 표시된다. plot() 함수에 대한 더 자세한 내용은 ?plot을 사용하여 알아볼 수 있다.

```
> x=rnorm(100)
> y=rnorm(100)
> plot(x,y)
> plot(x,y,xlab="this is the x-axis",ylab="this is the y-axis",
       main="Plot of X vs Y")
```

R에서 plot()의 출력을 저장하고자 할 때 사용되는 명령어는 생성하고자 하는 파일의 유형에 따라 다를 것이다. 예를 들어, pdf() 함수는 pdf 파일을 만들고, jpeg() 함수는 jpeg 파일을 만든다.

```
> pdf("Figure.pdf")
> plot(x,y,col="green")
> dev.off()
null device
          1
```

함수 dev.off()는 그래프 생성이 완료되었음을 나타낸다. 또한, 단순히 그래프 윈도우(창)를 복사하여 Word 문서와 같은 적절한 파일 유형에 붙여넣기 할 수도 있다.

함수 seq()는 숫자들의 시퀀스(sequence)를 생성하는 데 사용될 수 있다. 예를 들어, seq(a, b)는 a와 b 사이의 정수들로 이루어진 벡터를 만든다. 이 함수에는 여러 가지 옵션이 사용될 수 있다. 예를 들어, seq(0, 1, length=10)은 0과 1 사이에 동일한 간격을 가지는 10개의 숫자로 된 시퀀스를 만든다. 3:11을 입력하는 것은 seq(3, 11)을 입력하는 것과 같은 의미이다.

```
> x=seq(1,10)
> x
 [1]  1  2  3  4  5  6  7  8  9 10
> x=1:10
> x
 [1]  1  2  3  4  5  6  7  8  9 10
> x=seq(-pi,pi,length=50)
```

이제 좀 더 복잡한 그래프를 만들어 보자. contour() 함수는 3차원 데이터를 표현하기 위해 등고선 그래프(contour plot)를 생성한다. 등고선 그래프는 지형도(topographical map)와 비슷하다. contour() 함수는 세 개의 인자를 취한다.

1. x 값들의 벡터 (첫 번째 차원)

2. y 값들의 벡터(두 번째 차원)

3. 원소들이 (x, y) 좌표의 각 쌍에 대한 값 z(세 번째 차원)에 대응하는 행렬

plot() 함수에서와 같이, contour() 함수의 출력을 조정하는 데 많은 다른 인자들이 사용될 수 있다. 이들 인자에 대한 상세한 내용은 ?contour을 사용하여 도움말을 참조해보자.

```
> y=x
> f=outer(x,y,function(x,y)cos(y)/(1+x^2))
> contour(x,y,f)
> contour(x,y,f,nlevels=45,add=T)
> fa=(f-t(f))/2
> contour(x,y,fa,nlevels=15)
```

image() 함수는 contour() 함수와 동일한 방식으로 동작하며, 다른 점은 z 값에 따라 색깔이 다른 그래프를 생성한다는 것이다. 이것은 열지도*(heatmap)*로 알려져 있으며, 일기예보에서 온도를 나타내는 데 가끔 사용된다. 또한, persp()를 사용하여 3차원 그래프를 생성할 수도 있다. 인자인 theta와 phi는 그래프가 보이는 각도를 제어한다.

```
> image(x,y,fa)
> persp(x,y,fa)
> persp(x,y,fa,theta=30)
> persp(x,y,fa,theta=30,phi=20)
> persp(x,y,fa,theta=30,phi=70)
> persp(x,y,fa,theta=30,phi=40)
```

2.3.3 데이터 인덱싱(Indexing)

자료의 전체가 아니라 일부분만 살펴보고자 할 때가 있다. 행렬 A에 데이터가 저장되어 있다고 해보자.

```
> A=matrix(1:16,4,4)
> A
     [,1] [,2] [,3] [,4]
[1,]    1    5    9   13
[2,]    2    6   10   14
[3,]    3    7   11   15
[4,]    4    8   12   16
```

A[2, 3]을 입력하면 행렬 A의 2행 3열에 있는 원소 10이 선택될 것이다.

```
> A[2,3]
[1] 10
```

항상, 기호 [뒤의 첫 번째 숫자는 행을, 두 번째 숫자는 열을 나타낸다. 인덱스로 벡터를 제공하여 한 번에 다수의 행과 열을 선택할 수도 있다.

```
> A[c(1,3),c(2,4)]
     [,1] [,2]
[1,]    5   13
[2,]    7   15
> A[1:3,2:4]
     [,1] [,2] [,3]
[1,]    5    9   13
[2,]    6   10   14
[3,]    7   11   15
> A[1:2,]
     [,1] [,2] [,3] [,4]
[1,]    1    5    9   13
[2,]    2    6   10   14
> A[,1:2]
     [,1] [,2]
[1,]    1    5
[2,]    2    6
[3,]    3    7
[4,]    4    8
```

마지막 두 예에서는 열 인덱스 또는 행 인덱스를 포함하지 않는다. 이렇게 하면 R은 인덱스가 주어지지 않은 열 또는 행 모두를 포함한다. R은 행렬의 행 또는 열이 하나인 것을 벡터로 취급한다.

```
> A[1,]
[1]  1  5  9 13
```

인덱스에 음수 기호 – 를 사용하면 R은 인덱스로 표시된 행 또는 열을 제외한 나머지 모두를 선택한다.

```
> A[-c(1,3),]
     [,1] [,2] [,3] [,4]
[1,]    2    6   10   14
[2,]    4    8   12   16
> A[-c(1,3),-c(1,3,4)]
[1] 6 8
```

dim() 함수는 주어진 행렬의 행과 열을 출력한다.

```
> dim(A)
[1] 4 4
```

2.3.4 데이터 로딩(Loading)

대부분의 분석 작업에서, 첫 번째 단계는 R로 데이터를 임포트(import)하는(읽어 들이는) 것이다. read.table() 함수는 데이터를 임포트하는 주요 방법 중 하나이다. 데이터를 엑스포트(export)하는 데는 write.table() 함수를 사용할 수 있다.

자료를 로딩하기 전에, R은 로딩할 데이터가 있는 디렉토리를 알아야 한다. 예를 들어, 윈도우(Windows) 시스템에서는 파일메뉴 아래에서 디렉토리를 바꾸어 올바른 디렉토리를 선택할 수 있다. 하지만, 디렉토리를 바꾸는 방법은 사용 중인 운영체제(예를 들어, Windows, Mac, Unix)에 따라 세부사항이 다르므로 여기서 상세히 다루지 않는다. Auto 자료를 로딩하는 것으로 시작해보자. 이 자료는 ISLR 라이브러리(3장에서 라이브러리에 대해 다룬다)의 일부이지만, read.table() 함수의 예를 보여주기 위해 여기서는 텍스트 파일에서 로딩한다. 다음 명령어는 Auto.data 파일을 R로 로딩하여 *데이터 프레임(data frame)*이란 포맷으로 된 Auto라는 객체로 저장한다(이 텍스트 파일은 이 책의 웹사이트에서 얻을 수 있다). 데이터가 로딩되고 나면, fix() 함수를 사용하여 스프레드시트(spreadsheet) 같은 창에서 그 데이터를 볼 수 있다. 하지만, 다른 R 명령어를 입력하려면 먼저 이 창을 닫아야 한다.

```
> Auto=read.table("Auto.data")
> fix(Auto)
```

Auto.data는 단순한 텍스트 파일이므로 일반 텍스트 편집기를 사용하여 열어볼 수도 있다. 자료를 R로 로딩하기 전에 텍스트 편집기 또는 다른 소프트웨어를 사용하여 확인하는 것이 보통 바람직하다.

Auto.data 자료는 올바르게 로딩되지 않는데, 그 이유는 R이 변수이름을 데이터의 일부로 가정하여 그것을 첫 번째 행에 포함하기 때문이다. 이 자료는 또한 물음표로 표시된 다수의 누락된 관측치를 포함한다. 관측치의 누락은 실제 자료에서 흔히 발생한다. read.table() 함수에서 header=T(또는 header=TRUE) 옵션을 사용하면 R은 파일의 첫 번째 줄이 변수이름을 포함한다고 인식하게 되고, na.strings 옵션을 사용하면 R은 (물음표와 같은) 특정 문자 또는 일련의 문자들을 볼 때마다 그것을 데이터 행렬의 누락된 원소로 취급한다.

```
> Auto=read.table("Auto.data",header=T,na.strings="?")
> fix(Auto)
```

엑셀(Excel) 포맷의 데이터를 R로 로딩하는 간단한 방법은 데이터를 csv(comma separated value) 파일로 저장한 다음에 read.csv() 함수를 사용하는 것이다.

```
> Auto=read.csv("Auto.csv",header=T,na.strings="?")
> fix(Auto)
> dim(Auto)
[1] 397   9
> Auto[1:4,]
```

dim() 함수를 실행해 보면 이 자료는 397개의 관측치 또는 행과 9개의 변수 또는 열을 가진다는 것을 알 수 있다. 누락된 데이터를 처리하는 방법은 다양하다. 이 예에서는 누락된 관측치를 포함하는 행이 5개뿐이므로 na.omit() 함수를 사용하여 단순히 이 행들을 제거한다.

```
> Auto=na.omit(Auto)
> dim(Auto)
[1] 392   9
```

데이터가 바르게 로딩되면, names() 함수를 사용하여 변수이름들을 확인할 수 있다.

```
> names(Auto)
[1] "mpg"          "cylinders"    "displacement" "horsepower"
[5] "weight"       "acceleration" "year"         "origin"
[9] "name"
```

2.3.5 추가적인 그래프와 수치 요약

plot() 함수를 사용하여 양적 변수들의 *산점도*를 그릴 수 있다. 하지만, 단순히 변수이름을 입력하면 에러가 발생할 것이다. 왜냐하면, R은 이 변수들을 Auto 자료에서 찾아봐야 한다는 것을 알지 못하기 때문이다.

```
> plot(cylinders, mpg)
Error in plot(cylinders, mpg) : object 'cylinders' not found
```

변수를 참조하기 위해서는 자료와 변수이름을 $ 기호로 결합하여 입력해야 한다. 또는, attach() 함수를 사용하여 데이터 프레임 내의 변수들을 그 이름으로 사용할 수 있게 할 수 있다.

```
> plot(Auto$cylinders, Auto$mpg)
> attach(Auto)
> plot(cylinders, mpg)
```

cylinders 변수는 숫자 벡터(numeric vector)로 저장되므로 R은 그것을 양적 변수로 취급한다. 하지만, cylinders에 대해 가능한 값의 수가 몇 개 안되므로 이 변수를 질적 변수로 취급하길 원할 수 있다. as.factor() 함수는 양적 변수를 질적 변수로 바꾼다.

```
> cylinders=as.factor(cylinders)
```

만약 x 축에 나타낸 변수가 범주형이면, plot() 함수는 자동적으로 박스도표*(boxplot)*를 생성할 것이다. 통상적으로 여러 가지 옵션들을 명시하여 그래프 표현을 다르게 나타낼 수 있다.

```
> plot(cylinders, mpg)
> plot(cylinders, mpg, col="red")
> plot(cylinders, mpg, col="red", varwidth=T)
> plot(cylinders, mpg, col="red", varwidth=T,horizontal=T)
> plot(cylinders, mpg, col="red", varwidth=T, xlab="cylinders",
    ylab="MPG")
```

hist() 함수는 히스토그램을 나타내는 데 사용될 수 있다. col=2와 col="red"는 동일한 결과를 가져다 준다.

```
> hist(mpg)
> hist(mpg,col=2)
> hist(mpg,col=2,breaks=15)
```

pairs() 함수는 산점도 행렬을 생성한다. 산점도 행렬은 주어진 자료의 모든 변수쌍에 대한 산점도이다. 또한, 단지 일부의 변수들에 대한 산점도들을 생성할 수도 있다.

```
> pairs(Auto)
> pairs(~ mpg + displacement + horsepower + weight +
    acceleration, Auto)
```

identify() 함수는 plot() 함수와 함께 사용되어 그래프 상의 점에 대한 특정 변수값을 대화형으로 식별하는 데 유용하다. identify()에는 세 개의 인자, x 축 변수, y 축 변수, 그리고 값이 출력되길 원하는 변수가 제공된다. 그래프에서 주어진 점을 클릭하면 R은 관심있는 변수(즉, 세 번째 인자)의 값을 출력한다. identify() 함수를 종료하려면 그래프를 오른쪽 클릭(Mac의 경우 control-click)하면 된다. identify() 함수 아래에 출력되는 각 숫자는 선택된 점이 포함된 행을 나타낸다.

```
> plot(horsepower,mpg)
> identify(horsepower,mpg,name)
```

summary() 함수는 특정 자료 내 각 변수에 대한 요약을 제공한다.

```
> summary(Auto)
      mpg          cylinders       displacement
 Min.   : 9.00   Min.   :3.000   Min.   : 68.0
 1st Qu.:17.00   1st Qu.:4.000   1st Qu.:105.0
 Median :22.75   Median :4.000   Median :151.0
 Mean   :23.45   Mean   :5.472   Mean   :194.4
 3rd Qu.:29.00   3rd Qu.:8.000   3rd Qu.:275.8
 Max.   :46.60   Max.   :8.000   Max.   :455.0

   horsepower        weight       acceleration
 Min.   : 46.0   Min.   :1613   Min.   : 8.00
 1st Qu.: 75.0   1st Qu.:2225   1st Qu.:13.78
 Median : 93.5   Median :2804   Median :15.50
 Mean   :104.5   Mean   :2978   Mean   :15.54
 3rd Qu.:126.0   3rd Qu.:3615   3rd Qu.:17.02
 Max.   :230.0   Max.   :5140   Max.   :24.80

      year           origin                     name
 Min.   :70.00   Min.   :1.000   amc matador       :  5
 1st Qu.:73.00   1st Qu.:1.000   ford pinto        :  5
 Median :76.00   Median :1.000   toyota corolla    :  5
 Mean   :75.98   Mean   :1.577   amc gremlin       :  4
 3rd Qu.:79.00   3rd Qu.:2.000   amc hornet        :  4
 Max.   :82.00   Max.   :3.000   chevrolet chevette:  4
                                 (Other)           :365
```

name과 같은 질적 변수에 대해 R은 각 카테고리(범주)에 속하는 관측치의 수를 열거한다. 또한, 하나의 변수에 대한 요약을 보여줄 수도 있다.

```
> summary(mpg)
   Min. 1st Qu.  Median    Mean 3rd Qu.    Max.
   9.00   17.00   22.75   23.45   29.00   46.60
```

R을 끝내려면 q() 또는 quit을 입력하면 된다. R을 종료할 때 현재 *작업공간(workspace)*을 저장하는 옵션이 있다. 만약 작업공간을 저장하면 현재 R 세션에서 생성되었던 (자료와 같은) 모든 객체들이 다음번에 R을 시작할 때 사용할 수 있을 것이다. R을 종료하기 전에 가장 최근 세션에서 입력한 모든 명령어들의 기록을 savehistory() 함수를 사용하여 저장할 수 있다.

2.4 연습문제

1. 다음의 (a)-(d) 각각에 대해, 유연한 통계학습방법과 덜 유연한 방법 중 어느 것이 일반적으로 성능이 더 나은지 말하여라. 답이 맞다는 근거를 설명하여라.

    (a) 표본의 크기 n은 아주 크고, 설명변수의 수 p는 작다.

    (b) 설명변수의 수 p는 아주 크고, 관측치의 수 n은 작다.

    (c) 설명변수들과 반응변수 사이의 상관관계가 아주 비선형적이다.

    (d) 오차항들의 분산, 즉 $\sigma^2 = \text{Var}(\epsilon)$이 아주 높다.

2. 다음의 각 시나리오가 분류문제인지 또는 회귀문제인지 설명하고, 가장 관심있는 것이 추론인지 또는 예측인지 명시하여라. 마지막으로, n과 p를 제시하여라.

    (a) 미국 내 상위 500개 회사에 대한 자료가 있다. 이 자료는 각 회사의 이익, 직원 수, 업종, CEO 연봉을 포함한다. 어떤 요소가 CEO 연봉에 영향을 주는지 이해하는 데 관심이 있다.

    (b) 새로운 제품의 출시를 고려하고 있다. 이 제품이 성공할 것인지 또는 *실패*할 것인지 알고자 한다. 이미 출시된 20개의 유사한 제품에 대한 데이터가 있다. 이 데이터는 각 제품에 대한 성공 또는 실패, 판매 가격, 마케팅 예산, 경쟁사 가격, 그리고 10개의 다른 변수들을 포함한다.

    (c) 세계 주식 시장에서 주별 변동과 관련하여 미국 달러화의 % 변화를 예측하고자 한다. 2012년 전체의 주별 데이터가 있다. 이 데이터는 각 주에 대한 달러의 % 변화와 미국, 영국, 그리고 독일 시장의 각 % 변화에 대한 기록을 포함한다.

3. 편향-분산의 분해에 대해 다시 살펴보자.

    (a) 통계학습방법의 유연성이 증가함에 따른 전형적인 (제곱)편향, 분산, 훈련오차, 검정오차, 그리고 베이즈(또는 축소 불가능)오차에 대한 곡선들을 하나의 그래프에 나타내어라. x 축은 학습방법의 유연성의 정도를 나타내고 y 축은 각 곡선의 값을 나타내어야 한다. 5개의 곡선이 각각 표시되어야 한다.

    (b) 5개의 각 곡선이 (a)에 나타낸 것과 같은 형태를 가지는 이유를 설명하여라.

4. 통계학습에 대한 실질적인 예를 생각해보자.

   (a) *분류*가 유용할 수 있는 실제 예 3가지를 기술하여라. 설명변수들과 반응변수를 기술하여라. 각 예의 목적이 추론인지 또는 예측인지 명시하고 설명하여라.

   (b) *회귀*가 유용할 수 있는 실제 예 3가지를 기술하여라. 설명변수들과 반응변수를 기술하여라. 각 예의 목적이 추론인지 또는 예측인지 명시하고 설명하여라.

   (c) *클러스터 분석*이 유용할 수 있는 실제 예 3가지를 기술하여라.

5. 회귀 또는 분류에 대한 기법 중에서 매우 유연한 방법이 덜 유연한 방법에 비해 가지는 장점과 단점은 무엇인가? 어떤 경우에 더 유연한 기법을 선호하고, 또 어떤 경우에 덜 유연한 기법을 선호하는가?

6. 통계학습 기법에서 모수적 기법과 비모수적 기법의 차이를 기술하여라. 회귀 또는 분류에서 모수적 기법과 비모수적 기법의 장점과 단점은 무엇인가?

7. 아래 표는 6개의 관측치, 3개의 설명변수, 그리고 1개의 질적 반응변수를 포함하는 훈련자료이다.

관측치	X_1	X_2	X_3	Y
1	0	3	0	붉은색
2	2	0	0	붉은색
3	0	1	3	붉은색
4	0	1	2	녹색
5	−1	0	1	녹색
6	1	1	1	붉은색

   이 자료에서, K-최근접이웃을 사용하여 $X_1 = X_2 = X_3 = 0$일 때 Y에 대해 예측하고자 한다고 해보자.

   (a) 각 관측치와 $X_1 = X_2 = X_3 = 0$ 사이의 유클리드 거리를 계산하여라.

   (b) $K = 1$인 경우 예측값은 무엇인가? 이유는?

(c) $K = 3$인 경우 예측값은 무엇인가? 이유는?

(d) 이 문제에서 베이즈 결정경계가 아주 비선형적이면, 예상되는 최적의 K 값은 큰가 혹은 작은가? 이유는?

8. 이 문제는 College.csv 파일에 있는 College 자료에 관련된다. 이것은 미국 내의 777개 대학에 대한 다수의 변수들을 포함하며, 이 변수들은 아래와 같다.

   - Private : 공립/사립 표시
   - Apps : 지원자 수
   - Accept : 입학허가를 받은 지원자 수
   - Enroll : 등록한 신입생 수
   - Top10perc : 고등학교 성적이 상위 10%에 속하는 신입생 수
   - Top25perc : 고등학교 성적이 상위 25%에 속하는 신입생 수
   - F. Undergrad : 풀타임(full-time) 학부생 수
   - P. Undergrad : 파트타임 학부생 수
   - Outstate : 타주학생 학비(Out-of-state tuition)
   - Room.Board : 숙식비(room and board costs)
   - Books : 추정 교재 비용
   - Personal : 추정 개인 지출
   - PhD : PhD가 있는 교수 비율(백분율)
   - Terminal : 터미널 학위를 가진 교수 비율(백분율)
   - S.F.Ratio : 학생 대 교수 비율
   - perc.alumni : 기부하는 졸업생 비율(백분율)
   - Expend : 학생당 교육지출
   - Grad.Rate : 졸업률

데이터를 R로 읽어들이기 전에 Excel 또는 텍스트 편집기를 사용하여 볼 수 있다.

(a) read.csv() 함수를 사용하여 데이터를 R로 읽어들여라. 로딩된 데이터를 college라고 하자.

(b) fix() 함수를 사용하여 데이터를 살펴보자. 첫 번째 열은 각 대학의 이름이다. R이 대학 이름을 데이터로 처리하지는 않아야 하지만 나중에 대학 이름이 필요할 수도 있다. 다음 명령어들을 실행해보자.

```
> rownames(college)=college[,1]
> fix(college)
```

이제 각 대학의 이름을 포함하는 열 row.names가 있는 것을 볼 수 있을 것이다. 이것은 R이 각 행에 대응하는 대학의 이름을 부여했다는 것을 의미한다. R이 행의 이름에 대해 계산을 수행하려 하지는 않을 것이지만 이름이 저장된 데이터의 첫 번째 열을 제외할 필요는 있다. 다음 명령어를 실행해보자.

```
> college=college[,-1]
> fix(college)
```

이제는 데이터의 첫 번째 열이 Private임을 볼 수 있을 것이다. row.names라고 표시된 열은 Private 열 앞에 나타난다. 하지만, row.names 열은 데이터 열이 아니라 R이 각 데이터 열에 부여한 이름이다.

(c)   i. summary() 함수를 사용하여 자료 내 변수들에 대한 요약정보를 출력하여라.

    ii. pairs() 함수를 사용하여 자료의 첫 10개 열 또는 변수의 산점도 행렬을 보여라. 행렬 A의 첫 10개 열은 A[, 1:10]을 사용하여 나타낼 수 있다.

    iii. plot() 함수를 사용하여 Outstate 대 Private의 박스도표를 나란히 그려라.

    iv. Top10perc 변수를 빈으로 *나누어(binning)* Elite라는 새로운 질적 변수를 생성하여라. 고등학교 성적이 상위 10%에 들어가는 학생 수의 비율이 50%를 초과하는지에 따라 대학을 두 그룹으로 나눌 것이다.

```
> Elite=rep("No",nrow(college))
> Elite[college$Top10perc >50]="Yes"
> Elite=as.factor(Elite)
> college=data.frame(college,Elite)
```

summary() 함수를 사용하여 Elite에 속하는 대학이 몇 개나 있는지 살펴보아라. 함수 plot()을 사용하여 Outstae 대 Elite의 박스도표를 나란히 나타내어라.

v. 몇 개의 양적 변수에 대해 다른 수의 빈(bin)을 사용하여 히스토그램을 그려보아라. 히스토그램은 hist() 함수를 사용하여 그릴 수 있다. 명령어 par(mfrow=c(2, 2))는 출력창을 4개 영역으로 분할하여 4개 그래프를 동시에 나타낼 수 있으므로 유용할 수 있다. 이 함수의 인자를 달리하면 출력창이 다른 방식으로 분할될 것이다.

vi. 데이터에 대해 계속 살펴보고 간단한 요약정보를 제공하여라.

9. 이 문제는 lab에서 다룬 Auto 자료를 사용한다. 값이 누락된 관측치는 데이터에서 제거하고 사용해야 한다.

(a) 설명변수들 중 어느 것이 양적이고 질적인지 구분하여라

(b) 각 양적 변수의 *범위(range)*는 무엇인가? range() 함수를 사용하면 변수의 범위를 알 수 있다.

(c) 각 양적 변수의 평균과 표준편차는 무엇인가?

(d) 10번째에서 85번째까지의 관측치를 제거하여라. 남아 있는 데이터에서 각 설명변수의 범위, 평균, 표준편차는 무엇인가?

(e) 전체 자료에서 산점도 또는 다른 도구를 사용하여 설명변수들을 그래프적으로 조사하여라. 설명변수들 사이의 상관관계를 강조하는 몇 가지 그래프를 생성하고 발견한 것에 대해 설명하여라.

(f) 다른 변수들에 기초하여 연비(mpg)를 예측하고자 한다고 해보자. 위에서 그린 그래프들을 보면 다른 변수들이 mpg을 예측하는 데 유용할 수 있는지 알 수 있는가? 근거를 설명하여라.

10. 이 문제는 Boston 주택 자료를 사용한다.

    (a) Boston 자료를 로딩하여라. 이 자료는 R의 MASS *라이브러리*의 일부이다.

    > `library(MASS)`

    이제, 이 자료는 객체 Boston에 포함된다.

    > `Boston`

    이 자료에 대한 도움말 파일을 살펴보자.

    > `?Boston`

    이 자료의 행과 열의 수는 몇 개인가? 행과 열은 무엇을 나타내는가?

    (b) 자료에서 설명변수(열)들의 쌍별 산점도를 몇 개 그려보자. 발견한 것에 대해 기술하여라.

    (c) 1인당 범죄율과 관련된 설명변수가 있는가? 있다면 그 상관관계를 설명하여라.

    (d) Boston 교외 지역 중 범죄율, 세율(tax rate), 학생-교사 비율이 특별히 높아 보이는 곳이 있는가? 각 설명변수의 범위에 대해 설명하여라.

    (e) 자료의 교외 지역 중 몇 군데가 Charles 강과 접해 있는가?

    (f) 자료의 도시들 중에서 학생-교사 비율의 중앙값(median)은 무엇인가?

    (g) Boston 교외 지역 중 집주인이 거주하는 주택의 중앙값이 가장 낮은 곳은 어디인가? 이 지역에 대한 다른 변수 값들은 무엇이고, 이 값들을 자료 전체에서 비교하면 어떤가? 발견한 것을 설명하여라.

    (h) 자료에서 주거당(per dwelling) 방의 개수가 평균하여 7개보다 많은 교외 지역은 몇 군데인가? 주거당 방이 8개보다 많은 지역은? 평균적으로 주거당 8개보다 많은 방의 개수를 가진 교외 지역에 대해 설명하여라.

선형회귀
Linear Regression

CHAPTER 03

이 장은 지도학습의 매우 단순한 기법인 선형회귀에 관한 것이다. 선형회귀는 양적 반응변수를 예측하는 유용한 도구로, 오래전부터 사용되어 왔고 많은 책에서 소개되었다. 선형회귀는 나중에 소개될 최근의 통계학습 기법만큼 흥미롭지 않을 수도 있지만 여전히 유용하고 폭넓게 사용되는 방법이다. 많은 통계학습 기법이 선형회귀의 일반화 또는 확장으로 볼 수 있다. 따라서, 더 복잡한 학습방법에 대해 공부하기 전에 선형회귀에 대해 잘 이해하는 것이 아주 중요하다. 이 장에서는 선형회귀 모델의 기반이 되는 몇몇 주요 개념과 이 모델을 적합하는 데 가장 많이 사용되는 최소제곱법에 대해 살펴본다.

2장의 Advertizing 자료를 기억해보자. 그림 2.1은 특정 제품에 대한 sales(단위: 1천 유닛)를 TV, radio, newspaper에 대한 광고예산(단위: 1천 달러)의 함수로 나타낸 것이다. 통계 컨설턴트가 이 데이터를 기반으로 하여 내년에 높은 제품 판매를 올릴 수 있는 마케팅 전략을 제안해야 한다고 생각해보자. 이러한 마케팅 전략을 제공하는 데 유용한 정보는 어떤 것이 있겠는가? 다음은 답을 찾아봐야 하는 몇 가지 중요한 질문을 나열한 것이다.

1. *광고예산과 판매 사이에 상관관계가 있는가?*
   먼저, 광고 지출과 판매 사이에 연관성이 있다는 증거가 있는지 결정해야 한다. 만약 그 증거가 취약하다면 광고에 투자를 하지 말아야 한다고 누군가가 주장할 수 있다!

2. *광고예산과 판매 사이에 얼마나 강한 상관관계가 있는가?*
   광고와 판매 사이에 상관관계가 있다면 그 정도를 알고자 한다. 다시 말하면, 주어진 어떤 광고예산에 대해 높은 수준의 정확도로 판매를 예측할 수 있는가? 만약 그렇다면 강한 상관관계가 있는 것이다. 또는 광고 지출에 근거한 판매 예측이 임의 추측보다 조금 더 나은 정도인가? 이 경우라면 상관관계가 약한 것이다.

3. *어느 매체가 판매에 기여하는가?*

   세 개 매체—TV, 라디오, 신문—모두 판매에 기여하는가? 또는 하나 또는 두 개의 매체만 기여하는가? 이 질문에 답하기 위해 각 매체의 효과를 분리해 내는 방법을 찾아야 한다.

4. *판매에 대한 각 매체의 효과를 얼마나 정확하게 추정할 수 있는가?*

   특정 매체의 광고에 지출한 달러당 판매 증가는 얼마나 되는가? 얼마나 정확하게 증가량을 예측할 수 있는가?

5. *미래의 판매에 대해 얼마나 정확하게 예측할 수 있는가?*

   어떤 주어진 수준의 TV, 라디오, 신문 광고에 대해 예측 판매량은 얼마나 되는가? 이 예측값은 얼마나 정확한가?

6. *상관관계는 선형인가?*

   만약 다양한 매체의 광고 지출과 판매의 상관관계가 대략 선형적이라면 선형회귀는 적합한 도구이다. 만약 그렇지 않더라도 선형회귀가 사용될 수 있도록 설명변수 또는 반응변수를 변환할 수 있다.

7. *광고 매체 사이에 시너지 효과가 있는가?*

   아마도 TV 광고와 라디오 광고에 각각 5만 달러를 사용하는 것이 TV 또는 라디오 어느 한쪽에 10만 달러를 사용하는 것보다 더 나은 판매 효과를 얻을 것이다. 마케팅에서는 이것을 *시너지 효과*라고 하지만, 통계학에서는 *상호작용* 효과라고 한다.

선형회귀는 이러한 각 질문에 대한 답을 얻는 데 사용될 수 있다. 위 질문들에 대해 일반적인 관점에서 먼저 살펴보고, 특정한 경우는 3.4절에서 다룰 것이다.

3.1 단순선형회귀

단순선형회귀는 이름 그대로 매우 간단한 기법으로, 하나의 설명변수 X에 기초하여 양적 반응변수 Y를 예측한다. 이 기법은 X와 Y 사이에 선형적 상관관계가 있다고 가정한다. 수학적으로 선형적 상관관계는 다음과 같이 나타낼 수 있다.

$$Y \approx \beta_0 + \beta_1 X \tag{3.1}$$

기호 "≈"는 "*근사적으로 모델링된*"이라고 할 수 있다. 식 (3.1)은 X에 대한 Y의 회귀라고 한다. 예를 들어, X는 TV 광고를 나타내고 Y는 sales를 나타낼 수 있다. 그러면, 모델적합에 의해 아래와 같이 sales와 TV 사이의 관계를 나타낼 수 있다.

$$\text{sales} \approx \beta_0 + \beta_1 \times \text{TV}$$

식 (3.1)에서 β_0와 β_1은 알려지지 않은 상수로, 선형모델의 *절편(intercept)*과 *기울기*를 나타내며 모델 *계수* 또는 *파라미터*로 알려져 있다. 훈련 데이터를 사용하여 모델 계수에 대한 추정치 $\hat{\beta}_0$와 $\hat{\beta}_1$을 구하면, 특정 TV 광고 값을 기반으로 미래의 판매량을 다음과 같이 예측할 수 있다.

$$\hat{y} = \hat{\beta}_0 + \hat{\beta}_1 x \tag{3.2}$$

여기서, $\hat{y}$은 $X = x$일 때 Y의 예측값을 나타낸다. 기호 ˆ은 알려지지 않은 계수에 대한 추정값 또는 반응변수의 예측값을 나타내는 데 사용한다.

3.1.1 계수 추정

실제로 β_0와 β_1은 알려져 있지 않다. 그러므로 (3.1)을 사용하여 예측하기 전에 데이터를 이용하여 계수를 추정해야 한다. 다음은 X와 Y 측정값으로 구성된 n개 관측치 쌍을 나타낸다고 하자.

$$(x_1, y_1), (x_2, y_2), \ldots, (x_n, y_n)$$

Advertising 자료는 $n = 200$개 다른 마켓(시장)의 TV 광고예산과 제품 판매량으로 구성된다(이 데이터는 그림 2.1에 도시되어 있음). 여기서의 목적은 선형모델 (3.1)이 이용가능한 데이터에 잘 적합되도록 하는, 즉 $i = 1, \cdots, n$에 대해 $y_i \approx \hat{\beta}_0 + \hat{\beta}_1 x_i$가 되도록 하는 계수 추정값 $\hat{\beta}_0$와 $\hat{\beta}_1$을 얻는 것이다. 다시 말하면, 결과 직선이 $n = 200$개의 데이터 포인트에 가능한 한 가깝게 되도록 하는 절편 $\hat{\beta}_0$와 기울기 $\hat{\beta}_1$을 찾고자 한다. *가까움(closeness)*을 측정하는 방법은 여러 가지 있다. 하지만, 가장 흔하게 사용되는 기법은 *최소제곱* 기준을 최소화하는 것이며, 이장에서도 같은 기법을 사용한다. 또 다른 방법은 6장에서 기술할 것이다.

X의 i번째 값에 기초한 Y의 예측값을 $\hat{y}_i = \hat{\beta}_0 + \hat{\beta}_1 x_i$라고 하자. 그러면 $e_i = y_i - \hat{y}_i$는 i번째 잔차*(residual)*를 나타내며, 이것은 i번째 관측된 반응변수 값과 선형모델에 의해 예측된 i번째 반응변수 값 사이의 차이이다. *잔차제곱합*(residual sum of squares (RSS))은 다음과 같이 정의한다.

$$\text{RSS} = e_1^2 + e_2^2 + \cdots + e_n^2$$

이것은 또한 아래와 같이 쓸 수 있다.

$$\text{RSS} = (y_1 - \hat{\beta}_0 - \hat{\beta}_1 x_1)^2 + (y_2 - \hat{\beta}_0 - \hat{\beta}_1 x_2)^2 + \cdots + (y_n - \hat{\beta}_0 - \hat{\beta}_1 x_n)^2 \quad (3.3)$$

최소제곱법은 RSS를 최소화하는 $\hat{\beta}_0$와 $\hat{\beta}_1$을 선택한다. 미적분을 사용하여 수식을 정리하면 다음을 얻을 수 있다.

$$\begin{aligned} \hat{\beta}_1 &= \frac{\sum_{i=1}^{n}(x_i - \bar{x})(y_i - \bar{y})}{\sum_{i=1}^{n}(x_i - \bar{x})^2} \\ \hat{\beta}_0 &= \bar{y} - \hat{\beta}_1 \bar{x} \end{aligned} \quad (3.4)$$

여기서, $\bar{y} \equiv \frac{1}{n}\sum_{i=1}^{n} y_i$와 $\bar{x} \equiv \frac{1}{n}\sum_{i=1}^{n} x_i$는 표본평균(sample mean)이다. 다시 말하면, (3.4)는 단순선형회귀에 대한 *최소제곱 계수 추정치*를 정의한다.

그림 3.1은 Advertising 자료에 단순선형회귀적합을 수행한 것을 나타낸 것으로, $\hat{\beta}_0 = 7.03$이고 $\hat{\beta}_1 = 0.0475$이다. 즉, TV 광고에 1천 달러를 더 사용하면 제품 판매는 대략 47.5 유닛 늘어난다. 그림 3.2에서는 sales가 반응변수이고 TV가 설명변수인 광고자료를 사용하여 다수의 β_0와 β_1 값에 대한 RSS를 계산한다. 각 그래프에서 붉은 점은 (3.4)에 의해 주어진 최소제곱 추정치 쌍 $(\hat{\beta}_0, \hat{\beta}_1)$을 나타낸다.

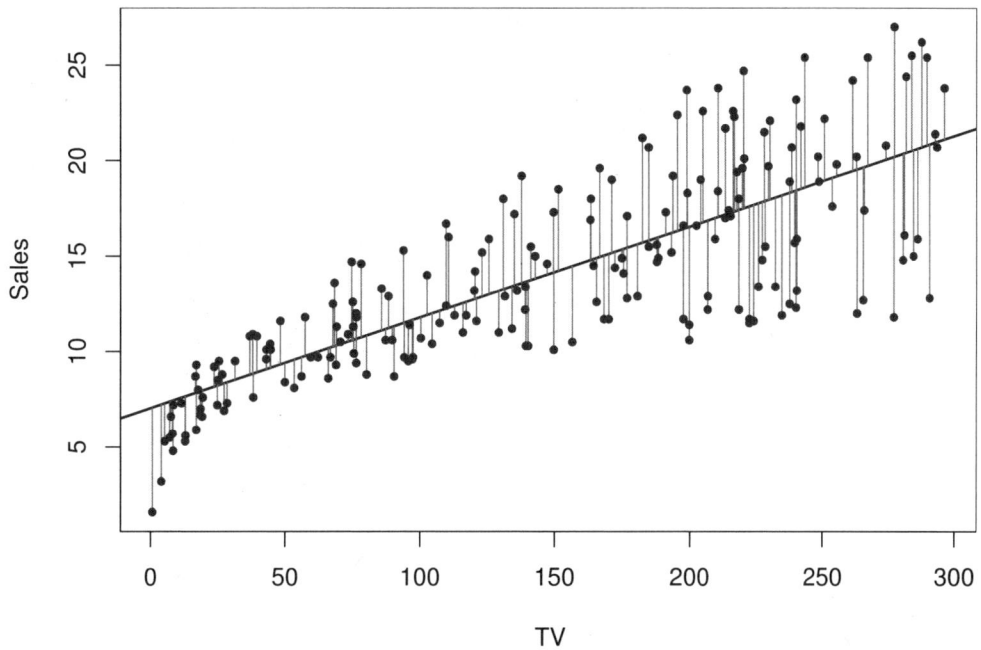

그림 3.1: Advertising 자료에서 TV 광고에 대한 sales의 회귀를 최소제곱법으로 적합한 것이다. 적합은 오차제곱합을 최소로 함으로써 구해진다. 각 회색 선분은 오차를 나타내고 적합은 이 오차들의 제곱을 평균하여 절충한다. 이 선형적합은 그래프의 맨 왼쪽에서는 다소 맞지 않지만 상관관계를 잘 나타낸다.

이 값들은 명백히 RSS를 최소화한다.

3.1.2 계수 추정값의 정확도 평가

(2.1)에서 X와 Y의 실제(true) 상관관계는 어떤 알려지지 않은 함수 f에 대해 $Y = f(X) + \epsilon$의 형태를 가지며, ϵ은 평균이 영인 랜덤오차항이다. 만약 f가 선형함수로 근사된다면 이 관계를 다음과 같이 나타낼 수 있다.

$$Y = \beta_0 + \beta_1 X + \epsilon \tag{3.5}$$

여기서, β_0는 절편—즉 $X = 0$일 때 Y의 기대값이고 β_1은 기울기—즉 X의 한 유닛 증가에 연관된 Y의 평균 증가이다. 오차항은 이러한 단순한 모델로 나타낼 때 수반되는 여러 가지 한계를 위한 것이다.

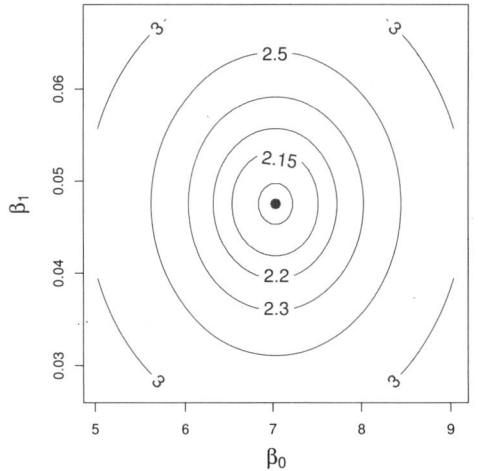 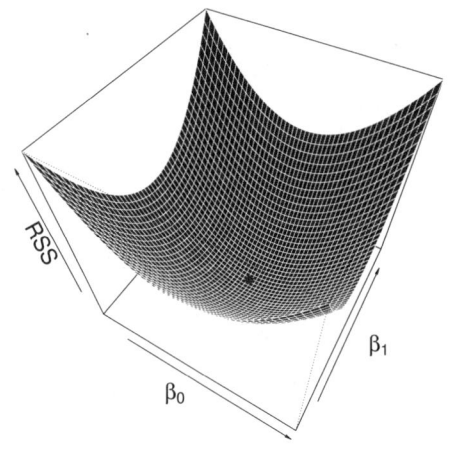

그림 3.2: Advertising 자료에서 sales를 반응변수로 TV를 설명변수로 사용한 RSS의 등고선과 3차원 그래프. 붉은색 점은 (3.4)의 최소제곱 추정치 $\hat{\beta}_0$와 $\hat{\beta}_1$에 해당한다.

예를 들어, X와 Y의 실제 관계는 아마도 선형적이지 않을 수 있고, Y 값의 변화를 초래하는 다른 변수들이 있을 수 있으며, 측정 오차가 있을 수 있다. 오차항은 보통 X와 독립이라고 가정한다.

(3.5)의 모델은 *모회귀선(population regression line)*을 정의하며, X와 Y의 실제 상관관계에 가장 잘 맞는 선형근사이다.[1] 최소제곱회귀계수의 추정치 (3.4)는 *최소제곱직선* (3.2)를 결정한다. 그림 3.3의 왼쪽 패널은 간단한 모의 데이터를 이용해 이러한 두 직선을 나타낸다. 100개의 X 값을 임의로 (랜덤으로) 생성하고 아래 모델로부터 100개의 대응하는 Y 값을 생성하였다.

$$Y = 2 + 3X + \epsilon \tag{3.6}$$

여기서, ϵ은 평균이 영인 정규분포로부터 생성되었다. 그림 3.3에서 왼쪽 패널의 붉은색 직선은 *실제 상관관계* $f(X) = 2 + 3X$를 나타낸 것이고, 푸른색 직선은 관측된 데이터에 근거한 최소제곱 추정값이다. 실재하는 데이터의 경우, 실제 상관관계는 일반적으로 알려져 있지 않지만 최소제곱선은 (3.4)

---

[1] 선형성을 가정한 모델은 유용하고 많은 책에서 다루어지지만, 실제 상관관계가 선형적이라고는 거의 생각하지 않는다.

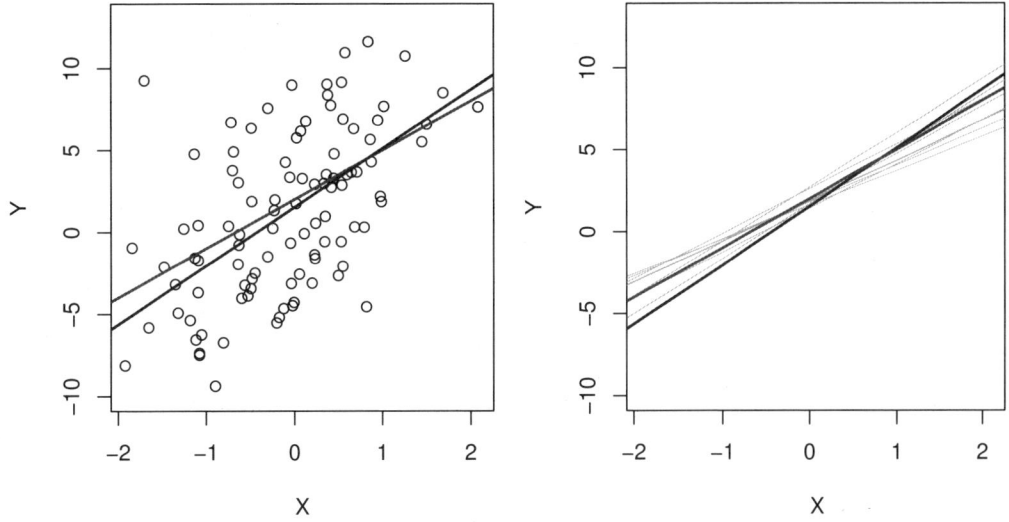

그림 3.3: 모의 자료. 왼쪽: 붉은색 선은 모회귀선으로 알려진 실제 상관관계 $f(X) = 2 + 3X$를 나타낸다. 파란선은 최소제곱선으로, 검은색의 관측 데이터를 기반으로 계산한 $f(X)$에 대한 최소제곱 추정치이다. 오른쪽: 모회귀선은 붉은색, 최소제곱선은 진한 파란색으로 표시된다. 연한 파란색의 10개 최소제곱선은 각각 다른 랜덤 관측치셋을 기반으로 계산된다. 각 최소제곱선은 다르지만 이들의 평균은 모회귀선과 상당히 가깝다.

의 계수추정값을 사용하여 항상 계산할 수 있다. 다시 말하면, 실제 응용에서는 관측 자료를 사용하여 최소제곱선을 계산할 수 있다. 하지만 모회귀선은 관측되지 않는다. 그림 3.3의 오른쪽 패널은 (3.6)의 모델을 사용하여 생성한 10개의 서로 다른 데이터셋에 대응하는 10개의 최소제곱선을 도시한 것이다. 동일한 실제 모델을 사용하여 생성된 다른 데이터셋은 약간 다른 최소제곱선을 가지지만 모회귀선은 동일하다.

언뜻보기에 모회귀선과 최소제곱선 사이의 차이는 매우 작고 구별하기 어려울 수 있다. 자료가 하나밖에 없는데 두 개의 다른 직선이 설명변수와 반응변수의 상관관계를 기술하는 것은 무엇을 의미하는가? 근본적으로 이 두 직선의 개념은 표본의 정보를 사용하여 큰 모집단의 특징을 추정하는 표준통계적 방법의 자연스런 확장이다. 예를 들어, 어떤 확률변수 Y의 모평균 μ를 알고자 한다고 해보자. 유감스럽게도 μ는 알려져 있지 않다. 그러나 우리는 Y의 n개 관측치, $y_1, \ldots, y_n$을 알 수 있고 이것을 사용하여 μ를 추정할 수 있다. 합리적인 추정값은 $\hat{\mu} = \bar{y}$이고, 여기서 $\bar{y} = \frac{1}{n}\sum_{i=1}^{n} y_i$는 표본평균이다. 표본평균과 모평균은 다르지만 일반적으로 표본평균은 모평균의 좋은 추정값이 된다. 마찬가지로, 선형회귀의 알려지지 않은 계수 β_0와 β_1은 모회귀선을 정의한다. 이러한 알려지지 않은 계수를 (3.4)의 $\hat{\beta}_0$와 $\hat{\beta}_1$을 사용하여 추정하고자 한다. 이 계수추정값들은 최소제곱선을 정의한다.

선형회귀와 확률변수의 평균값 추정 비유는 편향(bias)의 개념에서 보면 적절한 것이다. 만약 표본평균 $\hat{\mu}$을 사용하여 μ를 추정한다면, $\hat{\mu}$은 평균적으로 μ와 동일하다고 기대된다는 점에서 이 추정값은 편향되지 않은 것이다. 이것은 무엇을 의미하는가? 이것은 어떤 하나의 특정 관측치셋 $y_1,\ldots,y_n$에 대해서 $\hat{\mu}$은 μ를 과대추정할 수 있고, 또 다른 관측치셋에 대해서는 $\hat{\mu}$이 μ를 과소추정할 수 있다는 것을 의미한다. 그러나, 아주 많은 수의 관측치셋으로부터 얻은 μ의 추정값들을 평균할 수 있으면 이 평균값은 μ와 정확하게 동일한 값이 될 것이다. 그러므로, 비편향 추정량은 실제 파라미터를 조직적으로 (systematically) 과대추정 또는 과소추정하는 것이 아니다. 비편향 성질은 (3.4)의 최소제곱계수추정에 대해서도 성립한다. 즉, 특정 데이터셋에 대해 β_0와 β_1을 추정하면 그 추정값은 β_0 및 β_1과 정확하게 일치하지는 않을 것이다. 하지만, 만약 아주 많은 수의 데이터셋에 대해 얻은 추정값들을 평균할 수 있으면 이 추정값들의 평균값은 정확하게 일치할 것이다. 그림 3.3의 오른쪽 패널을 보면 다른 데이터셋으로부터 추정된 최소제곱선들의 평균은 실제 모회귀선에 매우 근접한다는 것을 볼 수 있다.

확률변수 Y의 모평균 μ의 추정에 대한 비유를 계속해보자. 표본평균 $\hat{\mu}$이 μ의 추정값으로 얼마나 정확한가? 많은 수의 데이터셋에 대한 $\hat{\mu}$의 평균은 μ에 아주 근접하지만, 하나의 추정값 $\hat{\mu}$은 μ를 상당히 과소추정 또는 과대추정할 수 있다. 하나의 추정값 $\hat{\mu}$은 μ와 얼마나 다를 것인가? 일반적으로 이 질문에 대한 답은 $\text{SE}(\hat{\mu})$으로 표현하는 $\hat{\mu}$의 표준오차를 계산하는 것이다. 표준오차에 대한 잘 알려진 식은 아래와 같다.

$$\text{Var}(\hat{\mu}) = \text{SE}(\hat{\mu})^2 = \frac{\sigma^2}{n} \tag{3.7}$$

여기서 σ는 Y의 값 y_i의 표준편차이다.[2] 대체로 표준오차는 추정값 $\hat{\mu}$이 μ의 실제값과 평균 어느 정도 다른지를 말한다. 식 (3.7)은 또한 n이 증가함에 따라 이 편차가 얼마나 줄어드는지를 말해준다. 관측치 수가 많을수록 $\hat{\mu}$의 표준오차가 작아진다. 유사한 맥락으로 $\hat{\beta}_0$와 $\hat{\beta}_1$이 얼마나 β_0와 β_1에 근접할

---

[2] 이 식은 n개 관측치가 무상관(uncorrelated)인 경우 성립한다.

있는지 궁금할 수 있다. $\hat{\beta}_0$와 $\hat{\beta}_1$의 표준오차를 계산하기 위해서는 다음 식을 사용한다.

$$\text{SE}(\hat{\beta}_0)^2 = \sigma^2 \left[\frac{1}{n} + \frac{\bar{x}^2}{\sum_{i=1}^n (x_i - \bar{x})^2} \right], \quad \text{SE}(\hat{\beta}_1)^2 = \frac{\sigma^2}{\sum_{i=1}^n (x_i - \bar{x})^2} \tag{3.8}$$

여기서 $\sigma^2 = \text{Var}(\epsilon)$이다. 이 식들이 유효하려면 각 관측치에 대한 오차 ϵ_i가 공통의 분산 σ^2과 무상관(uncorrelated)이라는 가정이 필요하다. 그림 3.1의 경우 이것은 명백히 사실이 아니지만, 이 식들은 여전히 좋은 근사치이다. 위 식에서 $\text{SE}(\hat{\beta}_1)$은 x_i가 넓게 퍼질수록 더 작아진다. 직관적으로 이 경우에는 기울기를 추정할 *레버리지(leverage)*가 더 많다. 또한, 만약 $\bar{x}$가 영이면(이 경우 $\hat{\beta}_0$은 $\bar{y}$와 동일할 것임) $\text{SE}(\hat{\beta}_0)$은 $\text{SE}(\hat{\mu})$와 동일하게 될 것이라는 것을 알 수 있다. 일반적으로 σ^2은 알려져 있지 않지만 데이터로부터 추정할 수 있다. σ의 추정치는 *잔차표준오차*로 알려져 있으며 $\text{RSE} = \sqrt{\text{RSS}/(n-2)}$로 구해진다. 엄밀히 말해, σ^2이 추정될 때 추정값이라는 것을 나타내기 위해 $\widehat{\text{SE}}(\hat{\beta}_1)$으로 표현해야 한다. 하지만 표기의 단순함을 위해 추가적인 "해트(hat)" 기호를 생략할 것이다.

표준오차는 *신뢰구간*을 계산하는 데 사용될 수 있다. 신뢰구간은 값의 범위로 정의되며, 95% 신뢰구간은 이 값의 범위가 95%의 확률로 파라미터의 알려지지 않은 실제값을 포함하게 될 것이다. 이러한 범위는 데이터 표본으로부터 계산된 하한값과 상한값으로 정의된다. 선형회귀의 경우, β_1에 대한 95% 신뢰구간은 대략 아래와 같은 형태를 가진다.

$$\hat{\beta}_1 \pm 2 \cdot \text{SE}(\hat{\beta}_1) \tag{3.9}$$

즉, 아래의 구간은 대략 95%의 확률로 β_1의 실제값을 포함할 것이다.[3]

$$\left[\hat{\beta}_1 - 2 \cdot \text{SE}(\hat{\beta}_1), \ \hat{\beta}_1 + 2 \cdot \text{SE}(\hat{\beta}_1) \right] \tag{3.10}$$

---

[3] 몇 가지 이유로 "대략"이라고 한다. 식 (3.10)은 오차가 정규분포라는 가정에 의존한다. 또한, $\text{SE}(\hat{\beta}_1)$에 곱해진 상수 2는 선형회귀의 관측치 수 n에 따라 약간 다를 것이다. 더 정확하게 말하면 (3.10)은 상수 2 대신에 자유도가 $n-2$인 t-분포의 97.5% 분위수(quantile)를 포함해야 한다. R에서 95% 신뢰구간을 계산하는 방법에 대해서는 나중에 자세히 다룰 것이다.

마찬가지로, β_0에 대한 신뢰구간은 대략 다음의 형태를 가진다.

$$\hat{\beta}_0 \pm 2 \cdot \text{SE}(\hat{\beta}_0) \tag{3.11}$$

앞의 광고 데이터에서 β_0에 대한 95% 신뢰구간은 $[6.130, 7.935]$이고 β_1에 대한 95% 신뢰구간은 $[0.042, 0.053]$이다. 그러므로, 광고를 전혀 하지 않으면 평균 판매량은 6,130과 7,940대 사이의 어떤 값으로 떨어진다고 결론을 내릴 수 있다. 더욱이, TV 광고 투자가 매 1천 달러 증가할 경우 판매량은 평균 42와 53대 사이의 어떤 값만큼 증가할 것이다.

표준오차는 또한 계수들에 대한 가설검정을 하는 데 사용될 수 있다. 가장 흔히 사용되는 가설검정은 *귀무가설(null hypothesis)*과 *대립가설(alternative hypothesis)*을 검정한다. 귀무가설이 아래와 같이 표현된다고 하자.

$$H_0 : X\text{와 } Y \text{ 사이에 상관관계가 없다} \tag{3.12}$$

그러면 대립가설은 다음과 같다.

$$H_a : X\text{와 } Y \text{ 사이에 어떤 상관관계가 있다} \tag{3.13}$$

수학적으로 이것은 $H_0 : \beta_1 = 0$인지 $H_a : \beta_1 \neq 0$인지를 검정하는 것과 같다. 만약 $\beta_1 = 0$이면 모델 (3.5)는 $Y = \beta_0 + \epsilon$이 되므로 X는 Y와 관련이 없다. 귀무가설을 검정하려면 β_1이 영이 아니라고 확신할 수 있을만큼 β_1에 대한 추정값 $\hat{\beta}_1$이 영과 충분히 다른지를 결정해야 한다. 영과 얼마나 다른 것이 충분한가? 물론 이것은 $\hat{\beta}_1$의 정확도에 따라 다르다—즉, 이것은 $\text{SE}(\hat{\beta}_1)$에 따라 다르다. 만약 $\text{SE}(\hat{\beta}_1)$이 작으면 $\hat{\beta}_1$이 비교적 작아도 $\beta_1 \neq 0$이고 따라서 X와 Y는 서로 상관되어 있다는 강한 증거가 될 수 있다. 반대로, $\text{SE}(\hat{\beta}_1)$이 크면 귀무가설을 기각하기 위해 $\hat{\beta}_1$의 절대값이 커야 한다. 실제로는 아래와 같이 주어지는 *t*-통계량을 계산한다.

$$t = \frac{\hat{\beta}_1 - 0}{\text{SE}(\hat{\beta}_1)} \tag{3.14}$$

	계수	표준편차	t-통계량	p-값
절편	7.0325	0.4578	15.36	< 0.0001
TV	0.0475	0.0027	17.67	< 0.0001

표 3.1: Advertising 자료의 TV 광고예산에 대한 판매량의 회귀에서 최소제곱모델의 계수. TV 광고예산이 1천 달러 증가하면 관련된 판매량 증가는 약 50 유닛이다(sales 변수의 단위는 1천 유닛이고 TV 변수는 1천 달러임).

위 식은 $\hat{\beta}_1$이 영이 아닌 표준편차의 수를 측정한다. 만약 X와 Y 사이에 아무 상관관계가 없으면 (3.14)는 자유도가 $n-2$인 t-분포를 가질 것이다. t-분포는 종모양을 가지며 n이 대략 30보다 크면 정규분포와 아주 유사하다. 따라서, $\beta_1 = 0$이라고 가정하면 어떤 값이 $|t|$와 같거나 큰 경우를 관측할 확률을 계산하는 것은 간단하다. 이 확률을 *p-값*이라고 한다. p-값이 작다는 것은 설명변수와 반응변수 사이에 어떠한 실질적인 상관성이 없는데도 우연에 의해 의미있는 상관성이 관측될 가능성이 거의 없음을 나타낸다. 그러므로, 만약 p-값이 작으면 설명변수와 반응변수 사이에 상관성이 있다고 유추할 수 있다. 만약 p-값이 충분이 작으면, *귀무가설을 기각하고* X와 Y 사이에 상관관계가 있다고 한다. 귀무가설을 기각하기 위한 전형적인 p-값은 5% 또는 1%이며, $n = 30$인 경우 (3.14)의 t-통계량으로 약 2와 2.75에 각각 해당한다.

표 3.1은 Advertising 자료에서 TV 광고예산에 따른 판매량의 최소제곱회귀모델에 대한 상세사항을 나타낸 것이다. 표를 살펴보면, $\hat{\beta}_0$와 $\hat{\beta}_1$에 대한 계수들은 그들의 표준오차에 비해 상당히 큰 값이며, 그래서 t-통계량도 크다. 만약 H_0가 참이면 이러한 값을 관측할 확률은 거의 영이다. 그러므로 $\beta_0 \neq 0$이고 $\beta_1 \neq 0$라고 결론을 내릴 수 있다.[4]

3.1.3 모델의 정확도 평가

귀무가설 (3.12)을 기각하고 대립가설 (3.13)을 채택했다면, 모델이 데이터에 적합한 정도를 수량화하고자 할 것이다. 선형회귀적합의 질(quality)은 보통 *잔차표준오차*(RSE)와 R^2 통계량을 사용하여 평가한다.

---

[4] 표 3.1에서 절편에 대한 p-값과 TV에 대한 p-값이 작으므로 귀무가설 $\beta_0 = 0$과 $\beta_1 = 0$을 각각 기각할 수 있다는 것을 나타낸다. $\beta_1 = 0$에 대한 기각으로 TV와 sales 사이에 상관관계가 있다고 결론을 내릴 수 있고, $\beta_0 = 0$에 대한 기각으로 TV 광고 지출이 없어도 sales는 0이 아니라고 결론을 내릴 수 있다.

Quantity	Value
잔차표준오차	3.26
R^2	0.612
F-통계량	312.1

표 3.2: Advertising 자료의 TV 광고예산에 대한 판매량의 회귀에서 최소제곱모델에 대한 추가 정보.

표 3.2는 TV 광고예산에 따른 판매량의 선형회귀에 대한 RSE, R^2 통계량, F-통계량(3.2.2절에 기술됨)을 나타낸 것이다.

잔차표준오차

모델 (3.5)를 돌아보면, 각 관측치에 오차항 ϵ이 관련되어 있다. 이러한 오차항 때문에 실제 회귀선을 알아도(즉, β_0와 β_1이 알려져 있어도) X로부터 Y를 정확하게 예측할 수는 없을 것이다. RSE는 ϵ의 표준편차에 대한 추정값으로, 대략 반응변수 값이 실제 회귀선으로부터 벗어나게 될 평균값을 의미한다. RSE는 다음 식을 사용하여 계산된다.

$$\text{RSE} = \sqrt{\frac{1}{n-2}\text{RSS}} = \sqrt{\frac{1}{n-2}\sum_{i=1}^{n}(y_i - \hat{y}_i)^2} \tag{3.15}$$

RSS는 3.1.1절에서 정의되었으며 아래 식과 같다.

$$\text{RSS} = \sum_{i=1}^{n}(y_i - \hat{y}_i)^2 \tag{3.16}$$

광고자료에 대한 표 3.2의 선형회귀 결과를 보면 RSE는 3.26이다. 다시 말하면, 각 마켓의 실제 판매량은 평균적으로 실제 회귀선으로부터 대략 3,260대 정도 벗어난다. 다른 각도에서 살펴보면, 심지어 모델이 정확하고 β_0와 β_1의 실제값을 정확하게 알고 있더라도 TV 광고에 기초한 판매량의 예측값은 여전히 평균적으로 3,260대만큼 다를 수 있다. 물론, 3,260의 예측오차가 수용가능한 수준인지는 문제 상황에 따라 다르다. 광고자료에서 모든 마켓에 대한 평균 판매 수치는 대략 14,000대이다. 따라서 백분률오차는 3,260/14,000=23%이다.

RSE는 데이터에 대한 모델 (3.5)의 *적합성결여*(lack of fit)를 나타내는 측도로 간주된다. 만약 모델을 사용하여 얻은 예측값이 실제 결과값에 아주 가까우면—즉, $i = 1, \ldots, n$에 대해 $\hat{y}_i \approx y_i$이면—(3.15)는 작을 것이고 모델이 데이터를 잘 적합한다고 결론을 내릴 수 있다. 반면에, 만약 $\hat{y}_i$가 하나 또는 그 이상의 관측치에 대해 y_i와 아주 크게 다르면 RSE는 상당히 큰 값이 될 수 있으며, 이것은 모델이 데이터를 잘 적합하지 않는다는 것을 나타낸다.

R^2 통계량

RSE는 데이터에 대한 모델 (3.5)의 적합성결여를 나타내는 절대적 측도가 된다. 하지만 이것은 Y의 단위로 측정되므로 적정한 RSE가 무엇인지 항상 명확한 것은 아니다. R^2 통계량은 적합도에 대한 다른 측도를 제공한다. 이것은 *비율*—설명된 분산의 비율—형태를 취하므로 항상 0과 1 사이의 값을 가지며 Y의 크기와는 무관하다.

R^2는 다음 식을 사용하여 계산된다.

$$R^2 = \frac{\text{TSS} - \text{RSS}}{\text{TSS}} = 1 - \frac{\text{RSS}}{\text{TSS}} \qquad (3.17)$$

여기서, TSS $= \sum(y_i - \bar{y})^2$는 *총제곱합*(total sum of squares)이고 RSS는 (3.16)에 정의되어 있다. TSS는 반응변수 Y의 총분산을 측정하며 회귀가 수행되기 전에 반응변수에 내재하는 변동량으로 생각할 수 있다. 이에 반해 RSS는 회귀가 수행된 후에 설명되지 않고 남아 있는 변동량을 측정한다. 그러므로 TSS − RSS는 회귀를 수행함으로써 설명된(또는 제거된) 반응변수의 변동량을 측정하고, R^2은 X를 사용하여 설명될 수 있는 Y의 *변동비율(proportion of variability)*을 측정한다. R^2 통계량이 1에 가까우면 반응변수의 변동 중 많은 부분이 회귀에 의해 설명되었다는 것을 나타낸다. R^2 통계량이 거의 0이면 반응변수의 변동 중 대부분이 회귀에 의해 설명되지 않았다는 것을 나타낸다. 이것은 선형모델이 틀렸거나 내재된 오차 σ^2이 크거나 또는 둘 다인 경우에 발생할 수 있다. 표 3.2에서 R^2은 0.61이므로 sales의 변동 중 2/3가 조금 안되는 부분이 TV에 대한 선형회귀에 의해 설명된다.

R^2 통계량 (3.17)은 RSE (3.15)에 비해 해석이 쉽다는 장점이 있다. 왜냐하면, RSE와는 달리 그 값이 항상 0과 1 사이에 있기 때문이다. 하지만 좋은 R^2 값이 무엇인지에 대한 결정은 여전히 어려울 수

있고 일반적으로 응용에 따라 다를 것이다. 예를 들어, 어떤 물리학 문제에서는 데이터가 명백히 작은 잔차오차를 가지는 선형모델에서 나온 것임을 알 수도 있다. 이러한 경우, R^2 값은 1에 아주 가까울 것으로 예상할 것이며, 만약 그렇지 않다면 데이터가 생성된 실험에 심각한 문제가 있음을 나타낼 수도 있다. 반면에 생물학, 심리학, 마케팅 및 다른 영역의 전형적인 응용에서 선형모델 (3.5)는 데이터에 대한 아주 대략적인 근사에 불과하며, 잔차오차는 다른 측정되지 않은 요인들로 인해 보통 아주 크다. 이러한 환경에서는 반응변수의 분산 중 아주 작은 비율이 설명변수에 의해 설명될 것으로 예상되며, 0.1보다 훨씬 작은 R^2 값이 현실적일 수도 있다!

R^2 통계량은 X와 Y 사이의 선형상관관계에 대한 측도이다. 다음과 같이 정의되는 *상관*(correlation) 계수도 X와 Y 사이의 선형상관관계의 측도임을 기억하자.[5]

$$Cor(X,Y) = \frac{\sum_{i=1}^{n}(x_i - \bar{x})(y_i - \bar{y})}{\sqrt{\sum_{i=1}^{n}(x_i - \bar{x})^2}\sqrt{\sum_{i=1}^{n}(y_i - \bar{y})^2}} \tag{3.18}$$

이것은 선형모델의 적합성을 평가하기 위해 R^2 대신 $r = Cor(X,Y)$를 사용할 수도 있음을 의미한다. 사실, 단순선형회귀에서 $R^2 = r^2$임을 보여줄 수 있다. 다시 말해, 상관계수의 제곱과 R^2 통계량은 동일하다. 다음 절에서는 동시에 여러 개의 설명변수를 사용하여 반응변수를 예측하는 다중선형회귀 문제를 다룰 것이다. 설명변수들과 반응변수 사이의 상관개념은 이러한 환경에 자동적으로 확장되지는 않는다. 왜냐하면, 상관계수는 많은 수의 변수들 사이의 연관성이 아니라 하나의 변수쌍 사이의 연관성을 수량화하는 것이기 때문이다. R^2이 이런 역할을 한다는 것에 대해서는 나중에 살펴볼 것이다.

3.2 다중선형회귀

단순선형회귀는 단일 설명변수를 기반으로 반응변수를 예측하는 유용한 기법이다. 하지만 실제로는 보통 하나보다 많은 설명변수가 관련된다. 예를 들어, Advertising 자료에서 판매량과 TV 광고의 상관관계를 조사하였다. 광고자료에는 또한 라디오와 신문광고에 지출에 대한 데이터도 있으며, 이들 두 매체가 판매량과 상관성이 있는지 알고 싶을 수 있다. 이러한 두 개의 추가적인 설명변수를 포함하기 위해 광고자료에 대한 분석을 어떻게 확장할 수 있을까?

---

[5] 식 (3.18)의 우변은 표본상관이므로 $\widehat{Cor(X,Y)}$로 표현하는 것이 더 정확하지만 편의를 위해 "hat" 기호를 생략한다.

radio에 대한 sales의 단순회귀

	계수	표준편차	t-통계량	p-값
절편	9.312	0.563	16.54	< 0.0001
radio	0.203	0.020	9.92	< 0.0001

newspaper에 대한 sales의 단순회귀

	계수	표준편차	t-통계량	p-값
절편	12.351	0.621	19.88	< 0.0001
newspaper	0.055	0.017	3.30	< 0.0001

표 3.3: Advertising 자료에 대한 더 단순한 선형회귀모델. 위쪽: 라디오 광고예산에 대한 판매량의 단순선형회귀모델의 계수. 아래쪽: 신문 광고예산에 대한 판매량의 단순선형회귀모델의 계수. 라디오 광고지출이 1천 달러 증가하면 관련된 평균 판매량 증가는 약 203대이다. 반면에, 동일한 신문 광고예산 증가와 관련된 평균 판매량 증가는 약 55대이다(sales 변수의 단위는 1천이고, radio와 newspaper 변수의 단위는 1천 달러임).

한 가지 방법은 설명변수로 다른 광고 매체를 사용하는 세 개의 단순선형회귀를 사용하는 것이다. 예를 들어, 라디오 광고에 지출에 따른 판매량을 예측하는 데 단순선형회귀를 사용할 수 있다. 이 결과는 표 3.3(위 표)에 나타낸다. 표를 보면, 라디오 광고에 지출이 천 달러 증가할 때 판매량 증가는 약 203 유닛이다. 표 3.3(아래 표)은 신문 광고예산에 따른 판매량의 단순선형회귀에 대한 최소제곱계수를 포함한다. 신문 광고예산이 천 달러 증가하면 판매량은 대략 55 유닛 증가한다.

하지만, 각 설명변수에 다른 단순선형회귀모델을 사용하는 것은 만족할만한 방식이 아니다. 우선, 주어진 세 광고 매체의 예산 수준에 대해 어떻게 판매량을 예측하는지 명확하지 않다. 왜냐하면 서로 다른 광고 매체의 예산은 다른 회귀방정식에 연관되어 있기 때문이다. 두 번째, 세 회귀방정식의 각각은 회귀계수를 추정하는 데 다른 두 매체를 고려하지 않는다. 조금 있다 살펴 보겠지만, 만약 매체의 예산이 자료의 200개 마켓에서 서로 상관되어 있으면 판매량에 미치는 개별 광고매체의 영향에 대한 추정이 상당히 잘못된 것일 수 있다.

각 설명변수에 다른 단순선형회귀모델을 사용하는 대신에 단순선형회귀모델 (3.5)를 확장하여 복수의 설명변수들을 직접 수용할 수 있게 하는 것이 더 나은 접근방법이다. 이것은 하나의 모델에서 각 설명변수에 다른 기울기 계수를 할당하면 된다. 서로 다른 설명변수가 p개 있다고 해보자. 그러면 다중선형회귀모델은 다음 형태를 가진다.

$$Y = \beta_0 + \beta_1 X_1 + \beta_2 X_2 + \cdots + \beta_p X_p + \epsilon \tag{3.19}$$

여기서 X_j는 j번째 설명변수를 나타내고 β_j는 j번째 설명변수와 반응변수 사이의 연관성을 수량화한다. β_j는 다른 설명변수들은 변동되지 않을 때 X_j의 한 유닛 증가가 Y에 미치는 평균 효과로 해석된다. 광고 예제에서 (3.19)는 다음과 같이 쓸 수 있다.

$$\text{sales} = \beta_0 + \beta_1 \times \text{TV} + \beta_2 \times \text{radio} + \beta_3 \times \text{newspaper} + \epsilon \tag{3.20}$$

3.2.1 회귀계수의 추정

단순선형회귀에서와 같이 (3.19)의 회귀계수 $\beta_0, \beta_1, \ldots, \beta_p$는 알려지지 않은 값이며 추정되어야 한다. 주어진 추정값 $\hat{\beta}_0, \hat{\beta}_1, \ldots, \hat{\beta}_p$에 대해 예측은 다음 식을 사용하여 이루어질 수 있다.

$$\hat{y} = \hat{\beta}_0 + \hat{\beta}_1 x_1 + \hat{\beta}_2 x_2 + \cdots + \hat{\beta}_p x_p \tag{3.21}$$

파라미터들은 단순선형회귀에서 살펴보았던 것과 동일한 최소제곱법을 사용하여 추정할 수 있다. $\beta_0, \beta_1, \ldots, \beta_p$는 잔차제곱합(sum of squared residuals)을 최소화하도록 선택된다.

$$\begin{aligned} \text{RSS} &= \sum_{i=1}^{n}(y_i - \hat{y}_i)^2 \\ &= \sum_{i=1}^{n}(y_i - \hat{\beta}_0 - \hat{\beta}_1 x_{i1} - \hat{\beta}_2 x_{i2} - \cdots - \hat{\beta}_p x_{ip})^2 \end{aligned} \tag{3.22}$$

(3.22)를 최소화하는 값 $\hat{\beta}_0, \hat{\beta}_1, \ldots, \hat{\beta}_p$는 다중최소제곱회귀계수의 추정값이다. 식 (3.4)의 단순선형회귀 추정값과는 달리 다중선형회귀추정값은 다소 복잡한 형태를 가지며 가장 쉬운 표현방식은 행렬대수를

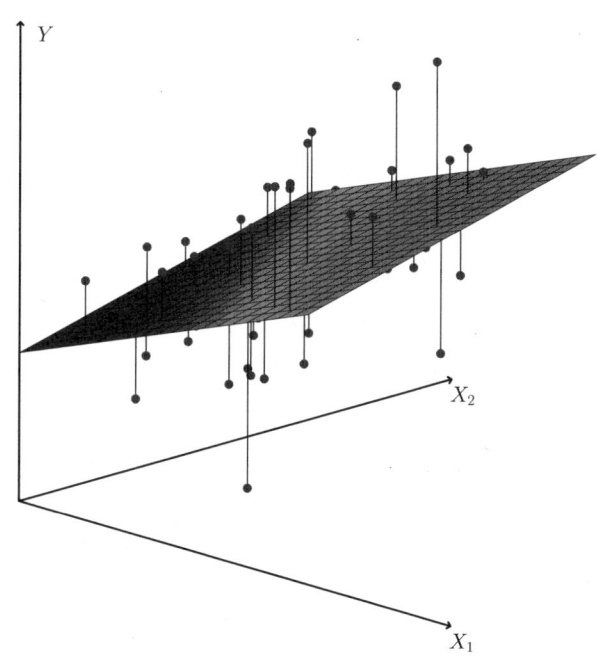

그림 3.4: 두 개의 설명변수와 하나의 반응변수를 가진 최소제곱회귀선은 평면이 된다. 이 평면은 각 관측치(붉은색 점으로 표시)와 평면 사이의 수직거리의 제곱을 합한 값이 최소가 되도록 선택된다.

사용하는 것이다. 이러한 이유로 여기서는 다중선형회귀추정값에 대한 식을 나타내지 않는다. 계수추정값은 어떤 통계 소프트웨어를 사용해도 계산할 수 있으며, 이장의 뒷 부분에서 R을 사용하여 계산하는 방법을 보여줄 것이다. 그림 3.4는 $p = 2$개의 설명변수를 가진 자료에 최소제곱적합을 적용한 예를 보여준다.

표 3.4는 Advertising 자료에서 TV, 라디오, 신문 광고예산을 사용하여 제품 판매량을 예측할 때의 다중회귀계수 추정값을 보여준다. 표의 결과를 해석해 보면, 주어진 TV 및 신문 광고에 대해 추가로 1,000 달러를 라디오 광고에 지출하면 대략 189 유닛의 판매량 증가를 이룰 수 있다. 여기서의 계수 추정값을 표 3.1 및 3.3의 추정값과 비교해보면, TV와 radio에 대한 다중회귀계수 추정값들은 단순 선형회귀의 계수추정값들과 아주 유사하다. 하지만, 표 3.3의 newspaper에 대한 회귀계수 추정값은

	계수	표준편차	t-통계량	p-값
절편	2.939	0.3119	9.42	< 0.0001
TV	0.046	0.0014	32.81	< 0.0001
radio	0.189	0.0086	21.89	< 0.0001
newspaper	−0.001	0.0059	−0.18	0.8599

표 3.4: Advertising 자료의 라디오, TV, 신문 광고예산에 대한 판매량의 다중선형회귀에서 최소제곱 계수 추정치.

영과 큰 차이가 있지만 다중회귀모델의 newpaper에 대한 계수 추정값은 영에 가깝고 대응하는 p-값은 0.86으로 더 이상 유의하지 않다. 이것은 단순회귀계수와 다중회귀계수는 상당히 다를 수 있다는 것을 보여준다. 이러한 차이는 단순회귀의 경우 기울기 항이 TV와 radio 같은 다른 설명변수의 고려없이 신문광고 지출의 1,000 달러 증가에 대한 평균 효과를 나타내기 때문에 발생된다. 반면에 다중회귀의 경우 newpaper에 대한 계수는 TV와 radio 광고 지출은 변하지 않을 때 신문광고 지출의 1,000 달러 증가에 대한 평균 효과를 나타낸다.

단순선형회귀는 sales와 newspaper 사이에 상관관계가 있음을 나타내는데 다중회귀는 그 반대 결과를 보이는 것이 이치에 맞는가? 사실은 충분히 그럴 수 있다. 표 3.5에 나타낸 세 설명변수와 반응변수에 대한 상관행렬을 고려해보자. radio와 newspaper 사이의 상관성은 0.35이다. 이것은 라디오 광고에 지출을 많이 하는 마켓일수록 신문 광고에도 더 많이 지출하는 경향이 있다는 것을 보여준다. 다중회귀 결과가 맞고, 신문 광고가 판매량에 미치는 직접적 영향은 없지만 라디오 광고는 판매량을 증가시킨다고 해보자. 그러면 라디오 광고에 더 많이 지출하는 마켓에서의 판매량이 더 높을 것이고, 상관행렬이 보여주듯이 그러한 마켓에서는 신문 광고에도 더 많이 지출하는 경향이 있다. 그러므로, 비록 신문 광고가 실질적으로는 판매량에 아무 영향을 주지 않더라도 sales와 newspaper 사이의 관계만을 검사하는 단순선형회귀에서는 newspaper 값이 클수록 sales가 높게 나타나는 상관성을 보일 것이다. 따라서 신문 광고에 의한 판매량은 실제로는 라디오 광고에 의한 것이며 신문은 라디오가 판매에 미치는 효과를 가져가는 것이다.

이러한 약간은 직관에 어긋나는 결과가 실제로 많은 경우에 발생한다. 요점을 보여주기 위해 터무니없는 예를 하나 고려해보자. 특정기간 동안 어떤 해변에서 아이스크림 판매에 대한 상어 공격의

	TV	radio	newspaper	sales
TV	1.0000	0.0548	0.0567	0.7822
radio		1.0000	0.3541	0.5762
newspaper			1.0000	0.2283
sales				1.0000

표 3.5: Advertising 자료에서 TV, radio, newspaper, sales에 대한 상관행렬.

회귀는 판매량과 신문광고 사이에서 보인 것과 유사한 상관관계가 있음을 보일 것이다. 실제로 기온이 올라가면 더 많은 사람이 해변을 방문하게 되고, 그리하여 아이스크림 판매가 높아지고 상어에 의한 공격횟수도 늘어난다. 아이스크림 판매와 기온에 대한 상어 공격의 다중회귀는 직관적으로 알 수 있듯이 기온을 조정하고 나면 아이스크림이란 설명변수는 더 이상 유의하지 않다는 것을 보여준다.

3.2.2 몇 가지 중요한 질문

다중선형회귀에서는 보통 다음의 몇 가지 중요한 질문에 관심이 있다.

1. 설명변수들 $X_1, X_2, \ldots, X_p$ 중 적어도 하나는 반응변수를 예측하는 데 유용한가?

2. Y를 설명하는 데 모든 설명변수들이 도움이 되는가? 또는 설명변수들의 일부만이 유용한가?

3. 모델은 데이터에 얼마나 잘 맞는가?

4. 주어진 설명변수 값들에 대해 어떤 반응변수 값을 예측해야 하고 그 예측은 얼마나 정확한가?

이제부터 이 질문들에 대해 하나씩 살펴본다.

하나: 반응변수와 설명변수 사이에 상관관계가 있는가?

단순선형회귀에서 반응변수와 설명변수 사이에 상관관계가 있는지는 단순히 $\beta_1 = 0$인지 검사하면 결정할 수 있다. p 개 설명변수가 있는 다중회귀에서는 모든 회귀계수들이 영인지, 즉 $\beta_1 = \beta_2 = \cdots = \beta_p = 0$인지를 검사해야 한다. 단순선형회귀에서와 같이 이 질문에 답하기 위해 가설검정을 사용한다.

귀무가설은 다음과 같고,

$$H_0 : \beta_1 = \beta_2 = \cdots = \beta_p = 0$$

대립가설은 다음과 같다.

$$H_a : \text{적어도 하나의 } \beta_j \text{는 영이 아니다}$$

이러한 가설검정은 F-통계량을 계산함으로써 이루어진다.

$$F = \frac{(\text{TSS} - \text{RSS})/p}{\text{RSS}/(n-p-1)} \tag{3.23}$$

단순선형회귀에서와 같이 $\text{TSS} = \sum(y_i - \bar{y})^2$이고 $\text{RSS} = \sum(y_i - \hat{y}_i)^2$이다. 만약 선형모델 가정이 맞다면 다음이 성립함을 보여줄 수 있다.

$$E\big[\text{RSS}/(n-p-1)\big] = \sigma^2$$

또한, 귀무가설 H_0이 참이면 다음이 성립함을 보여줄 수도 있다.

$$E\big[(\text{TSS} - \text{RSS})/p\big] = \sigma^2$$

그러므로, 반응변수와 설명변수들 사이에 상관관계가 없는 경우 F-통계량이 1에 매우 가까운 값이라고 기대할 수 있을 것이다. 반면에 만약 대립가설 H_a가 참이면 $E[(\text{TSS} - \text{RSS})/p] > \sigma^2$이고 그래서 F의 기대값은 1보다 크다.

radio, TV, newspaper에 따른 sales의 다중선형회귀모델에 대한 F-통계량은 표 3.6에 표시되어 있다. 이 예제에서 F-통계량은 570이다. 이것은 1보다 훨씬 큰 값이므로 귀무가설 H_0에 반하는 강력한 증거가 된다. 다시 말하면, 큰 값의 F-통계량은 광고 매체 중 적어도 하나는 판매량과 상관성이 있다는 것을 의미한다. 하지만, F-통계량이 1에 더 가까웠으면 어떻게 될까? H_0을 기각하고 상관관계가 있다고 결론을 내릴 수 있으려면 F-통계량이 얼마나 커야 하는가? 이 질문에 대한 답은 n과 p값에 따라 다르다. n이 큰 경우에는 F-통계량이 1보다 약간만 크면 H_0에 반하는 증거가 된다. 반대로 n이 작은 경우 H_0를

Quantity	Value
잔차표준오차	1.69
R^2	0.897
F-통계량	570

표 3.6: Advertising 자료의 TV, 신문, 라디오 광고예산에 대한 판매량의 회귀에서 최소제곱모델에 대한 추가 정보. 이 모델에 대한 다른 정보는 표 3.4에 있다.

기각하려면 더 큰 F-통계량이 필요하다. H_0이 참이고 오차 ϵ_i가 정규분포인 경우, F-통계량은 F-분포를 따른다.[6] 임의의 n과 p 값에 대해 F-분포를 사용하여 F-통계량과 관련된 p-값을 계산할 수 있으며, 이 p-값에 근거하여 H_0을 기각할지 결정할 수 있다. 광고 자료의 경우, 표 3.6의 F-통계량에 대한 p-값은 본질적으로 영이다. 그러므로 광고매체 중 적어도 하나는 판매량 증가와 상관관계가 있다는 아주 강한 증거가 있는 것이다.

(3.23)은 모든 계수가 영이라는 H_0을 검정한다. 때로는 특정 q개 계수가 영인지 검정하고자 할 때가 있다. 이 경우 귀무가설은 아래와 같이 표현할 수 있다.

$$H_0 : \beta_{p-q+1} = \beta_{p-q+2} = \cdots = \beta_p = 0$$

여기서 생략할 변수들은 편의상 리스트의 끝에 놓인다. 이 경우, 마지막 q개 계수를 *제외한* 모든 변수들을 사용하는 두 번째 모델이 사용된다. 이 모델에 대한 잔차제곱합이 RSS_0이라고 해보자. 그러면 적절한 F-통계량은 다음과 같다.

$$F = \frac{(\text{RSS}_0 - \text{RSS})/q}{\text{RSS}/(n-p-1)} \tag{3.24}$$

표 3.4에는 각 설명변수에 대한 t-통계량과 p-값이 표시되어 있다. 이것은 설명변수 각각이 다른 설명변수들에 대한 조정 후 반응변수와 상관성이 있는지에 대한 정보를 제공한다. 각 설명변수에 대한 통계량은 모델에서 그 변수를 제외하고 다른 변수들은 모두 포함하는―즉 (3.24)에서 $q = 1$인―F-검정과 정확하게 같은[7] 것이다. 따라서, 이것은 모델에 그 변수를 추가하는 것에 대한 *부분적 효과*를 나타낸다.

---

[6] 심지어 오차가 정규분포를 따르지 않더라도 표본크기 n이 크면 F-통계량은 F-분포로 근사된다.
[7] 각 t-통계량의 제곱은 대응하는 F-통계량이다.

예를 들어, 앞에서 살펴보았듯이, 이 p-값들이 나타내는 것은 TV와 radio는 sales와 상관관계가 있지만 newspaper는 TV와 라디오 광고가 있을 경우 sales와 상관성이 있다는 증거가 없다는 것이다.

각 변수에 대한 p-값이 있는데 왜 F-통계량을 살펴볼 필요가 있는가? 결국, 각 변수에 대한 p-값 중 어느 하나라도 매우 작으면 *적어도 하나의 설명변수는 반응변수와 상관성이 있을* 가능성이 높다. 하지만, 이러한 논리에는 결점이 있으며, 설명변수의 개수 p가 큰 경우에 특히 그렇다.

예를 들어, $p = 100$이고 $H_0 : \beta_1 = \beta_2 = \cdots = \beta_p = 0$이 참이어서 반응변수와 실제로 연관성이 있는 변수는 없는 예를 고려해보자. 이 경우, 각 변수(표 3.4에 보여준 형태)에 연관된 p-값 중 약 5%는 우연히 0.05보다 작을 것이다. 다시 말하면, 설명변수와 반응변수 사이에 실제로는 상관관계가 없더라도 대략 다섯개의 p-값은 작은 값일 것이라고 예상할 수 있다. 사실, 적어도 하나의 p-값은 거의 확실히 우연히 0.05보다 작을 것이다. 그러므로, 개별 t-통계량과 연관된 p-값을 사용하여 변수들과 반응변수 사이에 어떤 상관관계가 있는지 결정한다면 상관관계가 있다고 잘못 결론을 내릴 가능성이 매우 높다. 하지만, F-통계량은 설명변수의 개수를 조정하므로 이런 문제가 없다. 따라서, 만약 H_0이 참이면, 설명변수의 개수 또는 관측횟수에 상관없이 F-통계량의 p-값이 0.05보다 작아지게 될 가능성은 단지 5%이다.

설명변수와 반응변수 사이에 상관관계가 있는지 검사하는 데 F-통계량을 사용하는 방법은 p가 상대적으로 작고 n과 비교하여 명백히 작을 때 동작한다. 하지만, 때로는 아주 큰 수의 변수가 있을 수 있다. 만일 $p > n$이면 계수를 추정하는 데 이용할 관측치 수보다 추정할 계수 β_j가 더 많다. 이러한 경우에는 최소제곱을 사용한 다중선형회귀 적합을 수행할 수도 없어 F-통계량을 사용할 수 없으며, 지금까지 이장에서 다룬 다른 대부분의 개념도 사용할 수 없다. p가 클 때는 *전진선택(forward selection)*과 같은 다음 절에서 다루는 몇 가지 방법을 사용할 수 있다. 이러한 *고차원* 환경에 대해서는 6장에서 아주 자세히 살펴볼 것이다.

둘: 중요 변수의 결정

앞 절에서 다루었듯이 다중회귀분석의 첫 번째 단계는 F-통계량을 계산하여 관련된 p-값을 살펴보는 것이다. 만약 p-값에 근거하여 적어도 하나의 설명변수는 반응변수와 상관성이 있다는 결론에 도달한다면 그 설명변수가 어느 것인지 궁금할 것이다. 표 3.4에서와 같이 각 p-값을 살펴볼 수 있다. 그러나 앞에서도 얘기 했듯이 p가 큰 값이면 잘못된 결론에 도달할 가능성이 높다.

모든 설명변수가 반응변수와 상관성이 있을 수도 있다. 하지만 대부분의 경우 설명변수들의 일부 (서브셋)만이 반응변수와 상관관계가 있다. 상관성이 있는 설명변수만으로 모델 적합을 수행하기 위해 어느 설명변수가 반응변수와 상관성이 있는지 결정하는 것을 *변수선택*이라고 한다. 변수선택 문제는 6장에서 상세히 다룬다. 따라서 여기서는 몇 가지 고전적 기법의 개요만 간단히 설명할 것이다.

이상적으로는 포함되는 설명변수들이 서로 다른 많은 수의 모델을 시험하여 변수선택을 하고자 할 것이다. 예를 들어, $p = 2$이면 4개의 모델: (1) 설명변수가 하나도 없는 모델, (2) X_1만 포함하는 모델, (3) X_2만 포함하는 모델, (4) X_1과 X_2 둘 다 포함하는 모델을 고려할 수 있다. 그다음에 고려한 모델 중에서 *최고의* 모델을 선택할 수 있다. 어느 모델이 최고인지 어떻게 결정하는가? 모델의 질(quality) 을 평가하는 데 다양한 통계가 사용될 수 있으며, 맬로우즈(Mallows) C_p, *AIC*(Akaike information criterion), *BIC(베이즈 정보기준)*(Bayesian information criterion), 수정된 R^2이 포함된다. 이들에 대해서는 6장에서 더 자세히 다룰 것이다. 또한, 패턴을 찾기 위해 잔차와 같은 여러 가지 모델의 결과를 그래프로 나타내어 어느 모델이 최고인지 결정할 수 있다.

하지만, p개 변수들의 일부를 포함하는 총 모델의 수는 2^p개에 이른다. 따라서 심지어 p가 크지 않더라도 모든 가능한 설명변수들의 부분집합을 다 시험해 보는 것은 현실적으로 어렵다. 예를 들어, $p = 2$인 경우 $2^2 = 4$개 모델을 고려하면 된다. 그러나 $p = 30$이면 고려해야 하는 모델 수는 $2^{30} = 1,073,741,824$개로 늘어나 현실적으로 불가능에 가깝다. 그러므로 p가 아주 작은 경우가 아니면 2^p개 모델 모두를 고려할 수는 없고, 대신에 더 작은 수의 고려할 모델 집합을 선택하는 자동화되고 효과적인 기법이 필요하다. 이 목적을 위한 3가지 고전적인 기법은 아래와 같다.

- *전진선택*. 이 방법은 절편만 포함하고 설명변수는 없는 *영모델(null model)*을 가지고 시작한다. p개의 단순선형회귀를 적합하여 가장 낮은 RSS가 발생되는 변수를 영모델에 추가한다. 그런 다음 새로운 2-변수 모델에 대해 가장 낮은 RSS가 생기는 변수를 모델에 추가한다. 이런 방식으로 어떤 정지규칙(stopping rule)을 만족할 때까지 계속된다.

- *후진선택*(Backward selection). 이 방법은 모델의 모든 변수를 가지고 시작하여 가장 큰 p-값을 가지는 변수, 즉 통계적으로 중요도가 가장 낮은 변수를 제외한다. 그다음에 새로운 $(p-1)$-변수의

모델을 적합하고 p-값이 가장 큰 변수를 제외한다. 이 과정을 정지규칙이 만족될 때까지 계속한다. 예를 들어, 모든 남아 있는 변수들의 p-값이 어떤 임계치보다 작으면 이 과정을 중지한다.

- **혼합선택**(Mixed selection). 이것은 전진선택과 후진선택을 결합한 것이다. 전진선택처럼 변수가 없는 모델로 시작하여 최상의 적합을 제공하는 변수를 하나씩 추가한다. 물론, Advertising 예제에서 보았듯이 새로운 설명변수들이 모델에 추가됨에 따라 변수들에 대한 p-값이 커질 수 있다. 그러므로 모델의 변수들 중 어느 하나에 대한 p-값이 어떤 임계치보다 크지면 그 변수를 모델에서 제외한다. 이러한 전진선택 및 후진선택 단계를 계속하여 모델에 포함되는 모든 변수들은 충분히 작은 p-값을 가지고 모델에서 제외된 변수들은 만약 모델에 추가될 경우 p-값이 크게 될 때 중지된다.

후진선택법은 만약 $p > n$이면 사용할 수 없지만 전진선택법은 항상 사용할 수 있다. 전진선택법은 그리디(greedy) 방식이다. 그래서 초기에 포함한 변수들이 나중에는 유효하지 않을 수 있다. 이 문제는 혼합선택법으로 해결할 수 있다.

셋: 모델 적합

모델 적합의 수치적 측도로 가장 흔히 사용되는 두 가지는 RSE와 R^2(설명되는 분산의 비율)이다. 이 값들은 단순선형회귀에서와 같은 방식으로 계산되고 해석된다.

단순회귀에서 R^2은 반응변수와 설명변수의 상관계수의 제곱이다. 다중선형회귀에서 이것은 반응변수와 적합된 선형모델 사이의 상관계수 제곱인 $\text{Cor}(Y, \hat{Y})^2$과 동일하다. 사실 적합된 선형모델은 모든 가능한 선형모델 중에서 이 상관계수가 최대로 되는 것이다.

1에 가까운 R^2 값은 모델이 반응변수 내 분산의 많은 부분을 설명한다는 것을 나타낸다. 표 3.6에서 Advertising 데이터를 예로 살펴보았듯이, sales를 예측하는 데 세 광고매체 모두를 사용하는 모델은 0.8972의 R^2 값을 갖는다. 하지만 TV와 radio만 사용하는 모델은 R^2 값이 0.89719이다. 다시 말하면, 비록 표 3.4의 신문 광고에 대한 p-값은 유의하지 않지만, TV와 라디오 광고를 이미 포함하는 모델에 신문 광고를 포함하면 R^2 값이 약간은 증가한다. 모델에 더 많은 변수가 추가되면 비록 추가된 변수와 반응변수의 상관관계가 아주 약하더라도 R^2은 항상 증가할 것이다. 이것은 최소제곱 방정식에 변수를 추가하면 훈련 데이터(반드시 검정 데이터일 필요는 없지만)를 더 정확하게 적합할 수 있다는 사실 때문이다. 따라서, 훈련 데이터에 대해 계산되는 R^2 통계량은 증가해야 한다. TV와 라디오 광고만 포함하는 모델에 신문 광고를 추가하면 R^2이 약간만 증가한다는 사실은 newspaper는 모델에서 제외될 수 있다는 추가적인 증거가 된다. 근본적으로 newspaper는 훈련 표본의 모델 적합에 실제로 어떠한 개선도 제공하지 않으며, 모델에 신문을 포함하는 것은 독립적인 검정표본에 대한 과적합으로 인해 좋지 않은 결과를 초래할 가능성이 높을 것이다.

반대로, 설명변수로 TV만을 포함하는 모델은 R^2이 0.61이다(표 3.2). 이 모델에 radio를 추가하면 R^2이 상당히 개선된다. 이것은 TV와 라디오 광고 지출을 사용하여 판매량을 예측하는 모델은 TV 광고만을 사용하는 모델보다 훨씬 더 낫다는 것을 의미한다. 더욱이 TV와 radio만을 설명변수로서 포함하는 모델에서 radio 계수에 대한 p-값을 살펴보면 모델의 개선 정도를 수량화할 수 있다.

TV와 radio만 설명변수로 포함하는 모델은 1.681의 RSE를 가지며, 설명변수로서 newspaper도 포함하는 모델은 RSE가 1.686이다(표 3.6). 반대로, TV만 포함하는 모델은 RSE가 3.26이다(표 3.2). 이 결과는 TV와 라디오 광고 지출을 사용하여 판매량을 예측하는 모델이 TV 지출만을 사용하는 모델보다 (훈련 데이터에 대해) 훨씬 더 정확하다는 앞의 결론과 일치한다. 더욱이 TV와 라디오 광고 지출이 설명변수로 사용된 경우 신문 광고 지출을 설명변수로 모델에 더 포함할 필요가 없다. newspaper가 모델에 추가될 경우 RSS가 감소해야 한다면 어떻게 RSE가 증가할 수 있는지 의문을 가질 수 있다. 일반적으로 RSE는 다음처럼 정의된다.

$$\text{RSE} = \sqrt{\frac{1}{n-p-1}\text{RSS}} \qquad (3.25)$$

이 식은 단순선형회귀의 경우 (3.15)로 간소화 된다. 따라서 더 많은 변수를 가진 모델은 RSS 감소량이 p 증가에 비해 상대적으로 작을 경우 RSE가 높아질 수 있다.

방금 다룬 RSE와 R^2 통계량을 살펴보는 것에 더하여 데이터를 그래프로 나타내보는 것이 유용할 수 있다. 그래프 표현은 수치적으로는 보이지 않는 모델의 문제를 보여줄 수 있다. 예를 들어, 그림 3.5는 TV와 radio에 대한 sales를 3차원으로 나타낸 것이다. 일부 관측치는 최소제곱회귀 평면의 위에, 또 일부는 이 평면의 아래에 놓여 있는 것을 볼 수 있다. 그래프를 보면 음수와 양수 잔차에 명백한 패턴이

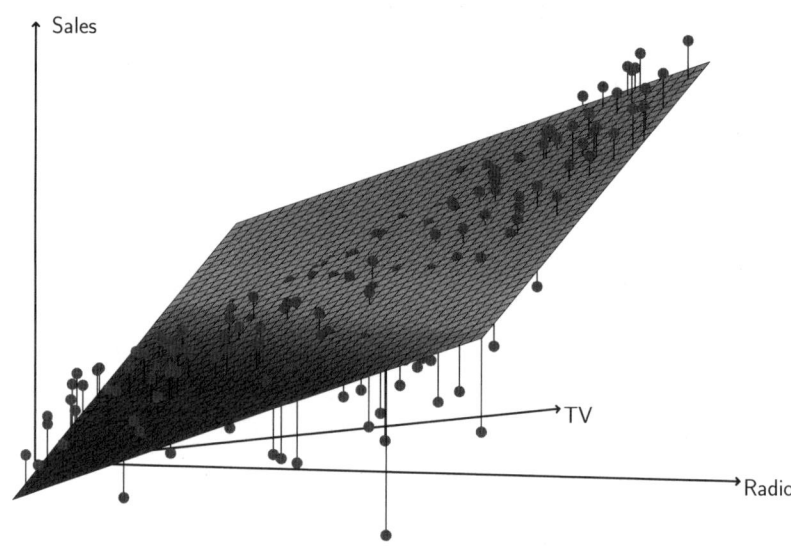

그림 3.5: Advertising 자료에서 TV와 radio를 설명변수로 사용한 sales의 선형회귀적합. 잔차의 패턴으로부터 데이터에 뚜렷한 비선형 상관관계가 있음을 알 수 있다. 양수의 잔차들(표면 위에 보이는 점들)은 TV와 라디오 예산이 똑같이 나누어지는 45도 선을 따라 놓이는 경향이 있다. 음수의 잔차들(대부분 보이지 않음)은 45도 선으로부터 떨어져 있는(예산이 어느 한쪽으로 더 치우치는) 경향이 있다.

있음을 알 수 있다. 특히, 선형모델은 광고예산의 대부분이 TV 또는 라디오 어느 한쪽에 지출되는 경우 판매량을 과대추정하는 경향이 있다. 예산이 두 매체 사이에 분산될 때에는 판매량을 과소추정한다. 이러한 뚜렷한 비선형 패턴은 선형회귀를 사용해서는 정확하게 모델링할 수 없다. 이것이 시사하는 것은 광고매체 간에 *시너지* 또는 *상호작용* 효과가 있어 매체를 함께 결합하는 것이 어느 하나의 매체를 사용하는 것보다 판매량 증가가 더 크다는 것이다. 상호작용 항을 이용하여 시너지 효과를 수용하도록 선형모델을 확장하는 것에 대해서는 3.3.2절에서 다룰 것이다.

넷: 예측

다중선형모델 적합을 수행하였으면 (3.21)을 적용하여 설명변수 $X_1, X_2, \ldots, X_p$의 값에 기초하여 반응변수 Y를 예측하는 것은 어렵지 않다. 하지만, 이러한 예측에는 세 가지 명확하지 않은 것이 연관되어 있다.

1. 계수추정 $\hat{\beta}_0, \hat{\beta}_1, \ldots, \hat{\beta}_p$는 $\beta_0, \beta_1, \ldots, \beta_p$에 대한 추정값이다. 즉 아래 *최소제곱평면*은

$$\hat{Y} = \hat{\beta}_0 + \hat{\beta}_1 X_1 + \cdots + \hat{\beta}_p X_p$$

   다음의 *실제 모회귀평면*에 대한 추정값이다.

$$f(X) = \beta_0 + \beta_1 X_1 + \cdots + \beta_p X_p$$

   계수추정의 부정확도는 2장의 *축소가능 오차*(reducible error)와 관련된다. 신뢰구간을 계산하여 $\hat{Y}$가 $f(X)$에 얼마나 가까운지 결정할 수 있다.

2. 물론, 실제로 $f(X)$에 대해 선형모델을 가정하는 것은 거의 항상 현실에 대한 근사이다. 따라서 *모델 편향*(model bias)이라고 하는 잠재적으로 축소가능한 오차의 또 다른 출처가 있다. 그러므로 선형모델을 사용할 때 실제 표면에 대한 최상의 선형 근사를 추정하는 것이다. 하지만, 여기서는 이러한 차이를 무시하고 마치 선형모델이 올바른 것으로 간주한다.

3. 심지어 $f(X)$를 알아도—$\beta_0, \beta_1, \ldots, \beta_p$에 대한 실제 값을 알아도—모델 (3.21)의 랜덤오차 때문에 반응변수 값을 완벽하게 예측할 수는 없다. 2장에서 이 오차를 *축소불가능 오차*(irreducible error)라고 하였다. Y는 $\hat{Y}$와 얼마나 다를 것인가? *예측구간*을 사용하여 이 질문에 답해보자. 예측구간은 신뢰구간보다 항상 더 넓다. 이유는 예측구간은 $f(X)$에 대한 추정오차(축소가능 오차)와 각 포인트가 모회귀평면과 얼마나 다른지에 대한 불확실성(축소불가능 오차) 둘 다 표함하기 때문이다.

신뢰구간은 많은 수의 도시에 대한 평균 판매량을 둘러싼 불확실성을 수량화하는 데 사용된다. 예를 들어, 각 도시에서 TV 광고에 10만 달러, 라디오 광고에 2만 달러를 지출한다면 95% 신뢰구간은 [10,985, 11,528]이다. 이것은 이런 구간들 중 95%는 $f(X)$의 실제 값을 포함할 것이라는 의미로 해석된다.[8] 반면에 예측구간은 특정 도시의 판매량에 대한 불확실성을 수량화하는 데 사용될 수 있다. TV 광고에 10만 달러, 라디오 광고에 2만 달러를 사용한 도시에서 95% 예측구간은 [7,930, 14,580]이다. 이것은 이런 구간들 중 95%는 이 도시에 대한 Y의 실제 값을 포함할 것이라는 의미로 해석된다. 예측구간과 신뢰구간 둘 다 중심은 11,256이지만 예측구간은 신뢰구간보다 훨씬 더 넓다. 이것은 많은 지역에 걸친 평균 판매량과 비교하여 주어진 도시의 판매량에 대한 불확실성이 더 크다는 것을 의미한다.

3.3 회귀모델에서 다른 고려할 사항

3.3.1 질적 설명변수

지금까지는 선형회귀모델의 모든 변수는 *양적*(quantitative)이라고 가정하였다. 하지만 실제로는 설명변수들이 *질적*(qualitative)인 경우도 많다.

예를 들어, 그림 3.6의 Credit 자료는 balance(개인의 평균 신용 카드 대금)와 몇 가지 양적 설명변수: age, cards(신용카드 수), education(교육 햇수), income(달러로 표시), limit(신용 한도), rating(신용 등급)을 기록한 것이다. 그림 3.6의 각 패널은 한 쌍의 변수에 대한 산점도(scatter plot)를 나타낸 것으로, 각 쌍의 변수는 대응하는 행과 열 라벨에 의해 주어진다. 예를 들어 단어 "Balance"의 바로 오른쪽 산점도는 balance와 age를 나타낸 것이고, "Age"의 바로 오른쪽 산점도는 age와 cards를 나타낸 것이다. 이러한 양적 변수뿐만 아니라 4개의 질적 변수: gender, student(학생 여부), status(혼인 여부), ethnicity(백인, 흑인, 또는 아시아인)이 있다.

레벨(수준) 수가 2인 설명변수

다른 변수들은 고려하지 않고 남성과 여성의 신용카드 대금 차이를 조사한다고 해보자. 만약 질적인 설명변수(*factor*라고도 함)가 단지 두 개의 *레벨* 또는 가능한 값을 가지면 이것을 회귀모델에 포함

---

[8] 즉, Advertising 자료와 같이 많은 수의 데이터셋을 수집하여 각 데이터셋(TV 광고에 10만 달러, 라디오 광고에 2만 달러 사용)을 기반으로 평균 판매량에 대한 신뢰구간을 구성하면 이 신뢰구간들 중 95%는 평균 판매량의 실제 값을 포함할 것이다.

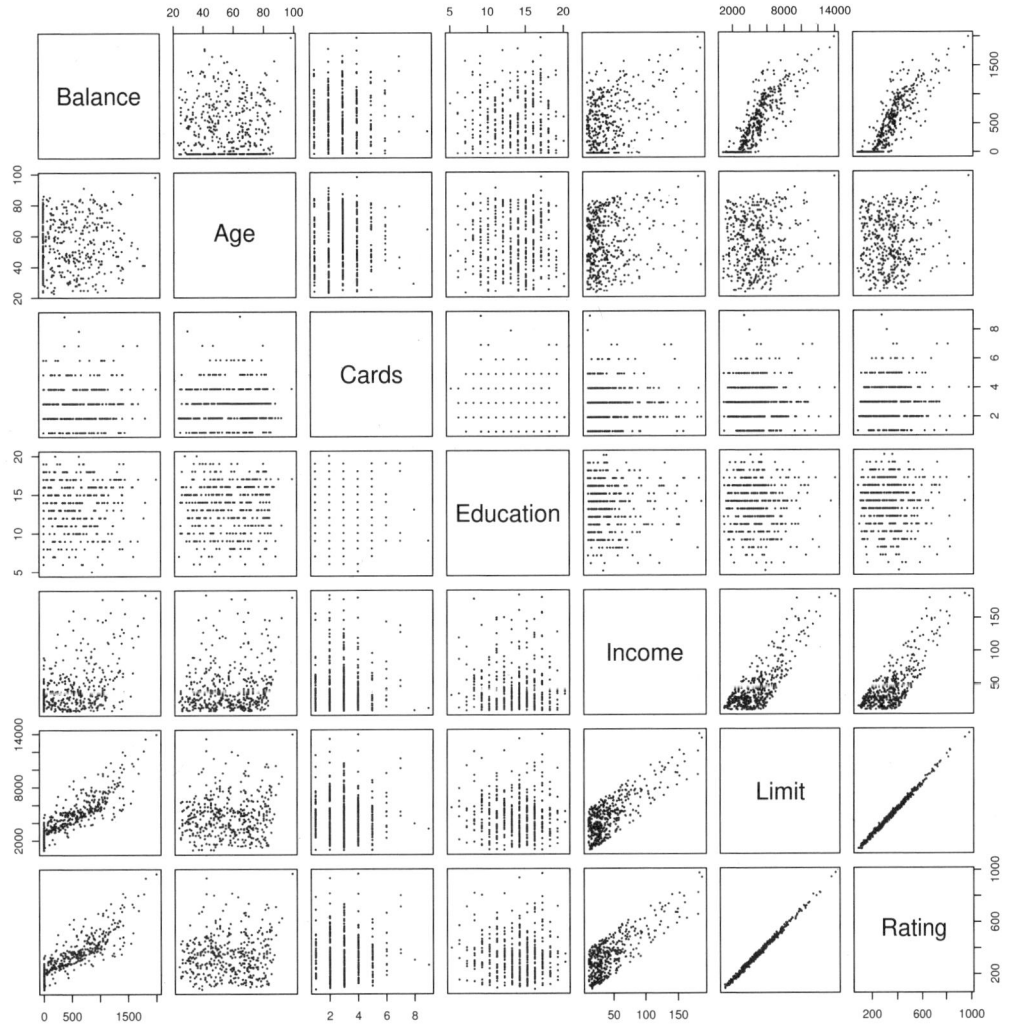

그림 3.6: Credit 자료는 다수의 잠재적 고객에 대한 balance, age, cards, education, income, limit, rating 정보를 포함한다.

	계수	표준편차	t-통계량	p-값
절편	509.80	33.13	15.389	< 0.0001
gender[여성]	19.73	46.05	0.429	0.6690

표 3.7: Credit 자료에서 gender에 대한 balance의 회귀와 관련된 최소제곱 계수 추정치. 이 선형모델은 (3.27)에 주어진다. 즉, 성별은 (3.26)에서와 같이 가변수로 코딩된다.

하는 것은 아주 간단하다. 단순히 두 개의 가능한 값을 가지는 지시변수(indicator variable) 또는 가변수(dummy variable)를 생성한다. 예를 들어, gender 변수를 기반으로 다음과 같은 형태의 새로운 변수를 만들 수 있다.

$$x_i = \begin{cases} 1 & i \text{ 번째 사람이 여성인 경우} \\ 0 & i \text{ 번째 사람이 남성인 경우} \end{cases} \quad (3.26)$$

그리고 이 변수를 회귀식의 한 설명변수로 사용하면 다음 모델이 얻어진다.

$$y_i = \beta_0 + \beta_1 x_i + \epsilon_i = \begin{cases} \beta_0 + \beta_1 + \epsilon_i & i \text{ 번째 사람이 여성인 경우} \\ \beta_0 + \epsilon_i & i \text{ 번째 사람이 남성인 경우} \end{cases} \quad (3.27)$$

여기서 β_0는 남성들의 평균 신용카드 대금, $\beta_0 + \beta_1$은 여성들의 평균 신용카드 대금, 그리고 β_1은 여성과 남성의 신용카드 대금에 있어서의 평균 차이로 해석될 수 있다.

표 3.7은 모델 (3.27)와 관련된 계수 추정치와 다른 연관된 정보를 보여준다. 남성의 평균 신용카드 대금은 509.8 달러로 추정되고, 여성은 19.73 달러 더 높은 509.8 + 19.73 = 529.53 달러로 추정된다. 하지만 가변수에 대한 p-값이 매우 높다는 사실을 눈여겨 보자. 이것은 평균 신용카드 대금에 있어서 성별에 따른 차이가 존재한다는 통계적 증거가 없음을 나타낸다.

(3.27)에서 여성을 1로 남성을 0으로 정한 것은 임의로 결정한 것으로 회귀적합에 전혀 영향을 주지 않으며, 단지 계수들에 대한 해석만 달라진다. 만약 남성을 1로 여성을 0으로 정하면 β_0와 β_1에 대한 추정값은 각각 529.53과 −19.73이 되어, 앞에서와 마찬가지로 신용카드 대금에 대한 예측값은 남성은 529.53 − 19.73 = 509.8 달러이고 여성은 529.53 달러가 된다. 또는 0/1로 코딩하는 방식 대신에

가변수를 아래와 같이 만들 수 있다.

$$x_i = \begin{cases} 1 & i \text{ 번째 사람이 여성인 경우} \\ -1 & i \text{ 번째 사람이 남성인 경우} \end{cases}$$

이 변수를 회귀식에 사용하면 모델은 다음과 같이 표현된다.

$$y_i = \beta_0 + \beta_1 x_i + \epsilon_i = \begin{cases} \beta_0 + \beta_1 + \epsilon_i & i \text{ 번째 사람이 여성인 경우} \\ \beta_0 - \beta_1 + \epsilon_i & i \text{ 번째 사람이 남성인 경우} \end{cases}$$

이 경우, β_0는 (성별 효과를 고려하지 않은) 전체 평균 신용카드 대금으로 해석될 수 있고, β_1은 여성들은 평균보다 높고 남성들은 평균보다 낮은 그 양을 나타낸다. 이 예에서 β_0에 대한 추정값은 519.665 달러가 될 것인데, 이 값은 남성과 여성 평균인 509.8과 529.53 사이의 중간값이다. β_1에 대한 추정값은 9.865 달러가 될 것이며, 이 값은 여성과 남성 평균값의 차인 19.73 달러의 절반이다. 중요한 점은 남성과 여성의 신용카드 대금에 대한 최종 예측값은 사용한 코딩 방식에 관계없이 동일하다는 것이다. 유일하게 다른 점은 계수들을 해석하는 방식이다.

레벨 수가 3 이상인 질적 설명변수

질적 설명변수의 레벨 수가 2보다 클 때, 하나의 가변수로는 가능한 모든 값을 나타낼 수 없다. 이러한 경우 가변수를 하나 더 만들 수 있다. 예를 들어, ethnicity 변수에 대해 2개의 가변수를 생성한다. 첫 번째는 다음과 같이 나타낼 수 있다.

$$x_{i1} = \begin{cases} 1 & i \text{ 번째 사람이 아시아인인 경우} \\ 0 & i \text{ 번째 사람이 아시아인이 아닌 경우} \end{cases} \tag{3.28}$$

	계수	표준편차	t-통계량	p-값
절편	531.00	46.32	11.464	< 0.0001
ethnicity[아시아인]	−18.69	65.02	−0.287	0.7740
ethnicity[백인]	−12.50	56.68	−0.221	0.8260

표 3.8: Credit 자료에서 ethnicity에 대한 balance의 회귀와 관련된 최소제곱 계수 추정치. 이 선형모델은 (3.30)에 주어진다. 즉, 인종은 2개의 가변수 (3.28)과 (3.29)를 통해 코딩된다.

그리고 두 번째는 아래와 같이 표현할 수 있다.

$$x_{i2} = \begin{cases} 1 & i \text{ 번째 사람이 백인인 경우} \\ 0 & i \text{ 번째 사람이 백인이 아닌 경우} \end{cases} \quad (3.29)$$

그러면 이 가변수 둘 다 회귀식에 사용하여 다음의 모델을 얻을 수 있다.

$$y_i = \beta_0 + \beta_1 x_{i1} + \beta_2 x_{i2} + \epsilon_i = \begin{cases} \beta_0 + \beta_1 + \epsilon_i & i \text{ 번째 사람이 아시아인인 경우} \\ \beta_0 + \beta_2 + \epsilon_i & i \text{ 번째 사람이 백인인 경우} \\ \beta_0 + \epsilon_i & i \text{ 번째 사람이 흑인인 경우} \end{cases} \quad (3.30)$$

이 때, β_0은 흑인의 평균 신용카드 대금, β_1은 아시아인과 흑인 간 평균 카드 대금의 차이, 그리고 β_2는 백인과 흑인 간 평균 카드 대금의 차이로 해석될 수 있다. 가변수의 개수는 항상 레벨 수보다 하나 작을 것이다. 가변수가 없는 레벨—이 예제의 흑인—은 기준(baseline)으로 알려져 있다.

표 3.8을 살펴보면 기준인 흑인에 대한 추정 balance는 531 달러이다. 아시아인은 흑인보다 카드 대금이 18.69 달러 작을 것으로 추정되고 백인은 흑인보다 12.5 달러 적은 카드 대금을 가질 것으로 추정된다. 하지만 두 가변수에 대한 계수 추정치와 연관된 p-값은 아주 크다. 이것이 의미하는 것은 인종별로 신용카드 대금에 실질적 차이가 있다는 통계적 증거가 없음을 말한다. 기준으로 선택된 레벨은 임의로 정했으며 각 그룹에 대한 예측은 선택된 기준에 관계없이 동일할 것이다. 하지만 계수들과 그 p-값들은 가변수의 코딩 선택에 따라 다르다. 개별 계수에 의존하지 않고 F-검정을 사용하여 $H_0 : \beta_1 = \beta_2 = 0$

을 검정할 수 있다. F-검정은 가변수 코딩에 의존적이지 않다. 여기서 F-검정 p-값은 0.96으로 balance와 ethnicity 사이에 상관관계가 존재하지 않는다는 귀무가설을 기각할 수 없음을 나타낸다.

이러한 가변수 방식은 양적 설명변수와 질적 설명변수를 둘 다 포함하는 경우에 어려움 없이 사용할 수 있다. 예를 들어, income과 같은 양적 변수와 student와 같은 질적 변수 둘 다에 대한 balance의 회귀를 구하려면 단순히 student에 대한 가변수를 만들어 income과 이 가변수를 신용카드 대금에 대한 설명변수로 사용하여 다중회귀모델을 적합해야 한다.

여기서 사용하는 가변수 방식 외에도 질적 변수를 코딩하는 방법은 많다. 이러한 방법들은 모두 동일한 모델적합을 얻지만, 계수 및 해석이 같지 않으며 특정한 *차이*(contrasts)를 측정하도록 고안된다. 이 주제는 책의 범위를 벗어나 여기서 더 이상 다루지 않는다.

3.3.2 선형모델의 확장

표준선형회귀모델 (3.19)는 해석이 가능한 결과를 제공하며 많은 현실적인 문제에 대해서도 잘 동작한다. 하지만 이것은 실제로는 성립되지 않는 몇 가지 아주 제한적인 가정을 사용한다. 가장 중요한 가정 중 두 가지는 설명변수와 반응변수 사이의 관계는 *가산적(additive)*이고 *선형적*이라는 것이다. 가산성 가정이 의미하는 것은 설명변수 X_j의 변화가 반응변수 Y에 미치는 영향은 다른 설명변수 값에 독립적이라는 것이다. 선형성 가정은 X_j의 한 유닛 변화로 인한 Y의 변화는 X_j의 값에 관계없이 상수라는 것을 말한다. 이러한 두 가정을 완화시키는 다수의 복잡한 방법들에 대해 살펴볼 것인데, 이장에서는 선형모델을 확장하는 몇 가지 흔히 사용되는 고전적 기법에 대해 간단히 살펴본다.

가산성 가정의 제거

앞에서 살펴본 Advertising 자료 분석에서, TV와 radio 둘 다 sales와 상관관계가 있다고 결론지었다. 이러한 결론의 근거가 되는 선형모델들은 한 광고매체의 지출 증가가 sales에 미치는 영향은 다른 매체에 대한 지출과 무관하다고(독립적이라고) 가정한다. 예를 들어, 선형모델 (3.20)은 TV 지출의 한 유닛 증가가 판매량에 미치는 평균 영향은 라디오 광고 지출액에 관계없이 항상 β_1이라는 것을 의미한다.

하지만, 이런 단순한 모델은 맞지 않을 수 있다. 라디오 광고 지출이 실제로 TV 광고의 효과를 증가시켜 TV에 대한 기울기 항이 라디오 지출이 늘어남에 따라 증가해야 한다고 해보자. 이러한 경우,

주어진 10만 달러의 고정 광고예산을 라디오와 TV에 절반씩 지출하는 것이 전체 예산을 TV 또는 라디오 어느 한쪽에 모두 사용하는 것보다 판매량 증가가 더 클 수 있다. 이것을 마케팅에서는 *시너지 효과*라 하고 통계학에서는 *상호작용 효과*라 한다. 그림 3.5는 이러한 효과가 광고 데이터에 있을 수 있음을 시사한다. TV 또는 라디오 어느 한쪽의 지출 수준이 낮을 경우 실제 판매량은 선형모델의 예측보다 낮다. 반면에, 광고 지출이 두 매체에 잘 나누어지면 모델은 판매량을 과소추정하는 경향이 있다.

두 개의 변수를 가지는 표준 선형회귀모델을 고려해보자.

$$Y = \beta_0 + \beta_1 X_1 + \beta_2 X_2 + \epsilon$$

이 모델에 따르면 X_1이 한 유닛 증가하면 Y는 평균 β_1 유닛만큼 증가할 것이다. X_2의 존재는 이 사실을 변경하지 않는다—즉, X_2의 값에 관계없이 X_1이 한 유닛 증가하면 Y는 β_1 유닛 증가할 것이다. 상호작용 효과를 포함하도록 이 모델을 확장하는 한 가지 방법은 *상호작용 항*이라 불리는 세 번째 설명변수를 포함하는 것이다. 상호작용 항은 X_1과 X_2의 곱으로 구성된다. 그러면 결과 모델은 다음과 같이 표현된다.

$$Y = \beta_0 + \beta_1 X_1 + \beta_2 X_2 + \beta_3 X_1 X_2 + \epsilon \tag{3.31}$$

이러한 상호작용 항을 포함하는 것이 어떻게 가산성 가정을 완화하는가? (3.31)은 아래와 같이 다시 쓸 수 있다.

$$\begin{aligned} Y &= \beta_0 + (\beta_1 + \beta_3 X_2) X_1 + \beta_2 X_2 + \epsilon \\ &= \beta_0 + \tilde{\beta}_1 X_1 + \beta_2 X_2 + \epsilon \end{aligned} \tag{3.32}$$

여기서, $\tilde{\beta}_1 = \beta_1 + \beta_3 X_2$이다. $\tilde{\beta}_1$은 X_2에 따라 변하므로 Y에 대한 X_1의 효과는 더 이상 상수가 아니다. X_2를 조정하면 Y에 대한 X_1의 효과가 변할 것이다.

예를 들어, 공장의 생산성을 연구하는 데 관심이 있다고 해보자. 생산 라인의 수(lines)와 총 근로자 수(workers)를 기반으로 생산된 제품의 수(units)를 예측하고자 한다. 생산 라인 수 증가에 의한 효과는

	계수	표준편차	t-통계량	p-값
절편	6.7502	0.248	27.23	< 0.0001
TV	0.0191	0.002	12.70	< 0.0001
radio	0.0289	0.009	3.24	0.0014
TV × radio	0.0011	0.000	20.73	< 0.0001

표 3.9: Advertising 자료의 TV와 radio에 대한 sales의 회귀에 (3.33)의 상호작용 항이 추가된 경우의 최소제곱 계수 추정치.

근로자 수에 따라 다를 것이다. 왜냐하면, 라인을 운영할 근로자가 없으면 라인 수 증가는 생산량 증가로 이어지지 않을 것이기 때문이다. 이것은 units를 예측하기 위한 선형모델에 lines와 workers 사이의 상호작용 항을 포함하는 것이 적절함을 시사한다. 모델적합으로 다음을 얻는다고 해보자.

$$\begin{aligned} \text{units} &\approx 1.2 + 3.4 \times \text{lines} + 0.22 \times \text{workers} + 1.4 \times (\text{lines} \times \text{workers}) \\ &= 1.2 + (3.4 + 1.4 \times \text{workers}) \times \text{lines} + 0.22 \times \text{workers} \end{aligned}$$

즉, 라인을 하나 더 추가하면 생산되는 제품 수는 $3.4 + 1.4 \times \text{workers}$ 만큼 증가할 것이다. 그러므로 근로자 수가 많을수록 라인 수에 의한 효과가 더 커 질 것이다.

다시 광고 예제로 돌아가 보자. sales를 예측하기 위해 radio, TV, 그리고 이 둘 사이의 상호작용을 사용하는 선형모델은 다음 형태를 가진다.

$$\begin{aligned} \text{sales} &= \beta_0 + \beta_1 \times \text{TV} + \beta_2 \times \text{radio} + \beta_3 \times (\text{radio} \times \text{TV}) + \epsilon \\ &= \beta_0 + (\beta_1 + \beta_3 \times \text{radio}) \times \text{TV} + \beta_2 \times \text{radio} + \epsilon \end{aligned} \quad (3.33)$$

여기서, β_3는 라디오 광고의 한 유닛 증가에 대한 TV 광고 효과의 증가로 해석될 수 있다(또는 그 반대도 마찬가지이다). 모델 (3.33)을 적합한 결과는 표 3.9에 주어진다.

표 3.9의 결과는 상호작용 항을 포함하는 모델이 *주효과(main effects)*만 포함하는 모델보다 훨씬 낫다는 것을 보여준다. 상호작용 항에 대한 p-값인 TV × radio는 매우 작은데, 이것은 $H_a : \beta_3 \neq 0$

라는 강력한 증거이다. 다시 말하면, 실제 상관관계는 가산적이지 않다는 것이 명백하다. 모델 (3.33)에 대한 R^2은 96.8%이다. 반면에, 상호작용 항이 없이 TV와 radio를 사용해 sales를 예측하는 모델에 대한 R^2은 단지 89.7%이다. 이것은 가산적 모델의 적합 후에 설명되지 않고 남아 있는 판매량에 대한 변동성의 $(96.8 - 89.7)/(100 - 89.7) = 69\%$가 상호작용 항에 의해 설명된다는 것을 의미한다. 표 3.9의 계수 추정치는 TV 광고 지출이 1천 달러 늘어나면 관련된 판매량 증가는 $(\hat{\beta}_1 + \hat{\beta}_3 \times \text{radio}) \times 1,000 = 19 + 1.1 \times \text{radio}$ 유닛이라는 것을 의미한다. 그리고, 라디오 광고 지출이 1천 달러 증가하면 관련 판매량 증가는 $(\hat{\beta}_2 + \hat{\beta}_3 \times \text{TV}) \times 1,000 = 29 + 1.1 \times \text{TV}$ 유닛이 될 것이다.

이 예에서 TV, radio, 그리고 상호작용 항과 관련된 p-값은 모두 통계적으로 유의하고(표 3.9), 따라서 세 변수 모두 모델에 포함되어야 한다. 하지만 가끔씩 상호작용 항은 매우 작은 p-값을 가지지만 관련된 주효과(여기서는 TV와 radio)는 그렇지 않은 경우도 있다. *계층적 원리*에 의하면, 만약 모델에 상호작용을 포함하면 주효과는 그 계수와 연관된 p-값이 유의하지 않더라도 모델에 포함해야 한다. 다시 말해, 만약 X_1과 X_2 사이의 상호작용이 중요한 것 같으면 X_1과 X_2의 계수 추정치가 큰 p-값을 가져도 모델에 X_1과 X_2를 포함해야 한다. 이유는 만약 $X_1 \times X_2$가 반응변수와 상관관계가 있으면 X_1 또는 X_2의 계수가 영인지는 관심이 없다. 또한 $X_1 \times X_2$는 보통 X_1 및 X_2와 상관되어 있어 이들을 제외하는 것은 상호작용의 의미를 바꾸는 경향이 있다.

앞의 예에서, 양적 변수인 TV와 radio의 상호작용을 고려하였다. 하지만 상호작용의 개념은 질적 변수 또는 양적 변수와 질적 변수의 조합에도 적용된다. 사실, 질적 변수와 양적 변수 사이의 상호작용을 해석하기는 특히 쉽다. 3.3.1절의 Credit 자료에서 income(양적)과 student(질적) 변수를 사용하여 balance를 예측한다고 해보자. 상호작용 항이 없을 경우 모델은 다음 형태를 가진다.

$$\begin{aligned}
\text{balance}_i &\approx \beta_0 + \beta_1 \times \text{income}_i + \begin{cases} \beta_2 & i \text{ 번째 사람이 학생인 경우} \\ 0 & i \text{ 번째 사람이 학생이 아닌 경우} \end{cases} \\
&= \beta_1 \times \text{income}_i + \begin{cases} \beta_0 + \beta_2 & i \text{ 번째 사람이 학생인 경우} \\ \beta_0 & i \text{ 번째 사람이 학생이 아닌 경우} \end{cases}
\end{aligned} \quad (3.34)$$

이것은 두 개의 평행한 직선을 데이터(하나는 학생, 다른 하나는 학생이 아닌 사람)에 적합하는 것이다.

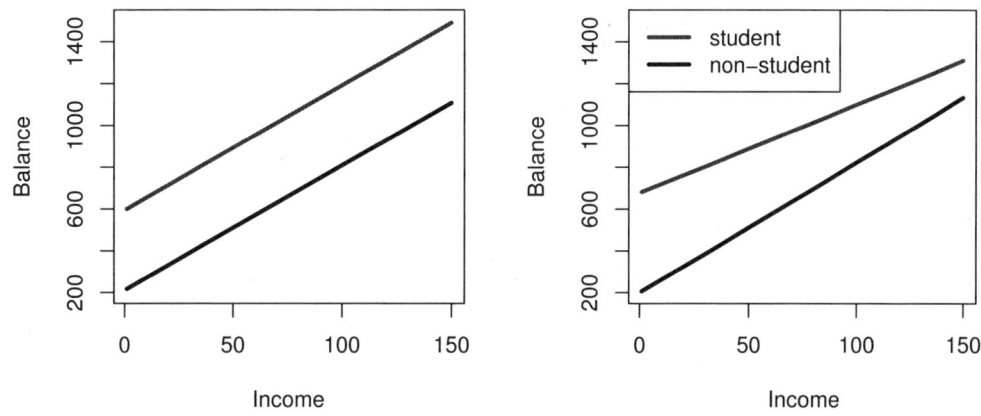

그림 3.7: Credit 자료에서 income으로부터 balance를 예측하기 위한 최소제곱선. 왼쪽: 모델 (3.34)의 적합으로 income과 student 사이에 상호작용이 없다. 오른쪽: 모델 (3.35)의 적합으로 income과 student 사이의 상호작용 항이 있다.

학생과 학생이 아닌 사람에 대한 두 직선은 다른 절편 $\beta_0 + \beta_2$와 β_0을 가지지만 동일한 기울기 β_1을 가진다. 이것은 그림 3.7의 왼쪽 패널에 도시되어 있다. 두 직선이 평행하다는 사실이 의미하는 것은 income의 한 유닛 증가가 balance에 미치는 평균 효과는 그 사람이 학생인지 아닌지에 의존적이지 않다는 것을 말한다. 이것은 모델이 잠재적으로 심각한 한계가 있음을 나타낸다. 왜냐하면, 소득의 변화는 학생과 학생이 아닌 사람의 신용카드 대금에 아주 다른 효과를 줄 수 있기 때문이다.

이 한계는 income을 student에 대한 가변수와 곱하여 얻은 상호작용 변수를 추가함으로써 해결할 수 있다. 그러면 모델은 다음과 같이 표현된다.

$$\begin{aligned} \text{balance}_i &\approx \beta_0 + \beta_1 \times \text{income}_i + \begin{cases} \beta_2 + \beta_3 \times \text{income}_i & \text{학생인 경우} \\ 0 & \text{학생이 아닌 경우} \end{cases} \\ &= \begin{cases} (\beta_0 + \beta_2) + (\beta_1 + \beta_3) \times \text{income}_i & \text{학생인 경우} \\ \beta_0 + \beta_1 \times \text{income}_i & \text{학생이 아닌 경우} \end{cases} \end{aligned} \quad (3.35)$$

이 경우에도 학생과 학생이 아닌 사람에 대한 회귀 직선이 다르다. 그러나 이번에는 두 직선의 절편뿐만 아니라 기울기도 다르다. 학생인 경우, 회귀직선의 절편은 $\beta_0 + \beta_2$, 기울기는 $\beta_1 + \beta_3$이다. 학생이 아닌 경우에는 절편은 β_0, 기울기는 β_1이다. 이것은 소득 변화가 신용카드 대금에 미치는 영향이 학생인지의 여부에 따라 다를 수 있게 한다. 그림 3.7의 오른쪽 패널에 모델 (3.5)에 따른 income과 balance의 추정된 상관관계가 도시된다. 학생에 대한 직선의 기울기가 학생이 아닌 경우에 대한 것보다 작은데, 이것은 소득 증가에 따른 카드 대금 증가가 학생인 경우 학생이 아닌 사람보다 낮다는 것을 시사한다.

비선형 상관관계

앞에서 살펴보았듯이, 선형회귀모델 (3.19)는 반응변수와 설명변수 사이에 선형관계가 있다고 가정한다. 그러나 어떤 경우에는 반응변수와 설명변수 사이의 실제 상관관계가 비선형적일 수 있다. 여기서는 비선형 상관관계를 수용하도록 *다항식회귀*를 사용하여 선형모델을 직접 확장하는 매우 간단한 방법을 소개한다. 좀 더 일반적인 환경에서 비선형적합을 수행하는 더 복잡한 방법들에 대해서는 나중에 여러 장에서 다룰 것이다.

그림 3.8을 고려해보자. 이 그림은 Auto 자료의 자동차들에 대한 mpg(1갤런으로 갈 수 마일 수)와 horsepower(마력)을 나타낸다. 오렌지색 선은 선형회귀적합을 나타낸다. mpg와 horsepower 사이에는 뚜렷한 상관관계가 있지만 명백히 비선형적이며, 데이터는 곡선 상관관계를 시사한다. 선형모델에 비선형 상관관계를 포함하기 위한 간단한 방법은 변환된 형태의 설명변수들을 모델에 포함하는 것이다. 예를 들어, 그림 3.8의 점들은 *이차* 형태인 것처럼 보이는데, 이것은 다음과 같은 형태의 모델이 더 나은 적합을 제공할 수 있음을 시사한다.

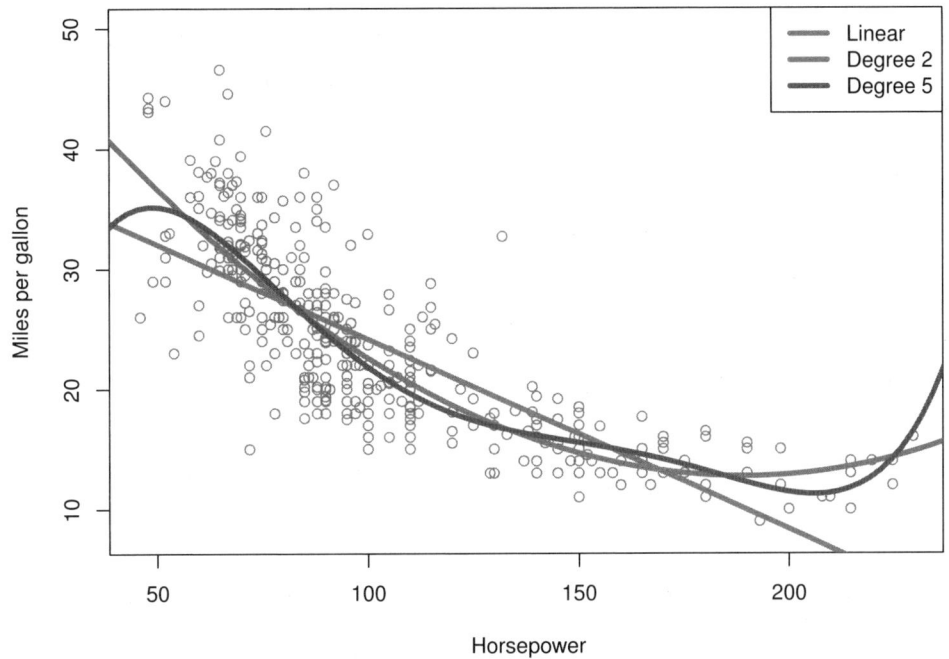

그림 3.8: Auto 자료의 자동차들에 대한 mpg와 horsepower. 선형회귀적합은 오렌지색으로, horsepower^{2}을 포함하는 모델에 대한 선형회귀적합은 파란색 곡선으로 표시된다. horsepower의 5차 다항식까지 포함하는 모델에 대한 선형회귀적합은 녹색으로 표시된다.

$$\text{mpg} = \beta_0 + \beta_1 \times \text{horsepower} + \beta_2 \times \text{horsepower}^2 + \epsilon \tag{3.36}$$

식 (3.36)은 horsepower의 비선형 함수를 사용하여 mpg를 예측하는 것이다. *그러나 이것은 여전히 선형모델이다!* 즉, (3.36)은 단순히 $X_1 = \text{horsepower}$과 $X_2 = \text{horsepower}^2$을 가지는 다중선형회귀모델이다. 따라서 β_0, β_1, β_2를 추정하는 통상의 선형회귀 소프트웨어를 사용하여 비선형적합을 수행할 수 있다. 그림 3.8의 파란색 곡선은 데이터에 대한 이차적합을 보여준다. 이차적합은 선형 항만이 포함될 때 얻어진 적합보다 훨씬 더 나은것 같다. 선형적합에 대한 R^2은 0.606인데 이차적합의 R^2은 0.688이며, 표 3.10에 나타낸 이차항에 대한 p-값은 상당히 유의하다.

	계수	표준편차	t-통계량	p-값
절편	56.9001	1.8004	31.6	< 0.0001
horsepower	−0.4662	0.0311	−15.0	< 0.0001
horsepower^2	0.0012	0.0001	10.1	< 0.0001

표 3.10: Auto 자료의 horsepower와 horsepower^{2}에 대한 mpg의 회귀와 관련된 최소제곱 계수 추정치.

만약 horsepower^{2}을 포함하는 것이 모델을 그렇게 많이 개선한다면 왜 horsepower^3, horsepower^4, 또는 심지어 horsepower^{5}을 포함하지 않는가? 그림 3.8의 녹색 곡선은 모델 (3.36)에 5차까지의 모든 다항식을 포함한 적합을 나타낸다. 결과는 필요 이상으로 꾸불꾸불한 것 같다—즉, 추가적인 항을 포함하는 것이 실제로 데이터에 더 잘 적합되는지 명확하지 않다.

조금 전에 살펴본 방법은 비선형 상관관계를 수용하도록 선형모델을 확장하는 것으로, 다항식회귀로 알려져 있다. 다항식회귀로 불리는 이유는 회귀모델에 설명변수들의 다항식 함수를 포함하기 때문이다. 다항식회귀와 선형모델의 다른 비선형 확장에 대해서는 7장에서 좀 더 살펴볼 것이다.

3.3.3 잠재적 문제

선형회귀모델을 특정 자료에 적합할 때 많은 문제가 발생할 수 있다. 이 중 가장 흔한 것은 다음과 같은 것이다.

1. 반응변수-설명변수 상관관계의 비선형성

2. 오차항들의 상관성

3. 오차항의 상수가 아닌 분산

4. 이상치

5. 레버리지가 높은(영향력이 큰) 관측치

6. 공선성

실제로 이러한 문제를 식별하여 해결하는 것은 쉽지 않으며 다른 많은 책에서도 다루어졌다. 이 책은 선형회귀모델이 주 목적이 아니므로 여기서는 몇 가지 핵심 포인트에 대해서만 간단히 요약할 것이다.

데이터의 비선형성

선형회귀모델은 설명변수들과 반응변수 사이에 직선 상관관계가 있다고 가정한다. 만약 실제 상관관계가 선형과 거리가 멀면 적합에서 얻은 거의 모든 결론이 의문스럽고 모델의 예측 정확도도 현저히 줄어들 수 있다.

*잔차 그래프*는 비선형성을 식별하는 데 유용하다. 단순선형회귀모델이 주어지면 잔차 $e_i = y_i - \hat{y}_i$를 설명변수 x_i에 대해 그래프로 나타낼 수 있다. 다중선형회귀모델의 경우, 다수의 설명변수들이 있으므로 잔차를 예측(또는 적합)값 $\hat{y}_i$에 대해 그린다. 이상적이라면 잔차 그래프는 인지할만한 패턴을 보이지 않을 것이다. 패턴이 존재한다면 선형모델에 어떤 문제가 있을 수 있음을 나타낸다.

그림 3.9의 왼쪽 패널은 그림 3.8에 도시된 Auto 자료의 horsepower에 대한 mpg 선형회귀의 잔차를 나타낸 것이다. 붉은색 선은 추세를 식별하기 쉽도록 표시한 잔차에 대한 평활적합이다. 잔차는 명확하게 U자 형태를 보이는데, 이것은 데이터의 비선형성을 강하게 나타낸다. 반대로, 그림 3.9의 오른쪽 패널은 이차항을 포함하는 모델 (3.36)으로부터 발생되는 잔차를 나타낸 것이다. 잔차에 패턴이 거의 보이지 않는데, 이것은 이차항이 데이터에 대한 적합을 향상시킨다는 것을 시사한다.

만약 잔차 그래프가 비선형 상관성이 있다는 것을 나타내면, $\log X, \sqrt{X}, X^2$과 같이 설명변수들을 비선형적으로 변환하여 회귀모델에 적용하는 것이 간단한 접근법이다. 이런 문제를 다루는 좀 더 높은 수준의 비선형 기법에 대해서는 나중에 다룰 것이다.

오차항의 상관성

선형회귀모델에서 중요한 가정은 오차항들 $\epsilon_1, \epsilon_2, \ldots, \epsilon_n$이 서로 상관되어 있지 않다는 것이다. 이것은 무엇을 의미하는가? 예를 들어, 오차항들이 상관되어 있지 않을 경우 ϵ_i가 양수라는 사실은 ϵ_{i+1}의 부호에 어떠한 영향도 주지 않는다. 추정된 회귀계수 또는 적합값에 대해 계산된 표준 오차는 오차항들이

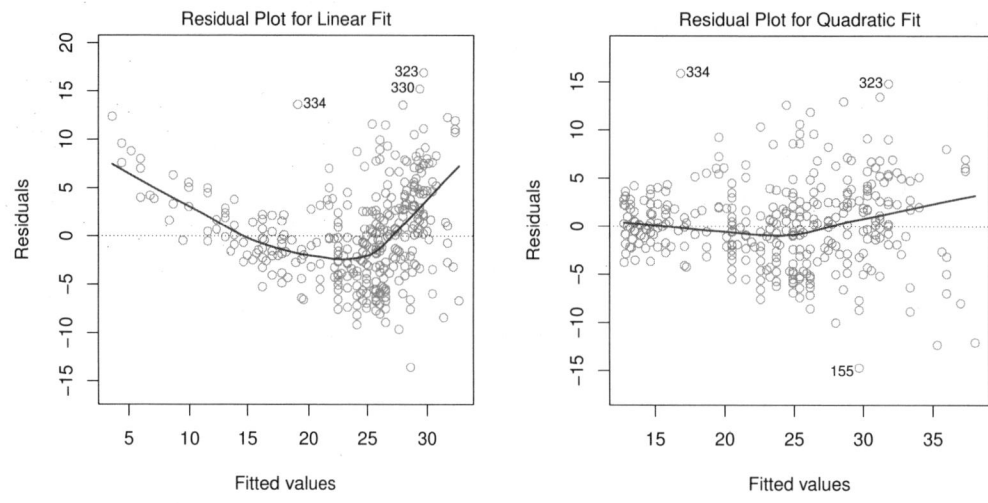

그림 3.9: Auto 자료에서 예측(또는 적합)값에 대한 잔차 그래프. 각 그래프에서 붉은색 선은 잔차에 대한 평활적합으로 추세(trend)를 식별하기 쉽게 하려는 것이다. 왼쪽: horsepower에 대한 mpg의 선형회귀. 잔차에 드러난 강한 패턴은 이 데이터가 비선형적임을 나타낸다. 오른쪽: horsepower와 horsepower^{2}에 대한 mpg의 선형회귀. 잔차에 뚜렷한 패턴이 없다.

상관되어 있지 않다는 가정에 기반을 두고 있다. 만약 오차항들 사이에 상관성이 있으면 추정된 표준오차는 실제 표준오차를 과소추정하는 경향이 있을 것이다. 그 결과 실질적인 신뢰구간과 예측구간은 계산된 수치보다 더 좁을 것이다. 예를 들어, 95% 신뢰구간은 참 모수값을 포함할 확률이 실제로는 0.95보다 훨씬 낮을 수 있다. 또한, 모델과 연관된 p-값들이 실제로 나와야 되는 수치보다 낮을 것이고, 이로 인해 모수가 통계적으로 유의하다고 잘못된 결론을 내릴 수 있다. 요약하면, 오차항이 상관되어 있을 경우 모델에 대해 근거가 부족한 확신을 가질 수 있다.

극단적인 예로, 데이터 값이 실수로 두 배가 되어 관측치와 오차항들이 쌍으로는 동일하다고 해보자. 만약 이 사실이 고려되지 않으면, 표준오차 계산값은 마치 표본크기가 $2n$인 것처럼 나올 것이다 (실제 표본크기는 n인데도 불구하고). 추정된 모수들은 표본크기가 n인 경우와 $2n$인 경우가 동일하지만 신뢰구간은 $\sqrt{2}$배만큼 좁아질 것이다!

오차항들 사이의 상관관계는 왜 발생되는가? 이러한 상관성은 이산 시점에 측정된 관측치들로 구성된 *시계열* 데이터에서 자주 발생된다. 많은 경우, 이웃하는 시점에 얻어진 관측치들은 양의 상관성을 가지는 오차를 가질 것이다. 주어진 데이터셋에 대해 이것이 사실인지 결정하기 위해 모델의 잔차를 시간의 함수로 그릴 수 있다. 오차항들이 상관되어 있지 않다면 인지할만한 패턴이 없어야 한다. 반대로 오차항들이 양의 상관성을 가진다면 잔차에서 *패턴(트랙)*을 볼 수 있을 것이다―즉, 이웃하는 잔차는 유사한 값을 가질 수 있다. 그림 3.10은 한 예를 보여준다. 윗쪽 패널은 오차에 상관성이 없게 생성된 데이터에 대한 선형회귀적합의 잔차를 나타낸다. 이 잔차에는 시간과 관련된 추세가 있다는 증거가 없다. 반대로, 아랫쪽 패널의 잔차는 이웃하는 오차의 상관계수가 0.9인 데이터셋에서 얻은 것이다. 잔차에 명백한 패턴이 있고 이웃하는 잔차는 유사한 값을 가지는 경향이 있다. 마지막으로, 중앙 패널은 잔차의 상관계수가 0.5인 중간 경우를 보여준다. 여전히 트랙의 증거가 있지만 그 패턴은 덜 명확하다.

시계열 데이터에서 오차항들의 상관성을 적절하게 고려하기 위해 많은 방법들이 개발되었다. 오차항들 사이의 상관성은 시계열이 아닌 데이터에서도 존재한다. 예를 들어, 사람의 키를 그 사람의 체중으로부터 예측하는 연구를 고려해보자. 이 연구에서 어떤 사람들이 같은 가족의 일원이거나 같은 음식을 먹거나 같은 환경요인에 노출된 경우라면 오차에 상관성이 없다는 가정은 맞지 않을 수 있다. 일반적으로, 오차에 상관성이 없다는 가정은 선형회귀뿐만 아니라 다른 통계방법들에서도 아주 중요하며 이러한 상관성의 위험을 줄이기 위한 실험계획이 필수적이다.

오차항의 상수가 아닌 분산

선형회귀모델에서 중요한 또 다른 가정은 오차항들의 분산 $\text{Var}(\epsilon_i) = \sigma^2$이 상수라는 것이다. 선형모델과 연관된 표준오차, 신뢰구간, 그리고 가설검정은 이 가정에 의존한다.

하지만, 많은 경우 오차항들의 분산은 상수가 아니다. 예를 들어, 오차항들의 분산은 반응변수의 값에 따라 증가할 수 있다. 오차의 비상수 분산 또는 이분산성(heteroscedasticity)은 잔차 그래프에 *깔때기 형태*(funnel shape)가 있는지를 보고 식별할 수 있다. 그림 3.11의 왼쪽 패널에 한 예가 도시되어 있는데, 잔차의 크기가 적합값이 커짐에 따라 증가하는 경향을 보인다. 이런 문제가 발생하면 $\log Y$ 또는 $\sqrt{Y}$와 같은 오목함수(concave function)를 사용하여 반응변수 Y를 변환하는 것이 한 가지 해결책이다. 이러한 변환은 반응변수의 값이 클 수록 더 많이 축소하여 이분산성을 줄인다. 그림 3.11의

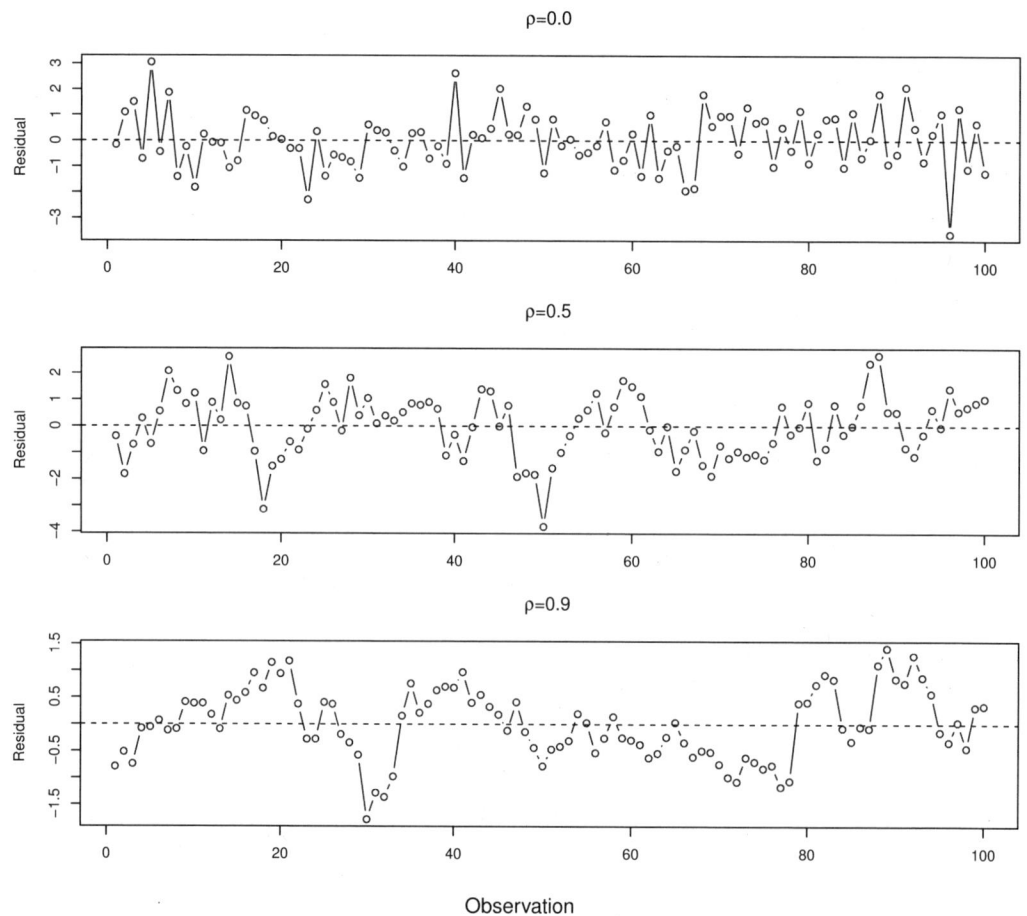

그림 3.10: 모의 시계열 자료에서 얻은 잔차 그래프. 이 자료는 인접한 오차항들 간의 상관계수 ρ가 다르게 하여 생성되었다.

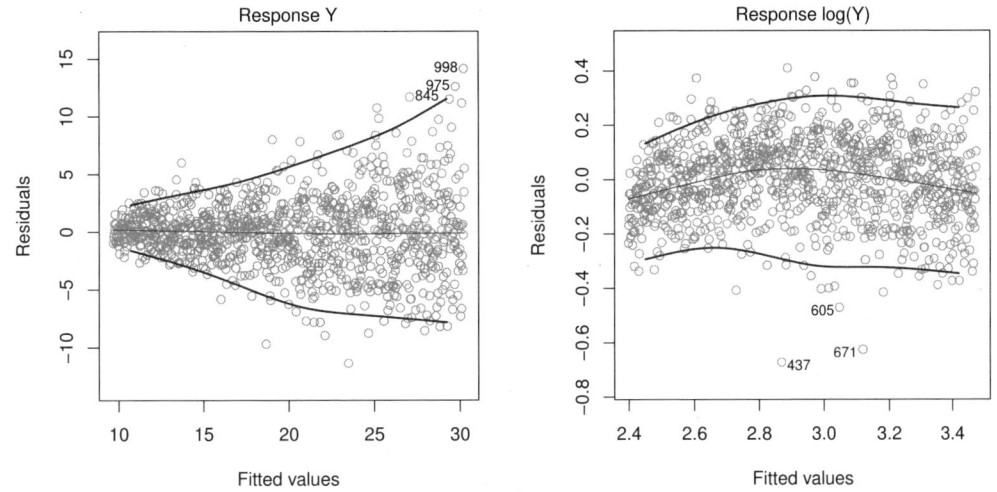

그림 3.11: 잔차 그래프. 각 그래프에서 붉은색 선은 잔차에 대한 평활적합으로 추세를 식별하기 쉽게 하려는 것이다. 파란색 선은 잔차의 외측 분위수(outer quantiles)를 따라가며 패턴이 드러나게 한다. 왼쪽: 깔때기 모양은 이분산성이 있음을 나타낸다. 오른쪽: 반응변수를 로그변환한 경우로 이제 이분산성의 증거가 보이지 않는다.

오른쪽 패널은 $\log Y$를 사용하여 반응변수를 변환한 후 그 잔차를 그린 것이다. 비록 데이터에 약간의 비선형 상관관계의 증거가 존재하지만, 이제 잔차는 상수 분산을 가지는 것처럼 보인다.

때로는 각 반응변수의 분산이 어떨지 예상되는 경우가 있다. 예를 들어, i번째 반응변수의 값은 n_i 원관측치(raw observation)들의 평균일 수 있다. 만약 이들 원관측치의 각각이 분산 σ^2을 가지며 상관되어 있지 않다면 그들의 평균은 분산 $\sigma_i^2 = \sigma^2/n_i$을 가진다. 이 경우에는 가중최소제곱(weighted least squares)을 사용하여 모델을 적합하면 간단히 해결된다. 이 때, 가중치 w_i는 분산에 역비례하며, 이 예제의 경우 $w_i = n_i$이다.

이상치(Outlier)

이상치는 y_i가 모델이 예측한 값과 크게 다른 점이다. 이상치는 데이터를 수집할 때 관측치를 잘못 기록하는 것과 같이 다양한 원인에 의해 발생될 수 있다.

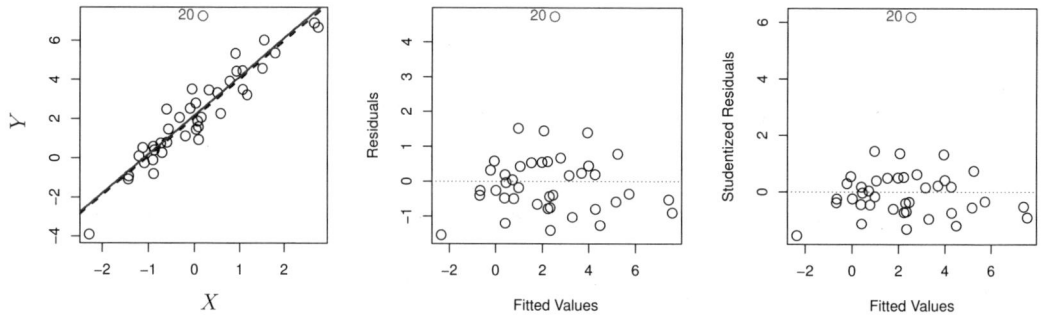

그림 3.12: 왼쪽: 최소제곱회귀선은 붉은색, 이상치를 제외한 후의 회귀선은 파란색으로 표시된다. 중앙: 잔차 그래프는 이상치를 명확하게 식별한다. 오른쪽: 스튜던트화 잔차가 6인 이상치. 보통은 −3과 3 사이의 값이다.

그림 3.12의 왼쪽 패널에서 붉은 점(관측치 20)은 전형적인 이상치를 보여준다. 붉은 실선은 최소제곱회귀적합이고 파란 파선은 이상치를 제외한 최소제곱적합을 나타낸다. 이 경우, 이상치를 제외하는 것은 최소제곱선에 거의 영향을 주지 않아 기울기 변화가 거의 없고 절편은 아주 조금 줄어든다. 이상치는 설명변수 값이 특이한 것이 아니어서 보통 최소제곱적합에 거의 영향을 미치지 못한다. 하지만 이상치는 비록 최소제곱적합에 큰 영향을 미치진 못해도 다른 문제를 일으킬 수 있다. 예를 들어, 이 예의 경우 이상치가 회귀에 포함될 때의 RSE는 1.09이지만 이상치를 제외하면 0.77밖에 되지 않는다. RSE는 모든 신뢰구간과 p-값을 계산하는 데 사용되므로 하나의 관측치에 의한 급격한 수치 증가는 적합 해석에 영향을 줄 수 있다. 마찬가지로 이상치를 포함하는 것은 R^2을 0.892에서 0.805로 줄어들게 한다.

잔차 그래프가 이상치를 식별하는 데 사용될 수 있다. 그림 3.12의 중앙 패널에 도시된 잔차 그래프를 보면 이상치를 명확하게 알아볼 수 있다. 그러나 실제로는 어떤 점이 이상치라고 판단하려면 잔차가 얼마나 커야 하는지 결정하기 쉽지 않을 수 있다. 이 문제를 해결하기 위해 잔차 그래프 대신 *스튜던트화 잔차*(studentized residuals)를 그릴 수 있다. 이것은 각 잔차 e_i를 추정표준오차로 나누어 계산한다. 스튜던트화 잔차의 절대값이 3보다 큰 관측치가 이상치일 수 있다. 그림 3.12의 오른쪽 패널을 보면 이상치의 스튜던트화 잔차는 6보다 크지만, 모든 다른 관측치의 경우 스튜던트화 잔차가 −2와 2 사이의 값이다.

만약 이상치가 데이터 수집 또는 기록 오류에 의해 발생되었다고 생각한다면 단순히 그 관측치를 제외하면 된다. 하지만 이상치는 필요 설명변수가 없는 것과 같이 모델의 결함을 나타낼 수 있으므로 주의해서 다루어야 한다.

레버리지가 높은 관측치

조금 전에 보았듯이, 이상치는 주어진 설명변수의 값 x_i에 대해 반응변수의 값 y_i가 보통 수준과는 다른 (unusual) 관측치이다. 반면에 높은 *레버리지*를 가지는 관측치는 대응하는 x_i 값이 보통 수준과 다르다. 예를 들어, 그림 3.13의 왼쪽 패널을 보면 관측치 41은 대응하는 설명변수 값이 다른 관측치들에 비해 상대적으로 크다는 점에서 레버리지가 높다(그림 3.13의 데이터는 그림 3.12의 데이터에 하나의 높은 레버리지 관측치를 추가한 것이다). 붉은 실선은 데이터에 대한 최소제곱적합이고 파란 파선은 관측치 41을 제외한 적합이다. 그림 3.12와 3.13의 왼쪽 패널을 비교해 보면, 레버리지가 높은 관측치를 제외하는 것이 이상치를 제외하는 것보다 최소제곱선에 훨씬 더 큰 영향을 미친다는 것을 볼 수 있다. 실제로 높은 레버리지의 관측치는 추정회귀선에 상당한 영향을 주는 경향이 있다. 최소제곱선이 단지 몇 개의 관측치에 의해 심하게 영향을 받는다는 것은 우려스러운 점이다. 왜냐하면, 이 점들에 무슨 문제라도 있으면 전체 적합이 유효하지 않을 수 있기 때문이다. 이러한 이유 때문에 높은 레버리지 관측치를 식별하는 것이 중요하다.

단순선형회귀에서 높은 레버리지 관측치를 식별하는 것은 비교적 어렵지 않다. 왜냐하면, 단순히 설명변수 값이 보통의 관측치 범위를 벗어나는 관측치를 찾으면 되기 때문이다. 그러나 다수 설명변수를 가지는 다중선형회귀에서는 각 개별 설명변수 값의 범위 내에 있지만 전체 설명변수를 고려하면 보통 수준과는 다른 관측치가 있을 수 있다. 그림 3.13의 중앙 패널은 두 개의 설명변수 X_1과 X_2를 가지는 데이터셋에 대한 예를 보여준다. 대부분의 관측치에 대응하는 설명변수 값은 파란 파선의 타원형 내에 있지만 붉은색 관측치는 이 범위에서 상당히 벗어나 있다. 하지만 대응하는 X_1과 X_2 값은 보통 수준과 다르지 않다. 따라서 단지 X_1또는 X_2만 살펴보면 높은 레버리지 포인트를 식별하지 못할 것이다. 이 문제는 세 개 이상의 설명변수를 가지는 경우에 더 뚜렷하게 드러난다. 왜냐하면, 동시에 데이터의 모든 차원을 그래프로 나타낼 간단한 방법이 없기 때문이다.

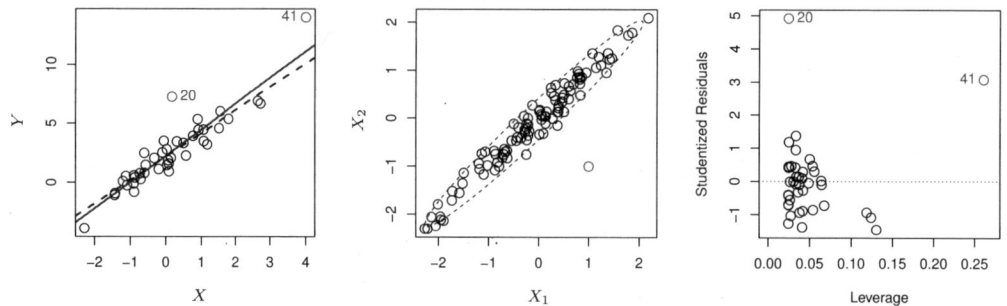

그림 3.13: 왼쪽: 관측치 41은 레버리지가 높지만 20은 그렇지 않다. 붉은색 선은 모든 데이터에 대한 적합이고, 파란색 파선은 관측치 41을 제외한 데이터에 대한 적합이다. 중앙: 붉은색으로 표시된 관측치는 X_1과 X_2 값 자체는 특별히 다르지 않지만, 여전히 다른 데이터와 떨어져 있어 레버리지가 높다. 오른쪽: 관측치 41은 레버리지가 높고 잔차가 크다.

관측치의 레버리지를 수량화하기 위해 *레버리지 통계량*을 계산한다. 이 통계량이 크면 관측치의 레버리지가 높다는 것을 의미한다. 단순선형회귀의 경우, 레버리지 통계량은 다음과 같이 계산된다.

$$h_i = \frac{1}{n} + \frac{(x_i - \bar{x})^2}{\sum_{i'=1}^{n}(x_{i'} - \bar{x})^2} \qquad (3.37)$$

이 식에 의하면 h_i는 명백히 $\bar{x}$에서 x_i까지의 거리에 따라 증가한다. 다중 설명변수를 다룰 수 있도록 h_i를 간단히 확장할 수 있지만 여기서는 그 식을 제공하지 않는다. 레버리지 통계량 h_i는 항상 $1/n$과 1 사이 값이고 모든 관측치에 대한 평균 레버리지는 항상 $(p+1)/n$이다. 따라서 주어진 관측치가 $(p+1)/n$보다 훨씬 큰 레버리지 통계량을 가지면 대응하는 점은 높은 레버리지를 가진다고 의심해 볼 수 있다.

그림 3.13의 오른쪽 패널은 그림 3.13의 왼쪽 패널에 도시된 데이터에 대해 스튜던트화 잔차를 h_i에 대비하여 나타낸 것이다. 관측치 41은 매우 높은 레버리지 통계량과 높은 스튜던트화 잔차를 가지는 것으로 뚜렷하게 드러난다. 다시 말하면, 이것은 이상치이며 높은 레버리지 관측치로, 특별히 위험한 경우이다! 또한, 이 그래프는 관측치 20이 그림 3.12의 최소제곱적합에 거의 영향을 주지 않는 이유를 보여준다. 즉, 관측치 20은 낮은 레버리지를 가진다.

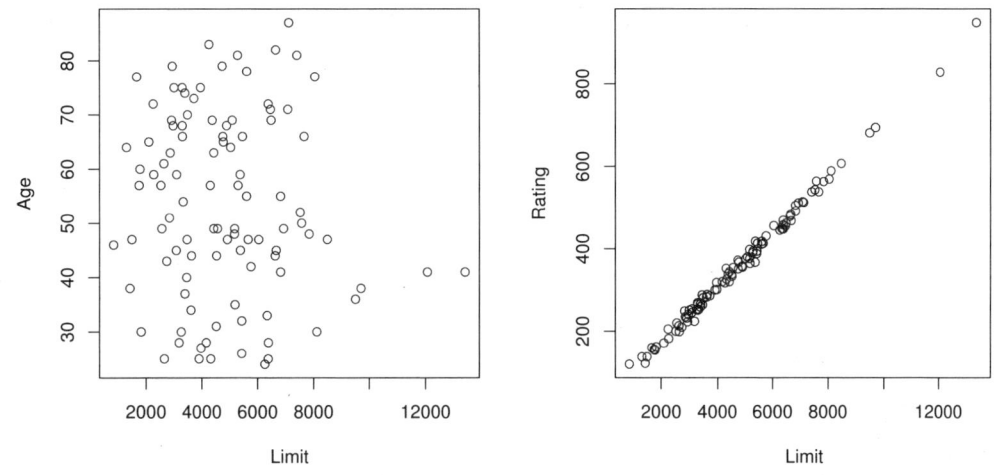

그림 3.14: Credit 자료에 있는 관측치들의 산점도. 왼쪽: limit에 대한 age의 그래프. 이 두 변수는 공선적이지 않다. 오른쪽: limit에 대한 rating의 그래프. 높은 공선성이 있다.

공선성(Collinearity)

공선성은 두 개 또는 그 이상의 설명변수들이 서로 밀접하게 상관되어 있는 경우를 말한다. 그림 3.14는 공선성의 개념을 Credit 자료를 사용하여 보여준다. 그림 3.14의 왼쪽 패널에서 두 설명변수 limit과 age는 서로 상관관계가 없어 보인다. 반대로, 그림 3.14의 오른쪽 패널에 도시된 설명변수 limit과 rating은 서로 매우 강하게 상관되어 있어 *공선형적(collinear)*이라고 한다. 회귀에서 공선성의 존재는 문제를 일으킬 수 있다. 이유는 반응변수에 대한 공선형 변수들의 개별 효과를 분리하기 어려울 수 있기 때문이다. 다시 말해, limit과 rating은 함께 증가 또는 감소하는 경향이 있으므로 변수 각각이 반응변수인 balance와 얼마나 상관되어 있는지 결정하기 어려울 수 있다.

그림 3.15는 공선성으로 인한 몇 가지 어려움을 보여준다. 그림 3.15의 왼쪽 패널은 RSS (3.22)의 등고선 그래프이며, 이 RSS는 limit과 age에 따른 balance의 회귀에 대한 가능한 계수 추정치들과

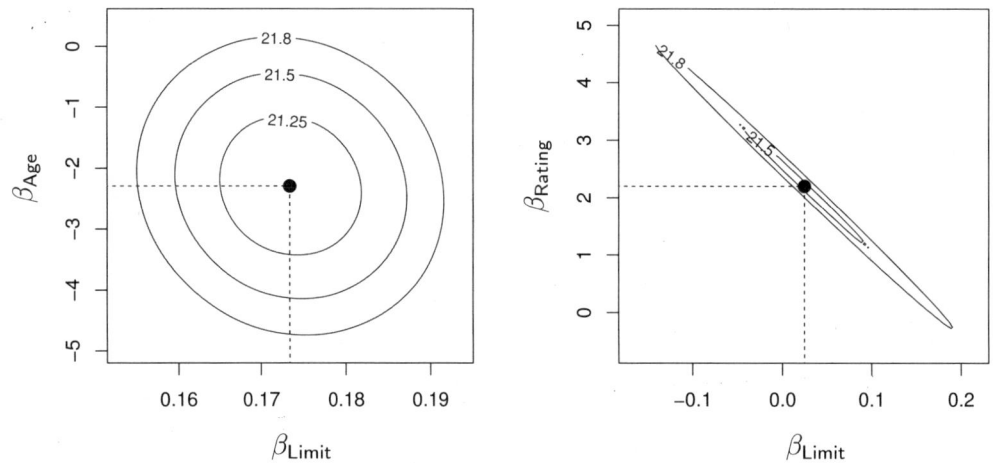

그림 3.15: Credit 자료에서 다양한 회귀에 대해 파라미터 β의 함수로 나타낸 RSS의 등고선 그래프. 각 그래프에서 검은색 점은 최소 RSS에 대응하는 계수값을 나타낸다. 왼쪽: age와 limit에 따른 balance의 회귀에 대한 RSS의 등고선 그래프. 오른쪽: rating과 limit에 따른 balance의 회귀에 대한 RSS의 등고선 그래프. 공선성 때문에 많은 쌍 $(\beta_{\text{Limit}}, \beta_{\text{Rating}})$들이 유사한 RSS 값을 가진다.

관련된다. 각 타원은 동일한 RSS에 대응하는 계수들의 집합을 나타내는데, 중심에 가장 가까운 타원이 가장 낮은 RSS 값을 가진다. 검은점 및 관련 파선들은 가능한 가장 작은 RSS를 초래하는 계수 추정치, 즉 최소제곱 추정치를 나타낸다. limit과 age에 대한 축(axes)은 그래프가 최소제곱 추정치의 양쪽으로 4 표준오차까지 가능한 계수 추정치들을 포함하도록 스케일링되어 있다. 따라서 그래프는 계수들에 대한 모든 가능해 보이는 값들을 포함한다. 예를 들어, 실제 limit 계수는 거의 확실히 0.15와 0.2 사이의 값이라는 것을 알 수 있다.

반대로, 그림 3.15의 오른쪽 패널에 보여준 RSS의 등고선 그래프에서 RSS는 limit과 rating에 따른 balance의 회귀에 대한 가능한 계수 추정치들과 관련된다. limit과 rating 사이에는 매우 높은 수준의 공선형성이 존재한다. 이 등고선은 좁은 계곡을 이루며, 동일한 RSS에 이르게 되는 계수 추정치들의 범위가 넓다. 그리하여 데이터에 작은 변화라도 있으면 RSS가 최소가 되게 하는 계수 값들의 쌍, 즉

		계수	표준편차	t-통계량	p-값
모델 1	절편	−173.411	43.828	−3.957	< 0.0001
	age	−2.292	0.672	−3.407	0.0007
	limit	0.173	0.005	34.496	< 0.0001
모델 2	절편	−377.537	45.254	−8.343	< 0.0001
	rating	2.202	0.952	2.312	0.0213
	limit	0.025	0.064	0.384	0.7012

표 3.11: Credit 자료에 대해 두 가지 다중회귀모델의 결과가 도시된다. 모델 1은 age와 limit에 대한 balance의 회귀이고, 모델 2는 rating과 limit에 대한 balance의 회귀이다. 두 번째 회귀에서 $\hat{\beta}_{\text{limit}}$의 표준오차는 공선성 때문에 12배 증가한다.

최소제곱 추정치들이 이 계곡을 따라 어디로든 움직일 수 있다. 이것은 계수 추정치에 상당한 불확실성을 가져온다. 이제 limit 계수에 대한 범위가 대략 −0.2에서 0.2까지이다. 이것은 age에 따른 회귀에서 limit 계수의 가능해 보이는 범위가 8배 증가한 것이다. 흥미롭게도, 비록 limit과 rating 계수들은 이제 훨씬 더 높은 개별 불확실성을 가지지만 거의 확실히 이 등고선 계곡의 어딘가에 있을 것이다. 예를 들어, limit 및 rating 계수의 각 실제 값은 비록 개별적으로는 가능해 보이더라도 −0.1 및 1이 될 것으로 기대하지는 않을 것이다.

공선성은 회귀계수 추정치의 정확성을 낮추므로 $\hat{\beta}_j$에 대한 표준오차가 증가하게 한다. 각 설명변수에 대한 t-통계량은 $\hat{\beta}_j$를 그 표준오차로 나누어 계산한다. 따라서 공선성은 t-통계량을 줄인다. 그 결과 공선성이 존재하면 $H_0 : \beta_j = 0$을 기각하지 못할 수 있다. 이것이 의미하는 것은 가설검정의 능력—즉 영이 아닌 계수를 정확하게 검출할 확률—이 공선성에 의해 줄어든다는 것이다.

표 3.11은 두 개의 다른 다중회귀모델로부터 얻은 계수 추정치들을 비교한다. 첫 번째는 age와 limit에 따른 balance의 회귀이고 두 번째는 rating과 limit에 따른 balance의 회귀이다. 첫 번째 회귀에서 age와 limit 둘 다 아주 작은 p-값을 가지며 매우 유의하다. 두 번째 회귀에서는 limit과 rating 사이의 공선성이 limit 계수 추정치에 대한 표준오차를 12배 증가하게 하고 p-값을 0.701까지 증가하게 한다. 다시 말해, limit 변수의 중요성이 공선성의 존재로 인해 가려진다. 이러한 상황을 피하기 위해서는 모델적합을 할 때 잠재적 공선성 문제를 식별하여 처리하는 것이 바람직하다.

공선성을 검출하는 간단한 방법은 설명변수들의 상관행렬을 살펴보는 것이다. 이 행렬의 절대값이 큰 원소는 상관성이 높은 변수들의 쌍을 나타내며, 따라서 데이터에 공선성 문제가 있음을 나타낸다. 유감스럽게도 모든 공선성 문제가 상관행렬에 의해 발견되는 것은 아니다. 심지어 어떤 변수 쌍도 특별히 높은 상관성을 가지지 않아도 세 개 또는 그 이상의 변수들 사이에 공선성이 존재할 수 있다. 이러한 경우를 *다중공선성*(multicollinearity)이라고 한다. 상관행렬을 검사하는 대신 다중공선성을 판단하는 더 좋은 방법은 *분산팽창인수*(variance inflation factor(VIF))를 계산하는 것이다. VIF는 전모델(full model) 적합 $\hat{\beta}_j$의 분산을 자신만의 적합에 대한 $\hat{\beta}_j$의 분산으로 나눈 비율이다. VIF의 가능한 가장 작은 값은 1이며, 공선성이 전혀 없음을 나타낸다. 보통 현실에서는 설명변수들 사이에 작은 양의 공선성이 있다. 경험적으로 5 또는 10을 초과하는 VIF 값은 문제의 소지가 있을 정도의 공선성을 나타낸다. 각 변수에 대한 VIF는 아래 식을 사용하여 계산될 수 있다.

$$VIF(\hat{\beta}_j) = \frac{1}{1 - R^2_{X_j|X_{-j}}}$$

여기서 $R^2_{X_j|X_{-j}}$은 X_j의 회귀에서 모든 다른 설명변수로의 R^2이다. 만약 $R^2_{X_j|X_{-j}}$이 1에 가까우면 공선성이 존재하고 그래서 VIF 값이 클 것이다.

Credit 자료에서 age, rating, limit에 대한 balance의 회귀는 설명변수들이 1.01, 160.67, 160.59의 VIF 값을 가진다는 것을 나타낸다. 예상대로 이 데이터에는 상당한 공선성이 존재한다!

공선성 문제가 있을 경우 이를 해결하는 간단한 방법이 두 가지 있다. 첫 번째는 회귀에서 문제가 있는 변수들 중 하나를 제외하는 것이다. 이것은 보통 회귀적합에 별로 나쁜 영향을 주지 않고 할 수 있다. 왜냐하면, 공선성이 있다는 것은 제외되는 변수가 반응변수에 대해 제공하는 정보가 다른 변수들과 중복된다는 것을 의미하기 때문이다. 예를 들어, rating 설명변수 없이 age와 limit에 따른 balance의 회귀를 구해보면, VIF 값은 가능한 최소값인 1에 가깝고 R^2은 0.754에서 0.75로 줄어들 것이다. 따라서 설명변수 집합에서 rating을 제외하는 것은 적합을 나빠지게 하지 않으면서 공선성 문제를 효과적으로 해결한다. 두 번째 방법은 공선성 변수들을 단일 설명변수로 결합하는 것이다. 예를 들어, limit과 rating의 스튜던트화 평균을 취하여 *신용도*(credit worthiness)를 측정하는 새로운 변수를 만들 수 있다.

3.4 마케팅 플랜(Marketing Plan)

이 장의 처음에 언급했던 Advertising 자료에 대한 일곱 가지 질문으로 돌아가 보자.

1. *광고예산과 판매 사이에 상관관계가 있는가?*

   이 질문에 대한 답은 (3.20)에서처럼 TV, radio, newspaper에 따른 sales의 다중회귀모델을 적합하고 가설 $H_0 : \beta_{TV} = \beta_{radio} = \beta_{newspaper} = 0$을 검정함으로써 얻을 수 있다. 3.2.2절에서 살펴보았듯이 F-통계량은 귀무가설을 기각해야 하는지 결정하는 데 사용될 수 있다. 표 3.6의 F-통계량에 대응하는 p-값은 매우 낮은데, 이것은 광고와 판매량 사이에 상관관계가 존재한다는 명백한 증거가 된다.

2. *광고예산과 판매 사이에 얼마나 강한 상관관계가 있는가?*

   3.1.3절에서 모델 정확도를 나타내는 두 가지 측도를 살펴보았다. 첫째, RSE는 모회귀선으로부터 반응변수의 표준편차를 추정한다. Advertising 자료에서 RSE는 1,681 유닛이고 반응변수에 대한 평균값은 14,022이다. 이것은 대략 12%의 오차에 해당한다. 둘째, R^2 통계량은 설명변수들에 의해 설명되는 반응변수의 변동을 백분율로 기록한다. 설명변수들은 sales의 분산 중 거의 90%를 설명한다. RSE와 R^2 통계량은 표 3.6에 표시되어 있다.

3. *어느 매체가 판매에 기여하는가?*

   이 질문에 답하기 위해 각 설명변수의 t-통계량과 연관된 p-값을 조사한다(3.1.2절). 표 3.4에 나타낸 다중선형회귀에서 TV와 radio에 대한 p-값들은 낮지만 신문에 대한 p-값은 그렇지 않다. 이것은 TV와 radio만이 sales와 상관관계가 있다는 것을 의미한다. 6장에서 이 문제에 대해 더욱 더 상세히 살펴볼 것이다.

4. *판매에 대한 각 매체의 효과는 얼마나 되는가?*

   3.1.2절에서 보았듯이 $\hat{\beta}_j$의 표준오차는 β_j에 대한 신뢰구간을 구하는 데 사용될 수 있다. Advertising 자료에서 95% 신뢰구간은 TV의 경우 $(0.043, 0.049)$, radio의 경우 $(0.172, 0.206)$, 그리고 newspaper의 경우 $(-0.013, 0.011)$이다. TV와 radio에 대한 신뢰구간은 좁고 영과 멀리 떨어져

있다. 이것은 이 매체들이 sales와 관련되어 있다는 증거이다. 그러나 newspaper에 대한 신뢰구간은 영을 포함하는데, 이것은 주어진 TV와 radio 값에 대해 newpaper 변수는 통계적으로 유의하지 않다는 것을 나타낸다.

3.3.3절에서 보았듯이, 공선성은 매우 넓은 표준오차를 초래할 수 있다. newspaper와 관련된 신뢰구간이 그렇게 넓은 것은 공선성 때문일 수 있는가? TV, radio, newspaper에 대한 VIF 값은 각각 1.005, 1.145, 1.145로, 공선성의 증거가 없음을 시사한다.

판매량에 대한 각 매체의 개별 상관성을 평가하기 위해, 세 개의 다른 단순선형회귀를 수행할 수 있다. 결과는 표 3.1과 3.3에 보여준다. TV와 sales, 그리고 radio와 sales 사이에 아주 강한 상관관계가 있다는 증거가 있다. TV와 radio 값을 고려하지 않을 경우 newspaper와 sales 사이에 약간의 상관성이 있다는 증거가 있다.

5. *미래의 판매량에 대해 얼마나 정확하게 예측할 수 있는가?*

반응변수 값은 (3.21)을 사용하여 예측할 수 있다. 이 추정치와 연관된 정확도는 예측하고자 하는 것이 개별 반응변수 값 $Y = f(X) + \epsilon$인지 또는 평균 반응변수 값 $f(X)$인지에 따라 다르다(3.2.2절). 개별 반응변수 값을 예측하고자 한다면 예측구간을 사용하고, 평균 반응변수 값을 예측하고자 한다면 신뢰구간을 사용한다. 예측구간은 축소불가능 오차(irreducible error) ϵ와 관련된 불확실성을 포함하기 때문에 항상 신뢰구간보다 더 넓다.

6. *상관관계가 선형적인가?*

3.3.3절에서 보았듯이 잔차 그래프는 비선형성을 식별하는 데 사용될 수 있다. 만약 상관관계가 선형적이면 잔차 그래프에는 패턴이 없어야 한다. Advertising 자료의 비선형적 효과가 그림 3.5에서 관찰되는데, 이 효과는 잔차 그래프에서도 관찰할 수 있다. 3.3.2절에서는 비선형 상관관계를 수용하기 위해 선형회귀모델의 설명변수들을 변환하는 것에 대해 살펴보았다.

7. *광고 매체 사이에 시너지가 있는가?*

표준선형회귀모델은 설명변수들과 반응변수 사이에 가산적 상관관계를 가정한다. 가산적 모델은 해석하기 쉬운데, 그 이유는 반응변수에 대한 각 설명변수의 효과가 다른 설명변수들의 값과 상관되어 있지 않기 때문이다. 하지만, 가산적 가정은 자료에 따라 현실적이지 않을 수도 있다. 3.3.2절에서 비가산적 상관관계를 수용하기 위해 회귀모델에 상호작용 항을 포함하는 방법에 대해 살펴보았다. 상호작용 항과 연관된 p-값이 작으면 이러한 상관관계가 존재한다는 것을 나타낸다. 그림 3.5는 Advertising 자료가 가산적이지 않을 수 있음을 시사한다. 모델에 상호작용 항을 포함하는 것은 R^2 값이 약 90%에서 거의 97%까지 증가하게 한다.

3.5 선형회귀와 K-최근접이웃의 비교

2장에서 다루었듯이, 선형회귀는 $f(X)$를 선형함수 형태라고 가정하기 때문에 모수적(*parametric*) 기법의 한 예이다. 모수적 방법은 몇 가지 장점이 있으며, 추정해야 할 계수의 수가 적기 때문에 적합하기도 쉽다. 선형회귀의 경우 계수들에 대한 해석이 간단하고 통계적 유의성을 쉽게 검정할 수 있다. 그러나 모수적 방법은 $f(X)$의 형태에 대한 강한 가정을 근거로 구성된다는 단점이 있다. 만약 명시된 함수형태가 실제와 많이 다르고 목적이 예측 정확도이면 모수적 방법은 좋은 결과를 얻지 못할 것이다. 예를 들어, X와 Y의 상관관계를 선형이라고 가정하지만 실제 상관관계가 선형적이지 않으면, 결과 모델은 데이터에 잘 적합되지 않을 것이고 이 모델로부터 얻은 결론은 모두 의심스러울 것이다.

반대로, 비모수적 방법은 $f(X)$에 대한 모수적 형태를 명시적으로 가정하지 않고, 그렇게 함으로써 더욱 유연한 또 다른 회귀 수행 기법을 제공한다. 이 책에서는 다양한 비모수적 방법을 다루는데, 여기서 고려하는 것은 가장 단순하고 잘 알려진 비모수적 방법 중 하나인 *K-최근접이웃회귀*(KNN 회귀)이다. KNN 회귀방법은 2장에서 다룬 KNN 분류기와 밀접하게 관련되어 있다. 주어진 K 값과 예측 포인트 x_0에 대해, KNN 회귀는 먼저 x_0에 가장 가까운 K개의 훈련 관측치 $\mathcal{N}_0$을 식별한다. 그다음에 $\mathcal{N}_0$ 내의 모든 훈련 관측치들에 대한 반응변수 값들의 평균을 사용하여 $f(x_0)$을 추정한다. 즉, 다음을 계산한다.

$$\hat{f}(x_0) = \frac{1}{K} \sum_{x_i \in \mathcal{N}_0} y_i$$

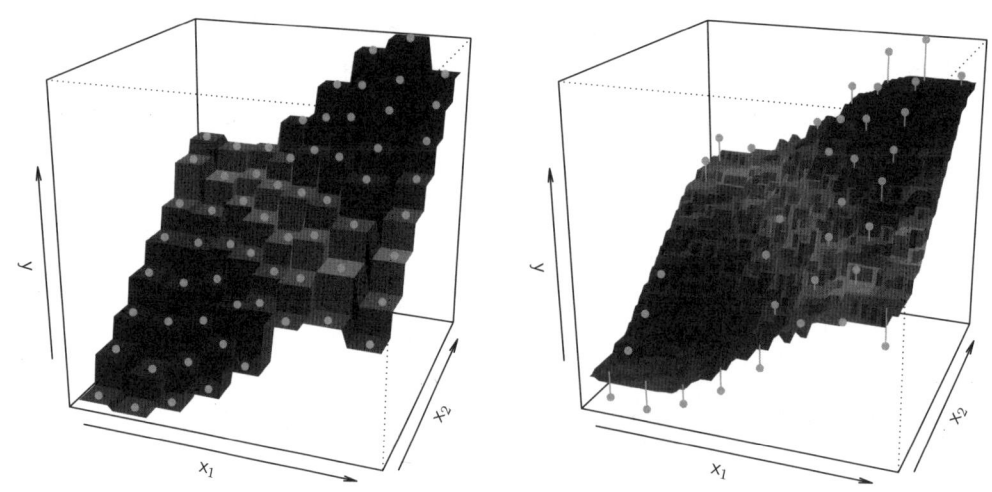

그림 3.16: 64개 관측치(오렌지색 점)의 2차원 데이터셋에 대해 KNN 회귀를 이용한 $\hat{f}(X)$의 그래프. 왼쪽: $K = 1$인 경우로 계단함수적합이 된다. 오른쪽: $K = 9$인 경우로 훨씬 평활한 적합이 된다.

그림 3.16은 설명변수의 수가 $p = 2$인 데이터셋에 대한 두 개의 KNN 적합을 보여준다. 왼쪽 패널의 적합은 $K = 1$인 경우이고 오른쪽 패널은 $K = 9$인 경우이다. $K = 1$일 때 KNN 적합은 훈련 관측치들을 완벽하게 보간하고 그 결과 계단함수의 형태가 된다. $K = 9$일 때도 KNN 적합은 여전히 계단함수이지만 9개 관측치의 평균을 이용하므로 적합은 더 평활해진다. 일반적으로 최적의 K 값은 2장에서 소개된 편향-분산 절충(bias-variance tradeoff)에 따라 다를 것이다. K 값이 작으면 적합이 유연해져 편향은 낮지만 분산이 클 것이다. 반대로, K 값이 클수록 적합은 더 평활해지고 변동이 줄어든다. 즉, 주어진 영역의 예측값은 여러 점들의 평균값이어서 하나의 관측치 변경에 의한 영향이 작아진다. 하지만 평활화는 $f(X)$ 구조의 일부를 감춤(masking)으로써 편향을 초래할 수 있다. 5장에서 검정오차율을 추정하는 몇 가지 기법을 소개하는데, 이 기법들은 KNN 회귀에서 최적의 K 값을 찾는 데 사용될 수 있다.

어떤 경우에 최소제곱선형회귀와 같은 모수적 방식이 KNN 회귀와 같은 비모수적 방식보다 더 나은가? 답은 간단하다. 모수적 방식은 선택된 모수 형태가 f의 실제 형태에 가까운 경우 비모수적 방식보다 더 나은 결과를 낼 것이다. 그림 3.17은 1차원 선형회귀모델을 사용하여 생성한 데이터의 예이다. 검은색 실선은 $f(X)$을 나타내고 파란색 곡선은 $K = 1$과 $K = 9$를 사용한 KNN 적합에 각각 해당한다. 여기서, $K = 1$인 경우 예측치들의 변동이 너무 크고 $K = 9$인 더 평활한 적합이 $f(X)$와 훨씬 더 가깝다. 하지만 실제 상관관계가 선형적이므로 비모수적 기법이 선형회귀와 비슷한 결과를 내기는 어렵다. 즉, 비모수적 기법이 초래한 분산 증가는 편향 감소로 상쇄되지 않는다. 그림 3.18의 왼쪽 패널에 도시한 파란색 파선은 동일한 데이터에 대한 선형회귀적합을 나타내는데, 거의 완벽하게 일치한다. 그림 3.18의 오른쪽 패널은 이 데이터의 경우 선형회귀가 KNN보다 낫다는 것을 보여준다. $1/K$의 함수로 나타낸 녹색 실선은 KNN에 대한 평균제곱오차(MSE)를 나타낸다. KNN 오차는 선형회귀에 대한 MSE인 검은색 파선보다 훨씬 위에 있다. MSE 측면에서 KNN은 K 값이 크면 최소제곱회귀에 비해 단지 약간 나쁘지만 K 값이 작은 경우에는 훨씬 나쁘다.

현실적으로 X와 Y의 실제 상관관계가 정확하게 선형적인 경우는 거의 없다. 그림 3.19는 X와 Y 사이의 비선형성 수준을 높이면서 최소제곱회귀와 KNN의 상대적 성능을 조사한 것이다. 위쪽 그림의 경우 실제 상관관계가 거의 선형이다. 이 경우, 선형회귀에 대한 검정 MSE는 K 값이 작으면 여전히 KNN보다 더 낫다. 하지만 $K \geq 4$ 경우, KNN이 선형회귀보다 더 낫다. 아랫쪽 그림은 더욱더 비선형적인 경우를 보여준다. 이 경우, KNN은 모든 K 값에 대해 선형회귀다 훨씬 낫다. 비모수적 KNN 방법에 대한 검정 MSE는 비선형성의 정도가 증가해도 거의 변화가 없지만 선형회귀의 검정 MSE는 크게 증가한다.

그림 3.18과 3.19에 의하면, KNN은 상관관계가 선형적일 때는 선형회귀보다 약간 나쁘고 상관관계가 비선형적인 경우에는 선형회귀보다 훨씬 더 낫다. 그러므로 실제 상관관계를 모르는 현실적인 환경에서는 선형회귀 대신 KNN을 사용해야 한다고 생각할지도 모른다. 하지만 실제 상관관계가 심하게 비선형적인 경우에도 여전히 KNN이 선형회귀보다 못한 결과를 줄 수도 있다. 그림 3.18과 3.19는 둘 다 설명변수의 수가 $p = 1$인 경우를 보여준다. 그러나 차원이 높은 경우 KNN은 보통 선형회귀보다 나쁜 성능을 제공한다.

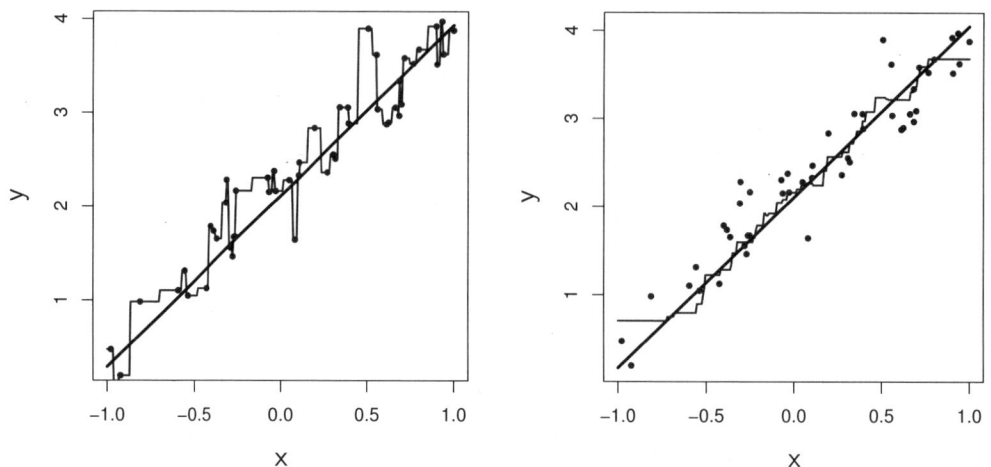

그림 3.17: 100개 관측치의 1차원 데이터셋에 대해 KNN 회귀를 이용한 $\hat{f}(X)$의 그래프. 실제 상관관계는 검은색 실선으로 주어진다. 왼쪽: 파란색 곡선은 $K = 1$인 경우로 훈련 데이터를 보간한다(즉, 직접 지나간다). 오른쪽: 파란색 곡선은 $K = 9$인 경우로 훨씬 평활한 적합을 나타낸다.

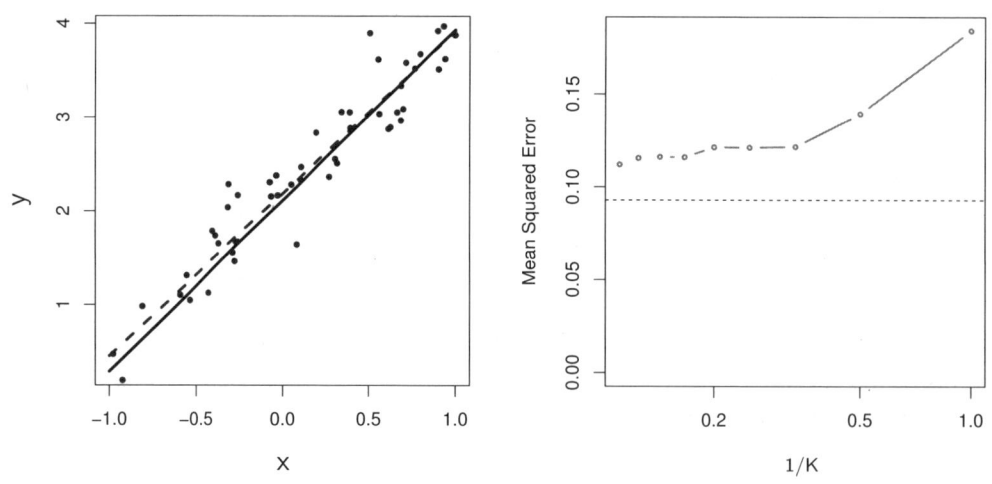

그림 3.18: 그림 3.17의 데이터셋에 대해 좀 더 살펴본다. 왼쪽: 파란색 파선은 이 데이터에 대한 최소제곱적합이다. $f(X)$가 실제로 선형이므로(검은색 선으로 표시), 최소제곱회귀선은 $f(X)$에 대해 상당히 좋은 추정치를 제공한다. 오른쪽: 수평 파선은 최소제곱 검정 MSE를 나타내고, 녹색 선은 $1/K$의 함

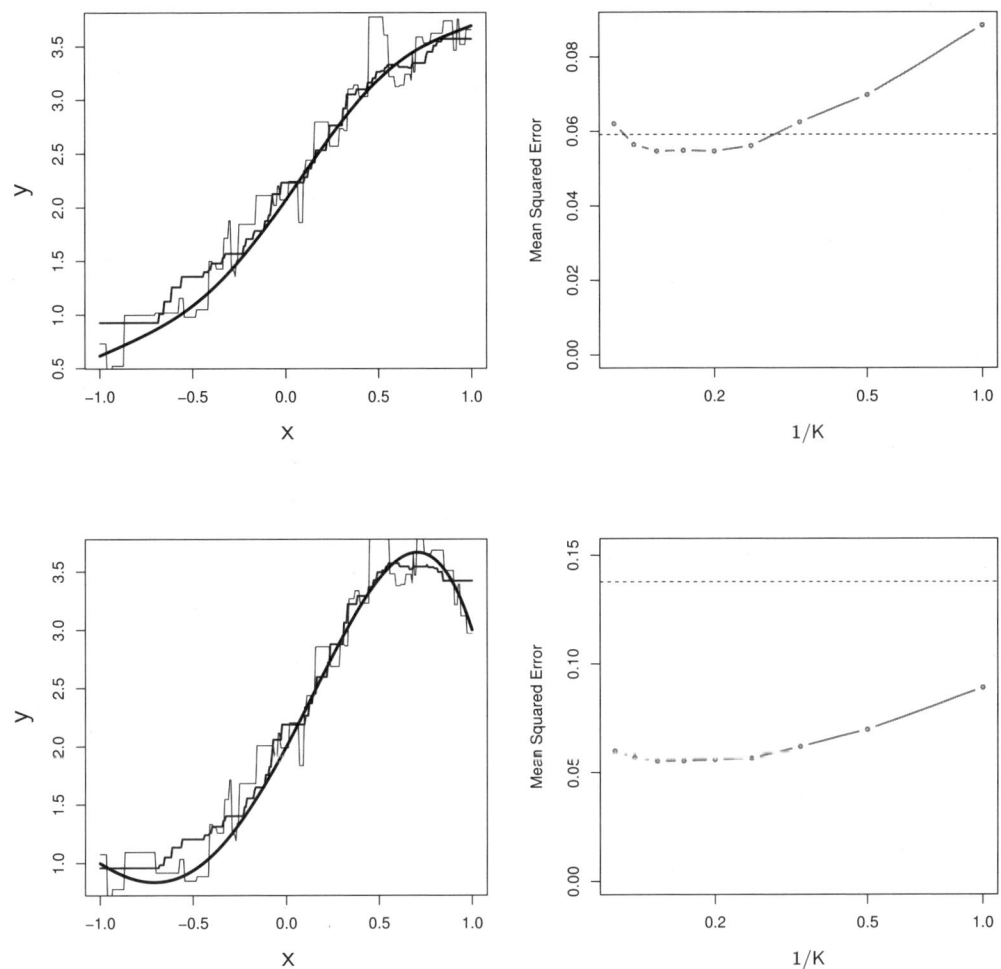

그림 3.19: 왼쪽 위: X와 Y 사이에 약간의 비선형적 상관관계(검은색 선)가 있는 설정에서 $K = 1$(파란색)과 $K = 9$(붉은색)인 KNN 적합. 오른쪽 위: 약간 비선형적인 데이터에서 최소제곱회귀(수평의 검은 파선)와 여러 가지 $1/K$ 값의 KNN(녹색)에 대한 검정 MSE. 왼쪽 및 오른쪽 아래: 위쪽 패널과 마찬가지이며, 다만 이번에는 X와 Y 사이에 강한 비선형적 상관관계가 있다.

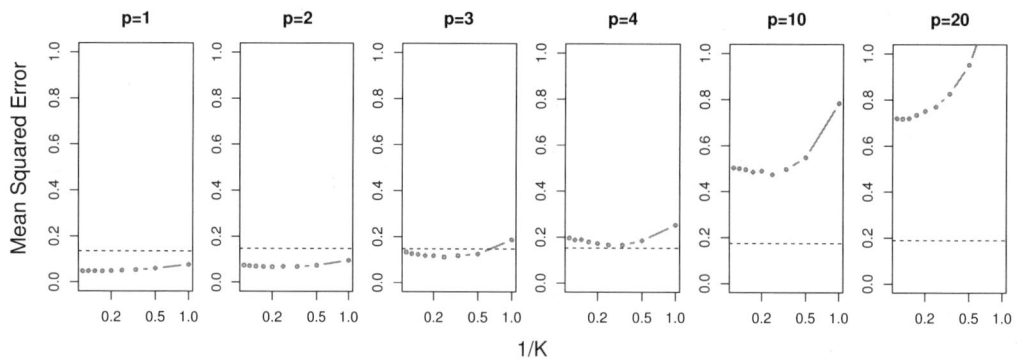

그림 3.20: 설명변수의 수 p 증가에 따른 선형회귀(검은색 파선)와 KNN(녹색 곡선)의 검정 MSE. 실제 함수는 그림 3.19의 아래 패널과 같이 첫 번째 변수에 비선형적이고 추가적인 변수에는 의존적이지 않다. 선형회귀의 성능은 이러한 추가적인 잡음변수의 존재로 인해 천천히 나빠진다. 이에 반해, KNN 의 성능은 p가 증가함에 따라 급격히 나빠진다.

그림 3.20은 그림 3.19의 아랫쪽과 동일한 정도의 심한 비선형적인 경우를 고려하며 추가로 반응변수와 상관되지 않은 *잡음(noise)* 설명변수를 갖는다. $p = 1$ 또는 $p = 2$인 경우 KNN은 선형회귀보다 더 나은 결과를 준다. 그러나 $p = 3$이면 결과가 엇갈리고 $p \geq 4$이면 선형회귀가 KNN보다 우수하다. 사실, 차원증가는 선형회귀의 검정 MSE는 약간 밖에 증가시키지 않지만 KNN의 MSE는 10배 이상 증가시킨다. 차원이 증가함에 따라 성능이 나빠지는 것은 KNN 방식의 공통적 문제이고, 원인은 고차원으로 갈수록 표본크기가 실질적으로 줄어드는 효과가 있기 때문이다. 이 데이터셋에는 100개의 훈련 관측치가 있어 $p = 1$이면 $f(X)$를 정확하게 추정할 만큼 충분한 정보가 제공된다. 하지만 $p = 20$ 차원이면 주어진 관측치에 *가까운 이웃*이 없는 현상이 발생한다. 이것을 *차원의 저주*라고 한다. 즉, 주어진 검정 관측치 x_0에 가장 가까운 K개의 관측치들은 p가 클 때 p 차원 공간의 x_0로부터 아주 멀리 떨어져 있을 수 있다. 그 결과 $f(x_0)$의 예측값이 아주 나쁘고 좋지 않은 KNN 적합을 얻게 된다. 일반적으로, 설명변수당 관측치의 수가 작으면 모수적 방법이 비모수적 방법보다 더 나은 결과를 제공한다.

차원이 낮은 경우에도 해석력 관점에서 선형회귀를 KNN보다 선호할 수 있다. 만약 KNN의 검정 MSE가 선형회귀보다 조금밖에 작지 않으면, 단지 몇 개의 계수로 설명이 가능하고 p-값을 사용할 수 있는 단순한 모델을 위해 약간의 예측 정확도를 포기할 수도 있을 것이다.

3.6 Lab: 선형회귀

3.6.1 라이브러리

library() 함수는 기본 R 배포판에 포함되어 있지 않은 *라이브러리* 또는 함수 그룹과 자료들을 로딩하는 데 사용된다. 최소제곱 선형회귀와 다른 간단한 분석을 수행하는 기본 함수들은 표준 배포판에 포함되어 있지만, 특이하거나 흔하지 않은 함수들은 추가적인 라이브러리가 필요하다. 여기서는 MASS 패키지와 ISLR 패키지가 로딩되어 사용된다. MASS 패키지는 아주 방대한 자료와 함수들을 포함하며 ISLR 패키지는 이 책에 연관된 자료들을 포함한다.

```
> library(MASS)
> library(ISLR)
```

이 라이브러리들을 로딩할 때 에러가 발생한다면 해당 라이브러리가 시스템에 설치되어 있지 않아서일 가능성이 높다. MASS와 같은 일부 라이브러리들은 R 배포판에 포함되어 있어 별도로 설치할 필요가 없다. 하지만 ISLR과 같은 다른 패키지들은 별도로 다운로드하여 설치하여야 한다. 패키지 설치는 R 내에서 직접 할 수 있다. 예를 들어, 윈도우 시스템의 경우 Package 탭 아래의 Install package 옵션을 선택한 후 미러 사이트(mirror site)를 선택하면 사용할 수 있는 패키지 리스트를 볼 수 있을 것이다. 설치하고자 하는 패키지를 선택하면 R이 자동으로 다운로드하여 설치한다. 또는, install.packages("ISLR")과 같이 R 명령어를 사용하여 원하는 패키지(예를 들어, ISLR)를 설치할 수도 있다. 패키지 설치는 처음 그 패키지를 사용할 때만 하면 된다. 하지만, library() 함수는 주어진 패키지를 사용하고자 할 때마다 호출해야 한다.

3.6.2 단순선형회귀

MASS 라이브러리는 Boston 자료를 포함하는데, 이 자료에는 Boston 교외 506개 지역의 메디안(중앙값) 주택 가격(medv)이 기록되어 있다. 주택당 평균 방의 개수(rm), 평균 주택 연령(age), 사회 경제적 지위가 낮은 가정의 백분율(lstat)과 같은 13개의 변수를 사용하여 medv를 예측하고자 한다.

```
> fix(Boston)
> names(Boston)
 [1] "crim"    "zn"      "indus"   "chas"    "nox"     "rm"      "age"
 [8] "dis"     "rad"     "tax"     "ptratio" "black"   "lstat"   "medv"
```

이 자료에 대한 더 자세한 정보는 ?Boston을 입력하면 얻을 수 있다.

먼저, lm() 함수를 사용하여 반응변수 medv와 설명변수 lstat을 가지는 단순선형회귀모델을 적합할 것이다. 기본 문법은 lm(y~x, data)이다. 여기서, y는 반응변수이고 x는 설명변수이며 data는 이 두 변수들을 가지고 있는 자료이다.

```
> lm.fit=lm(medv~lstat)
Error in eval(expr, envir, enclos) : Object "medv" not found
```

위 명령어는 에러를 발생시키는데, R이 변수 medv와 lstat을 어디에서 찾아야 하는지 모르기 때문이다. 아래의 명령어는 R이 변수들을 Boston에서 찾도록 지정해준다. attach() 함수를 사용하여 Boston을 R의 검색 경로에 포함시키면 R은 Boston을 지정하지 않아도 그 변수들을 인식할 수 있다.

```
> lm.fit=lm(medv~lstat,data=Boston)
> attach(Boston)
> lm.fit=lm(medv~lstat)
```

만약 lm.fit을 입력하면, 이 모델에 대한 일부 기본적인 정보가 출력된다. 좀 더 상세한 정보는 summary(lm.fit)을 사용하여 얻을 수 있으며, 각 계수에 대한 p-값과 표준오차, 그리고 모델에 대한 R^2 통계량과 F-통계량이 제공된다.

```
> lm.fit

Call:
lm(formula = medv ~ lstat)
```

```
Coefficients:
(Intercept)           lstat
     34.55            -0.95

> summary(lm.fit)

Call:
lm(formula = medv ~ lstat)

Residuals:
   Min     1Q Median     3Q    Max
-15.17  -3.99  -1.32   2.03  24.50

Coefficients:
            Estimate Std. Error t value Pr(>|t|)
(Intercept)  34.5538     0.5626    61.4   <2e-16 ***
lstat        -0.9500     0.0387   -24.5   <2e-16 ***
---
Signif. codes:  0 *** 0.001 ** 0.01 * 0.05 . 0.1   1

Residual standard error: 6.22 on 504 degrees of freedom
Multiple R-squared: 0.544,     Adjusted R-squared: 0.543
F-statistic:  602 on 1 and 504 DF,  p-value: <2e-16
```

names() 함수를 사용하여 lm fit에 저장된 정보를 확인해 볼 수 있다. 이름, 예를 들어 lm.fit$cocfficients을 사용하여 관련 수치를 볼 수 있지만, coef() 같은 관련 값을 반환하는 함수를 사용하는 것이 좋다.

```
> names(lm.fit)
 [1] "coefficients"  "residuals"       "effects"
 [4] "rank"          "fitted.values"   "assign"
 [7] "qr"            "df.residual"     "xlevels"
[10] "call"          "terms"           "model"
> coef(lm.fit)
(Intercept)          lstat
     34.55          -0.95
```

계수 추정치에 대한 신뢰구간을 얻기 위해 confint() 함수를 사용할 수 있다.

```
> confint(lm.fit)
             2.5 %  97.5 %
(Intercept)  33.45  35.659
lstat        -1.03  -0.874
```

predict() 함수는 주어진 lstat 값에 대한 medv 예측에서 신뢰구간과 예측구간을 얻는 데 사용될 수 있다.

```
> predict(lm.fit,data.frame(lstat=(c(5,10,15))),
      interval="confidence")
    fit    lwr   upr
1 29.80  29.01 30.60
2 25.05  24.47 25.63
3 20.30  19.73 20.87
```

```
> predict(lm.fit,data.frame(lstat=(c(5,10,15))),
      interval="prediction")
    fit    lwr    upr
1 29.80 17.566  42.04
2 25.05 12.828  37.28
3 20.30  8.078  32.53
```

예를 들어, lstat 값이 10인 경우 95% 신뢰구간은 (24.47, 25.63)이고 95% 예측구간은 (12.828, 37.28)이다. 예상한 대로, 신뢰구간과 예측구간의 중심은 동일한 점(lstat이 10일 때, medv에 대한 예측값 25.05)이지만, 예측구간이 훨씬 더 넓다.

이제, plot()과 abline() 함수를 사용하여 최소제곱회귀선과 함께 medv와 lstat을 그래프로 나타낼 것이다.

```
> plot(lstat,medv)
> abline(lm.fit)
```

lstat과 medv 사이에 비선형적 상관관계가 있는 것처럼 보이는데, 이것에 대해서는 lab 후반부에서 살펴볼 것이다.

abline() 함수는 최소제곱회귀선뿐만 아니라 임의의 직선을 그리는 데 사용할 수 있다. 절편 a와 기울기 b를 가지는 직선을 그리려면 abline(a, b)라고 입력하면 된다. 직선과 점을 그래프로 나타내는 데 이용되는 몇 가지 추가적인 설정을 아래에서 시험해본다. lwd=3 명령어는 회귀선의 폭을 3배 넓히며, plot()과 lines() 함수에 모두 적용된다. 또한, pch 옵션을 사용하여 그래프 표시를 다르게 할 수 있다.

```
> abline(lm.fit,lwd=3)
> abline(lm.fit,lwd=3,col="red")
> plot(lstat,medv,col="red")
> plot(lstat,medv,pch=20)
> plot(lstat,medv,pch="+")
> plot(1:20,1:20,pch=1:20)
```

다음으로, 몇 가지 진단 그래프를 조사하는데, 이 중 몇 개는 3.3.3절에서 살펴본다. plot() 함수를 lm()의 출력에 직접 적용하면 4개의 진단 그래프가 자동으로 생성된다. 일반적으로, 이 명령어는 한 번에 한 개의 그래프를 생성하며 엔터키(Enter Key)를 누를 때마다 다음 그래프가 생성될 것이다. 하지만, 보통은 4개 그래프를 모두 함께 보는 것이 편리하다. par() 함수를 사용하면 화면을 분할하여 다수의 그래프를 동시에 보여 줄 수 있다. 예를 들어, par(mfrow=c(2, 2))를 입력하면 화면이 2 × 2 격자로 나누어진다.

```
> par(mfrow=c(2,2))
> plot(lm.fit)
```

또, residuals() 함수를 사용하여 선형회귀적합으로부터 잔차를 계산할 수 있다. 함수 rstudent()는 스튜던트화 잔차를 반환하며, 이 함수를 이용해 적합된 값에 대한 잔차를 그래프로 나타낼 수 있다.

```
> plot(predict(lm.fit), residuals(lm.fit))
> plot(predict(lm.fit), rstudent(lm.fit))
```

잔차 그래프에 기반해 보면 비선형성의 증거가 있다. hatvalues() 함수를 사용하여 임의의 수의 설명변수들에 대해 레버리지 통계(leverage statistics)를 계산할 수 있다.

```
> plot(hatvalues(lm.fit))
> which.max(hatvalues(lm.fit))
375
```

which.max() 함수는 벡터 내 가장 큰 원소의 인덱스를 찾는다. 이것을 위 예와 같이 적용하면 어느 관측치가 가장 큰 레버리지 통계량을 가지는지 알려준다.

3.6.3 다중선형회귀

최소제곱을 사용하여 다중선형회귀 모델을 적합하는 데도 lm() 함수를 사용한다. lm(y~x1+x2+x3)을 사용하여 3개의 설명변수 x1, x2, x3을 가지는 모델을 적합한다. summary() 함수는 모든 설명변수들에 대한 회귀 계수들을 출력한다.

```
> lm.fit=lm(medv~lstat+age,data=Boston)
> summary(lm.fit)

Call:
lm(formula = medv ~ lstat + age, data = Boston)

Residuals:
   Min     1Q Median     3Q    Max
-15.98  -3.98  -1.28   1.97  23.16

Coefficients:
            Estimate Std. Error t value Pr(>|t|)
(Intercept) 33.2228     0.7308   45.46   <2e-16 ***
lstat       -1.0321     0.0482  -21.42   <2e-16 ***
age          0.0345     0.0122    2.83   0.0049 **
---
Signif. codes:  0 *** 0.001 ** 0.01 * 0.05 . 0.1  1

Residual standard error: 6.17 on 503 degrees of freedom
Multiple R-squared: 0.551,     Adjusted R-squared: 0.549
F-statistic: 309 on 2 and 503 DF,  p-value: <2e-16
```

Boston 자료는 13개의 변수를 포함한다. 따라서, 이 변수들을 모두 입력하여 모든 설명변수를 사용하는 회귀를 수행하는 것은 불편하다. 대신에, 다음과 같이 줄여 사용할 수 있다.

```
> lm.fit=lm(medv~.,data=Boston)
> summary(lm.fit)

Call:
lm(formula = medv ~ ., data = Boston)
Residuals:
    Min      1Q  Median      3Q     Max
-15.594  -2.730  -0.518   1.777  26.199

Coefficients:
              Estimate Std. Error t value Pr(>|t|)
(Intercept)  3.646e+01  5.103e+00   7.144 3.28e-12 ***
crim        -1.080e-01  3.286e-02  -3.287 0.001087 **
zn           4.642e-02  1.373e-02   3.382 0.000778 ***
indus        2.056e-02  6.150e-02   0.334 0.738288
chas         2.687e+00  8.616e-01   3.118 0.001925 **
nox         -1.777e+01  3.820e+00  -4.651 4.25e-06 ***
rm           3.810e+00  4.179e-01   9.116  < 2e-16 ***
age          6.922e-04  1.321e-02   0.052 0.958229
dis         -1.476e+00  1.995e-01  -7.398 6.01e-13 ***
rad          3.060e-01  6.635e-02   4.613 5.07e-06 ***
tax         -1.233e-02  3.761e-03  -3.280 0.001112 **
ptratio     -9.527e-01  1.308e-01  -7.283 1.31e-12 ***
black        9.312e-03  2.686e-03   3.467 0.000573 ***
lstat       -5.248e-01  5.072e-02 -10.347  < 2e-16 ***
---
Signif. codes:  0 '***' 0.001 '**' 0.01 '*' 0.05 '.' 0.1 ' ' 1

Residual standard error: 4.745 on 492 degrees of freedom
Multiple R-Squared: 0.7406,     Adjusted R-squared: 0.7338
F-statistic: 108.1 on 13 and 492 DF,  p-value: < 2.2e-16
```

요약 객체의 각 구성요소는 이름을 사용하여 액세스할 수 있다(?summary.lm을 입력하면 도움말 정보를 볼 수 있다). summary(lm.fit)$r.sq는 R^2을 제공하고, summary(lm.fit)$sigma는 RSE를 제공한다. car 패키지의 일부인 vif() 함수는 분산팽창인수를 계산하는 데 사용될 수 있다. 이 데이터의 경우, 대부분의 VIF는 낮거나 보통 수준이다. car 패키지는 기본 R에 포함되어 있지 않으므로 사용하려면 R의 install.package 옵션을 통해 먼저 다운로드해야 한다.

```
> library(car)
> vif(lm.fit)
  crim      zn   indus    chas     nox      rm     age
  1.79    2.30    3.99    1.07    4.39    1.93    3.10
   dis     rad     tax ptratio   black   lstat
  3.96    7.48    9.01    1.80    1.35    2.94
```

하나의 변수를 제외하고 모든 다른 변수를 사용하여 회귀를 수행하고자 하는 경우를 생각해보자. 예를 들어, 위의 회귀 결과에서 age는 높은 p-값을 가지므로 이 변수를 제외한 회귀를 수행하고자 할 수 있다. 다음 구문은 age를 제외한 모든 설명변수를 사용하여 회귀를 수행하는 것이다.

```
> lm.fit1=lm(medv~.-age,data=Boston)
> summary(lm.fit1)
...
```

또한, update() 함수를 사용하여 회귀를 다시 수행할 수도 있다.

```
> lm.fit1=update(lm.fit, ~.-age)
```

3.6.4 상호작용 항

lm() 함수를 사용하여 선형모델에 상호작용 항을 포함하는 것은 어렵지 않다. lstat : black 구문은 R이 lstat과 black 사이의 상호작용 항을 포함하게 한다. lstat*age 구문은 lstat, age, 그리고 상호작용 항 lstat×age를 설명변수로 포함한다. 이것은 lstat+age+lstat : age를 줄여 나타낸 것이다.

```
> summary(lm(medv~lstat*age,data=Boston))

Call:
lm(formula = medv ~ lstat * age, data = Boston)

Residuals:
   Min     1Q Median     3Q    Max
-15.81  -4.04  -1.33   2.08  27.55

Coefficients:
              Estimate Std. Error t value Pr(>|t|)
(Intercept) 36.088536   1.469835   24.55   < 2e-16 ***
lstat       -1.392117   0.167456   -8.31   8.8e-16 ***
age         -0.000721   0.019879   -0.04     0.971
lstat:age    0.004156   0.001852    2.24     0.025 *
---
Signif. codes:  0 '***' 0.001 '**' 0.01 '*' 0.05 '.' 0.1 ' ' 1

Residual standard error: 6.15 on 502 degrees of freedom
Multiple R-squared: 0.556,  Adjusted R-squared: 0.553
F-statistic:  209 on 3 and 502 DF,  p-value: <2e-16
```

3.6.5 설명변수의 비선형 변환

lm() 함수는 설명변수들의 비선형 변환을 수용할 수도 있다. 예를 들어, 주어진 설명변수 X에 대해 I(X^2)을 사용하여 설명변수 X^2을 생성할 수 있다. 이제, lstat과 $lstat^2$에 대해 medv의 회귀를 수행한다.

```
> lm.fit2=lm(medv~lstat+I(lstat^2))
> summary(lm.fit2)

Call:
lm(formula = medv ~ lstat + I(lstat^2))

Residuals:
    Min     1Q Median    3Q    Max
 -15.28  -3.83  -0.53  2.31  25.41
Coefficients:
             Estimate Std. Error t value Pr(>|t|)
(Intercept) 42.86201    0.87208    49.1   <2e-16 ***
lstat       -2.33282    0.12380   -18.8   <2e-16 ***
I(lstat^2)   0.04355    0.00375    11.6   <2e-16 ***
---
Signif. codes:  0 '***' 0.001 '**' 0.01 '*' 0.05 '.' 0.1 ' ' 1

Residual standard error: 5.52 on 503 degrees of freedom
Multiple R-squared: 0.641,  Adjusted R-squared: 0.639
F-statistic:  449 on 2 and 503 DF,  p-value: <2e-16
```

이차항과 관련된 p-값이 거의 영인 것은 이차항으로 인해 모델이 나아졌음을 시사한다. anova() 함수는 이차적합이 선형적합보다 우수한 정도를 수량화하는 데 사용된다.

```
> lm.fit=lm(medv~lstat)
> anova(lm.fit,lm.fit2)
Analysis of Variance Table

Model 1: medv ~ lstat
Model 2: medv ~ lstat + I(lstat^2)
  Res.Df    RSS Df Sum of Sq     F Pr(>F)
1    504  19472
2    503  15347  1      4125   135 <2e-16 ***
---
Signif. codes:  0 '***' 0.001 '**' 0.01 '*' 0.05 '.' 0.1 ' ' 1
```

여기서, 모델 1은 하나의 설명변수 lstat만을 포함하는 선형의 부분모델(submodel)을 나타내고, 모델 2는 2개의 설명변수 lstat과 lstat^{2}을 가지는 이차 모델에 해당한다. anova() 함수는 이 두 모델을 비교하는 가설검증을 수행한다. 귀무가설은 두 모델이 동등하게 데이터를 잘 적합한다는 것이고, 대립가설은 모델 2가 더 낫다는 것이다. 결과를 보면 F-통계량이 135이고 관련 p-값은 거의 영이다. 이것은 설명변수

lstat과 lstat^{2}을 포함하는 모델이 lstat만을 포함하는 모델보다 훨씬 더 낫다는 것을 보여준다. 이 결과는 앞에서 보았던 medv와 lstat 사이의 상관관계가 비선형적이라는 사실에 부합한다. 아래 명령어를 입력해보자.

```
> par(mfrow=c(2,2))
> plot(lm.fit2)
```

그러면, lstat^2 항이 모델에 포함된 경우 잔차에 구분할 수 있는 패턴이 거의 보이지 않는다는 것을 알 수 있다.

삼차적합(cubic fit)을 생성하기 위해 I(X^3) 형태의 설명변수를 포함할 수 있다. 하지만, 이 방식은 고차 다항식을 다루기에 번거로울 수 있다. 더 나은 방식은 lm() 함수 내에 다항식을 생성하는 poly() 함수를 사용하는 것이다. 예를 들어, 다음 명령어는 5차 다항식 적합을 제공한다.

```
> lm.fit5=lm(medv~poly(lstat,5))
> summary(lm.fit5)

Call:
lm(formula = medv ~ poly(lstat, 5))

Residuals:
    Min      1Q  Median      3Q     Max
-13.543  -3.104  -0.705   2.084  27.115

Coefficients:
                 Estimate Std. Error t value Pr(>|t|)
(Intercept)        22.533      0.232   97.20  < 2e-16 ***
poly(lstat, 5)1  -152.460      5.215  -29.24  < 2e-16 ***
poly(lstat, 5)2    64.227      5.215   12.32  < 2e-16 ***
poly(lstat, 5)3   -27.051      5.215   -5.19  3.1e-07 ***
poly(lstat, 5)4    25.452      5.215    4.88  1.4e-06 ***
poly(lstat, 5)5   -19.252      5.215   -3.69  0.00025 ***
---
Signif. codes:  0 '***' 0.001 '**' 0.01 '*' 0.05 '.' 0.1 ' ' 1

Residual standard error: 5.21 on 500 degrees of freedom
Multiple R-squared: 0.682,   Adjusted R-squared: 0.679
F-statistic:  214 on 5 and 500 DF,  p-value: <2e-16
```

이 결과는 5차까지는 다항식 항을 더 포함하는 것이 모델적합을 개선한다는 것을 시사한다! 하지만, 데이터를 더 조사해보면 밝혀지듯이 5차를 넘어서는 어떠한 다항식 항도 유의할만한 p-값을 가지지 않는다.

설명변수들을 변환하는 데 다항식 변환만 사용하도록 제한이 있는 것은 아니다. 로그 변환을 사용해 볼 수도 있다.

```
> summary(lm(medv~log(rm),data=Boston))
...
```

3.6.6 질적 설명변수

ISLR 라이브러리의 일부인 Carseats 자료를 조사해 볼 것이다. 여기서는 다수의 설명변수를 기반으로 400개 지역에서의 Sales(아동용 카 시트 판매량)를 예측해 보고자 한다.

```
> fix(Carseats)
> names(Carseats)
 [1] "Sales"       "CompPrice"   "Income"      "Advertising"
 [5] "Population"  "Price"       "ShelveLoc"   "Age"
 [9] "Education"   "Urban"       "US"
```

Carseats 자료는 각 지역에서 선반 위치(shelving location)—즉, 카 시트가 진열되어 있는 상점 내의 공간—의 품질을 나타내는 표시인 Shelveloc과 같은 질적 설명변수를 포함한다. 설명변수 Shelveloc은 3가지 값, *Bad*, *Medium*, 그리고 *Good*을 가질 수 있다. Shelveloc과 같은 주어진 질적 변수에 대해 R은 가변수들을 자동으로 생성한다. 다음은 몇몇 상호작용 항들을 포함하는 다중회귀모델을 적합한 것이다.

```
> lm.fit=lm(Sales~.+Income:Advertising+Price:Age,data=Carseats)
> summary(lm.fit)

Call:
lm(formula = Sales ~ . + Income:Advertising + Price:Age, data =
    Carseats)

Residuals:
   Min     1Q Median     3Q    Max
-2.921 -0.750  0.018  0.675  3.341

Coefficients:
                    Estimate Std. Error t value Pr(>|t|)
(Intercept)         6.575565   1.008747    6.52  2.2e-10 ***
CompPrice           0.092937   0.004118   22.57  < 2e-16 ***
Income              0.010894   0.002604    4.18  3.6e-05 ***
Advertising         0.070246   0.022609    3.11  0.00203 **
Population          0.000159   0.000368    0.43  0.66533
Price              -0.100806   0.007440  -13.55  < 2e-16 ***
ShelveLocGood       4.848676   0.152838   31.72  < 2e-16 ***
ShelveLocMedium     1.953262   0.125768   15.53  < 2e-16 ***
Age                -0.057947   0.015951   -3.63  0.00032 ***
Education          -0.020852   0.019613   -1.06  0.28836
UrbanYes            0.140160   0.112402    1.25  0.21317
USYes              -0.157557   0.148923   -1.06  0.29073
Income:Advertising  0.000751   0.000278    2.70  0.00729 **
Price:Age           0.000107   0.000133    0.80  0.42381
---
Signif. codes:  0 '***' 0.001 '**' 0.01 '*' 0.05 '.' 0.1 ' ' 1

Residual standard error: 1.01 on 386 degrees of freedom
Multiple R-squared: 0.876,       Adjusted R-squared: 0.872
F-statistic:  210 on 13 and 386 DF,  p-value: <2e-16
```

contrasts() 함수는 R이 사용하는 가변수들에 대한 코딩(coding)을 반환한다.

```
> attach(Carseats)
> contrasts(ShelveLoc)
       Good Medium
Bad      0     0
Good     1     0
Medium   0     1
```

?contrasts를 사용하여 설정 방법을 알아볼 수 있다.

R은 선반 위치가 good이면 1, 그렇지 않으면 0을 가지는 가변수 ShelveLocGood을 생성하였다. 또한, 선반 위치가 medium이면 1, 그렇지 않으면 0을 가지는 가변수 ShelveLocMedium도 생성하였다. 선반 위치가 bad인 것은 두 가변수 각각에 대한 값이 0인 것에 해당한다. 회귀결과에서 ShelveLocGood에 대한 계수가 양수인 것은 선반 위치가 good인 것이 (bad인 것에 비해) 높은 판매량과 관련되어 있다는 것을 나타낸다. ShelveLocMedium은 좀 더 작은 양의 계수를 가지는데, 이것은 선반 위치가 medium인 것은 bad인 것보다는 높은 판매량을 가져오지만 good인 것보다는 판매량이 적다는 것을 나타낸다.

3.6.7 함수의 작성

R은 많은 유용한 함수를 기본으로 포함하며, R 라이브러리들을 사용하면 더 많은 함수들을 이용할 수 있다. 하지만, 이용가능한 함수가 없는 작업을 수행할 필요가 있을 때도 종종 있을 것이다. 이러한 경우, 함수를 직접 작성하고자 할 수 있다. 예를 들어, ISLR과 MASS 라이브러리를 읽어들이는 간단한 함수를 LoadLibraries()라고 해보자. 함수를 만들기 전에 호출하면 에러가 발생된다.

```
> LoadLibraries
Error: object 'LoadLibraries' not found
> LoadLibraries()
Error: could not find function "LoadLibraries"
```

이제 함수를 만들어 보자. 아래 + 기호는 입력한 것이 아니라 R이 출력한 것이다. { 기호는 복수의 명령어가 입력될 것이라는 것을 R에게 알려준다. { 기호를 입력한 후 엔터키를 치면 R이 + 기호를 출력한다. 그다음에 원하는 대로 명령어를 입력할 수 있다. 마지막의 } 기호는 더 입력할 명령어가 없음을 알려준다.

```
> LoadLibraries=function(){
+ library(ISLR)
+ library(MASS)
+ print("The libraries have been loaded.")
+ }
```

이제 LoadLibraries를 입력하면 R은 작성한 함수를 보여준다.

```
> LoadLibraries
function(){
library(ISLR)
library(MASS)
print("The libraries have been loaded.")
}
```

이 함수를 호출하면 라이브러리들이 로딩된다.

```
> LoadLibraries()
[1] "The libraries have been loaded."
```

3.7 연습문제

1. 표 3.4에 주어진 p-값에 대응하는 귀무가설을 기술하고, 이 p-값에 기초하여 어떤 결론을 내릴 수 있는지 설명하여라. 설명은 선형모델의 계수들이 아니라 sales, TV, radio, newspaper에 대하여 해야 한다.

2. KNN 분류기와 KNN 회귀방법 사이의 차이를 설명하여라.

3. 5개의 설명변수를 가진 자료가 있다고 해보자. X_1 = GPA, X_2 = IQ, X_3 = 성별(여성은 1, 남성은 0), X_4 = GPA와 IQ 사이의 상호작용, 그리고 X_5 = GPA와 성별 사이의 상호작용이다. 반응변수는 졸업 후의 초봉(1천 달러 단위)이다. 최소제곱을 사용하여 모델을 적합하고 $\hat{\beta}_0 = 50$, $\hat{\beta}_1 = 20$, $\hat{\beta}_2 = 0.07$, $\hat{\beta}_3 = 35$, $\hat{\beta}_4 = 0.01$, $\hat{\beta}_5 = -10$을 얻는다고 해보자.

    (a) 어느 것이 옳은 답이고, 그 이유는 무엇인가?

    i. 고정된 값의 IQ와 GPA에 대해, 남성이 여성보다 평균적으로 수입이 더 많다.

    ii. 고정된 값의 IQ와 GPA에 대해, 여성이 남성보다 평균적으로 수입이 더 많다.

    iii. 고정된 값의 IQ와 GPA에 대해, GPA가 충분히 높다면 남성이 여성보다 평균적으로 수입이 더 많다.

    iv. 고정된 값의 IQ와 GPA에 대해, GPA가 충분히 높다면 여성이 남성보다 평균적으로 수입이 더 많다.

    (b) IQ가 110이고 GPA가 4.0인 여성의 급여를 예측하여라.

    (c) 참 또는 거짓? GPA/IQ 상호작용 항에 대한 계수가 아주 작으므로 상호작용 효과가 있다는 증거는 거의 없다. 답에 대한 근거를 설명하여라.

4. 하나의 설명변수와 양적 반응변수를 포함하는 자료(n = 100개 관측치)가 있다. 이 자료에 선형회귀모델과 분리된 삼차회귀, 즉 $Y = \beta_0 + \beta_1 X + \beta_2 X^2 + \beta_3 X^3 + \epsilon$을 적합한다.

    (a) X와 Y 사이의 실제 상관관계가 선형, 즉 $Y = \beta_0 + \beta_1 X + \epsilon$이라고 해보자. 선형회귀에 대한 훈련 잔차제곱합(RSS)과 삼차회귀에 대한 훈련 RSS를 고려해보자. 어느 하나가 다른 것보다 더 낮다고 예상하는가? 둘 다 동일하다고 예상하는가? 또는 결론을 내리기에 정보가 충분하지 않은가? 답에 대한 근거를 설명하여라.

(b) 훈련 RSS가 아니라 검정 RSS에 대해 (a)를 답하여라.

(c) X와 Y 사이의 실제 상관관계가 비선형이고 비선형 정도는 모른다고 해보자. 선형회귀에 대한 훈련 RSS와 삼차회귀에 대한 훈련 RSS를 고려해보자. 어느 하나가 다른 것보다 더 낮다고 예상하는가? 둘 다 동일하다고 예상하는가? 또는 결론을 내리기에 정보가 충분하지 않은가? 답에 대한 근거를 설명하여라.

(d) 훈련 RSS가 아니라 검정 RSS에 대해 (c)를 답하여라.

5. 절편(intercept)없이 선형회귀를 수행한 결과인 적합값(fitted value)을 고려해보자. 이 경우, i번째 적합값은 다음 형태를 가진다.
$$\hat{y}_i = x_i \hat{\beta}$$

여기서,
$$\hat{\beta} = \left(\sum_{i=1}^{n} x_i y_i \right) / \left(\sum_{i'=1}^{n} x_{i'}^2 \right) \quad (3.38)$$

다음 식과 같이 표현할 수 있음을 보여라.
$$\hat{y}_i = \sum_{i'=1}^{n} a_{i'} y_{i'}$$

$a_{i'}$은 무엇인가?

Note: 이 결과는 선형회귀 적합값들은 반응변수 값들의 선형결합이라고 해석된다.

6. (3.4)를 사용하여 단순선형회귀의 경우 최소제곱선은 항상 점 $(\bar{x}, \bar{y})$을 지나간다는 것을 설명하여라.

7. X에 대한 Y의 단순선형회귀에서 R^2 통계량 (3.17)은 X와 Y 사이의 상관성 (3.18)의 제곱과 동일하다는 것을 증명하여라. 간단히 하기위해 $\bar{x} = \bar{y} = 0$이라고 가정해도 된다.

8. 이 문제는 Audo 자료에 대해 단순선형회귀를 사용하는 것에 관한 것이다.

    (a) lm() 함수를 사용하여 mpg를 반응변수, horsepower를 설명변수로 하는 단순선형회귀를 수행하여라. summary() 함수를 사용하여 결과를 출력하고 그것에 대해 설명하여라.

        i. 설명변수와 반응변수 사이에 상관관계가 있는가?
        ii. 설명변수와 반응변수 사이에 얼마나 강한 상관관계가 있는가?
        iii. 설명변수와 반응변수 사이의 상관관계는 양의 관계인가 또는 음의 관계인가?
        iv. horsepower 98과 관련된 mpg 예측값은 무엇인가? 관련된 95% 신뢰구간과 예측구간은 무엇인가?

    (b) 반응변수와 설명변수를 그래프로 나타내고, abline() 함수를 사용하여 최소제곱선을 표시하여라.

    (c) plot() 함수를 사용하여 최소제곱회귀적합의 진단 그래프를 생성하여라. 적합과 관련하여 문제가 있으면 설명하여라.

9. 이 문제는 Auto 자료에 다중선형회귀를 사용하는 것에 관한 것이다.

    (a) 자료의 모든 변수들을 포함하는 산점도 행렬을 만들어라.

    (b) 함수 cor()을 사용하여 변수들 사이의 상관관계 행렬을 계산하여라. 질적 변수인 name은 제외해야 할 것이다.

    (c) lm() 함수를 사용하여 mpg를 반응변수로, 그리고 name을 제외한 모든 다른 변수를 설명변수로 하는 다중선형회귀를 수행하여라. summary() 함수를 사용하여 결과를 출력하고 그것에 대해 설명하여라.

        i. 설명변수들과 반응변수 사이에 상관관계가 있는가?
        ii. 반응변수에 통계적으로 유의한 상관관계를 가지는 것처럼 보이는 설명변수는 어느 것인가?
        iii. 변수 year에 대한 계수가 시사하는 것은 무엇인가?

(d) plot() 함수를 사용하여 선형회귀적합의 진단 그래프를 그려보아라. 적합과 관련하여 문제가 있으면 설명하여라. 잔차 그래프들이 유난히 큰 어떤 이상치가 있음을 암시하는가? 레버리지 그래프가 유난히 높은 레버리지를 가지는 관측치를 식별하는가?

(e) * 및 : 기호를 사용하여 상호작용 효과를 가진 선형회귀모델을 적합하여라. 통계적으로 유의한 어떤 상호작용이 있는가?

(f) $\log(X)$, $\sqrt{X}$, X^2과 같은 변수변환을 사용해 보고 결과에 대해 설명하여라.

10. 이 문제는 Carseats 자료를 사용하여 답해야 한다.

    (a) Price, Urban, US를 사용하여 Sales를 예측하기 위해 다중회귀모델을 적합하여라.

    (b) 모델의 각 계수에 대한 해석을 제공하여라. 모델의 설명변수들 일부는 질적변수라는 것에 주의하자!

    (c) 모델을 방정식 형태로 작성하여라. 질적 변수들을 올바르게 처리하도록 주의하자.

    (d) 어느 설명변수들에 대해 귀무가설 $H_0 : \beta_j = 0$을 기각할 수 있는가?

    (e) 이선 문제에 대한 답변에 기초하여 결과와 상관성이 있다는 증거가 있는 설명변수들만을 사용하는 모델을 적합하여라.

    (f) (a)와 (e)의 모델은 데이터를 얼마나 잘 적합하는가?

    (g) (e)의 모델을 사용하여 계수들에 대한 95% 신뢰구간을 구하여라.

    (h) (e)의 모델에서 이상치 또는 높은 레버리지 관측치가 있다는 증거가 있는가?

11. 이 문제에서는 절편이 없는 단순선형회귀의 귀무가설 $H_0 : \beta = 0$에 대한 t-통계량을 조사할 것이다. 먼저, 다음과 같이 설명변수 x와 반응변수 y를 생성한다.

```
> set.seed(1)
> x=rnorm(100)
> y=2*x+rnorm(100)
```

(a) 절편없이 x에 대한 y의 단순선형회귀를 수행하여라. 계수 추정치 $\hat{\beta}$, 이 계수 추정치의 표준오차, 귀무가설 $H_0 : \beta = 0$과 연관된 t-통계량과 p-값을 리포트하고 이 결과에 대해 설명하여라 (lm(y~x+0)을 사용하여 절편없은 회귀를 수행할 수 있다).

(b) 절편없이 y에 대한 x의 단순선형회귀를 수행하여라. 계수 추정치와 그 표준오차, 귀무가설 $H_0 : \beta = 0$과 연관된 t-통계량 및 p-값을 리포트하고 이 결과에 대해 설명하여라.

(c) (a)와 (b)에서 얻은 결과 사이의 상관관계는 무엇인가?

(d) 절편없는 X에 대한 Y의 회귀에서 $H_0 : \beta = 0$에 대한 t-통계량은 $\hat{\beta}/\text{SE}(\hat{\beta})$ 형태를 취한다. 여기서, $\hat{\beta}$는 (3.38)로 주어지고 $\text{SE}(\hat{\beta})$은 다음과 같다(식이 3.1.1 및 3.1.2절과 약간 다른 이유는 여기서는 절편없이 회귀를 수행하기 때문이다).

$$\text{SE}(\hat{\beta}) = \sqrt{\frac{\sum_{i=1}^n (y_i - x_i\hat{\beta})^2}{(n-1)\sum_{i'=1}^n x_{i'}^2}}$$

t-통계량이 다음과 같이 표현될 수 있다는 것을 대수적으로 보여주고 R에서 수치적으로 확인하여라.

$$\frac{\sqrt{(n-1)}\sum_{i=1}^n x_i y_i}{\sqrt{(\sum_{i=1}^n x_i^2)(\sum_{i'=1}^n y_{i'}^2) - (\sum_{i'=1}^n x_{i'} y_{i'})^2}}$$

(e) (d)의 결과를 사용하여 x에 대한 y의 회귀에 대한 t-통계량은 y에 대한 x의 회귀에 대한 t-통계량과 동일하다는 것을 설명하여라.

(f) 절편을 가지고 회귀를 수행할 때, $H_0 : \beta_1 = 0$에 대한 t-통계량은 x에 대한 y의 회귀와 y에 대한 x의 회귀에 대해 동일하다는 것을 R에서 보여라.

12. 이 문제는 절편이 없는 단순선형회귀에 관한 것이다.

(a) 절편이 없는 X에 대한 Y의 선형회귀에 대한 계수 추정치 $\hat{\beta}$은 (3.38)로 주어진다. 어떤 상황에서 Y에 대한 X의 회귀에 대한 계수 추정치가 X에 대한 Y의 회귀에 대한 계수 추정치와 동일한가?

(b) Y에 대한 X의 회귀에 대한 계수 추정치가 X에 대한 Y의 회귀에 대한 계수 추정치와 동일하지 않은 $n = 100$개 관측치를 가지는 예를 R에서 만들어라.

(c) Y에 대한 X의 회귀에 대한 계수 추정치가 X에 대한 Y의 회귀에 대한 계수 추정치와 동일한 $n = 100$개 관측치를 가지는 예를 R에서 만들어라.

13. 이 문제에서는 어떤 모의 데이터를 생성하여 단순선형회귀모델을 적합할 것이다. 일관된 결과를 얻기위해 (a)를 시작하기 전에 반드시 set.seed(1)을 사용하여라.

    (a) rnorm() 함수를 사용하여 $N(0,1)$ 분포의 100개 관측치를 포함하는 벡터 x를 생성하여라. 이것이 변수 X를 나타낸다.

    (b) rnorm() 함수를 사용하여 $N(0, 0.25)$ 분포, 즉 평균이 0이고 분산이 0.25인 정규분포의 100개 관측치를 포함하는 벡터 eps를 생성하여라.

    (c) x와 eps를 사용하여 다음 모델에 따른 벡터 y를 생성하여라.

    $$Y = -1 + 0.5X + \epsilon \tag{3.39}$$

    벡터 y의 길이는 무엇인가? 이 선형모델에서 β_0와 β_1의 값은 무엇인가?

    (d) x와 y 사이의 상관관계를 나타내는 산점도를 생성하고 설명하여라.

    (e) x를 사용하여 y를 예측하는 최소제곱선형모델을 적합하고 이 모델에 대해 설명하여라. $\hat{\beta}_0$와 $\hat{\beta}_1$을 β_0 및 β_1과 비교하여 설명하여라.

    (f) (d)에서 얻은 산점도에 최소제곱선을 표시하여라. 그래프 상에 모회귀선을 다른 색깔로 나타내고 legend()를 사용하여 적절한 설명을 덧붙여라.

    (g) x와 x^2을 사용하여 y를 예측하는 다항식 회귀모델을 적합하여라. 2차항이 모델을 개선한다는 증거가 있는가? 답에 대한 근거를 설명하여라.

    (h) 데이터에 노이즈(noise)가 *더 적어지게* 데이터 생성과정을 수정한 후 (a)–(f)를 반복하여라. 모델 (3.39)는 동일하게 유지해야 한다. (b)에서 오차항 ϵ을 생성하는 데 사용된 정규분포의 분산을 줄이면 노이즈가 더 적은 데이터를 생성할 수 있다. 결과를 설명하여라.

(i) 데이터에 노이즈가 *더 많아지게* 데이터 생성과정을 수정한 후 (a)–(f)를 반복하여라. 모델 (3.39)는 동일하게 유지해야 한다. (b)에서 오차항 ϵ을 생성하는 데 사용된 정규분포의 분산을 증가시키면 노이즈가 더 많은 데이터를 생성할 수 있다. 결과를 설명하여라.

(j) 원래의 자료, 노이즈가 더 많은 자료, 그리고 노이즈가 더 적은 자료 각각에 기초하여 β_0와 β_1에 대한 신뢰구간을 구하고 결과에 대해 설명하여라.

14. 이 문제는 공선성 문제에 중점을 둔다.

    (a) R에서 다음 명령어를 실행하여라.

    ```
    > set.seed(1)
    > x1=runif(100)
    > x2=0.5*x1+rnorm(100)/10
    > y=2+2*x1+0.3*x2+rnorm(100)
    ```

    마지막 줄은 y가 x1과 x2의 함수인 선형모델을 생성하는 것에 해당한다. 선형모델의 형태를 나타내어라. 회귀계수들은 무엇인가?

    (b) x1과 x2 사이의 상관관계는 무엇인가? 이 변수들 사이의 상관관계를 나타내는 산점도를 그려라.

    (c) x1과 x2를 이용하여 y를 예측하는 최소제곱회귀 적합을 수행하고 얻은 결과를 설명하여라. $\hat{\beta}_0$, $\hat{\beta}_1$, $\hat{\beta}_2$는 무엇이며 이들은 β_0, β_1, β_2와 어떻게 관련되는가? 귀무가설 $H_0 : \beta_1 = 0$을 기각할 수 있는가? 귀무가설 $H_0 : \beta_2 = 0$은 어떤가?

    (d) x1만 사용하여 y를 예측하는 최소제곱회귀 적합을 수행하고 결과를 설명하여라. 귀무가설 $H_0 : \beta_1 = 0$을 기각할 수 있는가?

    (e) x2만 사용하여 y를 예측하는 최소제곱회귀 적합을 수행하고 결과를 설명하여라. 귀무가설 $H_0 : \beta_1 = 0$을 기각할 수 있는가?

    (f) (c)–(e)에서 얻은 결과가 서로 모순되는가? 답에 대해 설명하여라.

    (g) 잘못 측정된 관측치를 추가로 하나 얻는다고 해보자.

```
> x1=c(x1, 0.1)
> x2=c(x2, 0.8)
> y=c(y,6)
```

새로운 데이터를 사용하여 (c)에서 (e)까지의 선형모델을 다시 적합하여라. 이 새로운 관측치는 각 모델에 어떠한 영향을 끼치는가? 각 모델에서 이 관측치는 이상치인지, 높은 레버리지 포인트인지, 또는 둘 다에 해당하는지 설명하여라.

15. 이 문제는 이 장의 lab에서 보았던 Boston 자료에 관련된다. 이 자료에 있는 다른 변수들을 사용하여 1인당 범죄율을 예측하고자 한다. 1인당 범죄율이 반응변수이고 다른 변수들은 설명변수이다.

    (a) 각 설명변수에 대해, 단순선형회귀모델을 적합하여 반응변수를 예측하고 그 결과를 설명하여라. 설명변수와 반응변수 사이에 통계적으로 유의한 관계가 있는 모델은 어느 것인가? 답변을 뒷받침해 주는 그래프들을 그려라.

    (b) 설명변수 모두를 사용하여 반응변수를 예측하는 다중회귀모델을 적합하고 그 결과를 설명하여라. 어느 설명변수에 대해 귀무가설 $H_0 : \beta_j = 0$을 기각할 수 있는가?

    (c) (a)의 결과와 (b)의 결과를 비교하여라. (a)의 단순회귀계수들은 x축 상에 표시하고 (b)의 다중회귀계수들은 y축 상에 표시한 그래프를 그려라. 즉, 각 설명변수는 그래프에서 하나의 점으로 표시되며, 단순선형회귀모델의 계수는 x축 상에 나타내고 다중선형회귀모델의 계수는 y축 상에 나타낸다.

    (d) 반응변수와 임의의 설명변수 사이에 비선형적 관계가 있다는 증거가 있는가? 이 문제에 답하기 위해 각 설명변수 X에 대해 아래 형태의 모델을 적합하여라.

    $$Y = \beta_0 + \beta_1 X + \beta_2 X^2 + \beta_3 X^3 + \epsilon$$

CHAPTER 04 분류
Cassification

3장에서 다룬 선형회귀모델은 반응변수 Y가 양적이라고 가정한다. 그러나 많은 경우에 반응변수는 *질적*이다. 예를 들어, 눈의 색깔은 파란색, 갈색 또는 녹색의 값을 가지는 질적 변수이다. 질적 변수는 흔히 *범주형*(categorical)으로 불리며, 여기서는 둘 다 사용될 것이다. 이 장에서는 *분류*라고 알려진 과정인 질적 반응변수를 예측하는 방법에 대해 살펴본다. 관측치에 대한 질적 반응변수를 예측하는 것은 그 관측치를 *분류하는* 것이라 할 수 있는데, 이것은 관측치를 범주 또는 클래스로 할당하는 것에 관련되기 때문이다. 한편, 분류에 사용되는 방법들은 보통 질적 변수의 각 범주에 대한 확률을 먼저 예측하여 이것을 분류의 근거로 삼는다. 이런 의미에서 분류방법은 또한 회귀방법처럼 동작한다.

질적 반응변수를 예측하는 데 사용될 수 있는 분류기법 또는 *분류기*(classifiers)는 많이 있다. 2.1.5절과 2.2.3절에서 몇 가지를 살펴보았고, 이 장에서는 가장 광범위하게 사용되는 분류기 중 세 개인 *로지스틱 회귀(logistic regression)*, *선형판별분석(linear discriminant analysis)*, *K-최근접이웃*에 대해 알아본다. 컴퓨터를 좀 더 많이 사용하는 방법들은 나중에 살펴보는데, 일반화가법모델(generalized additive model)은 7장에서, 트리(tree), 랜덤포리스트(random forest) 및 부스팅(boosting)은 8장에서, 그리고 서포트 벡터 머신(support vector machine)은 9장에서 다룬다.

4.1 분류의 개요

분류 문제는 자주 발생되며 심지어는 회귀문제보다 더 빈번하다. 몇몇 예제로 다음과 같은 것이 포함된다.

1. 응급실에 오는 환자는 3가지 의료상태 중 어느 하나에 의한 증상들을 가지고 있다. 이 환자는 3가지 중 어느 상태에 해당되는가?

2. 온라인 뱅킹 서비스는 사용자의 IP 주소, 과거 거래이력 등을 바탕으로 현지에서 진행되고 있는 거래가 사기성인지를 결정할 수 있어야 한다.

3. 다수 환자들에 대한 DNA 염기서열 데이터에 기초하여 생물학자는 어느 DNA 변이가 유해하고 (질병을 일으키는지) 어느 것이 그렇지 않은지 알아내고자 한다.

회귀에서와 마찬가지로 분류에서도 분류기를 구성하는 데 사용할 수 있는 훈련 관측치의 셋(집합) $(x_1, y_1), \ldots, (x_n, y_n)$이 있다. 분류기는 훈련 데이터뿐만 아니라 훈련에 사용되지 않은 검정 관측치에 대해서도 잘 동작해야 한다.

이 장에서는 모의 Default 자료를 사용하여 분류의 개념을 보여줄 것이다. 연간 소득과 월간 신용카드 대금을 바탕으로 어떤 개인이 신용카드 대금을 연체할 것인지를 예측하는 데 관심이 있다. 데이터셋은 그림 4.1에 도시되어 있으며 10,000명에 대한 연간 income과 월간 balance를 나타낸다. 그림 4.1의 왼쪽 패널에서 오렌지색은 주어진 달에 연체했던 사람들을 나타내고 파란색은 그렇지 않은 사람들을 나타낸다(전체 연체율은 약 3%이다. 그래서 연체하지 않았던 사람들의 비율만을 그래프로 나타내었다). 연체한 사람들은 그렇지 않았던 사람들에 비해 신용카드 대금이 높은 경향이 있는것 같다. 그림 4.1의 오른쪽 패널은 두 쌍의 박스도표를 보여준다. 첫 번째는 2진 default 변수에 의해 구분되는 balance의 분포를, 그리고 두 번째는 income의 분포를 보여준다. 이 장에서는 임의의 주어진 balance X_1과 income X_2에 대해 default Y를 예측하는 모델을 구성하는 방법을 배운다. Y는 양적이지 않으므로 3장의 단순선형회귀모델은 적절하지 않다.

그림 4.1에서 주목할 점은 설명변수인 balance와 반응변수인 default 사이에 매우 뚜렷한 상관관계가 있다는 것이다. 대부분의 실제 응용에서는 설명변수와 반응변수의 상관관계가 그렇게 강하지는 않을 것이다. 하지만 이 장에서는 다루는 분류절차를 잘 보여주기 위해 설명변수와 반응변수 사이의 상관관계가 다소 과장된 예를 사용한다.

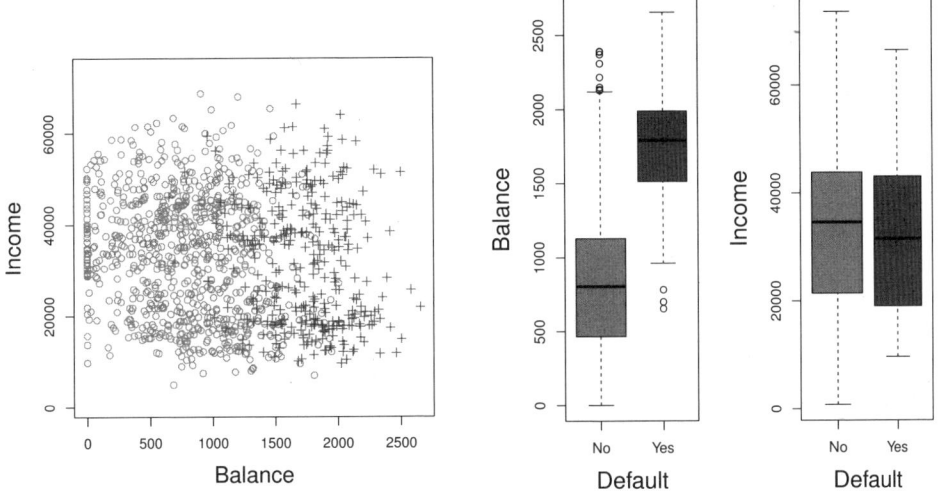

그림 4.1: Default 자료. 왼쪽: 개인 별 연간 소득과 월간 신용카드 대금. 카드대금을 지불하지 못한(연체한) 사람은 오렌지색으로 그렇지 않은 사람은 파란색으로 표시된다. 중앙: default의 함수로 나타낸 balance의 박스도표. 오른쪽: default의 함수로 나타낸 income의 박스도표.

4.2 왜 선형회귀를 사용하지 않는가?

반응변수가 질적인 경우 선형회귀는 적절하지 않다고 하였다. 이유는 무엇인가?

환자의 증상을 근거로 응급실에 와 있는 환자의 의료상태를 예측한다고 해보자. 이 예에서는 뇌졸중, 약물 과다복용, 간질발작의 세 가지 진단이 가능하다. 이 값들을 양적인 반응변수 Y로 아래와 같이 코딩하는 것을 고려해 볼 수 있다.

$$Y = \begin{cases} 1 & \text{뇌졸중인 경우} \\ 2 & \text{약물 과다복용인 경우} \\ 3 & \text{간질발작인 경우} \end{cases}$$

이렇게 코딩을 하여, 설명변수 $X_1, \ldots, X_p$에 기초해 Y를 예측하는 선형회귀모델을 적합하는 데 최소제곱법이 사용될 수 있다. 유감스럽게도, 이러한 코딩은 결과에 순서(ordering)가 있다는 것을 의미하며, 약물 과다복용은 뇌졸중과 간질발작 사이에 놓이고 뇌졸중과 약물 과다복용 사이의 차이는 약물 과다복용과 간질발작 사이의 차이와 동일하다. 실제로는 이렇게 해야 한다는 특별한 이유가 있는 것이 아니다. 예를 들어, 다음과 같은 코딩을 선택해도 논리적으로 아무런 문제가 없다.

$$Y = \begin{cases} 1 & \text{간질발작인 경우} \\ 2 & \text{뇌졸중인 경우} \\ 3 & \text{약물 과다복용인 경우} \end{cases}$$

이것은 세 가지 의료상태의 상관관계가 완전히 다르다는 것을 암시한다. 이렇게 코딩에 따라 근본적으로 다른 선형모델이 만들어지면 결국 검정 관측치들에 대한 예측값이 달라지게 될 것이다.

만약 반응변수의 값들이 *약한*(mild), *적당한*(moderate), *심한*(severe)과 같이 자연스럽게 순서가 있고, '약한'과 '적당한' 사이의 차이는 '적당한'과 '심한' 사이의 차이와 유사하다고 느꼈다면 1, 2, 3 코딩이 타당할 것이다. 유감스럽게도, 일반적으로는 레벨(수준)이 3 이상인 질적 반응변수를 선형회귀를 위해 양적 반응변수로 변경하는 자연스런 방법은 없다.

이진(2-레벨) 질적 반응변수의 경우에는 사정이 좀 낫다. 예를 들어, 가능한 환자의 의료상태는 뇌졸중과 약물 과다복용 두 가지 뿐이다. 그러면 잠재적으로 3.3.1절에서 다룬 *가변수* 방법을 사용하여 반응변수를 다음과 같이 코딩할 수 있다.

$$Y = \begin{cases} 0 & \text{뇌졸중인 경우} \\ 1 & \text{약물 과다복용인 경우} \end{cases}$$

그다음에 이 이진 반응변수에 선형회귀를 적합하여 만약 $\hat{Y} > 0.5$이면 약물 과다복용, 그렇지 않으면 뇌졸중으로 예측할 수 있다. 반응변수가 이진인 경우, 심지어 위 코딩을 반대로 뒤집어도 선형회귀 결과가 동일할 것이라는 것을 쉽게 보여줄 수 있다.

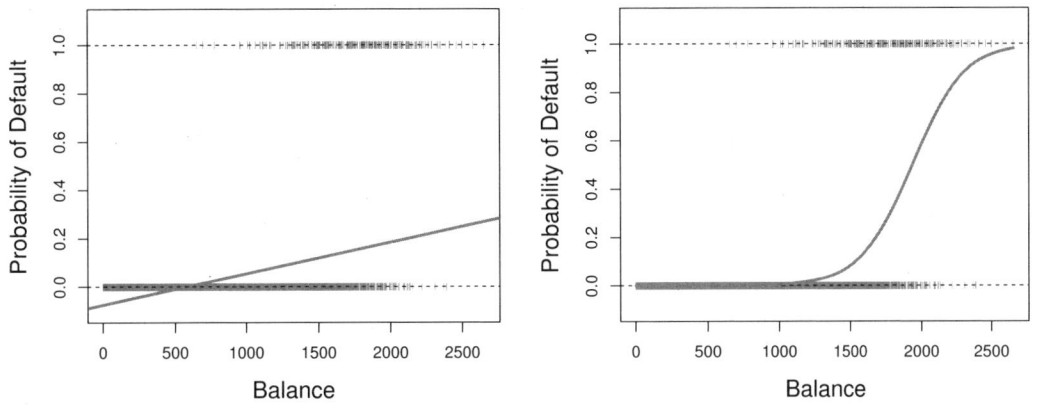

그림 4.2: Default 자료를 사용한 분류. 왼쪽: 선형회귀를 사용한 default의 추정확률. 어떤 추정확률은 음수이다! 오렌지색은 default에 대한 코딩값(No 또는 Yes)을 나타낸다. 오른쪽: 로지스틱 회귀를 사용한 default에 대한 예측확률. 모든 확률값이 0과 1 사이에 있다.

위에서와 같이 0/1 코딩을 갖는 이진 반응변수의 경우 최소제곱에 의한 회귀는 의미가 있으며, 선형회귀를 사용하여 얻은 $X\hat{\beta}$은 이 경우 실제로 Pr(약물 과다복용|X)의 추정치라는 것을 보여줄 수 있다. 하지만 만약 선형회귀를 사용하면 추정치 중 일부는 $[0, 1]$ 범위 밖에 놓일 수 있어(그림 4.2 참조) 확률로 해석하기 어렵다! 그럼에도 예측값은 어떤 순서를 제공하고 대충 확률 추정치로 해석될 수 있다. 신기하게도, 이진 반응변수 예측을 위해 선형회귀를 사용하는 경우 얻게 되는 분류는 4.4절에서 다루는 선형판별분석(LDA)의 결과와 동일하다.

하지만 가변수 방식은 질적 변수가 3-레벨 이상인 경우 확장이 쉽지 않다. 이러한 이유 때문에, 다음 절에 소개하는 것과 같은 질적 반응변수에 정말로 잘 맞는 분류 방법을 사용하는 것이 바람직하다.

4.3 로지스틱 회귀(Logistic Regression)

반응변수 default가 두 개의 범주 Yes 또는 No 중 하나에 속하는 Default 자료를 다시 고려해보자. 로지스틱 회귀는 반응변수 Y를 직접 모델링하지 않고 Y가 특정 범주에 속하는 확률을 모델링한다.

Default 자료에서 로지스틱 회귀는 연체확률을 모델링한다. 예를 들어, 주어진 balance에 대한 연체확률은 다음과 같이 나타낼 수 있다.

$$\Pr(\text{default} = \text{Yes}|\text{balance})$$

$\Pr(\text{default} = \text{Yes}|\text{balance})$의 값은 줄여서 $p(\text{balance})$라 하고 범위는 0과 1 사이이다. 그러면 임의의 주어진 balance에 대해 default를 예측할 수 있다. 예를 들어, $p(\text{balance}) > 0.5$인 사람은 모두 default = Yes라고 예측할 수 있다. 좀 더 보수적으로 연체 위험이 있는 사람을 예측하려고 한다면, $p(\text{balance}) > 0.1$과 같이 낮은 임계치를 사용할 수 있다.

4.3.1 로지스틱 모델

$p(X) = \Pr(Y = 1|X)$와 X 사이의 관계를 어떻게 모델링해야 하는가? (편의상 반응변수는 0/1로 코딩한다). 4.2절에서 이러한 확률을 나타내는 데 선형회귀모델을 사용하는 것에 대해 언급하였다.

$$p(X) = \beta_0 + \beta_1 X \tag{4.1}$$

만약 balance를 사용하여 default = Yes를 예측하는 데 이 방식을 사용한다면 그림 4.2의 왼쪽 패널에 보여준 모델을 얻는다. 여기서 이 방식의 문제점을 볼 수 있다. 즉, 카드대금이 영에 가까우면 연체 예측확률이 음수가 되고 카드대금이 아주 큰 경우에는 예측확률이 1보다 크다. 카드대금이 얼마든 상관없이 연체확률은 0과 1 사이에 있어야 하기 때문에 이 예측은 맞지 않다. 직선을 0 또는 1로 코딩된 이진 반응변수에 적합할 때는 항상 예측값이 일부 X 값에 대해서는 $p(X) < 0$이고 일부 다른 경우 $p(X) > 1$이 될 수 있다(X의 범위가 제한되지 않는다면).

이 문제를 해결하기 위해서는 모든 X 값에 대해 0과 1 사이의 값을 제공하는 함수를 사용하여 $p(X)$를 모델링해야 한다. 많은 함수가 이 조건을 만족하는데, 로지스틱 회귀에서는 아래와 같은 *로지스틱 함수*를 사용한다.

$$p(X) = \frac{e^{\beta_0 + \beta_1 X}}{1 + e^{\beta_0 + \beta_1 X}} \tag{4.2}$$

모델 (4.2)의 적합을 위해 *최대가능도*(maximum likelihood)라고 하는 방법을 사용한다. 이 방법은 다음 절에서 다룬다. 그림 4.2의 오른쪽 패널은 Default 자료에 대한 로지스틱 회귀모델 적합을 보여준다. 카드대금이 작을 경우 연체에 대한 예측확률은 영에 가깝게 접근하지만 영보다 작아지지는 않는다. 마찬가지로, 카드대금이 큰 경우 예측된 연체확률은 1에 가까워지지만 1보다 커지지는 않는다. 로지스틱 함수는 항상 이런 모양의 S-형태를 가지므로 X 값에 상관없이 합리적인 예측값을 얻을 것이다. 로지스틱 모델은 또한 왼쪽 그래프의 선형회귀모델보다 확률의 범위를 더 잘 나타낼 수 있다. 훈련 데이터에 대한 평균 적합 확률은 둘 다 0.0333인데, 이것은 데이터셋 내 전체 연체자들의 비율과도 동일하다.

식 (4.2)는 다음과 같이 표현할 수 있다.

$$\frac{p(X)}{1-p(X)} = e^{\beta_0 + \beta_1 X} \qquad (4.3)$$

$p(X)/[1-p(X)]$는 *공산*(odds)이라 하며 항상 0과 ∞ 사이의 값을 가진다. 공산이 0에 가까우면 연체확률이 매우 낮고 ∞에 가까우면 연체확률이 아주 높다는 것을 나타낸다. 예를 들어, 만약 $p(X) = 0.2$이면 공산이 $0.2/(1-0.2) = 1/4$이므로 평균적으로 공산이 $1/4$인 5명 중 1명이 연체할 것이다. 마찬가지로, 만약 $p(X) = 0.9$이면 공산이 $0.9/(1-0.9) = 9.0$이므로 평균적으로 공산이 9인 10명 중 9명이 연체를 할 것이다. 전통적으로 공산은 적절한 베팅전략(betting strategy)에 더 자연스럽게 관련되므로 경마에서 확률 대신 사용된다.

(4.3)의 양변에 로그를 취하면 다음을 얻는다.

$$\log\left(\frac{p(X)}{1-p(X)}\right) = \beta_0 + \beta_1 X \qquad (4.4)$$

위 식에서 좌변은 로그 공산(log-odds) 또는 로짓(logit)이라고 한다. 로지스틱 회귀모델 (4.2)는 X에 선형적인 로짓을 갖는다.

3장을 돌이켜보면, 선형회귀모델에서 β_1은 X의 한 유닛 증가와 연관된 Y의 평균 변화를 제공한다. 반대로, 로지스틱 회귀모델에서 X의 한 유닛 증가는 로그 공산을 β_1 만큼 변화시킨다 (4.4). 이것은 공산에 e^{β_1}을 곱하는 것과 같다 (4.3). 하지만 (4.2)의 $p(X)$와 X 사이의 관계가 직선이 아니므로 β_1은 X의 한 유닛 증가와 관련된 $p(X)$의 변화와 일치하지 않는다. X의 한 유닛 변화에 의한 $p(X)$ 변화량은 X의 현재값에 따라 다를 것이다. 그러나 X 값에 관계없이 β_1이 양수이면 X 증가는 $p(X)$ 증가와 연관되고, β_1이 음수이면 X 증가는 $p(X)$ 감소와 연관될 것이다. $p(X)$와 X 사이에 직선 상관관계가 없다는 사실과 X의 유닛 변화당 $p(X)$ 변화율이 X의 현재값에 따라 다르다는 사실은 그림 4.2의 오른쪽 패널을 조사해 보아도 알 수 있다.

4.3.2 회귀계수의 추정

(4.2)의 계수 β_0과 β_1은 알려져 있지 않으며 사용할 수 있는 훈련 데이터에 기초하여 추정해야 한다. 3장에서는 최소제곱법을 사용하여 알려지지 않은 선형회귀 계수들을 추정하였다. 모델 (4.4)를 적합하는 데 비선형 최소제곱을 사용할 수는 있지만 더 일반적인 방법인 *최대가능도*가 더 나은 통계적 성질 때문에 선호된다. 로지스틱 회귀모델을 적합하는 데 최대가능도를 사용하는 직관적 근거는 다음과 같다: (4.2)를 사용하여 예측한 각 개인에 대한 연체확률 $\hat{p}(x_i)$이 관측된 사람들의 연체상태와 가능하면 가깝게 일치하도록 β_0과 β_1을 추정하려고 한다는 것이다. 다시 말해, 추정치 $\hat{\beta}_0$과 $\hat{\beta}_1$을 찾고자 하는데, 이 추정치를 주어진 (4.2)의 $p(X)$에 대입하면 연체를 했던 사람들에 대해서는 1에 가깝고 연체를 하지 않았던 사람들에 대해서는 0에 가까운 값을 제공한다. 이러한 직관은 *가능도함수*(likelihood function)를 사용하여 나타낼 수 있다.

$$\ell(\beta_0, \beta_1) = \prod_{i:y_i=1} p(x_i) \prod_{i':y_{i'}=0} \left(1 - p(x_{i'})\right) \tag{4.5}$$

추정치 $\hat{\beta}_0$과 $\hat{\beta}_1$은 이 가능도함수를 *최대화하도록* 선택된다.

최대가능도는 이 책에서 다루는 많은 비선형모델들을 적합하는 데 사용되는 매우 일반적인 방식이다. 선형회귀에서 최소제곱법은 사실상 최대가능도의 특별한 경우이다. 최대가능도의 수학적 세부사항은 이 책의 범위를 벗어나지만, 일반적으로 로지스틱 회귀와 다른 모델들은 R과 같은 통계 소프트웨어 패키지를 사용하여 쉽게 적합할 수 있어 최대가능도 적합 절차의 세부사항에 대해 염려할 필요는 없다.

표 4.1은 balance를 사용하여 default = Yes의 확률을 예측하기 위한 로지스틱 회귀모델을 Default 자료에 적합하여 얻은 계수 추정치와 관련 정보를 보여준다. $\hat{\beta}_1 = 0.0055$인데, 이것은 balance의 증가가 default 확률 증가와 상관되어 있음을 나타낸다. 정확하게 말하면 balance의 한 유닛 증가로 인해 default의 로그 공산은 0.0055 유닛만큼 증가한다.

	계수	표준오차	z-통계량	p-값
절편	−10.6513	0.3612	−29.5	< 0.0001
balance	0.0055	0.0002	24.9	< 0.0001

표 4.1: Default 자료에서 balance를 사용하여 default 확률을 예측하는 로지스틱 회귀모델의 추정된 계수. balance가 한 유닛 증가하면 로그(log)로 표현한 default 확률은 0.0055 유닛 증가한다.

표 4.1에 보여준 로지스틱 회귀 결과의 많은 측면이 3장의 선형회귀 결과와 유사하다. 예를 들어, 계수 추정치의 정확도는 표준오차를 계산함으로써 측정할 수 있다. 표 4.1의 z-통계량은 선형회귀 결과 (예를 들어 표 3.1)의 t-통계량과 같은 역할을 한다. 예를 들어, β_1과 연관된 z-통계량은 $\hat{\beta}_1/SE(\hat{\beta}_1)$와 같고, 따라서 z-통계량의 큰 (절대)값은 귀무가설 $H_0 : \beta_1 = 0$에 반하는 증거를 나타낸다. 이 귀무가설은 $p(X) = e^{\beta_0}/(1 + e^{\beta_0})$, 즉 default의 확률이 balance에 의존적이지 않다는 것을 시사한다. 표 4.1에서 balance와 연관된 p-값은 작으므로 H_0을 기각할 수 있다. 다시 말하면, balance와 default의 확률은 정말로 상관되어 있다고 결론을 내릴 수 있다.

4.3.3 예측하기

계수들이 추정되면 임의의 주어진 카드대금에 대해 default 확률을 계산하는 것은 간단하다. 예를 들어, 표 4.1에 주어진 계수 추정치들을 사용하여 balance가 1,000 달러인 사람의 연체확률을 예측해보자.

$$\hat{p}(X) = \frac{e^{\hat{\beta}_0+\hat{\beta}_1 X}}{1 + e^{\hat{\beta}_0+\hat{\beta}_1 X}} = \frac{e^{-10.6513+0.0055 \times 1{,}000}}{1 + e^{-10.6513+0.0055 \times 1{,}000}} = 0.00576$$

결과는 1%도 되지 않는다. 반대로, 카드대금이 2,000 달러인 사람이 연체할 예측확률은 훨씬 더 높아 0.586 또는 58.6%가 된다.

3.3.1절의 가변수 기법을 사용하여 질적 설명변수들을 로지스틱 회귀모델과 함께 사용할 수 있다. 예를 들어, Default 자료는 질적 변수 student를 포함한다. 모델적합을 위해, 학생인 경우 1 그렇지 않은 경우 0의 값을 가지는 가변수를 하나 만든다. 학생인지의 여부에 따라 연체확률을 예측하는 로지스틱

	계수	표준오차	z-통계량	p-값
절편	−3.5041	0.0707	−49.55	< 0.0001
student[Yes]	0.4049	0.1150	3.52	< 0.0004

표 4.2: Default 자료에서 학생인지의 여부에 따라 default 확률을 예측하는 로지스틱 회귀모델의 추정된 계수. 학생인지의 여부는 학생이면 1, 아니면 0의 값을 갖는 가변수로 코딩되며 표에는 변수 student[Yes]로 나타낸다.

회귀모델은 표 4.2와 같이 나타낼 수 있다. 가변수와 연관된 계수는 양수이고 관련 p-값은 통계적으로 유의하다. 이것은 학생의 연체확률이 학생이 아닌 경우보다 더 높은 경향이 있음을 나타낸다.

$$\widehat{\Pr}(\text{default} = \text{Yes}|\text{student} = \text{Yes}) = \frac{e^{-3.5041+0.4049\times 1}}{1+e^{-3.5041+0.4049\times 1}} = 0.0431,$$

$$\widehat{\Pr}(\text{default} = \text{Yes}|\text{student} = \text{No}) = \frac{e^{-3.5041+0.4049\times 0}}{1+e^{-3.5041+0.4049\times 0}} = 0.0292$$

4.3.4 다중로지스틱 회귀

이제 다수의 설명변수들을 사용하여 이진 반응변수 값을 예측하는 문제를 고려해보자. 3장의 단순선형회귀에서 다중선형회귀로의 확장과 유사하게 (4.4)를 다음과 같이 일반화할 수 있다.

$$\log\left(\frac{p(X)}{1-p(X)}\right) = \beta_0 + \beta_1 X_1 + \cdots + \beta_p X_p \tag{4.6}$$

여기서, $X = (X_1, \ldots, X_p)$는 p개의 설명변수이다. 식 (4.6)은 아래와 같이 다시 쓸 수 있다.

$$p(X) = \frac{e^{\beta_0+\beta_1 X_1+\cdots+\beta_p X_p}}{1+e^{\beta_0+\beta_1 X_1+\cdots+\beta_p X_p}} \tag{4.7}$$

4.3.2절에서와 같이 최대가능도 방법을 사용하여 $\beta_0, \beta_1, \ldots, \beta_p$를 추정한다.

표 4.3은 balance, income(천 달러 단위), student를 사용하여 default 확률을 예측하는 로지스틱 회귀모델에 대한 계수 추정치들을 보여준다. 뜻밖에도 balance와 student 상태에 대한 가변수와 관련된 p-값들이 매우 작다. 이것은 이들 변수 각각이 default 확률과 상관성이 있다는 것을 나타낸다. 하지만

	계수	표준오차	z-통계량	p-값
절편	−10.8690	0.4923	−22.08	< 0.0001
balance	0.0057	0.0002	24.74	< 0.0001
income	0.0030	0.0082	0.37	0.7115
student[Yes]	−0.6468	0.2362	−2.74	0.0062

표 4.3: Default 자료에서 balance, income, 학생인지 여부를 사용하여 default 확률을 예측하는 로지스틱 회귀모델의 추정된 계수. 학생 여부는 가변수 student[Yes]로 코딩되며, 그 값은 학생이면 1, 아니면 0이다. 이 모델적합에서 income은 천 달러 단위로 측정되었다.

가변수에 대한 계수는 음수로 학생들은 학생이 아닌 사람들에 비해 덜 연체하는 경향이 있다는 것을 나타낸다. 이에 반해, 표 4.2에 보여준 가변수에 대한 계수는 양수이다. 학생인지의 여부가 어떻게 표 4.2에서는 연체확률의 *증가*와 상관되고 표 4.3에서는 연체확률의 *감소*와 상관될 수 있는가? 그림 4.3의 왼쪽 패널은 이러한 명백히 역설적으로 보이는 상황을 그래프로 보여준다. 오렌지색과 파란색 실선들은 학생과 학생이 아닌 사람들에 대한 평균 연체율을 카드대금에 대한 함수로 각각 나타낸다. 다중로지스틱 회귀에서 student에 대한 음의 계수는 balance와 income이 *고정된* 값인 경우 학생은 학생이 아닌 사람보다 연체할 가능성이 낮다는 것을 나타낸다. 그림 4.3의 왼쪽 패널을 보면 학생의 연체율은 모든 balance 값에 대해 학생이 아닌 사람의 연체율보다 작거나 같다. 그러나 그래프의 아랫부분 근처 수평 파선은 balance와 income의 모든 값에 대해 평균한 학생과 학생이 아닌 사람의 연체율을 보여주는데, 이것은 반대 결과, 즉 학생에 대한 전체 연체율이 학생이 아닌 사람의 연체율보다 더 높다는 것을 시사한다. 그 결과, 표 4.2에 보여준 단일변수 로지스틱 회귀 결과에서는 student에 대한 계수가 양수이다.

그림 4.3의 오른쪽 패널은 이러한 차이를 설명해준다. 변수 student와 balance는 상관되어 있다. 학생들은 높은 수준의 부채가 있는 경향이 있는데, 이것이 높은 연체율과 관련된다. 다시 말하면, 학생들은 지불해야 할 카드대금이 많을 개연성이 있고, 높은 카드대금은 그림 4.3의 왼쪽 패널에서 볼 수 있는 것과 같이 높은 연체율과 상관되어 있다. 따라서 동일한 주어진 카드대금에 대해 개별 학생은 학생이 아닌 사람보다 연체율이 낮은 경향이 있지만, 학생 전체적으로는 지불해야 할 카드대금이 더 높은 경향이 있어 학생들이 학생이 아닌 사람들보다 연체율이 더 높은 경향이 있다. 이것은 누구에

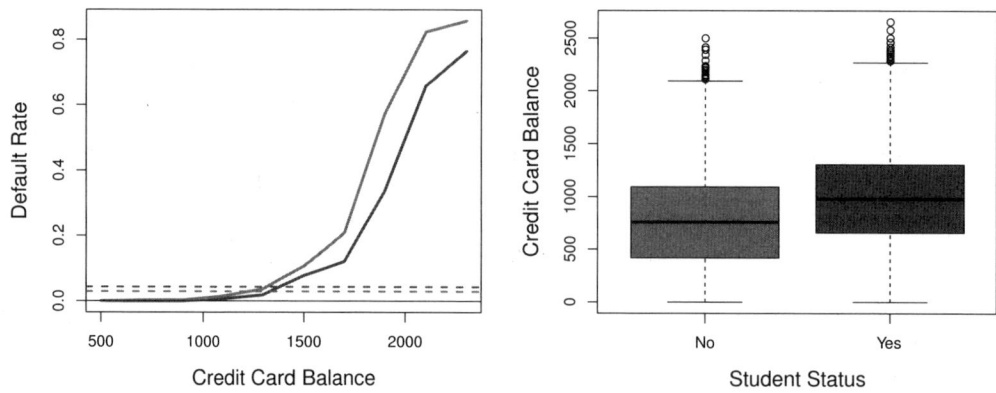

그림 4.3: Default 자료에서의 교락(confounding). 왼쪽: 학생(오렌지색)과 학생이 아닌 사람(파란색)의 연체율. 실선은 balance의 함수로 나타낸 연체율이고, 수평 파선은 전체 연체율이다. 오른쪽: 학생(오렌지색)과 학생이 아닌 사람(파란색)에 대한 balance의 박스도표.

게 신용카드를 발행해야 하는지 결정하려는 신용카드 회사에 중요한 정보이다. 만약 학생의 신용카드 대금에 대한 정보가 없다면 학생이 학생이 아닌 사람보다 더 연체 위험이 높다. 하지만 *지불해야 할 카드대금이 같은 경우* 학생은 학생이 아닌 사람보다 연체 위험이 더 낮다.

간단한 이 예제는 다른 설명변수들이 서로 관련되어 있을 수 있을 때 단일 설명변수만 포함하는 회귀를 수행할 경우 발생될 수 있는 위험과 차이를 보여준다. 선형회귀에서와 같이 하나의 설명변수를 사용하여 얻은 결과는 다수의 설명변수를 사용하여 얻은 결과와 상당히 다를 수 있다(특히 설명변수들 사이에 상관성이 있는 경우). 일반적으로 그림 4.3에서 보여준 현상은 *교락*(confounding)이라고 알려져 있다.

표 4.3의 회귀계수 추정치를 (4.7)에 대입하여 연체율을 예측할 수 있다. 예를 들어, 신용카드 대금이 1,500 달러이고 소득이 40,000 달러인 학생의 추정 연체확률은 다음과 같다.

$$\hat{p}(X) = \frac{e^{-10.869+0.00574\times 1,500+0.003\times 40-0.6468\times 1}}{1+e^{-10.869+0.00574\times 1,500+0.003\times 40-0.6468\times 1}} = 0.058 \quad (4.8)$$

동일한 카드대금과 소득을 가진 학생이 아닌 사람의 연체확률 추정치는 아래와 같다.

$$\hat{p}(X) = \frac{e^{-10.869+0.00574\times 1,500+0.003\times 40-0.6468\times 0}}{1+e^{-10.869+0.00574\times 1,500+0.003\times 40-0.6468\times 0}} = 0.105 \tag{4.9}$$

(여기서, 표 4.3의 income 계수 추정치에 40,000이 아니라 40을 곱하는 이유는 표의 모델적합에서 income이 1,000 달러 단위로 측정되었기 때문이다.)

4.3.5 반응변수의 클래스가 2개보다 많은 로지스틱 회귀

클래스(범주)의 수가 2보다 많은 반응변수를 분류해야 하는 경우가 있다. 예를 들어, 4.2절에서 다룬 응급실 환자의 의료상태는 뇌졸중, 약물 과다복용, 간질발작의 세 가지 범주였다. 이런 환경에서 $\Pr(Y = $ 뇌졸중$|X)$와 $\Pr(Y = $ 약물 과다복용$|X)$ 둘 다 모델링하고자 한다. 이 때 $\Pr(Y = $ 간질발작$|X) = 1 - \Pr(Y = $ 뇌졸중$|X) - \Pr(Y = $ 약물 과다복용$|X)$이다. 앞 절에서 살펴본 2-클래스 로지스틱 회귀 모델들은 다중클래스 모델로 확장이 되지만 실제로는 자주 사용되지 않는다. 사용되지 않는 이유 중 하나는 다음 절에서 다루는 *판별분석*(discriminant analysis) 방법이 다중클래스 분류에 일반적으로 사용되기 때문이다. 따라서 여기서는 다중클래스 로지스틱 회귀에 대해 상세히 다루지 않는다. 다만 이러한 접근방식이 가능하고 R 소프트웨어도 이것을 지원한다는 것만 기억하자.

4.4 선형판별분석(Linear Discriminant Analysis)

로지스틱 회귀는 (4.7)의 로지스틱 함수를 사용하여 두 개의 반응변수 클래스에 대해 $\Pr(Y = k|X = x)$를 직접 모델링한다. 통계용어로 주어진 설명변수 X에 대해 반응변수 Y의 조건부분포(conditional distribution)를 모델링한다고 한다. 이제, 이러한 확률 추정에 좀 덜 직접적인 기법의 대안을 고려해보자. 이 대안적 기법에서는 반응변수 Y의 각 클래스에서 설명변수 X의 분포를 모델링하고, 그다음에 베이즈 정리를 사용하여 $\Pr(Y = k|X = x)$에 대한 추정치를 얻는다. 이 분포들이 정규분포라고 가정할 경우 모델은 로지스틱 회귀와 형태가 아주 비슷하다.

로지스틱 회귀가 있는데 왜 또 다른 방법이 필요한가? 이유가 몇 가지 있다.

- 클래스들이 잘 분리될 때 로지스틱 회귀모델에 대한 모수 추정치는 아주 불안정하다. 선형판별분석은 이런 문제가 없다.

- 만약 n이 작고 각 클래스에서 설명변수 X의 분포가 근사적으로 정규분포이면 선형판별모델은 로지스틱 회귀모델보다 더 안정적이다.

- 4.3.5절에서 언급하였듯이 선형판별분석은 반응변수의 클래스 수가 2보다 클 때 일반적으로 사용된다.

4.4.1 분류를 위한 베이즈 정리의 사용

관측치를 $K \geq 2$개의 클래스 중 하나로 분류한다고 해보자. 다시 말해, 질적인 반응변수 Y는 K개의 다르고 순서가 없는 값을 가질 수 있다. π_k는 랜덤하게(무작위로) 선택된 관측치가 k번째 클래스에서 나올 전체 또는 *사전*(prior)확률이라 하자. 이것은 주어진 관측치가 반응변수 Y의 k번째 범주와 연관되어 있을 확률이다. $f_k(X) \equiv \Pr(X = x|Y = k)$는 k번째 클래스에 속하는 관측치에 대한 X의 밀도함수(density function)라고 하자. 다시 말하면, k번째 클래스의 관측치가 $X \approx x$일 확률이 높으면 $f_k(x)$는 상대적으로 크고, 반면에 k번째 클래스의 관측치가 $X \approx x$일 가능성이 아주 낮으면 $f_k(x)$는 작다. 그러면 *베이즈 정리*가 의미하는 것은 다음과 같다.

$$\Pr(Y = k|X = x) = \frac{\pi_k f_k(x)}{\sum_{l=1}^{K} \pi_l f_l(x)} \tag{4.10}$$

앞에서 사용했던 표기법에 따라 $p_k(X) = \Pr(Y = k|X)$을 사용할 것이다. 이것은 4.3.1절에서처럼 $p_k(X)$를 직접 계산하는 대신에 단순히 π_k와 $f_k(X)$의 추정치를 (4.10)에 대입할 수 있다는 것을 시사한다. 일반적으로 모집단으로부터 Y의 랜덤표본이 있으면 π_k 추정은 쉽다. 즉, k번째 클래스에 속하는 훈련 관측치들의 비율을 단순히 계산하면 된다. 하지만 $f_k(X)$ 추정은 밀도에 대한 어떤 단순한 형태를 가정하지 않는다면 다소 어려운 경향이 있다. $p_k(x)$는 관측치 $X = x$가 k번째 클래스에 속하는 *사후*(posterior)확률이라고 한다. 즉, 이것은 관측치에 대한 *주어진* 설명변수값에 대해 그 관측치가 k번째 클래스에 속하는 확률이다.

2장에서 살펴보았듯이, 베이즈 분류기는 $p_k(X)$가 가장 큰 클래스로 관측치를 분류하며 모든 분류기 중에서 오차율이 가장 낮다(물론 이것은 (4.10)의 항들이 모두 올바르게 명시되는 경우에만 사실이다). 그러므로 $f_k(X)$를 추정하는 방법을 찾을 수 있으면 베이즈 분류기에 근접하는 분류기를 개발할 수 있다. 이러한 접근방식이 다음 절의 주제이다.

4.4.2 선형판별분석 ($p = 1$)

우선, $p = 1$, 즉 설명변수가 하나만 있다고 가정해보자. (4.10)에 대입하여 $p_k(x)$를 추정할 수 있도록 $f_k(x)$에 대한 추정치를 얻고자 한다. 그다음에 $p_k(x)$가 최대가 되는 클래스로 관측치를 분류할 것이다. $f_k(x)$를 추정하기 위해 먼저 그 형태에 대해 몇 가지 가정을 할 것이다.

$f_k(x)$가 정규분포 또는 가우스분포라고 해보자. 1차원의 경우 정규밀도함수의 형태는 다음과 같다.

$$f_k(x) = \frac{1}{\sqrt{2\pi}\sigma_k} \exp\left(-\frac{1}{2\sigma_k^2}(x - \mu_k)^2\right) \tag{4.11}$$

여기서, μ_k와 σ_k^2은 k번째 클래스에 대한 평균과 분산이다. 또한 $\sigma_1^2 = \cdots = \sigma_K^2$이라고 가정하자. 즉, 모든 K개 클래스에 대한 공통의 분산이 있다고 하고, 편의상 그 값을 σ^2이라고 해보자. (4.11)을 (4.10)에 대입하면 다음을 얻는다.

$$p_k(x) = \frac{\pi_k \frac{1}{\sqrt{2\pi}\sigma} \exp\left(-\frac{1}{2\sigma^2}(x - \mu_k)^2\right)}{\sum_{l=1}^{K} \pi_l \frac{1}{\sqrt{2\pi}\sigma} \exp\left(-\frac{1}{2\sigma^2}(x - \mu_l)^2\right)} \tag{4.12}$$

여기서, π_k는 관측치가 k번째 클래스에 속하는 사전확률을 의미한다(수학 상수 $\pi \approx 3.14159$가 아님). 베이즈 분류기는 (4.12)가 최대가 되는 클래스에 관측치 $X = x$를 할당한다. (4.12)의 로그를 취하고 항들을 정리하면 (4.13)이 얻어지며, 베이즈 분류기는 이 식을 최대로 하는 클래스에 관측치를 할당하는 것과 동일하다.

$$\delta_k(x) = x \cdot \frac{\mu_k}{\sigma^2} - \frac{\mu_k^2}{2\sigma^2} + \log(\pi_k) \tag{4.13}$$

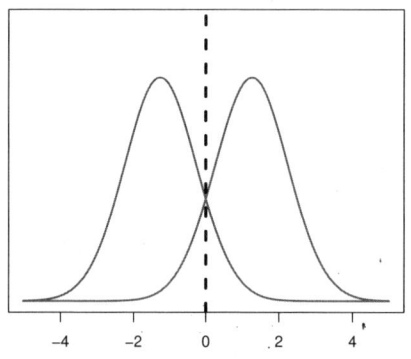
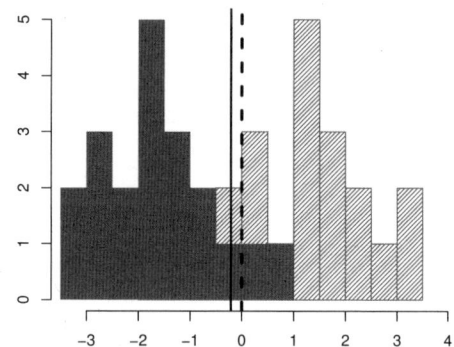

그림 4.4: 왼쪽: 2차원 정규밀도함수. 수직 파선은 베이즈 결정경계를 나타낸다. 오른쪽: 두 클래스에서 20개의 관측치를 각각 추출하여 히스토그램으로 나타낸 것. 여기서도 베이즈 결정경계를 수직 파선으로 나타낸다. 수직 실선은 훈련 데이터로부터 추정한 LDA 결정경계를 나타낸다.

예를 들어, $K = 2$이고 $\pi_1 = \pi_2$이면, 베이즈 분류기는 $2x(\mu_1 - \mu_2) > \mu_1^2 - \mu_2^2$인 경우 관측치를 클래스 1에 할당하고 그렇지 않으면 클래스 2에 할당한다. 이 경우 베이즈 결정경계는 다음과 같다.

$$x = \frac{\mu_1^2 - \mu_2^2}{2(\mu_1 - \mu_2)} = \frac{\mu_1 + \mu_2}{2} \qquad (4.14)$$

그림 4.4의 왼쪽 패널에 한 예가 도시되어 있다. 두 개의 정규밀도함수 $f_1(x)$와 $f_2(x)$는 두 개의 다른 클래스를 나타낸다. 두 밀도함수의 평균과 분산은 $\mu_1 = -1.25$, $\mu_2 = 1.25$, $\sigma_1^2 = \sigma_2^2 = 1$이다. 두 밀도함수가 겹쳐져 있어 주어진 $X = x$에 대해 관측치가 어느 클래스에 속하는지 확실하지 않은 부분이 있다. 만약 관측치가 두 클래스에 속할 가능성이 동일하다고 가정한다면, 즉 $\pi_1 = \pi_2 = 0.5$이면, 베이즈 분류기는 $x < 0$인 경우 관측치를 클래스 1에 할당하고 그렇지 않으면 클래스 2에 할당한다는 것을 (4.14)를 살펴보면 알 수 있다. 이 경우에는 X가 각 클래스 내의 가우스분포로부터 나왔고 관련된 파라미터를 모두 알고 있기 때문에 베이즈 분류기를 계산할 수 있다. 하지만 실제 환경에서는 베이즈 분류기를 계산할 수 없다.

X가 실제로 각 클래스 내의 가우스분포를 따른다는 가정이 확실하더라도 파라미터 $\mu_1,\ldots,\mu_K$, $\pi_1,\ldots,\pi_K$, 그리고 σ^2을 추정해야 한다. *선형판별분석(LDA)* 방법은 π_k, μ_k, 그리고 σ^2에 대한 추정값을 (4.13)에 대입하여 베이즈 분류기를 근사하는 것이다. 특히, 다음 추정치들이 사용된다.

$$\begin{aligned}\hat{\mu}_k &= \frac{1}{n_k}\sum_{i:y_i=k} x_i \\ \hat{\sigma}^2 &= \frac{1}{n-K}\sum_{k=1}^{K}\sum_{i:y_i=k}(x_i-\hat{\mu}_k)^2\end{aligned} \quad (4.15)$$

여기서, n은 총 훈련 관측치의 개수이고 n_k는 k번째 클래스의 훈련 관측치 수이다. μ_k에 대한 추정치는 단순히 k번째 클래스 내 모든 훈련 관측치들의 평균이고, $\hat{\sigma}^2$은 K개 클래스 각각에 대한 표본분산의 가중평균으로 볼 수 있다. 어떤 때는 클래스의 소속확률(membership probability) $\pi_1,\ldots,\pi_K$를 알 수도 있는데, 이런 경우에는 이 값들을 직접 사용할 수 있다. 어떠한 추가 정보도 없을 경우 LDA는 k번째 클래스에 속하는 훈련 관측치들의 비율을 사용하여 π_k를 추정한다. 즉, 다음과 같이 추정치를 계산한다.

$$\hat{\pi}_k = \frac{n_k}{n} \quad (4.16)$$

LDA 분류기는 (4.15)와 (4.16)의 추정값을 (4.13)에 대입하여 다음 식이 최대가 되는 클래스에 관측치 $X=x$를 할당한다.

$$\hat{\delta}_k(x) = x\cdot\frac{\hat{\mu}_k}{\hat{\sigma}^2} - \frac{\hat{\mu}_k^2}{2\hat{\sigma}^2} + \log(\hat{\pi}_k) \quad (4.17)$$

분류기 이름에 *선형*이란 말이 있는 것은 (4.17)의 판별함수 $\hat{\delta}_k(x)$가 x의 선형함수이기 때문이다.

그림 4.4의 오른쪽 패널은 각 클래스에서 랜덤 추출한 20개 관측치의 히스토그램을 나타낸다. LDA를 실현하기 위해 먼저 (4.15)와 (4.16)을 사용하여 π_k, μ_k, 그리고 σ^2을 추정하였다. 그다음에 검은색 실선으로 표시한 결정경계를 계산하였다. 결정경계는 관측치를 (4.17)이 최대가 되는 클래스에 할당한 결과로 얻어진다. 결정경계선의 왼쪽에 있는 점들은 모두 녹색 클래스에 할당되고 경계선의 오른쪽에 있는 점들은 보라색 클래스에 할당된다. $n_1 = n_2 = 20$이므로 $\hat{\pi}_1 = \hat{\pi}_2$이다. 그 결과 결정경계는 두 클래스의 표본평균들 사이의 중간지점인 $(\hat{\mu}_1+\hat{\mu}_2)/2$에 해당된다. 그림에서 LDA 결정경계는 최적의 베이즈 결정경계인 $(\mu_1+\mu_2)/2 = 0$보다 약간 왼쪽에 있다. LDA 분류기는 이 데이터에 대해 얼마나 잘

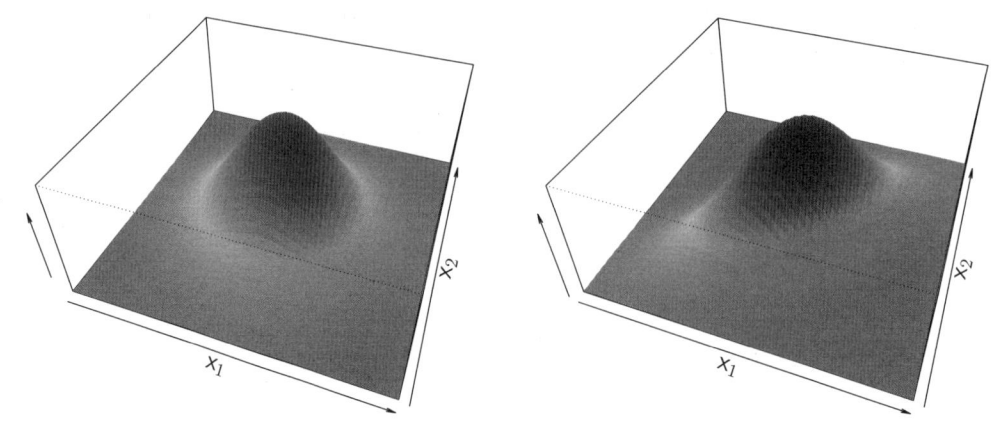

그림 4.5: $p = 2$인 두 개의 다변량 가우스밀도함수. 왼쪽: 두 설명변수는 상관관계가 없다. 오른쪽: 두 변수는 0.7의 상관계수를 갖는다.

동작하는가? 여기서 사용한 데이터는 모의 데이터이므로, 아주 큰 수의 검정 관측치들을 생성하여 베이즈 오차율과 LDA 검정오차율을 계산할 수 있다. 베이즈 오차율은 10.6%이고 LDA 오차율은 11.1%이다. 즉, LDA 분류기의 오차율은 가능한 가장 작은 오차율보다 단지 0.5% 더 높을 뿐이다! 이것은 LDA가 이 데이터셋에 대해 아주 잘 동작한다는 것을 나타낸다.

다시 정리하면, LDA 분류기는 각 클래스 내의 관측치들이 클래스 특정(클래스 별) 평균벡터와 클래스 공통의 분산 σ^2을 갖는 정규분포를 따른다는 가정하에 이 파라미터들에 대한 추정값을 베이즈 분류기에 대입하여 얻는다. 4.4.4절에서는 가정을 완화하여 k번째 클래스 내의 관측치들이 클래스 특정 분산 σ_k^2을 가지도록 허용하는 것에 대해 고려할 것이다.

4.4.3 선형판별분석 $(p > 1)$

이제 LDA 분류기를 다중설명변수의 경우로 확장해보자. 이를 위해 $X = (X_1, X_2, \ldots, X_p)$는 클래스 특정 평균벡터와 공통의 공분산행렬을 가지는 *다변량가우스분포(또는 다변량정규분포)* 를 따른다고 가정할 것이다. 먼저 이러한 분포에 대해 간략하게 살펴보자.

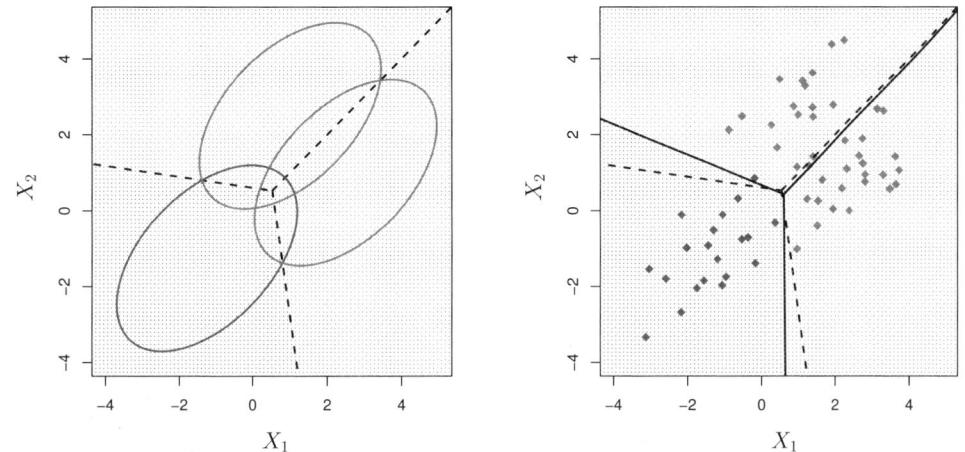

그림 4.6: 세 개의 클래스를 가진 예. 각 클래스의 관측치들은 클래스 특정 평균벡터와 공통의 공분산행렬을 갖는 $p=2$인 다변량가우스분포로부터 선택된다. 왼쪽: 세 클래스 각각에 대한 확률의 95%를 포함하는 타원. 파선은 베이즈 결정경계이다. 오른쪽: 각 클래스에서 선택된 20개 관측치와 검은색 실선을 사용하여 나타낸 대응하는 LDA 결정경계. 여기서도 베이즈 결정경계는 파선으로 나타낸다.

다변량가우스분포는 각 설명변수가 설명변수들의 각 쌍 간에 상관성이 있는 (4.11)과 같은 1차원 정규분포를 따른다고 가정한다. 그림 4.5에 $p=2$인 다변량가우스분포의 두 가지 예가 도시되어 있다. 어떤 특정 지점에서 표면의 높이는 X_1과 X_2 둘 다 그 지점 주변의 작은 영역에 속할 확률을 나타낸다. 양쪽 패널에서 만약 표면을 X_1축 또는 X_2축을 따라 자르면 그 잘린 면은 1차원 정규분포의 형태를 가질 것이다. 그림 4.5의 왼쪽 패널은 $\text{Var}(X_1) = \text{Var}(X_2)$이고 $\text{Cor}(X_1, X_2) = 0$인 예를 보여준다. 이 표면은 종모양이다. 하지만 설명변수들 사이에 상관성이 있거나 동일하지 않은 분산을 가지면 그림 4.5의 오른쪽 패널과 같이 종모양이 왜곡될 것이다. 이 경우 종의 바닥(base)은 원형이 아니라 타원형이 될 것이다.

p-차원 랜덤변수 X는 다변량가우스분포란 것을 나타내기 위해 $X \sim N(\mu, \Sigma)$라고 쓴다. 여기서 $E(X) = \mu$는 X의 평균(p개 원소를 가진 벡터)이고 $\text{Cov}(X) = \Sigma$는 X의 $p \times p$ 공분산행렬이다. 공식적으로 다변량가우스밀도함수는 다음과 같이 정의된다.

$$f(x) = \frac{1}{(2\pi)^{p/2}|\Sigma|^{1/2}} \exp\left(-\frac{1}{2}(x-\mu)^T \Sigma^{-1}(x-\mu)\right) \tag{4.18}$$

$p > 1$개 설명변수의 경우, LDA 분류기는 k번째 클래스의 관측치들이 다변량가우스분포 $N(\mu_k, \Sigma)$를 따른다고 가정한다. 여기서 μ_k는 클래스 특정 평균벡터이고 Σ는 K개 클래스 모두에 공통인 공분산행렬이다. k번째 클래스에 대한 밀도함수 $f_k(X = x)$를 (4.10)에 대입하여 정리하면 베이즈 분류기는 관측치 $X = x$를 다음 식이 최대가 되는 클래스에 할당한다.

$$\delta_k(x) = x^T \Sigma^{-1} \mu_k - \frac{1}{2} \mu_k^T \Sigma^{-1} \mu_k + \log \pi_k \tag{4.19}$$

이것은 (4.13)의 벡터/행렬 버전이다.

그림 4.6의 왼쪽 패널에 한 예가 도시되어 있다. 세 개의 크기가 같은 가우스 클래스는 클래스 특정 평균벡터와 공통의 공분산행렬을 가진다. 세 개의 타원은 세 클래스 각각에 대한 확률의 95%를 포함하는 영역을 나타낸다. 파선은 베이즈 결정경계이다. 이 경계들은 $\delta_k(x) = \delta_l(x)$인, 즉 $k \neq l$에 대해 다음 식을 만족하는, x 값의 집합을 나타낸다.

$$x^T \Sigma^{-1} \mu_k - \frac{1}{2} \mu_k^T \Sigma^{-1} \mu_k = x^T \Sigma^{-1} \mu_l - \frac{1}{2} \mu_l^T \Sigma^{-1} \mu_l \tag{4.20}$$

(세 클래스 모두 동일한 수의 훈련 관측치를 가지므로, 즉 π_k는 세 클래스 모두 동일하므로 (4.19)의 $\log \pi_k$ 항은 제거된다.) 세 쌍의 클래스가 있으므로 베이즈 결정경계를 나타내는 선이 세 개 있다. 즉, 클래스 1과 2, 클래스 1과 3, 그리고 클래스 2와 3을 분리하는 베이즈 결정경계가 있다. 이 경계선들은 설명변수 공간을 세 개의 영역으로 나눈다. 베이즈 분류기는 관측치가 위치한 영역에 따라 그 관측치를 분류할 것이다.

여기서도 알려지지 않은 파라미터 $\mu_1, \ldots, \mu_K$, $\pi_1, \ldots, \pi_K$, 그리고 Σ를 추정해야 한다. 추정하는 식은 (4.15)에 주어진 1차원의 경우에 사용된 것과 유사하다. 새로운 관측치 $X = x$를 할당하기 위해 LDA는 이 추정치들을 (4.19)에 대입하여 $\hat{\delta}_k(x)$가 최대가 되는 클래스로 분류한다. (4.19)에서 $\delta_k(x)$

는 x의 선형함수이다. 즉, LDA 결정 규칙은 x의 선형결합에만 의존한다. 1차원의 경우와 마찬가지로 이것이 LDA에 *선형*이라는 단어가 포함되어 있는 이유이다.

그림 4.6의 오른쪽 패널은 세 개의 각 클래스에 속하는 20개씩의 관측치를 나타내고 LDA 결정경계는 검은색 실선으로 나타낸다. 전반적으로 LDA 결정경계는 파선으로 나타낸 베이즈 결정경계에 상당히 가깝다. 베이즈 분류기와 LDA 분류기에 대한 검정오차율은 각각 0.0746과 0.0770이다. 이것은 LDA가 이 데이터에 대해 잘 동작한다는 것을 나타낸다.

Default 자료에 LDA를 수행하여 신용카드 대금과 학생인지의 여부에 기초하여 어떤 사람이 연체를 할 것인지 예측할 수 있다. 10,000개의 훈련 표본에 LDA모델을 적합하여 얻은 훈련 오류율은 2.75%이다. 이 오차율은 낮아 보이지만 두 가지 주목해야 할 점이 있다.

- 첫째, 훈련오차율은 보통 실제로 관심있는 수치인 검정오차율보다 낮을 것이다. 다시 말하면, 이 분류기를 훈련셋에 속하지 않는 사람들의 연체를 예측하는 데 사용한다면 결과가 더 나빠진다고 예상할 수 있다. 이유는 모델 파라미터들이 훈련 데이터에 대해 잘 동작하도록 구체적으로 조정되기 때문이다. 표본수 n 대비 파라미터 p의 비율이 높을수록 이러한 *과적합*(overfitting)의 영향이 더 커다고 예상할 수 있다. 여기서 사용하는 데이터의 경우에는 $p = 2$, $n = 10,000$이므로 이러한 문제가 없을 것이다.

- 둘째, 훈련 표본에 속한 사람들 중 연체자는 단지 3.33%이므로 카드대금과 학생인지 여부에 관계 없이 사람들이 항상 연체할 것이라고 예측해도 오차율은 3.33%일 것이다. 다시 말하면, 쓸모없는 *영분류기*(null classifier)도 오차율은 LDA의 훈련셋 오차율보다 단지 조금밖에 높지 않을 것이다.

실제로, 이와 같은 이진 분류기는 두 가지 유형의 오류를 범할 수 있다. 연체하는 사람을 *비연체자* 범주에 잘못 할당하거나 연체하지 않는 사람을 *연체자* 범주에 잘못 할당할 수 있다. 보통 이 두 유형의 오류 중 어느 것이 발생되는지 결정하는 데 관심이 있다. 표 4.4에 보여준 Default 자료에 대한 *혼동행렬(confusion matrix)*은 이러한 정보를 나타내는 편리한 방법이다. 표에 따르면 LDA는 총 104명이 연체할 것이라고 예측하였다. 이들 중 81명은 실제로 연체를 하였다. 따라서 연체하지 않은 9,667명 중 23명만이 잘못 분류되었다. 이 결과는 매우 낮은 오류율인 것처럼 보인다! 하지만 연체한 333명 중 252명(또는 75.7%)을 LDA는 올바르게 분류하지 못했다. 그러므로, 전체 오류율은 낮지만 연체한

		실제 연체 상태		
		No	Yes	Total
예측한	No	9,644	252	9,896
연체 상태	Yes	23	81	104
	Total	9,667	333	10,000

표 4.4: Default 자료의 10,000개 훈련 관측치에 대해 LDA 예측과 실제 연체 상태를 비교한 혼동행렬. 행렬의 대각원소들은 연체 상태가 올바르게 예측된 사람들을 나타내고, 비대각원소들은 잘못 분류된 사람들을 나타낸다. LDA는 연체하지 않은 23명과 연체한 252명에 대해 잘못 예측하였다.

사람들 중의 오류율은 아주 높다. 신용카드 회사가 고위험성 사람들을 식별하고자 한다는 측면에서 보면 연체자 중에서 252/333 = 75.7%의 오류율은 도저히 받아들이기 힘들 수 있다.

클래스별 성능은 의학과 생물학 분야에서도 중요한데, 이들 분야는 민감도(sensitivity)와 특이도(specificity)란 항이 분류기 또는 선별시험(screening test)의 성능을 특징짓는다. 이 예의 경우 민감도는 식별되는 실제 연체자의 비율이며 24.3%이다. 특이도는 올바르게 식별되는 비연체자의 비율이며 $(1 - 23/9,667) \times 100 = 99.8\%$이다.

LDA는 왜 연체자들에 대한 성능이 그렇게 좋지 않은가? 다시 말하면, LDA는 왜 그렇게 낮은 민감도를 가지는가? 앞에서 살펴보았듯이 LDA는 모든 분류기 중에서 총오류율이 가장 낮은(만약 가우스모델이 맞다면) 베이즈 분류기에 근접하고자 한다. 다시 말해, 베이즈 분류기는 오류가 어느 클래스에서 발생하든 관계없이 잘못 분류되는 관측치의 총수가 가장 낮을 것이다. 즉, 일부 오류는 비연체자를 연체자 클래스로 잘못 할당한 결과이고 나머지는 연체자를 비연체자 클래스로 잘못 할당한 결과일 것이다. 신용카드 회사는 연체할 사람을 잘못 분류하는 것을 특별히 피하고자 할 수 있다. 하지만, 연체하지 않을 사람을 잘못 분류하는 것은 여전히 피해야 하겠지만 심각한 문제는 아니다. 이제 LDA를 수정하여 신용카드 회사의 필요에 더 잘 맞는 분류기를 살펴볼 것이다.

베이즈 분류기는 관측치를 사후확률 $p_k(X)$이 최대가 되는 클래스에 할당한다. 클래스의 수가 2인 이 예제의 경우, 이것은 다음 식이 만족하면 관측치를 연체 클래스에 할당하는 것이다.

$$\Pr(\text{default} = \text{Yes}|X = x) > 0.5 \tag{4.21}$$

		실제 연체 상태		
		No	Yes	Total
예측한	No	9,432	138	9,570
연체 상태	Yes	235	195	430
	Total	9,667	333	10,000

표 4.5: Default 자료의 10,000개 훈련 관측치에 대해 LDA 예측과 실제 연체 상태를 비교한 혼동행렬. 여기서는 사후연체확률이 20%를 초과하는 경우 연체로 간주하는 수정된 임계값을 사용한다.

따라서, 베이즈 분류기와 확장 LDA는 연체의 사후확률 임계치를 50%로 사용하여 관측치를 연체 클래스에 할당한다. 하지만 연체하는 사람에 대해 연체상태를 잘못 예측하는 우려가 있다면 임계치를 낮추는 것을 고려할 수 있다. 예를 들어, 연체의 사후확률이 20%를 초과하는 사람은 모두 연체 클래스로 분류할 수 있다. 다시 말해, (4.21) 대신에 다음 식이 만족하는 경우 관측치를 연체 클래스로 할당할 수 있다.

$$P(\text{default} = \text{Yes}|X = x) > 0.2 \tag{4.22}$$

이 방식에 따른 오류율은 표 4.5에 나타낸다. 이제 LDA는 430명이 연체할 것이라고 예측한다. LDA는 연체자 333명 중 138명, 즉 41.4%를 올바르게 예측한다. 이 결과는 임계치 50%를 사용한 경우의 75.7% 오류율에 비하면 엄청나게 개선된 것이다. 하지만 연체하지 않는 235명이 잘못 분류되는 결과가 발생한다. 그 결과 전체 오류율은 3.73%로 약간 증가한다. 그러나 신용카드회사는 전체 오류율이 약간 증가하더라도 연체자를 더 정확하게 식별할 수 있으면 그것이 더 나을 것이다.

그림 4.7은 연체의 사후확률에 대한 임계치를 변경하는 데 따른 트레이드오프(trade-off)를 보여준다. 다양한 오류율을 임계치의 함수로 나타낸다. (4.21)에서와 같이 임계치 0.5를 사용하면 검은색 실선으로 나타낸 것과 같이 전체 오류율이 최소화된다. 이 결과는 예상된 것으로, 베이즈 분류기가 임계치 0.5를 사용하며 전체 오류율이 가장 낮다고 알려져 있기 때문이다. 그러나 임계치가 0.5일 때 연체자 중에서의 오류율은 상당히 높다(파란색 파선). 임계치가 감소함에 따라 연체자 중에서의 오류율은 지속적으로 감소하지만 비연체자 중의 오류율은 증가한다. 어떤 임계치가 가장 나은지 어떻게 결정하는가? 이러한 결정은 연체와 관련된 비용에 대한 상세한 정보와 같은 도메인 지식(domain knowledge)을 기반으로 이루어져야 한다.

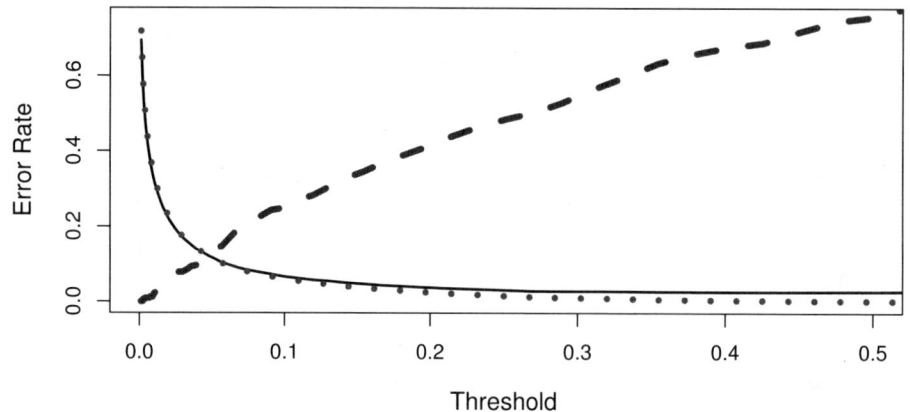

그림 4.7: Default 자료에서 분류에 사용되는 사후확률에 대한 임계치의 함수로 나타낸 오류율. 검은색 실선은 전체 오류율을 나타낸다. 파란색 파선은 잘못 분류된 연체자의 비율을 나타내고 오렌지색 점선은 비연체자 중의 오류 비율을 나타낸다.

ROC 곡선은 모든 가능한 임계치에 대해 2가지 유형의 오류를 동시에 나타내는 잘 알려진 그래프이다. "ROC"란 이름은 통신이론에서 유래된 것으로, 수신기 동작 특성(receiver operating characteristics)의 머리글자이다. 그림 4.8은 훈련 데이터에 대한 LDA 분류기의 ROC 곡선이다. 모든 임계치에 대해 요약된 분류기의 전체적 성능은 *ROC 곡선 아래의 면적(AUC)*에 의해 주어진다. 이상적인 ROC 곡선은 왼쪽 맨 위 모서리에 걸려 있을 것이고, AUC가 클수록 더 좋은 분류기이다. 이 예제의 경우, AUC는 0.95로 가능한 최대값에 상당히 가깝다. 임의로 어느 한쪽을 선택하는 분류기는 AUC가 0.5일 것이다(모델 훈련에 사용되지 않은 독립적인 검정셋에 대해 평가할 경우). ROC 곡선은 모든 가능한 임계치를 고려하므로 다른 분류기들을 비교할 때 유용하다. 이 예제의 데이터에 적합을 한 4.3.4절의 로지스틱 회귀모델에 대한 ROC 곡선은 LDA 모델에 대한 것과 거의 구별되지 않으므로 여기서는 도시하지 않는다.

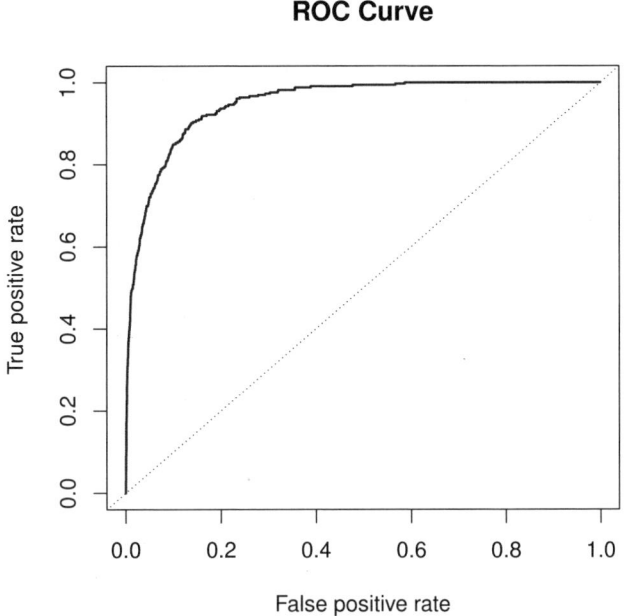

그림 4.8: Default 자료에 대한 LDA 분류기의 ROC 곡선. 이것은 연체의 사후확률에 대한 임계치를 변화시키면서 2가지 유형의 오류를 추적한다. 실제 임계치는 도시되지 않는다. 참 긍정율은 민감도, 즉 주어진 임계치를 사용하여 올바르게 식별되는 연체자의 비율이다. 거짓 긍정율은 1 − 특이도, 즉 동일한 임계치를 사용하여 비연체자가 연체자로 잘못 분류되는 비율이다. 이상적인 ROC 곡선은 왼쪽 맨 위 모서리에 걸려 있는데, 이것은 높은 참 긍정율과 낮은 거짓 긍정율을 나타낸다. 점선은 "정보가 없는" 분류기를 나타낸다. 이것은 학생인지의 여부와 신용카드 대금이 연체확률과 상관되어 있지 않을 때 예상되는 것이다.

		예측된 클래스		
		− 또는 Null	+ 또는 Non-null	Total
실제	− 또는 Null	참 부정(True Neg.) (TN)	거짓 긍정(False Pos.) (FP)	N
클래스	+ 또는 Non-null	거짓 부정(False Neg.) (FN)	참 긍정(True Pos.) (TP)	P
	Total	N*	P*	

표 4.6: 모집단에 분류기 또는 진단검정을 적용할 때 얻을 수 있는 결과.

이름	정의	동의어(Synonyms)
거짓 긍정율	FP/N	Type I 오류, 1 − 특이도
참 긍정율	TP/P	1 − Type II 오류, power, 민감도, recall
긍정 예측값	TP/P*	정확도, 1 − 거짓 발견 비율(false discovery proportion)
부정 예측값	TN/N*	

표 4.7: 표 4.6에서 파생된 분류와 진단검정을 위한 중요한 측도.

위에서 살펴본 것과 같이 분류기의 임계치를 바꾸는 것은 참 긍정율(true positive rate)과 거짓 긍정율(false positive rate)을 변경한다. 참 긍정율은 민감도이고 거짓 긍정율은 1에서 분류기의 특이도를 뺀 것이다. 이러한 문맥에서 사용되는 용어는 혼란스러울 정도로 많으므로 요약하여 보여준다. 표 4.6은 분류기(또는 진단검정)를 모집단에 적용할 때 얻을 수 있는 가능한 결과를 보여준다. 역학(epidemiology) 분야라면 "+"는 검출하고자 하는 "질병", "−"는 "무병(non-disease)" 상태를 나타내는 것으로 생각할 수 있다. 고전적인 가설검정에서는 "−"는 귀무가설, "+"는 대립가설로 생각할 수 있다. Default 자료에서는 "+"는 연체자, "−"는 비연체자를 나타낸다.

표 4.7은 이러한 문맥에서 사용되는 잘 알려진 성능 측도들의 목록이다. 거짓 긍정율과 참 긍정율의 각 분모는 각 클래스의 실제 모집단 수이다. 이와 달리, 긍정 예측값(positive predictive value)과 부정 예측값(negative predictive value)의 각 분모는 각 클래스에 대한 총 예측수이다.

4.4.4 이차선형판별분석

앞에서 살펴보았듯이, LDA는 각 클래스의 관측치들이 클래스 특정 평균벡터와 K개 클래스 모두에 공통인 공분산행렬을 갖는 다변량가우스분포에서 나왔다고 가정한다. 이차판별분석(Quadratic Discriminant Analysis)(QDA)은 또 다른 접근법을 제공한다. LDA처럼 QDA 분류기는 각 클래스의 관측치들이 가우스분포를 따른다고 가정하고, 파라미터들에 대한 추정치를 베이즈 정리에 대입하여 예측을 수행한다. 하지만, LDA와는 달리 QDA는 각 클래스가 자체 공분산행렬을 갖는다고 가정한다. 즉, k번째 클래스의 관측치는 $X \sim N(\mu_k, \Sigma_k)$ 형태라고 가정한다. 이 때, Σ_k는 k번째 클래스에 대한 공분산행렬이다. 이러한 가정하에서 베이즈 분류기는 관측치 $X = x$를 다음 식이 최대가 되는 클래스에 할당한다.

$$\begin{aligned}\delta_k(x) &= -\frac{1}{2}(x-\mu_k)^T \Sigma_k^{-1}(x-\mu_k) - \frac{1}{2}\log|\Sigma_k| + \log\pi_k \\ &= -\frac{1}{2}x^T\Sigma_k^{-1}x + x^T\Sigma_k^{-1}\mu_k - \frac{1}{2}\mu_k^T\Sigma_k^{-1}\mu_k - \frac{1}{2}\log|\Sigma_k| + \log\pi_k \end{aligned} \quad (4.23)$$

따라서, QDA 분류기는 Σ_k, μ_k, π_k에 대한 추정치를 (4.23)에 대입한 다음에 이 식이 최대가 되는 클래스에 관측치 $X = x$를 할당한다. (4.19)와는 달리, (4.23)에서 x는 *이차*함수처럼 보인다. QDA란 이름은 여기서 비롯된 것이다.

K개의 클래스들이 공통의 공분산행렬을 가지는지에 대한 가정이 왜 중요한가? 다시 말해, 왜 LDA를 QDA보다 선호하거나 혹은 그 반대인가? 이에 대한 답은 편향분산(bias-variance) 절충에 있다. 설명변수가 p개일 때, 하나의 공분산행렬을 추정하는 데는 $p(p+1)/2$개의 파라미터에 대한 추정이 필요하다. QDA는 각 클래스에 대한 공분산행렬을 추정해야 하므로 총 $Kp(p+1)/2$개의 파라미터에 대한 추정이 필요하다. 설명변수가 50개인 경우 추정해야 하는 파라미터 수는 1,275의 배수로 상당히 많다. K개의 클래스들이 공통의 공분산행렬을 갖는다고 가정할 경우 LDA 모델은 x에 대해 선형이 되고, 이는 추정해야 하는 것이 Kp개의 선형계수라는 것을 의미한다. 결론적으로, LDA는 QDA보다 유연성이 훨씬 떨어지지만 현저하게 낮은 분산을 가지며, 이 때문에 예측성능이 개선될 수도 있다. 그러나 여기에는 트레이드오프(trade-off)가 있다. 만약 K개의 클래스들이 공통의 공분산행렬을 갖는다는 LDA의 가정이 잘 맞지 않으면 LDA는 높은 편향 때문에 문제가 있을 수 있다. 훈련 관측치의 수가 비교적 작아 분산을 줄이는 것이 중요하다면 LDA가 QDA보다 나을 수 있다. 반대로, 훈련셋이 아주 커 분류기의 분산이 주요 우려사항이 아니거나 K개의 클래스들이 공통의 공분산행렬을 갖는다는 가정이 명백히 맞지 않으면 QDA를 사용하는 것이 권장된다.

그림 4.9는 두 시나리오에 대한 LDA와 QDA의 성능을 보여준다. 왼쪽 패널에서 가우스분포를 따르는 두 개의 클래스는 X_1과 X_2 사이의 상관계수가 0.7로 공통이다. 결과적으로 베이즈 결정경계는 선형이고 LDA 결정경계에 의해 정확하게 근사된다. QDA 결정경계는 결과가 더 나쁜데, 그 이유는 편향의 감소는 없고 분산이 더 높기 때문이다. 이와 달리, 오른쪽 패널에서 오렌지색 클래스는 변수들 사이의 상관계수가 0.7이고 파란색 클래스 내 변수들의 상관계수는 −0.7이다. 이 경우 베이즈 결정경계는 이차형태로 QDA가 LDA보다 더 정확하게 이 경계를 근사한다.

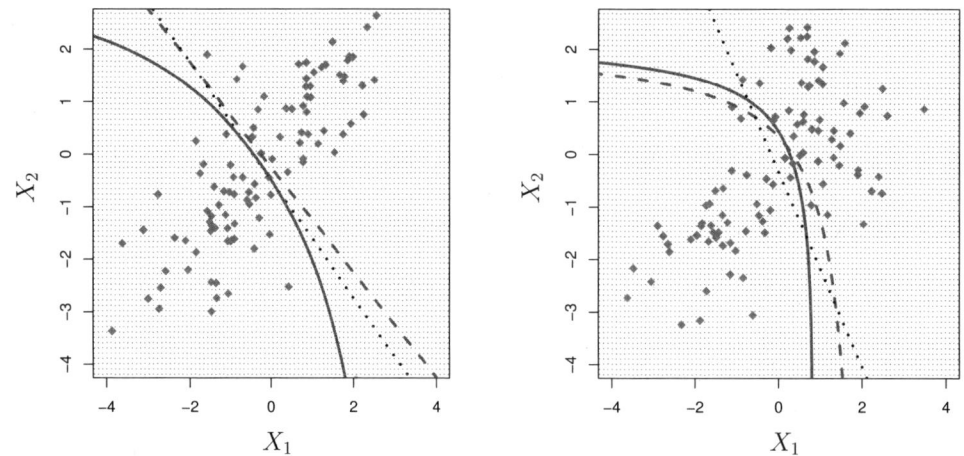

그림 4.9: 왼쪽: $\Sigma_1 = \Sigma_2$인 2-클래스 문제에 대한 베이즈(보라색 파선), LDA(검은색 점선), QDA(녹색 실선) 결정경계. 베이즈 결정경계는 선형이므로 QDA보다 LDA에 의해 더 정확하게 근사된다. 오른쪽: $\Sigma_1 \neq \Sigma_2$인 경우의 결정경계. 베이즈 결정경계는 비선형이므로 LDA보다 QDA에 의해 더 정확하게 근사된다.

4.5 분류방법의 비교

이 장에서 세 가지 다른 분류기법: 로지스틱 회귀, LDA, QDA에 대해 살펴보았다. 2장에서는 K-최근접이웃(KNN) 방법에 대해서도 다루었다. 이제 어느 한 기법이 다른 기법보다 우세한 시나리오를 고려해보자.

로지스틱 회귀와 LDA는 비록 동기는 다르지만 밀접하게 연관되어 있다. 설명변수의 수가 $p = 1$인 2-클래스 환경에서 $p_1(x)$와 $p_2(x) = 1 - p_1(x)$는 관측치 $X = x$가 클래스 1과 2에 각각 속하는 확률이라고 하자. LDA 관점에서 (4.12)와 (4.13)으로부터 알 수 있듯이, 로그공산(log odds)은 다음과 같이 주어진다.

$$\log\left(\frac{p_1(x)}{1 - p_1(x)}\right) = \log\left(\frac{p_1(x)}{p_2(x)}\right) = c_0 + c_1 x \tag{4.24}$$

여기서 c_0와 c_1은 μ_1, μ_2, 그리고 σ^2의 함수이다. (4.4)로부터 로지스틱 회귀는 다음과 같이 표현된다는 것을 알고 있다.

$$\log\left(\frac{p_1}{1-p_1}\right) = \beta_0 + \beta_1 x \tag{4.25}$$

(4.24)와 (4.25)는 둘 다 x의 선형함수이다. 그러므로 로지스틱 회귀와 LDA는 선형의 결정경계를 만든다. 두 기법 사이의 유일한 차이점은 β_0과 β_1은 최대가능도를 사용하여 추정되는 반면 c_0과 c_1은 정규분포로부터 추정된 평균과 분산을 사용하여 계산된다는 것이다. LDA와 로지스틱 회귀 사이의 이러한 연관성은 $p > 1$인 다차원 데이터에 대해서도 성립한다.

로지스틱 회귀와 LDA는 단지 적합 절차만 다르므로 두 기법의 결과는 유사할 것이라고 예상할 수도 있다. 이 예상은 보통은 맞지만 항상 그런 것은 아니다. LDA는 관측치들이 각 클래스에 공통인 공분산행렬을 갖는 가우스분포를 따른다고 가정한다. 따라서 이 가정이 근사적으로 성립하면 LDA는 로지스틱 회귀보다 더 나은 결과를 제공할 수 있다. 반대로 가우스 가정이 만족되지 않으면 로지스틱 회귀가 LDA보다 더 나은 성능을 낼 수 있다.

2장에서 다루었던 KNN은 이 장의 분류기들과는 완전히 다른 접근기법이다. 관측치 $X = x$에 대해 예측하기 위해, x에 가장 가까운 K개의 훈련 관측치가 식별된다. 그다음에 X는 이 관측치들이 속하는 클래스에 할당된다. 따라서 KNN은 완전히 비모수적인 방법이다. 즉, 결정경계의 형태에 대해 어떠한 가정도 하지 않는다. 그러므로 이 기법은 결정경계가 상당히 비선형적인 경우 LDA와 로지스틱 회귀보다 우수하다고 예상할 수 있다. 반면에, KNN은 어느 설명변수가 중요한지 알수 없어 표 4.3과 같은 계수들을 얻지 못한다.

마지막으로, QDA는 비모수적 방법인 KNN과 선형의 LDA 및 로지스틱 회귀 사이에서 절충한 것이다. QDA는 이차 결정경계를 가정하므로 선형방법들보다 더 넓은 범위의 문제들을 정확하게 모델링할 수 있다. QDA는 KNN 만큼 유연하지는 않지만 결정경계의 형태에 대해 몇 가지 가정을 하기 때문에 훈련 관측치의 수가 제한적인 경우에 KNN보다 더 나은 성능을 낼 수 있다.

이 4가지 분류기법의 성능을 보여주기 위해 6가지 다른 시나리오의 데이터를 사용한다. 이 시나리오들 중 3개는 베이즈 경정경계가 선형이고 나머지는 비선형이다. 각 시나리오에 대해 100개의 랜덤 훈련 데이터셋을 생성하였다. 각 훈련셋에 대해 4가지 분류기법을 적합하고 검정셋에 대해 검정오차율을

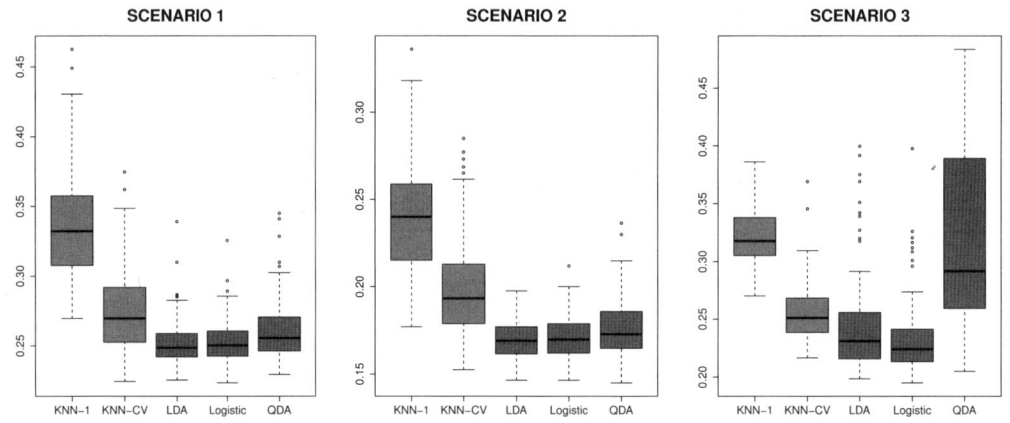

그림 4.10: 각 선형 시나리오에 대한 검정오차율의 박스도표.

계산하였다. 그림 4.10은 선형 시나리오에 대한 결과를 나타내고, 비선형 시나리오에 대한 결과는 그림 4.11에 있다. KNN 방법은 이웃의 수 K를 선택해야 한다. 두 가지 K 값, 즉 $K = 1$과 5장에서 논의될 *교차검증* 기법을 사용하여 자동으로 선택된 K 값을 가지고 KNN을 수행하였다.

여기서 사용된 6가지 시나리오는 아래와 같고 설명변수의 수는 $p = 2$이다.

Scenario 1: 두 클래스 각각에 20개의 훈련 관측치가 있다. 각 클래스의 관측치들은 클래스별로 평균이 다른 상관관계가 없는 정규 확률변수이다. 이 설정은 LDA 가정을 만족하므로 그림 4.10의 왼쪽 패널에 보여준 것과 같이 LDA 성능은 예상대로 좋다. KNN은 편향이 감소함에도 상쇄되지 않는 분산으로 인해 성능이 좋지 않다. QDA도 LDA보다 성능이 나쁜데, 그 이유는 필요이상으로 유연한 분류기를 적합했기 때문이다. 로지스틱 회귀는 선형결정경계를 가정하므로 결과는 LDA 보다 약간 나쁘지만 거의 비슷하다.

Scenario 2: 각 클래스에서 두 설명변수 사이의 상관계수가 −0.5라는 것을 제외하면 시나리오 1과 같다. 그림 4.10의 중앙 패널은 분류기법들의 상대적 성능이 이전 시나리오와 비교해 거의 변화가 없다는 것을 나타낸다.

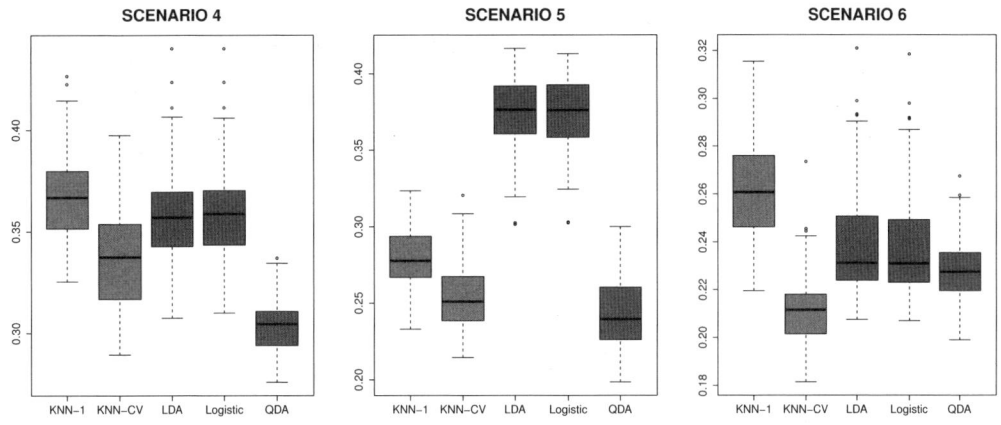

그림 4.11: 각 비선형 시나리오에 대한 검정오차율의 박스도표.

Scenario 3: 각 클래스마다 50개 관측치의 X_1과 X_2를 t-분포로부터 생성한다. t-분포는 정규분포와 유사한 형태를 가지지만 평균으로부터 멀리 떨어진 점이 더 많이 발생하는 경향이 있다. 이 설정에서 결정경계는 여전히 선형이므로 로지스틱 회귀 방식이 적절하다. 이 설정은 관측치들이 정규분포에서 나온 것이 아니므로 LDA의 가정을 위반한다. 그림 4.10의 오른쪽 패널은 로지스틱 회귀가 LDA를 능가하며 둘 다 다른 기법들보다 우수하다는 것을 보여준다. 특히, QDA는 정규분포 위반으로 인해 결과가 상당히 나빠진다.

Scenario 4: 데이터는 정규분포로부터 생성되며, 첫 번째 클래스는 설명변수 간의 상관계수가 0.5이고 두 번째 클래스는 설명변수 간의 상관계수가 −0.5이다. 이 설정은 QDA 가정에 해당되고 이차결정경계가 만들어진다. 그림 4.11의 왼쪽 패널은 QDA가 다른 기법보다 낫다는 것을 보여준다.

Scenario 5: 각 클래스의 관측치들은 서로 상관관계가 없는 설명변수를 갖는 정규분포로부터 생성된다. 하지만 반응변수는 X_1^2, X_2^2, 그리고 $X_1 \times X_2$를 설명변수로 사용하는 로지스틱 함수로부터 추출된다. 그 결과 결정경계는 2차이다. 그림 4.11의 중앙 패널은 QDA의 성능이 가장 좋고, 그다음이 KNN-CV로 QDA보다는 못하지만 거의 비슷한 성능을 낸다는 것을 보여준다. 선형방법들은 성능이 아주 좋지 않다.

Scenario 6: 반응변수가 더 복잡한 비선형함수로부터 추출된다는 것을 제외하면 시나리오 5와 같다. 결과적으로 QDA의 이차결정경계도 데이터를 적절하게 모델링할 수 없다. 그림 4.11의 오른쪽 패널은 QDA가 선형방법들보다 약간 더 나은 결과를 주고, 훨씬 더 유연한 KNN-CV 방법이 최상의 결과를 준다는 것을 보여준다. 그러나 $K = 1$인 KNN은 최악의 결과를 준다. 이것은 데이터가 복잡한 비선형 상관관계를 가져도 KNN과 같은 비모수적 방법은 평활(smoothness) 수준이 적절하게 선택되지 않을 경우 여전히 나쁜 결과를 초래할 수 있다는 사실을 강조한다.

이 여섯 가지 예에서 볼 수 있듯이, 모든 상황에서 다른 것보다 월등히 나은 방법은 없다. 결정경계가 실제로 선형일 때 LDA와 로지스틱 회귀 기법이 좋은 성능을 내는 경향이 있다. 경계가 적당히 비선형적일 때는 QDA가 더 좋은 결과를 낼 수 있다. 훨씬 더 복잡한 비선형 결정경계의 경우 KNN과 같은 비모수적 기법이 더 나을 수 있다. 하지만 비모수적 기법의 경우 평활 수준을 주의깊게 선택해야 한다. 다음 장에서는 적절한 평활 수준의 선택과 일반적으로 최선의 방법을 선택하기 위한 기법들에 대해 알아볼 것이다.

마지막으로, 3장의 선형회귀 분석에서 설명변수들과 반응변수 사이의 비선형 상관관계는 설명변수를 변환하여 회귀를 수행함으로써 수용할 수 있다. 유사한 기법을 분류에서도 사용할 수 있다. 예를 들어, X^2, X^3, 심지어 X^4을 설명변수로 포함하여 보다 유연한 버전의 로지스틱 회귀를 만들 수 있다. 추가된 유연성으로 인한 분산의 증가가 충분한 편향 감소에 의해 상쇄되는지에 따라 로지스틱 회귀의 성능은 향상될 수도 혹은 그렇지 않을 수도 있다. LDA에 대해서도 동일한 방식이 적용될 수 있다. 모든 가능한 이차항과 교차곱(cross-product)을 LDA에 추가하는 경우 파라미터 추정치들은 다르겠지만 모델 형태는 QDA 모델과 같아질 것이다.

4.6 Lab: 로지스틱 회귀, LDA, QDA, KNN

4.6.1 주식시장 자료

ISLR 라이브러리에 포함된 Smarket 자료의 요약정보를 먼저 살펴볼 것이다. 이 자료는 2001년에서 2005년까지 1,250일에 걸친 S&P 500 주가지수의 수익률(백분율로 표시)로 구성되며, 각 날짜에 그날 이전 5일의 각 거래일 Lag1에서 Lag5에 대한 수익률이 기록되어 있다. 또한, Volume(전날에 거래된 주식 수를 10억 주 단위로 표시), Today(당일의 수익률), 그리고 Direction(당일 주가지수가 Up(상승) 또는 Down(하락)인지의 여부)이 기록되어 있다.

```
> library(ISLR)
> names(Smarket)
[1] "Year"      "Lag1"      "Lag2"      "Lag3"      "Lag4"
[6] "Lag5"      "Volume"    "Today"     "Direction"
> dim(Smarket)
[1] 1250    9
> summary(Smarket)
      Year           Lag1              Lag2
 Min.   :2001   Min.   :-4.92200   Min.   :-4.92200
 1st Qu.:2002   1st Qu.:-0.63950   1st Qu.:-0.63950
 Median :2003   Median : 0.03900   Median : 0.03900
 Mean   :2003   Mean   : 0.00383   Mean   : 0.00392
 3rd Qu.:2004   3rd Qu.: 0.59675   3rd Qu.: 0.59675
 Max.   :2005   Max.   : 5.73300   Max.   : 5.73300
      Lag3              Lag4              Lag5
 Min.   :-4.92200   Min.   :-4.92200   Min.   :-4.92200
 1st Qu.:-0.64000   1st Qu.:-0.64000   1st Qu.:-0.64000
 Median : 0.03850   Median : 0.03850   Median : 0.03850
 Mean   : 0.00172   Mean   : 0.00164   Mean   : 0.00561
 3rd Qu.: 0.59675   3rd Qu.: 0.59675   3rd Qu.: 0.59700
 Max.   : 5.73300   Max.   : 5.73300   Max.   : 5.73300
     Volume           Today           Direction
 Min.   :0.356   Min.   :-4.92200   Down:602
 1st Qu.:1.257   1st Qu.:-0.63950   Up  :648
 Median :1.423   Median : 0.03850
 Mean   :1.478   Mean   : 0.00314
 3rd Qu.:1.642   3rd Qu.: 0.59675
 Max.   :3.152   Max.   : 5.73300
> pairs(Smarket)
```

cor() 함수는 이 자료의 모든 설명변수 쌍들의 상관계수를 포함하는 행렬을 제공한다. 아래 첫 번째 명령어를 실행하면 에러가 발생되며, 그 이유는 Direction이 질적 변수이기 때문이다.

```
> cor(Smarket)
Error in cor(Smarket) : 'x' must be numeric
> cor(Smarket[,-9])
        Year     Lag1     Lag2     Lag3     Lag4     Lag5
Year   1.0000   0.02970  0.03060  0.03319  0.03569  0.02979
Lag1   0.0297   1.00000 -0.02629 -0.01080 -0.00299 -0.00567
Lag2   0.0306  -0.02629  1.00000 -0.02590 -0.01085 -0.00356
Lag3   0.0332  -0.01080 -0.02590  1.00000 -0.02405 -0.01881
Lag4   0.0357  -0.00299 -0.01085 -0.02405  1.00000 -0.02708
Lag5   0.0298  -0.00567 -0.00356 -0.01881 -0.02708  1.00000
Volume 0.5390   0.04091 -0.04338 -0.04182 -0.04841 -0.02200
Today  0.0301  -0.02616 -0.01025 -0.00245 -0.00690 -0.03486
        Volume   Today
Year    0.5390   0.03010
Lag1    0.0409  -0.02616
Lag2   -0.0434  -0.01025
Lag3   -0.0418  -0.00245
Lag4   -0.0484  -0.00690
Lag5   -0.0220  -0.03486
Volume  1.0000   0.01459
Today   0.0146   1.00000
```

Lag 변수와 당일의 수익률 사이의 상관계수는 영에 가깝다. 다시 말하면, 당일의 수익률과 그 전날의 수익률은 거의 관련이 없다. 유일하게 실질적 관련이 있는 것은 Year과 Volume이다. 그래프를 그려보면 Volume은 시간이 지남에 따라 증가한다는 것을 알 수 있다. 즉, 2001년에서 2005년까지 평균 일별 거래 주식 수가 증가한다.

```
> attach(Smarket)
> plot(Volume)
```

4.6.2 로지스틱 회귀

로지스틱 회귀모델을 적합하여 Lag1에서 Lag5와 Volume을 이용하여 Direction을 예측할 것이다. glm() 함수는 로지스틱 회귀를 포함하는 일반화선형모델을 적합한다. glm() 함수의 문법은 lm()과 유사하며, 일반화선형모델의 어떤 다른 유형이 아니라 로지스틱 회귀를 실행하도록 인자 family=binomial 을 전달해야 한다.

```
> glm.fit=glm(Direction~Lag1+Lag2+Lag3+Lag4+Lag5+Volume,
    data=Smarket,family=binomial)
> summary(glm.fit)

Call:
glm(formula = Direction ~ Lag1 + Lag2 + Lag3 + Lag4 + Lag5
    + Volume, family = binomial, data = Smarket)

Deviance Residuals:
   Min      1Q   Median      3Q     Max
 -1.45   -1.20     1.07    1.15    1.33

Coefficients:
              Estimate  Std. Error  z value  Pr(>|z|)
(Intercept)   -0.12600     0.24074    -0.52      0.60
Lag1          -0.07307     0.05017    -1.46      0.15
Lag2          -0.04230     0.05009    -0.84      0.40
Lag3           0.01109     0.04994     0.22      0.82
Lag4           0.00936     0.04997     0.19      0.85
Lag5           0.01031     0.04951     0.21      0.83
Volume         0.13544     0.15836     0.86      0.39

(Dispersion parameter for binomial family taken to be 1)

    Null deviance: 1731.2  on 1249  degrees of freedom
Residual deviance: 1727.6  on 1243  degrees of freedom
AIC: 1742

Number of Fisher Scoring iterations: 3
```

여기서 p-값이 가장 작은 것은 Lag1이다. 이 설명변수에 대한 계수가 음수인 것이 시사하는 것은 어제의 수익률이 양수이면 오늘 주가지수가 상승할 가능성이 낮다는 것이다. 하지만, 0.15의 p-값은 여전히 비교적 큰 값이므로 Lag1과 Direction 사이에 실질적인 상관성이 있다는 명백한 증거는 없다.

coef() 함수를 사용하여 적합된 모델에 대한 계수들을 액세스한다. 또한, summary() 함수를 사용하여 계수들의 p-값과 같은 적합된 모델의 특정 정보를 액세스할 수 있다.

```
> coef(glm.fit)
(Intercept)          Lag1          Lag2          Lag3          Lag4
   -0.12600      -0.07307      -0.04230       0.01109       0.00936
       Lag5        Volume
    0.01031       0.13544
> summary(glm.fit)$coef
             Estimate Std. Error z value Pr(>|z|)
(Intercept) -0.12600     0.2407  -0.523    0.601
Lag1        -0.07307     0.0502  -1.457    0.145
Lag2        -0.04230     0.0501  -0.845    0.398
Lag3         0.01109     0.0499   0.222    0.824
Lag4         0.00936     0.0500   0.187    0.851
Lag5         0.01031     0.0495   0.208    0.835
Volume       0.13544     0.1584   0.855    0.392
> summary(glm.fit)$coef[,4]
(Intercept)          Lag1          Lag2          Lag3          Lag4
      0.601         0.145         0.398         0.824         0.851
       Lag5        Volume
      0.835         0.392
```

predict() 함수는 주어진 설명변수 값에 대해 주가지수가 상승할 확률을 예측하는 데 사용될 수 있다. type="response" 옵션을 사용하면 로짓(logit)과 같은 다른 정보가 아니라 $P(Y = 1|X)$ 형태의 확률을 출력한다. 만약 predict() 함수에 어떠한 자료도 주어지지 않으면 로지스틱 회귀모델을 적합하는 데 사용되었던 훈련자료에 대해 확률이 계산된다. 여기서는 첫 10개의 확률만 출력하였다. 이 값들은 주가지수가 하락하는 것이 아니라 상승할 확률이다. 왜냐하면, contrasts() 함수로 확인해 보면 R이 생성한 가변수는 Up일 때 1이기 때문이다.

```
> glm.probs=predict(glm.fit,type="response")
> glm.probs[1:10]
    1     2     3     4     5     6     7     8     9    10
0.507 0.481 0.481 0.515 0.511 0.507 0.493 0.509 0.518 0.489
> contrasts(Direction)
     Up
Down  0
Up    1
```

특정한 날의 주가지수가 상승할지 혹은 하락할지 예측하기 위해서는 예측된 확률들을 클래스 라벨 Up 또는 Down으로 변환해야 한다. 다음 두 명령어는 주가지수의 상승 예측확률이 0.5보다 큰지 또는 작은지에 따라 클래스 예측 벡터를 생성한다.

```
> glm.pred=rep("Down",1250)
> glm.pred[glm.probs>.5]="Up"
```

위에서 첫 번째 줄은 1,250개의 Down 원소로 구성된 벡터를 생성한다. 두 번째 줄은 주가지수의 상승 예측확률이 0.5를 초과하는 모든 원소들을 Up으로 바꾼다. table() 함수를 사용하여 혼동행렬(confusion matrix)을 제공할 수 있으며, 얼마나 많은 관측치가 올바르게 또는 잘못 분류되었는지 결정할 수 있다.

```
> table(glm.pred,Direction)
         Direction
glm.pred Down  Up
    Down  145 141
    Up    457 507
> (507+145)/1250
[1] 0.5216
> mean(glm.pred==Direction)
[1] 0.5216
```

혼동행렬에서 대각원소들은 올바른 예측을 나타내고 비대각원소들은 잘못된 예측을 나타낸다. 따라서, 모델은 주가지수가 상승할 507일과 하락할 145일을 올바르게 예측하여 총 507 + 145 = 652일을 정확하게 예측하였다. mean() 함수는 예측이 맞았던 날의 비율을 계산하는 데 사용될 수 있다. 이 예에서 로지스틱 회귀는 주가지수의 움직임 방향을 52.2% 올바르게 예측하였다.

언뜻 보기에 로지스틱 회귀모델은 임의 추측(random guess)보다 조금 더 나은 것처럼 보인다. 하지만, 1,250개 관측치의 동일한 셋에 대해 모델을 훈련하고 검정했기 때문에 이 결과는 오해의 소지가 있다. 다시 말하면, 100 − 52.2 = 47.8%는 훈련오차율이다. 앞에서도 보았듯이, 훈련오차율은 보통 지나치게 낙관적이다—즉, 검정오차율을 과소평가하는 경향이 있다. 이 로지스틱 회귀모델의 정확도를 좀 더 잘 평가하려면 데이터의 일부를 이용하여 모델을 적합하고, 그다음에 모델이 *나머지* 데이터를 얼마나 잘 예측하는지 조사할 수 있다. 이렇게 하면 좀 더 현실적인 오류율을 얻을 것이다.

먼저 2001년에서 2004년까지의 관측치들에 대응하는 벡터를 생성해보자. 그다음에 이 벡터를 사용하여 2005년 관측치들로 구성된 데이터셋을 생성한다.

```
> train=(Year<2005)
> Smarket.2005=Smarket[!train,]
> dim(Smarket.2005)
[1] 252   9
> Direction.2005=Direction[!train]
```

객체 train은 자료의 관측치들에 대응하는 1,250개 원소를 가지는 벡터이다. 2005년 이전의 관측치에 대응하는 벡터 원소들은 TRUE로 설정되고, 2005년의 관측치에 대응하는 벡터 원소들은 FALSE로 설정된다. train은 원소가 TRUE 및 FALSE이므로 불리언(Boolean) 벡터이다. 불리언 벡터는 행렬의 일부 행 또는 열만 포함하도록 하는 데 사용될 수 있다. 예를 들어, 명령어 Smarket[train,]은 2005년 이전 날짜에 해당하는 주식시장 자료의 부분행렬을 선택할 것이다. 왜냐하면, 2005년 이전의 관측치에 대응하는 train 원소들만 TRUE이기 때문이다. 기호 ! 는 불리언 벡터의 모든 원소들을 반대로 하는 데 사용될 수 있다. 즉, !train은 train의 모든 원소들이 반대로 바뀐 벡터이다. 그러므로, Smarket[!train,]은 train 원소가 FALSE인 관측치—즉, 2005년 이전의 관측치들만 포함하는 주식시장 자료의 부분행렬을 제공한다.

이제, 2005년 이전의 관측치셋만 사용하여 로지스틱 회귀모델을 적합한다. 그다음에 검정셋 내의 각 날짜—즉, 2005년 이전의 각 날짜에 대해 주가지수가 상승할 예측확률을 얻는다.

```
> glm.fit=glm(Direction~Lag1+Lag2+Lag3+Lag4+Lag5+Volume,
    data=Smarket,family=binomial,subset=train)
> glm.probs=predict(glm.fit,Smarket.2005,type="response")
```

완전히 분리된 두 자료에 대해 모델을 훈련하고 검정하였다. 즉, 훈련에는 2005년 이전 관측치만 사용하고, 검정에는 2005년 관측치만 사용하였다. 마지막으로, 2005년 데이터에 대한 예측값들을 계산하고 그것들을 그 기간동안 주가지수의 실제 움직임 방향과 비교한다.

```
> glm.pred=rep("Down",252)
> glm.pred[glm.probs>.5]="Up"
> table(glm.pred,Direction.2005)
        Direction.2005
glm.pred Down Up
    Down   77 97
    Up     34 44
> mean(glm.pred==Direction.2005)
```

```
[1] 0.48
> mean(glm.pred!=Direction.2005)
[1] 0.52
```

!= 표기법은 같지 않음을 의미하므로 마지막 명령어는 검정오차율을 계산한다. 결과는 다소 실망스럽게도 검정오차율이 52%로, 임의 추측보다 더 못하다! 일반적으로, 전날의 수익률을 사용하여 미래 주가지수의 움직임 방향을 예측할 수는 없으므로 이결과는 전혀 놀랍지 않다.

로지스틱 회귀모델은 모든 설명변수에 대해 매우 실망스러운 p-값을 가지며, Lag1에 대한 가장 작은 p-값도 그렇게 작지 않다. 아마도 Direction을 예측하는 데 도움이 되지 않아 보이는 변수들을 제외함으로써 더 효율적인 모델을 얻을 수 있다. 결국, 반응변수와 상관관계가 없는 설명변수들을 사용하는 것은 검정오차율을 악화시키는 경향이 있다(이러한 설명변수들은 대응하는 편향 감소 없이 분산을 증가시킴). 따라서 이러한 설명변수들을 제외하는 것이 모델 개선을 이끌 수 있다. 다음은 원래의 로지스틱 회귀모델에서 예측에 가장 도움이 되는 것 같은 Lag1과 Lag2만을 사용하여 로지스틱 회귀를 적합한 것이다.

```
> glm.fit=glm(Direction~Lag1+Lag2,data=Smarket,family=binomial,
    subset=train)
> glm.probs=predict(glm.fit,Smarket.2005,type="response")
> glm.pred=rep("Down",252)
> glm.pred[glm.probs>.5]="Up"
> table(glm.pred,Direction.2005)
         Direction.2005
glm.pred Down  Up
    Down   35  35
    Up     76 106
> mean(glm.pred==Direction.2005)
[1] 0.56
> 106/(106+76)
[1] 0.582
```

결과가 약간 나아져 일별 주가지수 움직임의 56%를 올바르게 예측하였다. 주가지수가 매일 상승할 것이라는 훨씬 단순한 예측전략으로도 56%는 옳다는 것에 주목할 필요가 있다! 따라서, 전체 오류율 측면에서 로지스틱 회귀방법은 단순한 기법보다 나은 것이 없다. 하지만 혼동행렬을 보면 로지스틱 회귀가 주가지수 상승을 예측한 날짜에 대한 적중률(accuracy rate)은 58%이다. 이 결과에 따르면 모델이 주가지수 상승을 예측한 날에는 주식을 사고 주가지수 하락이 예측된 날에는 거래를 피하는 전략이 유효해 보인다.

Lag1과 Lag2의 특정값에 연관된 수익률을 예측하고자 한다고 해보자. 특히, Lag1 = 1.2, Lag2 = 1.1인 날짜와 Lag1 = 1.5, Lag2 = −0.8인 날짜의 Direction을 예측하고자 한다. 이것은 predict() 함수를 사용하여 구할 수 있다.

```
> predict(glm.fit,newdata=data.frame(Lag1=c(1.2,1.5),
   Lag2=c(1.1,-0.8)),type="response")
        1         2
   0.4791    0.4961
```

4.6.3 선형판별분석

이제, Smarket 자료에 대해 LDA를 수행한다. LDA 모델을 적합하는 데는 MASS 라이브러리의 lda() 함수를 사용한다. lda() 함수의 문법은 lm()과 동일하고, family 옵션이 없는 것을 제외하면 glm()과도 같다. 2005년 이전의 관측치들만 사용하여 모델을 적합한다.

```
> library(MASS)
> lda.fit=lda(Direction~Lag1+Lag2,data=Smarket,subset=train)
> lda.fit
Call:
lda(Direction ~ Lag1 + Lag2, data = Smarket, subset = train)

Prior probabilities of groups:
 Down    Up
0.492  0.508

Group means:
        Lag1    Lag2
Down   0.0428  0.0339
Up    -0.0395 -0.0313

Coefficients of linear discriminants:
       LD1
Lag1 -0.642
Lag2 -0.514
> plot(lda.fit)
```

LDA 결과를 보면 $\hat{\pi}_1 = 0.492$이고 $\hat{\pi}_2 = 0.508$이다. 즉, 훈련 관측치들의 49.2%는 주가지수가 하락했던 날에 해당한다. 이 결과는 또한 그룹 평균들을 제공한다. 그룹 평균은 각 클래스 내 각 설명변수의 평균이며, LDA는 이것을 μ_k의 추정치로 사용한다. 그룹 평균들은 주가지수가 상승한 날 이전 이틀의 수익률은 음수이고 주가지수가 하락한 날 이전 이틀의 수익률은 양수인 경향이 있다는 것을 시사한다. *선형판별계수들*은 LDA 결정규칙을 형성하는 데 사용되는 Lag1과 Lag2의 선형결합을 제공한다. 다시 말해, 선형판별계수들은 (4.19)의 $X = x$에 곱해지는 승수(multiplier)들이다. 만약 $-0.642 \times \text{Lag1} - 0.514 \times \text{Lag2}$가 크면 LDA 분류기는 주가지수 상승을 예측할 것이고, 그렇지 않다면(작으면) LDA 분류기는 주가지수 하락을 예측할 것이다. plot() 함수는 훈련 관측치 각각에 대해 $-0.642 \times \text{Lag1} - 0.514 \times \text{Lag2}$를 계산하여 얻은 *선형판별* 그래프를 제공한다.

predict() 함수는 3개의 원소를 가진 리스트를 반환한다. 첫 번째 원소 class는 주가지수의 움직임에 대한 LDA의 예측을 포함한다. 두 번째 원소 posterior는 사후확률을 포함하는 행렬로, k번째 열은 대응하는 관측치가 k번째 클래스에 속하는 사후확률이며 이 확률은 (4.10)으로부터 계산된다. 마지막으로, x는 앞에서 기술한 선형판별을 포함한다.

```
> lda.pred=predict(lda.fit, Smarket.2005)
> names(lda.pred)
[1] "class"     "posterior" "x"
```

4.5절에서 살펴보았듯이 LDA와 로지스틱 회귀 예측은 거의 동일하다.

```
> lda.class=lda.pred$class
> table(lda.class,Direction.2005)
         Direction.2005
lda.pred Down  Up
    Down   35  35
    Up     76 106
> mean(lda.class==Direction.2005)
[1] 0.56
```

사후확률에 50% 임계치를 적용하여 lda.pred$class에 포함된 예측을 다시 해보자.

```
> sum(lda.pred$posterior[,1]>=.5)
[1] 70
> sum(lda.pred$posterior[,1]<.5)
[1] 182
```

모델에 의해 출력된 사후확률은 주가지수가 *하락할* 확률에 대응한다는 것을 유념하자.

```
> lda.pred$posterior[1:20,1]
> lda.class[1:20]
```

원한다면 예측하는 데 50%가 아닌 사후확률을 쉽게 사용할 수 있다. 예를 들어, 그날 주가지수가 정말로 하락할 것이 아주 확실한 경우에만—사후확률이 적어도 90%인 경우에만—주가지수 하락을 예측하고자 한다고 해보자.

```
> sum(lda.pred$posterior[,1]>.9)
[1] 0
```

2005년에는 이 임계치를 만족하는 날이 없다! 사실, 주가지수 하락에 대한 사후확률이 가장 큰 날이 52.02%였다.

4.6.4 이차판별분석

Smarket 자료에 QDA 모델을 적합한다. QDA 적합은 MASS 라이브러리의 qda() 함수를 사용한다. 이 함수의 문법은 lda()와 동일하다.

```
> qda.fit=qda(Direction~Lag1+Lag2,data=Smarket,subset=train)
> qda.fit
Call:
qda(Direction ~ Lag1 + Lag2, data = Smarket, subset = train)

Prior probabilities of groups:
  Down    Up
 0.492  0.508

Group means:
        Lag1     Lag2
Down   0.0428   0.0339
Up    -0.0395  -0.0313
```

적합에 대한 출력 결과는 그룹 평균들은 포함하지만 선형판별계수는 포함하지 않는다. 왜냐하면, QDA 분류기는 설명변수들의 1차(선형)함수가 아니라 2차함수에 관련되기 때문이다. predict() 함수는 LDA 와 정확하게 동일한 방식으로 동작한다.

```
> qda.class=predict(qda.fit,Smarket.2005)$class
> table(qda.class,Direction.2005)
         Direction.2005
qda.class Down  Up
    Down   30   20
    Up     81  121
> mean(qda.class==Direction.2005)
[1] 0.599
```

흥미롭게도 QDA 설명변수들은 모델을 적합하는 데 2005년 데이터를 사용하지 않았음에도 거의 60% 는 정확하다. 정확한 모델링이 매우 어려운 것으로 알려진 주식시장 데이터에 대해 이 정도 수준의 정확도는 상당히 인상적이다. QDA가 가정하는 2차 형태는 LDA의 1차 형태와 로지스틱 회귀보다 훨씬 정확하게 실제 상관관계를 포착할 수 있다. 하지만, 주식시장에 베팅(betting)하기 전에 이 기법의 성능을 훨씬 더 큰 검정셋에 대해 평가해볼 것을 권한다!

4.6.5 K-최근접이웃

class 라이브러리의 knn() 함수를 사용하여 KNN을 수행할 것이다. 이 함수는 지금까지 보아왔던 다른 모델적합 함수들과는 좀 다르게 동작한다. knn()은 모델을 적합하고 그다음에 모델을 사용하여 예측하는 2단계 접근법이 아니라 단일 명령어를 사용하여 예측한다. 이 함수는 4개의 입력이 필요하다.

1. 훈련 데이터와 연관된 설명변수들을 포함하는 행렬. train.X로 표시

2. 예측하고자 하는 데이터와 연관된 설명변수들을 포함하는 행렬. test.X로 표시

3. 훈련 관측치들에 대한 클래스 라벨을 포함하는 벡터. train.Direction으로 표시

4. 분류기가 사용할 최근접 이웃의 수를 나타내는 K 값

cbind() 함수를 사용하여 Lag1과 Lag2 변수를 두 개의 행렬로 결합한다. 하나는 훈련셋, 다른 하나는 검정셋에 대한 것이다.

```
> library(class)
> train.X=cbind(Lag1,Lag2)[train,]
> test.X=cbind(Lag1,Lag2)[!train,]
> train.Direction=Direction[train]
```

이제, 2005년 데이터에 대한 주가지수 움직임을 예측하는 데 knn() 함수를 사용할 수 있다. knn()을 적용하기 전에 랜덤 시드(random seed)를 설정한다. 만약 여러 개의 관측치들이 동일하게 가장 가까운 이웃으로 판단되면 R은 임의로 하나를 선택할 것이다. 그러므로 동일한 결과를 재생산하려면 랜덤 시드를 설정해야 한다.

```
> set.seed(1)
> knn.pred=knn(train.X,test.X,train.Direction,k=1)
> table(knn.pred,Direction.2005)
         Direction.2005
knn.pred  Down Up
    Down    43 58
    Up      68 83
> (83+43)/252
[1] 0.5
```

$K = 1$일 때, 단지 50%의 관측치들만 올바르게 예측되므로 결과가 아주 좋지는 않다. 이유는 데이터에 지나치게 유연하게 적합하기 때문일 수 있다. $K = 3$을 이용하여 분석을 반복한다.

```
> knn.pred=knn(train.X,test.X,train.Direction,k=3)
> table(knn.pred,Direction.2005)
         Direction.2005
knn.pred Down Up
    Down   48 54
    Up     63 87
> mean(knn.pred==Direction.2005)
[1] 0.536
```

결과는 약간 나아졌다. 그러나, K를 더 높여도 결과가 더 개선되지는 않는다. 이 자료의 경우 QDA가 지금까지 조사한 방법들 중 가장 좋은 결과를 제공한다.

4.6.6 Caravan 보험 자료에 적용

마지막으로, KNN 기법을 ISLR 라이브러리에 포함되어 있는 Caravan 자료에 적용한다. 이 자료는 5,822명에 대한 인구통계적 특징을 측정하는 85개의 설명변수를 포함한다. 반응변수는 Purchase로, 개인이 이동식 주택 보험을 구매하는지의 여부를 나타낸다. 이 자료에서는 단지 6%만이 보험을 구매하였다.

```
> dim(Caravan)
[1] 5822    86
> attach(Caravan)
> summary(Purchase)
  No  Yes
5474  348
> 348/5822
[1] 0.0598
```

KNN 분류기는 주어진 검정 관측치에 가장 가까운 관측치들을 식별하여 검정 관측치의 클래스를 예측하므로 변수들의 크기, 즉 스케일(scale)이 문제가 된다. 스케일이 큰 변수들은 관측치들 간의 *거리*에 미치는 영향이 스케일이 작은 변수들보다 더 크므로 KNN 분류기에 미치는 영향이 더 크다. 예를 들어, 두 변수 salary(1달러 단위)와 age(1년 단위)를 포함하는 자료를 생각해보자. KNN에서 1,000 달러의 급여 차이는 50년의 나이 차이에 비해 엄청나게 큰 것이다. 그러므로 salary가 KNN의 분류 결과를 결정하고 age는 거의 영향을 주지 못한다. 이것은 1천 달러의 급여 차이는 50년의 나이 차이에 비해 사소한 것이라는 직관과도 배치된다. 더욱이, KNN 분류기에서 스케일의 중요성은 또 다른 문제를 야기한다. salary를 일본 엔화로 측정하고 age를 분 단위로 측정하면 두 변수를 달러와 년 단위로 측정한 경우 얻은 것과는 상당히 다른 분류 결과를 얻을 것이다.

이 문제를 다루는 좋은 방법은 데이터를 *표준화*하여 모든 변수들이 평균이 0이고 표준편차가 1이 되게 하는 것이다. 그러면 모든 변수들이 비교 가능한 스케일이 될 것이다. scale() 함수가 이러한 역할을 한다. 데이터를 표준화할 때, 열(칼럼) 86은 질적 변수인 Purchase이므로 제외한다.

```
> standardized.X=scale(Caravan[,-86])
> var(Caravan[,1])
[1] 165
> var(Caravan[,2])
[1] 0.165
> var(standardized.X[,1])
[1] 1
> var(standardized.X[,2])
[1] 1
```

이제 standardized.X의 모든 열은 평균이 0이고 표준편차가 1이다.

관측치들을 분할하여 첫 1,000개는 검정셋에, 그리고 나머지는 훈렌셋에 포함한다. $K = 1$을 이용하여 훈련 데이터에 대해 KNN 모델을 적합하고, 성능은 검정 데이터를 사용하여 평가한다.

```
> test=1:1000
> train.X=standardized.X[-test,]
> test.X=standardized.X[test,]
> train.Y=Purchase[-test]
> test.Y=Purchase[test]
> set.seed(1)
> knn.pred=knn(train.X,test.X,train.Y,k=1)
> mean(test.Y!=knn.pred)
[1] 0.118
> mean(test.Y!="No")
[1] 0.059
```

벡터 test는 1에서 1,000까지의 값을 가진 수치형이다. standardized.X[test,]를 입력하면 1에서 1,000까지 범위의 인덱스에 해당하는 관측치들을 포함하는 부분행렬이 제공되고, standardized.X[-test,]를 입력하면 1에서 1,000 이외의 인덱스에 해당하는 관측치들을 포함하는 부분행렬이 제공된다. 1,000개의 검정 관측치에 대한 KNN 오류율은 12%가 조금 안된다. 언뜻보기에 이것은 꽤 좋은 결과인 것 같다. 하지만 고객 중 단지 6%만 보험을 구매하였으므로 설명변수 값에 상관없이 항상 No라고 예측하면 오류율은 6%로 내려갈 것이다!

보험을 개인에게 판매하는 데는 적지 않은 어떤 비용이 있다고 해보자. 예를 들어, 판매원은 아마도 각 잠재 고객을 방문해야 한다. 만약 임의로 선택된 고객에게 보험을 판매하려고 한다면 성공율은 6% 밖에 되지 않을 것이며 관련 비용을 감안하면 너무 낮다고 생각할 수 있다. 보험회사는 구매를 할 것 같은 고객에게만 보험 판매를 시도하고 싶을 것이며, 따라서 전체 오류율에는 관심이 없다. 대신에, 보험을 구입한다고 올바르게 예측되는 고객 비율에 관심이 있다.

$K = 1$인 KNN은 보험을 구입한다고 예측된 고객들 중에서는 임의 추측보다 훨씬 낫다. 보험 구입이 예측된 77명의 고객 중에서 9명, 즉 11.7%가 실제로 보험을 구입하였다. 이 비율은 임의 추측으로 얻을 수 있는 것보다 2배나 높다.

```
> table(knn.pred,test.Y)
         test.Y
knn.pred  No  Yes
     No  873   50
     Yes  68    9
> 9/(68+9)
[1] 0.117
```

$K = 3$이면 성공율은 19%로 올라가고 $K = 5$이면 26.7%가 된다. 이것은 임의 추측보다 4배 이상 높은 비율이다. KNN은 해석이 쉽지 않은 자료에서 어떤 실질적인 패턴을 찾는 것 같다!

```
> knn.pred=knn(train.X,test.X,train.Y,k=3)
> table(knn.pred,test.Y)
         test.Y
knn.pred  No  Yes
     No  920   54
     Yes  21    5
> 5/26
[1] 0.192
> knn.pred=knn(train.X,test.X,train.Y,k=5)
> table(knn.pred,test.Y)
         test.Y
knn.pred  No  Yes
     No  930   55
     Yes  11    4
> 4/15
[1] 0.267
```

비교를 위해 로지스틱 회귀모델을 이 데이터에 적합해 볼 수 있다. 분류기에 대한 예측확률 컷오프 (cut-off)로 0.5를 사용한다면 문제가 발생한다. 즉, 검정 관측치 중 7명만 보험을 구매한다고 예측된다. 더 큰 문제는 이것들이 하나도 맞지 않다는 것이다! 하지만 0.5를 컷오프로 사용해야 하는 것은 아니다. 예측확률이 0.25를 초과할 때 구매를 예측한다면 훨씬 더 나은 결과를 얻을 것이다. 즉, 33명이 보험을 구매한다고 예측하게 될 것이고, 이 중 약 33%는 옳다. 이것은 임의 추측보다 5배 이상 낫다!

```
> glm.fit=glm(Purchase~.,data=Caravan,family=binomial,
    subset=-test)
Warning message:
glm.fit: fitted probabilities numerically 0 or 1 occurred
> glm.probs=predict(glm.fit,Caravan[test,],type="response")
> glm.pred=rep("No",1000)
> glm.pred[glm.probs>.5]="Yes"
> table(glm.pred,test.Y)
        test.Y
glm.pred  No  Yes
     No  934   59
     Yes   7    0
> glm.pred=rep("No",1000)
> glm.pred[glm.probs>.25]="Yes"
> table(glm.pred,test.Y)
        test.Y
glm.pred  No  Yes
     No  919   48
     Yes  22   11
> 11/(22+11)
[1] 0.333
```

4.7 연습문제

1. (4.2)는 (4.3)과 동등하다는 것을 증명하여라. 다시 말하면, 로지스틱 회귀모델에 대한 로지스틱 함수 표현과 로짓 표현은 같다.

2. 관측치를 (4.12)가 가장 큰 클래스로 분류하는 것은 (4.13)이 가장 큰 클래스로 분류하는 것과 같다고 하였는데, 이것이 사실임을 증명하여라. 다시 말해, k번째 클래스의 관측치들은 $N(\mu_k, \sigma^2)$ 분포를 따른다는 가정하에서 베이즈 분류기는 관측치를 판별함수가 최대가 되는 클래스에 할당한다.

3. 이 문제는 QDA 모델에 관련되며, 여기서 각 클래스 내의 관측치들은 클래스에 특정한 평균벡터와 공분산 행렬을 가진 정규분포를 따른다. $p = 1$, 즉 변수가 하나뿐인 단순한 경우를 고려한다. K개 클래스가 있고, 관측치가 k번째 클래스에 속하면 X는 1차원 정규분포 $X \sim N(\mu_k, \sigma_k^2)$에서 나왔다고 해보자. 1차원 정규분포의 밀도함수는 (4.11)이다. 이 경우 베이즈 분류기는 *비선형*이라는 것을 증명하여라. 사실 이것은 이차 형태라고 주장하여라.

   힌트: $\sigma_1^2 = \cdots = \sigma_K^2$란 가정없이 4.4.2절의 주장을 따라야 한다.

4. 변수의 수 p가 클 때, 검정 관측치 주변의 관측치들만 사용하여 예측을 수행하는 KNN 및 다른 국소적 기법의 성능은 나빠지는 경향이 있다. 이러한 현상은 *차원의 저주*라고 알려져 있으며, p가 클 때 보통 비모수적 기법들의 성능이 나쁘다는 사실과 관련된다. 이제, 이러한 현상에 대해 조사해 볼 것이다.

   (a) $p = 1$개 변수 X에 대한 측정치를 갖는 관측치셋이 있다고 해보자. X는 $[0, 1]$에서 균등하게 분포되어 있다고 가정한다. 각 관측치에는 반응변수 값이 연관된다. 검정 관측치에 가장 가까운 X 범위의 10% 이내에 있는 관측치들만을 사용하여 검정 관측치의 반응변수 값을 예측하고자 한다. 예를 들어, $X = 0.6$인 검정 관측치에 대한 반응변수 값을 예측하기 위해서는 $[0.55, 0.65]$ 범위 내의 관측치들을 사용할 것이다. 예측하는 데 사용하게 될 이용가능한 관측치들의 평균 비율은 얼마인가?

(b) 이제, $p = 2$개 변수 X_1과 X_2에 대한 측정치를 갖는 관측치셋이 있다고 해보자. (X_1, X_2)는 $[0,1] \times [0,1]$에서 균등하게 분포되어 있다고 가정한다. 검정 관측치에 가장 가까운 X_1 범위의 10% 이내, 그리고 X_2 범위의 10% 이내에 있는 관측치들만을 사용하여 검정 관측치의 반응변수 값을 예측하고자 한다. 예를 들어, $X_1 = 0.6$, $X_2 = 0.35$인 검정 관측치에 대한 반응변수 값을 예측하기 위해서는 X_1은 $[0.55, 0.65]$, X_2는 $[0.3, 0.4]$ 범위 내의 관측치들을 사용할 것이다. 예측하는 데 사용하게 될 이용가능한 관측치들의 평균 비율은 얼마인가?

(c) 이번에는 $p = 100$개 변수에 대한 관측치셋이 있다고 해보자. 마찬가지로 관측치들은 $[0,1]$ 범위의 각 변수에 대해 균등하게 분포되어 있다. 검정 관측치에 가장 가까운 각 변수 범위의 10% 이내에 있는 관측치들을 사용하여 검정 관측치의 반응변수 값을 예측하고자 한다. 예측하는 데 사용하게 될 이용가능한 관측치들의 비율은 얼마인가?

(d) (a)–(c)의 답을 사용하여 p가 클 경우 주어진 검정 관측치 "주변"에 사용할 수 있는 훈련 관측치의 수가 아주 적다는 KNN의 단점을 논의하여라.

(e) 평균적으로 훈련 관측치의 10%를 포함하며 검정 관측치에 중심을 둔 p 차원 하이퍼큐브(hypercube)를 생성하여 검정 관측치에 대해 예측하고자 한다. $p = 1, 2$, 그리고 100일 경우, 하이퍼큐브의 각 면의 길이는 얼마인가?

Note: 하이퍼큐브는 큐브(입방체)를 임의의 차원으로 일반화한 것이다. $p = 1$일 때는 단순히 선분이고, $p = 2$일 때는 정사각형이며, $p = 100$일 때는 100차원 큐브이다.

5. LDA와 QDA 사이의 차이를 조사한다.

   (a) 베이즈 결정경계가 선형이면 훈련셋에 대해 LDA 또는 QDA 어느쪽의 성능이 더 낮다고 예상되는가? 검정셋에 대해서는 어떤가?

   (b) 베이즈 결정경계가 비선형이면 훈련셋에 대해 LDA 또는 QDA 어느쪽의 성능이 더 낮다고 예상되는가? 검정셋에 대해서는 어떤가?

   (c) 일반적으로, 표본크기 n이 증가하면 QDA의 검정 예측 정확도가 LDA에 대해 개선되는가, 나빠지는가, 또는 변함이 없는가? 이유를 설명하여라.

(d) 참 또는 거짓: QDA는 선형결정경계를 모델링할 만큼 유연하므로 주어진 문제에 대한 베이즈 결정경계가 심지어 선형이라도 LDA가 아닌 QDA를 사용하여 우수한 검정오차율을 얻을 수 있을 것이다. 답에 대한 근거를 설명하여라.

6. 통계 수업을 듣는 한 그룹의 학생들에 대한 데이터를 수집한다고 해보자. 여기서, 변수 X_1 = 공부한 시간, X_2 = GPA, 그리고 Y = A 학점 취득을 나타낸다. 로지스틱 회귀를 적합하여 추정된 계수 $\hat{\beta}_0 = -6$, $\hat{\beta}_1 = 0.05$, $\hat{\beta}_2 = 1$을 얻는다.

    (a) 40시간을 공부하고 GPA가 3.5인 학생이 통계 수업에서 A를 받을 확률을 추정하여라.

    (b) (a)의 학생이 통계 수업에서 A를 받을 가능성이 50%가 되려면 몇 시간을 공부해야 하는가?

7. 작년의 퍼센트 수익률 X를 기반으로 주어진 주식이 올해 배당금을 제공할지("Yes" 또는 "No")를 예측하고자 한다. 많은 수의 회사를 조사해 보니 배당금을 준 회사의 평균 X 값은 $\bar{X} = 10$이었고, 배당금을 주지 않은 회사의 평균은 $\bar{X} = 0$이었다. 이들 두 그룹의 회사에 대한 X의 분산은 $\hat{\sigma}^2 = 36$이었고, 배당금을 준 회사는 80%였다. X가 정규분포를 따른다고 가정하고, 작년에 퍼센트 수익률이 $X = 4$였던 회사가 올해 배당금을 줄 확률을 예측하여라.

    힌트: 정규분포의 확률변수에 대한 밀도함수는 $f(x) = \frac{1}{\sqrt{2\pi\sigma^2}} e^{-(x-\mu)^2/2\sigma^2}$이다. 베이즈 정리를 사용할 필요가 있을 것이다.

8. 자료를 동일한 크기의 훈련셋과 검정셋으로 분할하여 두 가지 다른 분류절차를 시험하려 한다. 먼저, 로지스틱 회귀를 사용하여 훈련 데이터에 대한 오류율은 20%, 검정 데이터에 대한 오류율은 30%를 얻는다. 다음에, 1-최근접이웃(즉, $K = 1$)을 사용하여 18%의 평균 오류율(검정셋과 훈련셋에 대한 평균)을 얻는다. 이 결과를 기반으로 새로운 관측치를 분류하려면 어느 방법을 선호해야 하는가? 이유를 설명하여라.

9. 이 문제는 공산(odds)과 관련된다.

    (a) 신용카드 대금을 연체할 공산이 0.37인 사람 중 평균 몇 퍼센트가 실제로 연체할 것인가?

(b) 신용카드 대금을 연체할 가능성이 16%인 사람이 있다고 해보자. 이 사람이 연체할 공산은 얼마인가?

10. 이 문제는 ISLR 패키지의 일부인 Weekly 자료를 사용하여 답해야 한다. 이 자료는 Smarket 자료와 사실상 유사하며 1990년에서 2010년까지 21년 동안 1,089개의 주간 수익률을 포함한다.

    (a) Weekly 자료에 대한 수치 및 그래프적 요약정보를 나타내어라. 어떠한 패턴이 있어 보이는가?

    (b) 전체 자료를 사용하여 Direction을 반응변수로, 5개의 Lag 변수와 Volume을 설명변수로 하는 로지스틱 회귀를 수행하여라. summary() 함수를 사용하여 결과를 출력하여라. 설명변수 중에서 통계적으로 유의한 것이 있는가? 만약 그렇다면 어느 것인가?

    (c) 혼동행렬과 예측이 올바른 전체 비율을 계산하여라. 로지스틱 회귀에 의한 실수 유형에 대해 혼동행렬로 무엇을 알 수 있는지 설명하여라.

    (d) 1990년에서 2008년까지의 훈련 데이터에 Lag2만 설명변수로 사용하여 로지스틱 회귀모델을 적합하여라. 나머지 데이터(즉, 2009년에서 2010년까지의 데이터)에 대해 혼동행렬과 예측이 올바른 전체 비율을 계산하여라.

    (e) LDA를 사용하여 (d)를 반복하여라.

    (f) QDA를 사용하여 (d)를 반복하여라.

    (g) $K = 1$인 KNN을 사용하여 (d)를 반복하여라.

    (h) 어느 방법이 이 자료에 대해 가장 나은 결과를 제공하는가?

    (i) 각 방법에 대해 가능한 변환 및 상호작용을 포함하여 다른 설명변수들의 조합을 가지고 시험하여라. 나머지 데이터에 대해 가장 좋은 결과를 제공하는 변수, 방법, 그리고 관련된 혼동행렬을 리포트하여라. KNN 분류기의 경우 다른 K 값에 대해서도 시험해야 한다.

11. 이 문제에서는 Auto 자료를 기반으로 주어진 자동차가 높은 또는 낮은 연비를 가지는지 예측하는 모델을 개발한다.

(a) mpg가 중앙값(메디안)보다 높으면 1, 중앙값보다 낮으면 0인 2진 변수 mpg01을 생성하여라. 중앙값은 median() 함수를 사용하여 계산할 수 있다. mpg01과 Auto 자료의 다른 변수들을 포함하는 하나의 자료를 생성하는 데 data.frame() 함수를 사용하는 것이 유용할 수 있다.

(b) 자료를 그래프로 살펴보고 mpg01과 다른 변수들 사이의 관계를 조사하여라. 다른 변수들 중 어느 것이 mpg01을 예측하는 데 가장 유용할 것 같은가? 산점도와 박스도표가 이 질문에 답하는 데 유용할 수 있다. 발견한 것을 설명하여라.

(c) 자료를 훈련셋과 검정셋으로 분할하여라.

(d) (b)에서 mpg01과 가장 상관성이 높아 보이는 변수들을 사용하여 훈련 데이터에 대한 LDA를 수행하고 mpg01을 예측하여라. 모델의 검정오차는 얼마인가?

(e) (b)에서 mpg01과 가장 상관성이 높아 보이는 변수들을 사용하여 훈련 데이터에 대한 QDA를 수행하고 mpg01을 예측하여라. 모델의 검정오차는 얼마인가?

(f) (b)에서 mpg01과 가장 상관성이 높아 보이는 변수들을 사용하여 훈련 데이터에 대한 로지스틱 회귀를 수행하고 mpg01을 예측하여라. 모델의 검정오차는 얼마인가?

(g) 훈련 데이터에 대해 여러 값의 K를 이용한 KNN을 수행하여 mpg01을 예측하여라. (b)에서 mpg01과 가장 상관성이 높아 보이는 변수들만을 사용하여라. 검정오차는 얼마인가? 이 자료에 대해 가장 성능이 좋아 보이는 K 값은 얼마인가?

12. 이 문제는 함수를 작성하는 것에 관련된다.

(a) 2의 세제곱 결과를 출력하는 함수 Power()를 작성하여라. 다시 말해, 이 함수는 2^3을 계산하고 그 결과를 출력해야 한다.

힌트: x^a는 x의 a제곱을 의미한다. 결과를 출력하는 데는 *print()* 함수를 사용하면 된다.

(b) 새로운 함수 Power2()를 작성하여라. 이 함수는 임의의 두 수 x와 a를 전달 받아 x^a의 값을 출력한다. 함수는 아래와 같이 시작할 수 있다.

```
> Power2=function(x,a){
```

예를 들어, 다음과 같이 커맨드라인으로 작성한 함수를 호출할 수 있어야 한다.

```
> Power2(3,8)
```

위 명령어를 수행하면 3^8의 값, 즉 6,561을 출력해야 한다.

(c) 좀 전에 작성한 Power2() 함수를 사용하여 10^3, 8^{17}, 131^3을 계산하여라.

(d) 새로운 함수 Power3()를 작성하여라. 이 함수는 x^a 결과를 화면에 단순히 출력하는 것이 아니라 R 객체로서 *반환*한다. 즉, x^a의 값을 함수 내 result라는 객체에 저장하면 아래와 같이 return()을 사용하여 이 결과를 반환할 수 있다.

```
return(result)
```

위의 명령은 함수에서 } 기호 이전의 마지막 라인이어야 한다.

(e) Power3() 함수를 사용하여 $f(x) = x^2$의 그래프를 그려라. x축은 1에서 10까지 정수의 범위를 나타내어야 하고 y축은 x^2을 나타내어야 한다. 각 축에 이름을 붙이고 그래프에 적절한 제목을 붙여라. x축, y축, 또는 둘 다 로그-스케일(log-scale)로 나타내는 것을 고려하여라. 이것은 log="x", log="y", 또는 log="xy"를 plot() 함수에 대한 인자로 사용함으로써 될 수 있다.

(f) PlotPower() 함수를 작성하여라. 이 함수는 고정된 a와 x 값의 범위에 대해 x^a에 대한 x의 그래프를 생성한다. 예를 들어, 다음과 같이 호출하면

```
> PlotPower(1:10,3)
```

x축은 $1, 2, \ldots, 10$의 값을 취하고 y축은 $1^3, 2^3, \ldots, 10^3$을 가지는 그래프가 생성되어야 한다.

13. Boston 자료를 사용하여 분류모델들을 적합하고 주어진 교외 지역의 범죄율이 중앙값보다 높거나 낮은지 예측하여라. 설명변수들의 다양한 부분집합을 사용하여 로지스틱 회귀, LDA, KNN 모델을 살펴보고 발견한 것을 설명하여라.

재표본추출 방법
Resampling Methods

CHAPTER 05

재표본추출(Resampling) 방법은 현대 통계에서 없어서는 안 될 도구이다. 이것은 훈련셋에서 반복적으로 표본을 추출하고 각 표본에 관심있는 모델을 다시 적합하여 적합된 모델에 대해 추가적인 정보를 얻는 것을 말한다. 예를 들어, 선형회귀적합의 변동을 추정하기 위해 훈련 데이터에서 다른 표본을 반복적으로 추출하고 추출된 새로운 각 표본에 선형회귀적합을 수행하여 적합결과가 다른 정도를 조사할 수 있다. 이러한 접근방식은 원래의 훈련 표본을 사용하여 모델 적합을 한 번만 하는 경우 얻을 수 없는 정보를 얻을 수 있다.

재표본추출 기법은 훈련 데이터의 다른 서브셋(subset)을 사용하여 동일한 통계적 방법을 여러 번 적합하기 때문에 계산량이 많을 수 있다. 하지만 컴퓨팅 기술의 발전으로 재표본추출 방법의 계산량은 보통 문제가 되지 않는다. 이 장에서는 가장 일반적으로 사용되는 재표본추출 방법 중 두 가지인 *교차검증(cross-validation)*과 붓스트랩(bootstrap)에 대해 살펴볼 것이다. 두 방법 모두 많은 통계학습절차를 실제로 적용하는 데 중요한 도구이다. 예를 들어, 교차검증은 주어진 통계학습방법과 연관된 검정오차를 추정하여 성능을 평가하거나 적절한 수준의 유연성을 선택하는 데 사용될 수 있다. 모델의 성능을 평가하는 과정은 *모델평가*(model assessment)로 알려져 있고, 모델에 대한 적절한 수준의 유연성을 선택하는 과정은 *모델선택*(model selection)이라고 알려져 있다. 붓스트랩은 여러 맥락에서 사용되는데, 가장 일반적으로는 파라미터 추정의 정확도 또는 주어진 통계학습방법의 정확도를 측정하는 데 사용된다.

5.1 교차검증(Cross-Validation)

2장에서 *검정오차율*(test error rate)과 *훈련오차율*(training error rate) 사이의 차이에 대해 살펴보았다. 검정오차는 통계학습방법을 사용하여 새로운 관측치—즉, 훈련하는데 사용되지 않은 측정치—에 대한 반응변수 값을 예측하는 데 발생하는 평균오류이다. 주어진 데이터셋에 대해 어떤 특정 통계학습방법의 검정오차가 낮은 경우 이 방법을 사용하는 것이 정당화된다. 검정오차는 지정된 검정셋이 있는 경우 쉽게 계산할 수 있다. 그러나 보통은 이용할 수 있는 지정된 검정셋이 없다. 반면에, 훈련오차는 통계학습방법을 훈련에 사용된 관측치에 적용하여 쉽게 계산할 수 있다. 그러나, 2장에서 보여준 것과 같이 훈련오차율은 보통 검정오차율과 상당히 다르며, 어떤 경우에는 검정오차율을 크게 과소추정할 수 있다.

검정오차율을 직접 추정하는 데 사용될 수 있는 대규모의 지정된 검정셋이 없는 경우, 이용가능한 훈련 데이터를 사용하여 이 값을 추정하는 데 사용될 수 있는 다수의 기법들이 있다. 몇몇 방법들은 훈련오차율을 수학적으로 조정하여 검정오차율을 추정한다. 이러한 기법들에 대해서는 6장에서 논의한다. 이 절에서는 적합과정에서 훈련 관측치들의 일부를 제외하고, 제외된 관측치들에 통계학습방법을 적용하여 검정오차율을 추정하는 방법들을 고려한다.

5.1.1–5.1.4절에서는 표현의 단순함을 위해 양적 반응변수의 회귀에 관심이 있다고 가정한다. 5.1.5절에서는 반응변수가 질적인 분류를 고려한다. 반응변수가 양적이든 질적이든 관계없이 핵심 개념은 동일하다.

5.1.1 검증셋 기법(Validation Set Approach)

특정 통계학습방법을 관측치들의 셋에 적합하는 데 관련된 검정오차를 추정한다고 해보자. 그림 5.1에 나타낸 *검증셋 기법*은 이 목적을 위한 매우 단순한 전략이다. 이 기법은 관측치들을 임의로 두 부분, 훈련셋과 검증셋 또는 *hold-out set*으로 나눈다. 모델적합은 훈련셋에 대해 수행하고 적합된 모델은 검증셋의 관측치들에 대한 반응변수 값을 예측하는 데 사용된다. 결과의 검증셋 오차율—양적 반응변수의 경우 전형적으로 MSE를 사용하여 평가—은 검정오차율에 대한 추정치를 제공한다.

검증셋 기법을 Auto 자료에 적용해 설명해보자. 3장에서, mpg와 horsepower 사이에 비선형 상관

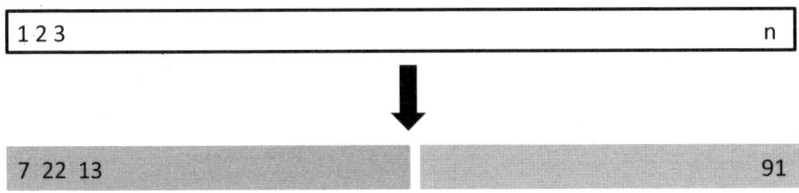

그림 5.1: 검증셋 기법을 도식적으로 나타낸 것. n개의 관측치들이 임의로 훈련셋(파란색. 관측치 7, 22, 13을 포함)과 검증셋(베이지색. 관측치 91을 포함)으로 나누어진다. 통계학습방법은 훈련셋에 적합되고 그 성능은 검증셋을 사용해 평가된다.

검증셋 기법을 Auto 자료에 적용해 설명해보자. 3장에서, mpg와 horsepower 사이에 비선형 상관 관계가 있고 horsepower와 $horsepower^2$을 사용하여 mpg를 예측하는 모델이 선형 항만을 사용하는 모델보다 결과가 더 나았었다. 자연스럽게 3차 또는 더 높은 차수의 적합을 사용하면 결과가 더 나아질 수 있는지 의문이 생긴다. 3장에서는 이 질문에 대해 선형회귀의 3차항과 더 높은 차수의 다항식 항과 연관된 p-값들을 보고 답하였다. 그러나 이 질문에 대한 답은 검증방법을 사용해서도 할 수 있다. 392개의 관측치들을 임의로 두 개의 셋으로 분할하며, 훈련셋과 검증셋에 각각 196개의 관측치가 포함된다. 그림 5.2의 왼쪽 패널에 검증셋 오차율들을 도시한다. 이 오류율은 훈련표본에 다양한 회귀모델들을 적합하고, 검증셋 오차의 측도로서 MSE를 사용하여 검증표본에 대한 모델들의 성능을 평가한 결과이다. 검증셋의 MSE는 이차적합의 경우 선형적합보다 훨씬 작다. 하지만 삼차적합에 대한 검증셋 MSE는 이차적합보다 오히려 조금 더 크다. 이것은 회귀에 3차항을 포함하는 것이 단순히 2차항을 사용한 예측보다 더 나을 것이 없음을 시사한다.

그림 5.2의 왼쪽 패널에 도시한 결과는 자료를 임의로 훈련셋과 검증셋의 두 부분으로 나누어 처리하여 얻은 것이다. 동일한 자료를 임의로 두 부분으로 나누는 과정을 반복한다면 검정 MSE에 대한 추정치는 다소 다른 값이 얻어질 것이다. 그림 5.2의 오른쪽 패널에 Auto 자료로부터 얻은 10개의 다른 검증셋 MSE 곡선을 나타낸다. 이 MSE 곡선들은 10번의 다른 랜덤 분할을 통해 관측치들을 훈련셋과 검증셋으로 나누어서 얻은 것이다. 10개 곡선 모두 2차항을 가지는 모델이 선형 항만을 가지는 모델에 비해 훨씬 작은 검증셋 MSE를 갖는다. 더욱이 10개 곡선 모두 3차 또는 더 높은 차수의 다항식 항을 모델에 포함하는 것이 별로 이득이 없다는 것을 보여준다. 그러나 10개 곡선 각각은 고려한 10개의

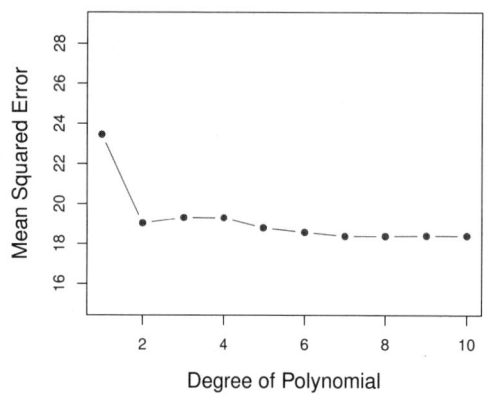 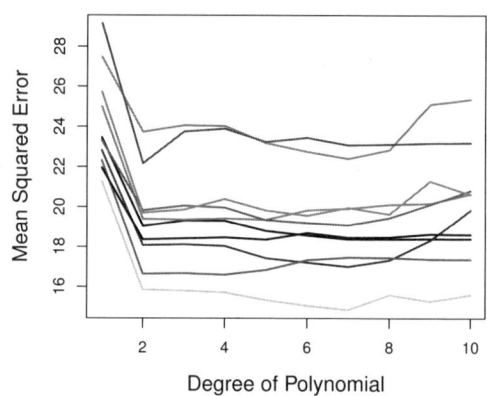

그림 5.2: Auto 자료에 검증셋 기법을 적용하여 얻은 결과로, horsepower의 다항식 함수들을 사용한 mpg 예측에서 발생되는 검정오차를 추정한다. 왼쪽: 데이터를 훈련셋과 검증셋으로 한 번 분할한 경우에 대한 검증오차 추정치. 오른쪽: 검증방법이 10번 반복되며 관측치들은 매번 다르게 훈련셋과 검증셋으로 분할된다. 이것은 추정된 검정 MSE의 변동을 보여준다.

회귀모델 각각에 대해 다른 검정 MSE 추정치를 제공한다. 어느 모델이 가장 작은 검증셋 MSE를 제공하는지 10개 모델 사이에 일치된 결과는 없다. 이 곡선들 사이의 변동을 기반으로 내릴 수 있는 결론은 선형적합은 이 데이터에 적절하지 않다는 것뿐이다.

검증셋 기법은 개념적으로 단순하고 구현하기 쉽다. 그러나 두 가지 잠재적인 결점이 있다.

1. 그림 5.2의 오른쪽 패널에 보여준 것과 같이, 검정오차율의 검증추정치는 어느 관측치들이 훈련셋과 검증셋에 포함되느냐에 따라 변동이 상당히 클 수 있다.

2. 검증셋 기법에서 관측치의 일부—즉, 검증셋이 아니라 훈련셋에 포함된 것—만이 모델적합에 사용된다. 통계방법들은 작은 수의 관측치에 대해 훈련될 때 성능이 나빠지는 경향이 있으므로 검증셋 오차율은 전체 데이터셋에 대한 모델적합의 검정오차율을 *과대추정*하는 경향이 있을 수 있다.

다음의 몇 개 절에서 위의 두 가지 이슈를 개선한 검증셋 기법인 *교차검증*에 대해 다룰 것이다.

5.1.2 LOOCV(Leave-One-Out Cross-Validation)

*LOOCV*는 5.1.1절의 검증셋 기법과 밀접하게 관련되어 있지만 이 기법의 결점을 해결하려고 한다.

검증셋 기법과 마찬가지로 LOOCV는 관측치셋을 두 부분으로 분할한다. 하지만 비슷한 크기의 두 서브셋(subset)을 만드는 대신에 하나의 관측치 (x_1, y_1)이 검증셋으로 사용되고 나머지 관측치 $\{(x_2, y_2), \ldots, (x_n, y_n)\}$은 훈련셋을 구성한다. 통계학습방법은 $n-1$개 훈련 관측치에 적합되고 제외된 관측치에 대한 예측값 $\hat{y}_1$은 x_1 값을 사용하여 구한다. (x_1, y_1)은 적합과정에 사용되지 않았으므로 $\text{MSE}_1 = (y_1 - \hat{y}_1)^2$은 검정오차에 대한 거의 편향되지 않은 추정치를 제공한다. 그러나 MSE_1은 비록 검정오차에 대해 편향되어 있지 않지만 하나의 관측치 (x_1, y_1)에 기초하므로 변동이 커서 좋지 않은 추정치이다.

이 절차를 반복하여 수행할 수 있다. 검증데이터로 (x_2, y_2)를 선택하고, 나머지 $n-1$개 관측치 $\{(x_1, y_1), (x_3, y_3), \ldots, (x_n, y_n)\}$에 대해 통계학습절차를 훈련하여 $\text{MSE}_2 = (y_2 - \hat{y}_2)^2$을 계산한다. 이런식으로 n번 반복하면 n개의 제곱오차 $\text{MSE}_1, \ldots, \text{MSE}_n$을 얻는다. 검정 MSE에 대한 LOOCV 추정치는 n개 검정오차 추정치들의 평균이다.

$$\text{CV}_{(n)} = \frac{1}{n} \sum_{i=1}^{n} \text{MSE}_i \tag{5.1}$$

그림 5.3은 이러한 LOOCV 기법을 도식적으로 나타낸 것이다.

LOOCV는 검증셋 기법과 비교하여 두 가지 주요 장점이 있다. 첫째, LOOCV는 훨씬 편향이 작다. LOOCV는 전체 데이터셋의 관측치 수와 거의 같은 $n-1$개 관측치를 포함하는 훈련셋들을 사용하여 통계학습방법을 반복하여 적합한다. 이에 반해 검증셋 기법의 훈련셋은 일반적으로 원래 데이터셋 크기의 절반 정도이다. 따라서 LOOCV 기법은 검증셋 기법만큼 검정오차율을 과대추정하지 않는 경향이 있다. 둘째, 훈련셋/검증셋 분할의 임의성 때문에 적용할 때마다 다른 결과를 제공하는 검증셋 기법과 대조적으로, LOOCV는 여러 번 수행해도 항상 동일한 결과가 얻어질 것이다. 즉, 훈련셋/검증셋 분할에 임의성이 없다.

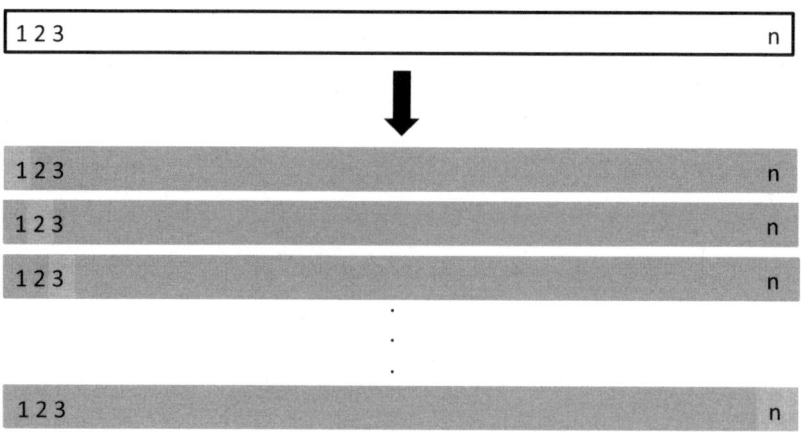

그림 5.3: LOOCV를 도식적으로 나타낸 것. n개의 관측치를 가진 데이터셋이 한 개를 제외한 모든 관측치를 포함하는 훈련셋(파란색)과 제외된 그 관측치를 포함하는 검증셋(베이지색)으로 반복하여 분할된다. 그다음에 n개의 MSE를 평균하여 검정오차를 추정한다. 첫 번째 훈련셋은 관측치 1을 제외한 모든 관측치를 포함고, 두 번째는 관측치 2를 제외한 모두를 포함한다. 이런 방식으로 다른 훈련셋도 구성된다.

Auto 자료에 LOOCV를 적용하여 검정셋 MSE의 추정치를 얻었다. 이 MSE는 horsepower의 다항식 함수들을 사용하여 mpg를 예측하도록 선형회귀모델을 적합한 결과 발생된 것이다. 이 결과는 그림 5.4의 왼쪽 패널에 도시한다.

LOOCV는 모델을 n번 적합해야 하므로 잠재적으로 구현 부담이 있을 수 있다. 만약 n이 크고 각 모델의 적합이 느리면 아주 많은 계산시간이 필요할 수 있다. 최소제곱 선형회귀 또는 다항식회귀를 사용하는 경우 LOOCV의 계산시간이 하나의 모델적합과 동일하게 되도록 하는 놀라운 방법이 있다! 다음 식을 살펴보자.

$$\text{CV}_{(n)} = \frac{1}{n}\sum_{i=1}^{n}\left(\frac{y_i - \hat{y}_i}{1 - h_i}\right)^2 \tag{5.2}$$

여기서, $\hat{y}_i$은 원래의 최소제곱적합에서 얻어진 i번째 적합값이고 h_i는 (3.37)에 정의된 레버리지(leverage)이다. 이것은 보통의 MSE와 같은데 i번째 잔차가 $1-h_i$에 의해 나누어진다는 것이 다르다. 레버리지는 $1/n$과 1 사이에 놓이고 어떤 관측치가 적합에 주는 영향의 정도를 반영한다. 따라서, 레버리지가 높은 점에 대한 잔차는 정확하게 등호가 성립할 양만큼 위 식에서 부풀려진다.

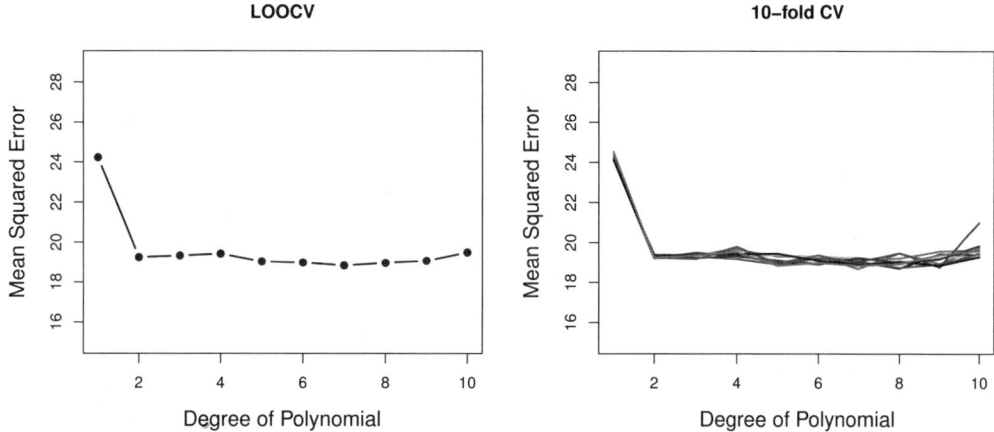

그림 5.4: Auto 자료에 교차검증을 적용하여 얻은 결과로, horsepower의 다항식 함수들을 사용한 mpg 예측에서 발생되는 검정오차를 추정한다. 왼쪽: LOOCV 오차곡선. 오른쪽: 10-fold CV를 9번 수행하며, 매번 임의로 데이터를 10개 부분으로 분할한다. 9개의 약간 다른 CV 오차곡선을 나타낸다.

LOOCV는 매우 일반적인 방법이고 어떠한 종류의 예측 모델과도 함께 사용될 수 있다. 예를 들어, 이것은 로지스틱 회귀 또는 선형판별분석, 또는 뒷장에서 논의되는 방법들에서도 사용될 수 있다. 식 (5.2)는 일반적인 경우에는 성립하지 않는다. 이 경우 모델을 n번 반복해서 적합해야 한다.

5.1.3 k-fold 교차검증

LOOCV의 대안은 k-fold CV이다. 이 기법은 관측치셋을 임의로 크기가 거의 같은 k개 그룹(또는 fold) 으로 분할한다. 첫 번째 fold는 검증셋으로 취급하고 적합은 나머지 $k-1$개 fold에 대해 수행된다. 그다음에 평균제곱오차 MSE_1이 검증셋 fold의 관측치에 대해 계산된다. 이 절차는 k번 반복되며 매번 다른 그룹의 관측치들이 검증셋으로 취급된다. 이 과정으로 k개 검정오차 추정치 $MSE_1, MSE_2, \ldots, MSE_k$ 가 얻어진다. k-fold CV 추정치는 이 값들을 평균하여 계산된다.

$$CV_{(k)} = \frac{1}{k} \sum_{i=1}^{n} MSE_i \tag{5.3}$$

그림 5.5: 5-fold CV를 도식적으로 나타낸 것. n개의 관측치를 가진 데이터셋이 임의로 5개의 겹치지 않는 그룹으로 분할된다. 그중 다섯개는 검증셋(베이지색), 나머지는 훈련셋(파란색) 역할을 한다. 검정오차는 5개의 MSE 추정치를 평균하여 구한다.

그림 5.5는 k-fold CV 기법을 도시한 것이다.

LOOCV는 k를 n과 동일하게 설정한 k-fold CV의 특별한 경우이다. 현실에서 k-fold CV는 보통 $k = 5$ 또는 $k = 10$을 사용한다. $k = n$ 대신에 $k = 5$ 또는 $k = 10$을 사용하는 경우 장점은 무엇인가? 가장 명백한 장점은 계산량이다. LOOCV는 통계학습방법을 n번 적합해야 한다. 이것은 잠재적으로 너무 많은 계산량을 필요로 할 수 있다(식 (5.2)가 사용될 수 있는 경우인 최소제곱에 의한 선형모델적합을 제외하고). 그러나 교차검증은 거의 어느 통계학습방법에도 적용될 수 있는 매우 일반적인 기법이다. 어떤 통계학습방법은 계산량이 상당히 많은 적합절차를 가지고 있어 LOOCV 수행이 계산상의 문제를 일으킬 수 있으며, 특히 n이 아주 클 경우 그렇다. 이에 반해, 10-fold CV는 학습절차에 대한 적합이 단지 10번만 필요하므로 실현가능성이 훨씬 높다. 또한, 5-fold 또는 10-fold CV는 5.1.4절에서 살펴보듯이 편향-분산 절충과 관련된 다른 장점도 가지고 있을 수 있다.

그림 5.4의 오른쪽 패널은 Auto 자료에 대한 9개의 다른 10-fold CV 추정치를 나타내며, 각 결과는 관측치들을 임의로 10개의 다른 그룹으로 분할하여 얻은 것이다. 그림에서 볼 수 있듯이, CV 추정치의 일부 변동은 관측치들을 10개의 그룹으로 분할하는 데 수반되는 변동에 의한 것이다. 그러나 이 변동은 보통 검증셋 기법에서 얻어지는 검정오차 추정치(그림 5.2의 오른쪽 패널)의 변동보다 훨씬 낮다.

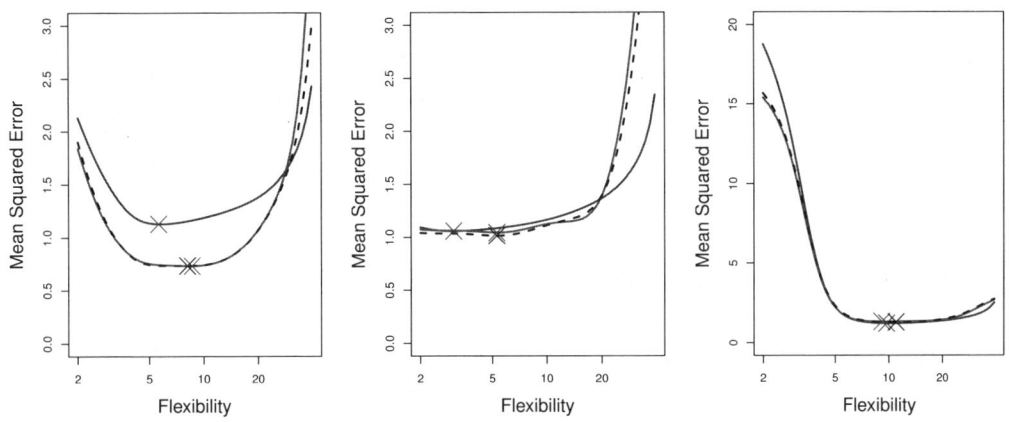

그림 5.6: 그림 2.9(왼쪽), 2.10(중앙), 2.11(오른쪽)의 모의 자료에 대한 실제 및 추정 검정 MSE. 실제 검정 MSE는 파란색, LOOCV 추정치는 검은색 파선, 그리고 10-fold CV 추정치는 오렌지색으로 나타낸다. X 표시는 각 MSE 곡선의 최소값을 나타낸다.

현실적 데이터(real data)를 조사할 때는 *실제(true)* 검정 MSE를 모르므로 교차검증 추정치의 정확도를 결정하기 어렵다. 하지만 모의 데이터의 경우에는 실제 검정 MSE를 계산할 수 있고 교차검증 결과의 정확도를 평가할 수 있다. 그림 5.6은 2장의 그림 2.9–2.11에 보여준 모의 데이터에 평활 스플라인(smoothing spline)을 적용하여 얻은 교차검증 추정치와 실제 검정오차율을 나타낸다. 실제 검정 MSE는 파란색으로 표시된다. 검은색 파선과 오렌지색 실선은 각각 LOOCV 추정치와 10-fold CV 추정치를 보여준다. 세 그래프 모두에서 두 교차검증 추정치들은 매우 유사하다. 그림 5.6의 오른쪽 패널을 보면 실제 검정 MSE와 교차검증 곡선들은 거의 일치한다. 그림 5.6의 중앙 패널을 보면, CV 곡선들은 유연성의 정도가 낮은 경우 실제 검정 MSE와 유사하지만 유연성의 정도가 높은 경우 검정셋 MSE를 과대추정한다. 그림 5.6의 왼쪽 패널을 보면 CV 곡선들은 전반적인 형태는 맞지만 실제 검정 MSE를 과소추정한다.

교차검증을 수행할 때, 주어진 통계학습절차가 독립적인 데이터에 대해 얼마나 잘 수행되는지 결정하고자 할 수 있다. 이런 경우엔 검정 MSE의 실질적인 추정치에 관심이 있다. 그러나 어떤 경우에는 *추정된 검정 MSE 곡선에서 최소값의 위치*에만 관심이 있을 수도 있다. 이것은 다수의 통계학습방법에 대해 교차검증을 수행하거나 또는 다른 수준의 유연성을 사용하여 하나의 학습방법에 대해 교차검증을 수행하는 이유가 가장 낮은 검정오차를 초래하는 방법을 찾고자 하기 때문이다. 이 목적을 위해서는 추정된 검정 MSE 곡선에서 최소값을 가지는 위치는 중요하지만 추정된 검정 MSE의 실제값은 중요하지 않다. 그림 5.6을 살펴보면, CV 곡선들은 때로는 실제 검정 MSE를 과소추정하지만 올바른 유연성의 수준, 즉 가장 작은 검정 MSE에 대응하는 유연성 수준을 식별할 수 있게 한다.

5.1.4 k-fold 교차검증에 대한 편향-분산 절충

5.1.3절에서 언급하였듯이 $k < n$인 k-fold CV는 LOOCV에 비해 계산상의 장점이 있다. 그러나 계산상의 문제와 별개로, 덜 분명하지만 잠재적으로 더 중요한 k-fold CV의 장점은 LOOCV보다 검정오차율을 보통 더 정확하게 추정한다는 것이다. 이것은 편향-분산 절충과 관련이 있다.

5.1.1절에서 검증셋 기법은 전체 관측치의 절반만 포함되는 훈련셋을 통계학습방법을 적합하는 데 사용하기 때문에 검정오차율을 과대추정할 수 있다고 하였다. 이 논리에 따르면, LOOCV는 거의 편향되지 않은 검정오차 추정치를 제공할 것이다. 왜냐하면, 각 훈련셋은 전체 데이터셋의 관측치 수와 거의 같은 $n-1$개의 관측치를 포함하기 때문이다. 반면에 k-fold CV(예를 들어, $k=5$ 또는 $k=10$)의 편향은 중간 수준이 될 것이다. 왜냐하면, 각 훈련셋은 LOOCV 기법보다는 작지만 검증셋 기법보다 훨씬 많은 $(k-1)n/k$개의 관측치를 포함하기 때문이다. 그러므로 편향 감소의 측면에서 보면 LOOCV가 k-fold CV보다 명백히 낫다.

하지만 추정절차에서 고려해야 하는 것이 편향만 있는 것이 아니다. 추정절차의 분산도 반드시 고려해야 한다. LOOCV는 $k < n$인 k-fold CV보다 더 큰 분산을 갖는다. 왜 그럴까? LOOCV는 n개 적합된 모델의 결과를 평균하는데, 적합된 모델 각각은 거의 동일한 관측치들로 구성된 훈련셋을 사용하여 구해진다. 그러므로 적합된 모델의 결과들은 서로 높은 (양의) 상관성이 있다. 반대로, $k < n$인 k-fold CV를 수행할 때는 k개 적합된 모델의 결과를 평균하는데, 각 모델의 훈련셋 사이에 겹치는 부분이 적어 적합된 모델의 결과들은 서로 덜 상관되어 있다. 상관성이 높은 값들의 평균은 상관성이 상대적으로 낮은 값들의 평균보다 분산이 크기 때문에 LOOCV의 검정오차 추정치는 k-fold CV의 추정치보다 분산이 더 큰 경향이 있다.

요약하면, k-fold 교차검증에서는 k값의 선택과 관련된 편향-분산 절충이 존재한다. 일반적으로 k-fold 교차검증을 할 때 $k = 5$ 또는 $k = 10$을 사용한다. 왜냐하면, 이 값들을 사용하면 지나치게 높은 편향과 매우 높은 분산으로 인한 문제없이 검정오차율 추정치를 얻을 수 있다는 것이 경험적으로 알려져 있기 때문이다.

5.1.5 분류문제에 대한 교차검증

이장에서 지금까지는 반응변수 Y가 양적인 회귀설정에서 교차검증 사용을 보여주었고 검정오차를 수량화하기 위해 MSE를 사용하였다. 그러나 교차검증은 Y가 질적인 경우 분류설정에서도 매우 유용한 기법이다. 이러한 설정에서 교차검증은 앞에서 설명한 것과 동작이 같으며, 다른 점은 검정오차를 수량화하는 데 MSE를 사용하지 않고 잘못 분류된 관측치의 수를 사용한다는 것이다. 예를 들어, 분류설정에서 LOOCV의 오차율은 아래와 같다.

$$\text{CV}_{(n)} = \frac{1}{n} \sum_{i=1}^{n} \text{Err}_i \tag{5.4}$$

여기서 $\text{Err}_i = I(y_i \neq \hat{y}_i)$이다. k-fold CV의 오차율과 검증셋 오차율도 유사하게 정의된다.

하나의 예로, 다양한 로지스틱 회귀모델을 그림 2.13의 2차원 분류 데이터에 적합한다. 그림 5.7의 왼쪽 위 패널에서 검은색 실선은 표준 로지스틱 회귀모델을 이 데이터셋에 적합하여 얻은 추정된 결정경계를 보여준다. 이것은 모의 데이터이므로 *실제* 검정오차율을 계산할 수 있고, 그 값은 0.201로 베이즈 오차율 0.133보다 훨씬 크다. 명백히 로지스틱 회귀는 이 설정의 베이즈 결정경계를 모델링할만큼의 유연성을 가지고 있지 않다. 3.3.2절의 회귀설정에서 했던 것과 같이, 설명변수들의 다항식 함수들을 사용하여 비선형결정경계를 얻도록 로지스틱 회귀를 쉽게 확장할 수 있다. 예를 들어, 아래와 같이 주어진 *이차* 로지스틱 회귀모델을 적합할 수 있다.

$$\log\left(\frac{p}{1-p}\right) = \beta_0 + \beta_1 X_1 + \beta_2 X_1^2 + \beta_3 X_2 + \beta_4 X_2^2 \tag{5.5}$$

식 (5.5)에 의한 결정경계는 그림 5.7의 오른쪽 위 패널에 나타낸 곡선형태이다. 하지만 검정오차율은 0.197로 단지 약간 개선되었다. 그림 5.7의 왼쪽 아래 패널에는 훨씬 많이 개선된 결과를 보여주는데, 이

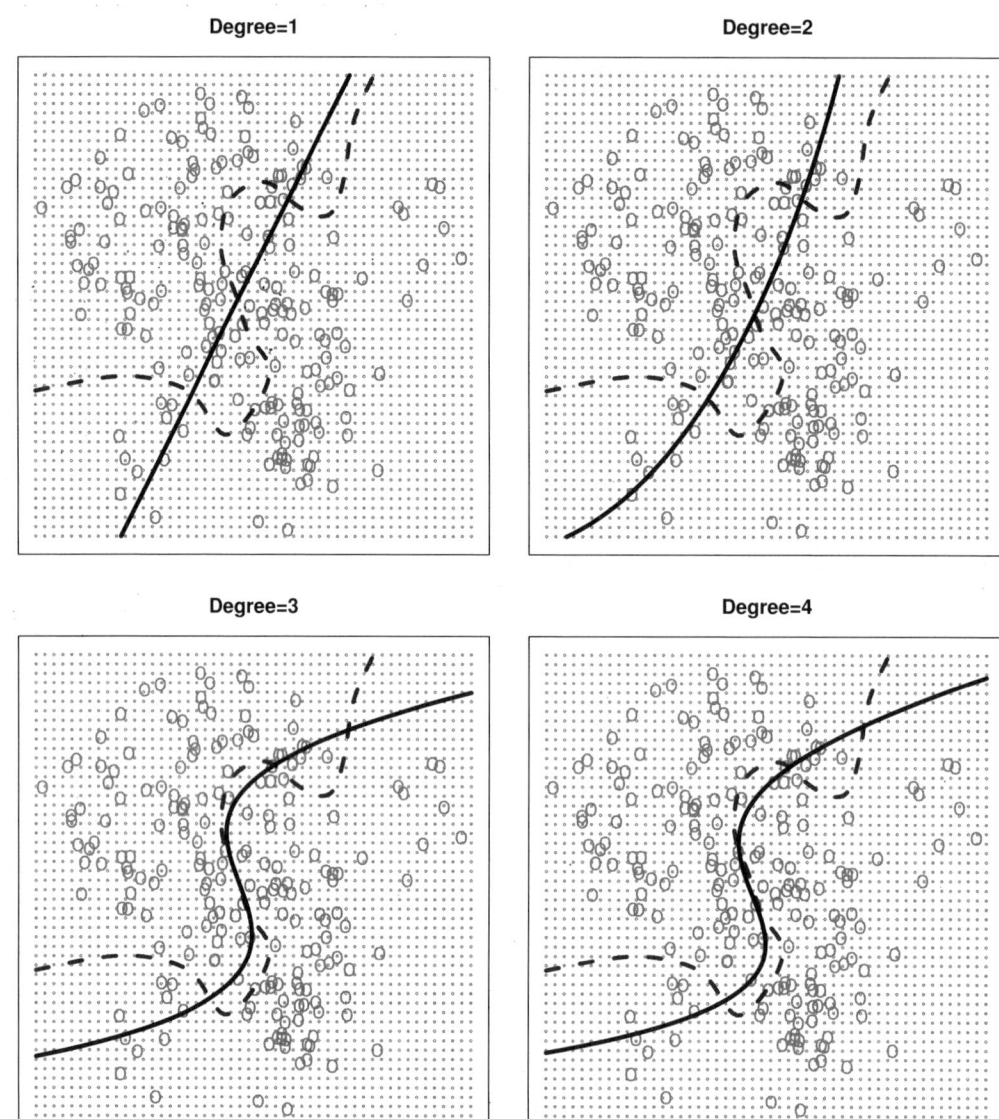

그림 5.7: 그림 2.13에 나타낸 2차원 분류 데이터에 대한 로지스틱 회귀적합. 베이즈 결정경계는 보라색 파선으로 나타낸다. 1차(선형), 2차, 3차, 4차 로지스틱 회귀로부터 추정된 결정경계는 검은색으로 표시된다. 4개의 로지스틱 회귀적합에 대한 검정오차율은 각각 0.201, 0.197, 0.160, 0.162이고 베이즈 오차율은 0.133이다.

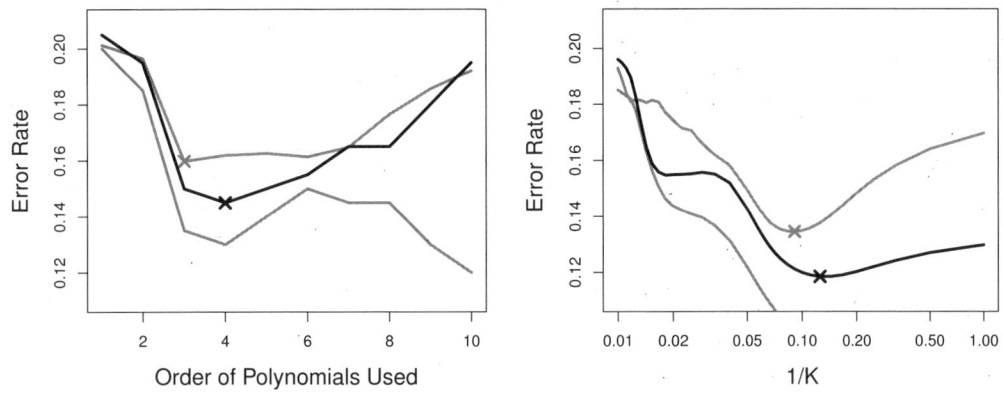

그림 5.8: 그림 5.7에 나타낸 2차원 분류 데이터에 대한 검정오차(갈색), 훈련오차(파란색), 10-fold CV 오차(검은색). 왼쪽: 설명변수들의 다항식 함수들을 사용한 로지스틱 회귀. 사용된 다항식의 차수는 x-축에 표시된다. 오른쪽: 사용된 이웃의 수 k값에 따른 KNN 분류기.

것은 설명변수들의 3차 다항식들을 포함하는 로지스틱 회귀모델을 적합한 것이다. 이제 검정오차율은 0.160까지 줄어들었다. 4차 다항식을 사용하면 검정오차율이 약간 증가한다(오른쪽 아래 패널).

실제 데이터의 경우 베이즈 결정경계와 검정오차율은 알려져 있지 않다. 그렇다면 그림 5.7에 나타낸 4가지 로지스틱 회귀모델에서 어떤 모델을 선택해야 하는가? 교차검증을 사용하여 이 결정을 할 수 있다. 그림 5.8의 왼쪽 패널에서 검은색은 10-fold CV 오차율을 나타내는데, 이것은 설명변수들의 다항식 함수들을 최대 10차까지 사용한 10개의 로지스틱 회귀모델을 적합하여 얻은 것이다. 실제 검정오차는 갈색으로 나타내고 훈련오차는 파란색으로 나타낸다. 앞에서 보았듯이, 훈련오차는 적합의 유연성이 증가함에 따라 감소하는 경향이 있다(그림에서 훈련오차율은 단조 감소는 아니지만 모델의 복잡도가 증가함에 따라 전반적으로 감소하는 경향이 있다). 이에 반해, 검정오차는 U-형태를 보인다. 10-fold CV 오차율은 검정오차율에 아주 잘 근사된다. 이것은 오류율을 다소 과소추정하지만 4차 다항식이 사용될 때 그 값이 최소가 된다. 10-fold CV 오차율의 최소값은 3차 다항식이 사용될 때 얻어지는 검정오차 곡선의 최소값에 매우 가깝다. 사실 4차 다항식을 사용하는 것은 실제 검정오차율이 3차, 4차, 5차, 6차 다항식에 대해 거의 같기 때문에 좋은 검정셋 성능을 보일 것이다.

그림 5.8의 오른쪽 패널은 분류를 위해 KNN 기법을 사용하여 동일한 3가지 곡선을 K값의 함수로 나타낸 것이다(여기서 K는 KNN 분류기에 사용되는 이웃의 수를 나타낸다). 여기서도 훈련오차율은 분류방법이 유연해질수록 감소한다. 따라서 훈련오차율은 최적의 K값을 선택하는 데 사용될 수 없다. 교차검증 오차곡선은 비록 검정오차율을 약간 과소추정하지만 오차값이 최소가 되는 K값은 최적의 K 값에 아주 가깝다.

5.2 붓스트랩(Bootstrap)

붓스트랩은 추정량 또는 통계학습방법과 연관된 불확실성을 수량화하는 데 광범위하게 사용될 수 있는 아주 강력한 통계적 도구이다. 간단한 예로, 붓스트랩은 선형회귀적합에서 계수의 표준오차를 추정하는 데 사용될 수 있다. 선형회귀의 경우에는 R과 같은 통계소프트웨어가 자동으로 표준오차를 제공해주기 때문에 붓스트랩이 특별히 유용하지는 않다. 하지만 붓스트랩은 변동의 측도가 다르게 얻어지기 어렵고 통계소프트웨어에 의해 자동으로 제공되지 않는 그러한 학습방법을 포함하여 광범위한 통계적 학습방법에 쉽게 적용될 수 있다는 사실에 그 위력이 있다.

이 절에서는 단순한 모델을 사용하여 최상의 투자 방식을 결정하는 예를 통해 붓스트랩을 설명한다. 5.3절에서는 선형모델적합에서 회귀계수와 연관된 변동성 평가에 붓스트랩을 사용하는 것을 살펴본다.

임의의 투자수익 X와 Y를 각각 얻을 수 있는 두 가지 금융자산에 일정한 금액을 투자한다고 해보자. 전체 투자금액의 비율 α를 X에, 그리고 나머지 $1-\alpha$는 Y에 투자할 것이다. 두 자산에 대한 투자수익과 연관된 변동이 있기 때문에 투자의 전체 위험 또는 분산을 최소화하도록 α를 선택하고자 한다. 다시 말하면, $\text{Var}(\alpha X + (1-\alpha)Y)$를 최소화하고자 한다. 위험을 최소화하는 값은 아래 식과 같다.

$$\alpha = \frac{\sigma_Y^2 - \sigma_{XY}}{\sigma_X^2 + \sigma_Y^2 - 2\sigma_{XY}} \tag{5.6}$$

여기서, $\sigma_X^2 = \text{Var}(X)$, $\sigma_Y^2 = \text{Var}(Y)$, $\sigma_{XY} = \text{Cov}(X,Y)$이다.

현실에서 σ_X^2, σ_Y^2, σ_{XY}는 모르는 값이다. 이 값들에 대한 추정치 $\hat{\sigma}_X^2$, $\hat{\sigma}_Y^2$, $\hat{\sigma}_{XY}$는 X와 Y에 대한 과거 측정 자료를 사용하여 계산할 수 있다. 그다음에 아래 식을 사용하여 투자의 분산을 최소화하는 α 값을 추정할 수 있다.

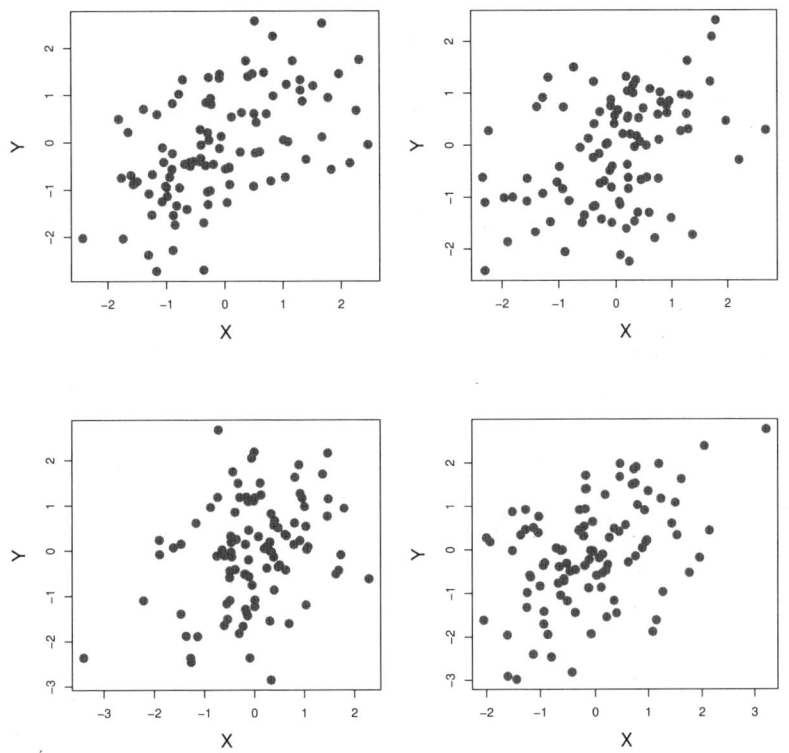

그림 5.9: 각 패널은 100개의 X와 Y에 대한 모의 투자수익을 나타낸다. α에 대한 추정치는 왼쪽에서 오른쪽 그리고 위에서 아래 순서대로 0.576, 0.532, 0.657, 0.651이다.

$$\hat{\alpha} = \frac{\hat{\sigma}_Y^2 - \hat{\sigma}_{XY}}{\hat{\sigma}_X^2 + \hat{\sigma}_Y^2 - 2\hat{\sigma}_{XY}} \tag{5.7}$$

그림 5.9는 모의 자료에 대해 α를 추정하기 위한 기법을 보여준다. 각 패널에는 100개의 X와 Y에 대한 모의 투자수익이 표시된다. 이 모의 투자수익을 사용하여 σ_X^2, σ_Y^2, σ_{XY}를 추정하고, 이 추정치들을 (5.7)에 대입하여 α에 대한 추정치를 얻는다. 각 모의 자료로부터 얻은 $\hat{\alpha}$ 값의 범위는 $[0.532, 0.657]$이다.

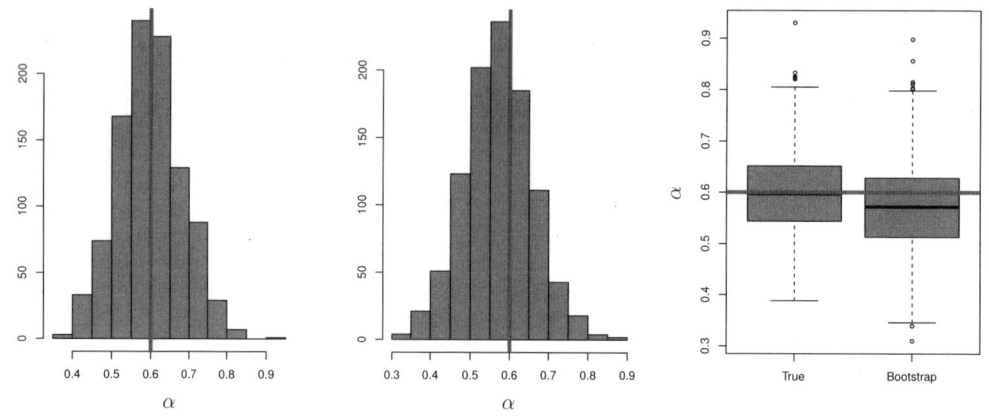

그림 5.10: 왼쪽: 실제 모집단으로부터 1,000개 모의 자료를 생성하여 얻은 α 값 추정치들에 대한 히스토그램. 중앙: 하나의 자료로부터 1,000개의 붓스트랩 표본을 생성하여 얻은 α 값 추정치들의 히스토그램. 오른쪽: 왼쪽과 중앙 패널에 도시된 α 값 추정치들의 박스도표. 각 패널에서 분홍색 선은 α의 실제 값을 나타낸다.

α의 추정치에 대한 정확도를 수량화해보자. $\hat{\alpha}$의 표준편차를 추정하기 위해, 100개의 X와 Y에 대한 모의 관측치 쌍을 생성하고 (5.7)을 사용하여 α를 추정하는 과정을 1,000번 반복한다. 이렇게 얻은 1,000개의 α에 대한 추정치를 $\hat{\alpha}_1, \hat{\alpha}_2, \ldots, \hat{\alpha}_{1,000}$라고 한다. 그림 5.10의 왼쪽 패널은 구한 추정치들의 히스토그램을 나타낸다. 이 모의 실험에서 $\sigma_X^2 = 1, \sigma_Y^2 = 1.25$, $\sigma_{XY} = 0.5$로 설정되었으므로 α의 실제 값은 0.6이다. 히스트그램에서 이 실제 값은 수직의 실선을 사용하여 표시된다. α에 대한 1,000개 추정치의 전체 평균은 아래와 같고 α = 0.6에 매우 가깝다.

$$\bar{\alpha} = \frac{1}{1,000} \sum_{r=1}^{1,000} \hat{\alpha}_r = 0.5996$$

추정치들의 표준편차는 다음과 같다.

$$\sqrt{\frac{1}{1,000-1} \sum_{r=1}^{1,000} (\hat{\alpha}_r - \bar{\alpha})^2} = 0.083$$

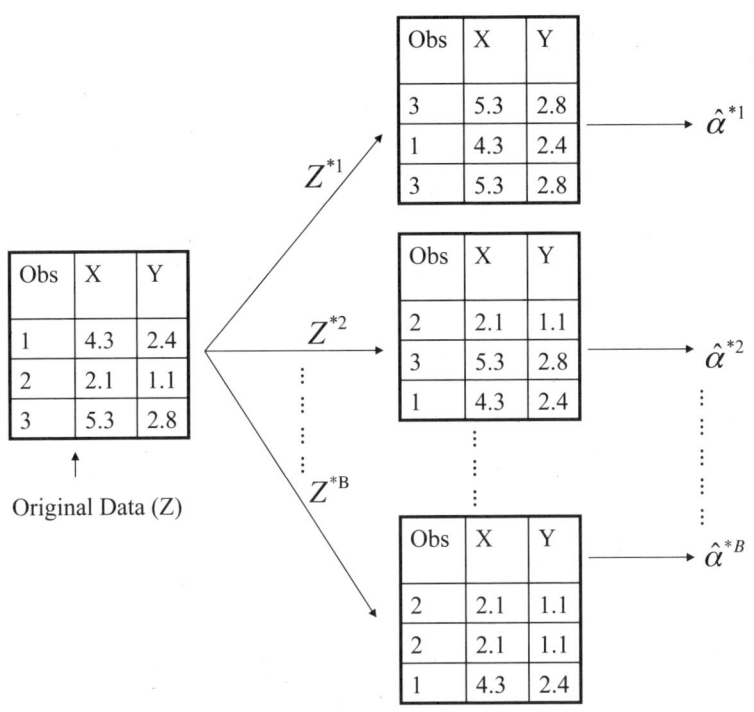

그림 5.11: 붓스트랩 기법을 $n = 3$개의 관측치를 포함하는 작은 표본에 적용한 것을 나타내는 그림. 각 붓스트랩 데이터셋은 원래의 데이터셋으로부터 복원방식으로 추출된 n개의 관측치를 포함한다. 각 붓스트랩 데이터셋은 α의 추정치를 얻는 데 사용된다.

이것은 $\hat{\alpha}$의 정확도, $SE(\hat{\alpha}) \approx 0.083$에 대한 개념을 아주 잘 나타낸다. 대략적으로 말하면, 모집단의 랜덤표본에 대해 $\hat{\alpha}$은 α와 평균적으로 대략 0.08만큼 다를 것이라고 예상할 수 있다.

하지만 실제로는 위에서 설명한 $SE(\hat{\alpha})$을 추정하는 절차를 적용할 수 없다. 왜냐하면, 실제 데이터의 경우 원래의 모집단으로부터 새로운 표본들을 생성할 수 없기 때문이다. 하지만 붓스트랩 기법은 컴퓨터를 이용해 새로운 표본 셋을 얻는 과정을 모방하여 추가로 표본을 생성하지 않고 $\hat{\alpha}$의 변동을 추정할 수 있게 한다. 모집단에서 독립적인 데이터셋을 반복하여 얻는 대신에 *원래의 데이터셋으로부터* 관측치를 반복적으로 추출하여 데이터셋을 얻는다.

그림 5.11은 단지 $n = 3$개의 관측치를 포함하는 Z라는 단순한 데이터셋에 이 기법을 적용하는 예를 보여준다. 이 데이터셋에서 n개의 관측치를 랜덤하게 선택하여 붓스트랩 데이터셋 Z^{*1}을 얻는다.

표본추출(샘플링)은 복원(replacement)방식으로 수행되어 동일한 관측치가 붓스트랩 데이터셋에 두 번 이상 포함될 수 있다. 이 예제에서 Z^{*1}은 세 번째 관측치를 두 번, 첫 번째 관측치를 한 번 포함하며, 두 번째 관측치는 포함하지 않는다. 만약 어떤 관측치가 Z^{*1}에 포함되면 그 관측치의 X 및 Y 값 둘 다 포함된다. Z^{*1}을 사용하여 $\hat{\alpha}^{*1}$라는 α에 대한 새로운 붓스트랩 추정치를 얻을 수 있다. 어떤 큰 B 값에 대해 이 절차를 B번 반복하여 B개의 다른 붓스트랩 데이트셋 $Z^{*1}, Z^{*2}, \ldots, Z^{*B}$와 B개의 대응하는 α 값의 추정치 $\hat{\alpha}^{*1}, \hat{\alpha}^{*2}, \ldots, \hat{\alpha}^{*B}$를 얻는다. 이러한 붓스트랩 추정치들의 표준오차는 다음 식을 사용하여 계산할 수 있다.

$$\mathrm{SE}_B(\hat{\alpha}) = \sqrt{\frac{1}{B-1}\sum_{r=1}^{B}\left(\hat{\alpha}^{*r} - \frac{1}{B}\sum_{r'=1}^{B}\hat{\alpha}^{*r'}\right)^2} \tag{5.8}$$

이것은 원래의 데이터셋으로부터 추정된 $\hat{\alpha}$의 표준오차에 대한 추정치로 사용된다.

그림 5.10의 중앙 패널에는 α에 대한 1,000개 붓스트랩 추정치의 히스토그램이 도시되어 있다. 각 추정치는 상이한 붓스트랩 데이터셋을 사용하여 계산된다. 이 패널은 하나의 데이터셋을 기반으로 생성되었으므로 실제 데이터를 사용하여 얻을 수 있다. 히스토그램은 실제 모집단으로부터 1,000개의 모의 데이터셋을 생성하여 얻은 α의 추정치에 대한 이상적인 히스토그램을 나타낸 왼쪽 패널과 매우 유사하다. 특히, (5.8)의 붓스트랩 추정치 $\mathrm{SE}(\hat{\alpha})$은 0.087로, 1,000개의 모의 데이터셋을 사용하여 얻은 추정치 0.083과 매우 가깝다. 오른쪽 패널은 중앙과 왼쪽 패널의 정보를 다른 방식으로 나타낸 것으로, 실제 모집단으로부터 1,000개의 모의 데이터셋을 생성하여 얻은 α 값 추정치와 붓스트랩 기법으로 얻은 α 값 추정치의 박스도표를 나타낸다. 두 박스도표는 서로 상당히 유사한데, 이것은 붓스트랩 기법이 $\hat{\alpha}$과 연관된 변동을 효과적으로 추정하는 데 사용될 수 있음을 의미한다.

5.3 Lab: 교차검증과 붓스트랩

이 lab에서는 앞에서 다룬 재표본추출 기법들을 살펴본다. 여기서 사용하는 일부 명령어는 컴퓨터로 실행하는데 시간이 좀 걸릴 수도 있다.

5.3.1 검증셋 기법

검증셋(validation set) 기법을 사용하는 것에 대해 살펴보고 Auto 자료에 다양한 선형모델을 적합한 결과로 인한 검정오차율을 추정한다.

시작하기 전에 set.seed() 함수를 사용하여 R의 난수발생기에 대한 시드(seed)를 설정한다. 이렇게 랜덤 시드를 설정하면 아래에 보여준 것과 정확하게 동일한 결과가 재생산될 수 있다.

먼저, sample() 함수를 통해 392개의 관측치 중에서 랜덤으로 196개를 선택하여 관측치셋을 크기가 같은 두 부분으로 분할한다(여기서는 sample 명령어의 단축형을 사용하는데, 자세한 내용은 ?sample 로 알아볼 수 있다).

```
> library(ISLR)
> set.seed(1)
> train=sample(392,196)
```

다음으로, lm() 함수의 subset 옵션을 사용하여 훈련셋의 관측치에만 선형회귀를 적합한다.

```
> lm.fit=lm(mpg~horsepower,data=Auto,subset=train)
```

이제, predict() 함수를 사용하여 392개 관측치 모두에 대한 반응변수 값을 추정하고, mean() 함수를 사용하여 검증셋 내 196개 관측지의 MSE를 계산한다. 아래의 −train 인덱스는 훈련셋에 없는 관측치만을 선택한다.

```
> attach(Auto)
> mean((mpg-predict(lm.fit,Auto))[-train]^2)
[1] 26.14
```

그러므로, 선형회귀적합에 대한 추정된 검정 MSE는 26.14이다. poly() 함수를 사용하여 다항식 및 삼차회귀에 대한 검정오차를 추정할 수 있다.

```
> lm.fit2=lm(mpg~poly(horsepower,2),data=Auto,subset=train)
> mean((mpg-predict(lm.fit2,Auto))[-train]^2)
[1] 19.82
> lm.fit3=lm(mpg~poly(horsepower,3),data=Auto,subset=train)
> mean((mpg-predict(lm.fit3,Auto))[-train]^2)
[1] 19.78
```

다항식회귀와 삼차회귀에 대한 검정오차는 각각 19.82와 19.78이다. 만약 다른 훈련셋을 선택한다면 검증셋에 대해 다소 다른 오차를 얻을 것이다.

```
> set.seed(2)
> train=sample(392,196)
> lm.fit=lm(mpg~horsepower,subset=train)
> mean((mpg-predict(lm.fit,Auto))[-train]^2)
[1] 23.30
> lm.fit2=lm(mpg~poly(horsepower,2),data=Auto,subset=train)
> mean((mpg-predict(lm.fit2,Auto))[-train]^2)
[1] 18.90
> lm.fit3=lm(mpg~poly(horsepower,3),data=Auto,subset=train)
> mean((mpg-predict(lm.fit3,Auto))[-train]^2)
[1] 19.26
```

관측치들을 이렇게 훈련셋과 검증셋으로 분할하여 1차, 2차, 삼차 항을 가진 각 모델의 검증셋 오차율을 살펴보면 23.30, 18.90, 19.26이다.

이 결과는 이전에 얻은 결과와 일치한다. 즉, horsepower의 이차함수를 사용하여 mpg를 예측하는 모델이 일차함수만 관련된 모델보다 성능이 더 낫다. 하지만 모델이 horsepower의 삼차함수를 사용해야할 근거는 거의 없다.

5.3.2 LOO(Leave-One-Out) 교차검증

LOOCV 추정치는 임의의 일반화 선형모델에 대해 glm()과 cv.glm() 함수를 사용하여 자동으로 계산될 수 있다. 4장의 lab에서 glm() 함수는 family="binomial" 인자를 이용하여 로지스틱 회귀를 수행하는 데 사용되었다. 그러나, family 인자 없이 모델을 적합하면 glm()은 lm() 함수와 같다. 예를 들어, 다음의 glm()에 의한 적합은

```
> glm.fit=glm(mpg~horsepower,data=Auto)
> coef(glm.fit)
(Intercept)   horsepower
     39.936       -0.158
```

lm()에 의한 아래 적합과 동일한 선형회귀모델을 제공한다.

```
> lm.fit=lm(mpg~horsepower,data=Auto)
> coef(lm.fit)
(Intercept)   horsepower
     39.936       -0.158
```

이 lab에서는 선형회귀를 수행하는 데 lm()이 아니라 glm() 함수를 사용할 것이다. 왜냐하면, glm() 함수는 cv.glm()과 함께 사용될 수 있기 때문이다. cv.glm() 함수는 boot 라이브러리에 포함되어 있다.

```
> library(boot)
> glm.fit=glm(mpg~horsepower,data=Auto)
> cv.err=cv.glm(Auto,glm.fit)
> cv.err$delta
     1      1
24.23  24.23
```

cv.glm() 함수는 몇 가지 구성요소를 가진 리스트(list)를 제공한다. delta 벡터 내의 두 숫자는 교차검증 결과를 포함한다. 이 예에서 두 숫자는 동일하며(소수 둘째 자리까지) (5.1)에 주어진 LOOCV 통계량에 해당한다. 두 숫자가 다른 상황에 대해서는 아래에서 논의한다. 검정오차에 대한 교차검증 추정치는 거의 24.23이다.

이 절차를 점차 복잡한 다항식적합에 대해 반복할 수 있으며, 자동으로 수행하기 위해 for() 함수를 사용한다. for 루프는 차수가 $i = 1$에서 5까지의 다항식에 대한 다항식회귀적합을 반복적으로 수행하고 관련 교차검증 오차를 계산하여 그 값을 벡터 cv.error의 i번째 요소에 저장한다. 이 명령어를 실행하는 데는 아마도 2-3분 소요될 것이다.

```
> cv.error=rep(0,5)
> for (i in 1:5){
+ glm.fit=glm(mpg~poly(horsepower,i),data=Auto)
+ cv.error[i]=cv.glm(Auto,glm.fit)$delta[1]
+ }
> cv.error
[1] 24.23 19.25 19.33 19.42 19.03
```

그림 5.4에서와 같이, 추정된 검정 MSE는 선형적합에서 이차적합으로 가면서 크게 줄어들지만, 그 이후에는 더 높은 차수의 다항식을 사용해도 개선이 뚜렷하지 않다.

5.3.3 k-fold 교차검증

cv.glm() 함수는 k-fold CV를 수행하는 데도 사용될 수 있다. k 값으로서 일반적으로 선택하는 $k = 10$을 Auto 자료에 대해 사용한다. 여기서도 랜덤 시드를 먼저 설정하고, 1차에서 10차까지의 다항식적합에 대응하는 CV 오차를 저장할 벡터를 초기화한다.

```
> set.seed(17)
> cv.error.10=rep(0,10)
> for (i in 1:10){
+ glm.fit=glm(mpg~poly(horsepower,i),data=Auto)
+ cv.error.10[i]=cv.glm(Auto,glm.fit,K=10)$delta[1]
+ }
> cv.error.10
 [1] 24.21 19.19 19.31 19.34 18.88 19.02 18.90 19.71 18.95 19.50
```

이 과정의 계산시간은 LOOCV보다 훨씬 짧다(원칙적으로, 최소제곱선형모델에 대한 LOOCV의 계산시간은 식 (5.2)를 사용할 수 있으므로 k-fold CV보다 빨라야 한다. 하지만, 유감스럽게도 cv.glm() 함수는 이 식을 사용하지 않는다). 결과를 보면, 삼차 또는 그 이상의 고차 다항식을 사용해도 단순히 이차적합을 사용하는 것에 비해 검정오차가 낮아지지 않는다는 것을 알 수 있다.

5.3.2절에서 LOOCV가 수행되는 경우 delta에 연관된 두 숫자는 근본적으로 같았다. 하지만 k-fold CV를 수행하면 이 두 숫자는 약간 다르게 된다. 첫 번째 숫자는 (5.3)에서와 같이 표준 k-fold CV 추정치이고, 두 번째는 편향이 수정된 값이다. 이 자료에서 두 추정치는 서로 매우 유사하다.

5.3.4 붓스트랩

5.2절의 단순한 예제와 Auto 자료에서 선형회귀모델의 정확도 추정에 관련된 예제에 붓스트랩을 사용하는 것을 보여준다.

통계량의 정확도 추정

붓스트랩 기법의 가장 큰 장점 중 하나는 거의 모든 상황에 적용될 수 있다는 것이다. 어떠한 복잡한 수학적 계산도 필요하지 않다. R에서 붓스트랩 분석을 수행하는 데 단지 두 단계만 있으면 된다. 첫째, 관심있는 통계량을 계산하는 함수를 생성해야 한다. 둘째, boot 라이브러리에 포함된 boot() 함수를 사용하여 자료로부터 관측치들을 반복적으로 복원추출함으로써 붓스트랩을 수행한다.

ISLR 패키지의 Portfolio 자료는 5.2절에 기술되어 있다. 이 자료에 대해 붓스트랩을 사용하는 것을 보여주려면 먼저 함수 alpha.fn()을 생성해야 한다. 이 함수는 (X, Y) 데이터와 어느 관측치가 α를 추정하는 데 사용되어야 하는지를 나타내는 벡터를 입력으로 갖는다. alpha.fn() 함수는 선택된 관측치들을 기반으로 α에 대한 추정치를 출력한다.

```
> alpha.fn=function(data,index){
+ X=data$X[index]
+ Y=data$Y[index]
+ return((var(Y)-cov(X,Y))/(var(X)+var(Y)-2*cov(X,Y)))
+ }
```

이 함수는 index 인자로 지정된 관측치들에 (5.7)을 적용하여 α에 대한 추정치를 *반환* 또는 출력한다. 예를 들어, 다음 명령을 입력하면 R은 100개 관측치 모두를 사용하여 α를 추정한다.

```
> alpha.fn(Portfolio,1:100)
[1] 0.576
```

아래 명령은 sample() 함수를 사용하여 1에서 100까지 범위의 100개 관측치를 랜덤으로 복원추출한다. 이것은 새로운 붓스트랩 데이터셋을 구성하고 이 새로운 데이터셋을 기반으로 $\hat{\alpha}$을 다시 계산하는 것과 같다.

```
> set.seed(1)
> alpha.fn(Portfolio,sample(100,100,replace=T))
[1] 0.596
```

붓스트랩 분석은 이 명령을 여러 번 실행하여 α에 대한 대응하는 모든 추정치를 기록하고 표준편차를 계산함으로써 수행할 수 있다. 하지만 boot() 함수는 이것을 자동으로 해준다. 다음은 α에 대한 $R = 1,000$개의 붓스트랩 추정치를 제공한다.

```
> boot(Portfolio,alpha.fn,R=1000)

ORDINARY NONPARAMETRIC BOOTSTRAP

Call:
boot(data = Portfolio, statistic = alpha.fn, R = 1000)

Bootstrap Statistics :
     original        bias      std. error
t1*  0.5758      -7.315e-05    0.0886
```

최종 출력은 $\hat{\alpha} = 0.5758$, $SE(\hat{\alpha})$에 대한 붓스트랩 추정치는 0.0886임을 보여준다.

선형회귀모델의 정확도 추정

붓스트랩 기법은 통계학습방법의 계수 추정치 및 예측치의 변동성을 평가하는 데 사용될 수 있다. 여기서는 Auto 자료에서 horsepower를 사용하여 mpg를 예측하는 선형회귀모델의 절편 β_0과 기울기 β_1에 대한 추정치의 변동성을 평가하기 위해 붓스트랩 기법을 사용한다. 붓스트랩을 사용하여 얻은 추정치는 3.1.2절에서 기술한 $SE(\hat{\beta}_0)$와 $SE(\hat{\beta}_1)$에 대한 식을 사용하여 얻은 것과 비교할 것이다.

먼저, 간단한 함수 boot.fn()를 생성한다. 이 함수는 Auto 자료와 관측치들의 인덱스 셋을 입력으로 하여 선형회귀모델에 대한 절편 및 기울기 추정치를 반환한다. 그다음에 이 함수를 392개 관측치의 전체 셋에 적용해 3장의 선형회귀 계수추정 공식을 사용하여 전체 자료에 대한 β_0과 β_1의 추정치를 계산한다. 이 함수는 한 줄로 구성되므로 시작과 끝에 { 및 } 기호를 사용할 필요가 없다.

```
> boot.fn=function(data,index)
+ return(coef(lm(mpg~horsepower,data=data,subset=index)))
> boot.fn(Auto,1:392)
(Intercept) horsepower
   39.936     -0.158
```

boot.fn() 함수는 관측치들을 랜덤으로 복원추출하여 절편과 기울기에 대한 붓스트랩 추정치를 생성하는 데도 사용될 수 있다. 아래에 두 가지 예제가 주어진다.

```
> set.seed(1)
> boot.fn(Auto,sample(392,392,replace=T))
(Intercept)  horsepower
   38.739      -0.148
> boot.fn(Auto,sample(392,392,replace=T))
(Intercept)  horsepower
   40.038      -0.160
```

다음으로, boot() 함수를 사용하여 절편과 기울기에 대한 1,000개 붓스트랩 추정치의 표준오차를 계산한다.

```
> boot(Auto,boot.fn,1000)

ORDINARY NONPARAMETRIC BOOTSTRAP

Call:
boot(data = Auto, statistic = boot.fn, R = 1000)

Bootstrap Statistics :
     original       bias     std. error
t1*   39.936       0.0297      0.8600
t2*   -0.158      -0.0003      0.0074
```

결과를 보면, $SE(\hat{\beta}_0)$와 $SE(\hat{\beta}_1)$에 대한 붓스트랩 추정치는 각각 0.86과 0.0074임을 알 수 있다. 3.1.2절에서 논의하였듯이, 표준 공식을 사용하여 선형모델의 회귀계수에 대한 표준오차를 계산할 수 있다. 이러한 표준오차는 아래와 같이 summary() 함수를 사용하여 얻을 수 있다.

```
> summary(lm(mpg~horsepower,data=Auto))$coef
              Estimate  Std. Error  t value   Pr(>|t|)
(Intercept)    39.936     0.71750     55.7   1.22e-187
horsepower     -0.158     0.00645    -24.5   7.03e-81
```

3.1.2절의 공식을 사용하여 얻은 $\hat{\beta}_0$과 $\hat{\beta}_1$에 대한 표준오차는 절편의 경우 0.717이고 기울기의 경우 0.0064이다. 흥미롭게도 이 값들은 붓스트랩을 사용하여 얻은 추정치와는 다소 다르다. 이것이 붓스트랩에 문제가 있음을 나타내는가? 사실은 그 반대를 의미한다. 식 (3.8)의 표준 공식은 특정 가정을 필요로 한다는 사실을 기억해보자. 예를 들어, 표준 공식은 알려져 있지 않은 파라미터인 노이즈의 분산 σ^2에 의존하며 이 값은 RSS를 사용하여 추정된다. 표준오차에 대한 공식은 선형모델이 정확해야 하는 것이 아니지만 σ^2에 대한 추정치는 정확해야 한다. 그림 3.8에서 보았듯이 데이터에는 비선형

상관관계가 있어, 선형적합의 잔차가 확대(inflated)되고 $\hat{\sigma}^2$도 그럴 것이다. 또한, 표준 공식은 (다소 비현실적으로) x_i는 고정되어 있고 모든 변동성은 오차 ϵ_i의 변화에서 비롯된다고 가정한다. 붓스트랩 기법은 이러한 가정들을 필요로 하지 않고, 따라서 summary() 함수가 제공하는 것보다 $\hat{\beta}_0$와 $\hat{\beta}_1$의 표준오차를 더 정확하게 추정할 가능성이 높다.

다음은 데이터에 이차모델을 적합하여 붓스트랩 표준오차 추정치와 표준 선형회귀추정치를 계산한다. 이 모델은 데이터에 잘 적합되므로(그림 3.8) 붓스트랩 추정치와 SE($\hat{\beta}_0$), SE($\hat{\beta}_1$), SE($\hat{\beta}_2$)의 표준 추정치는 서로 비슷하다.

```
> boot.fn=function(data,index)
+ coefficients(lm(mpg~horsepower+I(horsepower^2),data=data,
    subset=index))
> set.seed(1)
> boot(Auto,boot.fn,1000)

ORDINARY NONPARAMETRIC BOOTSTRAP

Call:
boot(data = Auto, statistic = boot.fn, R = 1000)

Bootstrap Statistics :
     original      bias      std. error
t1*  56.900    6.098e-03    2.0945
t2*  -0.466   -1.777e-04    0.0334
t3*   0.001    1.324e-06    0.0001

> summary(lm(mpg~horsepower+I(horsepower^2),data=Auto))$coef
                   Estimate   Std. Error   t value   Pr(>|t|)
(Intercept)         56.9001      1.80043       32   1.7e-109
horsepower          -0.4662      0.03112      -15    2.3e-40
I(horsepower^2)      0.0012      0.00012       10    2.2e-21
```

5.4 연습문제

1. 분산의 기본 통계적 성질을 사용하여 (5.6)을 유도하여라. 즉, (5.6)의 α는 $\text{Var}(\alpha X + (1-\alpha)Y)$를 최소화한다는 것을 증명하여라.

2. 주어진 관측치가 붓스트랩 표본의 일부가 되는 확률을 구할 것이다. n개 관측치의 셋으로부터 붓스트랩 표본을 얻는다고 해보자.

    (a) 첫 번째 붓스트랩 관측치가 원래 표본의 j번째 관측치가 아닐 확률은 얼마인가?

    (b) 두 번째 붓스트랩 관측치가 원래 표본의 j번째 관측치가 아닐 확률은 얼마인가?

    (c) j번째 관측치가 붓스트랩 표본에 있지 않을 확률은 $(1-1/n)^n$임을 보여라.

    (d) $n = 5$일 때 j번째 관측치가 붓스트랩 표본에 있을 확률은 얼마인가?

    (e) $n = 100$일 때 j번째 관측치가 붓스트랩 표본에 있을 확률은 얼마인가?

    (f) $n = 10,000$일 때 j번째 관측치가 붓스트랩 표본에 있을 확률은 얼마인가?

    (g) 1에서 100,000까지의 각 정수 n에 대해 j번째 관측치가 붓스트랩 표본에 있을 확률을 그래프로 나타내고 설명하여라.

    (h) 크기 $n = 100$인 붓스트랩 표본이 j번째 관측치를 포함하는 확률을 조사해 볼 것이다. 여기서 $j = 4$를 사용한다. 붓스트랩 표본을 반복적으로 생성하여 4번째 관측치가 표본에 있는지를 매번 기록한다.

    ```
    > store=rep(NA, 10000)
    > for(i in 1:10000){
        store[i]=sum(sample(1:100, rep=TRUE)==4)>0
    }
    > mean(store)
    ```

    얻어진 결과에 대해 설명하여라.

3. k-fold 교차검증에 대해 살펴본다.

    (a) k-fold 교차검증을 어떻게 구현하는지 설명하여라.

(b) 아래의 두 기법에 대한 k-fold 교차검증의 장점과 단점은 무엇인가?

　　i. 검증셋(validation set) 기법

　　ii. LOOCV

4. 어떤 통계학습방법을 사용하여 설명변수 X의 특정한 값에 대해 반응변수 Y를 예측한다고 해보자. 예측값의 표준편차를 어떻게 추정할 수 있을지 설명하여라.

5. 4장에서는 Default 자료에 로지스틱 회귀를 적용하고 income과 balance를 사용하여 default 확률을 예측하였다. 여기서는 이 로지스틱 회귀모델의 검정오차를 검증셋 기법을 사용하여 추정할 것이다. 분석을 진행하기 전에 랜덤 시드를 잊지말고 설정하자.

(a) default를 예측하기 위해 income과 balance를 사용하는 로지스틱 회귀모델을 적합하여라.

(b) 검증셋 기법을 사용하여 이 모델의 검정오차를 추정하여라. 검정오차를 추정하는 데는 다음 단계들을 수행해야 한다.

　　i. 표본셋(sample set)을 훈련셋과 검증셋으로 분할한다.

　　ii. 훈련 관측치들만 사용하여 다중로지스틱 회귀모델을 적합한다.

　　iii. 검증셋 내 각 개인에 대한 연체상태를 예측한다. 개인의 연체상태는 그 사람에 대한 연체의 사후확률을 계산하여 사후확률이 0.5보다 크면 default(연체) 범주로 분류하여 얻는다.

　　iv. 검증셋 내의 관측치 중에서 잘못 분류된 관측치의 비율인 검증셋 오차를 계산한다.

(c) 관측치를 훈련셋과 검증셋으로 3번 다르게 분할하여 (b)의 과정을 3번 반복하고, 얻은 결과에 대해 설명하여라.

(d) 이번에는 income, balance, 그리고 student에 대한 가변수를 사용하여 default 확률을 예측하는 로지스틱 회귀모델을 고려한다. 검증셋 기법을 사용하여 이 모델에 대한 검정오차를 추정하여라. student에 대한 가변수를 포함하는 것이 검정오차율을 줄이는지 설명하여라.

6. Default 자료에서 income 및 balance를 사용하여 default 확률을 예측하는 데 로지스틱 회귀모델을 적용하고 한다고 하자. 이제, income 및 balance 로지스틱 회귀계수의 표준오차를 추정할

것인데, 두 가지 다른 방법인 (1) 붓스트랩, (2) glm() 함수의 표준오차를 계산하는 표준공식을 사용하여 계산한다. 분석을 시작하기 전에 잊지말고 랜덤 시드를 설정하자.

(a) 설명변수 imcome과 balance를 사용하는 다중로지스틱 회귀모델에서 이 두 변수와 연관된 계수에 대한 추정된 표준오차를 summary()와 glm()함수를 사용하여 결정하여라.

(b) 함수 boot.fn()을 작성하여라. 이 함수는 Default 자료와 관측치들의 인덱스를 입력으로 받아 다중로지스틱 회귀모델의 income과 balance에 대한 계추 추정치를 출력한다.

(c) boot()와 boot.fn() 함수를 함께 사용하여 income과 balance에 대한 로지스틱 회귀계수의 표준오차를 추정하여라.

(d) glm() 함수와 붓스트랩 함수를 각각 사용하여 얻은 추정된 표준오차들에 대해 설명하여라.

7. 5.3.2절과 5.3.3절에서 cv.glm() 함수를 사용하여 LOOCV 검정오차 추정치를 계산할 수 있었다. 이러한 검정오차 추정치는 glm() 및 predict.glm() 함수와 for 루프를 사용하여 계산할 수도 있으며, 여기서는 이 기법으로 Weekly 자료에 대한 단순한 로지스틱 회귀모델의 LOOCV 오차를 계산할 것이다. 분류 문제에서 LOOCV 오차는 (5.4)로 주어진다.

(a) Lag1과 Lag2를 사용하여 Direction을 예측하는 로지스틱 회귀모델을 적합하여라.

(b) Lag1과 Lag2를 사용하여 Direction을 예측하는 로지스틱 회귀모델을 적합하되, *첫 번째를 제외한 모든 관측치를 사용하여라.*

(c) (b)의 모델을 사용하여 첫 번째 관측치의 방향성을 예측하여라.
만약 $P(\text{Direction} = \text{"Up"}|\text{Lag1}, \text{Lag2}) > 0.5$이면 첫 번째 관측치는 상승할 것이라고 예측할 수 있다. 이 관측치는 올바르게 분류되었는가?

(d) $i = 1$에서 n까지 다음의 각 단계를 수행하는 for 루프를 작성하여라. 여기서 n은 자료의 관측치 수이다.

  i. Lag1과 Lag2를 사용하여 Direction을 예측하는 로지스틱 회귀모델을 적합하되, i번째를 제외한 모든 관측치를 사용하여라.

  ii. i번째 관측치에 대해 주가지수가 상승할 사후확률을 계산하여라.

iii. i번째 관측치에 대한 사후확률을 사용하여 주가지수가 상승 또는 하락할지 예측하여라.

iv. i번째 관측치에 대한 방향성을 예측하는 데서 오류가 발생하였는지 결정하여라. 만약 오류가 발생했다면 1을 그렇지 않으면 0을 나타낸다.

(e) (d)-iv에서 얻은 n개의 평균을 구하여 검정오차에 대한 LOOCV 추정치를 얻고 그 결과에 대해 설명하여라.

8. 모의 자료에 대해 교차검증을 수행할 것이다.

(a) 다음과 같이 모의 자료를 생성하여라.

```
> set.seed(1)
> y=rnorm(100)
> x=rnorm(100)
> y=x-2*x^2+rnorm(100)
```

이 자료에서 n과 p는 무엇인가? 데이터를 생성하는 데 사용된 모델을 방정식 형태로 표현하여라.

(b) X와 Y의 산점도를 그리고, 발견한 것에 대해 설명하여라.

(c) 랜덤 시드를 설정하고, 최소제곱을 사용하여 다음 4개의 모델 적합으로부터 발생하는 LOOCV 오차를 계산하여라.

i. $Y = \beta_0 + \beta_1 X + \epsilon$

ii. $Y = \beta_0 + \beta_1 X + \beta_2 X^2 + \epsilon$

iii. $Y = \beta_0 + \beta_1 X + \beta_2 X^2 + \beta_3 X^3 + \epsilon$

iv. $Y = \beta_0 + \beta_1 X + \beta_2 X^2 + \beta_3 X^3 + \beta_4 X^4 + \epsilon$

X와 Y 둘 다 포함하는 하나의 자료를 만드는 데 data.frame() 함수를 사용하는 것이 유용할 수 있다.

(d) 다른 랜덤 시드를 사용하여 (c)를 반복하여라. (c)에서 얻은 결과와 같은가? 이유는 무엇인가?

(e) (c)에서 가장 작은 LOOCV 오차를 가지는 것은 어느 모델인가? 이것은 예상된 결과인가? 답에 대해 설명하여라.

(f) 최소제곱을 사용하여 (c)의 각 모델을 적합한 결과 얻어지는 계수 추정치의 통계적 중요성에 대해 설명하여라. 이 결과는 교차검증 결과를 기반으로 얻은 결론과 일치하는가?

9. MASS 라이브러리에 포함되어 있는 Boston 자료를 고려한다.

(a) 이 자료를 기반으로 medv의 모평균에 대한 추정치 $\hat{\mu}$을 제공하여라.

(b) $\hat{\mu}$의 표준오차에 대한 추정치를 제공하고 그 결과를 해석하여라.

힌트: 표본평균의 표준오차는 표본표준편차를 관측치 수의 제곱근으로 나누어 계산할 수 있다.

(c) 붓스트랩을 사용하여 $\hat{\mu}$의 표준오차를 추정하여라. 이것을 (b)의 결과와 비교하여라.

(d) (c)의 붓스트랩 추정치를 기반으로 medv의 평균에 대한 95% 신뢰구간을 제공하여라. 이것을 t.test(Boston$medv)를 사용하여 얻은 결과와 비교하여라.

힌트: 95% 신뢰구간은 $[\hat{\mu} - 2SE(\hat{\mu}), \hat{\mu} + 2SE(\hat{\mu})]$로 근사할 수 있다.

(e) 이자료를 기반으로 모집단의 medv의 중앙값에 대한 추정치 $\hat{\mu}_{med}$를 제공하여라.

(f) $\hat{\mu}_{med}$의 표준오차를 추정하고자 한다. 하지만 중앙값의 표준오차를 계산하는 간단한 식은 없다. 붓스트랩을 사용하여 중앙값의 표준오차를 추정하고 그 결과에 대해 설명히여라.

(g) 이 자료를 기반으로 Boston 교외의 medv의 10번째 백분위수(tenth percentile)에 대한 추정치 $\hat{\mu}_{0.1}$을 제공하여라(quantile() 함수를 사용할 수 있다).

(h) 붓스트랩을 사용하여 $\hat{\mu}_{0.1}$의 표준오차를 추정하고 그 결과에 대해 설명하여라.

선형모델 선택 및 Regularization

CHAPTER 06

Linear Model Selection and Regularization

회귀 설정에서 아래의 표준적인 선형모델은 반응변수 Y와 변수들의 집합 $X_1, X_2, \ldots, X_p$ 사이의 상관관계를 설명하는 데 주로 사용된다.

$$Y = \beta_0 + \beta_1 X_1 + \cdots + \beta_p X_p + \epsilon \tag{6.1}$$

3장에서 보았듯이 이러한 모델은 보통 최소제곱을 사용하여 적합한다.

이어지는 두 장에서 선형모델의 체계를 확장하기 위한 몇몇 기법을 살펴본다. 7장에서는 비선형적이지만 여전히 가산적인(additive) 상관관계를 수용하기 위해 (6.1)을 일반화하고, 8장에서는 심지어 더 일반적인 비선형모델들을 고려한다. 하지만 선형모델은 추론(inference)의 관점에서 분명한 장점이 있고, 현실질적인 문제에서 비선형방법들과 비교하여 놀랍게도 경쟁력이 있다. 그러므로 이 장에서는 비선형적 내용으로 넘어가기 전에 일반적 최소제곱적합을 다른 적합절차로 대체하여 단순선형모델을 개선할 수 있는 몇 가지 방법을 논의한다.

최소제곱 대신에 다른 적합절차를 사용하려는 이유는 무엇일까? 그것은 다른 적합절차들이 더 나은 *예측 정확도*와 *모델 해석력(model interpretability)*을 제공할 수 있기 때문이다.

- *예측 정확도:* 반응변수와 설명변수들 사이의 실제 상관관계가 거의 선형적인 경우 최소제곱 추정치들은 편향이 적을 것이다. 만약 $n \gg p$이면, 즉 관측치의 수 n이 변수의 수 p보다 훨씬 크면 최소제곱 추정치들은 낮은 분산을 가지는 경향이 있고, 따라서 검정 관측치에 대해서도 좋은 성능을 낼 것이다. 하지만 n이 p보다 아주 크지 않으면 최소제곱적합에 많은 변동이 존재할 수

있어 과적합을 초래하고, 이로 인해 모델을 훈련하는 데 사용되지 않은 미래의 관측치에 대한 예측결과가 좋지 않을 것이다. 만약 $p > n$이면 더 이상 유일한(unique) 최소제곱 계수 추정치가 존재하지 않는다. 즉, 분산이 무한대가 되어 최소제곱 방법은 전혀 사용할 수 없게 된다. 추정된 계수들을 *제한*(constraining) 또는 *수축*(shrinking)하여 무시해도 될 수준의 편향 증가가 있지만 분산을 현저하게 감소시킬 수 있다. 이것은 모델 훈련에 사용되지 않은 관측치들에 대해 반응변수 값을 예측하는 정확도를 상당히 개선할 수 있게 한다.

- *모델 해석력:* 다중회귀모델에서 사용되는 일부 또는 많은 변수들은 사실상 반응변수와 연관되어 있지 않은 경우가 많다. 이러한 관련이 없는 변수들을 포함하는 것은 모델을 필요없이 복잡하게 만든다. 이런 변수들을 제외하여, 즉 이들 변수에 대응하는 계수 추정치를 0으로 설정하여 좀 더 해석하기 쉬운 모델을 얻을 수 있다. 이제, 최소제곱방법으로 정확하게 0인 계수 추정치를 얻게 될 가능성은 거의 없다. 이 장에서는 자동으로 *특징선택*(feature selection) 또는 *변수선택*(variable selection)을 수행하는, 즉 다중회귀모델로부터 관련없는 변수들을 제외하는 몇 가지 기법들을 살펴본다.

(6.1)을 적합하는 데 최소제곱 대신 사용할 대안은 많다. 이 장에서는 3가지 부류의 방법들에 대해 살펴본다.

- *서브셋(부분집합) 선택:* 이 기법은 p개의 설명변수 중에서 반응변수와 관련이 있다고 생각하는 서브셋을 식별하는 것이다. 그다음에 변수의 수가 줄어든 서브셋에 최소제곱을 사용하여 모델을 적합한다.

- *수축(shrinkage):* 이 기법은 p개의 설명변수 모두를 포함하는 모델을 적합하는 것이다. 하지만 추정된 계수는 최소제곱 추정치와 비교해 0으로 수축된다. 이러한 수축(*regularization*으로도 알려짐)은 분산을 줄이는 효과가 있다. 수행되는 수축의 유형에 따라 일부 계수들은 정확하게 0으로 추정될 수도 있다. 따라서 수축방법은 변수선택을 할 수도 있다.

- *차원축소(Dimension Reduction):* 이 기법은 p개의 설명변수를 M차원 부분공간으로 투영(projection)하는 것이다(여기서 $M < p$이다). 이것은 변수들의 M개 다른 선형결합 또는 투영을

계산함으로써 얻어진다. 그다음에 M개의 투영은 최소제곱에 의해 선형회귀모델을 적합하는 데 설명변수로 사용된다.

다음의 몇 개 절에서 위에서 소개한 각 기법에 대해 장점과 단점을 포함하여 좀 더 상세히 설명한다. 이 장은 비록 3장에서 살펴본 회귀에 대한 선형모델의 확장과 변경을 설명하지만 4장에서 다룬 분류모델들과 같은 다른 방법에도 동일한 개념이 적용될 수 있다.

6.1 부분집합 선택

이 절에서는 설명변수들의 부분집합(서브셋)을 선택하기 위한 몇 가지 방법들을 고려한다. 이 방법들은 최상의 서브셋 선택과 단계적 모델 선택 절차를 포함한다.

6.1.1 최상의 부분집합 선택

최상의 부분집합 선택 절차를 수행하기 위해 p개 설명변수의 모든 가능한 조합 각각에 대해 최소제곱회귀를 적합한다. 즉, 정확히 하나의 설명변수를 포함하는 p개의 모델, 정확히 2개의 설명변수를 포함하는 $\binom{p}{2} = p(p-1)/2$개의 모델 등, 이런 식으로 구성되는 모든 모델을 적합한다. 그다음에 이 모델들을 검토하여 *최고의* 모델을 찾는다.

최상의 부분집합 선택에 의해 고려되는 2^p개의 가능한 모델 중에서 *최고의 모델*을 선택하는 것은 간단한 문제가 아니다. 이 과정은 알고리즘 6.1에서 설명된 것처럼 보통 2단계로 나누어진다.

알고리즘 6.1에서 Step 2는 각 부분집합 크기에서 최고의 모델(훈련 데이터에 대해)을 식별하여 2^p개의 가능한 모델 중에서 하나를 선택하는 문제를 $p+1$개의 모델 중에서 하나를 선택하는 문제로 축소한다. 그림 6.1에서 이들 모델은 붉은색으로 그려진 경계이다.

이제, 최고 모델은 단순히 $p+1$개의 모델 중에서 하나를 선택하면 된다. 모델에 포함된 변수의 수가 증가함에 따라 RSS는 단조감소하고 R^2은 단조증가하기 때문에 최고의 모델을 고를 때 주의해야 한다. 최고의 모델을 선택하는 데 이러한 통계량을 사용한다면 결국 모든 변수들을 포함하는 모델을 항상 선택하게 될 것이다. 여기서 문제는 낮은 RSS나 높은 R^2은 훈련오차가 낮은 모델을 가르키는 반면

알고리즘 6.1 최상의 부분집합 선택

1. $\mathcal{M}_0$은 설명변수를 하나도 포함하지 않는 영모델(null model)이라고 하자. 이 모델은 단순히 각 관측치에 대한 표본평균을 예측한다.

2. $k = 1, 2, \ldots, p$에 대하여,

   (a) 정확히 k개의 설명변수를 포함하는 모든 $\binom{p}{k}$개의 모델을 적합한다.

   (b) $\binom{p}{k}$개의 모델 중 최고의 모델을 골라 $\mathcal{M}_k$라 한다. 여기서 최고는 가장 작은 RSS나 가장 큰 R^2을 갖는 것으로 정의된다.

3. 교차검증된 예측오차, C_p(AIC), BIC 또는 조정된 R^2을 사용하여 $\mathcal{M}_0, \ldots, \mathcal{M}_p$ 중에서 최고의 모델을 하나 선택한다.

에 우리가 선택하고자 하는 것은 검정오차가 낮은 모델이다(2장의 그림 2.9-2.11에서 보여준 것처럼 훈련오차는 검정오차보다 훨씬 작은 경향이 있고 훈련오차가 작다고 검정오차도 작은 것은 아니다). 그러므로, Step 3에서 $\mathcal{M}_0, \mathcal{M}_1, \ldots, \mathcal{M}_p$ 중에서 모델을 선택하는 데 교차검증된 예측오차, C_p, BIC 또는 조정된 R^2을 이용한다. 이 기법들에 대해서는 6.1.3절에서 논의한다.

그림 6.1은 최상의 부분집합 선택의 응용을 보여준다. 그래프의 각 점은 3장에서 다루었던 Credit 자료에서 11개 설명변수의 서로 다른 서브셋을 사용하여 최소제곱 회귀모델을 적합한 결과에 대응한다. 여기서, 변수 ethnicity는 3개의 수준을 갖는 질적변수이므로 2개의 가변수에 의해 표현된다. 각 모델에 대한 RSS와 R^2 통계량은 변수의 수에 대한 함수로써 나타내었다. 붉은색 곡선은 각 모델 크기에 대해 RSS 또는 R^2에 따라 최고의 모델들을 연결하였다. 이 그림은 예상대로 변수의 수가 증가함에 따라 이들 통계량의 값이 향상된다는 것을 보여준다. 하지만 3개의 설명변수 이후에는 모델에 변수를 추가해도 RSS와 R^2 값의 향상은 거의 없다.

여기서는 최소제곱 회귀에 대해 최상의 부분집합 선택을 설명했지만 이 개념은 로지스틱 회귀와 같은 다른 형태의 모델에도 적용된다. 로지스틱 회귀의 경우 알고리즘 6.1의 Step 2에서 RSS로 모델의 순위를 정하는 대신 이탈도(deviance)를 사용한다. 이탈도는 더 넓은 부류의 모델들에 대해 RSS 역할을 하는 측도로 최대 로그우도(maximized log-likelihood)를 -2배 한 것이며, 그 값이 작을수록 모델을 더 잘 적합한다.

최상의 부분집합 선택은 간단하고 개념적으로 흥미로운 기법이지만 계산상의 제약이 있을 수 있다.

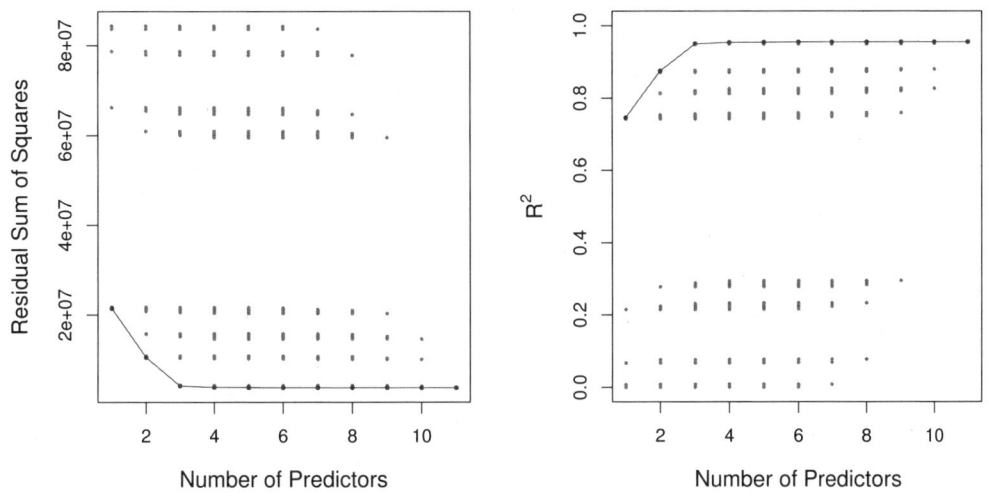

그림 6.1: Credit 자료에서 10개 설명변수들의 서브셋을 포함하는 각각의 가능한 모델에 대한 RSS와 R^2을 나타낸다. 붉은색 선은 각 설명변수의 수에 대한 최고의 모델을 표시한 것이다. 이 자료는 10개의 설명변수를 포함하지만 변수 중 하나가 3개의 값을 갖는 범주형이어서 2개의 가변수가 필요하므로 x 축은 1에서 11까지의 범위를 갖게 된다.

왜냐하면, 고려해야 하는 가능한 모델의 수가 p가 증가함에 따라 급격히 늘어나기 때문이다. 일반적으로 p개의 설명변수가 있으면 가능한 모델 수는 2^p개이다. 그러므로 $p = 10$인 경우 대략 1,000개의 모델이 고려되어야 하고, $p = 20$이면 100만개 이상의 모델이 가능하다! 결과적으로 최상의 부분집합 선택은 p 가 약 40보다 크면 굉장히 빠른 컴퓨터를 가지고도 계산이 불가능해진다. 계산량을 줄이기 위해 일부 선택을 제외하는 분기한정기법(branch-and-bound technique)이 있지만 이 기법도 p 값이 커짐에 따라 제약이 있다. 분기한정기법은 또한 최소제곱 선형회귀에만 적용된다. 최상의 부분집합 선택의 대안으로 계산적으로 효율적인 방법들에 대해서는 다음 절에서 살펴본다.

6.1.2 단계적 선택

계산상의 이유로 최상의 부분집합 선택은 p가 아주 크면 사용할 수 없다. 최상의 부분집합 선택은 또한 p가 큰 경우 통계적인 문제로 어려움을 겪을 수 있다. 검색공간이 커질수록 훈련 데이터에 잘 맞는 모델을 찾을 가능성은 높아진다. 하지만 이렇게 찾은 모델이 미래의 데이터에 대해 어떠한 예측력도 제공하지 못할 수 있다. 다시 말해 거대한 검색 공간은 과적합이나 높은 계수 추정치의 분산을 유발할 수 있다.

이러한 이유로 훨씬 제한된 모델들의 집합을 조사하는 *단계적* 방법이 최상의 부분집합 선택에 대한 훌륭한 대안이 된다.

전진 단계적 선택

전진 단계적 선택(forward stepwise selection)은 최상의 부분집합 선택에 대한 계산적으로 효율적인 대안이다. 최상의 부분집합 선택이 p개 설명변수들의 서브셋을 포함하는 2^p개의 가능한 모든 모델들을 고려하는 반면에 전진 단계적 선택은 훨씬 적은 수의 모델들을 고려한다. 전진 단계적 선택은 설명변수가 하나도 포함되지 않은 모델에서 시작하여 모든 설명변수가 모델에 포함될 때까지 한번에 하나씩 설명변수를 추가한다. 특히 각 단계에서 모델에 추가되는 변수는 적합에 가장 큰 추가적 향상을 제공하는 것이다. 전진 단계적 선택 절차는 알고리즘 6.2와 같다.

알고리즘 6.2 *전진 단계적 선택*

1. $\mathcal{M}_0$은 설명변수를 하나도 포함하지 않는 영모델이라 한다.
2. $k = 0, 1, \ldots, p-1$에 대하여,
   (a) $\mathcal{M}_k$에 하나의 설명변수를 추가한 모든 $p-k$개의 모델을 고려한다.
   (b) $p-k$개의 모델 중에서 *최고*를 골라 $\mathcal{M}_{k+1}$이라 한다. 여기서 *최고*는 가장 작은 RSS나 가장 큰 R^2을 갖는 것으로 정의된다.
3. 교차검증된 예측오차, C_p (AIC), BIC 또는 조정된 R^2을 이용하여 $\mathcal{M}_0, \ldots, \mathcal{M}_p$ 중에서 최고의 모델을 하나 선택한다.

2^p개의 모델을 적합하는 최상의 부분집합 선택과는 달리 전진 단계적 선택은 하나의 영모델과 k번째($k = 0, \ldots, p-1$) 이터레이션(iteration)에서 $p-k$개의 모델을 적합한다. 그러므로 적합되는 모델의 수는 $1 + \sum_{k=0}^{p-1}(p-k) = 1 + p(p+1)/2$개이다. 두 방법에서 적합해야 하는 모델 수의 차이는 상당하다. 예를 들어, $p = 20$인 경우 최상의 부분집합 선택은 1,048,576개의 모델을 적합해야 하지만

전진 단계적 선택은 211개의 모델만 적합하면 된다.[1]

알고리즘 6.2의 Step 2(b)에서 $\mathcal{M}_k$에 하나의 설명변수를 추가한 $p-k$개의 모델 중에서 *최고의 모델*을 찾아야 한다. 이것은 단순히 가장 낮은 RSS 또는 가장 높은 R^2을 가지는 모델을 선택하면 된다. 하지만 Step 3에서 변수의 수가 다른 모델들의 셋(집합)에서 최고의 모델을 찾아야 한다. 이것은 더욱 어려운 문제로 6.1.3절에서 논의한다.

전진 단계적 선택이 최상의 부분집합 선택에 비해 계산적 장점이 있는 것은 명백하다. 전진 단계적 선택법은 실제로 잘 동작하긴 하지만 p개 설명변수의 서브셋을 포함하는 모든 2^p개의 모델 중에서 가능한 최고의 모델을 찾는다는 보장은 없다. 예를 들어, $p=3$개의 설명변수를 갖는 데이터셋에서 가능한 최고의 1-변수 모델은 X_1을 포함하고 최고의 2-변수 모델은 X_2와 X_3을 포함한다고 해보자. 그러면 전진 단계적 선택은 가능한 최고의 2-변수 모델을 선택하는 데 실패할 것이다. 왜냐하면, $\mathcal{M}_1$은 X_1을 포함할 것이고, 따라서 $\mathcal{M}_2$도 하나의 추가 변수와 함께 X_1을 포함해야 하기 때문이다.

표 6.1은 Credit 자료에서 최상의 부분집합 선택법과 전진 단계적 선택법으로 선택되는 처음 4개의 모델을 보여준다. 두 방법 모두 최고의 1-변수 모델로 rating을 선택하고, 그다음 2-변수 및 3-변수 모델에서 income과 student를 포함한다. 하지만 4-변수 모델에서 최상의 부분집합 선택은 rating을 card로 대체한 반면 전진 단계적 선택은 4-변수 모델에 rating을 유지해야 한다. 이 예제에서 그림 6.1은 RSS 관점에서 3-변수 모델과 4-변수 모델 사이에 큰 차이는 없음을 나타내며, 따라서 어느 4-변수 모델이든 괜찮을 것이다.

전진 단계적 선택은 $n<p$인 고차원 설정에서도 적용할 수 있다. 하지만 이 경우에는 부분모델(submodel) $\mathcal{M}_0,\ldots,\mathcal{M}_{n-1}$만 구성하는 것이 가능하다. 왜냐하면, 각 부분모델은 $p\geq n$이면 유일한 해가 제공되지 않는 최소제곱을 이용하여 적합하기 때문이다.

후진 단계적 선택

전진 단계적 선택처럼 *후진 단계적 선택*(backward stepwise selection)은 최상의 부분집합 선택에 대한 효율적인 대안을 제공한다. 하지만 전진 단계적 선택과 달리 p개의 설명변수 모두를 포함하는 완전 최

---

[1] 전진 단계적 선택은 $p(p+1)/2+1$개의 모델을 고려하지만 모델 공간(model space)에서 유도 검색(guided search)을 수행하므로 고려되는 실질적인 모델 공간은 $p(p+1)/2+1$보다 훨씬 더 많은 수의 모델을 포함한다.

변수의 개수	최상의 부분집합 선택	전진 단계적 선택
1	rating	rating
2	rating, income	rating, income
3	rating, income, student	rating, income, student
4	cards, income, student, limit	rating, income, student, limit

표 6.1: Credit 자료에서 최상의 부분집합 선택과 전진 단계적 선택에 의해 선택되는 처음 4개의 모델. 처음 세 모델은 동일하지만 네 번째 모델은 다르다.

소제곱 모델을 가지고 시작하고, 한번에 하나씩 반복적으로 유용성이 가장 적은 설명변수를 제외한다. 자세한 것은 알고리즘 6.3에 설명되어 있다.

알고리즘 6.3 *후진 단계적 선택*

1. $\mathcal{M}_p$는 p개의 설명변수 모두를 포함하는 완전 모델(full model)이라 한다.
2. $k = p, p-1, \ldots, 1$에 대하여,
   (a) $k-1$개의 설명변수에 대해, $\mathcal{M}_k$에서 하나의 설명변수를 제외한 모든 k개의 모델을 고려한다.
   (b) k개의 모델 중에서 최고를 골라 $\mathcal{M}_{k-1}$이라 한다. 여기서 *최고*는 가장 작은 RSS나 가장 큰 R^2을 갖는 것으로 정의된다.
3. 교차검증된 예측오차, C_p (AIC), BIC 또는 조정된 R^2을 이용하여 $\mathcal{M}_0, \ldots, \mathcal{M}_p$ 중에서 최고의 모델을 하나 선택한다.

전진 단계적 선택처럼 후진 단계적 선택 기법은 $1+p(p+1)/2$개의 모델만 검색하므로 p가 너무 커서 최상의 부분집합 선택을 적용할 수 없는 상황에서도 적용이 가능하다.[2] 또한, 전진 단계적 선택처럼 후진 단계적 선택도 p개 설명변수들의 서브셋을 포함하는 최고의 모델을 찾는다는 보장이 없다.

후진 단계적 선택법은 표본의 수 n이 설명변수의 수 p보다 커야 사용할 수 있다(완전 모델 적합이 가능해야 한다). 반면에, 전진 단계적 선택법은 $n < p$인 경우에도 사용할 수 있으므로 p가 아주 클 때도 사용 가능한 유일한 부분집합 방법이다.

---

[2] 전진 단계적 선택처럼 후진 단계적 선택은 모델 공간에서 유도 검색을 수행하므로 실질적으로 $1 + p(p+1)/2$보다 훨씬 더 많은 수의 모델을 고려한다.

하이브리드 방식

최상의 부분집합 선택, 전진 단계적 선택, 그리고 후진 단계적 선택 기법들은 일반적으로 유사하지만 동일하지는 않은 모델을 제공한다. 또 하나의 대안적인 방법으로 전진 단계적 선택과 후진 단계적 선택의 하이브리드 버전이 있다. 이 방법은 변수들이 모델에 순차적으로 추가된다는 점에서 전진 단계적 선택과 비슷하다. 하지만 새로운 변수를 추가한 후에 모델 적합을 더 이상 향상시키지 않는 변수가 있으면 제거할 수도 있다. 이러한 접근 방식은 전진 및 후진 단계적 선택의 계산적 장점은 유지하면서 최상의 부분집합 선택을 모방하고자 하는 것이다.

6.1.3 최적의 모델 선택

최상의 부분집합 선택, 전진선택, 그리고 후진선택은 모델들의 집합을 생성하는데, 각 모델에는 p개 설명변수들의 서브셋이 포함된다. 이러한 방법들을 구현하기 위해서는 이들 모델 중 최고를 결정하는 방법이 필요하다. 6.1.1절에서 살펴본 것처럼 설명변수 전체를 포함하는 모델이 항상 가장 작은 RSS와 가장 큰 R^2을 갖게 될 것인데, 이는 RSS와 R^2이 훈련오차와 관련이 있기 때문이다. 하지만 우리는 검정오차가 낮은 모델을 선택하고자 한다. 이 장과 2장에서 보았던 것처럼 훈련오차는 검정오차에 대한 추정치로서 좋지 않을 수 있다. 그러므로 RSS와 R^2은 설명변수의 수가 다른 모델들의 컬렉션에서 최고 모델을 선택하는 데에는 적절하지 않다.

검정오차와 관련하여 최고의 모델을 선택하기 위해서는 검정오차를 추정할 필요가 있다. 흔히 사용되는 두 가지 기법은 다음과 같다.

1. 과적합으로 인한 편향을 고려하도록 훈련오차를 *조정*(adjustment)하여 검정오차를 간접적으로 추정한다.

2. 5장에서 다루었던 검증셋 기법 또는 교차검증 기법을 사용해 검정오차를 *직접* 추정한다.

이 두 기법에 대해 아래에서 살펴본다.

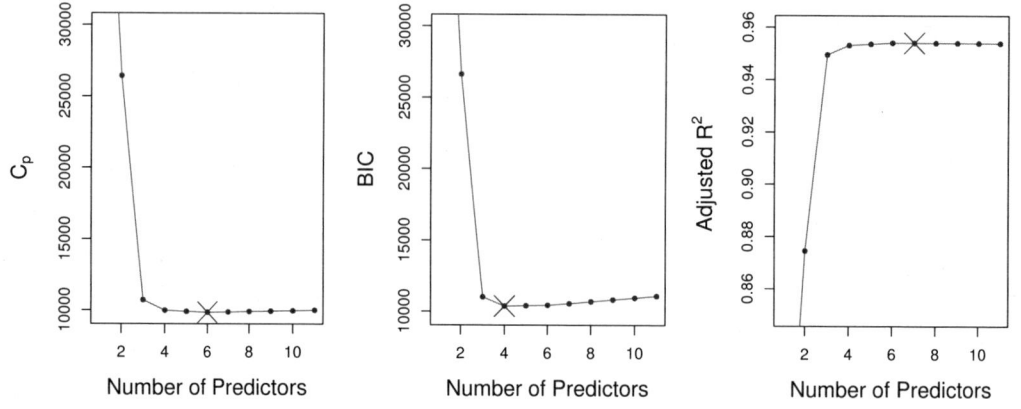

그림 6.2: Credit 자료에서 각 모델 크기의 최고 모델에 대한 C_p, BIC, 그리고 조정된 R^2. C_p와 BIC는 검정 MSE의 추정치이다. 중앙 패널에서 검정오차의 BIC 추정치는 4개의 변수가 선택된 이후 증가한다. 다른 두 패널의 그래프는 4개의 변수가 포함된 이후 거의 평평하게 유지된다.

C_p, AIC, BIC, 그리고 조정 R^2

2장에서 보았듯이 훈련셋 MSE는 일반적으로 검정 MSE를 과소추정한다(MSE = RSS/n). 이것은 최소제곱을 이용하여 훈련 데이터에 모델을 적합할 때 훈련 RSS(검정 RSS가 아니라)를 가능한 작게 하는 회귀계수들을 추정하기 때문이다. 특히, 훈련오차는 모델에 포함되는 변수의 수가 증가할수록 감소하지만 검정오차는 그렇지 않을 수 있다. 그러므로 훈련셋 RSS와 훈련셋 R^2은 변수의 수가 다른 모델들의 집합에서 모델을 선택하는 데 사용될 수 없다.

하지만 모델 크기에 대해 훈련오차를 조정하는 다수의 기법들을 이용할 수 있다. 이러한 기법들은 변수의 수가 다른 모델들의 집합에서 모델을 선택하는 데 사용될 수 있다. 그중에서 4가지 기법, C_p, *AIC(Akaike information criterion)*, *BIC(Bayesian information criterion)*, 그리고 조정된 R^2을 고려해보자. 그림 6.2는 Credit 자료에서 최상의 부분집합 선택에 의해 생성된 각 모델 크기의 최고 모델에 대한 C_p, BIC, 그리고 조정된 R^2을 나타낸다.

d개의 설명변수를 포함하는 적합된 최소제곱 모델에 대해 검정 MSE의 C_p 추정치는 다음 식을 사용하여 계산된다.

$$C_p = \frac{1}{n}\left(\text{RSS} + 2d\hat{\sigma}^2\right) \quad (6.2)$$

여기서 $\hat{\sigma}^2$은 (6.1)의 각 반응변수 측정값과 연관된 오차 ϵ의 분산에 대한 추정치이다.[3] 본질적으로 C_p 통계량은 검정오차를 과소추정하는 경향이 있는 훈련오차를 조정하기 위해 훈련 RSS에 $2d\hat{\sigma}^2$의 페널티(penalty)를 더한다. 모델에 포함된 설명변수의 수가 증가할수록 페널티도 명백히 증가하는데, 이것은 훈련 RSS가 감소하는 것을 조정하기 위한 것이다. 비록 이 책의 범위를 벗어나는 내용이긴 하지만, (6.2)에서 $\hat{\sigma}^2$이 σ^2의 비편향추정치이면 C_p는 검정 MSE의 비편향추정치라는 것을 보여줄 수 있다. 결론적으로, C_p 통계량은 낮은 검정오차를 갖는 모델에 대해 작은 값을 가지는 경향이 있으므로, 모델들의 집합에서 최고 모델을 결정할 때 가장 낮은 C_p 값을 가지는 모델을 선택한다. 그림 6.2에서, C_p는 설명변수 income, limit, rating, cards, age, 그리고 student를 포함하는 6-변수 모델을 선택한다.

AIC 기준은 최대 가능도(maximum likelihood)에 의해 적합된 모델들로 구성된 하나의 커다란 클래스에 대해 정의된다. 오차들이 가우스 분포를 따르는 모델 (6.1)의 경우 최대 가능도와 최소제곱은 같은 것이다. 이 경우 AIC는 다음 식과 같이 주어진다.

$$\text{AIC} = \frac{1}{n\hat{\sigma}^2}\left(\text{RSS} + 2d\hat{\sigma}^2\right)$$

여기서 추가적인 상수는 표현의 단순함을 위해 생략하였다. 그 결과, 최소제곱 모델의 경우 C_p와 AIC는 서로 비례하고, 그래서 그림 6.2에는 C_p만 나타낸다.

BIC는 베이즈(Bayesian) 관점에서 파생되었지만 C_p 및 AIC와도 유사하다. 설명변수의 수가 d개인 최소제곱 모델에 대해 BIC는 다음과 같이 주어진다.

$$\text{BIC} = \frac{1}{n}\left(\text{RSS} + \log(n)d\hat{\sigma}^2\right) \tag{6.3}$$

C_p처럼, BIC는 낮은 검정오차를 갖는 모델에 대해 작은 값을 가지는 경향이 있어 일반적으로 가장 낮은 BIC 값을 가지는 모델이 선택된다. BIC는 C_p에서 $2d\hat{\sigma}^2$을 $\log(n)d\hat{\sigma}^2$으로 대체한 것이다. 여기서 n은 관측치의 개수이다. 임의의 $n > 7$에 대해 $\log n > 2$이므로 BIC 통계량은 일반적으로 변수의 수가 많은 모델에 더 심한 페널티를 부여하고, 그 결과 C_p보다 더 작은 크기의 모델이 선택된다. 그림 6.2

---

[3] 맬로우즈 C_p는 $C_p' = \text{RSS}/\hat{\sigma}^2 + 2d - n$으로도 정의된다. 이것은 $C_p = \frac{1}{n}\hat{\sigma}^2(C_p' + n)$이란 점에서 위에서 주어진 정의와 동일하고, 따라서 가장 작은 C_p를 가지는 모델은 또한 가장 작은 C_p'을 갖는다.

의 Credit 자료에 대한 결과를 보면 이것이 사실임을 알 수 있다. 즉, BIC는 4개의 설명변수 income, limit, cards, 그리고 student만을 포함하는 모델을 선택한다. 이 경우에 곡선은 매우 평평해서 4-변수 모델과 6-변수 모델 사이에 정확도 차이는 별로 없어 보인다.

조정된 R^2 통계량은 다른 수의 변수들을 포함하는 모델들의 집합에서 모델을 선택할 때 많이 사용되는 또 다른 기법이다. 3장에서 정의한 보통의 R^2은 $1 - \text{RSS}/\text{TSS}$이고, $\text{TSS} = \sum(y_i - \bar{y})^2$은 반응변수에 대한 총 *제곱합*이다. 모델에 추가되는 설명변수의 수가 늘어남에 따라 RSS는 항상 감소하기 때문에 R^2은 더 많은 변수가 추가되면 항상 증가한다. 설명변수의 수가 d개인 최소제곱 모델에 대해, 조정된 R^2 통계량은 다음과 같이 계산된다.

$$\text{조정된 } R^2 = 1 - \frac{\text{RSS}/(n-d-1)}{\text{TSS}/(n-1)} \tag{6.4}$$

작은 값일수록 모델이 낮은 검정오차를 갖는다는 것을 나타내는 C_p, AIC, BIC와 달리, 조정된 R^2은 값이 클수록 모델의 검정오차가 작다는 것을 의미한다. 조정된 R^2을 최대로 하는 것은 $\text{RSS}/(n-d-1)$을 최소로 하는 것과 같다. 모델에 포함되는 변수의 수가 증가함에 따라 RSS는 항상 감소하지만, $\text{RSS}/(n-d-1)$은 분모의 d 값에 따라 증가할수도 있고 감소할 수도 있다.

직관적으로, 조정된 R^2은 올바른 변수들이 모두 모델에 포함되고 나면 추가로 노이즈(noise)(불필요한) 변수들을 포함하는 것은 RSS를 아주 조금밖에 감소시키지 않을 것이라는 것이다. 노이즈 변수들을 추가하는 것은 d를 증가시키므로 이러한 변수들은 $\text{RSS}/(n-d-1)$을 증가시켜 결과적으로 조정된 R^2을 감소시킬 것이다. 그러므로, 이론적으로 조정된 R^2이 가장 큰 모델은 노이즈 변수 없이 올바른 변수들만 포함할 것이다. R^2와는 달리 조정된 R^2 통계량은 모델에 불필요한 변수들을 포함하는 것에 대해 대가를 지불한다. 그림 6.2는 Credit 자료에 대한 조정된 R^2을 나타낸다. 이 통계량을 사용하면 C_p와 AIC에 의해 선택된 모델에 gender를 추가한 7개의 변수를 포함하는 모델이 선택된다.

C_p, AIC, 그리고 BIC는 모두 이 책의 범위를 벗어나지만 엄격한 이론적 증명이 가능하다. 이러한 증명은 점근적 주장(asymptotic arguments)(표본크기 n이 아주 큰 경우)에 의존한다. 조정된 R^2은 많이 사용되고 아주 직관적이지만 AIC, BIC, C_p만큼 통계이론적으로 관심이 크지는 않다. 이 측도들은 모두 사용하기 쉽고 계산하기도 쉽다. 여기서 제시된 AIC, BIC, 그리고 C_p에 대한 공식은 최소제곱을

이용한 선형모델 적합의 경우에 해당하는 것이지만 좀 더 일반적인 형태의 모델에 대해서도 정의될 수 있다.

검증 및 교차검증

조금전에 다룬 기법들의 대안으로서 5장에서 논의한 검증셋 방법과 교차검증 방법을 사용하여 검정오차를 직접적으로 추정할 수 있다. 고려중인 각 모델에 대해 검증셋 오차 또는 교차검증 오차를 계산한 다음 추정된 검정오차가 가장 작은 모델을 선택할 수 있다. 이 절차는 AIC, BIC, C_p, 그리고 조정된 R^2과 비교해 검정오차의 직접적인 추정치를 제공하고 실제 모델에 대한 가정을 적게 한다는 장점이 있다. 이것은 또한 더 넓은 범위에 걸쳐 모델을 선택하는 데 사용될 수 있으며, 심지어는 모델의 자유도(예를 들어, 모델의 설명변수의 수)를 정확히 알아내기 어렵거나 오차의 분산 σ^2을 추정하기 어려운 경우에도 사용할 수 있다.

예전에는 교차검증을 수행하는 데 p가 크거나 n이 클 경우 계산상 제약이 있어 AIC, BIC, C_p, 그리고 조정된 R^2이 더 주목받는 모델 선택 방식이었다. 그러나, 요즘은 컴퓨터가 빨라져 교차검증에 필요한 계산은 문제가 아니다. 따라서 교차검증은 고려중인 다수의 모델로부터 선택을 하기 위한 아주 유용한 기법이다.

그림 6.3은 Credit 자료에서 최고의 d-변수 모델에 대한 BIC, 검증셋 오차, 그리고 교차검증 오차를 d의 함수로써 나타낸다. 검증셋 오차는 임의로(랜덤하게) 관측치의 3/4을 훈련셋으로 선택하고 나머지를 검증셋으로 선택하여 계산하였다. 교차검증 오차는 $k = 10$ fold를 이용해 계산되었다. 이 경우에 검증셋 방법과 교차검증 방법에 의해 선택된 모델은 둘 다 6-변수 모델이다. 하지만, 세 기법 모두 4-변수, 5-변수, 6-변수 모델이 검정오차 관점에서 거의 차이가 없다.

사실, 그림 6.3의 중앙과 오른쪽 패널에 나타낸 추정된 검정오차 곡선은 거의 평평하다. 3-변수 모델은 명백히 2-변수 모델보다 낮은 추정된 검정오차를 갖지만 3-변수에서 11-변수 모델들의 추정된 검정오차는 상당히 유사하다. 더욱이 훈련셋과 검증셋 분할을 다르게 하여 검증셋 기법을 반복하거나 fold 크기가 다른 교차검증 방법을 반복한다면 추정된 검정오차가 가장 낮은 모델은 분명히 바뀔 것이다. 이런 상황에서는 *one-standard-error* 규칙을 사용하여 모델을 선택할 수 있다. 먼저 각 모델 크기에 대한 추정된 검정 MSE의 표준오차를 계산한다. 그다음에 검정 MSE 곡선에서 가장 작은 값의

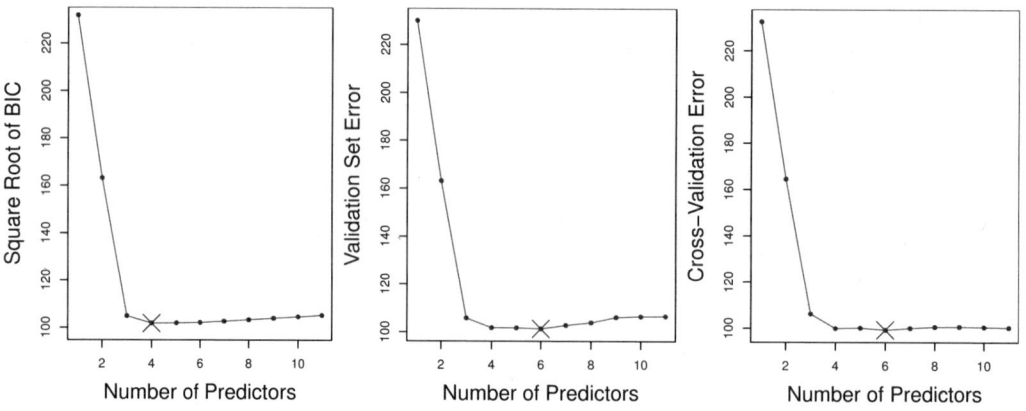

그림 6.3: Credit 자료에서 $d \in [1, 11]$개의 설명변수를 포함하는 최고의 모델 각각에 대한 3가지 통계량. 각 통계량을 기반으로 전체 중에서 최고의 모델에 파란색 X 표시를 한다. 왼쪽: BIC의 제곱근. 중앙: 검증셋 오차. 오른쪽: 교차검증 오차.

1-표준오차 이내에 있는 추정된 검정오차에 대해 가장 크기가 작은 모델을 선택한다. 그 이유는 모델들이 거의 비슷한 수준이라면 가장 단순한 모델, 즉 설명변수의 수가 가장 적은 모델을 선택하고자 하기 때문이다. 이 예의 경우 검증셋 또는 교차검증 기법에 one-standard-error 규칙을 적용하면 3-변수 모델이 선택된다.

6.2 Shrinkage 방법

6.1절에서 설명한 부분집합 선택 방법들은 설명변수들의 서브셋을 포함하는 선형모델을 적합하는 데 최소제곱을 사용한다. 이에 대한 대안으로, 계수 추정치들을 *제한(constrains)* 하거나 *규칙화(regularizes)* 하는 기법을 사용하여 p개의 설명변수 모두를 포함하는 모델을 적합할 수 있다. 이 기법은 계수 추정치들을 영으로 *수축(shrink)* 하는 것과 같다. 이러한 제한이 왜 적합을 향상시키는지 명확하게 바로 드러나지는 않을 수 있지만, 계수 추정치들을 수축하는 것은 추정치들의 분산을 상당히 줄일 수 있는 것으로 밝혀져 있다. 회귀계수들을 영으로 수축하기 위한 두 가지 가장 잘 알려진 기법은 능형회귀 *(ridge regression)* 와 *lasso* 이다.

6.2.1 능형회귀

3장에서 최소제곱 적합 절차는 다음 식을 최소로 하는 값을 이용해 $\beta_0, \beta_1, \ldots, \beta_p$를 추정하였다.

$$\text{RSS} = \sum_{i=1}^{n} \left(y_i - \beta_0 - \sum_{j=1}^{p} \beta_j x_{ij} \right)^2$$

능형회귀는 약간 다른 수량(quantity)을 최소화하여 계수들을 추정한다는 점을 제외하면 최소제곱과 아주 유사하다. 특히, 능형회귀 계수 추정치 $\hat{\beta}^R$은 다음 식을 최소로 하는 값이다.

$$\sum_{i=1}^{n} \left(y_i - \beta_0 - \sum_{j=1}^{p} \beta_j x_{ij} \right)^2 + \lambda \sum_{j=1}^{p} \beta_j^2 = \text{RSS} + \lambda \sum_{j=1}^{p} \beta_j^2 \tag{6.5}$$

여기서 $\lambda \geq 0$는 별도로 결정되는 조율 파라미터(tuning parameter)이다. 식 (6.5)는 두 가지 다른 기준을 절충한다. 최소제곱에서와 같이, 능형회귀는 RSS를 작게 만들어 데이터에 잘 적합하는 계수 추정치를 찾는다. 하지만 수축 페널티(shrinkage penalty)라 불리는 두 번째 항 $\lambda \sum_j \beta_j^2$은 $\beta_1, \ldots, \beta_p$가 0에 가까울 때 작고, 따라서 β_j의 추정치를 0으로 수축하는 효과가 있다. 조율 파라미터 λ는 회귀계수 추정치에 대한 이 두 항의 상대적인 영향을 제어한다. $\lambda = 0$일 때 페널티 항의 영향이 없어 능형회귀는 최소제곱 추정치를 제공한다. 하지만 $\lambda \to \infty$에 따라 수축 페널티의 영향이 커져 능형회귀 계수 추정치는 0으로 접근할 것이다. 단 하나의 계수 추정치들의 집합을 생성하는 최소제곱과 달리, 능형회귀는 λ의 값 각각에 대해 다른 집합의 계수 추정치 $\hat{\beta}^R_\lambda$를 생성할 것이다. λ에 대한 적절한 값을 선택하는 것은 아주 중요하며, 이에 대해서는 6.2.3절에서 논의할 것이다.

식 (6.5)에서 수축 페널티는 $\beta_1, \ldots, \beta_p$에 적용되지만 절편 β_0에는 적용되지 않는다. 수축하고자 하는 것은 반응변수에 대한 각 변수의 추정된 연관성이지 $x_{i1} = x_{i2} = \cdots = x_{ip} = 0$일 때 단순히 평균 반응변수 값의 측도인 절편을 수축하고자 하는 것은 아니다. 만약 능형회귀를 수행하기 전에 변수들, 즉 자료행렬 $\mathbf{X}$의 열들을 평균이 0이 되도록 중심화하면 추정된 절편은 $\hat{\beta}_0 = \bar{y} = \sum_{i=1}^{n} y_i/n$의 형태가 될 것이다.

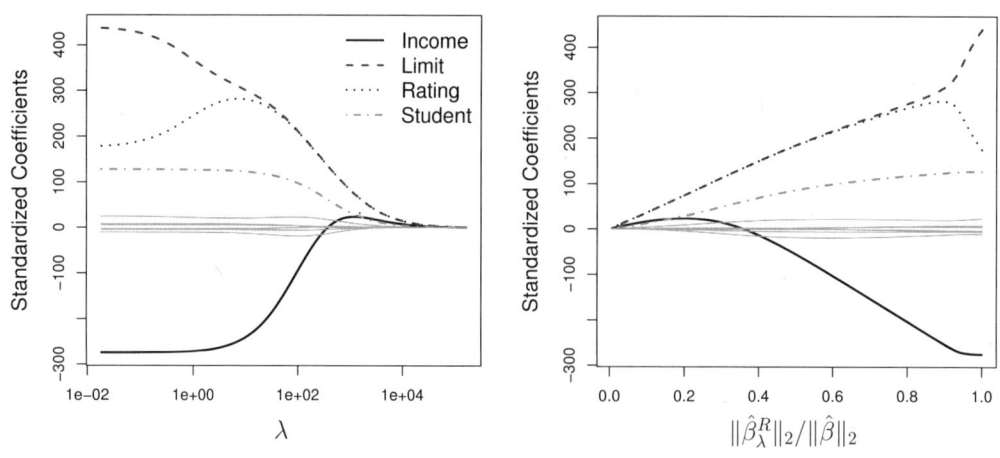

그림 6.4: Credit 자료에 대해 λ와 $\|\hat{\beta}^R_\lambda\|_2/\|\hat{\beta}\|_2$의 함수로 나타낸 표준화된 능형회귀 계수.

Credit 자료에 대한 응용

그림 6.4는 Credit 자료에 대한 능형회귀 계수 추정치들을 나타낸다. 왼쪽 패널에서 각 곡선은 λ의 함수로 표시되며 10개 변수 중의 하나에 대한 능형회귀 계수 추정치에 해당한다. 예를 들어, 검정색 실선은 λ가 변함에 따라 income 계수에 대한 능형회귀 추정치를 나타낸다. 그래프의 왼쪽 끝으로 가면 λ가 0이 되고 대응하는 능형 계수 추정치는 최소제곱 추정치와 같아진다. 그러나 λ가 증가함에 따라 능형 계수 추정치들은 0을 향해 수축된다. λ가 아주 클 경우 모든 능형 계수 추정치가 기본적으로 0이 되어 설명변수를 하나도 포함하지 않는 영모델이 된다. 이 그림에서 income, limit, rating, 그리고 student 변수들은 색깔을 구별하여 표시하는데, 그 이유는 이들 변수에 대한 계추 추정치가 훨씬 큰 값을 가지는 경향이 있기 때문이다. 능형 계수 추정치들은 λ가 증가함에 따라 전체적으로는 감소하는 경향이 있지만 rating과 income과 같은 개개의 변수들은 λ가 증가하면 간혹 증가할 수도 있다.

그림 6.4의 오른쪽 패널은 왼쪽 패널과 동일한 능형 계수 추정치들을 나타내지만 x축에 λ 대신 $\|\hat{\beta}^R_\lambda\|_2/\|\hat{\beta}\|_2$를 사용한다. 여기서 $\hat{\beta}$은 최소제곱 계수 추정치들의 벡터이다. $\|\beta\|_2$는 벡터의 ℓ_2 norm을 나타내고 $\|\beta\|_2 = \sqrt{\sum_{j=1}^p \beta_j^2}$으로 정의된다. 이것은 0에서 β까지의 거리를 측정한다. λ가 증가함에 따

라 $\hat{\beta}_\lambda^R$의 ℓ_2 norm은 항상 감소할 것이고 그래서 $||\hat{\beta}_\lambda^R||_2/||\hat{\beta}||_2$도 감소할 것이다. $||\hat{\beta}_\lambda^R||_2/||\hat{\beta}||_2$의 범위는 1에서 0까지이다. 이 값은 $\lambda = 0$일 때(능형회귀 계수 추정치가 최소제곱 추정치와 같아져 그 ℓ_2 norm들이 동일한 경우) 1이고, $\lambda = \infty$일 때(능형회귀 계수 추정치는 ℓ_2 norm이 0인 영벡터인 경우) 0이다. 그러므로 그림 6.4의 오른쪽 패널에서 x축은 능형회귀 계수 추정치가 0을 향해 수축된 양으로 생각할 수 있다. 작은 값은 수축된 계수들이 0에 아주 가깝다는 것을 나타낸다.

3장에서 논의된 일반적인 최소제곱 계수 추정치들은 스케일이 같다. 상수 c를 X_j에 곱하면 최소제곱 계수 추정치는 $1/c$배로 스케일링(scaling)된다. 다르게 말하면, j번째 설명변수가 어떻게 스케일링되는지와 관계없이 $X_j\hat{\beta}_j$은 여전히 동일할 것이다. 이에 반해 능형회귀 계수 추정치는 주어진 설명변수에 어떤 상수를 곱할 때 *현저하게* 바뀔 수 있다. 예를 들어, 달러로 측정되는 income 변수를 고려해보자. 누군가가 1,000달러 단위로 수입을 측정했다고 하면 income 변수의 관측치 값은 1,000배 줄어들 것이다. 능형회귀 공식 (6.5)에 포함된 계수들의 제곱합 항 때문에, 이러한 스케일 변화는 income에 대한 능형회귀 계수 추정치를 단순히 1,000배 변하게 하는 데 그치지는 않을 것이다. 즉, $X_j\hat{\beta}_{j,\lambda}^R$은 λ 값 뿐만 아니라 j번째 설명변수의 스케일링에 따라 다를 것이다. 사실, $X_j\hat{\beta}_{j,\lambda}^R$의 값은 심지어 *다른* 설명변수들의 스케일링에 따라 다를지도 모른다! 따라서 능형회귀는 설명변수들이 모두 동일한 스케일을 가지도록 아래 식을 사용해 표준화한 다음에 적용하는 것이 가장 좋다.

$$\tilde{x}_{ij} = \frac{x_{ij}}{\sqrt{\frac{1}{n}\sum_{i=1}^n (x_{ij} - \bar{x}_j)^2}} \tag{6.6}$$

식 (6.6)에서 분모는 j번째 설명변수의 추정된 표준편차이다. 그 결과 표준화된 설명변수들은 모두 표준편차가 1이 될 것이다. 결과적으로 최종 적합은 설명변수들이 측정된 스케일에 의존적이지 않을 것이다. 그림 6.4에서 y축은 표준화된 능형회귀 계수 추정치를 나타내는데, 이것은 표준화된 설명변수들을 사용해 능형회귀를 수행한 결과로 얻은 것이다.

능형회귀가 최소제곱보다 나은 이유

최소제곱에 대한 능형회귀의 장점은 *편향-분산 절충*(bias-variance trade-off)에 원인이 있다. λ가 증가하면 능형회귀 적합의 유연성이 감소하게 되어 분산은 감소하지만 편향은 증가한다. 이것은 그림 6.5의

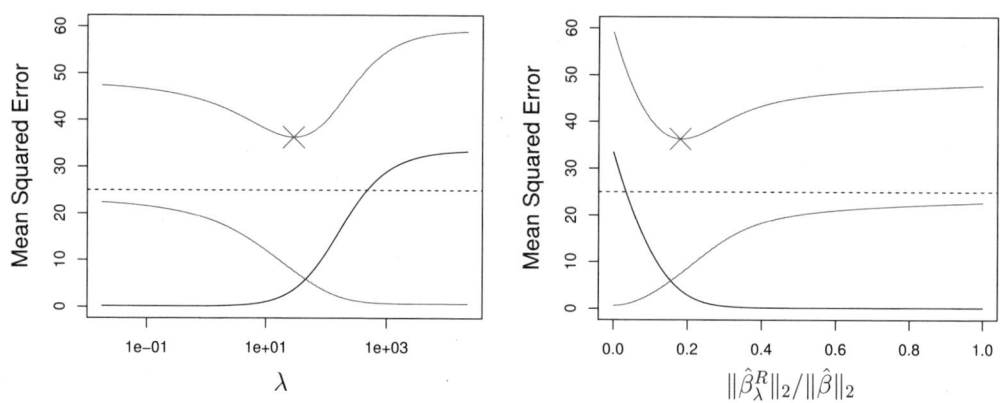

그림 6.5: 모의 자료에서 λ와 $\|\hat{\beta}_\lambda^R\|_2/\|\hat{\beta}\|_2$의 함수로 나타낸 능형회귀 예측값에 대한 제곱편차(검정색), 분산(녹색), 그리고 검정 MSE(보라색). 수평의 파선은 가능한 최소 MSE를 나타낸다. 보라색 X 표시는 MSE를 가장 작게 하는 능형회귀 모델을 나타낸다.

왼쪽 패널에 $p = 45$개의 설명변수와 $n = 50$개의 관측치를 포함하는 모의 자료를 사용하여 나타낸다. 그림 6.5의 왼쪽 패널에서 녹색 곡선은 능형회귀 예측값의 분산을 λ의 함수로서 나타낸 것이다. $\lambda = 0$인 능형회귀에 대응하는 최소제곱 계수 추정치에서 분산은 크지만 편향은 없다. 그러나 λ가 증가함에 따라 능형 계수 추정치의 수축은 편향을 약간 증가시키지만 예측값의 분산을 현저하게 줄일 수 있다. 보라색으로 나타낸 검정 MSE는 분산과 제곱 편향의 합으로 구성된 함수이다. λ가 10정도될 때, 검은색으로 그려진 편향은 아주 조금 증가하지만 분산은 급격히 감소한다. 그 결과 MSE는 λ가 0에서 10까지 증가하면 현저하게 감소된다. 이 점을 넘어서면 λ 증가에 따른 분산 감소는 느려지고 계수들의 수축은 그 계수들을 상당히 과소추정되게 하여 결과적으로 편향이 크게 증가하게 한다. 최소 MSE는 대략 $\lambda = 30$일 때 얻어진다. 흥미롭게도, 예측의 높은 분산 때문에, $\lambda = 0$일 때 최소제곱 적합과 관련된 MSE는 $\lambda = \infty$일 때 모든 계수 추정치가 0인 영모델의 MSE만큼이나 높다. 하지만 적절한 λ 값에 대해서는 MSE가 상당히 낮다.

그림 6.5의 오른쪽 패널은 왼쪽 패널과 동일한 곡선들을 보여주며, 능형회귀 계수 추정치의 ℓ_2 norm을 최소제곱 추정치의 ℓ_2 norm으로 나눈 값에 대해 나타낸 것이다. 여기서는 왼쪽에서 오른쪽으로 이동함에 따라 적합이 더 유연해져 편향이 감소하고 분산은 증가한다.

일반적으로, 반응변수와 설명변수의 상관관계가 선형에 가까운 경우 최소제곱 추정치는 낮은 편향을 가질 것이지만 높은 분산을 가질지도 모른다. 이것은 훈련 데이터의 작은 변화가 최소제곱 계수 추정치를 크게 변화시킬 수 있다는 것을 의미한다. 특히, 그림 6.5의 예에서처럼 변수의 수 p가 관측치의 수 n만큼 클 때 최소제곱 추정치들은 변동이 아주 클 것이다. 또한, $p > n$이면 최소제곱 추정치는 심지어 유일한 해도 가지지 않지만 능형회귀는 약간의 편향 증가로 분산을 크게 감소하도록 절충하여 여전히 잘 동작할 수 있다. 따라서 능형회귀는 최소제곱 추정치가 높은 분산을 가지는 상황에서 가장 잘 동작한다.

능형회귀는 또한 2^p개의 모델을 검색해야 하는 최상의 부분집합 선택에 비해 상당한 계산상의 장점이 있다. 앞에서 논의했던 것처럼, p 값이 적당하더라도 2^p개의 모델 검색은 계산상 실현하기 어려울 수 있다. 이에 반해, 어떤 고정된 λ 값에 대해 능형회귀는 단 하나의 모델만 적합하고, 적합 절차는 상당히 빠르게 수행될 수 있다. 사실, 식 (6.5)를 모든 값의 λ에 대해 동시에 푸는데 요구되는 계산량이 최소제곱을 이용해 모델을 적합하는 데 필요한 것과 거의 동일하다는 것을 보여줄 수 있다.

6.2.2 Lasso

능형회귀는 한 가지 분명한 단점이 있다. 일반적으로 변수들의 서브셋만을 포함하는 모델들을 선택하는 최상의 부분집합 선택과 전진 및 후진 단계적 선택과 달리, 능형회귀는 최종 모델에 p개 설명변수 모두를 포함할 것이다. 식 (6.5)에서 페널티 $\lambda \sum \beta_j^2$은 모든 계수를 0을 향해 수축할 것이지만 계수 중 어떤 것도 ($\lambda = \infty$가 아니라면) 정확하게 0으로 만들지는 않을 것이다. 이것은 예측 정확도에 있어서는 문제가 되지 않을 수도 있지만 변수의 수 p가 상당히 큰 설정에서 모델을 해석하는 데 어려움을 초래할 수 있다. 예를 들어, Credit 자료에서 가장 중요한 변수들은 income, limit, rating, 그리고 student이므로 이 변수들만 포함하는 모델을 만들고자 할수도 있다. 하지만 능형회귀는 항상 10개의 설명변수 모두를 포함하는 모델을 생성할 것이다. λ 값의 증가가 계수들의 크기를 줄이는 경향이 있겠지만 어떤 변수들을 제외한 결과를 제공하지는 않을 것이다.

*lasso*는 능형회귀의 이러한 단점을 극복하는 비교적 최신 기법이다. lasso 계수들 $\hat{\beta}^L_\lambda$은 다음 식의 값을 최소로 만든다.

$$\sum_{i=1}^{n} \left(y_i - \beta_0 - \sum_{j=1}^{p} \beta_j x_{ij} \right)^2 + \lambda \sum_{j=1}^{p} |\beta_j| = \text{RSS} + \lambda \sum_{j=1}^{p} |\beta_j| \tag{6.7}$$

(6.7)과 (6.5)를 비교해보면 lasso와 능형회귀는 비슷한 형태를 갖는다는 것을 알 수 있다. 유일한 차이는 (6.5)의 능형회귀 페널티에서 β_j^2 항이 (6.7)의 lasso 페널티에서는 $|\beta_j|$로 대체되었다는 것이다. 통계적 용어로 lasso는 ℓ_2 페널티 대신에 ℓ_1 페널티를 사용한다. 계수 벡터 β의 ℓ_1 norm은 $||\beta||_1 = \sum |\beta_j|$로 주어진다.

능형회귀에서와 같이 lasso는 계수 추정치들을 0으로 수축한다. 하지만 lasso에서 ℓ_1 페널티는 조율 파라미터 λ가 충분히 클 경우 계수 추정치들의 일부를 정확히 0이 되게 하는 효과를 갖는다. 따라서, 최상의 부분집합 선택처럼 lasso는 *변수 선택*을 수행한다. 그 결과 lasso로부터 생성된 모델은 능형회귀에 의해 생성된 것보다 일반적으로 해석하기 훨씬 더 쉽다. lasso는 스파스 모델(sparse models), 즉 변수들의 일부만 포함하는 모델을 제공한다. 능형회귀에서처럼 lasso에서도 적당한 λ 값을 선택하는 것이 아주 중요하다. 이것에 대한 논의는 교차검증을 이용하는 6.2.3절에서 살펴볼 것이다.

하나의 예로 Credit 자료에 lasso를 적용하여 얻은 그림 6.6의 계수 그래프를 고려해보자. lass는 $\lambda = 0$일 때는 단순히 최소제곱 적합을 제공하고 λ가 충분히 크게 되면 모든 계수 추정치가 0인 영모델을 제공한다. 하지만 양 극단 사이에서 능형회귀와 lasso 모델들은 서로 상당히 다르다. 그림 6.6의 오른쪽 패널에서 왼쪽에서 오른쪽으로 이동하며 살펴보면 처음에는 rating 설명변수만 포함하는 모델이 관찰된다. 그다음으로 student와 limit이 거의 동시에 모델에 포함되고 곧바로 income이 뒤 따른다. 결국, 나머지 변수들도 모델에 포함된다. 따라서 λ의 값에 따라 lasso는 임의의 수의 변수들을 포함하는 모델을 생성할 수 있다. 이에 반해 능형회귀는 계수 추정치의 크기가 λ에 따라 다르기는 하지만 항상 모든 변수들을 모델에 포함할 것이다.

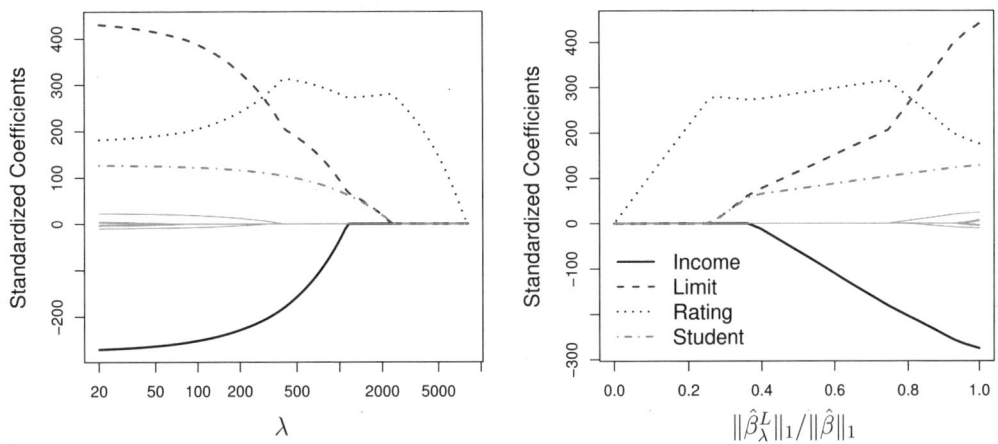

그림 6.6: Credit 자료에 대해 λ와 $\|\hat{\beta}^L_\lambda\|_1/\|\hat{\beta}\|_1$의 함수로 나타낸 표준화된 lasso 계수.

능형회귀와 Lasso에 대한 또 다른 구성

lasso와 능형회귀 계수 추정치는 각각 다음 문제를 푸는 것이라는 것을 보여줄 수 있다.

$$\underset{\beta}{\text{minimize}} \left\{ \sum_{i=1}^n \left(y_i - \beta_0 - \sum_{j=1}^p \beta_j x_{ij} \right)^2 \right\} \quad \text{subject to} \quad \sum_{j=1}^p |\beta_j| \leq s \qquad (6.8)$$

$$\underset{\beta}{\text{minimize}} \left\{ \sum_{i=1}^n \left(y_i - \beta_0 - \sum_{j=1}^p \beta_j x_{ij} \right)^2 \right\} \quad \text{subject to} \quad \sum_{j=1}^p \beta_j^2 \leq s \qquad (6.9)$$

다르게 말하면, λ의 모든 값에 대해 식 (6.7)과 (6.8)은 동일한 lasso 계수 추정치를 제공하는 어떠한 s가 있다. 유사하게, λ의 모든 값에 대해 식 (6.5)와 (6.9)는 동일한 능형회귀 계수 추정치를 제공하는 대응하는 s가 있다. $p = 2$일 때, (6.8)은 lasso 계수 추정치가 $|\beta_1| + |\beta_2| \leq s$에 의해 정의된 마름모 내의 모든 점 중에서 가장 작은 RSS를 갖는다는 것을 나타낸다. 마찬가지로, 능형회귀 추정치는 $\beta_1^2 + \beta_2^2 \leq s$로 정의된 원 내부에 있는 모든 점 중에서 가장 작은 RSS를 갖는다.

식 (6.8)은 lasso를 수행할 때 $\sum_{j=1}^p |\beta_j|$의 값이 어떤 한도(budget) s 내에 있다는 제한조건 하에서

RSS를 최소로 하는 계수 추정치들의 집합을 찾고자 하는 것으로 생각할 수 있다. s가 극도로 클 때는 제한조건이 그렇게 제약적이지 않아 계수 추정치들이 큰 값일 수 있다. 사실, 최소제곱 솔루션이 한도 내에 포함될 정도로 s가 충분히 크다면 (6.8)은 단순히 최소제곱 솔루션이 될 것이다. 반대로 s가 작다면 $\sum_{j=1}^{p}|\beta_j|$는 한도를 벗어나지 않도록 작아야 한다. 마찬가지로, (6.9)는 능형회귀를 수행할 때 $\sum_{j=1}^{p}\beta_j^2$이 s를 초과하지 않는 제한조건 하에서 가능한 한 RSS를 작게 하는 계수 추정치들의 집합을 찾으려 한다는 것을 나타낸다.

(6.8)과 (6.9)는 lasso, 능형회귀, 그리고 최상의 부분집합 선택이 밀접하게 관련되어 있다는 것을 드러낸다. 다음 문제를 고려해보자.

$$\underset{\beta}{\text{minimize}}\left\{\sum_{i=1}^{n}\left(y_i-\beta_0-\sum_{j=1}^{p}\beta_j x_{ij}\right)^2\right\} \quad \text{subject to} \quad \sum_{j=1}^{p}I(\beta_j\neq 0)\leq s \qquad (6.10)$$

여기서 $I(\beta_j \neq 0)$는 지시변수로, $\beta_j \neq 0$이면 1, 그렇지 않으면 0을 값으로 갖는다. (6.10)은 s개의 계수만이 0이 아닌 값이 될 수 있다는 제한조건 하에서 RSS를 가능한 한 작게 하는 계수 추정치들의 집합을 찾는 것이다. (6.10)의 문제는 최상의 부분집합 선택과 동일하다. 유감스럽게도, p가 큰 경우에는 (6.10)을 푸는 것이 계산상 실현 불가능한데, 이유는 s개의 설명변수를 포함하는 $\binom{p}{s}$개의 모델을 모두 고려해야 하기 때문이다. 그러므로 능형회귀와 lasso는 (6.10)에서 아주 다루기 힘든 한도(budget)의 형태를 훨씬 풀기 쉬운 형태로 대체한 최상의 부분집합 선택에 대한 계산 가능한 대안으로 해석할 수 있다. (6.8)에서 충분히 작은 s에 대해 lasso만이 변수선택을 수행하기 때문에 lasso는 최상의 부분집합 선택과 훨씬 더 밀접하게 관련되어 있다.

Lasso의 변수선택 성질

능형회귀와 달리 lasso가 정확하게 0이 되는 계수 추정치를 얻게 되는 이유는 무엇인가? 식 (6.8)과 (6.9)가 그 이유를 알아내는데 사용될 수 있다. 그림 6.7은 이 상황을 도시한 것이다. 최소제곱 솔루션(해)은 $\hat{\beta}$로 표시되고, 파란색 마름모와 원은 (6.8)과 (6.9)의 lasso 및 능형회귀 제한조건을 각각 나타낸다. s가 충분히 크면 제한영역은 $\hat{\beta}$을 포함할 것이고, 그래서 능형회귀와 lasso 추정치들은 최소제곱 추정치와 같게 될 것이다(이런 큰 값의 s는 (6.5)와 (6.7)에서 $\lambda = 0$에 대응한다). 하지만 그림 6.7에서 최소제곱 추정치는 마름모와 원의 바깥에 놓여 lass 및 능형회귀 추정치와 같지 않다.

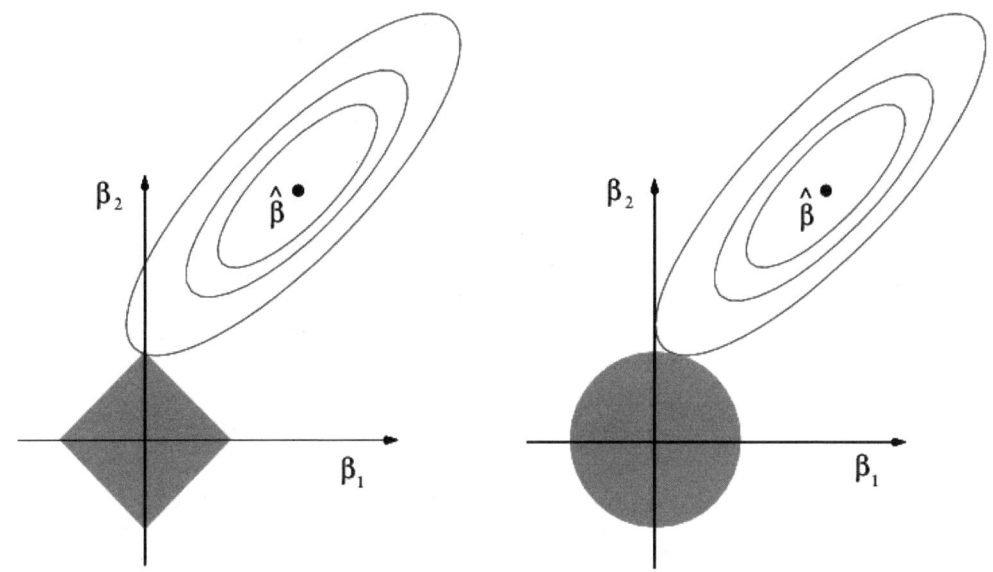

그림 6.7: lasso(왼쪽)와 능형회귀(오른쪽)에 대한 오차의 등고선과 제한함수(constraint function). 파란색 영역은 제한영역 $|\beta_1| + |\beta_2| \le s$와 $\beta_1^2 + \beta_2^2 \le s$이고 붉은색 타원들은 RSS의 등고선이다.

$\hat{\beta}$을 중심으로 한 타원들은 일정한 RSS의 영역을 나타낸다. 즉, 주어진 타원 상의 모든 점들은 동일한 RSS 값을 갖는다. 타원이 최소제곱 계수 추정치로부터 멀리 확대됨에 따라 RSS는 증가한다. 식 (6.8)과 (6.9)가 나타내는 것은 lasso와 능형회귀 계수 추정치는 어떤 타원이 제한영역과 처음으로 만나는 점에 의해 주어진다는 것이다. 능형회귀는 뾰족한 부분이 없는 원형의 제한영역을 가지고 있어 이러한 교점은 일반적으로 축상에 있지 않고, 그래서 능형회귀 계수 추정치는 0이 되지 않을 것이다. 하지만 lasso 제한영역은 각 축에 *모서리*를 가지고 있어 타원은 종종 축에서 제한영역과 만나게 될 것이다. 이렇게 되면 계수들 중 하나는 0이 될 것이다. 고차원에서는 계수 추정치 중 많은 수가 동시에 0이 될 수도 있다. 그림 6.7에서 교점은 $\beta_1 = 0$에서 발생하고, 그 결과 모델은 β_2만을 포함할 것이다.

그림 6.7에서는 $p = 2$인 단순한 경우를 고려하였다. $p = 3$일때, 능형회귀에 대한 제한영역은 구(sphere)가 되고 lasso에 대한 제한영역은 다면체(polyhedron)가 된다. $p > 3$인 경우, 능형회귀에 대한

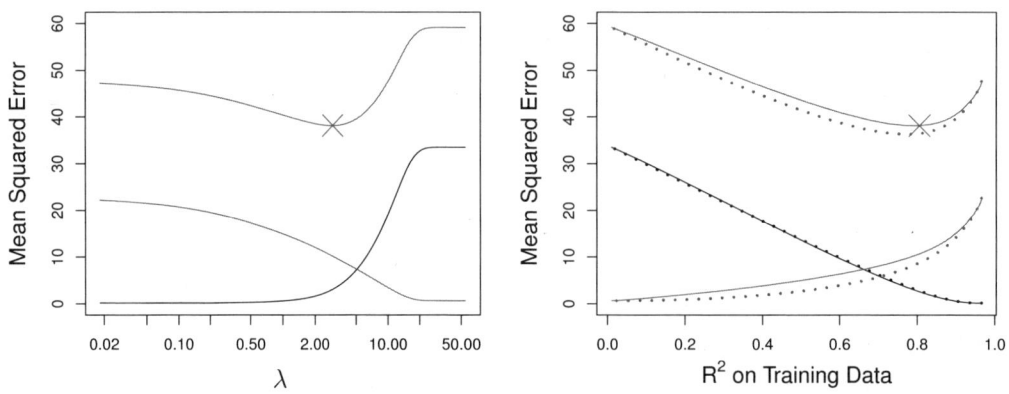

그림 6.8: 왼쪽: 모의 자료에서 lasso에 대한 제곱편향(검은색), 분산(녹색), 검정 MSE(보라색). 오른쪽: lasso(실선)와 능형회귀(파선) 사이의 제곱편향, 분산, 검정 MSE를 비교하여 나타낸 것. 그래프는 lasso 와 능형회귀의 공통적인 지표로써 훈련 데이터의 R^2에 대하여 도시된다. 그림에서 X 표시는 MSE가 가장 작은 lasso 모델을 나타낸다.

제한영역은 초구(hypersphere)가 되고 lasso에 대한 제한영역은 폴리토프(polytope)가 된다. 하지만 그림 6.7에서 설명한 핵심 개념은 여전히 성립한다. 특히, lasso는 $p > 2$인 경우 다면체나 폴리토프의 뾰족한 모서리 때문에 변수선택이 일어난다.

Lasso와 능형회귀 비교

lasso는 설명변수들 중 일부만 포함하여 더 단순하고 해석력이 높은 모델을 생성한다. 이것이 능형회귀에 비해 lasso가 갖는 주요 장점이다. 하지만 어느 방법이 더 나은 예측 정확도를 제공하는가? 그림 6.8은 그림 6.5와 동일한 모의 자료에 적용한 lasso의 분산, 제곱편향, 그리고 검정 MSE를 나타낸다. λ가 증가함에 따라 분산은 감소하고 편향이 증가한다는 점에서 lasso는 분명히 능형회귀와 유사하게 동작한다. 그림 6.8의 오른쪽 패널에서 파선은 능형회귀 적합을 나타낸다. 여기서 그래프는 훈련 데이터의 R^2에 대해 그린 것이다. 이것은 모델을 식별하는 또 다른 유용한 방법이고 서로 다른 유형의 규칙을 갖는 모델들을 비교하는 데 사용될 수 있다. 이 예제에서 lasso와 능형회귀의 편향은 거의 동일하지만

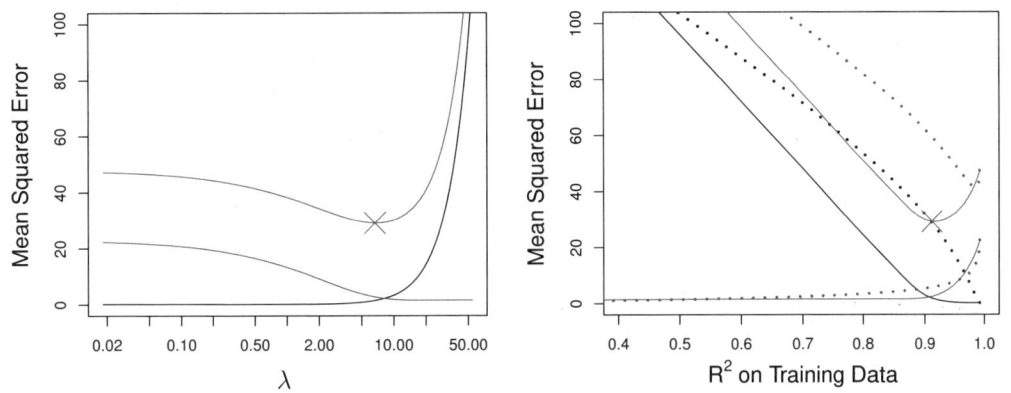

그림 6.9: 왼쪽: lasso에 대한 제곱편향(검은색), 분산(녹색), 검정 MSE(보라색). 모의 자료는 반응변수와 관련이 있는 설명변수의 수가 단지 2개라는 점을 제외하면 그림 6.8과 유사하다. 오른쪽: lasso(실선)와 능형회귀(파선) 사이의 제곱편향, 분산, 검정 MSE를 비교하여 나타낸 것. 그래프는 lasso와 능형회귀의 공통적인 지표로써 훈련 데이터의 R^2에 대하여 도시된다. 그림에서 X 표시는 MSE가 가장 작은 lasso 모델을 나타낸다.

능형회귀의 분산이 lasso의 분산보다 약간 낮다. 따라서 능형회귀의 최소 MSE가 lasso의 것보다 약간 작다.

하지만 그림 6.8에서 사용된 데이터는 45개의 설명변수 모두가 반응변수와 관련되어 있는 방식으로 생성되었다. 즉, 실제 계수들 $\beta_1, \ldots, \beta_{45}$ 중 어느 것도 0이 아니다. lasso는 암묵적으로 실제 계수들 중 다수가 0이라고 가정한다. 그 결과, 이 설정에서는 능형회귀가 lasso보다 예측오차 면에서 성능이 더 나은 것이 놀랍지 않다. 그림 6.9는 유사한 상황을 보여주며 다른 점은 반응변수가 45개의 설명변수 중 단 2개의 함수라는 것이다. 여기서는 lasso가 편향, 분산, 그리고 MSE 측면에서 능형회귀보다 성능이 좋은 경향이 있다.

이 두 예제는 능형회귀와 lasso 중 어느 하나가 다른 것보다 항상 좋은 것은 아니라는 것을 보여준다. 일반적으로 lasso는 비교적 적은 수의 설명변수가 상당히 큰 계수를 가지고 나머지 변수들은 계수가 아주 작거나 0인 설정에서 성능이 더 나을 것이라 기대할 수 있을 것이다. 능형회귀는 반응변수가 많은 설명변수들의 함수이고 그 계수들이 거의 동일한 크기일 때 성능이 더 좋을 것이다. 하지만 반응변수와 관련이 있는 설명변수의 수는 실제 자료에서는 결코 *선험적(a priori)*으로 알려져 있지 않다. 교차검증과 같은 기법은 특정 자료에 대해 어떤 방법이 더 나은지 결정하는 데 사용될 수 있다.

능형회귀에서와 같이, lasso는 최소제곱 추정치가 아주 높은 분산을 가질 때 약간의 편향 증가로 분산을 크게 줄여 결과적으로 더 정확한 예측을 할 수 있다. lasso는 능형회귀와는 달리 변수선택을 수행하여 그 결과 해석이 더 쉬운 모델이 얻어진다.

능형 및 lasso 모델을 적합하는 아주 효율적인 알고리즘이 있다. 두 경우 모두 전체 계수를 계산하는 과정이 하나의 최소제곱 적합을 할 때와 동일한 정도의 작업량으로 될 수 있다. 이것에 대해서는 이 장 마지막 부분의 lab에서 좀 더 살펴볼 것이다.

능형회귀와 Lasso에 대한 특별한 사례

능형회귀와 lasso의 동작에 대해 더 나은 직관을 얻기 위해 $n = p$이고 대각원소는 1(비대각원소들은 0)인 대각행렬 **X**를 갖는 단순한 경우를 고려해보자. 문제를 더 간단히 하기 위해 절편이 없는 회귀를 수행한다고 가정하자. 이러한 가정들로 인해 보통의 최소제곱 문제는 다음 식을 최소화하는 $\beta_1, \ldots, \beta_p$를 찾는 문제로 단순화된다.

$$\sum_{j=1}^{p}(y_j - \beta_j)^2 \tag{6.11}$$

이 경우에, 최소제곱 해는 다음과 같이 주어진다.

$$\hat{\beta}_j = y_j$$

이 설정에서 능형회귀는 (6.12)를 최소로 하는 $\beta_1, \ldots, \beta_p$를 찾는 것이고,

$$\sum_{j=1}^{p}(y_j - \beta_j)^2 + \lambda \sum_{j=1}^{p}\beta_j^2 \tag{6.12}$$

lasso는 (6.13)을 최소로 하는 계수들을 찾는 것이다.

$$\sum_{j=1}^{p}(y_j - \beta_j)^2 + \lambda \sum_{j=1}^{p}|\beta_j| \qquad (6.13)$$

이 설정에서 능형회귀 추정치는 (6.14)의 형태를 가지고 lasso 추정치는 (6.15)의 형태를 갖는다.

$$\hat{\beta}_j^R = \frac{y_j}{1+\lambda} \qquad (6.14)$$

$$\hat{\beta}_j^L = \begin{cases} y_j - \lambda/2 & y_j > \lambda/2 \text{ 인 경우} \\ y_j + \lambda/2 & y_j < -\lambda/2 \text{ 인 경우} \\ 0 & |y_j| \leq \lambda/2 \text{ 인 경우} \end{cases} \qquad (6.15)$$

그림 6.10는 이 상황을 나타낸다. 능형회귀와 lasso는 매우 다른 형태의 수축을 수행한다는 것을 볼 수 있다. 능형회귀는 각각의 최소제곱 계수 추정치를 같은 비율로 수축한다. 반면에 lasso는 각각의 최소제곱 계수를 일정한 양 λ/2만큼 0으로 수축한다. 절대값이 λ/2보다 작은 최소제곱 추정치는 완전히 0으로 수축된다. 이 단순한 설정 (6.15)에서 lasso에 의해 수행된 수축 유형은 소프트 임계처리(*soft-thresholding*)라고 알려져 있다. 일부 lasso 계수들이 완전히 0으로 수축된다는 사실은 lasso가 변수 선택을 수행하게 되는 이유를 설명해준다.

좀 더 일반적인 데이터 행렬 **X**의 경우에는 그림 6.10에서 보여준 것보다 약간 더 복잡해지지만 주요 개념은 여전히 성립한다. 즉, 능형회귀는 데이터의 모든 차원을 같은 비율로 수축하는 반면, lasso는 모든 계수들을 같은 양만큼 0을 향해 수축하고 충분히 작은 계수들은 완전히 0으로 수축한다.

능형회귀와 Lasso에 대한 베이즈 해석

능형회귀와 lasso는 베이즈(Bayesian) 관점으로 볼 수 있다. 회귀에 대한 베이즈 관점은 계수 벡터 β가 어떤 *사전분포(prior distribution)* $p(\beta)$를 가진다고 가정한다. 여기서 $\beta = (\beta_0, \beta_1, \ldots, \beta_p)^T$이다. 데이터의 가능도(likelihood)는 $f(Y|X, \beta)$로 쓸 수 있고, 여기서 $X = (X_1, \ldots, X_p)$이다. 사전분포와

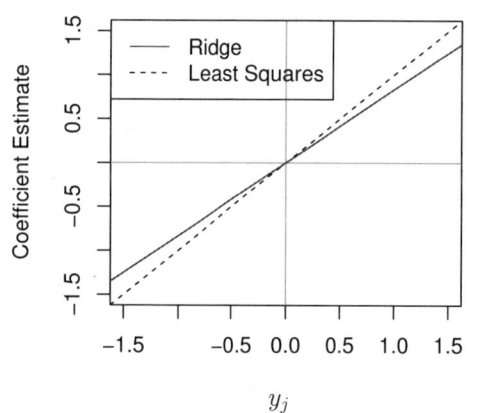 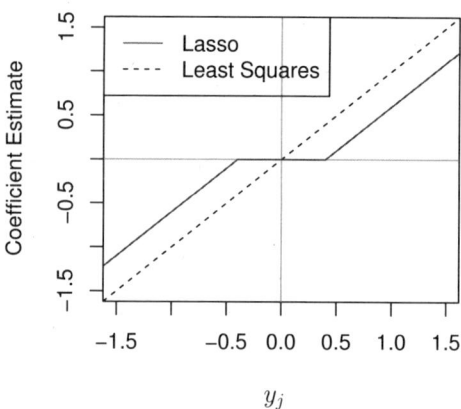

그림 6.10: $n = p$이고 대각원소가 1인 대각행렬 **X**를 갖는 단순한 설정에 대한 능형회귀와 lasso의 계수 추정치. 왼쪽: 능형회귀 계수 추정치들이 최소제곱 추정치와 관련하여 비례해서 0으로 수축된다. 오른쪽: lasso 계수 추정치는 0으로 소프트 임계처리된다(soft-thresholded).

가능도를 곱하면 다음과 같은 형태의 *사후분포(posterior distribution)*가 얻어진다.

$$p(\beta|X,Y) \propto f(Y|X,\beta)p(\beta|X) = f(Y|X,\beta)p(\beta)$$

위 식에서 비례(proportionality)는 베이즈 정리를 따르고 등호는 X가 고정되어 있다는 가정으로부터 얻어진다.

보통의 선형모델을 가정하고, 오차들은 서로 독립이고 정규분포를 따른다고 해보자.

$$Y = \beta_0 + X_1\beta_1 + \cdots + X_p\beta_p + \epsilon$$

더욱이, 어떤 밀도함수 g에 대해 $p(\beta) = \prod_{j=1}^{p} g(\beta_j)$라고 가정하자. 능형회귀와 lasso는 g의 두 가지 특수한 경우로부터 얻어지는 것으로 밝혀졌다.

- g가 평균이 0이고 표준편차가 λ의 함수인 가우스 분포이면, β에 대한 *사후모드(posterior mode)*,

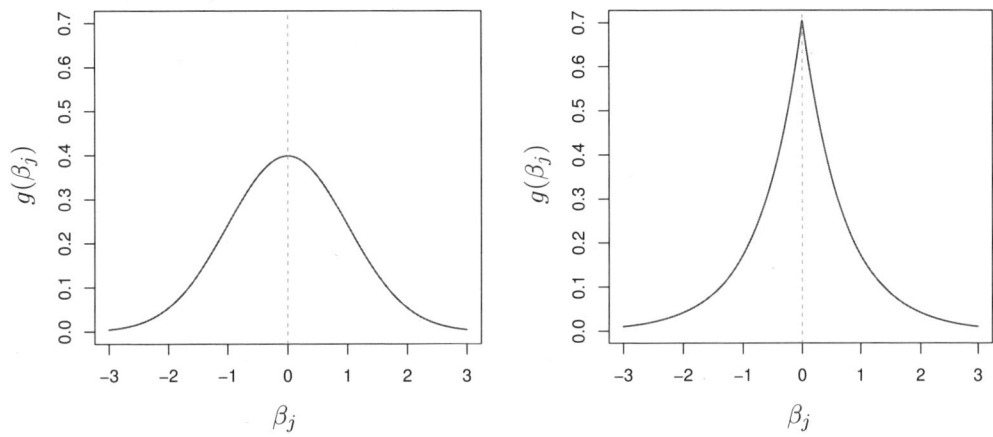

그림 6.11: 왼쪽: 능형회귀는 가우스(Gauss) 사전분포 하에서 β에 대한 사후모드이다. 오른쪽: lasso는 이중지수분포의 사전분포 하에서 β에 대한 사후모드이다.

즉 주어진 데이터에서 β에 대해 가장 가능성이 높은 값은 능형회귀의 해로 주어진다(사실, 능형회귀의 해는 또한 사후평균이다).

- g가 평균이 0이고 스케일(scale) 파라미터(모수)가 λ의 함수인 이중지수(double-exponential, Laplace) 분포이면, β에 대한 사후모드는 lasso 해이다(하지만 lasso 해는 사후평균이 아니고, 사후평균은 사실 스파스 계수벡터를 생성하지 않는다).

가우스 및 이중지수 사전분포는 그림 6.11에 도시되어 있다. 베이즈 관점에서 능형회귀와 lasso는 정규분포의 오차들과 β에 대한 간단한 사전분포를 갖는 보통의 선형모델 가정에서 직접 나온다. lasso 사전분포는 0에서 급격히 뾰족해지는 반면, 가우스 사전분포는 0에서 더 평평하다. 따라서, lasso는 계수들 중 다수가 (정확히) 0이 될 것이라 기대하고, 반면에 능형회귀는 계수들이 0 부근에서 랜덤하게 분포된다는 것을 가정한다.

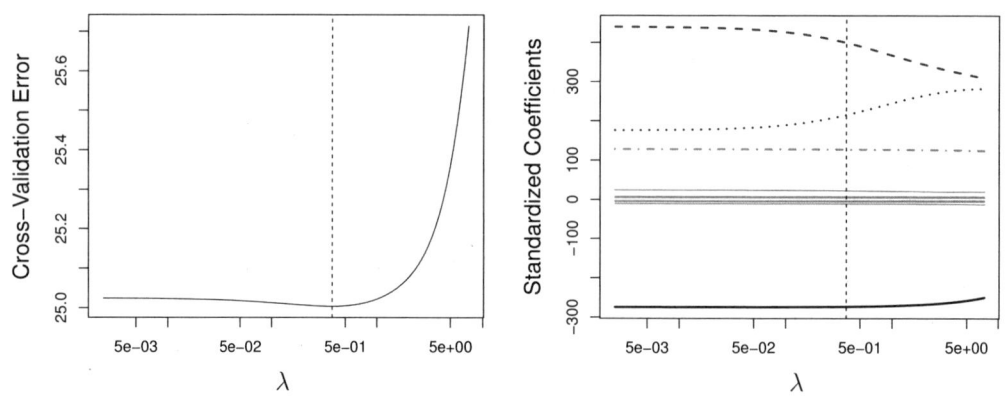

그림 6.12: 왼쪽: 다양한 λ 값을 가지고 Credit 자료에 능형회귀를 적용할 때 얻어진 교차검증 오차. 오른쪽: λ의 함수로 나타낸 계수 추정치. 수직 파선은 교차검증에 의해 선택된 λ 값을 나타낸다.

6.2.3 조율 파라미터 선택

6.1절에서 살펴본 부분집합 선택 기법들은 고려 중인 모델 중에서 최고의 모델을 결정하는 방법을 필요로 한다. 마찬가지로, 능형회귀와 lasso를 시행하는 것은 (6.5)와 (6.7)의 조율 파라미터 λ 값을 선택하거나 (6.9)와 (6.8)의 제한 s의 값을 선택하는 방법을 필요로 한다. 교차검증은 이 문제를 다루기 위한 간단한 방법을 제공한다. λ 값들의 격자를 선택하고, 5장에서 설명한 대로 각각의 λ 값에 대한 교차검증 오차를 계산한다. 그다음에 교차검증 오차를 최소로 하는 조율 파라미터를 선택한다. 마지막으로, 이용 가능한 모든 관측치들과 선택된 조율 파라미터 값을 사용하여 모델을 다시 적합한다.

그림 6.12는 Credit 자료에 대한 능형회귀 적합에 leave-one-out 교차검증을 수행해서 얻은 결과로부터 λ를 선택하는 것을 나타낸다. 수직 파선은 선택된 λ의 값을 나타낸다. 이 경우에 값이 비교적 작은 것은 최적의 적합으로 얻는 최소제곱 해에 대한 수축량이 크지 않음을 의미한다. 게다가, 곡선에 깊이 내려간 부분이 없어 넓은 범위의 값들이 아주 비슷한 오차를 제공할 것이다. 이와 같은 경우에는 단순히 최소제곱 해를 이용할 수도 있다.

그림 6.13은 그림 6.9의 스파스(sparse) 모의 자료에 대한 lasso 적합에 10-fold 교차검증을 적용한

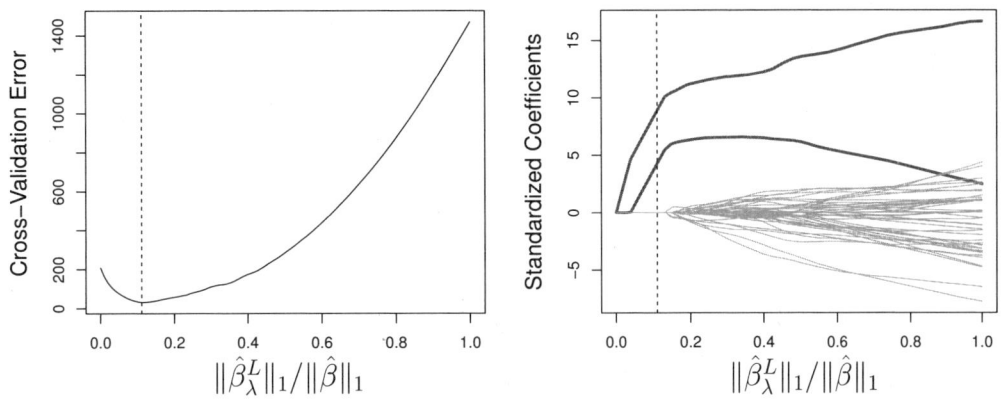

그림 6.13: 왼쪽: 그림 6.9의 모의 자료에 적용한 lasso에 대한 10-fold 교차검증 MSE. 오른쪽: 대응하는 lasso 계수 추정치. 수직의 파선은 교차검증 오차가 가장 작은 lasso 적합을 나타낸다.

것이다. 그림 6.13의 왼쪽 패널은 교차검증 오차를 나타내고 오른쪽 패널은 계수 추정치들을 보여준다. 수직 파선은 교차검증 오차가 가장 작은 점을 나타낸다. 그림 6.13의 오른쪽 패널에서 2가지 색의 선들은 반응변수와 관련이 있는 2개의 설명변수를 나타내고, 회색 선들은 관련없는 설명변수들을 나타낸다. 흔히 반응변수와 관련있는 설명변수는 *신호(signal)*변수라 하고 관련없는 변수는 *잡음(noise)* 변수라고 한다. lasso는 정확하게 2개의 신호변수에 훨씬 큰 계수 추정치를 제공한다. 뿐만 아니라 최소의 교차검증 오차는 신호변수들만이 0이 아닌 계수 추정치들의 집합에 대응한다. 그러므로 $p = 45$개의 변수와 $n = 50$개의 관측치를 갖는 어려운 설정임에도 불구하고 교차검증은 lasso와 함께 모델에서 2개의 신호변수들을 정확하게 식별한다. 반면에 그림 6.13의 오른쪽 패널에서 오른쪽 끝 부분에 나타낸 최소제곱 해는 두 개의 신호변수 중 하나에만 큰 계수 추정치를 할당한다.

6.3 차원축소 방법

이 장에서 지금까지 살펴본 방법들은 원래 변수들의 부분집합을 사용하거나 계수들을 0으로 수축하는 두 가지 방식으로 분산을 제어한다. 이러한 방법들은 모두 원래의 설명변수들 $X_1, X_2, \ldots, X_p$를 사용하여 정의된다. 이제, 설명변수들을 *변환(transform)*한 다음에 변환된 변수들을 사용해 최소제곱모델을 적합하는 기법들에 대해 알아본다. 이러한 기법들은 *차원축소(dimension reduction)* 방법이라 한다.

$Z_1, Z_2, \ldots, Z_M$은 원래의 p개 설명변수들의 $M < p$개 *선형결합(linear combinations)*이라 하자. 즉, 어떤 상수들 $\phi_{1m}, \phi_{2m}, \ldots, \phi_{pm}, m = 1, \ldots, M$에 대해 다음과 같이 표현된다.

$$Z_m = \sum_{j=1}^{p} \phi_{jm} X_j \tag{6.16}$$

그다음에 최소제곱을 사용하여 선형회귀모델을 적합할 수 있다.

$$y_i = \theta_0 + \sum_{m=1}^{M} \theta_m z_{im} + \epsilon_i, \quad i = 1, \ldots, n \tag{6.17}$$

(6.17)에서 회귀계수들은 $\theta_0, \theta_1, \ldots, \theta_M$으로 주어진다. 상수들 $\phi_{1m}, \phi_{2m}, \ldots, \phi_{pm}$이 현명하게 선택된다면 차원축소 기법들은 최소제곱회귀보다 더 나은 성능을 낼 수 있다. 다시 말하면, 최소제곱을 사용하여 (6.17)을 적합하는 것은 최소제곱을 사용해 (6.1)을 적합하는 것보다 더 나은 결과를 얻을 수 있다.

차원축소라는 용어는 $p+1$개의 계수 $\beta_0, \beta_1, \ldots, \beta_p$를 추정하는 문제를 $M+1$개의 계수 $\theta_0, \theta_1, \ldots, \theta_M$을 추정하는 문제로 단순화한다는 사실에서 나왔다(여기서 $M < p$이다). 즉, 문제의 차원이 $p+1$에서 $M+1$로 축소되었다.

(6.16)으로부터 다음과 같이 쓸 수 있다.

$$\sum_{m=1}^{M} \theta_m z_{im} = \sum_{m=1}^{M} \theta_m \sum_{j=1}^{p} \phi_{jm} x_{ij} = \sum_{j=1}^{p} \sum_{m=1}^{M} \theta_m \phi_{jm} x_{ij} = \sum_{j=1}^{p} \beta_j x_{ij}$$

여기서 β_j는 아래와 같다.

$$\beta_j = \sum_{m=1}^{M} \theta_m \phi_{jm} \tag{6.18}$$

따라서 (6.17)은 (6.1)에 의해 주어진 원래의 선형회귀모델의 특수한 경우로 생각될 수 있다. 차원축소는 추정된 β_j 계수들이 (6.18)의 형태를 가져야 하므로 추정된 계수들을 제한하는 역할을 한다. 계수들의 형태에 대한 이러한 제한은 계수 추정치들을 편향되게 할 수 있다. 하지만 p가 n에 비해 상당히 큰 경우에 $M \ll p$인 값을 선택하는 것은 적합된 계수들의 분산을 현저하게 줄일 수 있다. $M = p$이고 모든 Z_m이 선형독립이면 (6.18)은 제한이 되지 않는다. 이 경우에는 차원축소가 발생하지 않아 (6.17)을 적합하는 것은 원래의 p개 설명변수에 대해 최소제곱을 수행하는 것과 같다.

모든 차원축소 방법은 2단계로 동작한다. 첫째, 변환된 설명변수 $Z_1, Z_2, \ldots, Z_M$을 구한다. 둘째, 이들 M개의 설명변수를 사용해 모델을 적합한다. 하지만 $Z_1, Z_2, \ldots, Z_M$의 선택 또는 동등하게 ϕ_{jm}의 선택은 다른 방법으로 달성될 수 있다. 이 장에서는 이 목적을 위해 *주성분(principal components)* 과 *부분최소제곱(partial least squares)* 의 두 가지 기법을 고려할 것이다.

6.3.1 주성분회귀

주성분분석(Principal Components Analysis, PCA) 은 커다란 변수들의 집합으로부터 저차원의 변수 집합을 유도하기 위해 흔히 사용되는 기법이다. PCA는 10장에서 *비지도학습(unsupervised learning)* (또는 *자율학습*)을 위한 도구로써 보다 자세하게 논의된다. 여기서는 회귀를 위한 차원축소 기법으로 사용하는 것에 대해 설명한다.

주성분분석의 개요

PCA는 $n \times p$ 데이터 행렬 **X**의 차원을 줄이는 기법이다. 데이터의 *첫 번째 주성분(first principal component)* 방향은 관측치들이 *가장 크게 변화하는*(변동이 가장 큰) 방향이다. 예를 들어, 그림 6.14를 고려해보자. 이 그림은 100개의 도시에 대해 만명 단위로 나타낸 인구수(pop)와 천달러 단위로 나타낸 어떤 회사의 광고지출(ad)을 보여준다. 녹색 실선은 데이터의 첫 번째 주성분 방향을 나타낸다. 이 방향은 데이터에서 변동이 가장 큰 방향이다. 즉, 100개의 관측치를 이 직선 상으로 투영하면(그림 6.15의 왼쪽 패널에 보여준 것과 같이) 투영된 관측치들은 가장 큰 분산을 갖게 될 것이다. 관측치들을 어떤 다른 직선 위로 투영하면 투영된 관측치들은 더 낮은 분산을 가지게 될 것이다. 어떤 점을 직선 위로 투영한다는 것은 단순히 그 점에 가장 가까운 직선 상의 위치를 찾는 것이다.

그림 6.14에서 보여준 첫 번째 주성분은 수학적으로는 다음 식에 의해 주어진다.

$$Z_1 = 0.839 \times (\text{pop} - \overline{\text{pop}}) + 0.544 \times (\text{ad} - \overline{\text{ad}}) \tag{6.19}$$

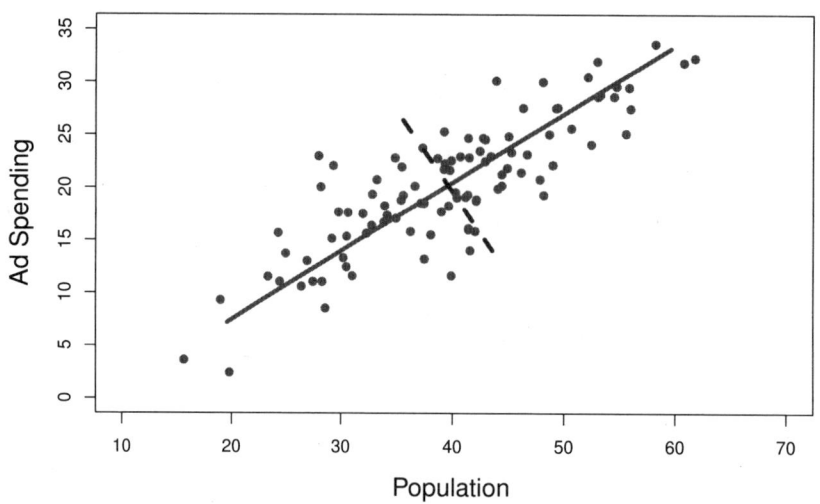

그림 6.14: 100개의 도시에 대한 인구수(pop)와 광고지출(ad)을 보라색 원으로 표시한다. 녹색 실선은 첫 번째 주성분을 나타내고 파란색 파선은 두 번째 주성분을 나타낸다.

여기서 $\phi_{11} = 0.839$와 $\phi_{21} = 0.544$는 위에서 언급한 방향을 정의하는 주성분로딩(부하)(principal component loading)이다. (6.19)에서 $\overline{\text{pop}}$은 자료의 모든 pop 값들의 평균을 나타내고, $\overline{\text{ad}}$는 모든 광고지출의 평균을 나타낸다. 이것은 $\phi_{11}^2 + \phi_{21}^2 = 1$인 pop과 add의 모든 가능한 *선형결합* 중에서 이 특정 선형결합이 분산을 가장 높게 한다는 것이다. 즉, (6.19)의 선형결합은 $\text{Var}(\phi_{11} \times (\text{pop} - \overline{\text{pop}}) + \phi_{21} \times (\text{ad} - \overline{\text{ad}}))$를 최대로 하는 선형결합이다. $\phi_{11}^2 + \phi_{21}^2 = 1$인 형태의 선형결합만을 고려해야 한다. 그렇지 않으면 ϕ_{11}과 ϕ_{21}을 임의로 증가시켜 분산을 아주 크게 만들수 있기 때문이다. (6.19)에서 두 로딩 값은 양수이고 크기가 비슷해 Z_1은 거의 두 변수들의 *평균*이다.

$n = 100$이므로 pop과 ad는 각각 길이가 100인 벡터이다. 따라서 (6.19)의 Z_1도 길이가 100인 벡터이며, 예를 들어 다음과 같이 표현할 수 있다.

$$z_{i1} = 0.839 \times (\text{pop}_i - \overline{\text{pop}}) + 0.544 \times (\text{ad}_i - \overline{\text{ad}}) \tag{6.20}$$

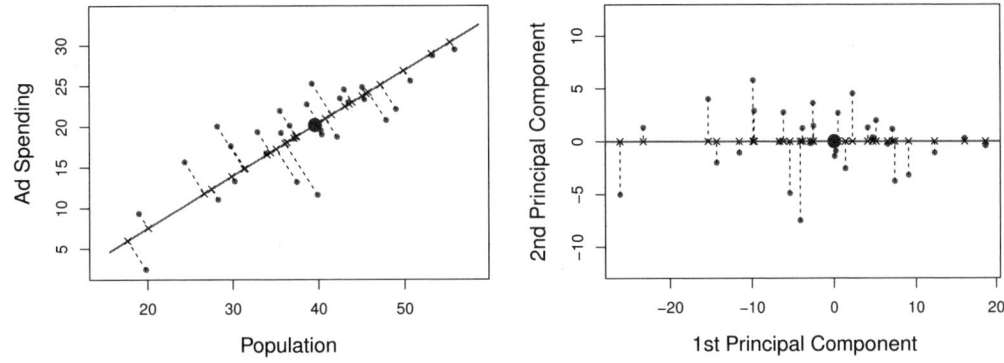

그림 6.15: 광고자료의 부분집합. 평균 pop과 평균 ad 예산은 파란색 원으로 나타낸다. 왼쪽: 첫 번째 주성분 방향은 녹색으로 표시된다. 이것은 데이터의 변동이 가장 큰 방향을 따르는 차원이며, n개의 관측치 모두에 가장 가까운 직선을 정의한다. 각 관측치에서 주성분 까지의 거리는 검정색 파선으로 된 선분을 사용하여 나타낸다. 파란색 점은 $(\overline{\text{pop}}, \overline{\text{ad}})$를 나타낸다. 오른쪽: 첫 번째 주성분 방향이 x축과 일치하도록 왼쪽 패널을 회전한 것이다.

$z_{11}, \ldots, z_{n1}$의 각 값은 *주성분점수(principal component score)*로 알려져 있으며 그림 6.15의 오른쪽 패널에서 볼 수 있다.

PCA는 또한 다르게 해석될 수 있다. 즉, 첫 번째 주성분 벡터는 데이터에 *가능한 한 가까운 직선*을 정의한다. 예를 들어, 그림 6.14에서 첫 번째 주성분 직선은 각 점과 이 직선 사이의 수직 거리의 제곱합을 최소로 한다. 점과 직선 사이의 거리는 그림 6.15의 왼쪽 패널에서 파선으로 된 선분으로 나타내며, x-표시들은 각 점을 첫 번째 주성분 직선 상으로 투영한 것을 나타낸다. 첫 번째 주성분은 투영된 관측치들이 원래의 관측치들에 *가능한 한 가깝도록* 선택된다.

그림 6.15의 오른쪽 패널은 첫 번째 주성분 방향이 x축과 일치하도록 왼쪽 패널을 회전한 것이다. (6.20)에 주어진 i번째 관측치에 대한 *첫 번째 주성분점수*는 영으로부터 i번째 x-표시의 x-방향 거리라는 것을 보여줄 수 있다. 따라서, 예를 들어, 그림 6.15의 왼쪽 패널에서 맨 아래 왼쪽 점은 큰 음의 주성분점수 $z_{i1} = -26.1$을 가지는 반면, 맨 위 오른쪽 점은 큰 양의 점수 $z_{i1} = 18.7$을 갖는다. 이 점수들은 (6.20)을 사용하여 직접 계산할 수 있다.

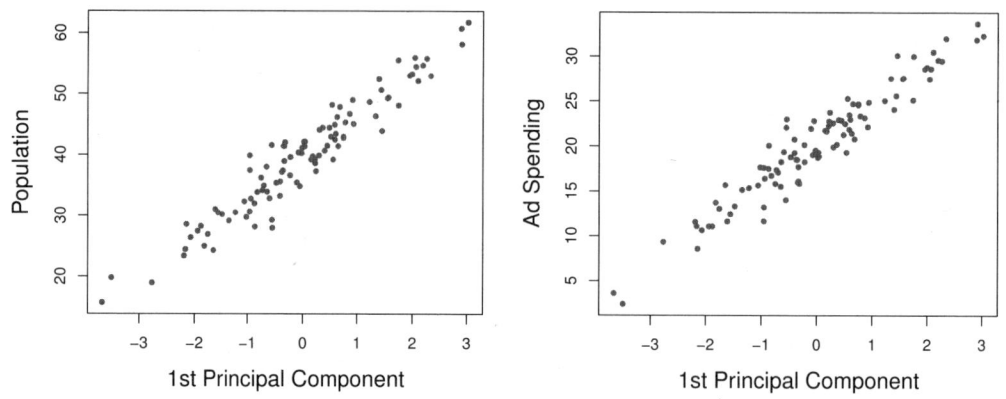

그림 6.16: pop과 ad에 대한 첫 번째 주성분점수 z_{i1}의 그래프로, 이들 사이에는 강한 상관관계가 있다.

주성분 Z_1의 값들은 각각의 위치에 대해 pop과 ad 예산을 결합하여 하나의 수치로 요약한 값들로 생각할 수 있다. 이 예제에서, $z_{i1} = 0.839 \times (\text{pop}_i - \overline{\text{pop}}) + 0.544 \times (\text{ad}_i - \overline{\text{ad}}) < 0$이면 이것은 인구수와 ad 지출이 평균 이하인 도시를 나타낸다. 반대로 점수가 양수이면 인구수와 ad 지출이 평균 이상이라는 것을 의미한다. 하나의 수치로 pop과 ad 둘 다를 얼마나 잘 나타낼 수 있는가? 이 예의 경우, 그림 6.14의 pop과 ad는 근사적으로 선형관계를 가지므로 하나의 수치로 잘 요약될 수 있을 것으로 기대할 수 있다. 그림 6.16은 pop과 ad에 대한 z_{i1}을 나타낸다. 그래프는 첫 번째 주성분과 두 변수 사이에 강한 상관관계가 있음을 보여준다. 다시 말하면, 첫 번째 주성분은 pop과 ad 설명변수에 포함된 정보의 대부분을 포착하는 것으로 보인다.

지금까지는 첫 번째 주성분에 대해서만 살펴보았지만, 일반적으로 주성분은 p개까지 구할 수 있다. 두 번째 주성분 Z_2는 Z_1과 무상관(uncorrelated)이며 가장 큰 분산을 갖는 변수들의 선형결합이다. 두 번째 주성분 방향은 그림 6.14에서 파란색 파선으로 표시되어 있다. Z_1과 Z_2 사이에 상관성이 없다는 조건은 두 번째 주성분 방향이 첫 번째 주성분 방향과 수직 또는 *직교*이어야 한다는 조건과 동일하다. 두 번째 주성분은 다음 식으로 주어진다.

$$Z_2 = 0.544 \times (\text{pop} - \overline{\text{pop}}) - 0.839 \times (\text{ad} - \overline{\text{ad}})$$

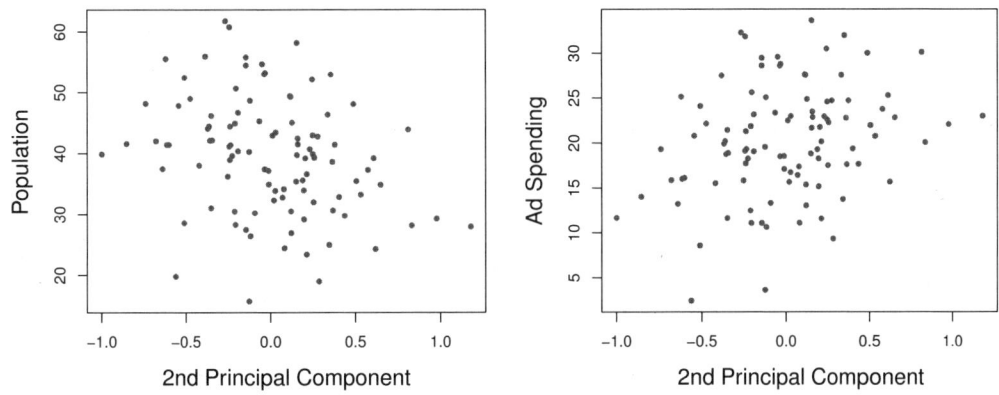

그림 6.17: pop과 ad에 대한 두 번째 주성분점수 z_{i2}의 그래프로, 이들 사이에는 약한 상관관계가 있다.

광고자료는 2개의 설명변수를 가지므로 처음 2개의 주성분은 pop과 ad의 모든 정보를 포함한다. 하지만 첫 번째 주성분이 정보의 대부분을 포함할 것이다. 예를 들어, 그림 6.15의 오른쪽 패널을 보면 z_{i1}(x축)이 z_{i2}(y축)보다 변동이 훨씬 더 크다. 두 번째 주성분점수가 0에 훨씬 더 가깝다는 사실은 두 번째 주성분이 포착하는 정보가 훨씬 적다는 것을 나타낸다. 또 다른 예로, 그림 6.17은 z_{i2}를 pop과 ad에 대해 나타낸다. 두 번째 주성분과 이들 설명변수 사이에는 거의 상관관계가 없는데, 이것은 이 예제의 경우 첫 번째 주성분만 있으면 pop과 ad 예산을 정확하게 나타낼 수 있다는 것을 시사한다.

광고 예제에서와 같은 2차원 데이터의 경우 많아야 2개의 주성분을 얻을 수 있다. 하지만 나이, 수입 수준, 교육 등과 같은 다른 설명변수들이 있다면 추가로 주성분들을 얻을 수 있다. 주성분들은 순차적으로 선행하는 주성분들과 상관관계가 없다는 제한조건 하에서 분산을 최대로 할 것이다.

주성분회귀기법

주성분회귀(principal components regression, PCR) 기법은 처음 M개의 주성분 $Z_1, \ldots, Z_M$을 구한 다음 이 주성분들을 최소제곱을 이용해 적합되는 선형회귀모델의 설명변수로 사용한다. 이 기법의 핵심 개념은 적은 수의 주성분들이면 데이터 내 대부분의 변동과 반응변수와의 상관관계를 설명하는데 충분하다는 것이다. 다시 말하면, $X_1, \ldots, X_p$의 변동이 큰 방향들이 Y와 관련이 있는 방향이라고

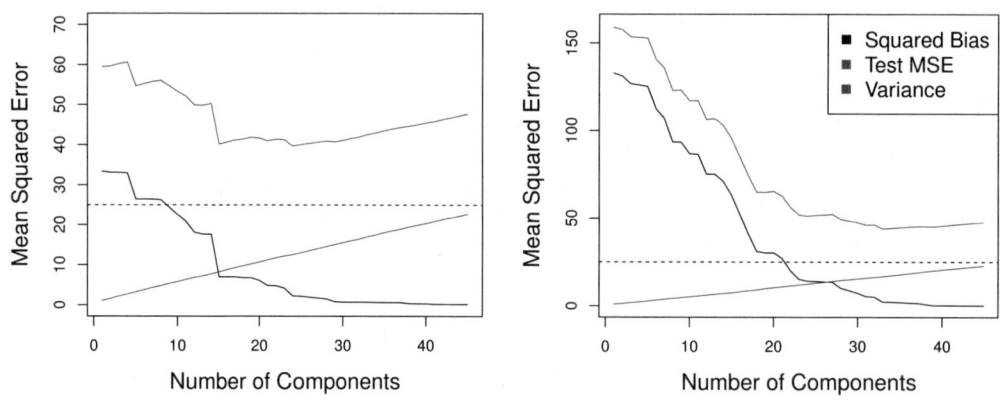

그림 6.18: 2개의 모의 자료에 적용된 PCR. 왼쪽: 그림 6.8의 모의 자료. 오른쪽: 그림 6.9의 모의 자료.

가정한다. 이 가정이 항상 옳다는 보장은 없지만 좋은 결과를 줄만큼 충분히 합리적이라는 것은 이미 판명되었다.

만일 PCR의 기본 가정이 성립한다면 최소제곱모델을 $Z_1, \ldots, Z_M$에 적합하는 것이 $X_1, \ldots, X_p$에 적합하는 것보다 더 나은 결과를 줄 것이다. 왜냐하면, 반응변수와 관련이 있는 데이터의 모든 또는 대부분의 정보는 $Z_1, \ldots, Z_M$에 포함되어 있어 $M \ll p$개의 계수들만을 추정함으로써 과적합을 줄일 수 있기 때문이다. 광고자료에서 첫 번째 주성분은 pop과 ad 변수의 분산의 대부분을 설명한다. 따라서, 이런 하나의 변수를 사용하여 sales와 같은 관심있는 반응변수를 예측하는 주성분회귀는 아주 잘 동작할 가능성이 높다.

그림 6.18은 그림 6.8과 6.9의 모의 자료에 PCR 적합을 수행한 것을 나타낸 것이다. 이 두 자료는 $n = 50$개의 관측치와 $p = 45$개의 설명변수를 사용하여 생성되었다. 하지만, 첫 번째 자료의 반응변수는 모든 설명변수의 함수인 반면에 두 번째 자료의 반응변수는 2개의 설명변수만 사용하여 생성되었다. 그래프의 곡선들은 회귀모델의 설명변수로 사용된 주성분의 수 M의 함수로 표시된다. 회귀모델에 더 많은 주성분들이 사용됨에 따라 편향은 줄지만 분산은 증가한다. 그 결과 평균제곱오차는 전형적인 U 형태를 갖는다. $M = p = 45$일 때 PCR은 단순히 원래의 설명변수 모두를 사용하는 최소제곱적합이 된다. 그림은 적절한 M을 사용하여 PCR을 수행하면 최소제곱에 비해 성능 개선이 상당할 수 있음을

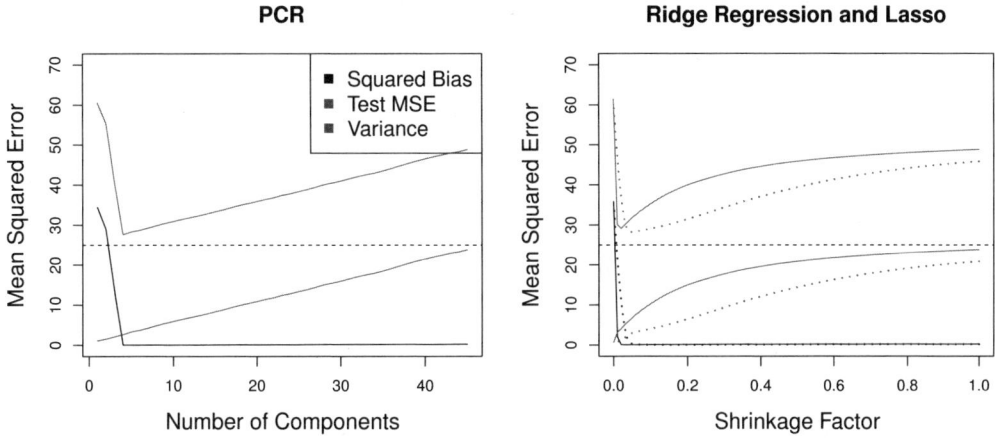

그림 6.19: X의 처음 다섯 개 주성분이 반응변수 Y에 대한 모든 정보를 포함하는 모의 자료에 PCR, 능형회귀, lasso를 적용한 것. 각 패널에서, 줄일 수 없는 오차 $Var(\epsilon)$은 수평의 파선으로 나타낸다. 왼쪽: PCR에 대한 결과. 오른쪽: lasso(실선)와 능형회귀(점선)에 대한 결과. x축은 계수 추정치들의 수축률(shrinkage factor)을 나타내며, 이 값은 수축된 계수 추정치들의 ℓ_2 norm을 최소제곱 추정치의 ℓ_2 norm으로 나눈 것으로 정의된다.

보여준다(왼쪽 패널). 하지만, 그림 6.5, 6.8, 6.9의 능형회귀와 lasso 결과를 검토해 보면 PCR은 이 예제에서 두 가지 수축방법만큼 좋은 성능을 내지는 못한다는 것을 알 수 있다.

그림 6.18에서 PCR의 성능이 상대적으로 나쁜 것은 사용된 데이터의 생성 방식으로 인해 반응변수를 충분히 모델링하는 데 많은 수의 주성분이 필요하기 때문이다. 반대로, PCR은 처음 몇 개의 주성분으로 설명변수들의 변동 대부분과 반응변수와의 상관관계를 얻을 수 있는 경우에 좋은 결과를 내는 경향이 있을 것이다. 그림 6.19의 왼쪽 패널은 PCR에 유리하게 생성된 다른 자료에 대한 결과를 보여준다. 여기서 반응변수는 처음 다섯 개의 주성분에만 전적으로 의존하도록 생성되었다. 이제, PCR에 사용된 주성분의 수 M이 증가함에 따라 편향은 급격하게 0으로 떨어진다. 평균제곱오차는 $M = 5$에서 명백히 최소가 된다. 그림 6.19의 오른쪽 패널은 이 자료에 능형회귀와 lasso를 수행한 결과를 보여준다. 세 방법 모두 최소제곱에 비해 월등히 낫고, PCR과 능형회귀가 lasso보다 약간 더 나은 결과를 보인다.

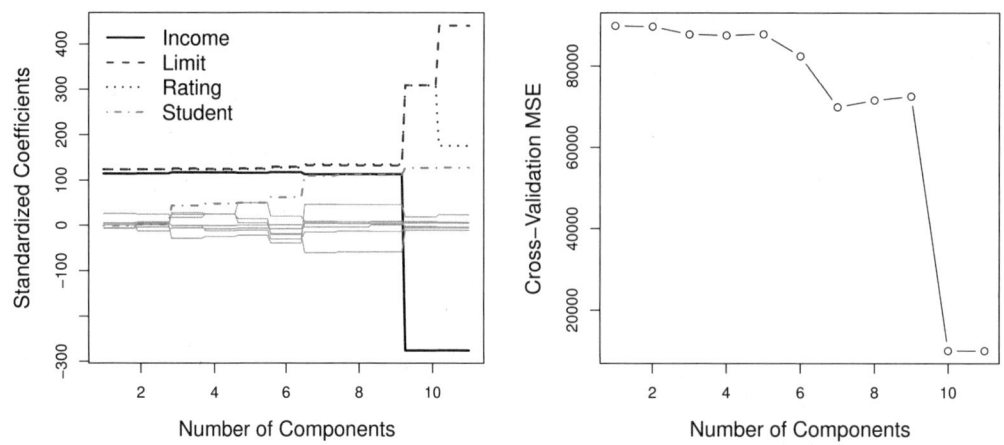

그림 6.20: 왼쪽: Credit 자료에서 M 값에 따른 표준화된 PCR 계수 추정치. 오른쪽: PCR을 사용하여 얻은 10-fold 교차검증 MSE를 M의 함수로 나타낸 그래프.

PCR은 비록 $M < p$개의 설명변수를 사용하여 간단한 방식으로 회귀를 수행하지만 변수선택 방법은 아니다. 왜냐하면, 회귀에 사용되는 M개 주성분 각각은 원래의 p개 변수 모두로 구성된 선형결합이기 때문이다. 예를 들어, (6.19)에서 Z_1은 두 변수 pop과 ad의 선형결합이다. 그러므로 PCR은 많은 현실적인 설정에서 잘 동작하지만 원래의 변수 수보다 작은 수의 변수 집합에 의존하는 모델을 제공하지는 않는다. 이러한 의미에서 PCR은 lasso보다는 능형회귀에 더 밀접하게 관련된다. 사실, PCR과 능형회귀는 아주 밀접하게 관련되어 있음을 보여줄 수 있다. 심지어 능형회귀는 PCR의 연속 버전(continuous version)으로 생각할 수 있다![4]

PCR에서 주성분의 수 M은 보통 교차검증에 의해 선택된다. Credit 자료에 PCR을 적용한 결과가 그림 6.20에 도시되어 있다. 오른쪽 패널은 얻어진 교차검증 오차를 M의 함수로 나타낸다. 이 자료에서 가장 낮은 교차검증 오차는 $M = 10$개의 성분이 있을 때 발생한다. $M = 11$인 PCR은 단순히 최소제곱을 수행하는 것과 동일하므로 이것은 차원축소가 거의 없는 것에 해당한다.

PCR을 수행할 때 주성분을 생성하기 전에 (6.6)을 사용하여 각 설명변수를 *표준화*(standardizing)

---

[4] 자세한 내용은 Hastie, Tibshirani, Friedman이 저술한 "Elements of Statistical Learning"의 3.5절 참조.

하는 것이 일반적으로 권장된다. 이러한 표준화는 모든 변수들이 동일한 스케일을 가지게 한다. 표준화를 하지 않을 경우, 분산이 높은 변수들이 얻어진 주성분에서 더 큰 역할을 하는 경향이 있고, 그래서 변수들이 측정된 스케일이 결국 최종 PCR 모델에 영향을 미치게 될 것이다. 하지만 변수들이 모두 동일한 단위(이를테면 킬로그램 또는 인치)로 측정되면 표준화하지 않을 수도 있다.

6.3.2 부분최소제곱

방금 설명한 PCR 기법은 설명변수 $X_1, \ldots, X_p$를 가장 잘 나타내는 선형결합 또는 *방향(directions)*을 찾아내는 것이 관련된다. 이러한 방향들은 *비지도(unsupervised)* 방식으로 식별된다. 왜냐하면, 반응변수 Y가 주성분 방향을 결정하는 데 이용되지 않기 때문이다. 즉, 반응변수는 주성분을 찾는 것을 *지도(supervise)*하지 않는다. 그 결과, PCR은 설명변수들을 가장 잘 설명하는 방향이 반응변수를 예측하는 데 사용하기에도 가장 좋은 방향이 된다는 보장이 없다. 비지도방법들에 대해서는 10장에서 더 자세히 다룰 것이다.

이제, PCR의 *지도식(supervised)* 대안인 *부분최소제곱(partial least squares, PLS)*에 대해 살펴본다. PCR처럼, PLS는 차원축소 방법이며, 원래 변수들의 선형결합인 새로운 변수들 $Z_1, \ldots, Z_M$의 집합을 먼저 찾은 다음 이 M개 새로운 변수들을 이용한 최소제곱을 통해 선형모델을 적합한다. 그러나, PCR과는 달리 PLS는 이러한 새로운 변수들을 지도식 방식(supervised way)으로 찾는다. 즉, PLS는 반응변수 Y를 이용하여 원래의 변수들을 잘 근사할 뿐만 아니라 *반응변수와 관련이* 있는 새로운 변수들을 식별한다. 개략적으로 말하면, PLS 기법은 반응변수와 설명변수 모두를 설명하는 데 도움이 되는 방향을 찾고자 하는 것이다.

이제 첫 번째 PLS 방향이 어떻게 계산되는지 설명한다. p개의 설명변수들을 표준화한 후, PLS는 (6.16)의 ϕ_{j1} 각각을 Y의 X_j에 대한 단순선형회귀 계수와 동일하게 설정하여 첫 번째 방향 Z_1을 계산한다. 이 계수는 Y와 X_j 사이의 상관계수에 비례한다는 것을 보여줄 수 있다. 따라서, PLS는 $Z_1 = \sum_{j=1}^{p} \phi_{j1} X_j$ 계산에서 반응변수와 가장 강하게 관련되어 있는 변수들에 가장 높은 가중치를 부여한다.

그림 6.21은 광고자료에 대한 PLS의 예를 보여준다. 녹색의 실선은 첫 번째 PLS 방향을 나타내고 점선은 첫 번째 주성분 방향을 나타낸다. PLS는 PCA와 비교하여 상대적으로 pop 차원의 단위 변화당

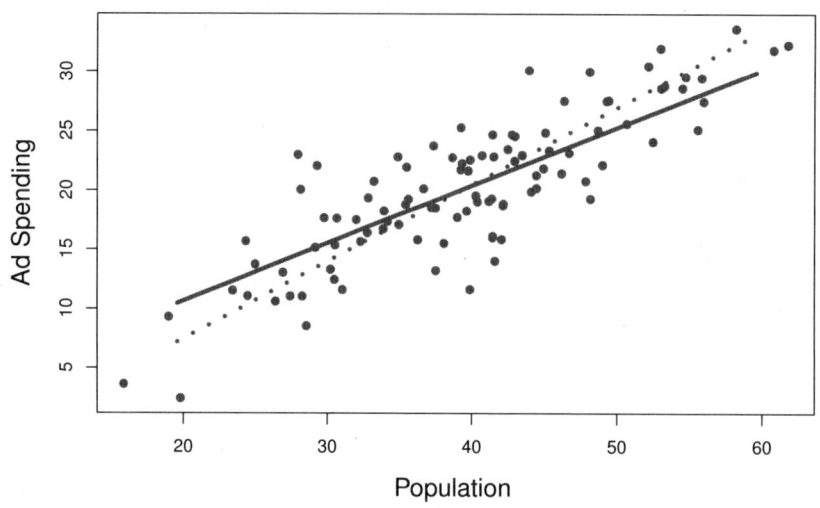

그림 6.21: 광고자료에 대한 첫 번째 PLS 방향(실선)과 첫 번째 PCR 방향(점선)을 나타낸다.

ad 차원의 변화가 적은 방향을 선택하였다. 이것은 pop이 ad보다 반응변수에 더 크게 상관되어 있음을 시사한다. PLS 방향은 PCA만큼 가깝게 설명변수들을 적합하지는 않지만 반응변수를 더 잘 설명한다.

두 번째 PLS 방향을 식별하기 위해서는 Z_1에 대해 각 변수의 회귀를 수행하고 *잔차*를 취하여 변수 각각을 Z_1에 대해 먼저 조정한다. 이 잔차들은 첫 번째 PLS 방향에 의해 설명되지 않고 남아있는 정보로 해석될 수 있다. 그다음에, 원래의 데이터를 기반으로 Z_1을 계산하였던 것과 완전히 동일한 방식으로 Z_2가 이 *직교화된* 데이터를 사용하여 계산된다. 이렇게 M번 반복하여 PLS 성분 $Z_1, \ldots, Z_M$을 찾아낼 수 있다. 마지막으로, 이 절차의 끝에서 PCR과 정확하게 동일한 방식으로 최소제곱을 사용하여 $Z_1, \ldots, Z_M$을 이용해 Y를 예측하는 선형모델을 적합한다.

PCR에서와 마찬가지로, PLS에서 사용된 부분최소제곱 방향의 수 M은 보통 교차검증에 의해 선택되는 조율 파라미터이다. 일반적으로 설명변수들과 반응변수는 PLS를 수행하기 전에 표준화된다.

PLS는 디지털화된 분광분석(spectrometry) 신호들로부터 많은 변수들이 발생되는 계량분석화학(chemometircs) 분야에서 널리 사용된다. 실질적으로 PLS는 보통 능형회귀나 PCR과 비슷한 성능을 보인다. PLS의 지도식 차원축소는 편향을 줄일 수 있지만 반면에 분산을 증가시킬 가능성이 있어 PCR과 비교하여 특별한 잇점은 없다.

6.4 고차원의 고려

6.4.1 고차원 데이터

회귀와 분류에 대한 대부분의 전통적인 통계기법들은 관측치의 수 n이 설명변수의 수 p보다 훨씬 큰 *저차원*(low-dimensional) 설정을 위한 것이다. 이것은 부분적으로는 통계의 사용이 필요한 과학적 문제의 대부분이 저차원이라는 사실 때문이다. 예를 들어, 환자의 나이, 성별, 체질량지수(body mass index, BMI)에 근거하여 혈압을 예측하는 모델을 개발한다고 해보자. 설명변수는 3개 또는 절편을 모델에 포함하는 경우 4개이고, 혈압, 나이, 성별, BMI가 알려진 환자수는 아마도 수천명에 이를 것이다. 따라서, $n \gg p$이고, 그래서 문제는 저차원이다(여기서 차원은 p의 크기를 말한다).

지난 20년 동안 새로운 기술들이 금융, 마케팅, 의학과 같이 다양한 분야에서 데이터를 수집하는 방식을 변화시켰다. 요즘은 거의 제한이 없는 수의 변수에 대한 측정(매우 큰 p)도 아주 흔한 일이다. p는 극도로 큰 값이 될 수 있는 반면에 관측치의 수 n은 비용, 표본의 가용성, 또는 다른 고려사항 때문에 흔히 제한된다. 다음 두 가지 예를 보자.

1. 단순히 나이, 성별, BMI에 기초하여 혈압을 예측하는 대신에 예측모델에 포함하기 위해 50만개의 단일염기 다형성(single nucleotide polymorphisms, SNPs)(사람들에게 비교적 일반적인 개별 DNA 변이)에 대한 측정치를 수집할 수도 있다. 그러면 $n \approx 200$이고 $p \approx 500{,}000$이다.

2. 사람들의 온라인 쇼핑 패턴을 이해하는 데 관심이 있는 마케팅 분석가는 검색엔진 사용자가 입력하는 모든 검색어를 변수로 간주할 수 있다. 이것은 "bag-of-words" 모델로도 알려져 있다. 이 분석가는 수백명 또는 수천명의 정보공유에 동의한 검색엔진 사용자의 검색 이력에만 접근할 수 있을 것이다. 주어진 사용자에 대해 p개의 검색어 각각은 존재(0) 또는 부재(1)로 점수가 할당되어 커다란 2진 변수벡터를 생성한다. 그러면, $n \approx 1{,}000$이고 p는 훨씬 더 큰 값이다.

관측치보다 더 많은 변수를 포함하는 자료는 보통 *고차원*적이라 불린다. 최소제곱 선형회귀와 같은 고전적인 기법들은 이러한 설정에 적합하지 않다. 고차원 데이터를 분석하는 데 발생되는 많은 이슈들은 $n > p$일 때도 적용되므로 이 책의 앞장에서 논의되었다. 편향-분산의 절충(trade-off)과 과적합의 위험이 여기에 포함된다. 이러한 이슈들은 항상 관련되지만 변수의 수가 관측치의 수에 비해 매우 클 때 더욱 중요해 질 수 있다.

고차원 설정은 변수의 수 p가 관측치의 수 n보다 큰 경우로 정의된다. 그러나 지금 논의할 고려사항은 p가 n보다 약간 작은 경우에도 적용되며 지도학습을 수행할 때 항상 명심하는 것이 좋다.

6.4.2 고차원에서 무엇이 문제인가?

$p > n$일 때 회귀와 분류에 대해 각별한 주의와 특별한 기법이 필요하다는 것을 보여주기 위해 고차원 설정을 위한 것이 아닌 통계기법을 적용하는 경우 무슨 일이 발생하는지 조사해보자. 이 목적을 위해 최소제곱회귀를 살펴본다. 그러나 동일한 개념이 로지스틱 회귀, 선형판별분석, 그리고 다른 고전적인 통계 기법에도 적용된다.

변수의 수 p가 관측치 수 n만큼 크거나 또는 n보다 더 클 때, 3장에서 설명한 최소제곱을 사용할 수 없다(또는 사용하지 않아야 한다). 이유는 간단하다. 설명변수들과 반응변수 사이에 정말로 상관관계가 있는지 그 여부에 관계없이 최소제곱은 데이터에 완벽하게 적합되어 잔차들이 0인 계수 추정치들의 집합을 제공할 것이다.

$p = 1$개의 변수와 절편을 가지는 하나의 예가 그림 6.22에 도시되어 있는데, 관측치 수가 20개와 2개 인 두 가지 경우가 있다. 관측치가 20개일 때 $n > p$이고 최소제곱회귀선은 데이터에 완벽하게 적합되지 않는다. 대신에 회귀선은 20개의 관측치를 가능한 한 잘 근사시키려고 한다. 반대로 관측치가 2개뿐일 때는 관측치들의 값에 관계없이 회귀선은 데이터에 정확하게 적합될 것이다. 이러한 완벽한 적합은 거의 확실히 데이터의 과적합을 초래하기 때문에 문제의 소지가 있다. 다시 말하면, 고차원 설정에서 훈련 데이터를 완벽하게 적합할 수는 있지만 결과 선형모델은 독립적인 검정셋에 대해 극도로 나쁜 성능을 낼 것이며 그리하여 유용한 모델이 되지 않는다. 이것은 사실 그림 6.22에서 볼 수 있다. 오른쪽 패널에서 얻은 최소제곱선은 왼쪽 패널의 관측치들로 구성된 검정셋에 대해 성능이 아주 나쁠 것이다. 문제는 간단하다. $p > n$ 또는 $p \approx n$일 때 단순선형회귀선은 너무 유연하여 데이터를 과적합한다.

그림 6.23은 변수의 수 p가 클 때 최소제곱을 부주의하게 적용한 경우의 위험을 좀 더 보여준다. 이 모의 자료는 관측치 수가 $n = 20$이고, 반응변수와 전혀 상관되지 않은 변수를 1개에서 20개까지

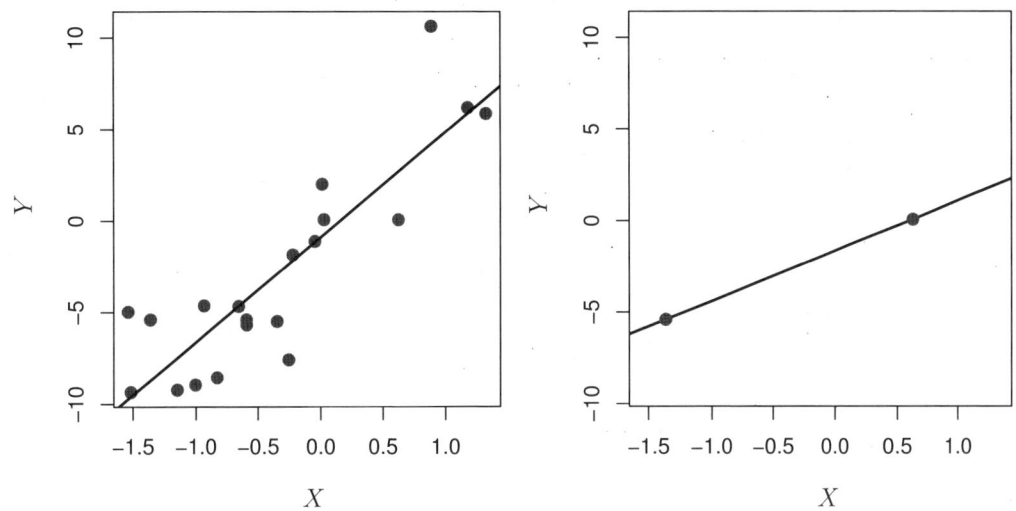

그림 6.22: 왼쪽: 저차원 설정에서의 최소제곱회귀. 오른쪽: $n = 2$개의 관측치와 추정될 파라미터가 2개(절편과 하나의 계수)인 최소제곱회귀.

사용하여 회귀를 수행하였다. 그림에서 보여주듯이, 심지어 변수들이 반응변수와 전혀 관련되어 있지 않지만, 모델에 포함되는 변수의 수가 증가함에 따라 R^2은 1로 증가하고, 이에 상응하여 훈련셋 MSE는 0으로 줄어든다. 한편, 독립적인 *검정셋*에 대한 MSE는 모델에 포함되는 변수의 수가 증가함에 극도로 커진다. 이유는 추가적인 설명변수를 포함하는 것이 계수 추정치들의 분산을 크게 증가시키기 때문이다. 검정셋 MSE를 살펴보면, 최고 모델은 많아야 몇 개의 변수를 포함하는 것이 명백하다. 하지만, 단지 R^2 또는 훈련셋 MSE만 조사한다면 가장 많은 수의 변수를 포함하는 모델이 최고의 모델이라고 잘못 판단할 수 있다. 이것은 많은 수의 변수를 가진 자료를 분석할 때 특별히 조심해야 하고 항상 독립적인 검정셋에 대해 모델의 성능을 평가한다는 것이 얼마나 중요한지를 시사한다.

6.1.3절에서 최소제곱모델을 적합하는 데 사용된 변수의 수를 고려하여 훈련셋 RSS 또는 R^2을 조정하는 여러 가지 기법들을 살펴보았다. 유감스럽게도 C_p, AIC, BIC 기법들은 $\hat{\sigma}^2$ 추정에 문제의 소지가 있어 고차원 설정에 적절하지 않다(예를 들어, 3장의 $\hat{\sigma}^2$에 대한 식은 이 설정에서 추정치 $\hat{\sigma}^2 = 0$을 제공한다). 마찬가지로, 고차원 설정에서는 조정된 R^2의 값이 1인 모델을 쉽게 얻을 수 있기 때문에 조정된 R^2을 적용하는 데도 문제가 발생한다. 명백히, 고차원 설정에 더 잘 맞는 다른 기법들이 필요하다.

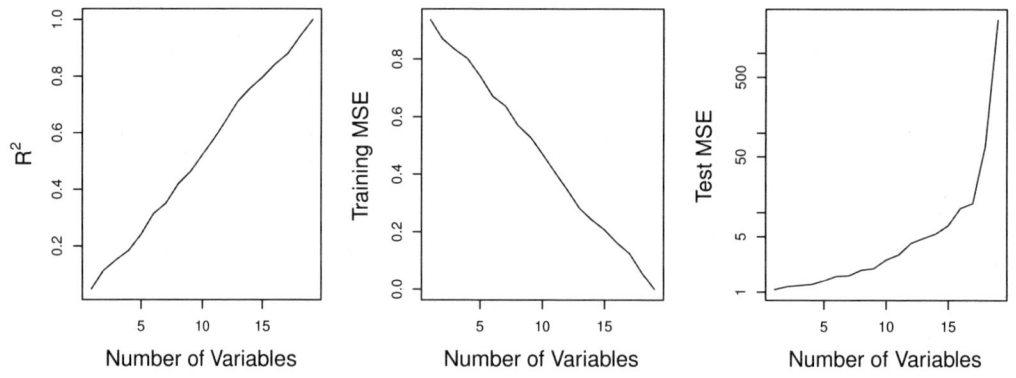

그림 6.23: $n = 20$개의 훈련 관측치를 가진 모의 예제에서 결과(outcome)와 전혀 관련이 없는 변수들이 모델에 추가된다. 왼쪽: 더 많은 변수가 포함됨에 따라 R^2은 1로 증가한다. 중앙: 더 많은 변수가 포함됨에 따라 훈련셋 MSE는 0으로 감소한다. 오른쪽: 검정셋 MSE는 더 많은 변수가 포함됨에 따라 증가한다.

6.4.3 고차원에서의 회귀

덜 유연한 최소제곱모델을 적합하기 위해 이 장에서 살펴보았던 전진 단계적 선택, 능형회귀, lasso, 주성분회귀와 같은 방법들은 고차원 설정에서 회귀를 수행하는 데 특히 유용하다. 근본적으로 이러한 기법들은 최소제곱보다 유연성이 낮은 적합 방식을 사용하여 과적합을 피한다.

그림 6.24는 단순한 모의 예제에서 lasso의 성능을 보여준다. $p = 20, 50$ 또는 2,000개의 변수들이 있고, 그중에서 20개는 실제로 결과와 관련이 있다. $n = 100$개의 훈련 관측치에 대해 lasso를 수행하고 독립적인 검정셋에 대해 평균제곱오차를 평가하였다. 변수의 수가 증가함에 따라 검정셋 오차는 증가한다. $p = 20$인 경우, 가장 낮은 검정셋 오차는 (6.7)의 λ가 작을 때 얻어진다. 하지만 p가 더 커지면 가장 낮은 검정셋 오차는 더 큰 λ 값을 사용하여 얻어진다. 각 박스도표에는 사용된 λ 값 대신에 lasso 해의 자유도(degree of freedom)가 표시된다. 자유도는 단순히 lasso 해의 영이 아닌 계수 추정치들의 개수이며 lasso 적합의 유연성의 측도이다. 그림 6.24에서 3가지 중요한 점이 강조된다: (1) 조절(regularization) 또는 수축(shrinkage)은 고차원 문제에서 핵심적인 역할을 한다, (2) 적절한 조율 파라미터 선택은 좋은 예측성능을 얻는 데 있어서 아주 중요하다, (3) 검정오차는 추가되는 변수가 반응변수와 실제로 관련이 개만이 실제로 결과와 관련이 있기 때문이다.

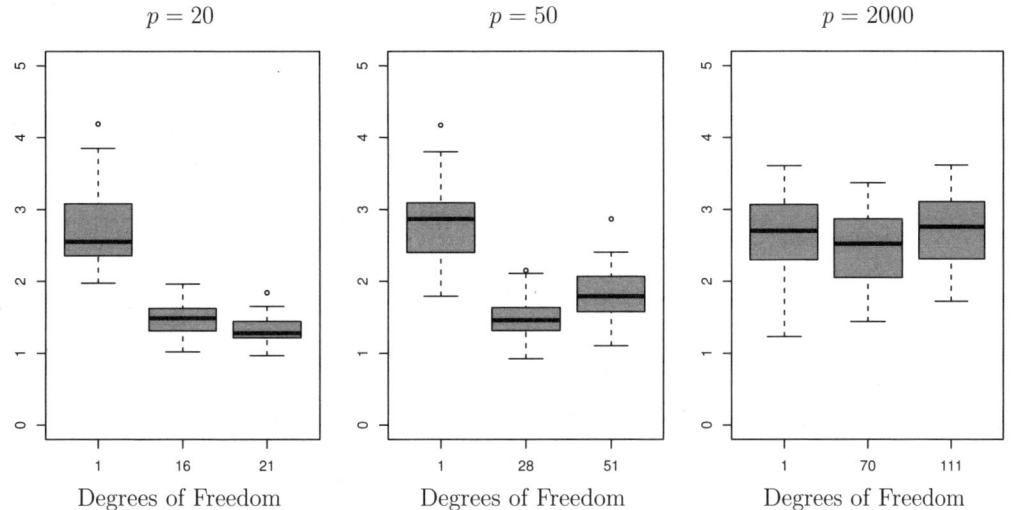

그림 6.24: $n = 100$개의 관측치와 3개의 다른 변수의 수 p를 이용해 lasso가 수행되었다. p개의 변수 중 20개는 반응변수와 관련이 있다. 박스도표는 (6.7)의 조율 파라미터 λ가 3가지 다른 값을 가질 때의 검정 MSE를 보여준다. 해석을 쉽게 하기 위해 λ 대신 자유도가 표시된다. lasso에서 자유도는 단순히 영이 아닌 계수 추정치의 개수이다. $p = 20$일 때, 가장 낮은 검정 MSE는 조절(regularization) 정도가 가장 작을 때 얻어진다. $p = 50$일 때, 가장 낮은 검정 MSE는 조절 정도가 상당히 클 때 얻어진다. $p = 200$일 때, lasso는 조절 정도에 관계없이 결과가 좋지 않은데, 그 이유는 2,000개의 변수 중 20개만이 실제로 결과와 관련이 있기 때문이다.

위에서 언급한 세 번째 강조점은 사실상 고차원 데이터 해석에 있어서 핵심적인 원리로, *차원의 저주(curse of dimensionality)*라고 알려져 있다. 모델을 적합하는 데 사용된 변수의 수가 증가함에 따라 적합된 모델의 질도 높아질 것이라고 생각할 수 있다. 하지만 그림 6.24의 왼쪽과 오른쪽 패널을 비교해 보면 반드시 그렇지만은 않다는 것을 알 수 있다. 이 예제에서 p가 20에서 2,000으로 증가하면 검정셋 MSE는 거의 두 배로 된다. 일반적으로, 검정셋 오차를 줄인다는 의미에서 *반응변수와 실제로 관련이 있는 신호변수*를 추가하는 것은 적합된 모델을 향상시킬 것이다. 하지만 반응변수와 관련이 없는 잡음변수를 추가하는 것은 적합된 모델이 더 나빠지게 하며, 그 결과 검정셋 오차가 증가할 것이다. 이렇게 되는 이유는 잡음변수들이 문제의 차원을 증가시켜 검정셋 오차면에서는 어떠한 개선도 없이

(잡음변수들은 훈련셋에서 반응변수와의 우연에 의한 연관성으로 인해 영이 아닌 계수들이 할당되므로) 과적합 위험을 악화시키기 때문이다. 따라서, 수천 또는 수백만의 변수들에 대한 측정치 수집이 가능하게 하는 새로운 기술들은 양날의 칼과 같다. 즉, 이러한 변수들이 실제로 해결하고자 하는 문제와 관련이 있으면 예측모델은 향상될 수 있겠지만, 만약 그렇지 않다면 결과는 오히려 나빠질 것이다. 심지어는 이러한 변수들이 문제와 관련이 있더라도 계수들을 적합할 때 발생되는 분산이 이 변수들로 인한 편향 감소의 잇점을 완전히 상쇄할 수도 있다.

6.4.4 고차원에서의 결과 해석

고차원 설정에서 lasso, 능형회귀, 또는 다른 회귀절차를 수행할 때, 얻어진 결과를 알리는 방법에 있어 아주 신중해야 한다. 3장에서 회귀 변수들이 서로 관련되어 있을 수 있다는 개념인 *다중공선성*(multicollinearity)에 대해 알아보았다. 고차원 설정에서 다중공선성은 아주 심각한 문제가 될 수 있다. 즉, 모델 내 임의의 변수는 그 모델의 다른 모든 변수들의 선형결합으로 나타낼 수 있다. 이것은 근본적으로 어느 변수들이 결과 예측에 실제로 관련이 있는지 결코 정확하게 알 수 없고, 회귀에서 사용할 가장 좋은 계수들을 결코 식별할 수 없음을 의미한다. 기껏해야, 값이 큰 회귀계수들을 결과 예측에 실제로 관련이 있는 변수들과 상관되어 있는 변수들에 할당하기를 바랄 수 있을 뿐이다.

예를 들어, 50만개의 SNP를 기반으로 혈압을 예측하고자 하는데, 전진 단계적 선택에 의하면 이들 중 17개로 훈련 데이터에 대해 좋은 예측모델이 만들어진다고 해보자. 이들 17개의 SNP가 모델에 포함되지 않은 다른 SNP들보다 더 효과적으로 혈압을 예측한다고 결론을 내리는 것은 옳지 않을 것이다. 선택된 모델만큼 혈압을 잘 예측할 17개 SNP 집합이 많이 있을 것이다. 만약 독립적인 자료를 얻어 이 자료에 대해 전진 단계적 선택을 수행한다면 서로 다르고 아마도 심지어는 겹치지 않는 SNP들의 집합을 포함하는 모델을 얻을 가능성이 클 것이다. 그렇다고 이것이 얻어진 모델의 가치를 떨어뜨리는 것은 아니다. 예를 들어, 이 모델은 어떤 독립적인 환자들의 집합에서 혈압을 예측하는 데 매우 효과적일 수 있고 의료진에게 임상적으로 유용할 수 있다. 그러나, 얻어진 결과를 과장하지 않도록 주의해야 하고, 식별된 모델은 혈압을 예측하는 *많은 가능한 모델들 중 하나*에 지나지 않으며 독립적인 자료에 대해 좀 더 검증되어야 함을 명확히 해야 한다.

고차원 설정에서는 또한 모델적합의 오차와 측도를 알리는 데 특별히 주의해야 한다. 이미 보았듯이,

고차원 설정에서는 또한 모델적합의 오차와 측도를 알리는 데 특별히 주의해야 한다. 이미 보았듯이, $p > n$일 때는 잔차들이 영인 쓸모없는 모델을 얻기가 쉽다. 그러므로, 고차원 설정에서는 훈련자료에 대한 모델적합의 오차제곱합, p-값, R^2 통계량, 또는 다른 전통적인 측도를 모델적합이 좋다는 증거로 결코 사용해서는 안 된다. 예를 들어, 그림 6.23에서 보았듯이, $p > n$일 때 $R^2 = 1$인 모델을 쉽게 얻을 수 있다. 이것은 사람들로 하여금 통계적으로 유효하고 유용한 모델이 얻어졌다고 잘못 생각하게 할 수 있지만 사실은 모델이 좋다는 어떠한 증거도 제공하지 않는다. 대신에, 독립적인 검정셋에 대한 결과나 교차검증 오차를 알리는 것은 중요하다. 예를 들어, 독립적인 검정셋에 대한 MSE 또는 R^2은 모델적합에 대한 유효한 측도이지만 훈련셋에 대한 MSE는 확실히 그렇지 않다.

6.5 Lab 1: 부분집합(서브셋) 선택 방법

6.5.1 최상의 서브셋 선택

최상(최고)의 서브셋(subset) 선택 기법을 Hitters 자료에 적용한다. 그리하여 작년도 성적과 관련된 다양한 통계를 기반으로 야구 선수의 Salary를 예측하고자 한다.

먼저, Salary 변숫값이 누락된 선수들이 있다는 것에 주의하자. is.na() 함수는 누락된 관측치를 식별하는 데 사용될 수 있다. 이 함수는 입력벡터와 동일한 길이의 벡터를 반환하는데, 반환된 벡터는 값이 누락된 원소에 대해서는 TRUE, 그렇지 않은 원소에 대해서는 FALSE를 가진다. sum() 함수는 값이 누락된 원소들의 개수를 세는 데 사용될 수 있다.

```
> library(ISLR)
> fix(Hitters)
> names(Hitters)
 [1] "AtBat"      "Hits"       "HmRun"      "Runs"       "RBI"
 [6] "Walks"      "Years"      "CAtBat"     "CHits"      "CHmRun"
[11] "CRuns"      "CRBI"       "CWalks"     "League"     "Division"
[16] "PutOuts"    "Assists"    "Errors"     "Salary"     "NewLeague"
> dim(Hitters)
[1] 322  20
> sum(is.na(Hitters$Salary))
[1] 59
```

위 결과를 보면 Salary 값이 누락된 선수는 59명이다. na.omit() 함수는 변숫값에 누락이 있는 모든 행을 제거한다.

```
> Hitters=na.omit(Hitters)
> dim(Hitters)
[1] 263  20
> sum(is.na(Hitters))
[1] 0
```

라이브러리 leaps에 포함된 regsubsets() 함수는 주어진 수의 설명변수를 포함하는 최고의 모델을 식별함으로써 최상의 서브셋을 선택한다. 여기서 *최상* 또는 *최고*는 RSS를 사용하여 수량화된다. 이 함수의 문법은 lm() 함수와 같다. summary() 명령은 각 모델 크기에 대한 최상의 변수 셋(집합)을 출력한다.

```
> library(leaps)
> regfit.full=regsubsets(Salary~.,Hitters)
> summary(regfit.full)
Subset selection object
Call: regsubsets.formula(Salary ~ ., Hitters)
19 Variables  (and intercept)
...
1 subsets of each size up to 8
Selection Algorithm: exhaustive
          AtBat  Hits  HmRun  Runs  RBI  Walks  Years  CAtBat  CHits
1  ( 1 )  " "    " "   " "    " "   " "  " "    " "    " "     " "
2  ( 1 )  " "    "*"   " "    " "   " "  " "    " "    " "     " "
3  ( 1 )  " "    "*"   " "    " "   " "  " "    " "    " "     " "
4  ( 1 )  " "    "*"   " "    " "   " "  " "    " "    " "     " "
5  ( 1 )  "*"    "*"   " "    " "   " "  " "    " "    " "     " "
6  ( 1 )  "*"    "*"   " "    " "   " "  "*"    " "    " "     " "
7  ( 1 )  " "    "*"   " "    " "   " "  "*"    " "    "*"     "*"
8  ( 1 )  "*"    "*"   " "    " "   " "  "*"    " "    " "     " "
          CHmRun  CRuns  CRBI  CWalks  LeagueN  DivisionW  PutOuts
1  ( 1 )  " "     " "    "*"   " "     " "      " "        " "
2  ( 1 )  " "     " "    "*"   " "     " "      " "        " "
3  ( 1 )  " "     " "    "*"   " "     " "      " "        "*"
4  ( 1 )  " "     " "    "*"   " "     " "      "*"        "*"
5  ( 1 )  " "     " "    "*"   " "     " "      "*"        "*"
6  ( 1 )  " "     " "    "*"   " "     " "      "*"        "*"
7  ( 1 )  "*"     " "    " "   " "     " "      "*"        "*"
8  ( 1 )  "*"     "*"    " "   "*"     " "      "*"        "*"
          Assists  Errors  NewLeagueN
1  ( 1 )  " "      " "     " "
2  ( 1 )  " "      " "     " "
3  ( 1 )  " "      " "     " "
4  ( 1 )  " "      " "     " "
5  ( 1 )  " "      " "     " "
6  ( 1 )  " "      " "     " "
7  ( 1 )  " "      " "     " "
8  ( 1 )  " "      " "     " "
```

별표는 주어진 변수가 해당 모델에 포함된다는 것을 나타낸다. 예를 들어, 위 결과를 보면 최고의 2-변수(변수가 2개인) 모델은 Hits와 CRBI만 포함한다. 기본적으로 regsubsets() 함수는 8-변수까지의 모델에 대한 결과를 보여준다. 하지만 nvmax 옵션을 사용하면 원하는 변수 수만큼 결과를 얻을 수 있다. 여기서는 19-변수 모델까지 적합한다.

```
> regfit.full=regsubsets(Salary~.,data=Hitters,nvmax=19)
> reg.summary=summary(regfit.full)
```

summary() 함수는 또한 R^2, RSS, 조정된 R^2, C_p, 그리고 BIC도 제공한다. 전체적으로 가장 좋은 모델을 선택하기 위해 이 값들을 조사할 수 있다.

```
> names(reg.summary)
[1] "which"   "rsq"    "rss"     "adjr2"   "cp"      "bic"
[7] "outmat"  "obj"
```

예를 들어, R^2 통계량은 모델에 포함된 변수가 단 한 개인 경우 32%에서 모든 변수가 포함된 경우 55%까지 증가한다. 예상대로 R^2 통계량은 포함되는 변수의 수가 늘어남에 따라 단조 증가한다.

```
> reg.summary$rsq
 [1] 0.321 0.425 0.451 0.475 0.491 0.509 0.514 0.529 0.535
[10] 0.540 0.543 0.544 0.544 0.545 0.545 0.546 0.546 0.546
[19] 0.546
```

모든 모델에 대한 RSS, 조정된 R^2, C_p, BIC를 한꺼번에 그려보면 어느 모델을 선택할지 결정하는 데 도움이 될 것이다. 그래프의 점들을 선으로 연결하려면 type="l" 옵션을 사용하면 된다.

```
> par(mfrow=c(2,2))
> plot(reg.summary$rss,xlab="Number of Variables",ylab="RSS",
    type="l")
> plot(reg.summary$adjr2,xlab="Number of Variables",
    ylab="Adjusted RSq",type="l")
```

points() 함수는 plot()과 유사하게 동작하지만 새로운 그래프를 생성하는 것이 아니라 이미 생성된 그래프에 점들을 그려 넣는다. which.max() 함수는 벡터에서 값이 최대인 원소의 위치를 식별하는 데 사용될 수 있다. 조정된 R^2 통계량이 가장 큰 모델을 표시하기 위해 아래와 같이 붉은색 점을 그려 넣는다.

```
> which.max(reg.summary$adjr2)
[1] 11
> points(11,reg.summary$adjr2[11], col="red",cex=2,pch=20)
```

유사한 방식으로 C_p와 BIC 통계량에 대한 그래프를 그릴 수 있으며, which.min()을 사용하여 통계량이 가장 작은 모델을 표시할 수 있다.

```
> plot(reg.summary$cp,xlab="Number of Variables",ylab="Cp",
    type='l')
> which.min(reg.summary$cp)
[1] 10
> points(10,reg.summary$cp[10],col="red",cex=2,pch=20)
> which.min(reg.summary$bic)
[1] 6
> plot(reg.summary$bic,xlab="Number of Variables",ylab="BIC",
    type='l')
> points(6,reg.summary$bic[6],col="red",cex=2,pch=20)
```

regsubsets() 함수는 내장된 plot() 함수를 가지며, 이것은 주어진 수의 설명변수를 갖는 최상의 모델에 포함되는 변수들을 나타내는 데 사용될 수 있다. 이 때, 최상의 모델은 BIC, C_p, 조정된 R^2, 또는 AIC에 따른 순위에 의해 정해진다. 이 내장함수에 대한 더 자세한 것은 ?plot.regsubsets을 사용하여 알아볼 수 있다.

```
> plot(regfit.full,scale="r2")
> plot(regfit.full,scale="adjr2")
> plot(regfit.full,scale="Cp")
> plot(regfit.full,scale="bic")
```

각 그래프의 맨 위쪽 행은 최적의 모델에 따라 선택된 각 변수에 대한 검은색 사각형을 포함한다. 예를 늘어, 몇 개의 모델이 −150에 가까운 BIC을 갖는다. 하지만, 가장 낮은 BIC를 가지는 모델은 AtBat, Hits, Walks, CRBI, DivisionW, PutOuts만 포함하는 6-변수 모델이다. coef() 함수를 사용하여 이 모델과 관련된 계수 추정치들을 볼 수 있다.

```
> coef(regfit.full,6)
(Intercept)         AtBat           Hits         Walks          CRBI
     91.512         -1.869          7.604         3.698         0.643
   DivisionW       PutOuts
   -122.952         0.264
```

6.5.2 전진 및 후진 단계적 선택

함수 regsubsets()는 method="forward" 또는 method="backward" 인자를 사용하여 전진 또는 후진 단계적 선택을 수행하는 데도 사용할 수 있다.

```
> regfit.fwd=regsubsets(Salary~.,data=Hitters,nvmax=19,
    method="forward")
> summary(regfit.fwd)
> regfit.bwd=regsubsets(Salary~.,data=Hitters,nvmax=19,
    method="backward")
> summary(regfit.bwd)
```

예를 들어, 전진 단계적 선택을 사용하면 최고의 1-변수 모델은 CRBI만 포함하고 최고의 2-변수 모델은 추가로 Hits를 포함한다. 이 데이터의 경우, 1-변수에서 6-변수까지는 최상의 서브셋과 전진선택에 의해 선택되는 최고 모델들이 서로 동일하다. 하지만, 전진 단계적 선택, 후진 단계적 선택, 그리고 최상의 서브셋 선택에 의해 식별된 최상의 7-변수 모델들은 서로 다르다.

```
> coef(regfit.full,7)
(Intercept)         Hits         Walks        CAtBat         CHits
     79.451        1.283         3.227        -0.375         1.496
     CHmRun    DivisionW       PutOuts
      1.442     -129.987         0.237
> coef(regfit.fwd,7)
(Intercept)        AtBat          Hits         Walks          CRBI
    109.787       -1.959         7.450         4.913         0.854
     CWalks    DivisionW       PutOuts
     -0.305     -127.122         0.253
> coef(regfit.bwd,7)
(Intercept)        AtBat          Hits         Walks         CRuns
    105.649       -1.976         6.757         6.056         1.129
     CWalks    DivisionW       PutOuts
     -0.716     -116.169         0.303
```

6.5.3 검증셋 기법과 교차검증을 사용한 모델 선택

조금전에는 크기가 다른 모델들 중에서 C_p, BIC, 그리고 조정된 R^2을 사용하여 선택하는 것이 가능하다는 것을 보았다. 이제, 검증셋 기법과 교차검증을 사용한 모델 선택에 대해 고려해볼 것이다.

이러한 기법들로 정확한 검정오차 추정치를 얻기 위해서는 훈련 *관측치만*을 사용하여 변수 선택을 포함한 모델적합의 모든 것을 수행해야 한다. 그러므로 주어진 크기의 모델 중 어느 것이 최고인지는 훈련 *관측치만*을 사용하여 결정하여야 한다. 이것은 미묘하지만 중요하다. 만약 최상의 서브셋 선택에 전체 자료가 사용된다면, 얻게 되는 검증셋 오차와 교차검증 오차는 검정오차의 정확한 추정치가 아닐 것이다.

검증셋 기법을 사용하기 위해서는 관측치들을 훈련셋과 검정셋으로 분할한다. 분할은 관측치가 훈련셋에 있으면 대응하는 원소가 TRUE이고, 그렇지 않으면 FALSE인 랜덤 벡터 train을 생성함으로써 이루어진다. 벡터 test는 관측치가 검정셋에 있으면 TRUE, 그렇지 않으면 FALSE이다. 아래에서 ! 기호는 벡터 train의 모든 원소를 반대로, 즉 TRUE는 FALSE로 FALSE는 TRUE로 바꾼다. 랜덤 시드가 설정되어 있어 훈련셋/검정셋 분할은 동일한 것이 얻어질 것이다.

```
> set.seed(1)
> train=sample(c(TRUE,FALSE), nrow(Hitters),rep=TRUE)
> test=(!train)
```

이제, regsubsets()를 훈련셋에 적용하여 최상의 서브셋을 선택한다.

```
> regfit.best=regsubsets(Salary~.,data=Hitters[train,],
   nvmax=19)
```

Hitters[train,]을 사용하여 Hitters 데이터 프레임에서 훈련 서브셋만 액세스한다. 이제 각 모델 크기에서 최고의 모델에 대한 검증셋 오차를 계산한다. 먼저 검정 데이터로부터 모델 행렬을 만든다.

```
test.mat=model.matrix(Salary~.,data=Hitters[test,])
```

model.matrix() 함수는 많은 회귀 패키지에서 사용되며 데이터로부터 "X" 행렬을 구성한다. 루프를 실행하여 크기 i의 최고 모델에 대한 계수들을 regfit.best에서 추출하고, 이 계수들을 검정모델 행렬의 적절한 열에 곱하여 예측값을 구하고 검정 MSE를 계산한다.

```
> val.errors=rep(NA,19)
> for(i in 1:19){
+    coefi=coef(regfit.best,id=i)
+    pred=test.mat[,names(coefi)]%*%coefi
+    val.errors[i]=mean((Hitters$Salary[test]-pred)^2)
}
```

최고의 모델은 10개의 변수를 포함하는 것이다.

```
> val.errors
 [1] 220968 169157 178518 163426 168418 171271 162377 157909
 [9] 154056 148162 151156 151742 152214 157359 158541 158743
[17] 159973 159860 160106
> which.min(val.errors)
[1] 10
> coef(regfit.best,10)
(Intercept)         AtBat          Hits         Walks        CAtBat
    -80.275        -1.468         7.163         3.643        -0.186
       CHits        CHmRun        CWalks       LeagueN      DivisionW
       1.105         1.384        -0.748        84.558       -53.029
     PutOuts
       0.238
```

이 과정은 약간 불편한데, 부분적으로는 regsubset()에 대한 predict() 멤버함수(method)가 없기 때문이다. 나중에 다시 사용하기 위해 아래와 같이 predict 멤버함수를 작성할 수 있다.

```
> predict.regsubsets=function(object,newdata,id,...){
+ form=as.formula(object$call [[2]])
+ mat=model.matrix(form,newdata)
+ coefi=coef(object,id=id)
+ xvars=names(coefi)
+ mat[,xvars]%*%coefi
+ }
```

이 함수는 위에서 살펴보았던 과정을 거의 모방하는 것으로, regsubsets() 호출에 사용된 식을 끄집어내는 것이 유일하게 복잡한 부분이다. 이 함수를 어떻게 사용하는지는 교차검증을 할 때 보여준다.

마지막으로, 전체 자료에서 최상의 서브셋 선택을 수행하고 최고의 10-변수 모델을 선택한다. 더 정확한 계수 추정치를 얻기 위해서는 전체 자료를 사용하는 것이 중요하다. 훈련셋이 아니라 전체 자료를 사용하는 이유는 전체 자료에 대한 최고의 10-변수 모델은 훈련셋에서 얻는 모델과 다를 수 있기 때문이다.

```
> regfit.best=regsubsets(Salary~.,data=Hitters,nvmax=19)
> coef(regfit.best,10)
(Intercept)        AtBat         Hits        Walks       CAtBat
    162.535       -2.169        6.918        5.773       -0.130
       CRuns         CRBI       CWalks    DivisionW      PutOuts
       1.408        0.774       -0.831     -112.380        0.297
     Assists
       0.283
```

사실, 전체 자료에 대한 최고의 10-변수 모델은 훈련셋에서 얻은 최고의 10-변수 모델과는 다른 셋의 변수를 갖는다.

이제, 교차검증을 사용하여 크기가 다른 모델들 중에서 선택하는 것을 해보자. 이 방법은 k 훈련셋 각각에 대해 최상의 서브셋 선택을 해야 하므로 다소 복잡하다. 그렇지만 R에서는 교묘한 서브셋 선택 문법 덕분에 상당히 쉽게 할 수 있다. 먼저, 각 관측치를 $k = 10$ fold 중의 하나에 할당하는 벡터를 생성하고 그 결과를 저장할 행렬을 생성한다.

```
> k=10
> set.seed(1)
> folds=sample(1:k,nrow(Hitters),replace=TRUE)
> cv.errors=matrix(NA,k,19, dimnames=list(NULL, paste(1:19)))
```

이제 교차검증을 수행하는 for 루프를 작성한다. j번째 fold에서 j와 동일한 folds의 원소들은 검정셋에 있고 나머지는 훈련셋에 있다. 각 모델 크기에 대해 예측을 수행하고(위에서 작성한 predict() 함수를 사용하여), 적절한 서브셋에 대한 검정오차를 계산하여 그것을 행렬 cv.errors 내에 저장한다.

```
> for(j in 1:k){
+   best.fit=regsubsets(Salary~.,data=Hitters[folds!=j,],
      nvmax=19)
+   for(i in 1:19){
+     pred=predict(best.fit,Hitters[folds==j,],id=i)
+     cv.errors[j,i]=mean( (Hitters$Salary[folds==j]-pred)^2)
+     }
+   }
```

이 결과 10×19 행렬이 얻어지며, 원소 (i,j)는 i번째 교차검증 fold와 최고의 j-변수 모델에 대한 검정 MSE이다. apply() 함수를 사용하여 이 행렬의 열(칼럼)별로 평균을 구하면 벡터가 얻어지는데, 이 벡터의 j번째 원소는 j-변수 모델에 대한 교차검증 오차이다.

```
> mean.cv.errors=apply(cv.errors,2,mean)
> mean.cv.errors
 [1]  160093 140197 153117 151159 146841 138303 144346 130208
 [9]  129460 125335 125154 128274 133461 133975 131826 131883
[17]  132751 133096 132805
> par(mfrow=c(1,1))
> plot(mean.cv.errors,type='b')
```

교차검증은 11-변수 모델을 선택한다. 다음은 전체 자료에 최상의 서브셋 선택을 수행하여 11-변수 모델을 얻는다.

```
> reg.best=regsubsets(Salary~.,data=Hitters, nvmax=19)
> coef(reg.best,11)
(Intercept)         AtBat          Hits         Walks        CAtBat
    135.751        -2.128         6.924         5.620        -0.139
      CRuns          CRBI        CWalks       LeagueN     DivisionW
      1.455         0.785        -0.823        43.112      -111.146
    PutOuts       Assists
      0.289         0.269
```

6.6 Lab 2: 능형회귀와 Lasso

능형회귀와 lasso를 수행하기 위해 glmnet 패키지를 사용할 것이다. 이 패키지의 주요 함수는 glmnet()으로, 능형회귀모델, lasso 모델 등의 적합에 사용될 수 있다. 이 함수는 지금까지 이 책에서 보았던 다른 모델적합 함수와는 문법이 약간 다르다. 특히, x 행렬과 y 벡터를 인자로 전달해야 하고 y ~ x 문법을 사용하지 않는다. 능형회귀와 lasso를 수행하여 Hitters 데이터에 대해 Salary를 예측할 것이다. 6.5절에서 기술된 것처럼 값이 누락된 것은 데이터에서 제외하자.

```
> x=model.matrix(Salary~.,Hitters)[,-1]
> y=Hitters$Salary
```

model.matrix() 함수는 x를 생성하는 데 특히 유용하다. 이 함수는 19개의 설명변수들에 대응하는 행렬을 제공할 뿐만 아니라 자동적으로 질적 변수를 가변수로 변환한다. glmnet()은 수치적 입력만 가질 수 있으므로 질적 변수를 가변수로 변환해주는 것이 중요하다.

6.6.1 능형회귀

glmnet() 함수는 적합할 모델의 유형을 결정하는 전달인자인 alpha를 가진다. 만약 alpha = 0이면 능형회귀모델을 적합하고, alpha = 1이면 lasso 모델을 적합한다. 먼저 능형회귀모델을 적합해보자.

```
> library(glmnet)
> grid=10^seq(10,-2,length=100)
> ridge.mod=glmnet(x,y,alpha=0,lambda=grid)
```

기본적으로 glmnet() 함수는 자동으로 선택된 범위의 λ 값에 대해 능형회귀를 수행한다. 하지만, 여기서는 λ를 10^{10}에서 10^{-2}까지의 값을 갖도록 설정하여 절편만 포함하는 영모델부터 최소제곱적합까지 실질적으로 전체 범위를 포함한다. 또한, 위의 grid 값이 아닌 특정 λ 값에 대해 모델적합을 계산할 수도 있다. glmnet() 함수는 기본적으로 변수들을 표준화하여 스케일(scale)이 동일하게 한다. 기본 설정을 끄려면 인자 standardize=FALSE를 사용하면 된다.

능형회귀계수들의 벡터는 각각의 λ 값과 관련되고, coef()로 액세스할 수 있는 행렬에 저장된다. 이 예의 경우 행렬은 20행(각 설명변수와 절편에 대해 하나씩)과 100열(각 λ 값에 대해 하나씩)을 가진 20×100 행렬이다.

```
> dim(coef(ridge.mod))
[1]  20 100
```

λ 값이 클 때 계수 추정치의 ℓ_2 norm은 작은 λ 값이 사용된 경우보다 훨씬 작을 것으로 예상된다. 다음은 $\lambda = 11,498$일 때의 계수들과 이들의 ℓ_2 norm을 보여준다.

```
> ridge.mod$lambda[50]
[1] 11498
> coef(ridge.mod)[,50]
(Intercept)         AtBat          Hits         HmRun          Runs
    407.356         0.037         0.138         0.525         0.231
        RBI         Walks         Years        CAtBat         CHits
      0.240         0.290         1.108         0.003         0.012
     CHmRun         CRuns          CRBI        CWalks       LeagueN
      0.088         0.023         0.024         0.025         0.085
  DivisionW       PutOuts       Assists        Errors    NewLeagueN
     -6.215         0.016         0.003        -0.021         0.301
> sqrt(sum(coef(ridge.mod)[-1,50]^2))
[1] 6.36
```

$\lambda = 705$일 때의 계수들과 이들의 ℓ_2 norm은 아래와 같다. 위의 결과와 비교해보면 작은 λ 값에 관련된 계수들의 ℓ_2 norm이 훨씬 크다.

```
> ridge.mod$lambda[60]
[1] 705
> coef(ridge.mod)[,60]
(Intercept)        AtBat         Hits        HmRun         Runs
     54.325        0.112        0.656        1.180        0.938
        RBI        Walks        Years       CAtBat        CHits
     -0.847        1.320        2.596        0.011        0.047
     CHmRun        CRuns         CRBI       CWalks      LeagueN
      0.338        0.094        0.098        0.072       13.684
  DivisionW      PutOuts      Assists       Errors    NewLeagueN
    -54.659        0.119        0.016       -0.704        8.612
> sqrt(sum(coef(ridge.mod)[-1,60]^2))
[1] 57.1
```

여러 가지 목적을 위해 predict() 함수를 사용할 수 있다. 예를 들어, 새로운 λ 값, 이를테면 50에 대한 능형회귀계수를 얻을 수 있다.

```
> predict(ridge.mod,s=50,type="coefficients")[1:20,]
(Intercept)        AtBat         Hits        HmRun         Runs
     48.766       -0.358        1.969       -1.278        1.146
        RBI        Walks        Years       CAtBat        CHits
      0.804        2.716       -6.218        0.005        0.106
     CHmRun        CRuns         CRBI       CWalks      LeagueN
      0.624        0.221        0.219       -0.150       45.926
  DivisionW      PutOuts      Assists       Errors    NewLeagueN
   -118.201        0.250        0.122       -3.279       -9.497
```

이제, 표본을 훈련셋과 검정셋으로 분할하여 능형회귀와 lasso의 검정오차를 추정한다. 자료를 랜덤으로 분할하는 데 많이 사용되는 두 가지 방법이 있다. 하나는 TRUE, FALSE 원소로 구성되는 랜덤벡터를 생성하여 TRUE에 대응하는 관측치들을 훈련셋으로 선택한다. 다른 하나는 1과 n 사이 숫자들의 서브셋을 랜덤으로 선택하여 이들을 훈련 관측치들의 인덱스로 사용한다. 이 방법들은 둘 다 잘 동작한다. 첫 번째 방법은 6.5.3절에서 사용되었다. 여기서는 두 번째 방법을 보여준다.

결과를 재생산할 수 있도록 먼저 랜덤시드를 설정한다.

```
> set.seed(1)
> train=sample(1:nrow(x), nrow(x)/2)
> test=(-train)
> y.test=y[test]
```

그다음에, $\lambda = 4$를 사용하여 훈련셋에 능형회귀모델을 적합하고 검정셋으로 MSE를 평가한다. 여기서도 predict() 함수를 사용하는데, 이번에는 type="coefficients"를 newx 인자로 바꾸어 검정셋에 대한 예측값을 얻는다.

```
> ridge.mod=glmnet(x[train,],y[train],alpha=0,lambda=grid,
    thresh=1e-12)
> ridge.pred=predict(ridge.mod,s=4,newx=x[test,])
> mean((ridge.pred-y.test)^2)
[1] 101037
```

검정 MSE는 101037이다. 만약에 절편만 가진 모델을 단순히 적합했다면 훈련 관측치들의 평균을 사용하여 각 검정 관측치를 예측했을 것이다. 이 경우 다음처럼 검정셋 MSE를 계산할 수 있을 것이다.

```
> mean((mean(y[train])-y.test)^2)
[1] 193253
```

λ 값이 매우 큰 능형회귀모델을 적합하여 동일한 결과를 얻을 수도 있다. 아래에서 1e10은 10^{10}을 의미한다.

```
> ridge.pred=predict(ridge.mod,s=1e10,newx=x[test,])
> mean((ridge.pred-y.test)^2)
[1] 193253
```

따라서 $\lambda = 4$인 능형회귀모델을 적합하는 것은 절편만 가진 모델을 적합하는 것보다 훨씬 낮은 검정 MSE를 초래한다. 최소제곱회귀 대신에 $\lambda = 4$인 능형회귀를 수행하는 것이 어떠한 잇점이 있는지 체크해보자. 최소제곱은 $\lambda = 0$인 능형회귀이다.[5]

```
> ridge.pred=predict(ridge.mod,s=0,newx=x[test,],exact=T)
> mean((ridge.pred-y.test)^2)
[1] 114783
> lm(y~x, subset=train)
> predict(ridge.mod,s=0,exact=T,type="coefficients")[1:20,]
```

---

[5] glmnet() 함수가 $\lambda = 0$일 때 정확한 최소제곱계수를 제공하도록 predict() 함수를 호출할 때 인자 exact=T를 사용한다. 그렇지 않으면, predict() 함수는 glmnet() 모델을 적합하는 데 사용된 λ 값들에 대해 보간(interpolate)하여 근사결과를 제공할 것이다. exact=T를 사용하는 경우, $\lambda = 0$일 때의 glmnet() 결과와 lm()의 결과는 소수점 셋째 자리에서 약간의 차이가 있다. 이것은 glmnet()의 수치적 근사때문이다.

일반적으로, 최소제곱모델을 적합하고자 한다면 lm() 함수를 사용해야 한다. 왜냐하면, lm() 함수는 계수들에 대한 표준오차와 p-값과 같은 더 유용한 결과를 제공하기 때문이다.

조율 파라미터 λ는 4를 임으로 선택하는 대신에 교차검증을 사용하여 선택하는 것이 보통 더 나을 것이다. 내장된 교차검증 함수 cv.glmnet()을 사용하여 조율 파라미터 선택을 할 수 있다. 이 함수는 기본적으로 10-fold 교차검증을 수행하는데, nfolds 인자를 사용하여 변경가능하다.

```
> set.seed(1)
> cv.out=cv.glmnet(x[train,],y[train],alpha=0)
> plot(cv.out)
> bestlam=cv.out$lambda.min
> bestlam
[1] 212
```

교차검증 오차가 가장 작은 λ 값은 212이다. 이 λ 값에 연관된 검정 MSE는 얼마인가?

```
> ridge.pred=predict(ridge.mod,s=bestlam,newx=x[test,])
> mean((ridge.pred-y.test)^2)
[1] 96016
```

이것은 $\lambda = 4$를 사용하여 얻은 검정 MSE보다 더 나은 결과이다. 마지막으로, 교차검증에 의해 선택된 λ 값을 사용하여 전체 자료에 능형회귀모델을 적합하고 계수 추정치를 조사한다.

```
> out=glmnet(x,y,alpha=0)
> predict(out,type="coefficients",s=bestlam)[1:20,]
(Intercept)       AtBat         Hits       HmRun         Runs
     9.8849      0.0314       1.0088      0.1393       1.1132
        RBI       Walks        Years      CAtBat        CHits
     0.8732      1.8041       0.1307      0.0111       0.0649
     CHmRun        CRuns         CRBI      CWalks      LeagueN
     0.4516      0.1290       0.1374      0.0291      27.1823
  DivisionW     PutOuts      Assists      Errors   NewLeagueN
   -91.6341      0.1915       0.0425     -1.8124       7.2121
```

예상대로 값이 영인 계수는 없다—즉, 능형회귀는 변수 선택을 수행하지 않는다!

6.6.2 Lasso

능형회귀는 λ를 잘 선택하면 최소제곱과 영모델보다 성능이 나을 수 있다는 것을 Hitters 자료를 통해 살펴보았다. 이제 lasso가 능형회귀보다 더 정확하거나 더 해석이 쉬운 모델을 제공할 수 있는지 알아본다. lasso 모델 적합에도 glmnet() 함수를 사용한다. 하지만, 이번에는 인자 alpha=1을 사용한다. 이것 말고는 능형회귀모델을 적합할 때와 동일하다.

```
> lasso.mod=glmnet(x[train,],y[train],alpha=1,lambda=grid)
> plot(lasso.mod)
```

계수 그래프로부터 알 수 있듯이, 조율 파라미터의 선택에 따라 몇몇 계수는 그 값이 정확하게 영이 될 것이다. 이제 교차검증을 수행하고 관련된 검정오차를 계산한다.

```
> set.seed(1)
> cv.out=cv.glmnet(x[train,],y[train],alpha=1)
> plot(cv.out)
> bestlam=cv.out$lambda.min
> lasso.pred=predict(lasso.mod,s=bestlam,newx=x[test,])
> mean((lasso.pred-y.test)^2)
[1] 100743
```

이 결과는 영모델과 최소제곱의 검정셋 MSE보다 훨씬 낮고, 교차검증으로 선택된 λ를 사용한 능형회귀의 검정 MSE와 거의 같다.

하지만, lasso는 영이 아닌 계수 추정치의 수가 적기 때문에 능형회귀에 비해 상당한 잇점이 있다. 이 예에서 19개의 계수 추정치 중 12개가 영이다. 따라서, 교차검증으로 선택된 λ 값의 lasso 모델은 단지 7개의 변수를 포함한다.

```
> out=glmnet(x,y,alpha=1,lambda=grid)
> lasso.coef=predict(out,type="coefficients",s=bestlam)[1:20,]
> lasso.coef
(Intercept)        AtBat         Hits        HmRun         Runs
     18.539        0.000        1.874        0.000        0.000
        RBI        Walks        Years       CAtBat        CHits
      0.000        2.218        0.000        0.000        0.000
     CHmRun        CRuns         CRBI       CWalks      LeagueN
      0.000        0.207        0.413        0.000        3.267
  DivisionW      PutOuts      Assists       Errors    NewLeagueN
   -103.485        0.220        0.000        0.000        0.000
> lasso.coef[lasso.coef!=0]
(Intercept)         Hits        Walks        CRuns         CRBI
     18.539        1.874        2.218        0.207        0.413
    LeagueN    DivisionW      PutOuts
      3.267     -103.485        0.220
```

6.7 Lab 3: PCR과 PLS 회귀

6.7.1 주성분회귀

주성분회귀(Principal Components Regression: PCR)는 pls 라이브러리의 pcr() 함수를 사용하여 수행할 수 있다. PCR을 Hitters 자료에 적용하여 Salary를 예측한다. 6.5절에서와 같이 여기서도 누락된 값은 자료에서 제거한다.

```
> library(pls)
> set.seed(2)
> pcr.fit=pcr(Salary~., data=Hitters,scale=TRUE,
    validation="CV")
```

pcr() 함수의 문법은 몇 가지 추가적인 옵션외에는 lm()과 유사하다. scale=TRUE로 설정하면 주성분을 생성하기 전에 각 설명변수를 (6.6)을 사용하여 표준화하므로 변수의 측정 스케일에 의한 영향은 없을 것이다. validation="CV"로 설정하면 pcr()은 사용된 주성분의 수 M에 대한 10-fold 교차검증 오차를 계산한다. 적합 결과는 summary()함수를 사용하여 조사할 수 있다.

```
> summary(pcr.fit)
Data:    X dimension: 263 19
         Y dimension: 263 1
Fit method: svdpc
Number of components considered: 19

VALIDATION: RMSEP
Cross-validated using 10 random segments.
       (Intercept)  1 comps  2 comps  3 comps  4 comps
CV            452    348.9    352.2    353.5    352.8
adjCV         452    348.7    351.8    352.9    352.1
...

TRAINING: % variance explained
         1 comps  2 comps  3 comps  4 comps  5 comps  6 comps
X          38.31    60.16    70.84    79.03    84.29    88.63
Salary     40.63    41.58    42.17    43.22    44.90    46.48
...
```

CV 값은 $M = 0$에서부터 가능한 각 주성분의 수에 대해 제공된다(CV 결과는 $M = 4$까지만 출력한

CV 값은 $M = 0$에서부터 가능한 각 주성분의 수에 대해 제공된다(CV 결과는 $M = 4$까지만 출력한다). pcr()은 *제곱근평균제곱오차(root mean squared error)*를 제공하므로 MSE를 얻으려면 이 값을 제곱해야 한다. 예를 들어, 제곱근평균제곱오차가 352.8이면 MSE는 $352.8^2 = 124,468$이다.

교차검증 결과는 validationplot() 함수를 사용하여 그래프로 나타낼 수도 있다. val.type="MSEP"를 사용하면 교차검증 MSE가 그래프로 표현될 것이다.

```
> validationplot(pcr.fit,val.type="MSEP")
```

$M = 16$일 때 교차검증 오차가 가장 작다. 이것은 $M = 19$일 때와 거의 차이가 없다. $M = 19$이면 단순히 최소제곱을 수행하는 것이 된다. 왜냐하면, PCR에서 모든 성분이 사용될 때는 차원축소가 없기 때문이다. 하지만, 그래프를 살펴보면 교차검증 오차는 하나의 성분만 포함하는 모델과 거의 같다는 것을 알 수 있다. 이것은 작은 수의 성분을 사용하는 모델이면 충분할 수 있다는 것을 시사한다.

summary() 함수는 또한 설명변수와 반응변수의 *설명된 분산의 백분율*을 제공한다. 이 개념에 대해서는 10장에서 상세히 논의하는데, 간단히 말하면 이 백분율은 M개의 주성분을 사용하여 얻은 설명변수 또는 반응변수에 대한 정보의 양으로 생각할 수 있다. 예를 들어, $M = 1$이면 설명변수 내의 모든 분산 또는 정보의 38.31%만 얻을 수 있고, $M = 6$을 사용하면 88.63%까지 얻을 수 있으며, $M = p = 19$개의 주성분 모두를 사용하면 이 비율은 100%까지 증가할 것이다.

이제, 훈련셋에 대해 PCR을 수행하고 검정셋으로 성능을 평가한다.

```
> set.seed(1)
> pcr.fit=pcr(Salary~., data=Hitters,subset=train,scale=TRUE,
    validation="CV")
> validationplot(pcr.fit,val.type="MSEP")
```

교차검증 오차가 가장 낮은 것은 $M = 7$개의 주성분이 사용된 경우이다. 검정 MSE는 다음과 같이 계산한다.

```
> pcr.pred=predict(pcr.fit,x[test,],ncomp=7)
> mean((pcr.pred-y.test)^2)
[1] 96556
```

이 검정셋 MSE는 능형회귀와 lasso를 사용하여 얻은 결과와 유사하다. 하지만, PCR은 변수 선택을 수행하지 않고 심지어 직접적으로 계수 추정치도 제공하지 않기 때문에 모델 해석이 더 어렵다.

마지막으로, 교차검증에 의해 선택된 주성분의 수 $M = 7$을 사용하여 PCR을 전체 자료에 적합한다.

```
> pcr.fit=pcr(y~x,scale=TRUE,ncomp=7)
> summary(pcr.fit)
Data:     X dimension: 263 19
          Y dimension: 263 1
Fit method: svdpc
Number of components considered: 7
TRAINING: % variance explained
     1 comps  2 comps  3 comps  4 comps  5 comps  6 comps
X     38.31    60.16    70.84    79.03    84.29    88.63
y     40.63    41.58    42.17    43.22    44.90    46.48
     7 comps
X     92.26
y     46.69
```

6.7.2 부분최소제곱

라이브러리 pls에 포함되어 있는 plsr() 함수를 사용하여 부분최소제곱(Partial Least Squares: PLS)을 수행한다. 문법은 pcr() 함수와 마찬가지이다.

```
> set.seed(1)
> pls.fit=plsr(Salary~., data=Hitters,subset=train,scale=TRUE,
    validation="CV")
> summary(pls.fit)
Data:    X dimension: 131 19
    Y dimension: 131 1
Fit method: kernelpls
Number of components considered: 19

VALIDATION: RMSEP
Cross-validated using 10 random segments.
       (Intercept)   1 comps   2 comps   3 comps   4 comps
CV           464.6     394.2     391.5     393.1     395.0
adjCV        464.6     393.4     390.2     391.1     392.9
...

TRAINING: % variance explained
          1 comps   2 comps   3 comps   4 comps   5 comps   6 comps
X           38.12     53.46     66.05     74.49     79.33     84.56
Salary      33.58     38.96     41.57     42.43     44.04     45.59
...
> validationplot(pls.fit,val.type="MSEP")
```

가장 낮은 교차검증 오차는 $M = 2$개의 부분최소제곱 방향이 사용된 경우에 발생한다. 다음은 대응하는 검정셋 MSE를 평가한다.

```
> pls.pred=predict(pls.fit,x[test,],ncomp=2)
> mean((pls.pred-y.test)^2)
[1] 101417
```

검정 MSE는 능형회귀, lasso, 그리고 PCR을 사용하여 얻은 검정 MSE보다 약간 높기는 하지만 비슷한 수준이다.

마지막으로, 교차검증에 의해 선택된 성분의 수 $M = 2$를 사용하여 전체 자료에 PLS를 수행한다.

```
> pls.fit=plsr(Salary~., data=Hitters,scale=TRUE,ncomp=2)
> summary(pls.fit)
Data:    X dimension: 263 19
     Y dimension: 263 1
Fit method: kernelpls
Number of components considered: 2
TRAINING: % variance explained
        1 comps    2 comps
X         38.08      51.03
Salary    43.05      46.40
```

PLS 적합의 두 성분이 설명하는 Salary 내 분산의 백분율은 46.40%로, 7개의 주성분을 사용한 PCR 적합의 46.69%와 거의 비슷하다. 이러한 결과는 PCR은 설명변수에서 설명되는 분산의 양만 최대로 하려고 하지만 PLS는 설명변수와 반응변수 둘 다의 분산을 설명하는 방향을 찾기 때문이다.

6.8 연습문제

1. 하나의 자료에 대해 최상의 서브셋(subset) 선택, 전진 단계적 선택, 후진 단계적 선택을 수행한다. 각 기법에 대해 $0, 1, 2, \ldots, p$개의 설명변수를 포함하는 $p+1$개의 모델을 얻는다.

    (a) k개의 설명변수를 갖는 세 모델 중 어느 것이 가장 작은 훈련 RSS를 가지는가?

    (b) k개의 설명변수를 갖는 세 모델 중 어느 것이 가장 작은 검정 RSS를 가지는가?

    (c) 다음의 각각에 대해 참 또는 거짓인지 말하여라.

        i. 전진 단계적으로 얻어진 k-변수 모델의 설명변수들은 전진 단계적 선택법에 의한 $(k+1)$-변수 모델 내 설명변수들의 서브셋이다.

        ii. 후진 단계적으로 얻어진 k-변수 모델의 설명변수들은 후진 단계적 선택법에 의한 $(k+1)$-변수 모델 내 설명변수들의 서브셋이다.

        iii. 후진 단계적으로 얻어진 k-변수 모델의 설명변수들은 전진 단계적 선택법에 의한 $(k+1)$-변수 모델 내 설명변수들의 서브셋이다.

        iv. 전진 단계적으로 얻어진 k-변수 모델의 설명변수들은 후진 단계적 선택법에 의한 $(k+1)$-변수 모델 내 설명변수들의 서브셋이다.

        v. 최상의 서브셋으로 얻어진 k-변수 모델의 설명변수들은 최상의 서브셋 선택법에 의한 $(k+1)$-변수 모델 내 설명변수들의 서브셋이다.

2. 각 항목에 대해 i - iv 중 어느 것이 맞는지 설명하여라.

    (a) lasso는 최소제곱에 비해

        i. 유연성이 높고, 따라서 편향의 증가가 분산 감소보다 작을 경우 예측 정확도가 향상될 것이다.

        ii. 유연성이 높고, 따라서 분산의 증가가 편향 감소보다 작을 경우 예측 정확도가 향상될 것이다.

iii. 유연성이 낮고, 따라서 편향의 증가가 분산 감소보다 작을 경우 예측 정확도가 향상될 것이다.

iv. 유연성이 낮고, 따라서 분산의 증가가 편향 감소보다 작을 경우 예측 정확도가 향상될 것이다.

(b) 최소제곱에 관한 능형회귀에 대해 (a)를 반복하여라.

(c) 최소제곱에 관한 비선형 방법에 대해 (a)를 반복하여라.

3. 특정 값의 s에 대해 다음 식을 최소화하여 선형회귀모델의 회귀계수를 추정한다고 해보자.

$$\sum_{i=1}^{n}\left(y_i - \beta_0 - \sum_{j=1}^{p}\beta_j x_{ij}\right)^2 \quad \text{subject to} \quad \sum_{j=1}^{p}|\beta_j| \leq s$$

각 항목에 대해 i - v 중 어느 것이 맞는지 설명하여라.

(a) s 값을 0에서부터 증가시킴에 따라, 훈련 RSS는

　i. 처음에는 증가하다가 결국 거꾸로 된 U자 형태로 감소하기 시작한다.

　ii. 처음에는 감소하다가 결국 U자 형태로 증가하기 시작한다.

　iii. 계속해서 증가한다.

　iv. 계속해서 감소한다.

　v. 일정하게 유지된다.

(b) 검정 RSS에 대해 (a)를 반복하여라.

(c) 분산에 대해 (a)를 반복하여라.

(d) (제곱)편향에 대해 (a)를 반복하여라.

(e) 축소불가능 오차에 대해 (a)를 반복하여라.

4. 특정 값의 λ에 대해 다음 식을 최소화하여 선형회귀모델의 회귀계수를 추정한다고 해보자.

$$\sum_{i=1}^{n}\left(y_i - \beta_0 - \sum_{j=1}^{p}\beta_j x_{ij}\right)^2 + \lambda\sum_{j=1}^{p}\beta_j^2$$

각 항목에 대해 i - v 중 어느 것이 맞는지 설명하여라.

(a) λ 값을 0에서부터 증가시킴에 따라, 훈련 RSS는

  i. 처음에는 증가하다가 결국 거꾸로 된 U자 형태로 감소하기 시작한다.

  ii. 처음에는 감소하다가 결국 U자 형태로 증가하기 시작한다.

  iii. 계속해서 증가한다.

  iv. 계속해서 감소한다.

  v. 일정하게 유지된다.

(b) 검정 RSS에 대해 (a)를 반복하여라.

(c) 분산에 대해 (a)를 반복하여라.

(d) (제곱)편향에 대해 (a)를 반복하여라.

(e) 축소불가능 오차에 대해 (a)를 반복하여라.

5. 능형회귀는 상관된 계수들에 유사한 값을 제공하는 경향이 있지만, lasso는 상관되어 있는 계수들에 상당히 다른 값을 제공할 수도 있다. 아주 간단한 설정으로 이 성질에 대해 살펴본다. $n = 2$, $p = 2$, $x_{11} = x_{12}$, $x_{21} = x_{22}$라고 해보자. 더욱이, $y_1 + y_2 = 0$, $x_{11} + x_{21} = 0$, 그리고 $x_{12} + x_{22} = 0$이 되어 최소제곱, 능형회귀, 또는 lasso 모델의 절편에 대한 추정치 $\hat{\beta}_0$은 0이라고 해보자.

(a) 이 설정의 능형회귀 최적화 문제를 작성하여라.

(b) 이 설정에서 능형 계수 추정치는 $\hat{\beta}_1 = \hat{\beta}_2$을 만족한다는 것을 설명하여라.

(c) 이 설정의 lasso 최적화 문제를 작성하여라.

(d) 이 설정에서 lasso 계수 $\hat{\beta}_1$와 $\hat{\beta}_2$은 유일하지 않다. 다시 말해, (c)의 최적화 문제에 대한 해가 여러 개 있을 수 있다. 이 해에 대해 설명하여라.

6. (6.12)와 (6.13)에 대해 좀 더 자세히 살펴본다.

(a) (6.12)에서 $p = 1$인 경우를 고려해보자. 어떤 값의 y_1과 $\lambda > 0$에 대해 (6.12)를 β_1의 함수로서 그래프로 나타내어라. 그래프는 (6.12)가 (6.14)에 의해 풀린다는 것을 보여주어야 한다.

(b) (6.13)에서 $p = 1$인 경우를 고려해보자. 어떤 값의 y_1과 $\lambda > 0$에 대해 (6.13)을 β_1의 함수로서 그래프로 나타내어라. 그래프는 (6.13)이 (6.15)에 의해 풀린다는 것을 보여주어야 한다.

7. 6.2.2절에 기술된 lasso 및 능형회귀와 베이즈와의 연관성(Bayesian connection)에 대해 알아볼 것이다.

    (a) $y_i = \beta_0 + \sum_{j=1}^{p} x_{ij}\beta_j + \epsilon_i$라고 해보자. 여기서 $\epsilon_1, \ldots, \epsilon_n$은 독립이며 $N(0, \sigma^2)$와 동일한 분포를 따른다. 데이터에 대한 가능도(likelihood)를 나타내어라.

    (b) $\beta_1, \ldots, \beta_p$는 독립이며 평균이 0이고 공통의 스케일 파라미터가 b인 이중지수분포(double-exponential distribution), 즉 $p(\beta) = \frac{1}{2b}\exp(-|\beta|/b)$와 동일한 분포를 따른다고 가정한다. β에 대한 사후분포를 나타내어라.

    (c) lasso 추정치는 이 사후분포에서 β에 대한 *최빈값(mode)* 이라는 것을 설명하여라.

    (d) $\beta_1, \ldots, \beta_p$는 독립이며 평균이 0이고 분산이 c인 정규분포와 동일한 분포를 따른다고 가정한다. β에 대한 사후분포를 나타내어라.

    (e) 능형회귀 추정치는 이 사후분포에서 β에 대한 *최빈값*이며 *평균*이라는 것을 설명하여라.

8. 모의 자료를 생성하여 최상의 서브셋 선택을 수행할 것이다.

    (a) rnorm() 함수를 사용하여 길이가 $n = 100$인 설명변수 X와 노이즈 벡터 ϵ을 생성하여라.

    (b) 아래 모델에 따라 길이가 $n = 100$인 반응변수 벡터 Y를 생성하여라.

    $$Y = \beta_0 + \beta_1 X + \beta_2 X^2 + \beta_3 X^3 + \epsilon$$

    여기서, $\beta_0, \beta_1, \beta_2$, 그리고 β_3은 임의의 상수이다.

    (c) 최상의 서브셋 선택을 수행하는 데 regsubsets() 함수를 사용하여 설명변수 $X, X^2, \ldots, X^{10}$을 포함하는 최고의 모델을 선택하여라. C_p, BIC, 그리고 조정된 R^2에 의해 얻어진 최고의

모델은 무엇인가? 답에 대한 증거를 제공하는 몇몇 그래프를 보여주고 얻어진 최고 모델의 계수를 제공하여라. X와 Y 둘 다 포함하는 자료를 생성하는 데 data.frame() 함수를 사용할 필요가 있을 것이다.

(d) 전진 단계적 선택 및 후진 단계적 선택을 사용하여 (c)를 반복하여라. 얻은 결과를 (c)의 결과와 비교하여라.

(e) $X, X^2, \ldots, X^{10}$을 설명변수로 사용하여 lasso 모델을 모의 자료에 적합하여라. 교차검증을 사용하여 최적의 λ 값을 선택한다. 교차검증 오차를 λ의 함수로 나타내는 그래프를 그려라. 계수 추정치 결과를 제공하고 설명하여라.

(f) 아래 모델에 따라 반응변수 벡터 Y를 생성하고

$$Y = \beta_0 + \beta_7 X^7 + \epsilon$$

최상의 서브셋 선택과 lasso를 수행하고 얻은 결과에 대해 설명하여라.

9. College 자료에서 다른 변수들을 사용하여 접수된 지원서의 수를 예측할 것이다.

(a) 자료를 훈련셋과 검정셋으로 분할하여라.

(b) 최소제곱을 사용하여 훈련셋에 선형모델을 적합하고, 얻어진 검정오차를 제공하여라.

(c) 교차검증으로 선택된 λ 값을 가지고 훈련셋에 능형회귀모델을 적합하여라. 얻어진 검정오차를 제공하여라.

(d) 교차검증으로 선택된 λ 값을 가지고 훈련셋에 lasso 모델을 적합하여라. 얻어진 검정오차와 영이 아닌 계수 추정치의 수를 제공하여라.

(e) 교차검증으로 선택된 M 값을 가지고 훈련셋에 PCR 모델을 적합하여라. 얻어진 검정오차와 교차검증에 의해 선택된 M 값을 제공하여라.

(f) 교차검증으로 선택된 M 값을 가지고 훈련셋에 PLS 모델을 적합하여라. 얻어진 검정오차와 교차검증에 의해 선택된 M 값을 제공하여라.

(g) 얻은 결과에 대해 설명하여라. 접수된 대학 지원서의 수를 얼마나 정확하게 예측할 수 있는가? 5가지 기법의 검정오차에 큰 차이가 있는가?

10. 모델에 사용되는 설명변수의 수가 증가함에 따라 훈련오차는 반드시 감소할 것이지만 검정오차는 줄지 않을 수도 있다. 이것에 대해 모의 자료를 사용하여 살펴본다.

    (a) $p = 20$개의 변수와 $n = 1{,}000$개의 관측치를 가지며 다음 모델에 의해 생성되는 양적 반응변수 벡터를 갖는 자료를 만들어라.

    $$Y = X\beta + \epsilon$$

    여기서, β는 그 값이 정확하게 영인 원소들이다

    (b) 자료를 100개의 관측치를 포함하는 훈련셋과 900개의 관측치를 포함하는 검정셋으로 분할하여라.

    (c) 훈련셋에 대해 최상의 서브셋 선택을 수행하고, 각 모델 크기에서 최고의 모델과 연관된 훈련셋 MSE를 그래프로 나타내어라.

    (d) 각 모델 크기에서 최고의 모델과 연관된 검정셋 MSE를 그래프로 나타내어라.

    (e) 검정셋 MSE가 최소가 되는 모델 크기는 어느 것인가? 결과에 대해 설명하여라. 만약 검정셋 MSE가 최소인 모델이 절편만 포함하는 모델이거나 설명변수 모두를 포함하는 모델이면 (a)에서 데이터를 생성하는 방법을 변경해 중간 크기의 모델에서 검정셋 MSE가 최소가 되게 하여라.

    (f) 검정셋 MSE가 최소가 되는 모델을 데이터를 생성하는 데 사용된 실제 모델과 비교하고 계수 값에 대해 설명하여라.

    (g) r 값의 범위에 대해 $\sqrt{\sum_{j=1}^{p}(\beta_j - \hat{\beta}_j^r)^2}$을 나타내는 그래프를 그려라. 여기서 $\hat{\beta}_j^r$은 r개의 계수를 포함하는 최고의 모델에 대한 j번째 계수 추정치이다. 관측한 것에 대해 설명하여라. 이 결과를 (d)에서 얻은 검정 MSE 그래프와 비교하여라.

11. Boston 자료에서 1인당 범죄율을 예측하고자 한다.

(a) 최상의 서브셋 선택, lasso, 능형회귀, PCR과 같은 이 장에서 다룬 몇 가지 회귀방법들을 사용해보고, 이 기법들에 대한 결과를 제공하고 설명하여라.

(b) 이 자료에 대해 잘 동작할 것 같은 모델(또는 모델들의 집합)을 제시하고 설명하여라. 모델 평가는 훈련오차가 아니라 반드시 검증셋 오차, 교차검증, 또는 어떤 다른 합리적인 대안을 사용하여라.

(c) 선택한 모델이 자료의 모든 변수들에 관련되는가? 답에 대한 이유를 설명하여라.

선형성을 넘어서

Moving Beyond Linearity

CHAPTER 07

지금까지는 주로 선형모델들에 대해 중점을 두었다. 선형모델들은 설명과 실현이 비교적 단순하고, 해석과 추론 측면에서 다른 기법들에 비해 장점이 있다. 하지만 표준적인 선형회귀는 예측능력면에서 상당히 제한적일 수 있다. 왜냐하면 선형이란 가정은 거의 항상 근사적인 것이고 때로는 잘 맞지도 않기 때문이다. 6장에서는 능형회귀, lasso, 주성분회귀, 그리고 다른 기법들을 사용하여 선형회귀를 향상시킬 수 있음을 살펴보았다. 이러한 향상은 선형모델의 복잡도를 줄여 추정치들의 분산을 줄임으로써 얻어진다. 그러나 여전히 선형모델이 사용되므로 개선은 한정적이다! 이 장에서는 해석력은 여전히 가능한 한 높게 유지하면서 선형성에 대한 가정은 완화하고자 한다. 이것을 위해, 다항식회귀와 계단함수(step function)와 같은 선형모델들의 아주 단순한 확장뿐만 아니라 스플라인(spline), 국소회귀(local regression), 그리고 일반화가법모델(generalized additive model)과 같은 좀 더 정교한 기법들을 살펴본다.

- *다항식회귀*는 원래의 설명변수 각각을 거듭제곱하여 얻은 추가적인 설명변수들을 포함하여 선형모델을 확장한다. 예를 들어, *삼차회귀*(cubic regression)는 세 개의 변수 X, X^2, X^3을 설명변수로서 사용한다. 이 기법은 데이터에 대한 비선형적합을 제공하는 간단한 방법이다.

- *계단함수*는 변수의 범위를 K개 영역으로 구분하여 질적 변수를 생성한다. 이것은 조각별 상수함수(piecewise constant function)를 적합하는 효과를 가진다.

- *회귀 스플라인*(regression splines)은 다항식 함수와 계단함수보다 더 유연하며 사실상 이 두 함수의 확장이다. 이것은 X의 범위를 K개 영역으로 나누는 것을 포함한다. 각 영역 내에서 다항식

함수가 데이터에 적합된다. 하지만 이들 다항식은 영역의 경계에서 매끄럽게 연결되거나 *매듭 (knots)*이 되도록 제한된다. 구간이 충분한 수의 영역으로 나누어지면 적합은 아주 유연하게 될 수 있다.

- *평활 스플라인*(smoothing splines)은 회귀 스플라인과 유사하지만 약간 다른 상황에서 발생한다. 평활 스플라인은 평활도 페널티 조건하에서 잔차제곱합 기준을 최소로 한 결과이다.

- *국소회귀*는 스플라인과 유사하지만 중요한 다른 점이 있다. 그것은 영역들이 겹쳐질 수 있으며 실제로 아주 매끄러운 방식(smooth way)으로 겹쳐질 수 있다는 것이다.

- *일반화가법모델*은 다중 설명변수들을 다룰 수 있도록 위에서 설명한 방법들을 확장할 수 있게 한다.

7.1-7.6절에서 반응변수 Y와 단일 설명변수 X 사이의 관계를 유연하게 모델링하는 여러 가지 기법들을 살펴본다. 7.7절에서는 이러한 기법들을 통합하여 반응변수 Y를 여러 개의 설명변수들 $X_1, \ldots, X_p$의 함수로 모델링할 수 있다는 것을 보여준다.

7.1 다항식회귀

역사적으로, 설명변수들과 반응변수 사이의 관계가 비선형적인 설정으로 선형회귀를 확장하는 표준적인 방법은 다음의 표준적 선형모델

$$y_i = \beta_0 + \beta_1 x_i + \epsilon_i$$

을 식 (7.1)의 다항식 함수로 대체하는 것이다.

$$y_i = \beta_0 + \beta_1 x_i + \beta_2 x_i^2 + \beta_3 x_i^3 + \cdots + \beta_d x_i^d + \epsilon_i \tag{7.1}$$

여기서, ϵ_i는 오차항이다. 이 기법은 *다항식회귀*로 알려져 있으며 3.3.2절에서 이 방법의 한 예를 살펴보았다. 충분히 큰 값의 d에 대해 다항식회귀는 극심하게 비선형적인 곡선을 만든다. 식 (7.1)은

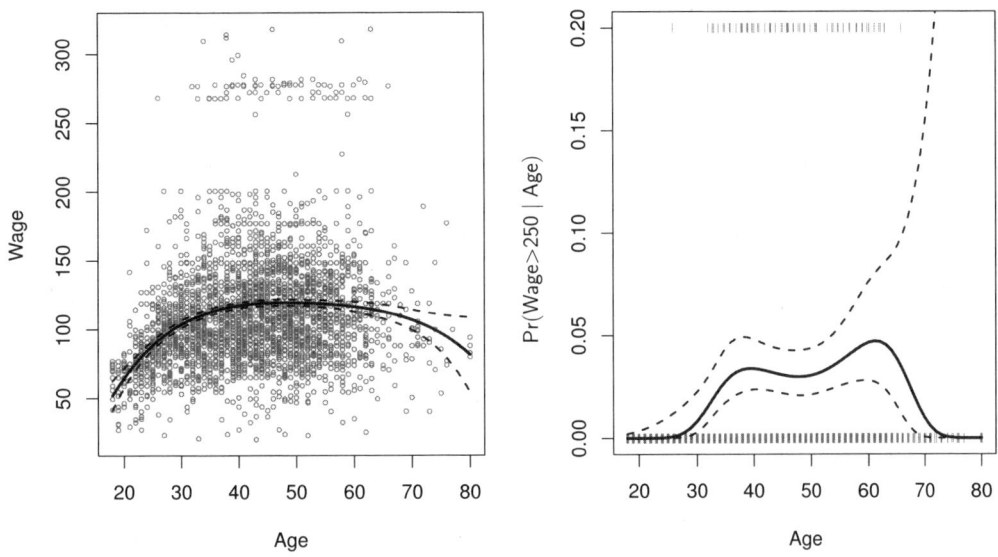

그림 7.1: Wage 자료. 왼쪽: 파란색 실선은 최소제곱에 의해 적합된 wage(천 달러 단위)의 4차 다항식을 age의 함수로 나타낸 것이다. 점선은 추정된 95% 신뢰구간을 나타낸다. 오른쪽: 로지스틱 회귀를 사용하여 wage > 250인 이진 사건을 4차 다항식을 가지고 모델링한다. wage가 25만 달러를 초과하는 적합된 사후확률을 추정된 95% 신뢰구간과 함께 파란색으로 보여준다.

설명변수가 $x_i, x_i^2, x_i^3, \ldots, x_i^d$인 표준적 선형모델이기 때문에 그 계수들은 최소제곱 선형회귀를 사용하여 쉽게 추정할 수 있다. 일반적으로는 3 또는 4보다 큰 값의 d를 사용하는 경우는 드물다. 왜냐하면, 다항식 곡선이 지나치게 유연해져 아주 이상한 형태를 가질 수 있기 때문이다. 이것은 X 변수의 경계 근처에서 특히 그렇다.

그림 7.1의 왼쪽 패널은 Wage 자료에서 나이(age)에 대한 임금(wage)을 나타낸 그래프이다. Wage 자료는 미국의 중부 대서양 지역에 거주하는 남성들의 수입과 인구통계학정보를 포함한다. 최소제곱을 사용하여 4차 다항식을 적합한 결과가 파란색 실선으로 표시된다. 이것은 다른 선형회귀모델과 다를 바 없지만 개별 계수들에 특별히 관심이 있는 것은 아니다. 대신에, age와 wage 사이의 관계를 이해하기 위해, 18세에서 80세까지 62개 값에 대해 적합된 함수 전체를 살펴본다.

그림 7.1에서, 점선으로 된 곡선의 쌍은 (2×) 표준오차 곡선들이다. age의 특정 값 x_0에서 적합을 계산하였다고 해보자.

$$\hat{f}(x_0) = \hat{\beta}_0 + \hat{\beta}_1 x_0 + \hat{\beta}_2 x_0^2 + \hat{\beta}_3 x_0^3 + \hat{\beta}_4 x_0^4 \tag{7.2}$$

적합의 분산, 즉 $\text{Var}\hat{f}(x_0)$은 무엇인가? 최소제곱은 적합된 계수 $\hat{\beta}_j$ 각각에 대한 분산 추정치들과 계수 추정치 쌍들 사이의 공분산들을 제공한다. 이것들을 사용하여 $\hat{f}(x_0)$의 추정분산을 계산할 수 있다.[1] $\hat{f}(x_0)$의 추정된 점별(pointwise) 표준오차는 이 분산의 제곱근이다. 이 계산을 각 기준점 x_0에서 반복하여 적합된 곡선과 적합된 곡선의 양쪽에 표준오차의 2배 값을 그래프로 나타낸다. 표준오차의 2배 값을 그래프로 나타내는 이유는 이 값이 정규분포의 오차항들에 대해 95% 신뢰구간의 근차치에 해당하기 때문이다.

그림 7.1에 나타낸 임금은 두 개의 뚜렷이 구별되는 모집단으로부터 나온 것같다. 즉, 일년에 25만 달러보다 더 많은 수입이 있는 고소득자(high earners) 그룹과 저소득자(low earners) 그룹이 있는 것처럼 보인다. wage를 이들 2개 그룹으로 분할함으로써 2진 변수로 간주할 수 있다. 다음에, 이 이진 반응변수를 예측하는 데 age의 다항식 함수를 설명변수로 이용하는 로지스틱 회귀를 사용할 수 있다. 다시 말하면 다음의 모델을 적합한다.

$$\Pr(y_i > 250 | x_i) = \frac{\exp(\beta_0 + \beta_1 x_i + \beta_2 x_i^2 + \cdots + \beta_d x_i^d)}{1 + \exp(\beta_0 + \beta_1 x_i + \beta_2 x_i^2 + \cdots + \beta_d x_i^d)} \tag{7.3}$$

이 결과는 그림 7.1의 오른쪽 패널에 도시되어 있다. 패널의 위쪽과 아래쪽에 있는 회색 표시는 고소득자 그룹과 저수득자 그룹의 나이를 나타낸다. 파란색 실선은 고소득자일 적합 확률을 age의 함수로 나타낸 것이다. 그래프에는 추정된 95% 신뢰구간도 또한 표시된다. 신뢰구간은 상당히 넓으며, 그래프의 오른쪽에서 더욱 그렇다는 것을 알 수 있다. 이 자료의 표본크기는 상당히 크지만($n = 3{,}000$) 고소득자는 단지 79명 뿐이다. 이 때문에 추정된 계수들의 분산이 높고 그 결과 신뢰구간이 넓다.

---

[1] 만약 $\hat{\mathbf{C}}$은 $\hat{\beta}_j$의 5×5 공분산행렬이고 $\ell_0^T = (1, x_0, x_0^2, x_0^3, x_0^4)$이면 $\text{Var}[\hat{f}(x_0)] = \ell_0^T \hat{\mathbf{C}} \ell_0$이다.

7.2 계단함수

변수들의 다항식 함수들을 선형모델의 설명변수로 사용하는 것은 X의 비선형 함수에 *전역*(global) 구조를 도입하는 것이다. 이렇게 전역 구조를 도입하는 것을 피하기 위해 *계단함수*가 사용될 수 있다. X의 범위를 여러 개의 *빈*(bin)으로 분할하여 각 빈에 다른 상수를 적합한다. 이것은 연속적인 변수를 *순서범주형 변수*(ordered categorical variable)로 변환하는 것이다.

좀 더 상세하게 말하면, X의 범위에 $c_1, c_2, \ldots, c_K$의 절단점(cutpoint)을 사용하여 $K+1$개의 새로운 변수를 만든다.

$$
\begin{aligned}
C_0(X) &= I(X < c_1) \\
C_1(X) &= I(c_1 \leq X < c_2) \\
C_2(X) &= I(c_2 \leq X < c_3) \\
&\vdots \\
C_{K-1}(X) &= I(c_{K-1} \leq X < c_K) \\
C_K(X) &= I(c_K \leq X)
\end{aligned}
\tag{7.4}
$$

여기서 $I(\cdot)$은 조건이 참이면 1, 그렇지 않으면 0을 반환하는 *지시함수*(indicator function)이다. 예를 들어, $I(c_K \leq X)$은 $c_K \leq X$이면 1, 그렇지 않으면 0이다. 이것들은 때로는 *가변수*(dummy variable)라 한다. 임의의 X에 대해, X는 $K+1$개 구간 중 정확히 어느 하나에 속해야 하므로 $C_0(X) + C_1(X) + \cdots + C_K(X) = 1$이다. 그 다음에 최소제곱을 사용하여 선형모델을 적합하며 $C_1(X), C_2(X), \ldots, C_K(X)$를 설명변수로 사용한다.[2]

$$y_i = \beta_0 + \beta_1 C_1(x_i) + \beta_2 C_2(x_i) + \cdots + \beta_K C_K(x_i) + \epsilon_i \tag{7.5}$$

---

[2] $C_0(X)$는 절편과 중복되므로 (7.5)의 설명변수에서 제외한다. 모델이 절편을 가진다면 이것은 3개의 수준을 가지는 질적 변수를 코딩하는 데 2개의 가변수만 있으면 된다는 사실과 유사하다. (7.5)에서 어떤 다른 $C_k(X)$ 대신에 $C_0(X)$를 제외하기로 한 것은 임의로 결정한 것이다. 대안으로, $C_0(X), C_1(X), \ldots, C_K(X)$는 포함하고 절편을 배제할 수 있다.

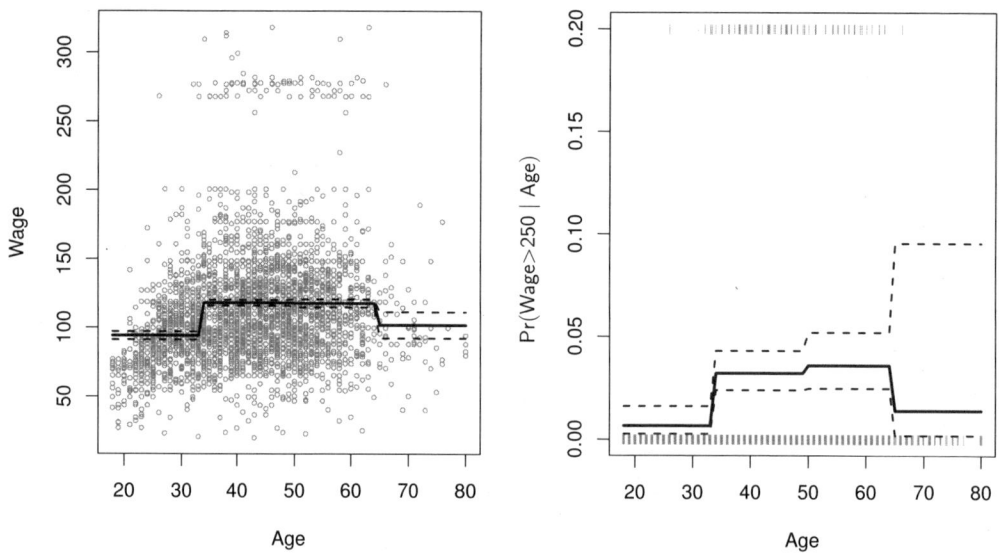

그림 7.2: Wage 자료. 왼쪽: 실선은 age의 계단함수를 이용한 wage(천 달러 단위)의 최소제곱회귀로부터 얻은 적합 값을 나타낸다. 점선은 추정된 95% 신뢰구간을 나타낸다. 오른쪽: 로지스틱 회귀를 사용하여 wage > 250인 이진 사건을 age의 계단함수를 사용하여 모델링한다. wage가 25만 달러를 초과하는 적합된 사후확률을 추정된 95% 신뢰구간과 함께 보여준다.

주어진 X 값에 대해 $C_1, C_2, \ldots, C_K$ 중 기껏해야 하나가 영이 아닌 값이 될 수 있다. $X < c_1$일 때 (7.5)의 모든 설명변수는 영이고, 따라서 β_0는 $X < c_1$에 대해 Y의 평균값이라고 할 수 있다. 그에 비해, $c_j \leq X < c_{j+1}$인 경우 (7.5)는 $\beta_0 + \beta_j$의 반응변수 값을 예측한다. 따라서 β_j는 $X < c_1$에 비해 $c_j \leq X < c_{j+1}$일 때 반응변수 값의 평균 증가를 나타낸다.

그림 7.1의 Wage 자료에 계단함수를 적합하는 한 예가 그림 7.2의 왼쪽 패널에 도시되어 있다. 또한, 식 (7.6)의 로지스틱 회귀적합을 수행하여 개인이 age를 기반으로 고소득자일 확률을 예측한다.

$$\Pr(y_i > 250 | x_i) = \frac{\exp(\beta_0 + \beta_1 C_1(x_i) + \cdots + \beta_K C_K(x_i))}{1 + \exp(\beta_0 + \beta_1 C_1(x_i) + \cdots + \beta_K C_K(x_i))} \quad (7.6)$$

그림 7.2의 오른쪽 패널은 이 기법을 사용하여 얻은 적합된 사후확률을 나타낸다.

유감스럽게도, 설명변수에 자연스런 중단점(breakpoint)이 없으면 조각별 상수함수들은 상황 변화를 놓칠 수 있다. 예를 들어, 그림 7.2의 왼쪽 패널에서 첫 번째 빈은 명백히 wage가 age에 따라 증가하는 경향이 있다는 것을 보여주지 못한다. 그럼에도 불구하고 계단함수 기법들은 생물통계학과 역학(epidemiology)에 아주 널리 사용된다. 빈을 정의하는 데는 예를 들어 5년 간격의 나이 그룹이 자주 사용된다.

7.3 기저함수

다항식 및 조각별 상수회귀모델들은 *기저함수*(basis function) 기법의 특별한 경우이다. 개념은 변수 X에 적용될 수 있는 함수 또는 변환의 모임(family) $b_1(X), b_2(X), \ldots, b_K(X)$를 가지는 것이다. X의 선형모델을 적합하는 대신 아래 모델을 적합한다.

$$y_i = \beta_0 + \beta_1 b_1(x_i) + \beta_2 b_2(x_i) + \beta_3 b_3(x_i) + \ldots + \beta_K b_K(x_i) + \epsilon_i \tag{7.7}$$

기저함수들 $b_1(\cdot), b_2(\cdot), \cdots, b_K(\cdot)$은 정해져 알려져 있다(다르게 말하면, 함수들은 미리 선택된다). 다항식회귀의 경우 기저함수들은 $b_j(x_i) = x_i^j$이고, 조각별 상수함수의 경우에는 $b_j(x_i) = I(c_j \leq x_i < c_{j+1})$이다. 식 (7.7)은 설명변수 $b_1(x_i), b_2(x_i), \ldots, b_K(x_i)$를 가지는 표준모델모델로 생각될 수 있다. 따라서 (7.7)의 알려지지 않은 회귀계수들을 추정하는 데 최소제곱을 사용할 수 있다. 이것이 의미하는 것은 3장에서 다루었던 선형모델들에 대한 모든 추론도구들(예를 들어, 계수 추정치들에 대한 표준오차와 모델의 전체 유의성에 대한 F-통계량)을 이 설정에서 사용할 수 있다는 것이다.

지금까지는 다항식 함수와 조각별 상수함수를 기저함수로 사용하는 것을 고려하였다. 하지만, 많은 대안이 있다. 예를 들어, 기저함수를 구성하는 데 웨이브릿(wavelets) 또는 푸리에 급수(Fourier series)가 사용될 수 있다. 다음절에서는 기저함수로 매우 자주 선택되는 *회귀 스플라인*(regression splines)에 대해 알아볼 것이다.

7.4 회귀 스플라인

이제, 좀 전에 살펴보았던 다항식 회귀와 조각별 상수회귀 기법을 확장하는 유연한 클래스의 기저함수를 살펴본다.

7.4.1 조각별 다항식

X의 전체 범위에 걸쳐 고차원 다항식을 적합하는 대신에 *조각별 다항식회귀*(piecewise polynomial regression)는 X의 범위를 구분하여 각 범위에 저차원 다항식을 적합한다. 예를 들어, 조각별 삼차 다항식은 다음 형태의 삼차회귀모델을 적합한다.

$$y_i = \beta_0 + \beta_1 x_i + \beta_2 x_i^2 + \beta_3 x_i^3 + \epsilon_i \tag{7.8}$$

여기서, 계수 $\beta_0, \beta_1, \beta_2,$ 그리고 β_3은 X의 범위가 다르다. 계수들이 변하는 점들은 *매듭*(knots)이라고 불린다.

예를 들어, 매듭이 없는 조각별 삼차는 단순히 $d = 3$인 (7.1)과 같은 표준 삼차다항식이다. 점 c에 단일 매듭을 가지는 조각별 삼차다항식은 다음의 형태를 가진다.

$$y_i = \begin{cases} \beta_{01} + \beta_{11} x_i + \beta_{21} x_i^2 + \beta_{31} x_i^3 + \epsilon_i, & x_i < c \text{인 경우} \\ \beta_{02} + \beta_{12} x_i + \beta_{22} x_i^2 + \beta_{32} x_i^3 + \epsilon_i, & x_i \geq c \text{인 경우} \end{cases}$$

다시 말하면, 두 개의 다른 다항식 함수를 데이터에 적합하는데, 하나는 $x_i < c$인 관측치들의 부분집합에 다른 하나는 $x_i \geq c$인 관측치들의 부분집합에 적합한다. 첫 번째 다항식 함수의 계수들은 $\beta_{01}, \beta_{11}, \beta_{21}, \beta_{31}$이고 두 번째 함수의 계수들은 $\beta_{02}, \beta_{12}, \beta_{22}, \beta_{32}$이다. 이들 다항식 함수 각각은 원래 설명변수의 간단한 함수들에 적용된 최소제곱을 사용하여 적합될 수 있다.

매듭을 더 많이 사용하면 조각별 다항식이 더 유연해진다. 일반적으로, X의 전 범위에 K개의 다른 매듭을 만들면 $K+1$개의 다른 삼차 다항식을 적합하게 될 것이다. 삼차 다항식을 사용할 필요는 없다.

예를 들어, 조각별 선형함수들을 적합할 수 있다. 사실, 7.2절의 조각별 상수함수는 차수가 0인 조각별 다항식이다!

그림 7.3의 왼쪽 위 패널은 age = 50에 단일 매듭을 가진 조각별 삼차 다항식을 Wage 자료의 부분집합에 적합한 것을 보여준다. 바로 문제점을 볼 수 있는데, 그것은 함수가 연속적이지 않아 이상하게 보인다는 것이다! 각 다항식은 4개의 모수(파라미터)를 가지므로 이 조각별 다항식 모델을 적합하는 데는 총 *자유도* 8이 사용된다.

7.4.2 제약조건과 스플라인

그림 7.3의 왼쪽 위 패널은 적합곡선이 너무 유연하기 때문에 잘못된 것처럼 보인다. 이 문제를 해결하기 위해 적합곡선이 연속적이어야 한다는 조건하에서 조각별 다항식을 적합할 수 있다. 다시 말해, age = 50에서 점프(jump)가 있을 수 없다. 이렇게 적합한 결과는 그림 7.3의 오른쪽 위 그래프에 나타낸다. 이것은 왼쪽 위 그래프보다는 낫지만 V자 형태의 연결부분이 자연스럽지 않다.

왼쪽 아래 그래프에서, 두 가지 제한조건을 추가하였다. 이제 조각별 다항식들의 1차 및 2차 도함수(derivatives)는 age = 50에서 연속적이다. 다시 말해, 조각별 다항식은 age = 50일 때 연속적일 뿐만 아니라 매우 평활(smooth)해야 한다. 조각별 삼차 다항식에 부여된 각 제한조건은 결과적으로 조각별 다항식적합의 복잡도를 줄여 실질적으로 자유도를 1만큼 줄인다. 따라서 왼쪽 위 그래프에서는 자유도가 8이지만 3가지 제한조건(연속성, 1차 도함수의 연속성, 2차 도함수의 연속성)이 부여된 왼쪽 아래 그래프에서는 자유도가 5이다. 왼쪽 아래 패널의 곡선은 *삼차 스플라인*(cubic spline)이라 불린다.[3] 일반적으로, K개의 매듭을 가지는 삼차 스플라인은 총 $4 + K$ 자유도를 사용한다.

그림 7.3에서 오른쪽 아래 그래프는 *선형 스플라인*으로, 이것은 age = 50에서 연속적이다. 일반적으로 정의하면, 차수가 d인 스플라인은 각 매듭에서 $(d-1)$차 까지의 도함수가 연속적인 d 차수 조각별 다항식이다. 그러므로, 선형 스플라인은 매듭들에 의해 정의된 설명변수 공간의 각 영역에서 직선을 적합하고 각 매듭에서 연속적이 되게 함으로써 얻어진다.

그림 7.3에서는 하나의 매듭이 age = 50에 있다. 물론, 더 많은 매듭을 추가하고 각 매듭에 연속성을 부여할 수 있다.

---

[3] 삼차 스플라인이 널리 사용되는데, 그 이유는 사람 눈은 대부분 매듭에서의 불연속성을 알아채지 못하기 때문이다.

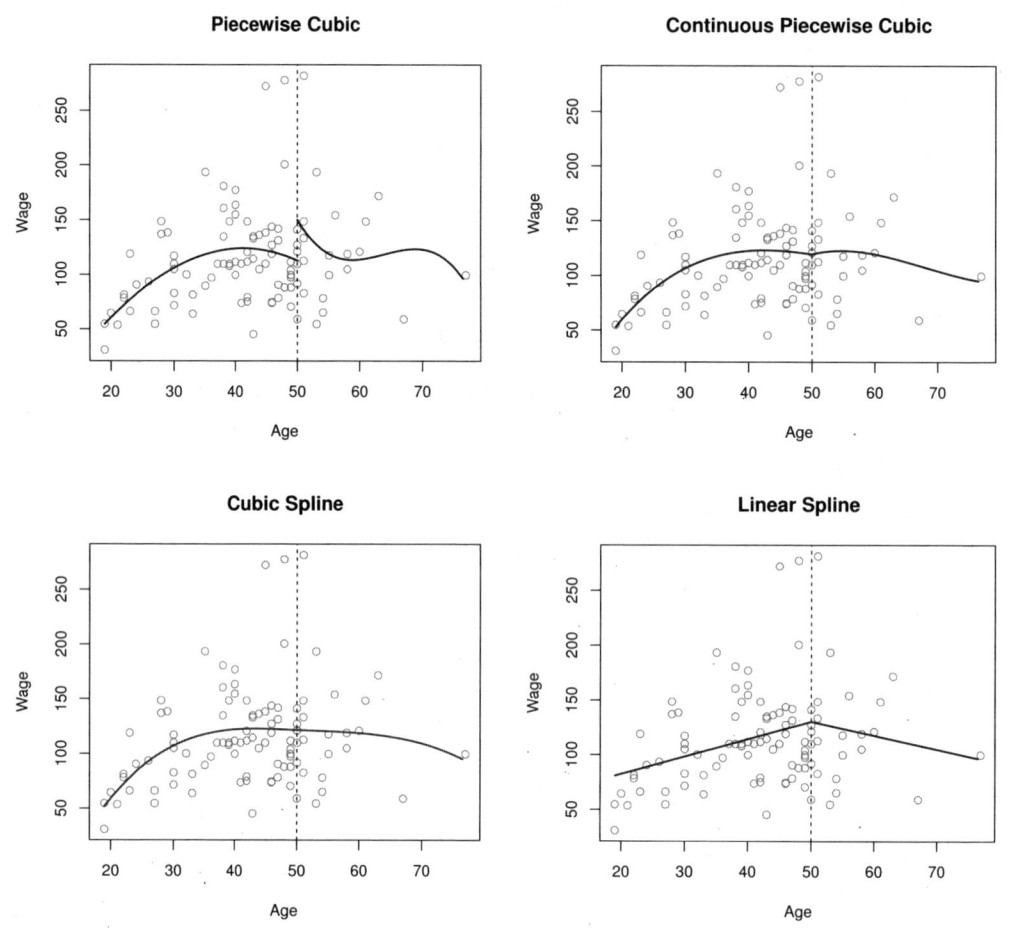

그림 7.3: 다양한 조각별 다항식들이 age = 50에 매듭이 있는 Wage 자료의 부분집합에 적합된다. 왼쪽 위: 삼차 다항식들은 제한조건이 없다. 오른쪽 위: 삼차 다항식들은 age = 50에서 연속적이라는 제한조건이 있다. 왼쪽 아래: 삼차 다항식들은 연속적이고 이들의 1차 및 2차 도함수가 연속적이라는 제한조건이 있다. 오른쪽 아래: 선형 스플라인이 도시되며, 이것은 연속적이라는 제한조건이 있다.

7.4.3 스플라인 기저 표현

바로 앞절에서 보았던 회귀 스플라인들은 다소 복잡해 보일 수 있다. 조각별 d 차원 다항식(그리고 어쩌면 이 다항식의 처음 $d-1$ 차 도함수)이 연속적이라는 조건하에서 어떻게 조각별 d 차원 다항식을 적합할 수 있는가? 기저모델 (7.7)을 사용하여 회귀 스플라인을 표현할 수 있다. K개 매듭을 가지는 삼차 스플라인은 적절한 기저함수 $b_1, b_2, \ldots, b_{K+3}$에 대해 다음과 같이 모델링될 수 있다.

$$y_i = \beta_0 + \beta_1 b_1(x_i) + \beta_2 b_2(x_i) + \cdots + \beta_{K+3} b_{K+3}(x_i) + \epsilon_i \tag{7.9}$$

그러면, 모델 (7.9)는 최소제곱을 사용하여 적합될 수 있다.

다항식을 표현하는 데 여러 가지 방법이 있는 것처럼, 삼차 스플라인을 나타내는 데도 (7.9)의 기저함수에 대한 선택에 따라 많은 방법들이 있다. (7.9)를 사용하여 삼차 스플라인을 나타내는 가장 직접적인 방법은 삼차 다항식에 대한 기저─즉, x, x^2, x^3─를 가지고 시작하여 매듭 당 하나의 *절단 멱 기저 함수*(truncated power basis function)를 추가하는 것이다. 절단 멱 기저함수는 다음 식과 같이 정의된다.

$$h(x, \xi) = (x-\xi)^3_+ = \begin{cases} (x-\xi)^3, & x > \xi \text{인 경우} \\ 0, & \text{그렇지 않은 경우} \end{cases} \tag{7.10}$$

여기서 ξ는 매듭이다. $\beta_4 h(x, \xi)$ 형태의 항을 삼차 다항식에 대한 모델 (7.8)에 추가하면 3차 도함수만 ξ에서 불연속적으로 될 것이라는 것을 보여줄 수 있다. 즉, 이 함수는 여전히 연속적일 것이고, 1차 및 2차 도함수는 각 매듭에서 연속적일 것이다.

다시 말하면, 삼차 스플라인을 K개의 매듭을 가지는 자료에 적합하기 위해서는 절편과 X, X^2, X^3, $h(X, \xi_1), h(X, \xi_2), \ldots, h(X, \xi_K)$ 형태의 $3+K$개 설명변수를 가지는 최소제곱회귀를 수행한다. 여기서 $\xi_1, \ldots, \xi_K$는 매듭이다. 이것은 총 $K+4$개의 회귀계수를 추정하는 것에 해당한다. 이러한 이유 때문에 K 매듭을 가지는 삼차 스플라인을 적합하는 데 $K+4$의 자유도를 사용한다.

유감스럽게도, 스플라인은 설명변수들의 외측 범위에서─즉, X가 매우 작거나 매우 큰 값을 취할 때 높은 분산을 가질 수 있다. 그림 7.4는 3개의 매듭을 가진 Wage 자료에 대한 적합을 보여준다. 그

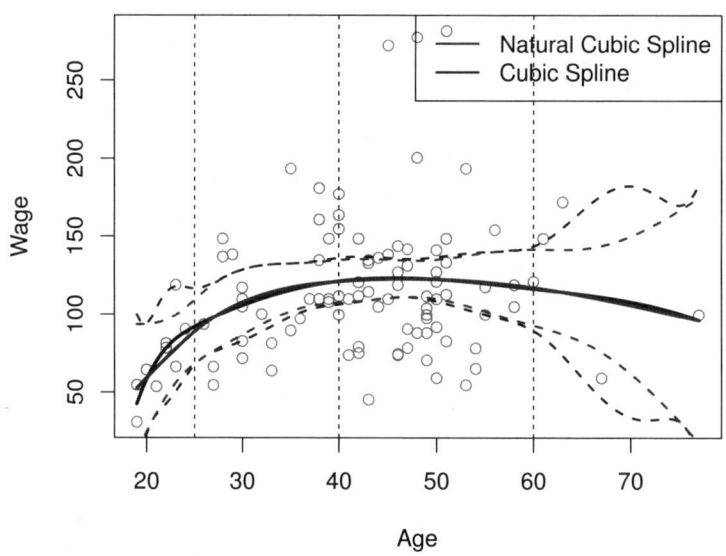

그림 7.4: Wage 자료의 서브셋에 적합한 3개의 매듭을 갖는 삼차 스플라인과 자연 삼차 스플라인

림에서 볼 수 있듯이 경계 영역의 신뢰대역(confidence band)은 상당히 예측하기 어려워 보인다. *자연 (natural) 스플라인*은 함수가 경계에서(X가 가장 작은 매듭보다 작거나 가장 큰 매듭보다 큰 영역에서) 선형이어야 한다는 추가적인 *경계 제한조건*이 있는 회귀 스플라인이다. 이 추가적인 제한조건은 자연 스플라인은 일반적으로 경계에서 더 안정적인 추정치를 제공한다는 것을 의미한다. 그림 7.4에서, 자연 삼차 스플라인은 붉은색 선으로 표시되며 대응하는 신뢰구간은 더 좁다.

7.4.4 매듭의 수와 위치 선택

스플라인을 적합할 때 매듭들은 어디에 위치시켜야 하는가? 회귀 스플라인은 많은 매듭을 포함하는 영역에서 가장 유연하다. 왜냐하면 이러한 영역에서는 다항식 계수들이 빠르게 변할 수 있기 때문이다. 따라서, 한 가지 선택은 함수가 가장 빠르게 변할 것 같은 곳에 많은 매듭을 위치시키고 안정적인 곳에는 적은 수의 매듭을 위치시키는 것이다. 이러한 선택은 잘 동작할 수 있지만, 실제로는 보통 균일하게

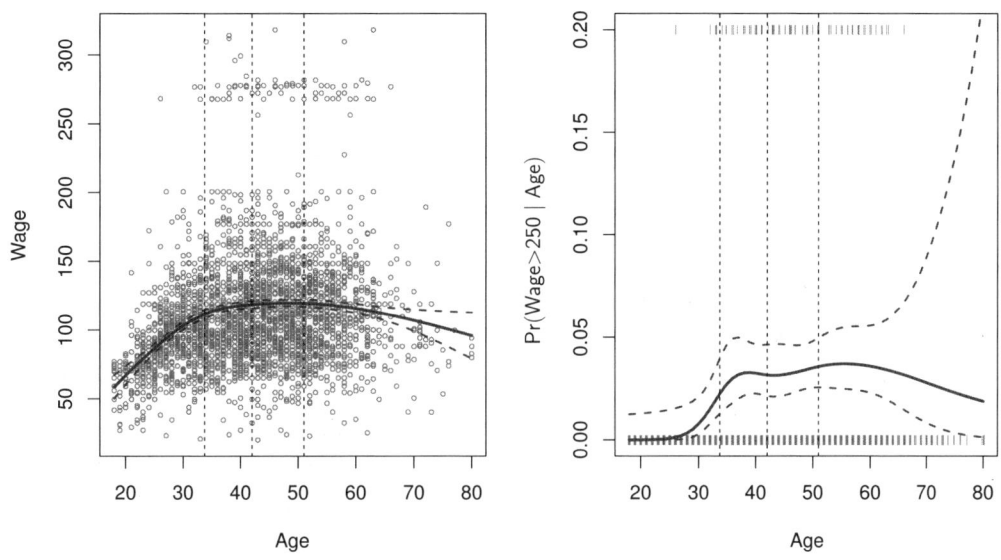

그림 7.5: 자유도가 4인 자연 삼차 스플라인 함수가 Wage 자료에 적합된다. 왼쪽: 스플라인은 age의 함수로서 wage(천 달러 단위)에 적합된다. 오른쪽: 이진 사건 wage > 250을 age의 함수로 모델링하는 데 로지스틱 회귀가 사용된다. wage가 25만 달러를 초과하는 적합된 사후 확률이 도시된다.

매듭을 위치시킨다. 이렇게 하는 한 가지 방법은 원하는 자유도를 지정하고, 그다음에 소프트웨어가 자동으로 데이터의 균등 분위수(uniform quantiles)에 대응하는 수의 매듭을 위치시킨다.

그림 7.5는 Wage 자료에 대한 예를 보여준다. 그림 7.4에서와 같이, 3개의 매듭을 가지는 자연 삼차 스플라인을 적합하는데, 이번에는 매듭의 위치가 자동으로 age의 25번째, 50번째, 그리고 75번째 분위수로 선택되었다는 것이 다르다. 자유도 4를 인수로 명시하면 내부적으로 3개의 매듭이 만들어지는데 그 과정은 다소 기술적이다.[4]

매듭을 몇 개나 사용해야 하는가? 또는 동일하게 스플라인이 얼마의 자유도를 포함해야 하는가? 한 가지 선택 방법은 여러 가지 다른 수의 매듭을 사용하여 어느 것이 가장 좋게 보이는 곡선을 제공하는지

---

[4] 실제로는 두 개의 경계 매듭을 포함하여 5개의 매듭이 있다. 5개의 매듭을 가지는 삼차 스플라인은 자유도 9를 가질 것이다. 그러나 자연 삼차 스플라인은 각 경계에서 선형성을 강제하는 두 가지 추가적인 제한조건이 있어 자유도는 $9 - 4 = 5$이다. 이것은 절편에 흡수되는 상수를 포함하므로 자유도는 4로 간주한다.

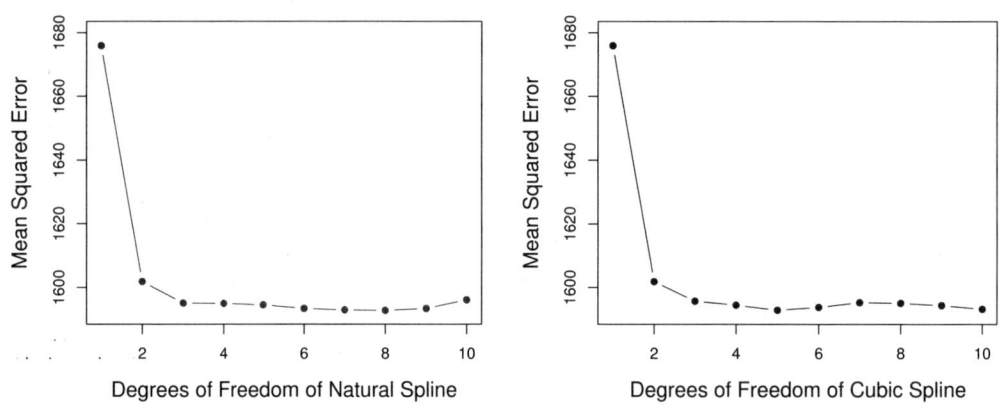

그림 7.6: 스플라인을 Wage 자료에 적합할 때 자유도를 선택하기 위한 10-fold 교차검증된 평균제곱오차. 반응변수는 wage이고 설명변수는 age이다. 왼쪽: 자연 삼차 스플라인. 오른쪽: 삼차 스플라인.

살펴보는 것이다. 좀 더 객관적인 방식은 5장과 6장에서 다룬 교차검증을 사용하는 것이다. 이 방법으로 데이터의 일부분(예를 들어, 10%)을 제외하고 특정 수의 매듭을 가지는 스플라인을 나머지 데이터에 적합한다. 그다음에 이 스플라인을 사용하여 유지된 부분(held-out portion)에 대한 예측을 한다. 각 관측치가 한 번은 남을 때까지 이 과정을 여러 번 반복한 다음에 전체 교차검증 RSS를 계산한다. 이 절차는 다른 값의 매듭 수 K에 대해 반복될 수 있다. 그다음에 가장 작은 RSS를 주는 K 값을 선택한다.

그림 7.6은 Wage 자료에 적합된 다양한 자유도의 스플라인들에 대한 10-fold 교차검증된 평균제곱오차를 보여준다. 왼쪽 패널은 자연 스플라인에 대응하고 오른쪽은 삼차 스플라인에 대응한다. 두 방법은 거의 동일한 결과를 제공하며, 자유도가 1인 적합(선형회귀)은 좋은 결과를 얻기에 충분하지 않다는 것이 명백하다. 두 곡선은 자유도가 증가함에 따라 곧바로 평평해지므로 자유도는 자연 스플라인의 경우 3, 삼차 스플라인의 경우 4이면 충분해 보인다.

7.7절에서는 가법스플라인모델을 한 번에 여러 개의 변수에 동시에 적합한다. 이것은 각 변수에 대한 자유도 선택을 필요로 할 수 있다. 이와 같은 경우에는 보통 좀 더 실용적인 기법을 채용하여 모든 항에 대해 고정된 자유도, 이를테면 4를 설정한다.

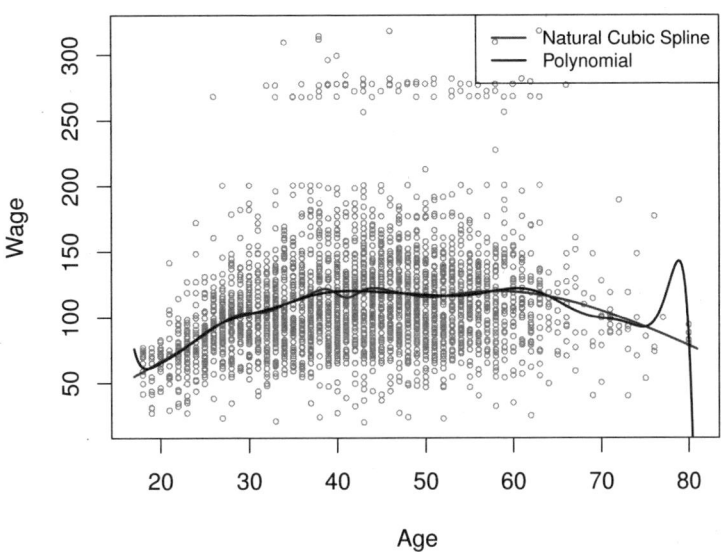

그림 7.7: Wage 자료에서 자유도 15의 자연 삼차 스플라인이 15차 다항식과 비교된다. 다항식은 꼬리(tail) 부근에서 데이터에 전혀 맞지 않는 결과를 보인다.

7.4.5 다항식회귀와 비교

회귀 스플라인들은 종종 다항식 회귀에 비해 월등히 좋은 결과를 준다. 왜냐하면 다항식은 유연한 적합을 위해 높은 차수(차수가 가장 높은 항의 지수, 예를 들어 X^{15})를 사용해야 하지만 스플라인은 차수는 고정시키고 매듭의 수를 증가시켜 유연성을 높일 수 있기 때문이다. 일반적으로, 스플라인에서 사용하는 기법이 더 안정적인 추정치들을 제공한다. 스플라인은 또한 함수 f가 빠르게 변하는 영역에는 더 많은 매듭을 위치시켜 유연성을 높이고 그렇지 않은 영역에는 매듭 수를 줄일 수 있다. 그림 7.7은 Wage 자료에 대해 자유도 15인 자연 삼차 스플라인을 15차 다항식과 비교한 것이다. 다항식에서는 유연성 증가가 경계에서 바람직하지 않은 결과를 주지만 자연 삼차 스플라인은 여전히 데이터에 적절한 적합을 제공한다.

7.5 평활 스플라인

7.5.1 평활 스플라인의 개요

앞의 7.4절에서 회귀 스플라인을 다룰 때, 매듭을 지정하고 일련의 기저함수를 도출한 다음 최소제곱을 사용하여 스플라인 계수들을 추정하였다. 여기서는 스플라인을 생성하는 약간 다른 방법을 소개한다.

데이터에 평활한 곡선을 적합하는 데 있어서 원하는 것은 관측된 데이터에 잘 맞는 어떤 함수 $g(x)$를 찾는 것이다. 즉, RSS $= \sum_{i=1}^{n}(y_i - g(x_i))^2$을 가장 작게 하는 함수를 원한다. 하지만 이 방식에는 문제가 있다. $g(x_i)$에 아무런 제한조건을 두지 않으면 단순히 모든 y_i를 보간(interpolate)하도록 g를 선택함으로써 항상 RSS가 영이 되게 할 수 있다. 이러한 함수는 데이터를 극도로 과적합할 것이고 지나치게 유연할 것이다. 우리가 정말로 원하는 것은 RSS를 작게 하지만 또한 *평활한* 함수 g이다.

어떻게 함수 g가 평활하게 할 수 있을까? 여러 가지 방법이 있다. 자연스런 기법은 다음 식을 최소로 하는 함수 g를 찾는 것이다.

$$\sum_{i=1}^{n}(y_i - g(x_i))^2 + \lambda \int g''(t)^2 dt \tag{7.11}$$

여기서, λ는 음수가 아닌 *조율 파라미터*이다. (7.11)을 최소로 하는 함수 g는 평활 스플라인(smoothing spline)으로 알려져 있다.

식 (7.11)이 의미하는 것은 무엇인가? (7.11)은 6장의 능형회귀와 lasso와 관련하여 보았던 "손실(Loss) + 페널티(Penalty)" 형태이다. $\sum_{i=1}^{n}(y_i - g(x_i))^2$은 g가 데이터에 잘 적합되게 하는 손실함수이고, $\lambda \int g''(t)^2 dt$는 g의 변동성에 페널티를 주는 *페널티* 항이다. $g''(t)$는 함수 g의 2차 도함수를 나타낸다. 1차 도함수 $g'(t)$는 t에서 함수의 기울기를 측정하고, 2차 도함수는 기울기가 변하는 정도(양)에 해당한다. 그러므로 함수의 2차 도함수는 *거침(roughness)*의 측도이다. 즉, $g(t)$가 t 근방에서 아주 꾸불꾸불(wiggly)하면 2차 도함수의 절대값은 크고, 그렇지 않으면 영에 가까워진다(직선은 완벽하게 평활하므로 2차 도함수는 0이다). $\int$은 적분(integral)으로 t의 전 범위에 걸친 합으로 생각할 수 있다. 다시 말해, $\int g''(t)^2 dt$는 단순히 전체 범위에 걸쳐 함수 $g'(t)$의 총 변화에 대한 측도이다. 만약 g가 아주 평활하면 $g'(t)$는 상수에 가까울 것이고 $\int g''(t)^2 dt$는 작은 값을 가질 것이다. 반대로, g가 변동이 심하면 $g'(t)$는 변화가 아주 클 것이고 $\int g''(t)^2 dt$는 큰 값을 가질 것이다. 그러므로, (7.11)에서 $\lambda \int g''(t)^2 dt$는 g가 평활되게 한다. λ 값이 클수록 g는 더 평활해질 것이다.

$\lambda = 0$일 때, (7.11)의 페널티 항의 영향은 없어지며, 따라서 함수 g는 변화가 매우 많아질 것이고 훈련 관측치들을 정확하게 보간할 것이다. $\lambda \to \infty$일 때, g는 완벽하게 평활해질 것이다—즉 훈련 데이터의 점들을 가능한 한 가깝게 지나는 직선이 될 것이다. 이 경우에 g는 사실상 선형 최소제곱선이 될 것이다. 왜냐하면, (7.11)의 손실함수는 잔차제곱합을 최소로 하기 때문이다. 중간값의 λ에 대해, g는 훈련 관측치들을 근사할 것이지만 어느 정도 평활할 것이다. λ는 평활 스플라인의 편향-분산 절충(trade-off)을 제어한다는 것을 알 수 있다.

(7.11)을 최소로 하는 함수 $g(x)$는 어떤 특별한 성질을 가진다. 즉, 이 함수는 $x_1, \ldots, x_n$에 매듭이 있는 조각별 삼차 다항식이고 이 함수의 1차 도함수와 2차 도함수는 각 매듭에서 연속적이다. 더욱이, 이 함수는 극단적인 매듭 이외의 영역에서는 선형이다. 다시 말하면, *(7.11)을 최소로 하는 함수 $g(x)$는 $x_1, \ldots, x_n$에 매듭이 있는 자연 삼차 스플라인이다!* 하지만 이것은 $x_1, \ldots, x_n$에 매듭을 가지고 7.4.3절에서 설명한 기저함수 기법을 적용하면 얻게 될 그러한 자연 삼차 스플라인은 아니다. 이것은 수축된(shrunken) 버전의 자연 삼차 스플라인으로 (7.11)의 조율 파라미터 λ의 값이 수축 수준을 제어한다.

7.5.2 평활 파라미터 λ의 선택

평활 스플라인은 모든 x_i에 매듭이 있는 단순히 자연 삼차 스플라인이라는 것을 알았다. 평활 스플라인은 각 데이터 포인트에서의 매듭이 상당한 유연성을 제공하므로 지나치게 많은 자유도를 가질 것처럼 보일수도 있다. 그러나 조율 파라미터 λ가 평활 스플라인의 roughness를 제어하여 *유효자유도(effective degree of freedom)*를 제어한다. λ가 0에서 ∞로 증가함에 따라 df_λ로 표기하는 유효자유도는 n에서 2로 줄어든다는 것을 보여줄 수도 있다.

평활 스플라인의 맥락에서 자유도 대신 *실효자유도*를 다루는 이유는 무엇인가? 보통 자유도는 다항식 또는 삼차 스플라인에서 적합 계수들의 개수와 같은 자유 파라미터들의 수를 말한다. 평활 스플라인은 n개의 파라미터들을 가지므로 명목상 자유도는 n이지만, 이들 n 파라미터들은 심하게 제한되거나 수축된다. 따라서, df_λ는 평활 스플라인의 유연성에 대한 측도이다. 즉, df_λ가 높을수록 평활 스플라인은 더 유연하다(그리고 편향은 더 낮고 분산은 더 높다). 유효자유도의 정의는 약간 기술적이다. 다음 식이 성립한다.

$$\hat{g}_\lambda = \mathbf{S}_\lambda \mathbf{y} \tag{7.12}$$

여기서 $\hat{g}$는 특정 값의 λ에 대해 (7.11)의 해이다. 즉, 이것은 훈련 포인트들 $x_1, \ldots, x_n$에 평활 스플라인의 적합된 값들을 포함하는 n-벡터이다. 식 (7.12)는 평활 스플라인을 데이터에 적용할 때 적합된 값들의 벡터는 $n \times n$ 행렬 $\mathbf{S}_\lambda$와 반응벡터 $\mathbf{y}$의 곱으로 표현될 수 있다는 것을 나타낸다. 그러면 유효자유도는 식 (7.13) 같이 행렬 $\mathbf{S}_\lambda$의 대각원소들의 합으로 정의된다.

$$df_\lambda = \sum_{i=1}^{n} \{\mathbf{S}_\lambda\}_{ii} \tag{7.13}$$

평활 스플라인을 적합하는 데 매듭의 수 또는 위치를 선택할 필요가 없다. 즉, 각 훈련 관측치 $x_1, \ldots, x_n$에 매듭이 있을 것이다. 대신에 λ의 값을 선택해야 하는 문제가 있다. 이 문제에 대한 가능한 하나의 솔루션은 교차검증이다. 다르게 말하면, 교차검증된 RSS가 가능한 한 작게 하는 λ의 값을 찾을 수 있다. 평활 스플라인의 경우 *leave-one-out* 교차검증(LOOCV) 오차는 아주 효과적으로 계산될 수 있다. 본질적으로 이 오차는 다음의 식을 사용하면 단일 적합을 계산하는 것과 동일한 비용으로 계산할 수 있다.

$$\text{RSS}_{cv}(\lambda) = \sum_{i=1}^{n} \left(y_i - \hat{g}_\lambda^{(-i)}(x_i)\right)^2 = \sum_{i=1}^{n} \left(\frac{y_i - \hat{g}_\lambda(x_i)}{1 - \{\mathbf{S}_\lambda\}_{ii}}\right)^2$$

$\hat{g}_\lambda^{(-i)}(x_i)$는 x_i에서 평가된 이 평활 스플라인에 대한 적합 값을 나타낸다. 여기서 적합은 i번째 관측치 (x_i, y_i)를 제외한 모든 훈련 관측치들을 사용한다. 이에 반해, $\hat{g}_\lambda(x_i)$는 x_i에서 평가된 모든 훈련 관측치들에 대한 평활 스플라인 함수적합을 나타낸다. 이 놀라운 식에 따르면, 모든 데이터에 대한 원래의 적합 $\hat{g}_\lambda$만을 사용하여 *리브-원-아웃* 적합의 각각을 계산할 수 있다![5] 최소제곱 선형회귀에 대해서도 매우 유사한 식 (5.2)가 있으며 5장에서 살펴보았다. (5.2)를 사용하여 이 장의 앞 부분에서 다룬 회귀 스플라인과 임의의 기저함수들을 이용한 최소제곱회귀에 대해 LOOCV를 매우 빠르게 수행할 수 있다.

그림 7.8은 평활 스플라인을 Wage 자료에 적합한 결과를 보여준다. 붉은색 곡선은 유효자유도 16을 가지는 평활 스플라인을 미리 명시하여 얻은 적합을 나타낸다. 파란색 곡선은 λ가 LOOCV를 사용

---

[5] $\hat{g}(x_i)$와 $\mathbf{S}_\lambda$를 계산하기 위한 정확한 공식은 매우 전문적이다. 하지만 이들을 계산하는 데 이용할 수 있는 효과적인 알고리즘들이 있다.

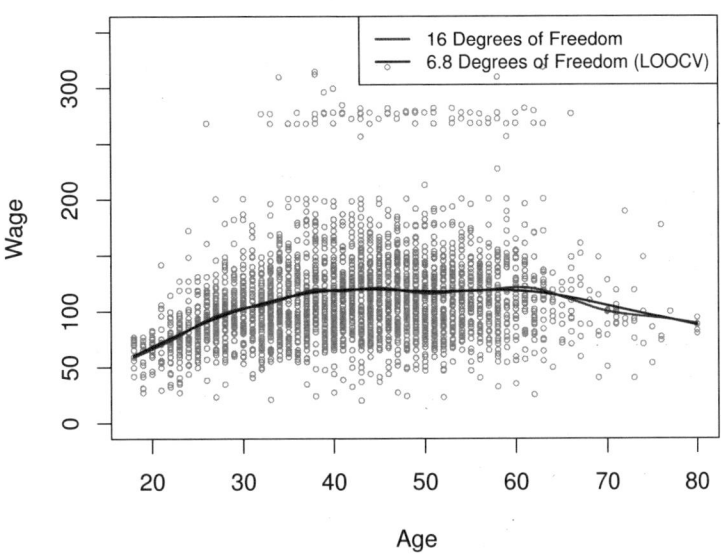

그림 7.8: Wage 자료에 평활 스플라인을 적합한다. 붉은색 곡선은 유효자유도가 16일 때의 결과이다. 파란색 곡선의 경우, λ는 leave-one-out 교차검증에 의해 자동으로 선택되었으며 그 결과 유효자유도는 6.8이다.

하여 선택되는 경우 얻어진 평활 스플라인이다. 이 경우에 선택된 λ 값으로 얻어진 ((7.13)을 사용하여 계산된) 유효자유도는 6.8이다. 이 데이터의 경우, 두 평활 스플라인 사이에 자유도가 16인 것이 약간 더 꾸불하다는 것 이외엔 분간할만한 차이가 거의 없다. 두 적합 사이에 차이가 거의 없으므로 자유도가 6.8인 평활 스플라인 적합이 더 선호된다. 왜냐하면, 일반적으로 데이터에서 복잡한 모델이 더 잘 맞는다는 증거가 없으면 단순한 모델이 더 낫기 때문이다.

7.6 국소회귀

국소회귀(local regression)는 유연한 비선형함수들을 적합하는 다른 기법으로, 목표점 x_0에서 그 주변의 훈련 관측치들만을 사용하여 적합을 계산하는 것이 관련된다. 그림 7.9는 이 개념을 어떤 모의

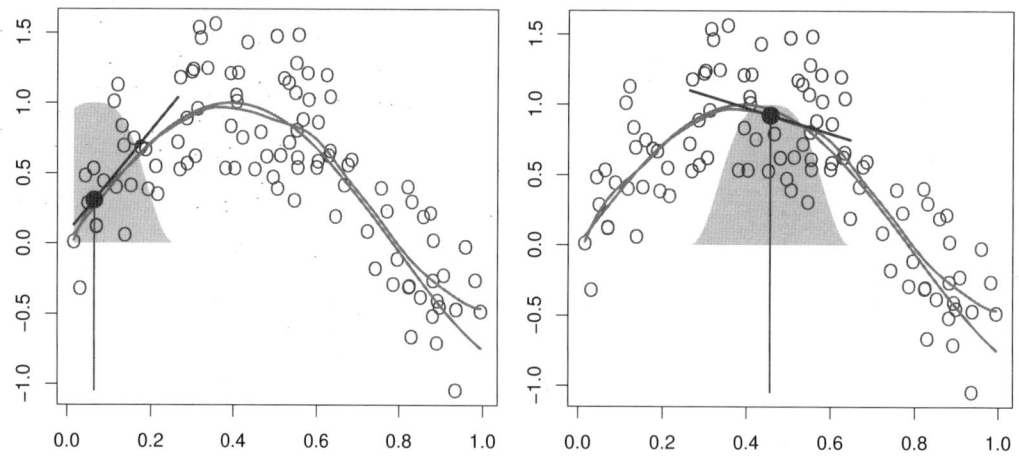

그림 7.9: 어떤 모의 자료에 대해 나타낸 국소회귀. 여기서 파란색 곡선은 데이터를 생성한 $f(x)$를 나타내고, 밝은 오렌지색 곡선은 국소회귀 추정치 $\hat{f}(x)$에 대응한다. 오렌지색 점들은 오렌지색 수직선으로 표시된 목표점 x_0에 국소적이다. 그래프 상의 노란색 종모양은 각 점에 할당된 가중치를 나타내며, 가중치는 목표점에서의 거리에 따라 영으로 감소된다. x_0에서의 적합 $\hat{f}(x_0)$는 가중선형회귀를 적합하고 (오렌지색 선분), x_0(오렌지색 고체 점)에서 적합된 값을 추정치 $\hat{f}(x_0)$로 사용함으로써 얻어진다.

자료에 대해 보여주며, 한 목표점은 4 부근에 있고 또 다른 목표점은 경계부근의 0.05에 있다. 이 그림에서 파란선은 데이터를 생성한 함수 $f(x)$를 나타내고, 밝은 오렌지색 선은 국소회귀 추정치 $\hat{f}(x)$에 대응한다. 국소회귀는 알고리즘 7.1에 기술되어 있다.

알고리즘 7.1의 Step 3에서 가중치 K_{i0}는 x_0의 각 값에 대해 다를 것이다. 다시 말해, 새로운 점에서 국소회귀 적합을 얻기 위해서는 새로운 일련의 가중치들에 대해 (7.14)를 최소로 함으로써 새로운 가중치의 최소제곱 회귀모델을 적합해야 한다. 국소회귀는 *기억 기반(memory-based)* 절차라고도 하는데, 그 이유는 최근접이웃과 같이 예측을 계산하고자 할 때마다 모든 훈련 데이터를 필요로 하기 때문이다. 여기서는 국소회귀의 기술적 상세사항에 대해서는 다루지 않을 것이다.

국소회귀를 수행하기 위해 선택해야 할 것이 여러 가지 있다. 예를 들어, 가중치 함수 K를 어떻게 정의하고, 위의 Step 3에서 선형, 상수 또는 이차회귀를 적합할지를 선택해야 한다(식 (7.14)는 선형회귀에 대응한다). 이러한 모든 선택들이 어떤 차이를 만들지만, 가장 중요한 것은 Step 1에서 정의된 x_0에서 적합된 값은 $\hat{f}(x_0) = \hat{\beta}_0 + \hat{\beta}_1 x_0$로 주어진다.

알고리즘 7.1 $X = x_0$에서의 국소회귀

1. 훈련 포인트들의 x_i가 x_0에 가장 가까운 일부 $s = k/n$을 모은다.
2. 이 이웃의 각 점에 가중치 $K_{i0} = K(x_i, x_0)$을 할당한다. x_0에서 가장 먼 점은 가중치가 영이고 가장 가까운 점은 가장 높은 가중치를 가진다. k개의 최근접이웃 이외의 모든 점은 가중치가 영이다.
3. 앞의 가중치를 사용하여 식 (7.14)를 최소로 하는 $\hat{\beta}_0$와 $\hat{\beta}_1$을 찾음으로써 x_i에 y_i의 가중 최소제곱회귀를 적합한다

$$\sum_{i=1}^{n} K_{i0}(y_i - \beta_0 - \beta_1 x_i)^2 \tag{7.14}$$

4. x_0에서 적합된 값은 $\hat{f}(x_0) = \hat{\beta}_0 + \hat{\beta}_1 x_0$로 주어진다.

생성(span) s이다. 생성은 평활 스플라인의 조율 파라미터와 같은 역할을 하며 비선형적합의 유연성을 제어한다. s 값이 작을수록 적합은 더 국소적이고 꾸불꾸불(wiggly)할 것이다. 반대로 s 값이 아주 크면 훈련 관측치 모두를 사용하여 데이터에 전역적 적합(global fit)이 될 것이다. s는 교차검증을 사용하여 선택하거나 직접 지정할 수 있다. 그림 7.10은 Wage 자료에 두 개의 s 값 0.7과 0.2를 사용하여 국소선형회귀를 적합한 것을 나타낸다. 예상대로 $s = 0.7$를 사용하여 얻은 적합이 $s = 0.2$를 사용하여 얻은 적합보다 더 평활하다.

국소회귀의 개념은 많은 방법으로 일반화될 수 있다. 다수의 설명변수 $X_1, X_2, \ldots, X_p$가 있는 설정에서, 일반화 방법 중 매우 유용한 한가지는 다중선형회귀모델을 적합하는 것이 관련된다. 이 회귀모델은 어떤 변수들에 대해서는 전역적이지만 시간과 같은 다른 변수에는 국소적이다. 이러한 *가변 계수 모델*(varying coefficient model)들은 가장 최근에 수집된 데이터에 모델을 적응시키는 데 유용하다. 국소회귀는 또한 하나의 변수가 아니라 변수들 X_1과 X_2의 쌍에 국소적인 모델들을 적합하고자 할 때 아주 자연스럽게 일반화된다. 단순히 2차원 이웃을 사용하고 2차원 공간 내 각 목표점 근처에 있는 관측치들을 사용하여 이변량(bivariate) 선형회귀모델들을 적합할 수 있다. 이론적으로, p 차원 이웃들을 적합하는 선형회귀를 사용하여 동일한 기법을 더 높은 차원에 적용할 수 있다. 하지만 국소회귀는 p가

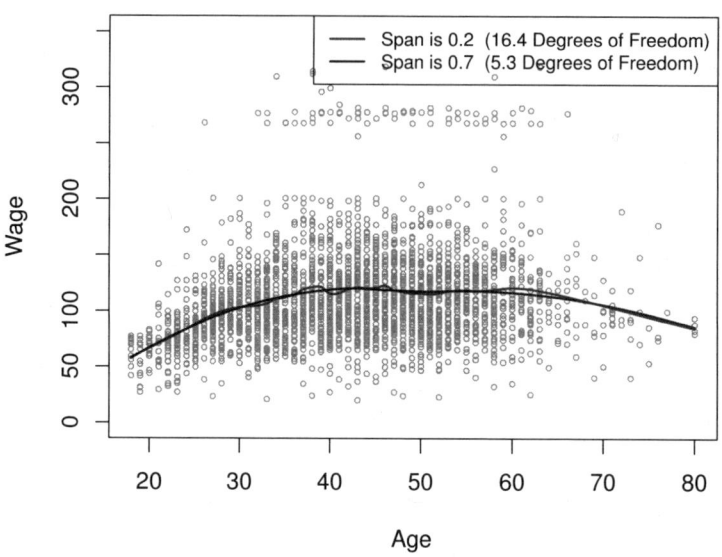

그림 7.10: Wage 자료에 대한 국소회귀 적합. 생성(span)은 각 목표점에서 적합을 계산하는 데 사용된 데이터의 부분(fraction)을 명시한다.

대략 3 또는 4보다 훨씬 더 크면 x_0에 가까운 훈련 관측치가 일반적으로 매우 적기 때문에 성능이 나쁠 수 있다. 3장에서 다루었던 최근접이웃회귀는 고차원에서 유사한 문제점이 있다.

7.7 일반화가법모델(Generalized Additive Models)

7.1–7.6절에서는 단일 설명변수 X를 기반으로 반응변수 Y를 유연하게 예측하는 다수의 기법들을 살펴보았다. 이러한 기법들은 단순선형회귀의 확장으로 볼 수 있다. 여기서는 여러 개의 설명변수 $X_1,\ldots,X_p$를 기반으로 Y를 유연하게 예측하는 문제를 살펴본다. 이것은 다중선형회귀의 확장이 된다.

일반화가법모델(generalized additive models: GAMs)은 *가산성(additivity)*은 유지하면서 각 변수의 비선형함수들을 허용하여 표준선형모델을 확장하는 일반적 체계를 제공한다. 선형모델과 마찬가지로 GAMs은 질적 및 양적 반응변수 모두에 적용될 수 있다. 7.7.1절에서 양적 반응변수에 대한 GAMs을 먼저 살펴보고, 질적 반응변수에 대해서는 7.7.2절에서 살펴본다.

7.7.1 회귀문제에 대한 GAMs

각 설명변수와 반응변수 사이의 비선형적 관계를 고려하기 위해 아래 다중선형회귀모델

$$y_i = \beta_0 + \beta_1 x_{i1} + \beta_2 x_{i2} + \cdots + \beta_p x_{ip} + \epsilon_i$$

의 자연스런 확장방법은 각 선형요소 $\beta_j x_{ij}$를 (평활한) 비선형함수 $f_j(x_{ij})$로 대체하는 것이다. 그다음에 이 모델을 다음과 같이 표현한다.

$$\begin{aligned} y_i &= \beta_0 + \sum_{j=1}^{p} f_j(x_{ij}) + \epsilon_i \\ &= \beta_0 + f_1(x_{i1}) + f_2(x_{i2}) + \cdots + f_p(x_{ip}) + \epsilon_i \end{aligned} \tag{7.15}$$

이것은 GAM의 한 예로, 각 X_j에 대해 별도로 f_j를 계산하고 그다음에 이들의 기여를 모두 더하기 때문에 *가법(additive)* 모델이라 불린다.

7.1–7.6절에서 함수들을 단일 변수에 적합하는 많은 방법들을 다루었다. GAMs의 장점은 가법모델을 적합하기 위한 빌딩블록(building block)으로 이 방법들을 사용할 수 있다는 것이다. 사실 지금까지 이 장에서 살펴보았던 대부분의 방법들에 대해 아주 쉽게 가법모델 적합을 할 수 있다. 예를 들어, 자연 스플라인을 가지고 다음 모델을 Wage 자료에 적합하는 것을 고려해보자.

$$\text{wage} = \beta_0 + f_1(\text{year}) + f_2(\text{age}) + f_3(\text{education}) + \epsilon \tag{7.16}$$

여기서, 연도(year)와 나이(age)는 양적 변수이고 교육(eduation)은 고등학교 또는 대학 교육의 정도를 말하는 5개의 수준(<HS, HS, <Coll, Coll, >Coll)을 가지는 질적변수이다. 첫 두 함수는 자연 스플라인을 사용하여 적합한다. 세 번째 함수는 각 수준에 대해 별도 상수를 사용하여 3.3.1절에서 설명한 보통의 가변수 기법을 통해 적합한다.

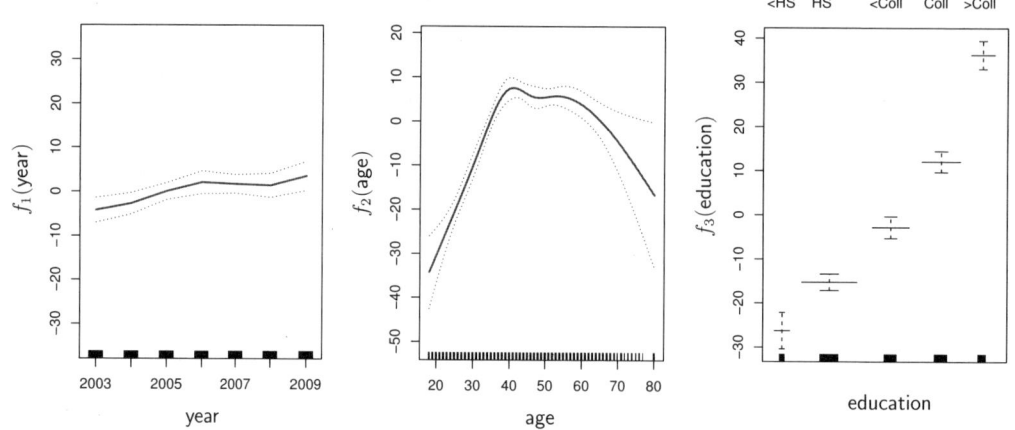

그림 7.11: Wage 자료에 대해, 적합된 모델 (7.16)의 각 설명변수와 반응변수 wage 사이의 관계를 보여주는 그래프. 각 그래프는 적합된 함수와 조각별 표준오차를 나타낸다. 첫 두 함수는 자유도가 각각 4와 5인 year과 age의 자연 스플라인이다. 세 번째 함수는 질적변수 education에 적합된 계단함수이다.

그림 7.11은 최소제곱을 사용하여 모델 (7.16)을 적합한 결과를 보여준다. 7.4절에서 설명한 것처럼 자연 스플라인은 적절하게 선택된 기저함수들의 집합을 사용하여 구성될 수 있으므로 이 적합은 수행하기 쉽다. 따라서, 전체 모델은 단순히 하나의 커다란 회귀행렬에 포함된 스플라인 기저변수들과 가변수들 상으로의 회귀이다.

그림 7.11은 쉽게 해석될 수 있다. 왼쪽 패널은 age와 education이 고정된 경우 wage는 year과 함께 약간 증가하는 경향을 보인다. 이것은 팽창(inflation) 때문일 수 있다. 중앙 패널은 eduation과 year이 고정된 경우 wage는 중간 정도의 age에서 가장 높고 아주 젊거나 아주 나이가 많은 경우에 가장 낮은 경향을 나타낸다. 오른쪽 패널은 year과 age가 고정된 경우 wage는 education에 따라 증가하는 경향이 있음을 나타낸다. 즉, education 수준이 높을수록 평균적으로 급여가 더 높다. 이 결과들은 모두 직관적이다.

그림 7.12는 그림 7.11과 동일한 세 개의 그래프를 보여주는데, 이번에는 f_1과 f_2가 각각 4와 5의 자유도를 가지는 평활 스플라인이다. 평활 스플라인을 가지고 GAM을 적합하는 것은 자연 스플라인을 가지고 적합하는 것만큼 간단하지 않다. 왜냐하면 평활 스플라인의 경우 최소제곱이 사용될 수 없기 때문이다. 하지만, R의 gam() 함수와 같은 표준적 소프트웨어가 *후방적합(backfitting)*으로 알려진 기

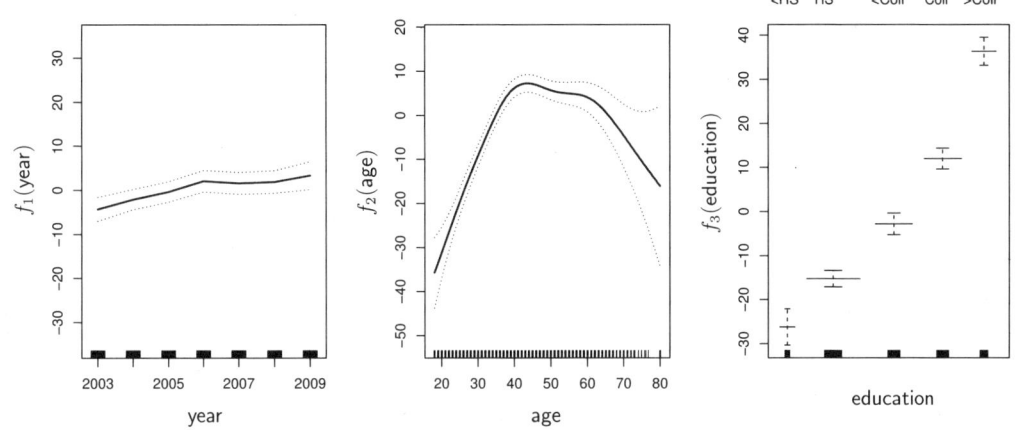

그림 7.12: 세부사항은 그림 7.11과 같지만 f_1과 f_2가 4와 5의 자유도를 각각 갖는 평활 스플라인이다.

법을 통해 평활 스플라인을 이용한 GAM의 적합에 사용될 수 있다. 이 방법은 교대로 각 설명변수에 대한 적합을 다른 변수들은 고정한채 반복하여 업데이트함으로써 다중 설명변수를 포함하는 모델을 적합한다. 이 기법의 장점은 함수를 업데이트할 때마다 단순히 그 변수에 대한 적합 방법을 *부분잔차 (partial residual)*에 적용한다는 것이다.[6]

그림 7.11과 7.12의 적합된 함수들은 상당히 유사하다. 대부분의 경우, 평활 스플라인과 자연 스플라인을 사용하여 얻은 GAMs 사이에 차이는 크지 않다.

스플라인을 GAMs에 대한 빌딩블럭으로 사용할 필요는 없다. 즉, GAM을 만드는 데 국소회귀, 다항식회귀, 또는 이 장의 앞 부분에서 보았던 기법들을 결합하여 사용할 수도 있다. GAMs은 이 장의 끝에 나오는 Lab에서 좀 더 자세히 살펴볼 것이다.

GAMs의 장점과 단점

GAM의 장점과 단점에 대해 요약해보자.

- GAMs은 X_j 각각에 비선형 함수 f_j를 적합할 수 있어 표준적 선형회귀로는 놓치게 될 비선형 관계를 자동적으로 모델링할 수 있다. 이것은 각 변수에 대해 많은 다른 변환을 수동으로 시도해볼 필요가 없다는 것을 의미한다.

---

[6]X_3에 대한 부분잔차는, 예를 들어, $r_i = y_i - f_1(x_{i1}) - f_2(x_{i2})$ 형태를 가진다. 만약 f_1과 f_2를 알면 이 잔차를 X_3에 대한 비선형회귀의 반응변수로 취급함으로써 f_3를 적합할 수 있다.

- 비선형 적합은 반응변수 Y에 대해 더 정확하게 예측할 가능성이 있다.

- 이 모델은 가산적이기 때문에 Y에 대한 X_j 각각의 영향을 다른 변수들은 모두 고정하고서 개별적으로 조사할 수 있다. 따라서, 추론에 관심이 있다면 GAMs이 제공하는 표현은 유용하다.

- 변수 X_j에 대한 함수 f_j의 평활도(smoothness)는 자유도를 통해 요약될 수 있다.

- GAMs의 주요 한계는 모델이 가산적이어야 한다는 제한이다. 많은 변수들이 있는 경우 중요한 상호작용을 놓칠 수 있다. 하지만 선형회귀에서와 같이 $X_j \times X_k$ 형태의 추가적인 설명변수들을 포함함으로써 수동으로 상호작용 항을 GAMs 모델에 추가할 수 있다. 더구나, $f_{jk}(X_j, X_k)$ 형태의 저차원 상호작용 함수들을 모델에 추가할 수 있다. 이러한 항들은 국소회귀 또는 저차원 스플라인(여기서는 다루지 않음)과 같은 2차원 평활기(smoother)를 사용하여 적합될 수 있다.

완전히 일반적인 모델의 경우, 랜덤포리스트(random forest)와 부스팅(boosting)과 같은 8장에서 설명할 더 유연한 기법들을 살펴보아야 한다. GAMs은 선형모델과 완전 비모수적 모델 사이에서 절충하는 데 유용하다.

7.7.2 분류문제에 대한 GAMs

GAMs은 Y가 질적인 경우에도 사용될 수 있다. 표현을 간단히 하기 위해, Y는 0 또는 1을 가진다고 가정하고 $p(X) = \Pr(Y = 1|X)$는 (주어진 설명변수들에 대해) 반응변수가 1인 조건부확률이라 하자. 기억해 보면 로지스틱 회귀모델 (4.6)은 다음과 같다.

$$\log\left(\frac{p(X)}{1-p(X)}\right) = \beta_0 + \beta_1 X_1 + \beta_2 X_2 + \cdots + \beta_p X_p \tag{7.17}$$

이 로짓(logit)은 $P(Y = 1|X)$와 $P(Y = 0|X)$의 비율에 로그(log)를 취한 것으로, (7.17)은 설명변수들의 선형함수로 표현된다. (7.17)을 비선형 관계를 다루기 위해 확장하는 자연스런 방법은 다음 모델을 사용하는 것이다.

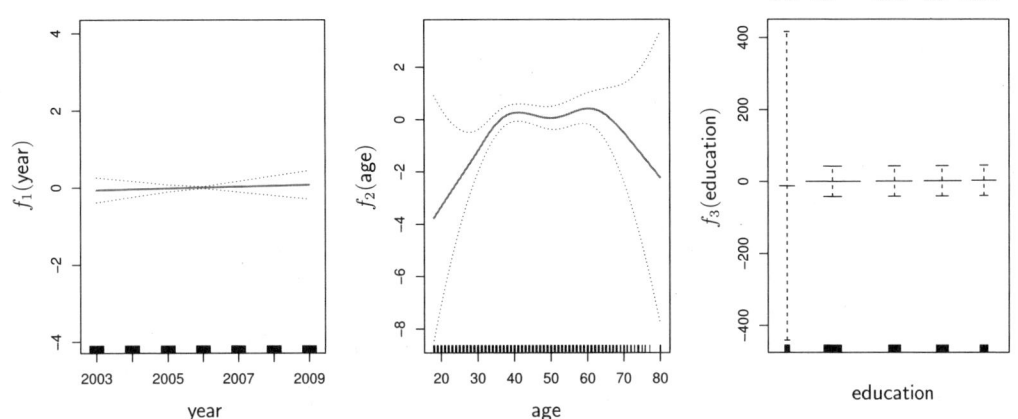

그림 7.13: Wage 자료에 대해 (7.19)의 로지스틱 회귀 GAM이 이진 반응변수 $I(\text{wage} > 250)$에 대해 적합된다. 각 그래프는 적합된 함수와 조각별 표준오차를 나타낸다. 첫 번째 함수는 year에 선형적이고, 두 번째 함수는 자유도가 5인 age의 평활 스플라인이며 세 번째는 education에 대한 계단함수이다. education의 첫 번째 수준 <HS에 대한 표준오차는 매우 넓은 범위에 걸쳐 있다.

$$\log\left(\frac{p(X)}{1-p(X)}\right) = \beta_0 + f_1(X_1) + f_2(X_2) + \cdots + f_p(X_p) \tag{7.18}$$

식 (7.18)은 로지스틱 회귀 GAM이다. 이것은 양적 반응변수에 대해 앞절에서 다루었던 것과 동일한 장점과 단점을 가진다.

개인의 수입이 1년에 25만 달러를 초과하는 확률을 예측하기 위해 GAM을 Wage 자료에 적합한다. 이 적합에 사용하는 GAM은 다음 형태를 가진다.

$$\log\left(\frac{p(X)}{1-p(X)}\right) = \beta_0 + \beta_1 \times \text{year} + f_2(\text{age}) + f_3(\text{education}) \tag{7.19}$$

여기서, $p(X) = \Pr(\text{wage} > 250|\text{year}, \text{age}, \text{education})$이다. 여기서도 각 교육 수준에 대한 가변수를 생성하여 f_2는 자유도가 5인 평활 스플라인을 사용하여 적합되고 f_3은 계단함수로서 적합된다. 이 적합 결과는 그림 7.13에 보여준다. 세 번째 패널에서 수준 <HS에 대한 신뢰구간이 매우 넓어 뭔가 이상해

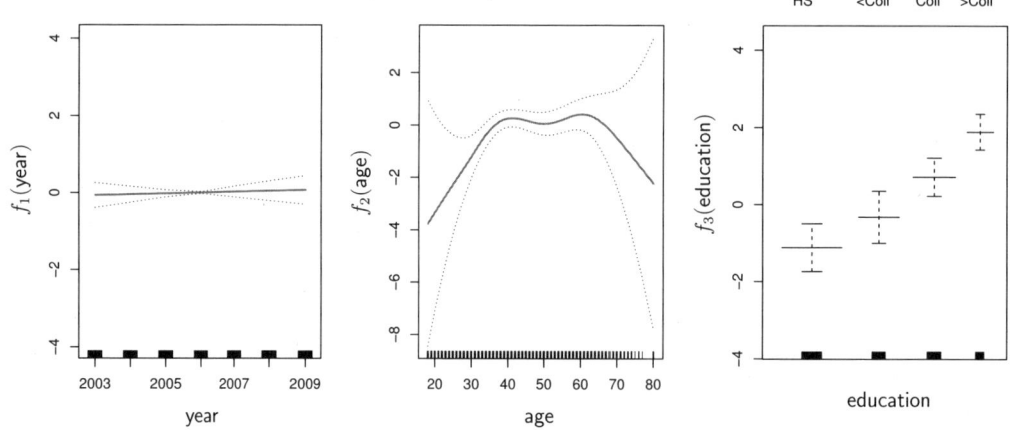

그림 7.14: 그림 7.13에서와 동일한 모델이 적합된다. 이 번에는 education 수준이 <HS인 관측치들을 제외한다. 교육 수준의 증가가 더 높은 수입과 관련되어 있음을 볼 수 있다.

보인다. 사실, 이 카테고리에 속하는 사람은 아무도 없다. 즉, 고등학교 교육을 받지 못한 사람은 아무도 일년에 25만 달러 이상을 벌지 못한다. 따라서, 고등학교 교육을 받지 못한 사람은 제외하고 GAM을 다시 적합한다. 이 결과 모델은 그림 7.14에 보여준다. 그림 7.11과 7.12에서와 같이 세 패널은 모두 동일한 수직 스케일을 가지므로 각 변수의 상대적 기여를 눈으로 평가할 수 있다. age와 education은 개인이 고수득자가 될 확률에 year보다 훨씬 큰 영향을 끼친다.

7.8 Lab: 비선형모델링

논의된 복잡한 비선형적합 절차들은 R을 사용하여 쉽게 구현할 수 있다는 것을 보여주기 위해 Wage 데이터를 다시 분석한다. 먼저 Wage 데이터를 포함하는 ISLR 라이브러리를 로딩한다.

```
> library(ISLR)
> attach(Wage)
```

7.8.1 다항식회귀와 계단함수

이제 그림 7.1이 어떻게 만들어졌는지 조사해보자. 먼저, 다음 명령을 사용하여 모델을 적합한다.

```
> fit=lm(wage~poly(age,4),data=Wage)
> coef(summary(fit))
                Estimate Std. Error  t value  Pr(>|t|)
(Intercept)      111.704      0.729   153.28    <2e-16
poly(age, 4)1    447.068     39.915    11.20    <2e-16
poly(age, 4)2   -478.316     39.915   -11.98    <2e-16
poly(age, 4)3    125.522     39.915     3.14    0.0017
poly(age, 4)4    -77.911     39.915    -1.95    0.0510
```

위 구문은 lm() 함수를 사용하여 선형모델을 적합하는 것으로, age의 4차 다항식 poly(age, 4)을 사용하여 wage를 예측하려는 것이다. poly() 함수는 열(칼럼)들이 *직교다항식(orthogonal polynomial)* 들의 기저(basis)인 행렬을 반환하는데, 이것은 본질적으로 각 열이 변수 age, age^2, age^3, age^4의 선형결합임을 의미한다.

원한다면, poly()를 사용하여 age, age^2, age^3, 그리고 age^4을 직접 얻을 수도 있다. 이것은 poly() 함수에 raw=TRUE 인자를 사용하면 된다. 나중에 보겠지만 이렇게 해도 모델에 별 영향은 없다. 즉, 기저의 선택은 명백히 계수 추정치에 영향을 주지만 적합된 값에 영향을 주지는 않는다.

```
> fit2=lm(wage~poly(age,4,raw=T),data=Wage)
> coef(summary(fit2))
                         Estimate  Std. Error  t value  Pr(>|t|)
(Intercept)             -1.84e+02    6.00e+01    -3.07  0.002180
poly(age, 4, raw = T)1   2.12e+01    5.89e+00     3.61  0.000312
poly(age, 4, raw = T)2  -5.64e-01    2.06e-01    -2.74  0.006261
poly(age, 4, raw = T)3   6.81e-03    3.07e-03     2.22  0.026398
poly(age, 4, raw = T)4  -3.20e-05    1.64e-05    -1.95  0.051039
```

R에서는 몇 가지 다른 방식으로도 이 모델을 적합할 수 있으며, 예를 들어 아래와 같이 하면 된다.

```
> fit2a=lm(wage~age+I(age^2)+I(age^3)+I(age^4),data=Wage)
> coef(fit2a)
(Intercept)         age      I(age^2)    I(age^3)    I(age^4)
  -1.84e+02    2.12e+01     -5.64e-01    6.81e-03   -3.20e-05
```

이것은 단순히 다항식 기저함수들을 즉석에서 생성하는 것으로, 래퍼(wrapper)함수 I()를 통해 age^2 와 같은 항을 처리한다(식에서 ^ 기호는 특별한 의미를 가짐).

```
> fit2b=lm(wage~cbind(age,age^2,age^3,age^4),data=Wage)
```

벡터의 컬렉션으로부터 행렬을 만드는 cbind() 함수를 사용할 수도 있다. 표현식 내에서 cbind()와 같은 임의의 함수호출도 래퍼(wrapper)로 동작한다.

이제, 예측값을 원하는 age의 각 값을 생성하고, 그다음에 표준오차도 제공하도록 명시하여 predict() 함수를 호출한다.

```
> agelims=range(age)
> age.grid=seq(from=agelims[1],to=agelims[2])
> preds=predict(fit,newdata=list(age=age.grid),se=TRUE)
> se.bands=cbind(preds$fit+2*preds$se.fit,preds$fit-2*preds$se.
    fit)
```

마지막으로, 데이터를 그래프로 나타내고 4차 다항식 적합을 추가한다.

```
> par(mfrow=c(1,2),mar=c(4.5,4.5,1,1),oma=c(0,0,4,0))
> plot(age,wage,xlim=agelims,cex=.5,col="darkgrey")
> title("Degree-4 Polynomial",outer=T)
> lines(age.grid,preds$fit,lwd=2,col="blue")
> matlines(age.grid,se.bands,lwd=1,col="blue",lty=3)
```

여기서, par()의 mar 및 oma 인자를 통해 그래프의 여백을 결정하고, title() 함수를 사용하여 그래프 제목을 생성한다.

앞에서 언급하였듯이, 기저함수들의 직교집합이 poly() 함수에서 생성된 것인지의 여부는 모델에 별 영향을 미치지 않을 것이다. 이것은 얻어진 적합 값이 동일하다는 것을 의미한다.

```
> preds2=predict(fit2,newdata=list(age=age.grid),se=TRUE)
> max(abs(preds$fit-preds2$fit))
[1] 7.39e-13
```

다항식회귀를 수행할 때는 사용할 다항식의 차수를 결정해야 하며, 한 가지 방법은 가설검정을 사용하는 것이다. 이제, 선형에서 5차 다항식까지 모델을 적합하고 wage와 age의 상관관계를 설명하는 데 충분한 가장 간단한 모델을 결정하고자 한다. *분산분석*(ANOVA, F-검정을 사용)을 수행하는 anova() 함수를 사용하여 모델 $\mathcal{M}_1$이 데이터를 설명하는 데 충분하다는 귀무가설을 좀 더 복잡한 모델 $\mathcal{M}_2$가 필요하다는 대립가설에 대해 검정한다. anova() 함수를 사용하기 위해서는 $\mathcal{M}_1$과 $\mathcal{M}_2$가 *내포(nested)* 모델이어야 한다. 즉, $\mathcal{M}_1$의 설명변수들은 $\mathcal{M}_2$의 설명변수들의 서브셋(부분집합)이어야 한다. 이 예의 경우, 5가지 다른 모델을 적합하여 순차적으로 단순한 모델을 좀 더 복잡한 모델과 비교한다.

```
> fit.1=lm(wage~age,data=Wage)
> fit.2=lm(wage~poly(age,2),data=Wage)
> fit.3=lm(wage~poly(age,3),data=Wage)
> fit.4=lm(wage~poly(age,4),data=Wage)
> fit.5=lm(wage~poly(age,5),data=Wage)
> anova(fit.1,fit.2,fit.3,fit.4,fit.5)
Analysis of Variance Table

Model 1: wage ~ age
Model 2: wage ~ poly(age, 2)
Model 3: wage ~ poly(age, 3)
Model 4: wage ~ poly(age, 4)
Model 5: wage ~ poly(age, 5)
  Res.Df     RSS Df Sum of Sq      F    Pr(>F)
1   2998 5022216
2   2997 4793430  1    228786 143.59   <2e-16 ***
3   2996 4777674  1     15756   9.89   0.0017 **
4   2995 4771604  1      6070   3.81   0.0510 .
5   2994 4770322  1      1283   0.80   0.3697
---
Signif. codes:  0 '***' 0.001 '**' 0.01 '*' 0.05 '.' 0.1 ' ' 1
```

선형모델 Model 1을 2차모델 Model 2에 비교하는 p-값은 거의 영($< 10^{-15}$)으로, 이것은 선형적합이 충분하지 않다는 것을 나타낸다. 마찬가지로, 2차모델 Model 2를 3차모델 Model 3에 비교하는 p-값이 아주 작아(0.0017) 2차적합도 충분하지 않다. 3차모델 Model 3과 4차모델 Model 4를 비교하는 p-값은 대략 5%이지만, 5차 다항식모델 Model 5는 p-값이 0.37이므로 불필요한 것 같다. 따라서, 3차 또는 2차 다항식은 데이터에 합리적 적합을 제공할 것 같지만 더 낮은 또는 높은 차수의 모델은 사용할 근거가 없다.

anova() 함수를 사용하는 대신에 poly()가 직교 다항식들을 생성한다는 사실을 이용하면 더 간결하게 p-값들을 얻을 수 있다.

```
> coef(summary(fit.5))
               Estimate Std. Error  t value   Pr(>|t|)
(Intercept)      111.70     0.7288 153.2780  0.000e+00
poly(age, 5)1    447.07    39.9161  11.2002  1.491e-28
poly(age, 5)2   -478.32    39.9161 -11.9830  2.368e-32
poly(age, 5)3    125.52    39.9161   3.1446  1.679e-03
```

```
poly(age, 5)4    -77.91    39.9161    -1.9519  5.105e-02
poly(age, 5)5    -35.81    39.9161    -0.8972  3.697e-01
```

결과를 보면, p-값들은 동일하고 t-통계량의 제곱은 anova() 함수의 F-통계량과 같다는 것을 알 수 있다.

```
> (-11.983)^2
[1] 143.6
```

하지만, ANOVA 방법은 직교 다항식의 사용 여부와 상관없이 동작한다. 이 방법은 또한 모델에 다른 항이 있을 때에도 동작한다. 예를 들어, anova()를 사용하여 다음처럼 세 모델을 비교할 수 있다.

```
> fit.1=lm(wage~education+age,data=Wage)
> fit.2=lm(wage~education+poly(age,2),data=Wage)
> fit.3=lm(wage~education+poly(age,3),data=Wage)
> anova(fit.1,fit.2,fit.3)
```

가설검정과 ANOVA의 대안으로서 5장에서 다룬 교차검증을 사용하여 다항식의 차수를 선택할 수 있다.

다음으로, 개인의 연간 소득이 25만 달러보다 더 높은지 예측하는 것을 생각해보자. 진행 방식은 앞에서와 같으며, 다른 점은 적절한 반응변수 벡터를 먼저 생성한 다음에 family="binomial" 옵션으로 glm() 함수를 적용하여 다항식 로지스틱 회귀모델을 적합한다는 것이다.

```
> fit=glm(I(wage>250)~poly(age,4),data=Wage,family=binomial)
```

여기서도 이진 반응변수를 즉석에서 생성하기 위해 래퍼함수 I()를 사용한다. 표현식 wage > 250은 TRUE와 FALSE를 포함하는 논리변수로 평가되는데, glm()은 TRUE는 1로 FALSE는 0으로 설정하여 이진수로 변환한다.

다시 한번 predict() 함수를 사용하여 예측한다.

```
> preds=predict(fit,newdata=list(age=age.grid),se=T)
```

하지만, 신뢰구간을 계산하는 것은 선형회귀의 경우보다 약간 더 복잡하다. glm() 모델에 대한 기본적인 예측 유형은 type="link"이며, 여기서도 같은 유형을 사용한다. 이것은 로짓(logit)에 대한 예측값을 얻는다는 것을 의미한다. 즉, 다음 형태의 모델을 적합하고 예측값은 $X\hat{\beta}$ 형태이다.

$$\log\left(\frac{\Pr(Y=1|X)}{1-\Pr(Y=1|X)}\right) = X\beta$$

표준오차도 이 형태이다. $\Pr(Y = 1|X)$에 대한 신뢰구간을 얻기 위해서는 다음의 변환을 사용한다.

$$\Pr(Y = 1|X) = \frac{\exp(X\beta)}{1+\exp(X\beta)}$$

```
> pfit=exp(preds$fit)/(1+exp(preds$fit))
> se.bands.logit = cbind(preds$fit+2*preds$se.fit, preds$fit-2*
    preds$se.fit)
> se.bands = exp(se.bands.logit)/(1+exp(se.bands.logit))
```

predict() 함수에서 type="response" 옵션을 선택하면 확률을 직접 계산할 수 있다.

```
> preds=predict(fit,newdata=list(age=age.grid),type="response",
    se=T)
```

하지만, 계산된 확률이 음수가 되므로 해당 신뢰구간은 적절하지 않다!

마지막으로, 그림 7.1의 오른쪽 그래프는 다음과 같이 만들어졌다.

```
> plot(age,I(wage>250),xlim=agelims,type="n",ylim=c(0,.2))
> points(jitter(age), I((wage>250)/5),cex=.5,pch="|",
    col="darkgrey")
> lines(age.grid,pfit,lwd=2, col="blue")
> matlines(age.grid,se.bands,lwd=1,col="blue",lty=3)
```

wage 값이 250보다 큰 관측치에 대응하는 age 값은 그래프의 윗 부분에 회색으로 표시하고, 250보다 작은 wage 값을 갖는 관측치의 age 값은 그래프의 아랫부분에 회색으로 표시하였다. 같은 age 값을 가진 관측치들이 서로 겹치지 않도록 jitter() 함수를 사용하여 age 값을 변화시켰다. 이러한 그래프는 보통 *rug* 그래프라고 한다.

7.2절에 기술된 것과 같이 계단함수를 적합하기 위해 cut() 함수를 사용한다.

```
> table(cut(age,4))
(17.9,33.5]     (33.5,49]     (49,64.5]    (64.5,80.1]
       750          1399           779             72
> fit=lm(wage~cut(age,4),data=Wage)
> coef(summary(fit))
                         Estimate  Std. Error  t value  Pr(>|t|)
(Intercept)                 94.16        1.48    63.79  0.00e+00
cut(age, 4)(33.5,49]        24.05        1.83    13.15  1.98e-38
cut(age, 4)(49,64.5]        23.66        2.07    11.44  1.04e-29
cut(age, 4)(64.5,80.1]       7.64        4.99     1.53  1.26e-01
```

여기서 cut() 함수는 자동으로 나이가 33.5, 49, 그리고 64.5인 지점을 절단점(cutpoint)으로 선택한다. breaks 옵션을 사용하여 절단점을 직접 명시할 수도 있다. 함수 cut()은 순서형의 범주형변수(ordered categorical variable)를 반환한다. lm() 함수는 회귀에서 사용할 가변수들의 셋(집합)을 생성한다. age < 33.5인 범주는 제외되어 $94,160의 절편 계수는 나이가 33.5세가 되지 않는 사람들에 대한 평균 급여로 해석될 수 있고, 다른 계수들은 다른 나이 그룹에 속하는 사람들의 추가적인 평균 급여로 해석될 수 있다. 다항식적합에서와 같이 예측값을 계산하여 그래프로 나타낼 수 있다.

7.8.2 스플라인(Splines)

R에서 회귀 스플라인을 적합하기 위해서는 splines 라이브러리를 사용한다. 7.4절에서 보았듯이 기저함수들의 적절한 행렬을 구성함으로써 회귀 스플라인을 적합할 수 있다. bs() 함수는 지정된 매듭(knots) 셋(집합)을 가진 스플라인들에 대한 기저함수들의 전체 행렬을 생성한다. 기본적으로는 삼차 스플라인이 생성된다. 회귀 스플라인을 사용하여 wage를 age에 적합하는 것은 간단하다.

```
> library(splines)
> fit=lm(wage~bs(age,knots=c(25,40,60)),data=Wage)
> pred=predict(fit,newdata=list(age=age.grid),se=T)
> plot(age,wage,col="gray")
> lines(age.grid,pred$fit,lwd=2)
> lines(age.grid,pred$fit+2*pred$se,lty="dashed")
> lines(age.grid,pred$fit-2*pred$se,lty="dashed")
```

여기서 사전 지정된 매듭은 25, 40, 그리고 60세이다. 이것은 6개의 기저함수를 가진 스플라인을 제공한다(3개의 매듭을 가진 삼차 스플라인은 자유도가 7이며, 자유도 7은 절편과 6개의 기저함수에 의한 것이다). 또한, df 옵션을 사용하여 데이터의 균등 분위수(uniform quantile)에 매듭을 가지는 스플라인을 생성할 수 있다.

```
> dim(bs(age,knots=c(25,40,60)))
[1] 3000    6
> dim(bs(age,df=6))
[1] 3000    6
> attr(bs(age,df=6),"knots")
  25%  50%  75%
 33.8 42.0 51.0
```

이 경우에 R은 age의 25, 50, 75 백분위수에 해당하는 33.8, 42.0, 51.0에 매듭을 선택한다. 함수 bs()는 또한 degree 인자를 가지므로 기본 3의 자유도(3차 스플라인 생성)가 아닌 임의의 자유도를 가지는 스플라인을 적합할 수 있다.

자연 스플라인(natural spline)을 적합하기 위해서는 ns() 함수를 사용한다. 다음은 자유도가 4인 자연 스플라인을 적합한다.

```
> fit2=lm(wage~ns(age,df=4),data=Wage)
> pred2=predict(fit2,newdata=list(age=age.grid),se=T)
> lines(age.grid, pred2$fit,col="red",lwd=2)
```

bs() 함수에서와 같이 knots 옵션을 사용하여 매듭을 직접 지정할 수 있다.

평활 스플라인을 적합하기 위해서는 smooth.spline() 함수를 사용한다. 그림 7.8은 다음 코드를 사용하여 만들어졌다.

```
> plot(age,wage,xlim=agelims,cex=.5,col="darkgrey")
> title("Smoothing Spline")
> fit=smooth.spline(age,wage,df=16)
> fit2=smooth.spline(age,wage,cv=TRUE)
> fit2$df
[1] 6.8
> lines(fit,col="red",lwd=2)
> lines(fit2,col="blue",lwd=2)
> legend("topright",legend=c("16 DF","6.8 DF"),
    col=c("red","blue"),lty=1,lwd=2,cex=.8)
```

smooth.spline()에 대한 첫 번째 호출에서 df=16으로 지정하였다. 그러면, 함수는 자유도가 16이 되는 λ 값을 결정한다. 두 번째 smooth.spline() 호출에서는 교차검증에 의해 평활도 수준을 선택한다. 이 결과로 자유도가 6.8이 되는 λ 값이 선택된다.

국소회귀(local regression)를 수행하기 위해서는 loess() 함수를 사용한다.

```
> plot(age,wage,xlim=agelims,cex=.5,col="darkgrey")
> title("Local Regression")
> fit=loess(wage~age,span=.2,data=Wage)
> fit2=loess(wage~age,span=.5,data=Wage)
> lines(age.grid,predict(fit,data.frame(age=age.grid)),
    col="red",lwd=2)
> lines(age.grid,predict(fit2,data.frame(age=age.grid)),
    col="blue",lwd=2)
> legend("topright",legend=c("Span=0.2","Span=0.5"),
    col=c("red","blue"),lty=1,lwd=2,cex=.8)
```

스팬(span)이 0.2와 0.5인 국소선형회귀를 수행하였다. 즉, 각 이웃은 관측치들의 20% 또는 50%로 구성된다. span이 클수록 적합이 더 평활하다. locfit 라이브러리도 국소회귀모델을 적합하기 위해 사용될 수 있다.

7.8.3 GAMs

year과 age의 자연 스플라인 함수를 사용하여 wage를 예측하도록 GAM을 적합한다. 변수 education은 (7.16)에서와 같이 질적 설명변수로 취급한다. GAM은 적절히 선택된 기저함수를 사용하는 큰 선형회귀모델이므로 모델적합에 lm() 함수를 사용할 수 있다.

```
> gam1=lm(wage~ns(year,4)+ns(age,5)+education,data=Wage)
```

이제, 자연 스플라인이 아니라 평활 스플라인을 사용하여 모델 (7.16)을 적합한다. 평활 스플라인 또는 기저함수들로 표현될 수 없는 다른 성분들을 사용하여 좀 더 일반적인 종류의 GAMs을 적합하고 그다음에 최소제곱을 사용하여 적합하려면 R의 gam 라이브러리를 사용해야 할 것이다.

gam 라이브러리의 s() 함수는 평활 스플라인 사용을 나타내는 데 사용된다. year의 함수는 자유도가 4, age의 함수는 자유도는 5라고 지정한다. education은 질적변수이므로 그대로 두는데 4개의 가변수로 변환된다. gam() 함수를 사용하여 GAM을 적합한다. (7.16)의 모든 항들은 동시에 적합되며 서로를 고려하여 반응변수를 설명한다.

```
> library(gam)
> gam.m3=gam(wage~s(year,4)+s(age,5)+education,data=Wage)
```

그림 7.12의 그래프는 단순히 plot() 함수를 호출하면 만들어진다.

```
> par(mfrow=c(1,3))
> plot(gam.m3, se=TRUE,col="blue")
```

일반(generic) plot() 함수는 gam.m3가 gam 클래스의 객체라는 것을 인지하고 적절한 plot.gam() 멤버 함수(메서드)를 호출한다. gam1은 gam 클래스가 아니라 lm 클래스의 객체이지만 여전히 plot.gam()을 사용할 수 있다. 그림 7.11은 다음 표현식을 사용하여 만들어졌다.

```
> plot.gam(gam1, se=TRUE, col="red")
```

여기서 일반 plot() 함수가 아니라 plot.gam()을 사용해야 한다는 것을 유념하자.

그래프에서 year의 함수는 다소 선형적으로 보인다. 일련의 ANOVA 검정을 수행하여 세 모델, 즉 year를 제외한 GAM(M_1), year의 선형함수를 사용한 GAM(M_2), 또는 year의 스플라인 함수를 사용한 GAM(M_3) 중 어느 것이 최고인지 결정할 수 있다.

```
> gam.m1=gam(wage~s(age,5)+education,data=Wage)
> gam.m2=gam(wage~year+s(age,5)+education,data=Wage)
> anova(gam.m1,gam.m2,gam.m3,test="F")
Analysis of Deviance Table

Model 1: wage ~ s(age, 5) + education
Model 2: wage ~ year + s(age, 5) + education
Model 3: wage ~ s(year, 4) + s(age, 5) + education
  Resid. Df Resid. Dev Df Deviance      F  Pr(>F)
1      2990    3711730
2      2989    3693841  1    17889   14.5 0.00014 ***
3      2986    3689770  3     4071    1.1 0.34857
---
Signif. codes:  0 '***' 0.001 '**' 0.01 '*' 0.05 '.' 0.1 ' ' 1
```

결과를 보면, year의 선형함수를 가진 GAM이 year를 전혀 포함하지 않는 GAM보다 더 낫다는 믿을만 한 증거가 있다(p-값 = 0.00014). 하지만, year의 비선형 함수가 필요하다는 증거는 없다(p-값 = 0.349). 다시 말하면, ANOVA 결과에 따르면 M_2가 선호하는 모델이다.

summary() 함수는 gam 적합의 요약정보를 보여준다.

```
> summary(gam.m3)

Call: gam(formula = wage ~ s(year, 4) + s(age, 5) + education,
    data = Wage)
Deviance Residuals:
    Min      1Q  Median      3Q     Max
-119.43  -19.70   -3.33   14.17  213.48

(Dispersion Parameter for gaussian family taken to be 1236)

    Null Deviance: 5222086 on 2999 degrees of freedom
Residual Deviance: 3689770 on 2986 degrees of freedom
AIC: 29888

Number of Local Scoring Iterations: 2

DF for Terms and F-values for Nonparametric Effects

              Df  Npar Df  Npar F   Pr(F)
(Intercept)   1
s(year, 4)    1      3      1.1     0.35
s(age, 5)     1      4     32.4    <2e-16 ***
education     4
---
Signif. codes: 0 '***' 0.001 '**' 0.01 '*' 0.05 '.' 0.1 ' ' 1
```

위 결과에서 year와 age에 대한 p-값들은 선형 상관관계의 귀무가설과 비선형 상관관계의 대립가설에 대응한다. year에 대한 큰 p-값은 이 항의 경우 선형함수이면 충분하다는 ANOVA 검정에서 얻은 결론을 뒷받침해준다. 하지만, age에 대해서는 비선형 항이 필요하다는 명백한 증거를 보여준다.

gam 클래스에 대한 predict() 멤버함수를 사용하여 lm 객체에서와 같이 gam 객체로부터 예측을 할 수 있다. 다음은 훈련셋에 대해 예측을 하는 것이다.

```
> preds=predict(gam.m2,newdata=Wage)
```

또한, lo() 함수를 이용한 국소회귀적합을 GAM의 구성요소로서 사용할 수 있다.

```
> gam.lo=gam(wage~s(year,df=4)+lo(age,span=0.7)+education,
            data=Wage)
> plot.gam(gam.lo, se=TRUE, col="green")
```

age 항에 대해 span=0.7인 국소회귀를 사용하였다. 또한, lo() 함수를 사용하여 gam() 함수를 호출하기 전에 상호작용 항들을 만들 수도 있다. 예를 들어, 다음은 항이 2개인 모델을 적합하는 것으로, 첫 번째 항은 year과 age의 상호작용 항이고 국소회귀에 의해 적합된다.

```
> gam.lo.i=gam(wage~lo(year,age,span=0.5)+education,
    data=Wage)
```

만약 akima 패키지를 사용하면 결과인 2차원 표면을 그래프로 나타낼 수 있다.

```
> library(akima)
> plot(gam.lo.i)
```

로지스틱 회귀 GAM을 적합하기 위해서는 이진 반응변수를 구성하는 데 I() 함수를 사용하고 family="binomial"로 설정한다.

```
> gam.lr=gam(I(wage>250)~year+s(age,df=5)+education,
    family=binomial,data=Wage)
> par(mfrow=c(1,3))
> plot(gam.lr,se=T,col="green")
```

결과를 보면, <HS 범주에는 소득이 높은 사람이 없다는 것을 알 수 있다.

```
> table(education,I(wage>250))

education              FALSE  TRUE
  1. < HS Grad           268     0
  2. HS Grad             966     5
  3. Some College        643     7
  4. College Grad        663    22
  5. Advanced Degree     381    45
```

따라서, <HS를 제외한 모든 범주를 사용하여 로지스틱 회귀 GAM를 적합한다. 이것은 좀 더 합리적인 결과를 제공한다.

```
> gam.lr.s=gam(I(wage>250)~year+s(age,df=5)+education,family=
    binomial,data=Wage,subset=(education!="1. < HS Grad"))
> plot(gam.lr.s,se=T,col="green")
```

7.9 연습문제

1. 이 장에서 언급하였듯이, ξ에 하나의 매듭을 가지는 삼차 회귀 스플라인은 $x, x^2, x^3, (x-\xi)^3_+$ 형태의 기저를 사용하여 얻을 수 있다. 여기서, $x > \xi$이면 $(x-\xi)^3_+ = (x-\xi)^3$이고, 그렇지 않으면 $(x-\xi)^3_+ = 0$이다. 다음 형태의 함수는 $\beta_0, \beta_1, \beta_2, \beta_3, \beta_4$ 값에 관계없이 삼차 회귀 스플라인이라는 것을 보여줄 것이다.

$$f(x) = \beta_0 + \beta_1 x + \beta_2 x^2 + \beta_3 x^3 + \beta_4 (x-\xi)^3_+$$

(a) 모든 $x \le \xi$에 대해 $f(x) = f_1(x)$인 삼차 다항식 $f_1(x)$를 찾아라.

$$f_1(x) = a_1 + b_1 x + c_1 x^2 + d_1 x^3$$

a_1, b_1, c_1, d_1을 $\beta_0, \beta_1, \beta_2, \beta_3, \beta_4$에 대해 나타내어라.

(b) 모든 $x > \xi$에 대해 $f(x) = f_2(x)$인 삼차 다항식 $f_2(x)$를 찾아라.

$$f_2(x) = a_2 + b_2 x + c_2 x^2 + d_2 x^3$$

a_2, b_2, c_2, d_2를 $\beta_0, \beta_1, \beta_2, \beta_3, \beta_4$에 대해 나타내어라.

(c) $f_1(\xi) = f_2(\xi)$임을 보여라. 즉, $f(x)$는 ξ에서 연속이다.

(d) $f_1'(\xi) = f_2'(\xi)$임을 보여라. 즉, $f'(x)$는 ξ에서 연속이다.

(e) $f_1''(\xi) = f_2''(\xi)$임을 보여라. 즉, $f''(x)$는 ξ에서 연속이다.

그러므로, $f(x)$는 삼차 스플라인이다.

힌트: (d)와 (e)를 푸는 데는 미분이 필요하다. 삼차 다항식이 다음과 같은 경우,

$$f_1(x) = a_1 + b_1 x + c_1 x^2 + d_1 x^3$$

1차 및 2차 도함수는 아래와 같이 표현된다.

$$f_1'(x) = b_1 + 2c_1 x + 3d_1 x^2$$

$$f_1''(x) = 2c_1 + 6d_1 x$$

2. 곡선 $\hat{g}$은 n개 점들을 평활하게 적합하도록 다음 식을 사용하여 계산된다고 해보자.

$$\hat{g} = \arg\min_g \left(\sum_{i=1}^n \left(y_i - g(x_i) \right)^2 + \lambda \int \left[g^{(m)}(x) \right]^2 dx \right)$$

여기서, $g^{(m)}$은 g의 m차 도함수이다($g^{(0)} = g$). 다음의 각 시나리오에 대해 $\hat{g}$의 예를 스케치하여라.

   (a) $\lambda = \infty, m = 0$

   (b) $\lambda = \infty, m = 1$

   (c) $\lambda = \infty, m = 2$

   (d) $\lambda = \infty, m = 3$

   (e) $\lambda = 0, m = 3$

3. 기저함수 $b_1(X) = X, b_2(X) = (X-1)^2 I(X \geq 1)$을 가지고 곡선을 적합한다고 해보자($I(X \geq 1)$은 $X \geq 1$이면 1, 그렇지 않으면 0이다). 다음의 선형회귀모델을 적합하여 계수 추정치 $\hat{\beta}_0 = 1, \hat{\beta}_1 = 1, \hat{\beta}_2 = -2$를 얻는다.

$$Y = \beta_0 + \beta_1 b_1(X) + \beta_2 b_2(X) + \epsilon$$

$X = -2$와 $X = 2$ 사이의 추정 곡선을 스케치하여라.

4. 기저함수 $b_1(X) = I(0 \leq X \leq 2) - (X-1)I(1 \leq X \leq 2)$, $b_2(X) = (X-3)I(3 \leq X \leq 4) + I(4 < X \leq 5)$을 가지고 곡선을 적합한다고 해보자. 다음의 선형회귀모델을 적합하여 계수 추정치 $\hat{\beta}_0 = 1, \hat{\beta}_1 = 1, \hat{\beta}_2 = 3$를 얻는다.

$$Y = \beta_0 + \beta_1 b_1(X) + \beta_2 b_2(X) + \epsilon$$

$X = -2$와 $X = 2$ 사이의 추정 곡선을 스케치하여라.

5. 다음 식으로 정의되는 두 곡선 $\hat{g}_1$과 $\hat{g}_2$을 고려해보자.

$$\hat{g}_1 = \arg\min_g \left(\sum_{i=1}^n \left(y_i - g(x_i)\right)^2 + \lambda \int \left[g^{(3)}(x)\right]^2 dx \right)$$

$$\hat{g}_2 = \arg\min_g \left(\sum_{i=1}^n \left(y_i - g(x_i)\right)^2 + \lambda \int \left[g^{(4)}(x)\right]^2 dx \right)$$

여기서, $g^{(m)}$은 g의 m차 도함수이다.

  (a) $\lambda \to \infty$에 따라 $\hat{g}_1$ 또는 $\hat{g}_2$은 더 작은 훈련 RSS를 가지는가?

  (b) $\lambda \to \infty$에 따라 $\hat{g}_1$ 또는 $\hat{g}_2$은 더 작은 검정 RSS를 가지는가?

  (c) $\lambda = 0$인 경우 $\hat{g}_1$ 또는 $\hat{g}_2$은 더 작은 훈련 및 검정 RSS를 가지는가?

6. 이 장에서 고려한 Wage 자료에 대해 좀 더 분석해 볼 것이다.

  (a) age를 이용해 wage를 예측하도록 다항식회귀를 수행하여라. 교차검증을 사용하여 최적의 다항식 차수 d를 선택한다. 선택된 차수는 무엇이고, 이것을 ANOVA를 이용한 가설검정의 결과와 비교하여라. 데이터에 대한 다항식적합 결과를 그래프로 나타내어라.

  (b) age를 이용해 wage를 예측하도록 계단함수를 적합하고, 교차검증을 수행하여 최적의 컷(cut) 수를 선택하여라. 얻어진 적합을 그래프로 나타내어라.

7. Wage 자료는 이 장에서 살펴보지 않은 결혼 상태(marit 1), 직업 종류(jobclass) 등과 같은 다른 변수들을 다수 포함한다. 이들 다른 몇몇 설명변수들과 wage의 상관관계를 살펴보고 비선형 적합기술을 사용하여 유연한 모델을 데이터에 적합하여라. 얻어진 결과를 그래프로 나타내고 요약하여라.

8. 이 장에서 살펴본 몇몇 비선형 모델을 Auto 자료에 적합하여라. 비선형 상관관계에 대한 증거가 있는가? 답변이 맞다는 것을 보여주는 그래프를 몇 개 그려라.

9. Boston 자료의 변수 dis(Boston의 5개 고용센터까지 거리의 가중평균)와 nox(질소산화물 농도. 단위는 1000만분의 1)를 사용한다. dis는 설명변수로, nox를 반응변수로 취급할 것이다.

    (a) poly() 함수를 사용하여 삼차 다항식회귀를 적합하고 dis를 이용해 nox를 예측하여라. 회귀 결과를 제공하고, 결과 데이터와 다항식 적합을 그래프로 나타내어라.

    (b) 어떤 범위의 다항식 차수(예를 들어, 1에서 10까지)에 대해 다항식 적합을 그래프로 나타내고 관련된 잔차제곱합을 제공하여라.

    (c) 교차검증 또는 다른 기법을 사용하여 최적의 다항식 차수를 선택하고 결과를 설명하여라.

    (d) bs() 함수를 사용하여 회귀 스플라인을 적합하고 dis를 이용해 nox를 예측하여라. 자유도 4를 사용한 적합 결과를 제공하여라. 매듭(knots)을 어떻게 선택하였는가? 적합 결과를 그래프로 나타내어라.

    (e) 어떤 범위의 자유도에 대해 회귀 스플라인을 적합하여라. 적합 결과를 그래프로 나타내고 RSS를 제공하여라. 얻은 결과에 대해 설명하여라.

    (f) 교차검증 또는 다른 기법을 사용하여 회귀 스플라인에 대한 최상의 자유도를 선택하고 결과를 설명하여라.

10. 이 문제에서는 College 자료를 사용한다.

(a) 데이터를 훈련셋과 검정셋으로 분할하여라. 타주학생 학비를 반응변수로 다른 변수들은 설명변수로 하여 훈련셋에 대해 전진 단계적 선택을 수행하고 설명변수들의 서브셋만 사용하는 만족할만한 모델을 식별하여라.

(b) 타주학생 학비를 반응변수로 (a)에서 선택된 변수들은 설명변수로 하여 훈련셋에 GAM을 적합하여라. 결과를 그래프로 나타내고 설명하여라.

(c) 얻어진 모델을 검정셋으로 평가하고 결과를 설명하여라.

(d) 반응변수와의 상관관계가 비선형이라는 증거가 있는 변수는 어느 것인가?

11. 7.7절에서 언급하였듯이, GAMs은 일반적으로 후방적합(backfitting) 기법을 사용하여 적합된다. 후방적합의 개념은 실제로 아주 간단하다. 여기서는 다중선형회귀 맥락에서 후방적합을 살펴볼 것이다.

다중선형회귀를 수행하고자 하지만 소프트웨어가 없다고 해보자. 대신에 단순선형회귀만 수행할 수 있는 소프트웨어가 있다. 따라서 다음과 같이 반복적인 방법을 사용한다. 하나의 계수 추정치를 제외한 모든 값을 현재 값에 고정하고 단순선형회귀를 사용하여 그 하나의 계수 추정치를 갱신(업데이트)하는 과정을 반복한다. 이 과정은 계수 추정치가 변경되지 않을 때 까지 계속된다. 간단한 예제를 가지고 이 방법을 시험해보자.

(a) $n = 100$인 반응변수 Y와 2개의 설명변수 X_1과 X_2를 생성하여라.

(b) 원하는 값으로 $\hat{\beta}_1$을 초기화하여라. 초기값은 어떤 값이어도 상관이 없다.

(c) $\hat{\beta}_1$을 고정하고 다음의 모델을 적합하여라.

$$Y - \hat{\beta}_1 X_1 = \beta_0 + \beta_2 X_2 + \epsilon$$

모델 적합은 아래와 같이 할 수 있다.

```
> a=y-beta1*x1
> beta2=lm(a~x2)$coef[2]
```

(d) $\hat{\beta}_2$을 고정하고 다음의 모델을 적합하여라.

$$Y - \hat{\beta}_2 X_2 = \beta_0 + \beta_1 X_1 + \epsilon$$

모델 적합은 다음처럼 할 수 있다.

```
> a=y-beta2*x2
> beta1=lm(a~x1)$coef[2]
```

(e) (c)와 (d)를 1,000번 반복하는 for 루프를 작성하여라. for 루프의 각 이터레이션(iteration)에서 $\hat{\beta}_0, \hat{\beta}_1, \hat{\beta}_2$의 추정치를 제공하여라. 각 이터레이션에서의 추정치를 표시한 그래프를 작성하여라. $\hat{\beta}_0, \hat{\beta}_1, \hat{\beta}_2$ 각각은 그래프에서 다른 색으로 표시된다.

(f) (e)의 답을 단순히 다중선형회귀를 수행한 결과와 비교하여라. abline() 함수를 사용하여 다중선형회귀 계수 추정치들을 (e)에서 얻은 그래프 상에 함께 나타내어라.

(g) 이 자료에서 다중회귀 계수 추정치에 대한 "좋은" 근사치를 얻는 데 필요한 후방적합 이터레이션 수는 얼마인가?

12. 이 문제는 11번 문제의 연장이다. $p = 100$인 예에서 후방적합 절차의 단순선형회귀를 반복적으로 수행함으로써 다중선형회귀 계수 추정치를 근사시킬 수 있다는 것을 보여라. 다중회귀 계수 추정치에 대한 "좋은" 근사치를 얻는 데 필요한 후방적합 이터레이션 수는 얼마인가? 답변이 맞다는 것을 보여주는 그래프를 그려라.

트리 기반의 방법

Tree-Based Methods

CHAPTER 08

이 장에서는 회귀와 분류에 대한 *트리 기반(tree-based)*의 방법들을 설명한다. 이 방법들은 설명변수 공간을 다수의 영역으로 *계층화(stratifying)* 또는 *분할(segmenting)*하는 것을 포함한다. 주어진 관측치에 대한 예측을 하기 위해서는 보통 그 관측치가 속하는 영역의 훈련 관측치들의 평균 또는 최빈값(mode)을 사용한다. 설명변수 공간을 분할하는데 사용되는 분할규칙들은 트리로 요약될 수 있으므로 이러한 유형의 기법들은 *의사결정트리(decision tree)*방법으로 알려져 있다.

트리 기반의 방법들은 해석하기 쉽고 유용하다. 하지만, 이 방법들은 보통 6장과 7장에서 살펴본 최고의 지도학습기법들에 비해 예측 정확도가 떨어진다. 이런 이유로 이 장에서는 *배깅(bagging*, 랜덤 포리스트*(random forest)*, 그리고 부스팅*(boosting)*도 소개한다. 이 기법들은 각각 다중트리(multiple trees)를 생성하는데 이 다중트리는 하나의 합의 예측(consensus prediction)을 제공하기 위해 결합된다. 아주 많은 수의 트리들을 결합하는 것은 보통 예측 정확도를 극적으로 개선할 수 있지만 해석이 다소 어려워질 수 있다.

8.1 의사결정트리의 기초

의사결정트리는 회귀와 분류 문제에 적용될 수 있다. 먼저, 회귀문제를 고려하고 그 다음에 분류문제를 다룬다.

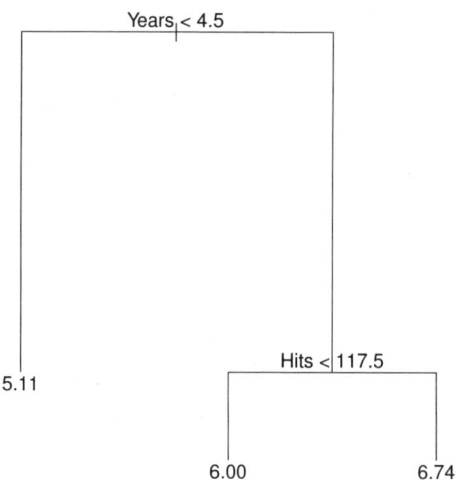

그림 8.1: Hitters 자료에 대해, 한 야구선수의 로그(log)로 나타낸 급여를 이 선수가 메이저리그에서 선수생활한 연수와 전년도에 그가 친 안타수를 기반으로 예측하는 회귀트리. 주어진 내부 노드에서 ($X_j < t_k$ 형태의) 라벨은 그 분기점에서 나오는 왼쪽 가지와 $X_j \geq t_k$에 대응하는 오른쪽 가지를 나타낸다. 예를 들어, 트리의 맨 위 분기점은 두 개의 큰 가지를 만든다. 왼쪽 가지는 Years < 4.5에 대응하고 오른쪽 가지는 Years ≥ 4.5에 대응한다. 이 트리는 두 개의 내부 노드와 세 개의 터미널(terminal) 노드 또는 잎(leave)을 가진다. 각 잎에 표시된 숫자는 이 잎에 속하는 관측치들에 대한 반응변수 값의 평균이다.

8.1.1 회귀트리

*회귀트리(regression tree)*에 대한 동기부여를 위해 간단한 예를 먼저 살펴본다.

회귀트리를 사용한 야구선수의 급여 예측

Hitters 자료를 사용하여 한 야구선수의 급여(Salary)를 Years(이 선수가 메이저리그에서 선수생활한 연수)와 Hits(전년도에 그가 친 안타수)를 기반으로 예측한다. 먼저 Salary 값이 없는 관측치를 제거하고 Salary를 로그변환하여 그 분포가 전형적인 종모양이 되게 한다(Salary는 천 달러 단위로 측정된다).

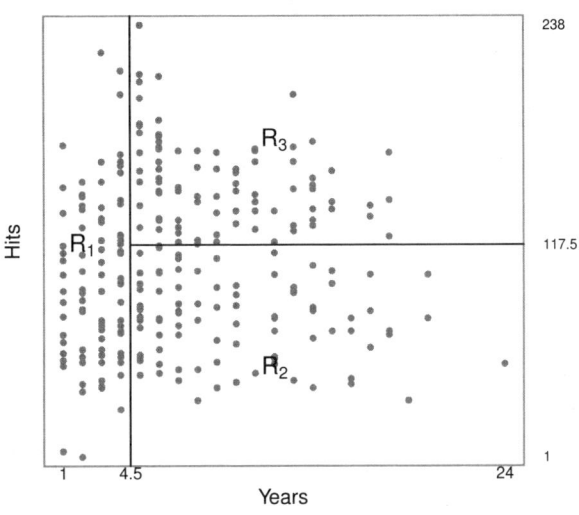

그림 8.2: 그림 8.1에 도시된 회귀트리를 사용하여 Hitters 자료를 세 개의 영역으로 분할한 것.

그림 8.1은 이 데이터에 대한 회귀트리 적합을 보여준다. 이것은 트리의 맨 위에서 시작하는 일련의 분할규칙으로 구성된다. 맨 위 분기는 Years < 4.5인 관측치들을 왼쪽 가지에 할당한다.[1] 이 선수들에 대한 예측된 급여는 이 자료에서 Years < 4.5인 선수들에 대한 평균 반응 값에 의해 주어진다. 이러한 선수들에 대해, 로그로 나타낸 급여 평균은 5.107이고 그래서 이 선수들에 대한 예측값은 천 달러 단위로 $e^{5.107}$, 즉 165,174 달러이다. Years $\geq$ 4.5인 선수들은 오른쪽 가지에 할당되고 이 그룹은 다시 Hitts에 의해 나누어진다. 종합하면, 이 트리는 선수들을 설명변수 공간의 세개 영역으로 계층화 또는 분할하는데, 이 세 영역은 선수생활 연수가 4년 이하인 선수들의 그룹과, 선수생활 연수가 5년 이상이며 작년에 친 안타수가 118개 보다 작은 선수들의 그룹과, 그리고 선수생활 연수가 5년 이상이고 작년에 적어도 118개의 안타를 친 선수들의 그룹을 말한다. 이 영역들은 $R_1 = \{X|\text{Years} < 4.5\}$, $R_2 = \{X|\text{Years} \geq 4.5, \text{Hits} < 117.5\}$, 그리고 $R_3 = \{X|\text{Years} \geq 4.5, \text{Hits} \geq 117.5\}$로 나타낼 수 있다. 그림 8.2는 이 영역들을 Years와 Hits의 함수로 도시한 것이다. 이 세 그룹에 대한 예측 급여는 각각 $1,000 \times e^{5.107} = 165,174$ 달러, $1,000 \times e^{5.999} = 402,834$ 달러, 그리고 $1,000 \times e^{6.740} = 845,346$ 달러이다.

---

[1] 이 자료에서 Years와 Hits는 둘 다 정수이다. R의 tree() 함수는 인접한 두 값 사이의 중간에 분기점들을 표시한다.

트리(tree)에서 영역 R_1, R_2, 그리고 R_3은 트리의 *터미널 노드(terminal nodes)* 또는 *잎(leaves)*으로 알려져 있다. 그림 8.1과 같이 의사결정 트리는 보통 잎이 트리의 밑바닥에 있다는 의미로 *거꾸로(upside down)* 그린다. 설명변수 공간이 분할되는 트리의 분기점들은 *내부노드(interanl node)*라고 한다. 그림 8.1에서 두 개의 내부노드는 Years < 4.5와 Hits < 117.5에 의해 표시된다. 노드들을 연결하는 트리 부분은 *가지(branch)*라고 한다.

그림 8.1에 나타낸 회귀트리는 다음과 같이 해석될 수 있다. Years가 Salary를 결정하는 데 가장 중요한 인자이고, 경험이 적은 선수는 경험이 많은 선수보다 급여가 낮다. 경험이 적은 선수의 경우, 전년도에 친 안타수는 급여에 거의 영향을 주지 않는다. 그러나, 5년 이상 메이저리그에서 선수생활을 한 선수 중에서 전년도에 친 안타수는 급여에 영향을 주고 전년도에 친 안타수가 많을 수록 높은 급여를 받는 경향이 있다. 그림 8.1에서 보여준 회귀트리는 Hits, Years, Salary 사이의 실제 관계를 과도하게 단순화한 것처럼 보일 수 있다. 하지만, 이것은 (3장과 6장에서 봤던 것과 같은) 다른 형태의 회귀모델들에 비해 장점이 있다. 즉, 이것은 해석이 쉽고 그래픽으로 표현하기에 좋다.

설명변수 공간의 계층화를 통한 예측

이제, 회귀트리를 빌딩하는 과정에 대해 알아보자. 이 과정은 대략 두 단계가 있다.

1. 설명변수 공간, 즉, $X_1, X_2, \ldots, X_p$에 대한 가능한 값들의 집합을 J개의 다르고 겹치지 않는 영역 $R_1, R_2, \ldots, R_j$로 분할한다.

2. 영역 R_j에 속하는 모든 관측치들에 대해 동일한 예측을 하며, 예측값은 R_j의 훈련 관측치들에 대한 반응변수 값들의 평균이다.

예를 들어, Step 1에서 두 영역 R_1과 R_2를 얻고, 첫 번째 영역에서 훈련 관측치들의 반응 평균은 10이고 두 번째 영역 훈련 관측치들의 반응 평균은 20이라고 하자. 그러면, 주어진 관측치 $X = x$에 대해, $x \in R_1$이며 예측값은 10이고 $x \in R_2$이면 예측값은 20일 것이다.

위 Step 1에 대해 좀 더 자세히 살펴보자. 영역 $R_1, \ldots, R_2$는 어떻게 구성하는가? 이론상 영역은 어떠한 모양이라도 가질 수 있다. 하지만 여기서는 결과 예측모델이 간단하고 해석하기 쉽도록 설명변수

공간을 고차원의 직사각형 또는 *박스(boxes)*로 분할한다. 아래 식으로 주어진 RSS를 최소로 하는 박스 $R_1, \ldots, R_J$를 찾는 것이 목적이다.

$$\sum_{j=1}^{J} \sum_{i \in R_j} (y_i - \hat{y}_{R_j})^2 \tag{8.1}$$

여기서 $\hat{y}_{R_j}$는 j번째 박스 내의 훈련 관측치들에 대한 평균 반응변수 값이다. 유감스럽게도 설명변수 공간을 J 개의 박스로 분할하는 모든 가능한 경우를 다 고려하는 것은 계산상 실현 불가능하다. 이러한 이유로 *재귀이진분할(recursive binary spliting)*로 알려진 *하향식(top-down)*의 *그리디(greedy)* 기법을 사용한다. 이 기법을 하향식이라 하는 이유는 트리의 맨 위(모든 관측치들이 단일영역에 속하는 점)에서 시작하여 예측공간을 연속하여 분할해 내려가기 때문이다. 이 때 각 분할은 트리에서 아래 방향으로 생성된 두 개의 새로운 가지로 표시된다. 이 기법을 *greedy*라고 하는 이유는 트리를 만드는 과정의 각 단계에서 미리 앞을 내다보고 나중에 나오는 어떤 단계에서 더 나은 트리가 될 분할을 선택하는 것이 아니라 그 특정 단계에서 *가장 좋은* 분할을 선택하기 때문이다.

재귀이진분할을 수행하기 위해, 먼저 설명변수 X_j와 절단점(cutpoint) s를 선택한다. 이 절단점 s는 RSS가 가능한 가장 작게 되도록 설명변수 공간을 영역 $\{X|X_j < s\}$와 $\{X|X_j \geq s\}$로 분할하는 것이다($\{X|X_j < s\}$는 X_j가 s보다 작은 값을 가지는 예측공간의 영역을 의미한다). 즉, 모든 설명변수 $X_1, \ldots, X_p$와 각 설명변수에 대해 절단점 s의 모든 가능한 값을 고려하고, 그다음에 RSS가 가장 작은 트리를 가져다 주는 설명변수와 절단점을 선택한다. 더욱 상세하게는, 임의의 j와 s에 대해, 다음의 반평면(half-plane)의 쌍을 정의한다.

$$R_1(j,s) = \{X|X_j < s\}, \quad R_2(j,s) = \{X|X_j \geq s\} \tag{8.2}$$

그리고, 다음 식을 최소로 하는 j와 s 값을 찾는다.

$$\sum_{i:\ x_i \in R_1(j,s)} (y_i - \hat{y}_{R_1})^2 + \sum_{i:\ x_i \in R_2(j,s)} (y_i - \hat{y}_{R_2})^2 \tag{8.3}$$

여기서, $\hat{y}_{R_1}$은 $R_1(j,s)$ 내 훈련 관측치들에 대한 평균 반응변수 값이고, $\hat{y}_{R_2}$은 $R_2(j,s)$ 내 훈련 관측치들에 대한 평균 반응변수 값이다. (8.3)을 최소로 하는 j와 s 값은 상당히 빠르게 찾을 수 있으며, 특히 변수 p의 수가 너무 크지 않을 때 그렇다.

다음으로, 가장 좋은 설명변수와 절단점을 찾는 과정을 반복하여 각 영역 내에서 RSS가 최소가 되도록 데이터를 더 분할한다. 하지만, 이번에는 전체 설명변수 공간을 분할하는 대신 앞에서 구분한 두 영역 중 하나를 분할한다. 이제 영역은 세 개가 된다. 다시, 이 세 영역 중 하나를 RSS가 최소가 되게 더 분할한다. 이 과정은 어떤 정지기준(stopping criterion)이 만족될 때까지 계속된다. 예를 들어, 어떠한 영역도 5개보다 많은 관측치를 포함하지 않을 때까지 계속할 수 있다.

영역 $R_1, \ldots, R_J$가 만들어지고 나면, 주어진 검정 관측치에 대한 반응변수는 그 검정 관측치가 속하는 영역 내 훈련 관측치들의 평균을 사용하여 예측한다.

그림 8.3은 이 기법의 예를 보여주며 5개의 영역이 있다.

트리 Pruning

위에서 설명된 과정은 훈련셋에 대해 좋은 예측을 할 수도 있지만, 데이터를 과적합할 가능성이 높아 검정셋 성능이 나쁠 것이다. 이것은 결과 트리가 너무 복잡할 수 있기 때문이다. 분할 수가 적은 더 작은 트리(즉, 영역 $R_1, \ldots, R_j$의 수가 더 적은 경우)는 약간의 편향 증가가 있지만 분산이 더 낮아지고 해석하기 더 쉬울 수 있다. 위에서 설명한 과정에 대한 한 가지 대안은 각각의 분할로 인한 RSS 감소가 어떤 (높은) 임계값을 초과하는 동안까지만 트리빌딩 과정을 진행하는 것이다. 이 전략으로 더 작은 트리를 만들수는 있겠지만 너무 근시안(short-sighted)적인 방법이다. 왜냐하면, 트리빌딩 초기에 쓸모없어 보이는 분할 이후에 아주 좋은 분할, 즉 나중에 RSS 값을 크게 줄이는 분할이 올 수 있기 때문이다.

그러므로, 더 나은 전략은 아주 큰 트리 T_0를 만든 다음에 그것을 다시 *prune*하여 *서브트리(subtree)*를 얻는 것이다. 트리를 prune하는 데 가장 좋은 방법을 어떻게 결정하는가? 직관적으로 가장 낮은 검정오차율을 제공하는 서브트리를 선택하는 것이 목적이다. 주어진 서브트리에 대해, 교차검증 또는 검증셋 기법을 사용하여 그 서브트리의 검정오차를 추정할 수 있다. 하지만, 모든 가능한 서브트리에 대해 교차검증 오차를 추정하는 것은 너무 번거롭다. 왜냐하면 가능한 서브트리의 수가 너무 많기 때문이다. 대신에, 고려할 작은 서브트리 집합을 선택하는 방법이 필요하다.

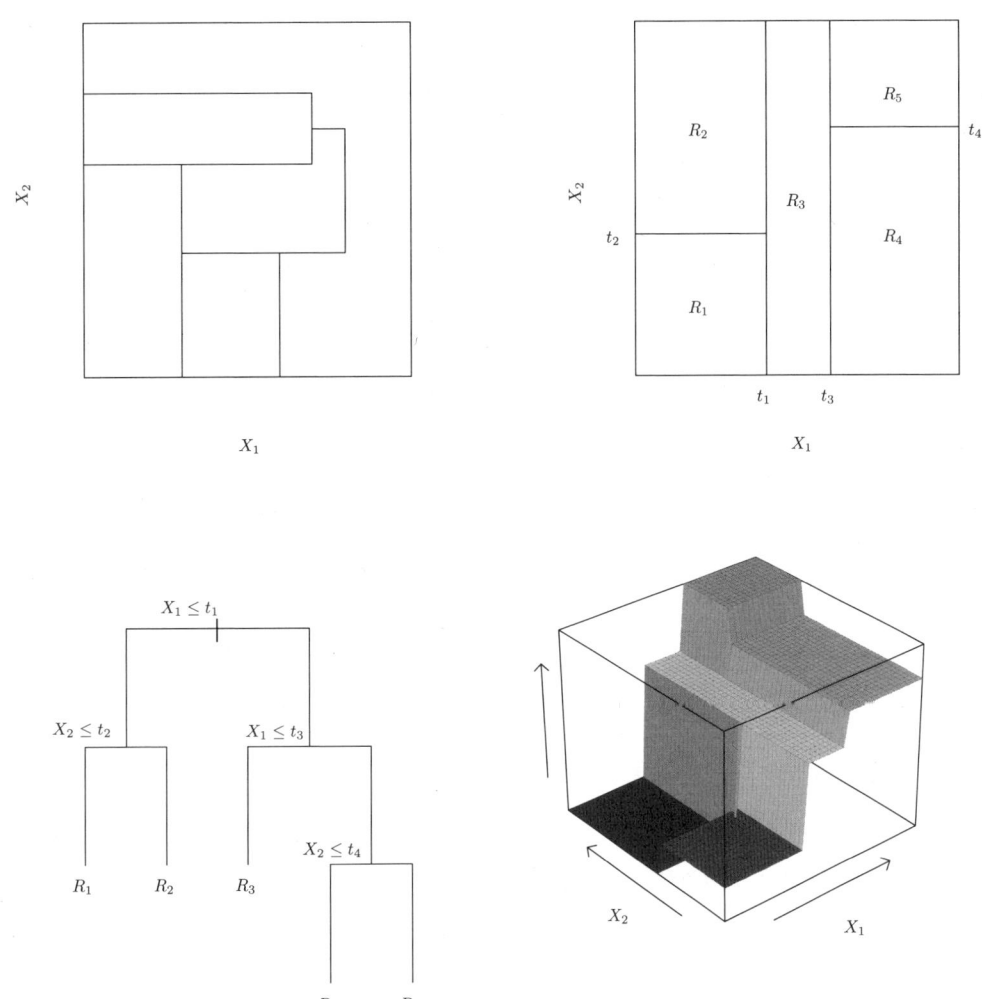

그림 8.3: 왼쪽 위: 재귀이진분할로는 얻을 수 없는 2차원 설명변수 공간의 분할. 오른쪽 위: 2차원 예제에 대한 재귀이진분할의 결과. 왼쪽 아래: 오른쪽 위 패널의 분할에 대응하는 트리. 오른쪽 아래: 왼쪽 아래 패널의 트리에 대응하는 예측 표면을 투시한 그래프.

비용 복잡성(cost complexity) pruning(가장 약한 링크(weakest link) pruning으로도 알려져 있음)은 서브트리를 선택하는 방법을 제공한다. 모든 가능한 서브트리를 고려하는 대신에 음수가 아닌 조율 파라미터 α에 의해 색인된 일련의 트리들을 고려한다.

각 α 값에 대해, 식 (8.4)가 가능한 한 작게 되는 그러한 대응하는 서브트리 $T \subset T_0$가 있다.

$$\sum_{m=1}^{|T|} \sum_{i:\, x_i \in R_m} (y_i - \hat{y}_{R_m})^2 + \alpha |T| \tag{8.4}$$

여기서 $|T|$는 트리 T의 터미널 노드 수를 나타내고, R_m은 m번째 터미널 노드에 대응하는 직사각형(즉, 설명변수 공간의 부분집합)이며, $\hat{y}_{R_m}$은 R_m과 연관된 예측된 반응변수, 즉 R_m 내 훈련 관측치들의 평균이다. 조율 파라미터 α는 서브트리의 복잡도와 훈련자료에 대한 적합 사이의 트레이드오프(trade-off)를 제어한다. $\alpha = 0$일 때 (8.4)는 단순히 훈련오차를 측정하기 때문에 서브트리 T는 T_0와 같다. 하지만 α가 증가함에 따라 많은 터미널 노드가 있는 트리의 경우 αT 항이 크게 증가할 것이므로 (8.4)는 트리가 작을 때 최소로 되는 경향이 있다. 식 (8.4)는 선형모델의 복잡도를 제어하는 데 사용되었던 6장의 lasso (6.7)와 유사한 형태이다.

(8.4)에서 α가 0에서 증가됨에 따라 트리의 가지는 예측가능한 방식으로 prune되므로 서브트리들의 전체 시퀀스를 α의 함수로 얻는 것은 어렵지 않다. 검증셋 또는 교차검증을 사용하여 α을 선택할 수 있다. 그다음에 전체 자료로 돌아가 α에 대응하는 서브트리를 얻는다. 이 과정은 알고리즘 8.1로 요약된다.

알고리즘 8.1 회귀트리 만들기

1. 재귀이진분할을 사용하여 훈련자료에 대해 큰 트리를 만든다. 각 터미널 노드가 가진 관측치 수가 어떤 최소값 보다 작을 때 트리빌딩은 중지된다.

2. 이렇게 만든 큰 트리에 비용 복잡성 pruning을 적용하여 일련의 가장 좋은 서브트리들을 α의 함수로서 얻는다.

3. K-fold 교차검증을 사용하여 α를 선택한다. 즉, 훈련 관측치들을 K개의 fold로 나눈다. 각 $k = 1, \ldots, K$에 대해:

    (a) 훈련자료의 k번째 fold 이외의 모든 fold에 Step 1과 2를 반복한다.

    (b) 남겨진 k번째 fold 내의 데이터에 대해 평균제곱예측오차를 α의 함수로 평가한다. 각 α 값에 대한 결과를 평균하여 평균오차를 최소로 하는 α를 선택한다.

4. 선택된 α 값에 대응하는 Step 2에서 얻은 서브트리(subtree)를 반환한다.

그림 8.4와 8.5는 Hitters 자료에 대해 9개의 설명변수를 사용하여 회귀트리를 적합하고 pruning을 한 결과를 나타낸다. 먼저, 자료를 랜덤하게 반으로 나누어 132개의 관측치가 있는 훈련셋과 131개의 관측치가 있는 검정셋을 구성한다. 그다음에 훈련자료에 대해 큰 회귀트리를 만들고 (8.4)의 α를 변화시켜 가며 다른 수의 터미널 노드를 가진 서브트리들을 생성한다. 마지막으로, 6-fold 교차검증을 수행하여 트리들의 교차검증된 MSE를 α의 함수로서 추정한다(6-fold 교차검증을 사용하는 이유는 132가 6의 배수이기 때문이다). prune되지 않은 회귀트리는 그림 8.4에 도시되어 있다. 그림 8.5의 녹색 곡선은 CV 오차를 터미널 노드(잎) 수의 함수로서 보여주며,[2] 오렌지색 곡선은 검정오차를 나타낸다. 또한, 추정된 오차 주위에 표준오차 바(standard error bars)도 표시된다. 참고로 훈련오차 곡선은 검은색으로 나타낸다. CV 오차는 검정오차의 합당한 근사치이다. 즉, CV 오차는 트리의 노드가 세 개일 때 최소가 되고 검정오차도 트리 노드 수가 3개일 때 뚝 떨어진다(비록 10-노드 트리가 가장 낮은 값을 가지지만). 3개의 터미널 노드를 포함하는 prune된 트리는 그림 8.1에 도시되어 있다.

---

[2] CV 오차는 비록 α의 함수로 계산되지만 그 결과는 터미널 노드의 개수인 $|T|$의 함수로 나타내는 것이 편리하다. 즉, 이것은 훈련자료에 대해 만든 원래 트리의 α와 $|T|$ 사이의 관계에 기초한다.

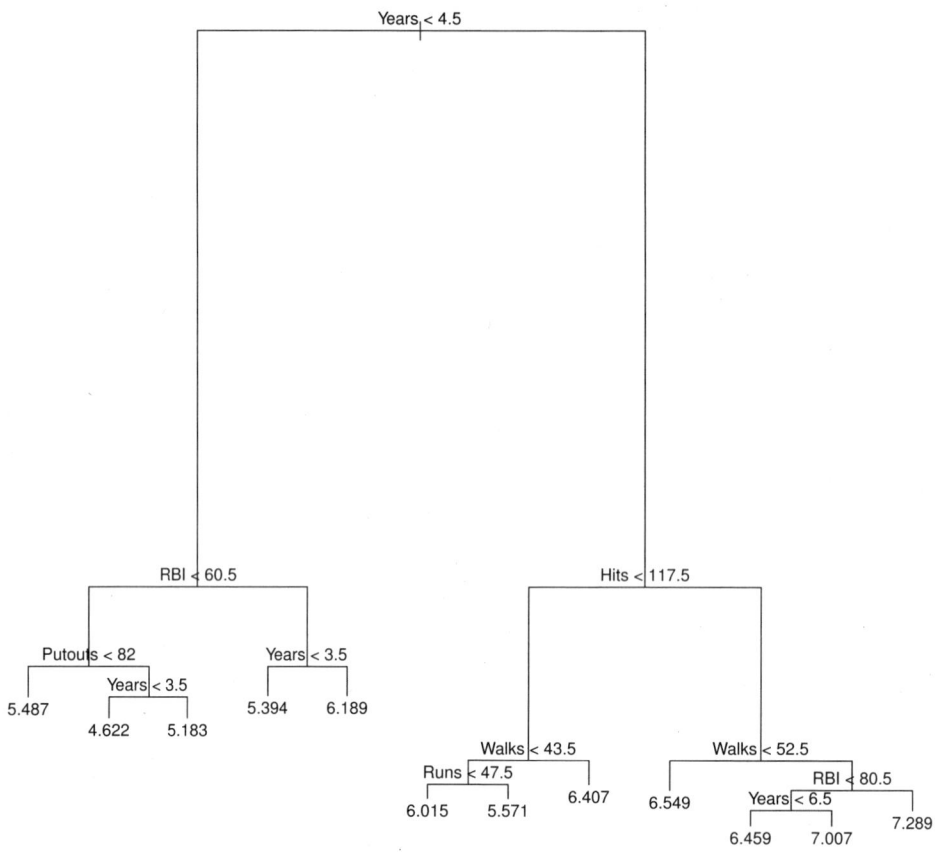

그림 8.4: Hitters 자료에 대한 회귀트리 분석. 훈련자료에 대한 하향식 greedy 분할로 얻은 prune되지 않은 트리를 보여준다.

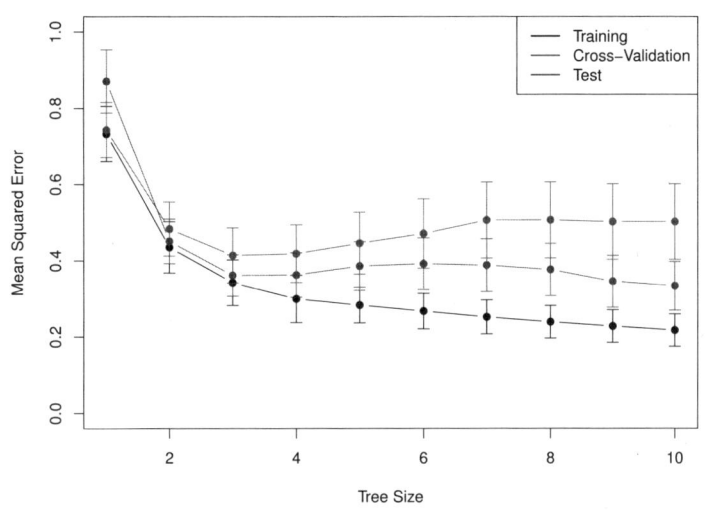

그림 8.5: Hitters 자료에 대한 회귀트리 분석. 훈련 MSE, 교차검증 MSE, 그리고 검정 MSE가 prune된 트리의 터미널 노드 수의 함수로 도시된다. 표준오차 대역(band)도 표시된다. 교차검증 오차가 최소가 되는 것은 트리 크기가 3인 경우이다.

8.1.2 분류트리

*분류트리(classification tree)*는 회귀트리와 매우 유사하며, 다른 점은 양적 반응변수가 아니라 질적 반응변수를 예측하는 데 사용된다는 것이다. 회귀트리에서 관측치에 대한 예측된 반응변수 값은 동일한 터미널 노드에 속하는 훈련 관측치들의 평균 반응변수 값에 의해 주어진다. 이에 반해, 분류트리에서는 각 관측치가 그것이 속하는 영역 내 훈련 관측치들이 *가장 많이 포함된* 클래스에 속하는지를 예측한다. 분류트리의 결과를 해석하는 데 있어서 특정 터미널 노드 영역에 대응하는 클래스 예측뿐만 아니라 그 영역에 속하는 훈련 관측치들 사이의 *클래스 비율(class proportions)*에 관심이 있다.

분류트리를 만드는 것은 회귀트리를 만드는 것과 아주 유사하다. 회귀설정에서와 같이 재귀이진분할을 사용하여 분류트리를 만든다. 하지만 분류설정에서 RSS는 이진분할을 위한 기준으로 사용될 수 없다. RSS에 대한 대안은 *분류오류율*이다. 주어진 영역 내의 관측치를 그 영역 내 훈련 관측치들이 *가장 많이 포함된* 클래스에 할당할 것이므로 분류오류율은 단순히 가장 자주 발생하는 클래스에 속하지 않는 그 영역 내 훈련 관측치들의 부분(fraction)이다.

$$E = 1 - \max_k(\hat{p}_{mk}) \tag{8.5}$$

여기서 $\hat{p}_{mk}$는 k번째 클래스에서 나온 m번째 영역 내 훈련 관측치들의 비율을 나타낸다. 하지만, 분류오류는 트리 빌딩에 대해 충분히 민감하지 않아 실제로는 두 가지 다른 측도가 선호된다.

지니 지수*(Gini index)*는 K개 클래스에 걸친 총 분산의 측도인 다음 식에 의해 정의된다.

$$G = \sum_{k=1}^{K} \hat{p}_{mk}(1 - \hat{p}_{mk}) \tag{8.6}$$

만일 모든 $\hat{p}_{mk}$가 0 또는 1에 가까우면 지니 지수는 작은 값을 가진다는 것을 어렵지 않게 알 수 있다. 이러한 이유로 지니 지수는 노드 순도*(purity)*라고 불리며, 작은 값은 노드가 단일 클래스로부터의 관측치들을 주로 포함한다는 것을 나타낸다.

지니 지수에 대한 대안은 다음 식으로 주어진 교차엔트로피*(cross-entropy)*이다.

$$D = -\sum_{k=1}^{K} \hat{p}_{mk} \log \hat{p}_{mk} \tag{8.7}$$

$0 \leq \hat{p}_{mk} \leq 1$이므로, $0 \leq -\hat{p}_{mk} \log \hat{p}_{mk}$이 성립한다. $\hat{p}_{mk}$가 모두 거의 0 또는 1이면 교차엔트로피는 거의 영이 된다. 그러므로, 지니 지수처럼 교차엔트로피는 m번째 노드가 pure하면 작은 값을 가질 것이다. 실제로 지니 지수와 교차엔트로피 값은 상당히 유사하다.

분류트리를 만들 때 보통 지니 지수 또는 교차엔트로피가 특정 분할의 질을 평가하는 데 사용된다. 왜냐하면 이 두 기법이 분류오류율보다 노드 순도에 더 민감하기 때문이다. 트리 pruning을 할 때 이 세 기법 중 어느 하나를 사용할 수 있지만 최종 prune된 트리의 예측 정확도가 목적인 경우 분류오류율이 선호된다.

그림 8.6은 Heart 자료에 대한 예를 보여준다. 이 자료는 가슴 통증이 있다고 한 303명의 환자에 대한 이진 결과 HD를 포함한다. 결과 값이 Yes인 것은 혈관조영검사(angiographic test)를 기반으로 심장질환이 있음을 나타낸다. 반면에 결과 값이 No인 것은 심장질환이 없음을 의미한다. Age, Sex, Chol(콜레스테롤 수치), 그리고 다른 심장 및 폐 기능 수치를 포함하여 13개의 설명변수가 있다. 교차검증 결과 터미널 노드가 6개인 트리가 된다.

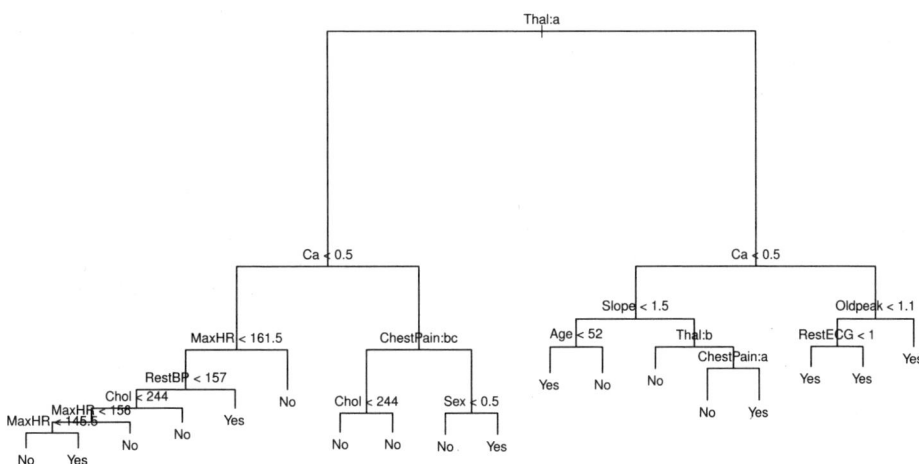

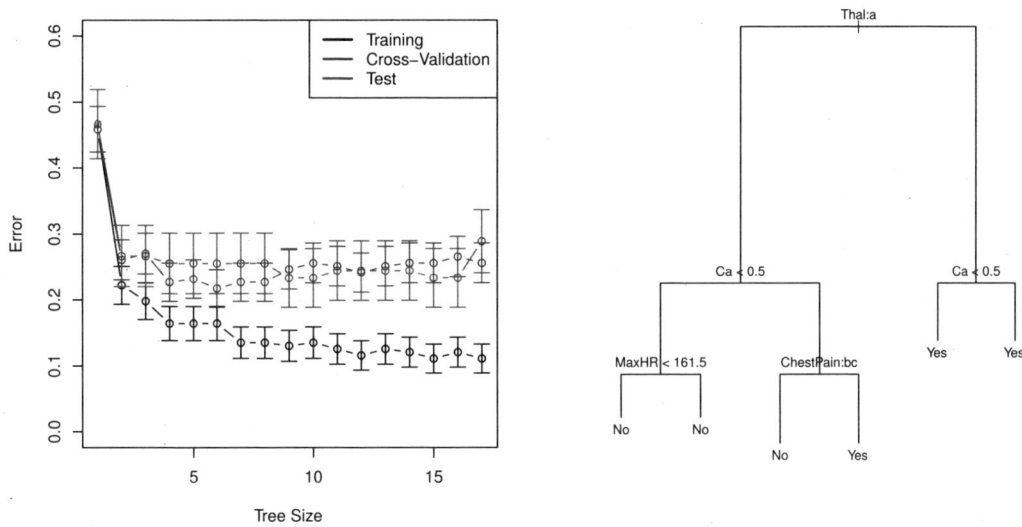

그림 8.6: Heart 자료. 위쪽: prune되지 않은 트리. 왼쪽 아래: prune된 크기가 다른 트리에 대한 교차검증오차, 훈련오차, 그리고 검정오차. 오른쪽 아래: 최소 교차검증오차에 대응하는 prune된 트리

지금까지의 논의는 설명변수들이 연속적인 값을 취한다고 가정하였다. 하지만, 의사결정트리는 심지어 질적 설명변수들이 있어도 만들 수 있다. 예를 들어, Heart 자료에서 Sex, Thal(탈륨(Thalium) 스트레스 검사), ChestPain과 같은 설명변수들은 질적 변수이다. 그러므로, 이들 중 한 변수에 대한 분할은 질적 값들 중 일부를 하나의 가지에 할당하고 나머지는 다른 가지에 할당하는 것이 된다. 그림 8.6에서 내부 노드의 일부는 질적 변수들을 분할하는 것에 대응한다. 예를 들어, 맨 위의 내부 노드는 Thal을 분할하는 것에 대응한다. 텍스트 Thal : a는 이 노드의 왼쪽 가지는 Thal 변수의 첫 번째 값(정상)을 가진 관측치들로 구성되고 오른쪽 노드는 나머지 관측치들(회복할 수 없거나 회복 가능한 결함)로 구성된다는 것을 나타낸다. 텍스트 ChestPain : bc는 이 노드의 왼쪽 가지는 ChestPain 변수의 두 번째 및 세 번째 값을 가진 관측치들로 구성된다는 것을 나타내며, 가능한 값으로는 전형적인 협심증(angina), 이례적인(atypical) 협심증, 비 협심증성 통증, 그리고 무증상(asymptomatic)이다.

그림 8.6을 살펴보면, 분할 중 일부는 동일한 *예측값*을 가지는 두 개의 터미널 노드를 생성한다. 예를 들어, prune되지 않은 트리의 오른쪽 아래 부근의 분할 RestECG < 1을 고려해보자. RestECG의 값에 관계없이 Yes의 반응변수 값이 예측된다. 그렇다면 분할을 수행하는 이유가 무엇인가? 분할을 수행하는 것은 노드 순도*(node purity)*가 증가되기 때문이다. 즉, 오른쪽 터미널 노드에 대응하는 9개의 관측치 모두 Yes 반응변수 값을 가지고, 반면에 왼쪽 터미널 노드에 대응하는 관측치들 중에서는 7/11이 Yes 반응변수 값을 가진다. 노드 순도는 왜 중요한가? 오른쪽 터미널 노드에 의해 주어진 영역에 속하는 검정 관측치가 있다고 해보자. 그러면, 이 관측치의 반응변수 값은 Yes라고 어느 정도 확신할 수 있다. 반대로, 검정 관측치가 왼쪽 터미널 노드에 의해 주어진 영역에 속하면 그 반응변수 값이 Yes일 수는 있지만 확신하기 힘들 것이다. 비록 RestECG < 1이 분류오차를 줄이지는 않지만 노드 순도에 더 민감한 지니 지수와 교차엔트로피(cross-entropy)를 향상시킨다.

8.1.3 트리와 선형모델

회귀 및 분류트리는 3장과 4장에서 다루었던 회귀 및 분류에 대한 좀 더 고전적인 기법들과는 상당히 다르다. 특히, 선형회귀는 식 (8.8) 형태의 모델을 가정한다.

$$f(X) = \beta_0 + \sum_{j=1}^{p} X_j \beta_j \tag{8.8}$$

반면에 회귀트리는 다음 형태의 모델을 가정한다.

$$f(X) = \sum_{m=1}^{M} c_m \cdot 1_{(X \in R_m)} \tag{8.9}$$

여기서, $R_1, \ldots, R_M$은 그림 8.3에서와 같이 설명변수 공간의 분할을 나타낸다.

어느 모델이 더 나은가? 그것은 가지고 있는 문제에 따라 다르다. 설명변수들과 반응변수 사이의 관계가 (8.8)에서와 같이 선형모델에 의해 잘 근사된다면 선형회귀와 같은 기법들이 잘 동작할 가능성이 높고 선형적 구조를 이용하지 않는 회귀트리와 같은 방법보다 성능이 나을 것이다. 반면에, 설명변수들과 반응변수 사이의 관계가 모델 (8.9)에 나타낸 것처럼 상당히 비선형적이고 복잡하다면 의사결정트리가 고전적 기법들보다 더 나을 수 있다. 그림 8.7에서 한 예를 도시적으로 보여준다. 트리 기반의 기법과 고전적 기법의 상대적 성능은 교차검증 또는 검증셋 기법(5장)을 사용하여 검정오차를 추정함으로써 평가할 수 있다.

물론, 통계학습방법을 선택하는 데는 검정오차 말고도 다른 것들이 고려될 수 있다. 예를 들어, 어떤 설정에서는 해석력(interpretability)과 시각화(visualization)를 위해 트리를 이용한 예측이 선호될 수 있다.

8.1.4 트리의 장단점

회귀 및 분류에 대한 의사결정트리는 3장과 4장에서 살펴보았던 더 고전적인 기법들에 비해 여러 가지 장점들이 있지만 단점도 있다.

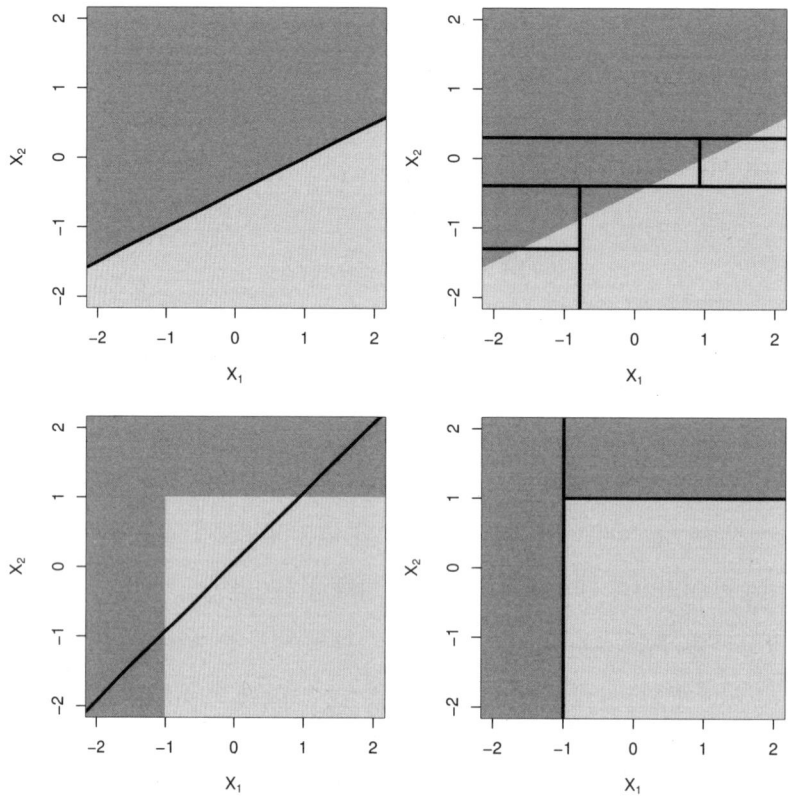

그림 8.7: 위쪽: 결정경계가 선형적인 2차원 분류의 예로, 각 영역은 녹색과 노란색으로 표시된다. 선형 경계를 가정하는 고전적 기법(왼쪽)이 축에 평행하게 분할을 수행하는 의사결정트리(오른쪽)보다 더 나은 결과를 낼 것이다. 아래쪽: 결정경계가 비선형적이다. 선형모델은 결정경계를 제대로 나타내지 못하고(왼쪽), 반면에 의사결정트리는 성공적으로 결정경계를 나타낸다(오른쪽).

- 트리는 설명하기 매우 쉽다. 이것은 심지어 선형회귀보다 설명하기 더 쉽다!

- 의사결정트리는 앞의 장들에서 다룬 회귀와 분류기법들보다 인간의 의사결정 과정을 더 밀접하게 반영한다고 생각된다(적어도 일부 사람들에게).

- 트리는 그래픽으로 나타내기 쉽고 심지어 비전문가도 쉽게 해석할 수 있다(특히, 트리 크기가 작을 경우).

- 트리는 가변수들을 만들지 않고도 질적 설명변수들을 쉽게 처리할 수 있다.

- 유감스럽게도, 트리는 일반적으로 이 책에서 다룬 다른 일부 회귀 및 분류 기법들과 동일한 수준의 예측 정확도를 제공하지 못한다.

하지만, 많은 의사결정트리들을 *배깅(bagging)*, *랜덤 포리스트(random forest)*, *부스팅(boosting)* 같은 방법들을 사용하여 통합함으로써 트리의 예측 성능을 상당히 향상시킬 수 있다. 이러한 개념에 대해 다음절에서 소개한다.

8.2 배깅, 랜덤 포리스트, 부스팅

배깅, 랜덤 포리스트, 그리고 부스팅은 트리를 빌딩블록으로 사용하여 더 강력한 예측모델을 구성한다.

8.2.1 배깅(Bagging)

5장에서 소개한 붓스트랩(bootstrap)은 아주 강력한 개념이다. 이것은 관심있는 양의 표준편차를 직접 계산하기 어렵거나 심지어 계산할 수 없는 많은 상황에서도 사용된다. 여기서는 의사결정트리와 같은 통계학습방법들을 향상시키기 위해 붓스트랩을 완전히 다른 맥락에서 사용할 수 있다는 것을 살펴본다.

8.1에서 다룬 의사결정트리는 높은 분산이 문제가 된다. 이것은 훈련자료를 랜덤하게 두 부분으로 나누어 의사결정트리를 두 부분에 적합하면 그 결과가 상당히 다를 수 있음을 의미한다. 이에 반해, 낮은 분산이 수반되는 절차는 다른 데이터셋에 반복적으로 적용해도 결과는 유사할 것이다. 선형회귀는 n 대 p의 비율이 적당하게 크면 낮은 분산을 가지는 경향이 있다. *붓스트랩 통합(bootstrap aggregation)*

또는 *배깅*은 통계학습방법의 분산을 줄이기 위한 범용 절차(general-purpose procedure)이다. 배깅은 의사결정트리와 관련하여 특히 유용하고 자주 사용되기 때문에 여기서 소개한다.

분산이 각각 σ^2인 n개의 독립적인 관측치 $Z_1, \ldots, Z_n$의 집합이 주어진 경우 이 관측치들의 평균 $\bar{Z}$의 분산은 σ^2/n으로 주어진다. 다르게 말하면, *관측치들의 집합을 평균하는 것은 분산을 줄인다*. 따라서, 분산을 줄여 통계학습방법의 예측 정확도를 증가시키는 자연스런 방법은 모집단으로부터 많은 수의 훈련셋을 취하고 각 훈련셋을 사용하여 별도의 예측모델을 만들어 예측 결과들을 평균하는 것이다. 다시 말하면, B개의 별도 훈련셋을 사용하여 $\hat{f}^1(x), \hat{f}^2(x), \ldots, \hat{f}^B(x)$을 계산하고 이것들을 평균하여 다음식으로 주어지는 낮은 분산의 통계학습모델을 얻을 수 있다.

$$\hat{f}_{\text{avg}}(x) = \frac{1}{B} \sum_{b=1}^{B} \hat{f}^b(x)$$

물론, 이것은 실용적이지 않다. 왜냐하면 다수의 훈련셋을 일반적으로 가질 수 없기 때문이다. 대신에 (단일) 훈련자료로부터 반복하여 표본들을 샘플링함으로써 붓스트랩할 수 있다. 이 기법은 B개의 다른 붓스트랩된 훈련자료를 생성한다. 그다음에 b번째 붓스트랩된 훈련셋에 적용하여 $\hat{f}^{*b}(x)$를 얻고 마지막으로 예측 결과들을 평균하여 다음을 얻는다.

$$\hat{f}_{\text{bag}}(x) = \frac{1}{B} \sum_{b=1}^{B} \hat{f}^{*b}(x)$$

이것을 배깅이라고 한다.

배깅은 많은 회귀방법들의 예측을 향상할 수 있지만 의사결정트리에 특히 유용하다. 배깅을 회귀트리에 적용하기 위해 B개의 붓스트랩된 훈련셋을 사용하여 B개의 회귀트리를 만들고 그 예측 결과들을 평균한다. 이러한 트리들은 크기가 크고 prune 되지 않은 것이다. 따라서, 각 트리는 분산이 크지만 편향은 작다. 이들 B개의 트리들을 평균하는 것은 분산을 줄인다. 배깅을 사용하여 수백 또는 수천 개의 트리들을 결합함으로써 상당한 정확도 향상을 이룰수 있음이 입증되었다.

지금까지는 양적 결과 Y를 예측하는 회귀와 관련하여 배깅 절차를 설명하였다. Y가 질적 변수인 분류 문제로 배깅을 어떻게 확장할 수 있는가? 이러한 경우에 사용 가능한 기법들이 몇몇 있지만 가장 단순한 것은 다음과 같다. 주어진 검정 관측치에 대해 B개 트리 각각에 의해 예측된 클래스를 기록하고 *다수결(majority vote)*, 즉 B개의 예측 사이에서 가장 자주 발생하는 클래스를 취한다.

그림 8.8은 Heart 자료에 대한 배깅 트리(bagging tree)들로 부터 얻은 결과를 보여준다. 검정오차율은 붓스트랩된 훈련셋들을 사용하여 구성된 트리의 수 B의 함수로 도시된다. 이 경우에 배깅 검정오차율은 단일 트리로부터 얻은 검정오차율보다 약간 낮다는 것을 알 수 있다. 트리의 수 B는 배깅에서 결정적인(critical) 파라미터는 아니다. 즉, 아주 큰 값의 B를 사용해도 과적합이 일어나지는 않을 것이다. 실제로 오차가 안정될 만큼 충분히 큰 값의 B를 사용한다. 이 예제에서는 좋은 성능을 얻는 데 $B = 100$이면 충분하다.

Out-of-Bag 오차 추정

교차검증 또는 검증셋 기법을 사용할 필요없이 배깅된 모델의 검정오차를 추정하는 아주 쉬운 방법이 있다. 배깅에서 핵심은 관측치들의 붓스트랩된 부분집합에 트리를 반복하여 적합하는 것이다. 각각의 배깅된 트리는 평균적으로 관측치들의 약 2/3를 이용한다.[3] 주어진 배깅된 트리를 적합하는 데 사용되지 않은 나머지 1/3의 관측치들은 *out-of-bag*(OOB) 관측치라고 한다. i번째 관측치에 대한 반응변수 값은 그 관측치가 OOB였던 각각의 트리를 사용하여 예측할 수 있다. 이것은 i번째 관측치에 대해 약 $B/3$개의 예측치를 제공할 것이다. i번째 관측치에 대해 단일 예측치를 얻기 위해서는 이들 예측된 반응변수 값들을 평균하거나(회귀가 목적인 경우) 다수결을 취할 수 있다(분류가 목적인 경우). 이러한 방식으로 전체 OOB MSE(회귀 문제의 경우) 또는 분류오차(분류 문제의 경우)가 계산될 수 있는 n개의 관측치 각각에 대해 OOB 예측값이 얻어질 수 있다. 결과 OOB 오차는 배깅된 모델에 대한 검정오차의 유효한 추정치이다. 왜냐하면 각 관측치에 대한 반응변수 값은 그 관측치를 사용하여 적합하지 않은 트리들만을 사용하여 예측되기 때문이다. 그림 8.8은 Heart 자료에 대한 OOB 오차를 나타낸다. B가 충분히 큰 경우 OOB 오차는 LOOCV(leave-one-out cross-validation) 오차와 사실상 동일하다는 것을 보여줄 수 있다. 검정오차를 추정하는 OOB 기법은 계산상 교차검증을 수행하기 힘든 규모가 큰 데이터셋에 대해 배깅을 수행할 때 특히 편리하다.

---

[3] 이것은 5장의 연습문제 2와 관련된다.

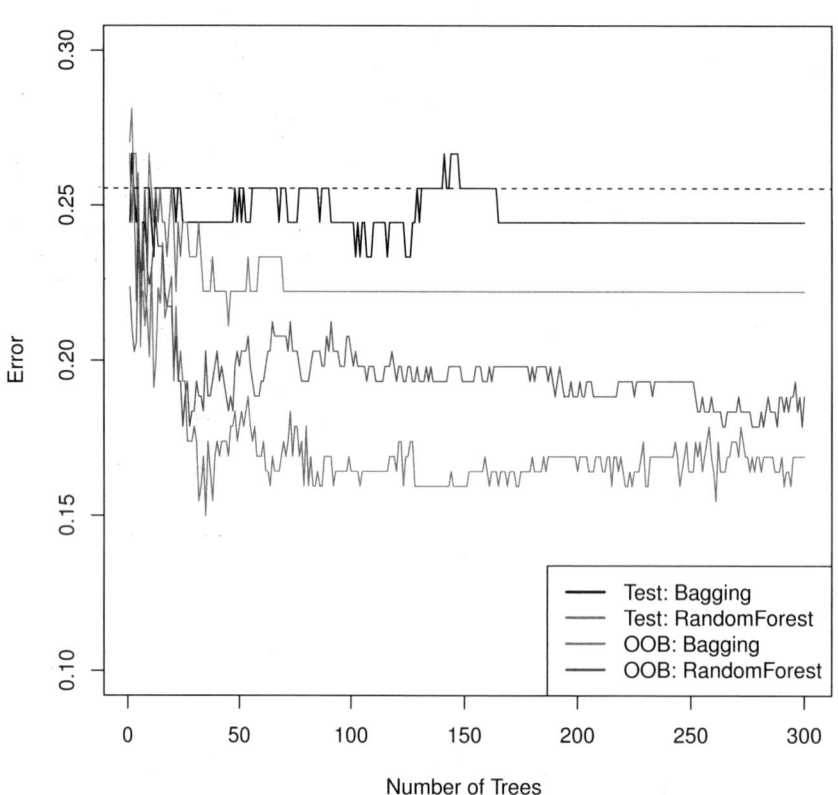

그림 8.8: Heart 자료에 대한 배깅 및 랜덤 포리스트 결과. 검정오차(검정색 및 오렌지색)는 사용된 붓스트랩된 훈련셋의 수 B의 함수로 도시된다. 랜덤 포리스트는 $m = \sqrt{p}$를 가지고 적용되었다. 파선은 단일 분류트리로부터 얻은 검정오차를 나타낸다. 녹색 및 파란색은 상대적으로 현저히 낮은 OOB 오차를 보여준다.

변수의 중요도 측정

배깅은 보통 단일 트리를 이용한 예측에 비해 향상된 정확도를 제공한다. 하지만 유감스럽게도 결과 모델을 해석하기가 어려울 수 있다. 의사결정트리의 장점 중 하나는 그림 8.1에 나타낸 것과 같이 결과를 해석하기 쉽게 나타낼 수 있다는 것이다. 하지만, 많은 수의 트리들을 배깅할 경우 결과로 얻은 통계학습절차를 더 이상 단일 트리를 사용하여 나타낼 수 없고 어느 변수가 이 절차에서 가장 중요한지 더 이상 명확하지 않게 된다. 따라서, 배깅은 예측 정확도는 향상시키지만 해석은 오히려 어렵게 만든다.

배깅된 트리들의 컬렉션(collection)은 단일 트리보다 해석하기 훨씬 더 어렵지만 RSS(회귀트리들을 배깅하는 경우) 또는 지니 지수(분류트리들을 배깅하는 경우)를 사용하여 각 설명변수의 중요도에 대한 전반적인 개요를 얻을 수 있다. 회귀트리들을 배깅하는 경우, 주어진 설명변수에 대한 분할 때문에 RSS (8.1)이 감소되는 총량을 모든 B개 트리에 대해 평균한 값을 기록할 수 있다. 값이 크면 설명변수가 중요하다는 것을 나타낸다. 마찬가지로, 분류트리들을 배깅하는 경우 주어진 설명변수에 대한 분할로 인해 지니 지수 (8.6)이 감소되는 총량을 모든 B개 트리에 대해 평균한 값을 더할 수 있다.

Heart 자료에서 *변수의 중요도*를 그래프로 나타낸 것이 그림 8.9에 도시되어 있다. 그림은 각 변수에 대한 지니 지수의 평균 감소를 최대값과 비교한 상대값으로 나타낸다. 지니 지수의 평균 감소가 가장 큰 변수들은 순서대로 Thal, Ca, 그리고 ChestPain이다.

8.2.2 랜덤 포리스트(Random Forests)

*랜덤 포리스트*는 트리들의 *상관성을 제거하는(decorrelate)* 간단한 방법으로 배깅된 트리들보다 더 나은 성능을 제공한다. 배깅에서와 마찬가지로 붓스트랩된 훈련표본들에 대해 다수의 의사결정트리를 만든다. 그러나 이러한 의사결정트리들을 만들 때, 트리 내에서 분할이 고려될 때마다 p개 설명변수들의 전체 집합에서 m개 설명변수들로 구성된 *랜덤표본*이 분할 후보로 선택된다. 분할은 이들 m개 설명변수들 중 하나만을 사용하도록 허용된다. 각 분할에서 m개 설명변수들의 새로운 표본이 선택되며, 보통 $m \approx \sqrt{p}$를 사용한다. 즉, 각 분할에서 고려되는 설명변수들의 수는 총 설명변수 개수의 제곱근과 거의 같다(Heart 자료의 경우 13개 중 4개).

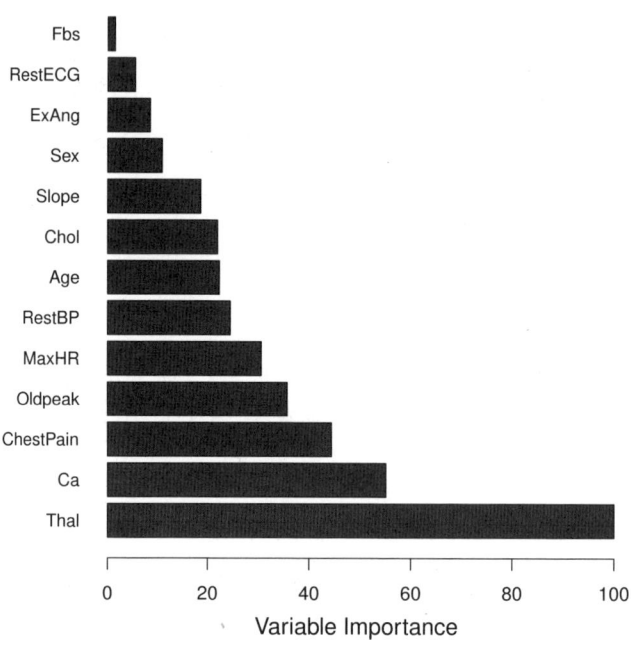

그림 8.9: Heart 자료에 대한 변수의 중요도 그래프. 변수의 중요도는 지니 지수의 평균 감소를 사용하여 계산하고 최대값에 대한 상대값으로 표현된다.

다시 말하면, 랜덤 포리스트를 만드는 중에 수행하는 각각의 트리 분할에서 알고리즘은 사용 가능한 설명변수들의 다수(majority)를 *고려하는 것도 심지어 허용되지 않는다.* 이것은 말도 안 되는 것처럼 보일지 모르지만 합당한 이유가 있다. 자료에 하나의 매우 강한 설명변수가 다수의 적당히 강한 설명변수와 함께 있다고 해보자. 그러면, 배깅된 트리들의 컬렉션에서 대부분 또는 모든 트리들이 이 강한 설명변수를 맨 위의 분할(top split)에서 사용할 것이다. 그 결과 배깅된 트리들은 모두 서로 상당히 유사하게 보일 것이다. 따라서, 배깅된 트리들에서 얻은 예측치들은 서로 높게 상관될 것이다. 유감스럽게도 높은 상관성이 있는 값들을 평균하는 것은 상관되지 않은 값들을 평균하는 것만큼 크게 분산을 줄이지는 않는다. 특히, 이것은 이러한 설정에서 배깅은 단일 트리에 비해 분산을 크게 줄이지는 못할 것이라는 것을 의미한다.

랜덤 포리스트는 매번 분할을 수행할 때마다 설명변수들의 일부분만을 고려하게 함으로써 이러한 문제를 극복한다. 그러므로, 평균적으로 $(p-m)/p$번의 분할은 강한 설명변수를 심지어 고려도 하지

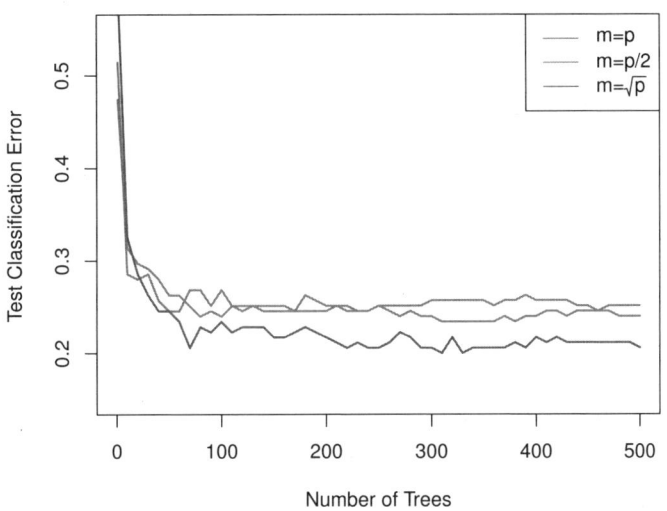

그림 8.10: 설명변수 수 $p = 500$인 15-클래스 유전자 발현 자료에 대한 랜덤 포리스트의 결과. 검정오차는 트리 개수의 함수로 표시된다. 각각의 색깔있는 선은 다른 값의 m에 대응하고, 이 m은 각 내부 트리 노드에서 분할하는 데 이용할 수 있는 설명변수들의 수이다. 랜덤 포리스트($m < p$)는 배깅($m = p$) 보다 약간 나은 결과를 제공한다. 단일 분류트리는 45.7%의 오차율을 가진다

않을 것이고, 그래서 다른 설명변수들에게 더 많은 기회가 주어질 것이다. 이러한 과정은 트리들의 *상관성*을 *제거하는* 것으로 간주될 수 있다. 그리하여 결과 트리들의 평균은 변동성이 적어지고 더 안정적으로 된다.

배깅과 랜덤 포리스트 사이의 주된 차이는 설명변수의 부분집합 크기 m의 선택에 있다. 예를 들어, $m = p$를 사용하여 랜덤 포리스트를 만든다면 이것은 단순히 배깅이 된다. Heart 자료에서 $m = \sqrt{p}$를 사용한 랜덤 포리스트는 검정오차와 OOB 오차 둘 다 배깅에 비해 줄어들게 한다(그림 8.8).

랜덤 포리스트를 만드는 데 작은 값의 m을 사용하는 것은 보통 큰 수의 상관된 설명변수들이 있을 때 유용할 것이다. 고차원의 생물학적 자료에 랜덤 포리스트들을 적용해보자. 이 생물학적 자료는 환자 349명의 조직 표본들에 대해 측정된 4,718개의 유전자 발현 관측치로 구성된다. 인간의 유전자는 약 20,000개이고, 개별 유전자는 특정 셀, 조직, 그리고 생물학적 조건에서 다른 수준의 활성(activity) 또

는 발현(expression)을 보인다. 이 자료에서 각각의 환자 표본은 15개의 다른 수준을 가지는 질적 라벨(qualitative label)을 가지며, 15개 수준은 정상 또는 14개 다른 종류의 암 중 하나이다. 랜덤 포레스트를 사용하여 훈련셋에서 가장 큰 분산을 가지는 500개의 유전자를 기반으로 암 종류를 예측하는 것이 목적이다. 관측치들을 훈련셋과 검정셋으로 랜덤하게 나누고 세 개의 다른 값을 가지는 분할변수의 수 m에 대해 랜덤 포레스트를 훈련셋에 적용한다. 결과는 그림 8.10에 도시된다. 단일 트리의 오차율은 45.7%이고 null rate는 75.4%이다.[4] 이 예제에서, 좋은 성능을 내는 데 400개의 트리를 사용하면 충분하고 $m = \sqrt{p}$를 선택하면 배깅($m = p$)에 비해 검정오차를 약간 개선한다는 것을 알 수 있다. 배깅에서와 같이, 랜덤 포레스트는 B가 증가하면 과적합이 없을 것이므로 실제로는 오차율이 안정되도록 충분히 큰 값의 B를 사용한다.

8.2.3 부스팅(Boosting)

의사결정트리로부터 얻은 예측을 향상시키는 또 다른 기법인 *부스팅(boosting)*에 대해 살펴보자. 배깅과 같이 부스팅은 일반적인 기법으로 회귀 또는 분류에 대한 많은 통계학습방법들에 적용될 수 있다. 여기서는 부스팅을 의사결정트리와 관련해서만 다룬다.

배깅은 붓스트랩을 사용하여 원래 훈련자료에 대한 다수의 복사본을 만들고, 각 복사본에 별도의 의사결정트리를 적합하며, 그다음에 이 트리들을 모두 결합하여 단일 예측모델을 만든다. 주목할 점은 각 트리는 다른 트리들과 독립적인 붓스트랩 데이터셋에 대해 만들어진다. 부스팅도 유사한 방식으로 동작하며 다른 점은 트리들이 *순차적*으로 만들어진다는 것이다. 즉, 각 트리는 이전에 만들어진 트리들로부터의 정보를 사용하여 만들어진다. 부스팅은 붓스트랩 샘플링을 하지 않는다. 대신에, 각 트리는 수정된 버전의 원래 데이터셋에 적합된다.

먼저 회귀설정을 고려해보자. 배깅처럼 부스팅은 큰 수의 의사결정트리 $\hat{f}^1, \ldots, \hat{f}^B$를 결합하는 것이 관련된다. 부스팅은 알고리즘 8.2에서 설명된다.

---

[4] null rate는 단순히 종합적으로 지배적인 클래스로 각 관측치를 분류한 결과이며, 여기서 지배적인 클래스는 정상(암이 아닌) 클래스이다.

알고리즘 8.2 *회귀트리에 대한 부스팅*

1. $\hat{f}(x) = 0$이라 하고 훈련셋의 모든 i에 대해 $r_i = y_i$로 설정한다.

2. $b = 1, 2, \ldots, B$에 대하여 다음을 반복한다:

    (a) d개의 분할($d+1$ 터미널 노드)을 가진 트리 $\hat{f}^b$를 훈련자료 (X, r)에 적합한다.

    (b) 새로운 트리의 수축 버전에 더하여 $\hat{f}$를 업데이트한다.
    $$\hat{f}(x) \leftarrow \hat{f}(x) + \lambda \hat{f}^b(x) \tag{8.10}$$

    (c) 잔차들을 업데이트한다.
    $$r_i \leftarrow r_i - \lambda \hat{f}^b(x_i) \tag{8.11}$$

3. 부스팅 모델을 출력한다
$$\hat{f}(x) = \sum_{b=1}^{B} \lambda \hat{f}^b(x) \tag{8.12}$$

이 절차를 뒷받침하는 개념은 무엇인가? 데이터를 너무 적합하여 과적합에 이를 수 있는 하나의 커다란 의사결정트리를 적합하는 것과는 달리, 부스팅 기법은 *천천히 학습한다*. 주어진 현재 모델에 대해 이 모델의 잔차들에 의사결정트리를 적합한다. 즉, 결과 Y가 아니라 현재의 잔차들을 반응변수로 사용하여 트리를 적합한다. 그다음에 이 새로운 의사결정트리를 적합된 함수에 더하여 잔차들을 업데이트한다. 이 트리들 각각은 알고리즘에서 파라미터 d에 의해 결정되는 단지 몇 개의 터미널 노드를 가진 다소 작은 트리일 수 있다. 작은 트리들을 이 잔차들에 적합함으로써 좋은 성능을 내지 못하는 영역의 $\hat{f}$을 천천히 개선한다. 수축 파라미터 λ는 이 과정을 더욱 느리게 하여 더 많은 다른 형태의 트리들이 잔차들을 공략하게 한다. 일반적으로, *천천히 학습하는* 통계학습기법들이 좋은 성능을 내는 경향이 있다. 배깅과는 달리 부스팅에서는 각 트리를 만드는 것이 이미 만들어진 트리들에 강하게 의존한다.

좀 전에 설명한 것이 부스팅 회귀트리를 구성하는 과정이다. 부스팅 분류트리도 유사하게 만들어지지만 과정이 약간 더 복잡하며, 자세한 내용은 여기서 다루지 않는다.

부스팅은 세 개의 조율 파라미터를 가진다.

1. 트리의 수 B. 배깅과 랜덤 포리스트와는 달리 부스팅은 B가 너무 크면 과적합을 할 수 있다(비록 과적합은 발생되더라도 천천히 발생하는 경향이 있지만). 교차검증이 B를 선택하는 데 사용된다.

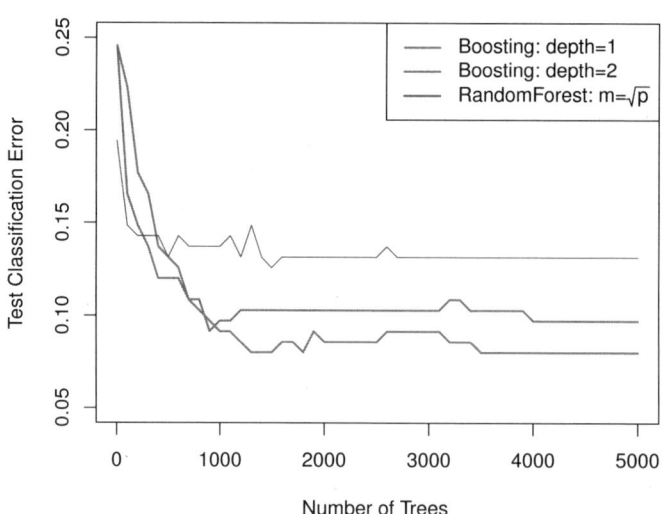

그림 8.11: 암인지 정상인지를 예측하기 위해 15-클래스 유전자 발현 자료에 대해 부스팅과 랜덤 포리스트를 수행한 결과를 나타낸 것. 검정오차는 트리 개수의 함수로 표시된다. 두 부스팅 모델의 $\lambda = 0.01$이다. 깊이가 1인 트리들이 깊이가 2인 트리들보다 성능이 약간 더 낮고, 둘 모두 랜덤 포리스트보다 성능이 낮다. 하지만 표준오차는 약 0.02로 이들의 차이는 크지 않다. 단일 트리에 대한 검정오차는 24%이다.

2. 수축 파라미터 λ(작은 양수). 이것은 부스팅이 학습하는 속도를 제어한다. 보통 이 값은 0.01 또는 0.001이고, 적당한 값은 문제에 따라 다르다. λ가 매우 작은 값이면 좋은 성능을 달성하기 위해 아주 큰 값의 B를 사용해야 한다.

3. 각 트리에서 분할의 수 d. 이것은 부스팅 구성(boosted ensemble)의 복잡도를 제어한다. 보통은 $d = 1$이면 잘 동작하며, 이 경우 각 트리는 분할이 하나뿐인 *그루터기(stump)*이다. 이러한 경우, 부스팅 구성은 각 항이 하나의 변수만 포함하므로 가법모델(additive model)을 적합하는 것이다. 좀 더 일반적으로, d개의 분할은 많아야 d개의 변수가 관련될 수 있기 때문에 d는 *상호작용 깊이 (interaction depth)*이고 부스트된 모델의 상호작용 순서를 제어한다.

그림 8.11에서 부스팅은 14개 유형의 암 클래스에서 정상 클래스를 구별할 수 있는 분류기를 개발하기 위해 15-클래스 암 유전자 발현 자료에 적용되었다. 검정오차는 총 트리의 수와 상호작용 깊이 d의 함수로 표시된다. 상호작용 깊이가 1인 단순한 그루터기는 충분한 수가 포함되면 좋은 성능을 낸다는 것을 알 수 있다. 이 모델은 깊이가 2인 모델보다 성능이 낮고, 둘 모두 랜덤 포리스트보다 낮다. 이것은 부스팅과 랜덤 포리스트 사이의 한 가지 차이를 강조한다. 즉, 부스팅에서는 특정 트리의 성장이 이미 성장된 다른 트리들을 고려하기 때문에 보통 더 작은 트리들로 충분하다. 작은 트리들을 사용하는 것은 또한 해석력(interpretability)에 도움이 될 수 이다. 예를 들어, 그루터기를 사용하면 가법모델이 된다.

8.3 Lab: 의사결정 트리

8.3.1 분류트리 적합

tree 라이브러리는 분류 및 회귀트리를 구성하는 데 사용된다.

```
> library(tree)
```

먼저 분류트리를 사용하여 Carseats 자료를 분석한다. 이 자료의 Sales는 연속변수이므로 이것을 이신변수로 기록하는 것이 필요하다. ifelse() 함수를 사용하여 High라는 변수를 생성한다. High는 Sales 변수가 8을 초과하면 Yes, 그렇지 않으면 No를 값으로 갖는다.

```
> library(ISLR)
> attach(Carseats)
> High=ifelse(Sales<=8,"No","Yes")
```

마지막으로, data.frame() 함수를 사용하여 High를 Carseats 자료와 병합한다.

```
> Carseats=data.frame(Carseats,High)
```

tree() 함수를 사용하여 분류트리를 적합하고 Sales를 제외한 모든 변수를 사용하여 High를 예측한다. tree() 함수의 문법은 lm() 함수와 상당히 유사하다.

```
> tree.carseats=tree(High~.-Sales,Carseats)
```

summary() 함수는 트리의 내부 노드로 사용된 변수, 터미널 노드(terminal node)의 수, (훈련)오차율을 보여준다.

```
> summary(tree.carseats)

Classification tree:
tree(formula = High ~ . - Sales, data = Carseats)
Variables actually used in tree construction:
[1] "ShelveLoc"   "Price"        "Income"       "CompPrice"
[5] "Population"  "Advertising"  "Age"          "US"
Number of terminal nodes:  27
Residual mean deviance:  0.4575 = 170.7 / 373
Misclassification error rate: 0.09 = 36 / 400
```

훈련오차율은 9%이다. 분류트리에서 summary()에 의해 제공된 이탈도(deviance)는 다음 식으로 주어진다.

$$-2\sum_m \sum_k n_{mk} \log \hat{p}_{mk}$$

여기서, n_{mk}는 k번째 클래스에 속하는 m번째 터미널 노드의 관측치 수를 나타낸다. 이탈도가 작으면 트리가 (훈련) 데이터에 잘 적합된다는 것을 나타낸다. *잔차평균이탈도(residual mean deviance)*는 이탈도를 $n - |T_0|$(이 예의 경우, 400 − 27 = 373)로 나눈것이다.

트리의 가장 흥미로운 성질 중 하나는 그래픽으로 표시될 수 있다는 것이다. plot() 함수를 사용하여 트리 구조를 나타내고 text() 함수로 노드 라벨을 표시한다. 인자로 pretty=0을 사용하면 R은 각 카테고리에 대한 문자를 단순히 표시하는 것이 아니라 질적 설명변수들에 대한 카테고리 이름을 포함한다.

```
> plot(tree.carseats)
> text(tree.carseats,pretty=0)
```

Sales의 가장 중요한 지표는 선반 위치(shelving location)인것 같다. 왜냐하면, 첫 번째 가지(branch)가 Bad 및 Medium 위치로부터 Good 위치를 구분하기 때문이다.

트리 객체의 이름을 단순히 입력하면 R은 트리의 각 가지에 해당하는 결과를 출력한다. R은 각 가지의 분할 기준(예를 들어, Price<92.5), 그 가지의 관측치 수, 이탈도, 그 가지에 대한 전체 예측값(Yes 또는 No), 그리고 Yes와 No의 값을 갖는 그 가지의 관측치 비율을 보여준다. 터미널 노드로 이어지는 가지에는 별표가 표시된다.

```
> tree.carseats
node), split, n, deviance, yval, (yprob)
      * denotes terminal node
 1) root 400 541.5 No ( 0.590 0.410 )
    2) ShelveLoc: Bad,Medium 315 390.6 No ( 0.689 0.311 )
       4) Price < 92.5 46  56.53 Yes ( 0.304 0.696 )
         8) Income < 57 10  12.22 No ( 0.700 0.300 )
```

분류트리의 성능을 올바르게 평가하기 위해서는 단순히 훈련오차를 계산하는 것이 아니라 검정오차를 추정해야 한다. 관측치들을 훈련셋과 검정셋으로 분할한 후 훈련셋을 사용하여 트리를 만들고 그 성능은 검정 데이터로 평가한다. 이 목적을 위해 predict() 함수가 사용될 수 있다. 분류트리에서 type="class" 인자를 사용하면 R은 실제 클래스 예측값을 반환한다. 이 기법으로 검정 데이터셋의 위치 중 약 71.5%가 올바르게 예측된다.

```
> set.seed(2)
> train=sample(1:nrow(Carseats), 200)
> Carseats.test=Carseats[-train,]
> High.test=High[-train]
> tree.carseats=tree(High~.-Sales,Carseats,subset=train)
> tree.pred=predict(tree.carseats,Carseats.test,type="class")
> table(tree.pred,High.test)
         High.test
tree.pred No Yes
      No  86  27
      Yes 30  57
> (86+57)/200
[1] 0.715
```

다음으로, 트리 pruning을 통해 결과를 개선할 수 있을지 고려해보자. 함수 cv.tree()는 교차검증을 수행하여 최적의 트리 복잡도 수준을 결정한다. 고려할 트리의 시퀀스를 선택하는 데는 비용 복잡성(cost complexity) pruning이 사용된다. FUN=prune.misclass 인자를 사용하여 cv.tree() 함수의 기본(디폴트)인 이탈도 대신 분류오류율을 기반으로 교차검증과 pruning 과정이 수행되게 한다. cv.tree() 함수는 고려되는 각 트리의 터미널 노드 수(size)와 대응하는 오류율 및 사용된 비용-복잡성 파라미터((8.4)의 α에 대응하는 k)의 값을 제공한다.

```
> set.seed(3)
> cv.carseats=cv.tree(tree.carseats,FUN=prune.misclass)
> names(cv.carseats)
[1] "size"   "dev"    "k"      "method"
> cv.carseats
$size
[1] 19 17 14 13  9  7  3  2  1

$dev
[1] 55 55 53 52 50 56 69 65 80

$k
[1]       -Inf  0.0000000  0.6666667  1.0000000  1.7500000
    2.0000000  4.2500000
[8] 5.0000000 23.0000000

$method
[1] "misclass"

attr(,"class")
[1] "prune"         "tree.sequence"
```

위의 경우에 dev는 교차검증 오차율에 해당하며, 9개의 터미널 노드를 가진 트리에서 가장 낮은 교차검증 오차율이 얻어진다. 오차율은 size와 k의 함수로 각각 나타낸다.

```
> par(mfrow=c(1,2))
> plot(cv.carseats$size,cv.carseats$dev,type="b")
> plot(cv.carseats$k,cv.carseats$dev,type="b")
```

이제 prune.misclass() 함수를 적용하여 트리를 prune하고 9-노드 트리를 얻는다.

```
> prune.carseats=prune.misclass(tree.carseats,best=9)
> plot(prune.carseats)
> text(prune.carseats,pretty=0)
```

pruning된 이 트리가 검정 데이터셋에 대해 얼마나 잘 동작하는지 알아보기 위해 다시 한번 predict() 함수를 적용한다.

```
> tree.pred=predict(prune.carseats,Carseats.test,type="class")
> table(tree.pred,High.test)
         High.test
tree.pred No Yes
      No  94  24
      Yes 22  60
> (94+60)/200
[1] 0.77
```

이 결과에 의하면 검정 관측치의 77%가 올바르게 분류되므로, pruning 과정은 해석력과 분류 정확도가 향상된 트리를 제공한다.

만약 best의 값을 증가시키면 분류 정확도는 낮지만 더 큰 pruning된 트리를 얻는다.

```
> prune.carseats=prune.misclass(tree.carseats,best=15)
> plot(prune.carseats)
> text(prune.carseats,pretty=0)
> tree.pred=predict(prune.carseats,Carseats.test,type="class")
> table(tree.pred,High.test)
         High.test
tree.pred No Yes
      No  86  22
      Yes 30  62
> (86+62)/200
[1] 0.74
```

8.3.2 회귀트리 적합

회귀트리를 Boston 자료에 적합한다. 먼저, 훈련셋을 생성하고, 이 훈련 데이터에 트리를 적합한다.

```
> library(MASS)
> set.seed(1)
> train = sample(1:nrow(Boston), nrow(Boston)/2)
> tree.boston=tree(medv~.,Boston,subset=train)
> summary(tree.boston)

Regression tree:
tree(formula = medv ~ ., data = Boston, subset = train)
Variables actually used in tree construction:
[1] "lstat" "rm"    "dis"
Number of terminal nodes:  8
Residual mean deviance:  12.65 = 3099 / 245
Distribution of residuals:
   Min.  1st Qu.   Median     Mean  3rd Qu.     Max.
-14.1000  -2.0420  -0.0536   0.0000   1.9600  12.6000
```

summary()의 출력을 보면, 단지 3개의 변수가 트리를 구성하는 데 사용되었다. 회귀트리에서 이탈도는 단순히 그 트리에 대한 오차제곱합이다. 이제 트리를 그래프로 나타내어보자.

```
> plot(tree.boston)
> text(tree.boston,pretty=0)
```

변수 lstat은 사회 경제적 지위(socioeconomic status)가 낮은 사람들의 백분율을 측정한다. 트리는 lstat 값이 낮을수록 주택가격이 높게 대응된다는 것을 나타낸다. 거주자들의 사회 경제적 지위가 높은 (rm>=7.437, lstat<9.715) 교외지역에서는 더 큰 주택에 대한 메디안 주택가격이 $46,400라고 트리는 예측한다.

이제, cv.tree() 함수를 사용하여 트리 pruning이 성능을 개선할 것인지 알아본다.

```
> cv.boston=cv.tree(tree.boston)
> plot(cv.boston$size,cv.boston$dev,type='b')
```

이 예의 경우, 가장 복잡한 트리가 교차검증에 의해 선택된다. 하지만, 트리 pruning을 원한다면 prune.tree() 함수를 사용하여 다음과 같이 할 수 있다.

```
> prune.boston=prune.tree(tree.boston,best=5)
> plot(prune.boston)
> text(prune.boston,pretty=0)
```

교차검증 결과에 따라 pruning 되지 않은 트리를 사용하여 검정셋에 대한 예측을 한다.

```
> yhat=predict(tree.boston,newdata=Boston[-train,])
> boston.test=Boston[-train,"medv"]
> plot(yhat,boston.test)
> abline(0,1)
> mean((yhat-boston.test)^2)
[1] 25.05
```

다시 말하면, 이 회귀트리와 관련된 검정셋 MSE는 25.05이고 그 제곱근은 약 5.005이다. 이것은 검정셋에 대한 모델의 예측값이 교외지역 실제 메디안 주택가격의 $5,005 이내에 있다는 것을 나타낸다.

8.3.3 배깅(Bagging)과 랜덤 포리스트(Random Forest)

R의 randomForest 패키지를 사용하여 Boston 자료에 배깅과 랜덤 포리스트를 적용한다. 이 절에서 얻는 결과는 사용하는 R의 버전와 rondomForest 패키지의 버전에 따라 다를 수 있다. 배깅은 $m = p$인 랜덤 포리스트의 특수한 경우이다. 그러므로 randomForest() 함수는 랜덤 포리스트뿐만 아니라 배깅을 수행하는 데도 사용될 수 있다. 배깅은 다음과 같이 수행한다.

```
> library(randomForest)
> set.seed(1)
> bag.boston=randomForest(medv~.,data=Boston,subset=train,
    mtry=13,importance=TRUE)
> bag.boston

Call:
 randomForest(formula = medv ~ ., data = Boston, mtry = 13,
     importance = TRUE,      subset = train)
               Type of random forest: regression
                     Number of trees: 500
No. of variables tried at each split: 13

        Mean of squared residuals: 10.77
                  % Var explained: 86.96
```

인자 mtry=13은 트리의 각 분할에 13개 설명변수 모두가 고려되어야 한다는 것을 나타낸다. 다시 말하면, 배깅이 수행되어야 한다. 배깅 모델의 검정셋에 대한 성능은 어떤가?

```
> yhat.bag = predict(bag.boston,newdata=Boston[-train,])
> plot(yhat.bag, boston.test)
> abline(0,1)
> mean((yhat.bag-boston.test)^2)
[1] 13.16
```

배깅 회귀트리와 관련된 검정셋 MSE는 13.16으로, 최적으로 pruning된 단일 트리를 사용하여 얻은 값의 거의 절반이다. randomForest()에 의해 만들어지는 트리의 수는 ntree 인자를 사용하여 변경할 수 있다.

```
> bag.boston=randomForest(medv~.,data=Boston,subset=train,
    mtry=13,ntree=25)
> yhat.bag = predict(bag.boston,newdata=Boston[-train,])
> mean((yhat.bag-boston.test)^2)
[1] 13.31
```

랜덤 포리스트도 배깅과 동일한 방식으로 만들어지며, 다만 사용되는 mtry 인자의 값이 작을 뿐이다. 기본적으로, randomForest()는 회귀트리의 랜덤 포리스트를 만들 때는 $p/3$개의 변수를 사용하고, 분류트리의 랜덤 포리스트를 만들 때는 $\sqrt{p}$개의 변수를 사용한다. 여기서는 mtry=6이 사용된다.

```
> set.seed(1)
> rf.boston=randomForest(medv~.,data=Boston,subset=train,
    mtry=6,importance=TRUE)
> yhat.rf = predict(rf.boston,newdata=Boston[-train,])
> mean((yhat.rf-boston.test)^2)
[1] 11.31
```

검정셋 MSE는 11.31로, 이 경우에는 랜덤 포리스트 결과가 배깅보다 더 낫다는 것을 나타낸다.

importance() 함수를 사용하여 각 변수의 중요도를 볼 수 있다.

```
> importance(rf.boston)
         %IncMSE  IncNodePurity
crim      12.384       1051.54
zn         2.103         50.31
indus      8.390       1017.64
chas       2.294         56.32
nox       12.791       1107.31
rm        30.754       5917.26
age       10.334        552.27
dis       14.641       1223.93
rad        3.583         84.30
tax        8.139        435.71
ptratio   11.274        817.33
black      8.097        367.00
lstat     30.962       7713.63
```

변수의 중요도에 대한 두 가지 측도가 제공된다. 첫 번째 측도는 주어진 변수가 모델에서 제외될 때 배깅되지 않은 표본에 대한 예측 정확도의 평균 감소량을 기반으로 한다. 두 번째 측도는 주어진 변수에 대한 분할로 인한 노드 impurity의 총 감소량을 모든 트리에 대해 평균한 것이다(그림 8.9에 도시되어 있음). 회귀트리의 경우 노드 impurity는 훈련 RSS에 의해 측정되고, 분류트리의 경우에는 이탈도에 의해 측정된다. 이러한 중요도에 대한 측도는 varImpPlot() 함수를 사용하여 그래프로 나타낼 수 있다.

```
> varImpPlot(rf.boston)
```

결과를 보면, 랜덤 포리스트에서 고려된 모든 트리에서 지역사회의 재산 수준(lstat)과 주택 크기(rm)가 단연코 가장 중요한 두 변수라는 것을 알 수 있다.

8.3.4 부스팅(Boosting)

여기서는 gbm 패키지의 gbm() 함수를 사용하여 부스팅 회귀트리를 Boston 자료에 적합한다. 이것은 회귀문제이므로 distribution="gaussian" 옵션을 가지고 gbm()을 실행한다. 만약 이것이 이진 분류 문제라면 distribution="bernoulli"를 사용할 것이다. 인자 n.trees=5000은 5000개의 트리를 원한다는 것을 나타내며, interaction.depth=4 옵션은 각 트리의 깊이를 제한한다.

```
> library(gbm)
> set.seed(1)
> boost.boston=gbm(medv~.,data=Boston[train,],distribution=
        "gaussian",n.trees=5000,interaction.depth=4)
```

summary() 함수는 상대적 영향력 그래프를 생성하고 상대적 영향력 통계량을 출력한다.

```
> summary(boost.boston)
       var   rel.inf
1    lstat    45.96
2       rm    31.22
3      dis     6.81
4     crim     4.07
5      nox     2.56
6  ptratio     2.27
7    black     1.80
8      age     1.64
9      tax     1.36
10   indus     1.27
11    chas     0.80
12     rad     0.20
13      zn    0.015
```

출력을 보면 lstat과 rm이 단연 가장 중요한 변수라는 것을 알 수 있다. 또한, 이 두 변수들에 대한 *부분 종속성 그래프(partial dependence plot)*를 생성할 수도 있다. 이러한 그래프들은 다른 변수들을 통합한 후 반응변수에 대한 선택된 변수들의 미미한 효과를 보여준다. 이 예의 경우 예상했을 수도 있듯이 메디안 주택가격은 rm에 따라 증가하고 lstat에 따라 감소한다.

```
> par(mfrow=c(1,2))
> plot(boost.boston,i="rm")
> plot(boost.boston,i="lstat")
```

이제 부스팅 모델을 사용하여 검정셋에 대해 medv를 예측한다.

```
> yhat.boost=predict(boost.boston,newdata=Boston[-train,],
        n.trees=5000)
> mean((yhat.boost-boston.test)^2)
[1] 11.8
```

얻어진 검정 MSE는 11.8로, 랜덤 포리스트의 검정 MSE와 유사하고 배깅보다는 우수하다. 원한다면 (8.10)의 수축(shrinkage) 파라미터 λ 값을 다르게 하여 부스팅을 수행할 수 있다. 기본값은 0.001 이지만, 쉽게 바꿀 수 있다. $\lambda = 0.2$를 사용해보자.

```
> boost.boston=gbm(medv~.,data=Boston[train,],distribution=
    "gaussian",n.trees=5000,interaction.depth=4,shrinkage=0.2,
    verbose=F)
> yhat.boost=predict(boost.boston,newdata=Boston[-train,],
           n.trees=5000)
> mean((yhat.boost-boston.test)^2)
[1] 11.5
```

결과를 보면, $\lambda = 0.2$의 경우 $\lambda = 0.001$일 때보다 검정 MSE가 약간 낮아진다.

8.4 연습문제

1. 재귀이진분할(recursive binary splitting)로 얻을 수 있는 2차원 변수공간의 분할예를 그려라. 이 예는 적어도 6개의 영역을 포함해야 한다. 이 분할에 대응하는 의사결정 트리를 그려라. 영역 $R_1, R_2, \ldots$, 절단점 $t_1, t_2, \ldots$ 등을 포함하여 그림의 모든 측면을 표시하여라.

   힌트: 결과는 그림 8.1 및 8.2와 같이 보이는 것이어야 한다.

2. 8.2.3절에서 언급되었듯이, 깊이가 1인 트리(또는 stumps)를 사용하는 부스팅은 가법모델, 즉 다음 형태의 모델이 된다.

$$f(X) = \sum_{j=1}^{p} f_j(X_j)$$

   왜 이렇게 되는지 설명하여라. 알고리즘 (8.2)의 (8.12)를 가지고 시작할 수 있다.

3. 2개의 클래스가 있는 단순 분류에서 지니 지수(Gini index), 분류오류, 교차엔트로피(cross-entropy)를 고려해보자. 이 세가지 각각을 $\hat{p}_{m1}$의 함수로 표시하는 하나의 그래프를 그려라. x축은 0에서 1까지 범위의 $\hat{p}_{m1}$을 나타내고, y축은 지니 지수, 분류오류, 엔트로피 값을 나타내야 한다.

   힌트: 두 개의 클래스가 있는 경우, $\hat{p}_{m1} = 1 - \hat{p}_{m2}$이다. 손으로 이 그래프를 그릴 수도 있지만 R을 사용하는 것이 훨씬 쉬울 것이다.

4. 이 문제는 그림 8.12의 그래프와 관련된다.

   (a) 그림 8.12의 왼쪽 패널에 나타낸 설명변수공간의 분할에 대응하는 트리를 스케치하여라. 상자 안의 숫자들은 각 영역 내 Y의 평균을 나타낸다.

   (b) 그림 8.12의 오른쪽 패널에 나타낸 트리를 사용하여 그림 8.12의 왼쪽 패널과 유사한 그림을 그려라. 설명변수공간을 올바른 영역으로 나누어 각 영역에 대한 평균을 나타내어야 한다.

5. red와 green 클래스를 포함하는 자료에서 10개의 붓스트랩된 표본을 만든다고 해보자. 붓스트랩된 각 표본에 분류트리를 적용하고 특정 X 값에 대해 확률 $P(\text{Class is Red}|X)$의 10개 추정치를 구한다.

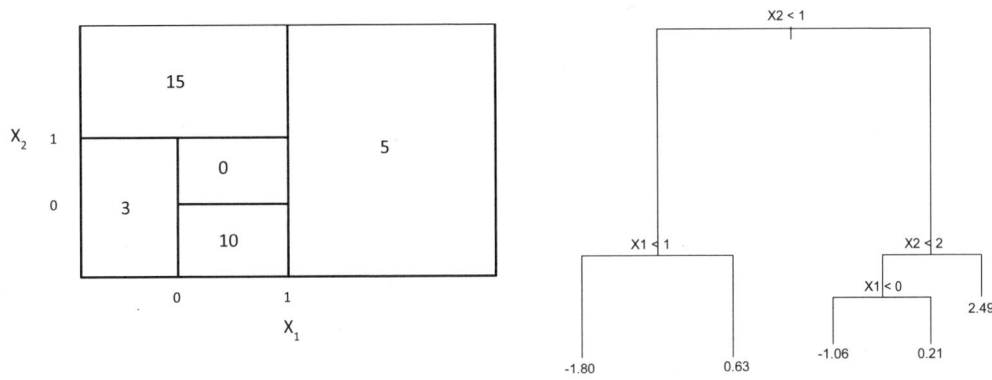

그림 8.12: 왼쪽: 연습문제 4a에 대응하는 설명변수공간의 분할. 오른쪽: 연습문제 4b에 대응하는 트리.

$$0.1, 0.15, 0.2, 0.2, 0.55, 0.6, 0.6, 0.65, 0.7, 0.75$$

이러한 결과들을 단일 하나의 클래스 예측값으로 결합하는 데 사용되는 두 가지 일반적인 방법이 있다. 하나는 이 장에서 다루었던 다수결(majority vote) 기법이고 다른 하나는 평균 확률을 기반으로 분류하는 기법이다. 두 기법을 각각 사용하여 이 예의 최종 분류를 찾아라.

6. 회귀트리를 적합하는 데 사용된 알고리즘을 상세히 설명하여라.

7. lab에서 Boston 자료에 mtry=6, ntree=25 및 ntree=500을 사용하여 랜덤 포리스트를 적용하였다. 더 광범위한 값의 mtry와 ntree를 사용하여 자료에 대한 랜덤 포리스트의 검정오차를 나타내는 그래프를 그려라. 그림 8.10과 유사한 그래프를 그리면 된다. 얻은 결과에 대해 설명하여라.

8. lab에서 Sales를 질적 반응변수로 변환한 후에 분류트리를 Carseats 자료에 적용하였다. 여기서는 반응변수를 양적 변수로 취급하고 회귀트리 및 관련된 기법들을 사용하여 Sales를 예측하고자 한다.

    (a) 자료를 훈련셋과 검정셋으로 분할하여라.

(b) 회귀트리를 훈련셋에 적합하여라. 트리를 그래프로 그리고 결과를 해석하여라. 검정 MSE는 얼마인가?

(c) 교차검증을 사용하여 최적의 트리 복잡도 수준을 결정하여라. 트리를 pruning하면 검정 MSE가 개선되는가?

(d) 배깅 기법을 사용하여 자료를 분석하여라. 검정 MSE는 얼마인가? importance() 함수를 사용하여 어느 변수가 가장 중요한지 결정하여라.

(e) 랜덤 포리스트를 사용하여 자료를 해석하여라. 검정 MSE는 얼마인가? importance() 함수를 사용하여 어느 변수가 가장 중요한지 결정하여라. 각 분할에서 고려되는 변수의 수 m이 오류율에 미치는 영향을 설명하여라.

9. 이 문제는 ISLR 패키지의 일부인 OJ 자료를 사용한다.

(a) 800개 관측치의 랜덤 표본을 포함하는 훈련셋과 나머지 관측치들을 포함하는 검정셋을 만들어라.

(b) Purchase를 반응변수로 하고 다른 변수들을 설명변수로 하여 훈련 데이터에 트리를 적합하여라. summary() 함수를 사용하여 트리에 대한 요약정보를 제공하고 결과를 설명하여라. 훈련오차율을 얼마인가? 트리에는 몇 개의 터미널 노드가 있는가?

(c) 트리 객체의 이름을 입력하여 상세한 결과를 얻고, 터미널 노드 중 하나를 선택하여 표시된 정보를 해석하여라.

(d) 트리를 그래프로 나타내고 결과를 해석하여라.

(e) 검정 데이터에 대해 반응변수를 예측하고 검정 라벨을 예측된 검정 라벨과 비교하는 혼동 행렬을 제공하여라. 검정오차율은 얼마인가?

(f) 훈련셋에 cv.tree() 함수를 적용하여 최적의 트리 크기를 결정하여라.

(g) x축에 트리 크기를 나타내고 y축에는 교차검증 분류오류율을 나타내는 그래프를 그려라.

(h) 교차검증 분류오류율이 가장 낮은 트리 크기는 어느 것인가?

(i) 교차검증을 사용하여 얻은 최적의 트리 크기에 대응하는 pruning된 트리를 제공하여라. 만약 교차검증으로 pruning된 트리가 선택되지 않으면 5개의 터미널 노드가 있는 pruning된 트리를 생성하여라.

(j) pruning된 트리와 그렇지 않은 트리 사이의 훈련오차율을 비교하여라. 어느 것이 더 큰가?

(k) pruning된 트리와 그렇지 않은 트리 사이의 검정오차율을 비교하여라. 어느 것이 더 큰가?

10. Hitters 자료에서 Salary를 예측하는 데 부스팅을 사용한다.

(a) 급여(salary) 정보가 없는 관측치는 제외하고 급여 값을 로그변환하여라.

(b) 첫 200개의 관측치로 구성된 훈련셋과 나머지 관측치들로 구성된 검정셋을 생성하여라.

(c) 훈련셋에 대해 수축 파라미터 λ 값의 범위에서 1,000개의 트리를 갖는 부스팅을 수행하여라. x축은 수축 파라미터이고 y축은 대응하는 훈련셋 MSE인 그래프를 그려라.

(d) x축은 다른 값의 수축 파라미터이고 y축은 대응하는 검정셋 MSE인 그래프를 그려라.

(e) 부스팅의 검정 MSE를 3장과 6장에서 살펴본 회귀 기법 중 두 가지를 적용하여 얻은 검정 MSE와 비교하여라.

(f) 부스팅 모델에서 어느 변수가 가장 중요한 설명변수인가?

(g) 훈련셋에 배깅을 적용하여라. 이 기법의 검정셋 MSE는 얼마인가?

11. 이 문제는 Caravan 자료를 사용한다.

(a) 첫 1,000개의 관측치로 구성된 훈련셋과 나머지 관측치들로 구성된 검정셋을 생성하여라.

(b) Purchase를 반응변수로 하고 다른 변수들은 설명변수로 하여 부스팅 모델을 훈련셋에 적합하여라. 1,000개의 트리와 0.01의 수축 파라미터 값을 사용하여라. 어느 설명변수가 가장 중요한 것 같은가?

(c) 부스팅 모델을 사용하여 검정 데이터에 대해 반응변수를 예측하여라. 추정 구매확률이 20% 보다 큰 경우에 구매를 진행할 것이라는 것을 예측하여라. 혼동행렬을 구성하여라. 구매할 것이라고 예측된 사람들 중 실제로 구매를 하는 비율은 얼마인가? 이 결과를 KNN 또는 로지스틱 회귀을 적용하여 얻은 결과와 비교하여라.

12. 원하는 자료에 부스팅, 배깅, 랜덤 포리스트를 적용하여라. 반드시 훈련셋에 모델을 적합하고 모델 성능은 검정셋으로 평가하여라. 결과는 선형 또는 로지스틱 회귀와 같은 단수한 방법들과 비교하여 얼마나 정확한가? 성능이 가장 좋은 기법은 어느 것인가?

서포트 벡터 머신

Support Vector Machines

이 장에서는 서포트 벡터 머신*(support vector machine: SVM)*에 대해 살펴본다. 이것은 1990년대 컴퓨터 과학 분야에서 개발되어 널리 알려진 분류기법이다. SVM은 다양한 설정에서 잘 동작한다는 것이 밝혀졌으며 흔히 최상의 분류기 중 하나로 간주된다.

서포트 벡터 머신은 9.1절에서 소개하는 *최대 마진 분류기(maximal margin classifier)*라고 불리는 단순하고 직관적인 분류기를 일반화한 것이다. 최대 마진 분류기는 비록 우아하고 단순하지만 유감스럽게도 대부분의 데이터셋에 적용될 수 없다. 왜냐하면 이 분류기는 클래스들이 선형 경계에 의해 구별될 수 있어야 한다는 요구조건이 있기 때문이다. 9.2절에서 *서포트 벡터 분류기(support vector classifier)*가 소개되는데, 이것은 더 넓은 경우에 적용될 수 있도록 최대 마진 분류기를 확장한 것이다. 9.3절은 서포트 벡터 분류기를 더 확장하여 비선형의 클래스 경계를 수용하는 *서포트 벡터 머신*을 소개한다. 서포트 벡터 머신은 두 개의 클래스가 있는 2진 분류 설정을 위한 것이다. 9.4절에서는 서포트 벡터 머신을 클래스 수가 3개 이상인 경우로 확장하는 것에 대해 다룬다. 9.5절에서는 서포트 벡터 머신과 로지스틱 회귀와 같은 다른 통계 방법 사이의 밀접한 관련성에 대해 다룬다.

9.1 최대 마진 분류기

이 절에서는 초평면(hyperplane)을 정의하고 최적의 분류(분리) 초평면(separating hyperplane)의 개념을 소개한다.

9.1.1 초평면은 무엇인가?

p 차원 공간에서 초평면은 차원이 $p-1$인 평평한 아핀(affine) 부분공간이다.[1] 예를 들어, 초평면은 2차원에서는 평평한 1차원 부분공간, 즉 선이고, 3차원에서는 평평한 2차원 부분공간, 즉 평면이다. $p > 3$ 차원의 경우, 초평면을 시각적으로 나타내기는 어려울 수 있지만 $(p-1)$ 차원의 평평한 부분공간이란 그 개념은 마찬가지이다.

초평면의 수학적 정의는 아주 간단하다. 2차원에서 파라미터 β_0, β_1, 그리고 β_2에 대한 초평면은 다음 식으로 정의된다.

$$\beta_0 + \beta_1 X_1 + \beta_2 X_2 = 0 \tag{9.1}$$

식 (9.1)이 초평면을 "정의한다"고 얘기할 때 그 의미는 (9.1)이 성립하는 임의의 $X = (X_1, X_2)^T$는 초평면 상의 점이라는 것이다. 2차원에서 초평면은 선이므로 (9.1)은 단순히 선의 방정식이다.

식 (9.1)은 p 차원의 초평면을 정의하는 것으로 쉽게 확장될 수 있다.

$$\beta_0 + \beta_1 X_1 + \beta_2 X_2 + \cdots + \beta_p X_p = 0 \tag{9.2}$$

p 차원 공간(즉, 길이가 p인 벡터)의 점 $X = (X_1, X_2, \ldots, X_p)^T$가 (9.2)를 만족하면 X는 초평면 상에 있다.

이제, X가 (9.2)를 만족하지 않고 다음과 같다고 해보자.

$$\beta_0 + \beta_1 X_1 + \beta_2 X_2 + \cdots + \beta_p X_p > 0 \tag{9.3}$$

---

[1] 아핀(affine)이란 말은 부분공간이 원점을 지날 필요가 없다는 것을 나타낸다.

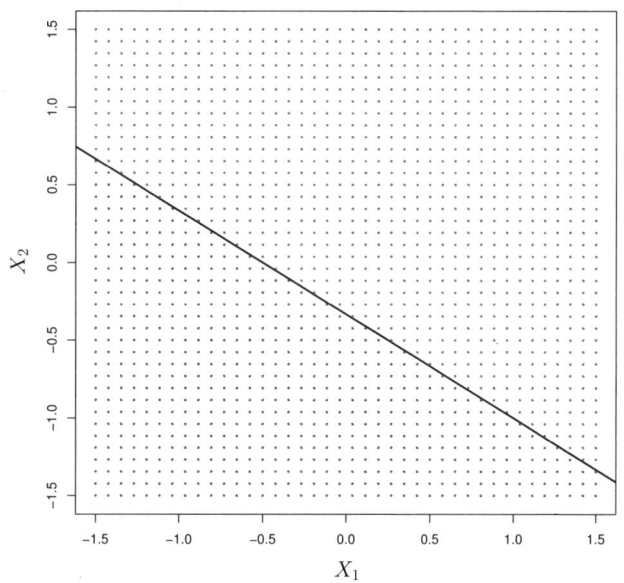

그림 9.1: 초평면 $1+2X_1+3X_2 = 0$이 도시된다. 파란색 영역은 $1+2X_1+3X_2 > 0$인 점들의 집합이고 보라색 영역은 $1+2X_1+3X_2 < 0$인 점들의 집합이다.

그러면, 이 식은 X가 이 초평면의 한쪽에 놓인다는 것을 의미한다. 반면에, 식 (9.4)가 성립하면 X는 초평면의 다른쪽에 놓인다.

$$\beta_0 + \beta_1 X_1 + \beta_2 X_2 + \cdots + \beta_p X_p < 0 \tag{9.4}$$

따라서, 초평면은 p 차원 공간을 두 개의 부분으로 이등분하는 것으로 생각할 수 있다. 어떤 점이 초평면의 어느 쪽에 있는지는 (9.2)의 왼쪽 변의 부호를 계산함으로써 쉽게 결정할 수 있다. 2차원 공간의 한 초평면이 그림 9.1에 도시되어 있다.

9.1.2 분리 초평면(Separating Hyperplane)을 사용한 분류

p 차원 공간에서 n개의 훈련 관측치로 구성되는 $n \times p$ 데이터 행렬 $\mathbf{X}$가 있다고 해보자.

$$x_1 = \begin{pmatrix} x_{11} \\ \vdots \\ x_{1p} \end{pmatrix}, \ldots, x_n = \begin{pmatrix} x_{n1} \\ \vdots \\ x_{np} \end{pmatrix} \tag{9.5}$$

이들 관측치는 두 개의 클래스에 포함된다. 즉, $y_1, \ldots, y_n \in \{-1, 1\}$이며, 이 중 한 클래스는 -1 다른 클래스는 1로 나타낸다. 또한, 검정 관측치가 있으며 이것은 관측된 변수들 $x^* = (x_1^*, \ldots, x_p^*)^T$의 p-벡터이다. 목적은 훈련 데이터를 기반으로 분류기를 개발하는 것인데, 이 분류기는 변수 측정을 이용하여 검정 관측치를 정확하게 분류하게 될 것이다. 이러한 일을 위한 기법들 다수를 살펴보았으며, 4장의 선형판별분석과 로지스틱 회귀, 그리고 8장의 분류트리, 배깅, 부스팅이 그러한 기법들이다. 여기서는 분리 초평면의 개념에 기초한 새로운 기법에 대해 알아볼 것이다.

훈련 관측치들을 클래스 라벨에 따라 완벽하게 분리하는 초평면을 구성할 수 있다고 해보자. 이러한 분리 초평면들에 대한 세 가지 예가 그림 9.2의 왼쪽 패널에 도시되어 있다. 파란색 클래스에 속하는 관측치들은 $y_i = 1$, 보라색 클래스에 속하는 것들은 $y_i = -1$이라는 라벨을 붙일 수 있다. 그러면, 분리 초평면은 식 (9.6)과 (9.7)의 성질을 가진다.

$$y_i = 1 \text{이면,} \quad \beta_0 + \beta_1 x_{i1} + \beta_2 x_{i2} + \cdots + \beta_p x_{ip} > 0 \tag{9.6}$$

$$y_i = -1 \text{이면,} \quad \beta_0 + \beta_1 x_{i1} + \beta_2 x_{i2} + \cdots + \beta_p x_{ip} < 0 \tag{9.7}$$

다르게 표현하면, 분리 초평면은 모든 $i = 1, \ldots, n$에 대해 식 (9.8)의 성질을 가진다.

$$y_i(\beta_0 + \beta_1 x_{i1} + \beta_2 x_{i2} + \cdots + \beta_p x_{ip}) > 0 \tag{9.8}$$

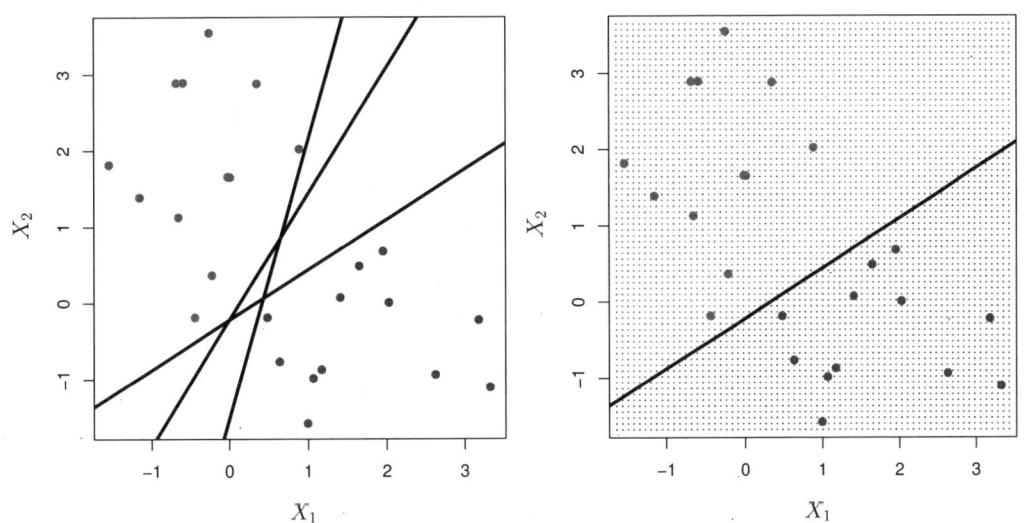

그림 9.2: 왼쪽: 두 클래스의 관측치들이 파란색과 보라색으로 표시된다. 각 클래스는 두 개의 변수에 대한 측정치들을 가진다. 많은 가능한 분리 초평면 중 세 개가 검은색으로 표시된다. 오른쪽: 분리 초평면은 검은색으로 도시된다. 파란색과 보라색 격자는 이 분리 초평면에 기초한 분류기에 의해 만들어진 결정 규칙을 나타낸다. 즉, 파란색 부분의 격자에 속하는 검정 관측치는 파란색 클래스에 할당되고 보라색 부분 격자의 검정 관측치는 보라색 클래스에 할당될 것이다.

분리 초평면이 존재하면 이 평면을 사용하여 아주 자연스런 분류기를 구성할 수 있다. 즉 검정 관측치는 초평면의 어느 쪽에 위치하는지에 따라 클래스에 할당된다. 그림 9.2의 오른쪽 패널은 이러한 분류기의 한 예를 보여준다. 즉, 검정 관측치 x^*는 $f(x^*) = \beta_0 + \beta_1 x_1^* + \beta_2 x_2^* + \ldots, +\beta_p x_p^*$의 부호를 기반으로 분류된다. 만일 $f(x^*)$가 양수이면 검정 관측치는 클래스 1에, 음수이면 −1에 할당된다. 또한, $f(x^*)$의 *크기(magnitude)*를 사용할 수 있다. 만약 $f(x^*)$가 영에서 멀리 떨어져 있으면 이것은 x^*가 초평면으로부터 멀리 떨어져 있다는 것을 의미하고, 그래서 x^*에 대한 클래스 할당에 대해 확신할 수 있다. 반면에, $f(x^*)$가 영에 가까우면 x^*가 초평면 근처에 놓여 있으므로 x^*의 클래스 할당에 대한 확신이 덜하다. 그림 9.2에서 볼 수 있듯이, 분리 초평면에 기초한 분류기는 선형결정경계로 이어진다.

9.1.3 최대 마진 분류기

일반적으로, 초평면을 사용하여 데이터가 완벽하게 분류될 수 있으면 무한개의 그러한 초평면이 존재할 것이다. 왜냐하면 주어진 초평면은 어느 관측치들과도 만나지 않으면서 아주 약간 위 또는 아래로 이동하거나 회전될 수 있기 때문이다. 그림 9.2의 왼쪽 패널에 세 개의 가능한 분리 초평면이 도시되어 있다. 분리 초평면을 기반으로 분류기를 구성하기 위해서는 무한개의 가능한 분리 초평면 중 어느 것을 사용할지 결정하는 합리적인 방법이 있어야 한다.

훈련 관측치들로부터 가장 멀리 떨어진 분리 초평면인 *최대 마진 초평면*(*최적 분리 초평면*으로도 알려짐)을 선택하는 것이 자연스럽다. 각각의 훈련 관측치에서 주어진 초평면까지의 (수직) 거리를 계산할 수 있으며, 관측치들에서 초평면까지의 가장 짧은 거리가 *마진(margin)*으로 알려져 있다. 최적 마진 초평면은 분리 초평면으로 마진이 가장 큰 것이다. 즉, 이것은 훈련 관측치들까지의 최소 거리가 가장 먼 초평면이다. 검정 관측치가 이 최대 마진 초평면의 어느 쪽에 놓이는지를 기반으로 분류할 수 있다. 이것이 *최대 마진 분류기*로 알려져 있다. 훈련 데이터에 대해 큰 마진을 가지는 분류기가 검정 데이터에 대해서도 큰 마진을 가질 것이고, 따라서 검정 관측치들을 올바르게 분류할 것이라고 기대한다. 최대 마진 분류기는 보통은 성공적으로 동작하지만 p 값이 클 때 과적합에 이를 수도 있다.

$\beta_0, \beta_1, \ldots, \beta_p$가 최대 마진 초평면의 계수들이라면 최대 마진 분류기는 $f(x^*) = \beta_0 + \beta_1 x_1^* + \beta_2 x_2^* + \ldots, +\beta_p x_p^*$의 부호를 기반으로 검정 관측치 x^*를 분류한다.

그림 9.3은 그림 9.2의 데이터셋에 대한 최대 마진 초평면을 보여준다. 그림 9.2의 오른쪽 패널을 그림 9.3과 비교해 보면, 그림 9.3에 도시된 최대 마진 초평면은 관측치들과 분리 초평면 사이의 최소

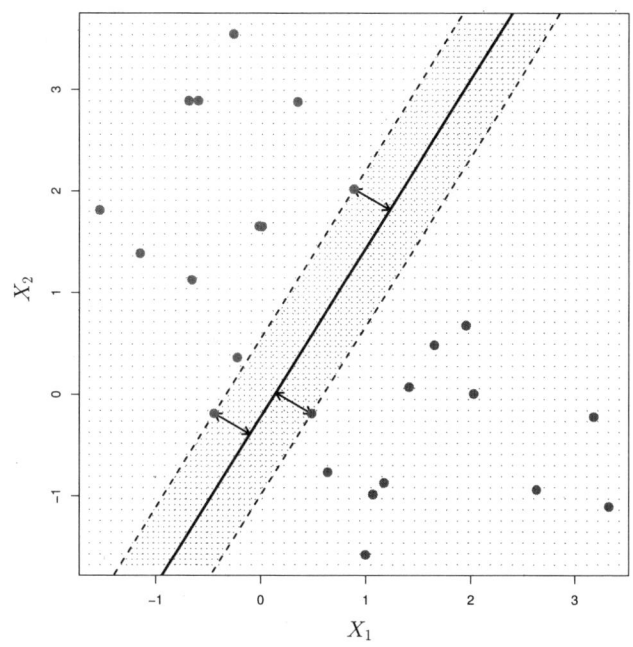

그림 9.3: 두 개의 관측치 클래스가 파란색과 보라색으로 도시되어 있다. 최대 마진 초평면은 실선으로 표시된다. 마진은 실선에서 파선들까지의 거리이다. 파선 위의 두 개의 파란색 점과 하나의 보라색 점이 서포트 벡터들이고 이 점들에서 초평면까지의 거리는 화살표로 나타낸다. 보라색 및 파란색 격자는 이 분리 초평면에 기초한 분류기에 의해 만들어진 결정 규칙을 나타낸다.

거리, 즉 마진이 더 크다는 것을 알 수 있다. 어떤 의미로는 이 최대 마진 초평면은 두 클래스 사이에 끼울 수 있는 가장 넓은 "평판(slab)"의 중간선을 나타낸다.

그림 9.3을 살펴보면 세 개의 훈련 관측치들은 최대 마진 초평면에서 동일한 거리에 있고 마진의 폭(width)을 나타내는 파선을 따라 놓여 있다. 이들 세 관측치는 *서포트 벡터(support vectors)*로 알려져 있다. 왜냐하면 이 관측치들은 p 차원 공간(그림 9.3에서 $p = 2$)의 벡터이고, 이 점들이 약간 이동되면 최대 마진 초평면도 이동될 것이라는 의미에서 최대 마진 초평면을 "서포트(support)"하기 때문이다. 흥미롭게도 최대 마진 초평면은 서포트 벡터에는 직접적으로 의존적이지만 다른 관측치들에는 의존적이지 않다. 즉, 다른 어떤 관측치의 이동도 이러한 이동으로 인해 그 관측치가 마진에 의해 설정된 경계를 넘어가지 않으면 분리 초평면에 영향을 주지 않는다. 최대 마진 초평면이 관측치의 작은 부분집

합에만 직접적으로 의존적이라는 사실은 중요한 성질로 이 장의 나중에 서포트 벡터 분류기와 서포트 벡터 머신을 다룰 때 살펴볼 것이다.

9.1.4 최대 마진 분류기의 구성

이제, n개의 훈련 관측치들 $x_1, \ldots, x_n \in \mathbb{R}^p$과 관련된 클래스 라벨 $y_1, \ldots, y_n \in \{-1, 1\}$을 기반으로 최대 마진 초평면을 구성하는 것을 고려해보자. 간단히 말해, 최대 마진 초평면은 다음 최적화 문제에 대한 해(솔루션)이다.

$$\underset{\beta_0, \beta_1, \ldots, \beta_p}{\text{maximize}} \ M \tag{9.9}$$

$$\text{subject to} \ \sum_{j=1}^{p} \beta_j^2 = 1, \tag{9.10}$$

$$y_i(\beta_0 + \beta_1 x_{i1} + \beta_2 x_{i2} + \cdots + \beta_p x_{ip}) \geq M \ \forall \ i = 1, \ldots, n \tag{9.11}$$

이 최적화 문제 (9.9)-(9.11)은 실제로는 보기보다 더 간단하다. 우선, (9.11)의 제약조건을 살펴보자.

$$y_i(\beta_0 + \beta_1 x_{i1} + \beta_2 x_{i2} + \cdots + \beta_p x_{ip}) \geq M \ \forall \ i = 1, \ldots, n$$

이 제약조건은 M이 양수이면 각 관측치가 초평면의 올바른 쪽에 있게 되도록 보장한다(실제로, 각 관측치가 초평면의 올바른 쪽에 있게 하려면 단순히 $y_i(\beta_0 + \beta_1 x_{i1} + \beta_2 x_{i2} + \cdots + \beta_p x_{ip}) > 0$이면 된다. 그러므로 (9.11)의 조건은 M이 양수이면 각 관측치가 일부 완충공간(cushion)을 가지고 초평면의 올바른 쪽에 있어야 한다).

둘째, (9.10)은 실제로는 초평면에 대한 제약조건이 아니다. 왜냐하면 $\beta_0 + \beta_1 x_{i1} + \beta_2 x_{i2} + \cdots + \beta_p x_{ip} = 0$이 초평면을 정의하면 임의의 $k \neq 0$에 대해 $k(\beta_0 + \beta_1 x_{i1} + \beta_2 x_{i2} + \cdots + \beta_p x_{ip}) = 0$도 초평면을 정의하기 때문이다. 하지만 (9.10)은 (9.11)에 의미를 더한다. 즉, 이 제약조건이 있으면 i번째 관측치에서 초평면까지의 수직 거리는 다음에 의해 주어진다는 것을 보여줄 수 있다.

$$y_i(\beta_0 + \beta_1 x_{i1} + \beta_2 x_{i2} + \cdots + \beta_p x_{ip})$$

그러므로 제약조건 (9.10)과 (9.11)은 각 관측치가 초평면의 올바른 쪽에 놓이게 하고 초평면과의 거리는 적어도 M이 되게 한다. 따라서, M은 초평면의 마진을 나타내고, 이 최적화 문제는 M을 최대로 하는 $\beta_0, \beta_1, \ldots, \beta_p$를 선택하는 것이다. 이것은 정확하게 최대 마진 초평면의 정의이다! 최적화 문제 (9.9)-(9.11)은 효과적으로 풀 수 있지만 자세한 내용은 이 책의 범위를 벗어난다.

9.1.5 분류 불가능한 경우

최대 마진 분류기는 *분리 초평면이 존재한다면* 분류를 수행하기 위한 아주 자연스런 방식이다. 하지만 많은 경우에 분리 초평면이 존재하지 않고 따라서 최대 마진 분류기도 없다. 이러한 경우, 최적화 문제 (9.9)-(9.11)은 $M > 0$인 경우 해가 없다. 하나의 예가 그림 9.4에 도시되어 있다. 이 경우에는 두 클래스를 *정확하게(exactly)* 분류할 수 없다. 하지만 다음 절에서 살펴보듯이, 분리 초평면의 개념을 확장하여 *소프트 마진(soft margin)*이라는 것을 사용하여 클래스들을 *거의(almost)* 분류하는 초평면을 개발할 수 있다. 최대 마진 분류기를 분류할 수 없는 경우로 일반화한 것은 서포트 벡터 분류기로 알려져 있다.

9.2 서포트 벡터 분류기

9.2.1 서포트 벡터 분류기의 개요

그림 9.4에서 볼 수 있듯이, 두 클래스에 속하는 관측치들은 초평면에 의해 반드시 분류될 수 있는 것이 아니다. 사실은 심지어 분리 초평면이 존재하더라도 분리 초평면에 기초한 분류기가 바람직하지 않은 경우가 있을 수 있다. 분리 초평면에 기초한 분류기는 필연적으로 모든 훈련 관측치들을 완벽하게 분류할 것이다. 이것은 개별 관측치에 민감해질 수 있다. 한 예가 그림 9.5에 되시되어 있다. 그림 9.5의 오른쪽 패널에서 하나의 관측치 추가로 최대 마진 초평면에 급격한 변화가 발생된다. 결과로 얻은 최대 마진 초평면은 만족스럽지 않은데, 우선 한 가지 이유는 아주 작은 마진만이 있기 때문이다. 이것은 문제의 소지가 있는데, 그 이유는 앞에서 다루었듯이 초평면에서 관측치까지의 거리는 관측치가 올바르게 분류되었다는 신뢰성의 측도로 볼 수 있기 때문이다. 더욱이, 최대 마진 초평면이 단일 관측치 변화에 극도로 민감하다는 사실은 훈련 데이터를 과적합할 수 있다는 것을 시사한다.

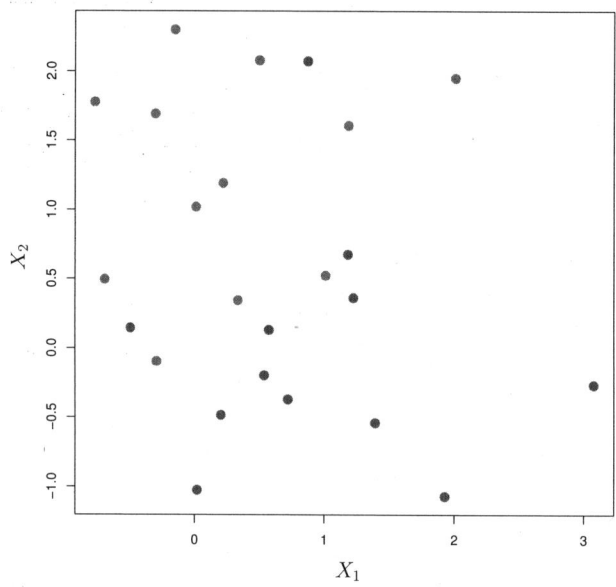

그림 9.4: 두 개의 관측치 클래스가 파란색과 보라색으로 도시되어 있다. 이 경우, 두 클래스는 초평면에 의해 분류될 수 없으므로 최대 마진 분류기가 사용될 수 없다.

이러한 경우, 아래 목적을 위해 두 클래스를 완벽하게 분류하지 않는 초평면에 기초한 분류기를 고려하고자 할 수 있다.

- 개별 관측치에 대해 더 로버스트(robust)하다.

- 대부분의 훈련 관측치들을 더 잘 분류한다.

즉, 몇몇 훈련 관측치들을 잘못 분류하더라도 나머지 관측치들을 더 잘 분류할 수 있다면 의미가 있을 수 있다.

서포트 벡터 분류기는 소프트 마진 분류기라고도 불리며 정확하게 이렇게 동작한다. 모든 관측치가 초평면뿐만 아니라 마진의 올바른 쪽에 있도록 가능한 가장 큰 마진을 찾는 대신에, 일부 관측치들은 마진의 옳지 않은 쪽에 있거나 심지어는 초평면의 옳지 않은 쪽에 있을 수 있도록 허용된다(마진이 소프트(soft)하다고 하는 이유는 일부 훈련 관측치들에 의해 마진이 위반되기 때문이다). 한 예가 그림

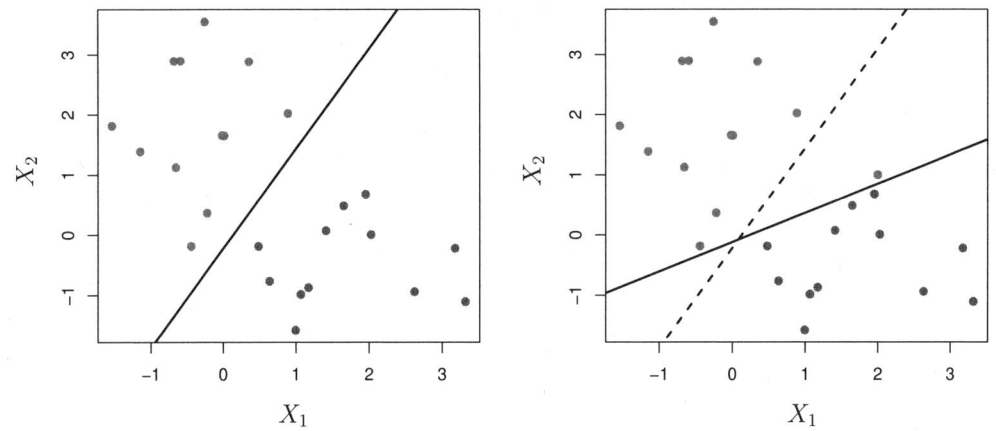

그림 9.5: 왼쪽: 두 개의 관측치 클래스가 최대 마진 초평면과 함께 파란색과 보라색으로 도시되어 있다. 오른쪽: 하나의 파란색 관측치가 추가되어 실선으로 표시된 최대 마진 초평면이 급격하게 이동된다. 파선은 추가된 점이 없을 때 얻어진 최대 마진 초평면을 나타낸다.

9.6의 왼쪽 패널에 도시되어 있다. 대부분의 관측치는 마진의 올바른 쪽에 있다. 하지만 일부 작은 수의 관측치들이 마진의 옳지 않은 쪽에 있다.

관측치는 마진뿐만 아니라 초평면의 옳지 않은 쪽에 있을 수 있다. 실제로 분리 초평면이 없을 때 이런 상황은 피할 수 없다. 초평면의 옳지 않은 쪽에 있는 관측치들은 서포트 벡터 분류기에 의해 잘못 분류된 훈련 관측치들에 대응한다. 그림 9.6의 오른쪽 패널은 이러한 시나리오를 보여준다.

9.2.2 서포트 벡터 분류기의 세부 사항

서포트 벡터 분류기는 초평면의 어느 쪽에 검정 관측치가 있느냐에 따라 그 관측치를 분류한다. 초평면은 대부분의 훈련 관측치들을 두 개의 클래스로 정확하게 분류하도록 선택되지만 일부 소수의 관측치들은 잘못 분류될 수도 있다. 이것은 아래 최적화 문제의 해(솔루션)이다.

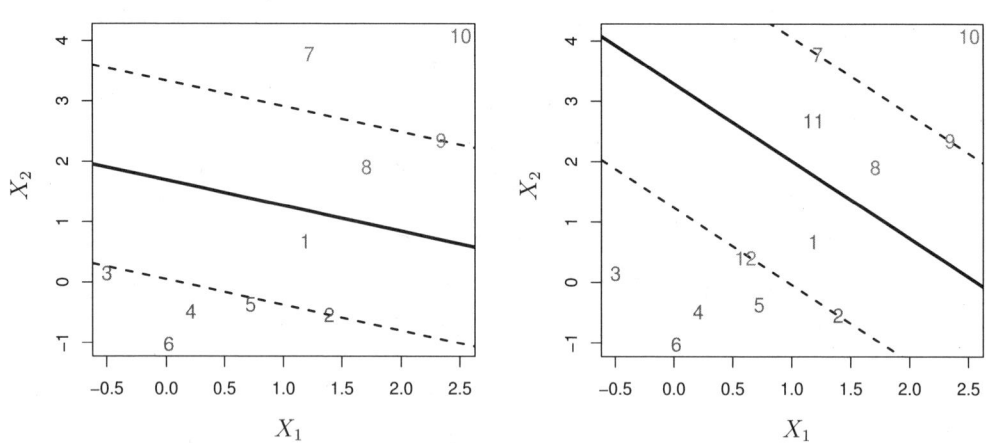

그림 9.6: 왼쪽: 서포트 벡터 분류기가 작은 데이터셋에 적합된다. 초평면은 실선으로, 마진은 파선으로 표시된다. 보라색 관측치: 관측치 3, 4, 5, 6은 마진의 올바른 쪽에 있고 관측치 2는 마진상에 있으며 관측치 1은 마진의 옳지 않은 쪽에 있다. 파란색 관측치: 관측치 7, 10은 마진의 올바른 쪽에 있고 관측치 9는 마진상에 있으며 관측치 8은 마진의 옳지 않은 쪽에 있다. 초평면의 옳지 않은 쪽에 있는 관측치는 없다. 오른쪽: 왼쪽 패널에 두 개의 점 11과 12가 추가된 것. 이 두 관측치는 초평면과 마진의 옳지 않은 쪽에 있다.

$$\underset{\beta_0,\beta_1,\ldots,\beta_p,\epsilon_1,\ldots,\epsilon_n}{\text{maximize}} \quad M \tag{9.12}$$

$$\text{subject to} \quad \sum_{j=1}^{p} \beta_j^2 = 1, \tag{9.13}$$

$$y_i(\beta_0 + \beta_1 x_{i1} + \beta_2 x_{i2} + \cdots + \beta_p x_{ip}) \geq M(1 - \epsilon_i), \tag{9.14}$$

$$\epsilon_i \geq 0, \quad \sum_{i=1}^{n} \epsilon_i \leq C \tag{9.15}$$

여기서 C는 음수가 아닌 조율 파라미터이다. (9.11)에서와 같이 M은 마진의 폭이고 가능한 한 이 값을 크게 하려고 한다. (9.14)에서 $\epsilon_1, \ldots, \epsilon_n$은 개별 관측치들이 마진 또는 초평면의 옳지 않은 쪽에 있게 허용하는 슬랙변수(slack variables)이다. 슬랙변수에 대해서는 잠시 후에 자세히 설명할 것이다. (9.12)-(9.15)를 풀고나면 앞에서처럼 단순히 검정 관측치 x^*가 초평면의 어느 쪽에 있는지 결정함으로써 분류한다. 즉, $f(x^*) = \beta_0 + \beta_1 x_1^* + \cdots + \beta_p x_p^*$의 부호를 기반으로 검정 관측치를 분류한다.

문제 (9.12)-(9.15)는 복잡해 보이지만 아래에 설명된 일련의 간단한 관찰을 통해 그 동작을 이해할 수 있다. 우선, 슬랙변수 ϵ_i는 i번째 관측치가 초평면과 마진에 관해 어디에 위치하는지를 알려준다. 만약 $\epsilon_i = 0$이면 i번째 관측치는 9.1.4절에서 보았듯이 마진의 올바른 쪽에 있다. $\epsilon_i > 0$이면 i번째 관측치는 마진의 옳지 않은 쪽에 있으며, i번째 관측치가 이 마진을 *위반*한다고 한다. $\epsilon_i > 1$이면 관측치는 초평면의 옳지 않은 쪽에 있다.

이제 조율 파라미터 C의 역할에 대해 알아보자. (9.14)에서 C는 ϵ_i의 합을 한정하여 마진(그리고 초평면)에 대한 허용될 위반의 수와 그 정도를 결정한다. C는 n개의 관측치에 의해 마진이 위반될 수 있는 양에 대한 *예산(budget)*으로 생각할 수 있다. 만약 $C = 0$이면 마진을 위반할 예산이 없으며 $\epsilon_1 = \ldots = \epsilon_n = 0$이어야 한다. 이 경우에, (9.12)-(9.15)는 단순히 최대 마진 초평면의 최적화 문제 (9.9)-(9.11)이 된다(물론, 최대 마진 초평면은 두 클래스가 분류 가능한 경우에만 존재한다). $C > 0$인 경우 C 이하의 관측치들이 초평면의 옳지 않은 쪽에 있을 수 있다. 왜냐하면 관측치가 초평면의 옳지 않은 쪽에 있으면 $\epsilon_i > 1$이고 (9.14)는 $\sum_{i=1}^{n} \epsilon_i \leq C$임을 필요로 하기 때문이다. C가 증가함에 따라 마진 위반에 대한 허용 정도가 더 크게 되어 마진의 폭이 넓어질 것이다. 반대로, C가 줄어들면 마진 위반에 대한 허용 정도가 작아지므로 마진의 폭은 좁아진다. 한 예가 그림 9.7에 도시되어 있다.

실제로, C는 교차검증을 통해 일반적으로 선택되는 조율 파라미터로 취급된다. 이 책에서 보았던 조율 파라미터들처럼 C는 통계학습 기법의 편향-분산 절충을 제어한다. C가 작을 때는 좀처럼 위반되지 않는 좁은 마진을 찾으려고 한다. 이것은 데이터에 고도로 적합된 분류기가 되게 하고, 이 분류기는 편향은 낮지만 분산이 높을 수 있다. 반면에 C가 클 경우, 마진은 넓어지고 더 많은 마진 위반이 허용된다. 이것은 데이터에 덜 엄격하게 적합되게 하고 편향은 더 높지만 분산이 낮을 수 있는 분류기를 얻게 한다.

최적화 문제 (9.12)-(9.15)는 매우 흥미로운 성질을 가진다. 마진상에 놓이거나 마진을 위반하는 관측치들만이 초평면에 영향을 줄 것이고 그래서 얻어지는 분류기에 영향을 준다는 것이다. 다르게 말하면, 엄격하게 마진의 올바른 쪽에 놓인 관측치는 서포트 벡터 분류기에 영향을 주지 않는다! 관측치의 위치를 변경하는 것은 그 위치가 마진의 올바른 쪽에 있기만 하면 분류기를 전혀 변경하지 않을 것이다. 마진상에 직접 놓이거나 클래스에 대한 마진의 옳지 않은 쪽에 있는 관측치들은 *서포트 벡터들*로 알려져 있다. 이러한 관측치들은 서포트 벡터 분류기에 영향을 준다.

서포트 벡터들만이 분류기에 영향을 준다는 사실은 C가 서포트 벡터 분류기의 편향-분산 절충을 제어한다는 앞의 주장과 일치한다. 조율 파라미터 C가 클 때, 마진의 폭이 넓고 많은 관측치들이 이 마진을 위반한다. 따라서, 서포트 벡터들이 많이 있다. 이러한 경우, 많은 관측치들이 초평면을 결정하는 데 관련된다. 그림 9.7의 왼쪽 위 패널은 이러한 설정을 보여준다. 이 분류기는 낮은 분산을 가지지만 (많은 관측치들이 서포트 벡터들이므로) 잠재적으로 높은 편향을 가진다. 반대로, C가 작으면 서포트 벡터 수가 적고 그 결과 분류기는 편향은 낮지만 높은 분산을 가질 것이다. 그림 9.7의 오른쪽 아래 패널은 단지 8개의 서포트 벡터를 가진 설정을 보여준다.

서포트 벡터 분류기의 결정 규칙이 잠재적으로 작은 수의 훈련 관측치들(서포트 벡터들)에 기반을 두고 있다는 사실은 초평면에서 멀리 떨어진 관측치들의 행동에 상당히 로버스트(robust)하다는 것을 의미한다. 이 성질은 이전의 장들에서 보았던 몇몇 다른 분류방법들과 뚜렷이 다른 점이다. LDA 분류 규칙은 각 클래스 내의 모든 관측치들의 평균과 모든 관측치들을 사용하여 계산된 클래스 내 공분산 행렬(within-class covariance matrix)에 의존한다. 이에 반해, 로지스틱 회귀는 LDA와는 달리 결정경계에서 멀리 떨어진 관측치들에 대한 민감도가 매우 낮다. 사실, 서포트 벡터 분류기와 로지스틱 회귀는 밀접하게 관련되어 있다는 것을 9.5절에서 알아볼 것이다.

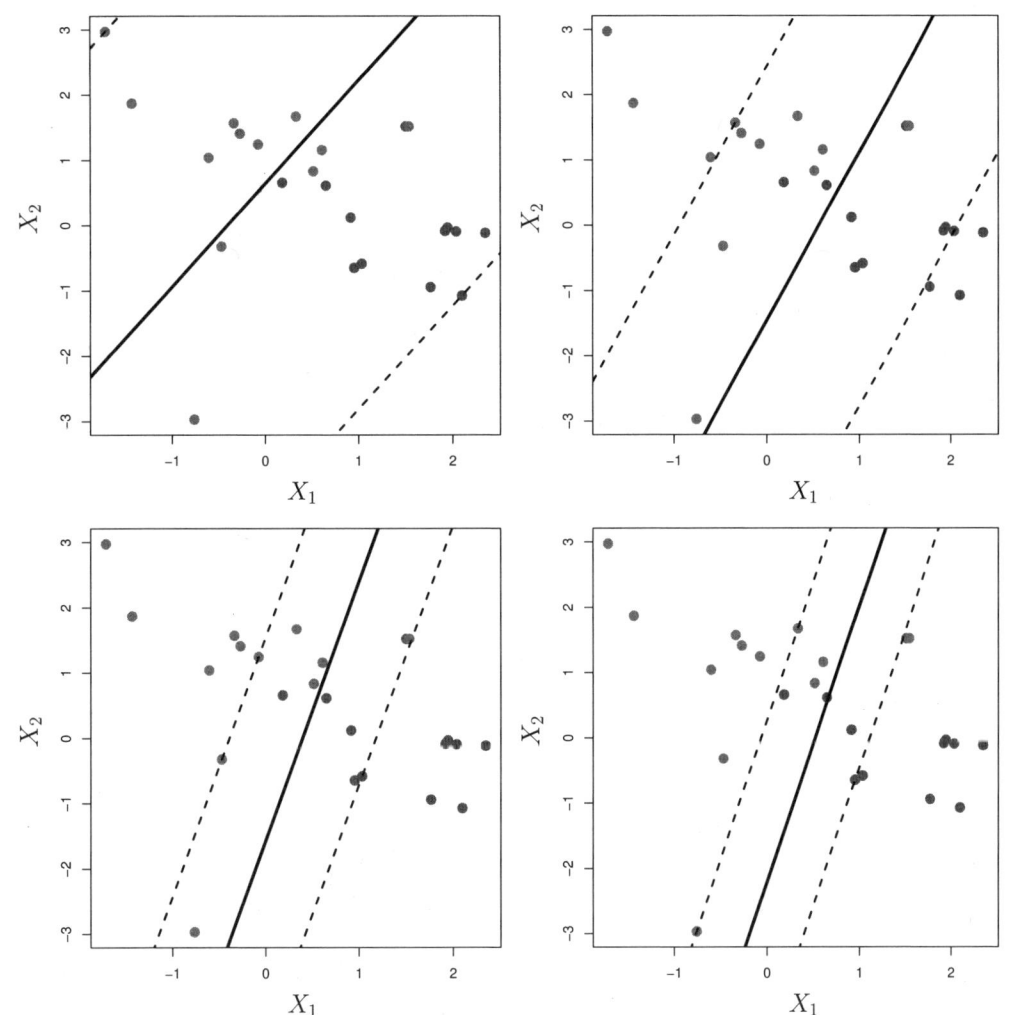

그림 9.7: 서포트 벡터 분류기가 (9.12)–(9.15)의 조율 파라미터 C로서 4개의 다른 값을 사용하여 적합된다. 왼쪽 위 패널에서 가장 큰 C 값이 사용되고, 오른쪽 위, 왼쪽 아래, 오른쪽 아래 패널 순으로 작은 C 값이 사용되었다. C 값이 클 때 관측치가 마진의 옳지 않은 쪽에 있어도 되는 허용 수준이 높아 마진이 커질 것이다. C가 감소함에 따라 관측치가 마진의 옳지 않은 쪽에 있어도 되는 허용 수준이 줄어들어 마진의 폭이 좁아진다.

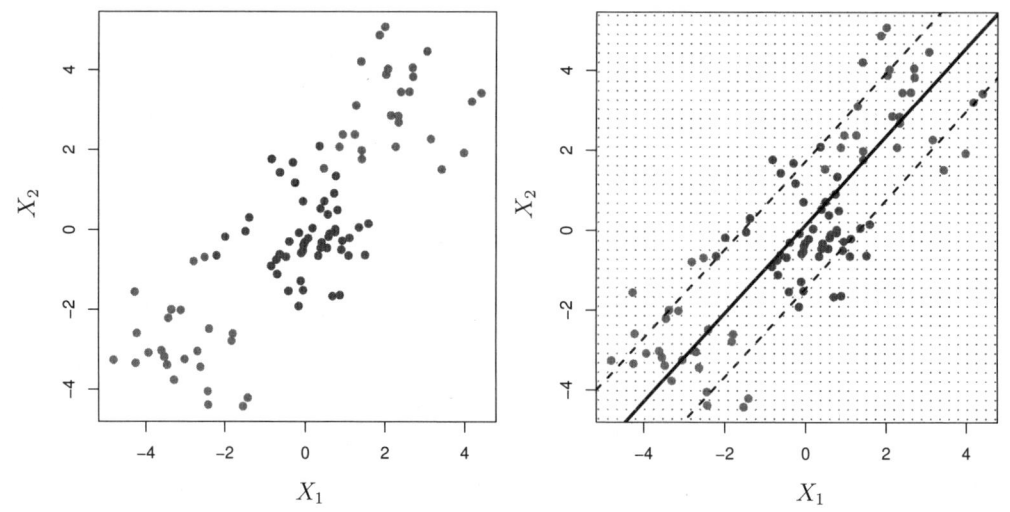

그림 9.8: 왼쪽: 관측치들은 비선형 경계를 가지는 두 개의 클래스에 속한다. 오른쪽: 서포트 벡터 분류기는 선형경계를 찾으려 하고 그 결과 아주 나쁜 성능을 보인다.

9.3 서포트 벡터 머신

먼저, 선형분류기를 비선형 결정경계를 제공하는 것으로 변환하는 일반적인 메커니즘에 대해 설명한다. 그다음에 이 과정을 자동으로 하는 서포트 벡터 머신을 소개한다.

9.3.1 비선형 결정경계를 가진 분류

서포트 벡터 분류기는 클래스가 두 개이고 그들 사이의 경계가 선형인 경우 자연스런 분류 기법이다. 하지만, 현실에서는 클래스 경계가 비선형인 상황에 직면할 때가 있다. 예를 들어, 그림 9.8의 왼쪽 패널의 데이터를 고려해보자. 서포트 벡터 분류기 또는 어떠한 선형 분류기도 이 데이터에 대해 성능이 좋지 않을 것이 명백하다. 그림 9.8의 오른쪽 패널에 보여준 서포트 벡터 분류기는 여기서는 아무 쓸모가 없다.

7장에서도 동일한 상황이 있었다. 설명변수들과 결과 사이에 비선형적 관계가 있을 때 선형회귀의 성능은 심각하게 나빠질 수 있다는 것을 보았다. 이 경우 비선형성을 다루기 위해, 2차 및 3차 항과 같은 설명변수들의 함수들을 사용하여 변수공간을 확장하는 것을 고려하였다. 서포트 벡터 분류기의 경우, 클래스들 사이의 경계가 비선형적일 수 있는 문제를 설명변수들의 2차, 3차, 심지어 더 높은 차수의 다항식 함수들을 사용하여 변수 공간을 확장함으로써 유사한 방식으로 다룰 수 있다. 예를 들어, p개의 변수,

$$X_1, X_2, \ldots, X_p$$

를 사용하여 서포트 벡터 분류기를 적합하는 대신에 $2p$개의 변수를 사용한 서포트 벡터 분류기를 적합할 수 있다.

$$X_1, X_1^2, X_2, X_2^2, \ldots, X_p, X_p^2$$

그러면, (9.12)-(9.15)는 다음과 같이 될 것이다.

$$\underset{\beta_0, \beta_{11}, \beta_{12}, \ldots, \beta_{p1}, \beta_{p2}, \epsilon_1, \ldots, \epsilon_n}{\text{maximize}} M \qquad (9.16)$$

$$\text{subject to } y_i \left(\beta_0 + \sum_{j=1}^{p} \beta_{j1} x_{ij} + \sum_{j=1}^{p} \beta_{j2} x_{ij}^2 \right) \geq M(1 - \epsilon_i),$$

$$\sum_{i=1}^{n} \epsilon_i \leq C, \quad \epsilon_i \geq 0, \quad \sum_{j=1}^{p} \sum_{k=1}^{2} \beta_{jk}^2 = 1$$

왜 이것은 비선형 결정경계가 되는가? 확장된 변수공간에서 (9.16)으로부터 얻은 결정경계는 사실상 선형이다. 그러나, 원래의 변수공간에서 이 결정경계는 $q(x) = 0$의 형태이고, 여기서 q는 2차 다항식이고 그 해는 일반적으로 비선형이다. 이 변수공간을 더 높은 차수의 다항식 항 또는 $j \neq j'$에 대해 $X_j X_{j'}$ 형태의 상호작용 항을 가지고 추가로 더 확장하고자 할 수 있다. 또는 다항식이 아니라 설명변수들의 다른 함수들이 고려될 수 있다. 변수공간을 확장하는 데 많은 방식들이 가능하고 주의하지 않으면 엄청나게 많은 수의 변수들을 포함할 수 있다는 것을 쉽게 알 수 있다. 이렇게 되면 계산이 다루기 힘들게 될 것이다. 다음으로 설명할 서포트 벡터 머신은 서포트 벡터 분류기에 의해 사용된 변수공간을 계산을 효율적으로 할 수 있는 방식으로 확장할 수 있게 한다.

9.3.2 서포트 벡터 머신

서포트 벡터 머신(SVM)은 서포트 벡터 분류기의 확장으로, *커널(kernels)*을 사용하여 특정한 방식으로 변수공간을 확장한 결과이다. 이제, 이러한 확장에 대해 살펴볼 것인데, 자세한 내용은 다소 복잡하고 이 책의 범위를 벗어난다. 하지만 주요 개념은 9.3.1절에서 기술되었으며, 여기서 클래스들 사이의 비선형 경계를 수용하기 위해 변수공간을 확장하고자 할 수 있다. 여기서 설명하는 커널 기법은 단순히 이 개념을 확립하는 효율적인 계산기법이다.

서포트 벡터 분류기가 정확하게 어떻게 계산되는지 다루지 않았는데, 이유는 그 내용이 다소 전문적이기 때문이다. 하지만, 서포트 벡터 분류기 문제 (9.12)-(9.15)에 대한 해는 관측치들의 *내적(inner products)*(관측치 자체가 아니라)만이 관련된다. 두 개의 r-벡터 a와 b의 내적은 $\langle a,b \rangle = \sum_{i=1}^{r} a_i b_i$로 정의된다. 따라서, 두 관측치 $x_i, x_{i'}$의 내적은 다음과 같이 주어진다.

$$\langle x_i, x_{i'} \rangle = \sum_{j=1}^{p} x_{ij} x_{i'j} \qquad (9.17)$$

다음을 보여줄 수 있다.

- 선형 서포트 벡터 분류기는 다음과 같이 나타낼 수 있다.

$$f(x) = \beta_0 + \sum_{i=1}^{n} \alpha_i \langle x, x_i \rangle \qquad (9.18)$$

여기서, 파라미터 $\alpha_i(i = 1, \ldots, n)$는 n개이며 훈련 관측치 하나에 한 개씩이다.

- 파라미터 $\alpha_1, \ldots, \alpha_n$과 β_0를 추정하는 데 필요한 것은 모든 훈련 관측치 쌍들 사이의 $\binom{n}{2}$개의 내적 $\langle x_i, x_{i'} \rangle$이다($\binom{n}{2}$는 $n(n-1)/2$를 의미하고 n개 항목 사이의 쌍의 수를 제공한다).

(9.18)의 함수 $f(x)$를 평가하기 위해서는 새로운 점 x와 각 훈련 포인트 x_i 사이의 내적을 계산해야 한다. 하지만 α_i는 서포트 벡터에 대해서만 영이 아니다. 즉, 훈련 관측치가 서포트 벡터가 아니면 이 관측치의 α_i는 영이다. 그러므로, 이러한 서포트 포인트들의 인덱스 모임이 $\mathcal{S}$라고 하면 (9.18)을 다음과 같이 나타낼 수 있다.

$$f(x) = \beta_0 + \sum_{i \in \mathcal{S}} \alpha_i \langle x, x_i \rangle \tag{9.19}$$

이것은 (9.18)보다 훨씬 적은 수의 항이 관련된다.[2]

요약하면, 선형분류기 $f(x)$를 나타내고 이 분류기의 계수를 계산하는 데 있어서 필요한 것은 내적이 전부다.

내적 (9.17)이 (9.18) 표현에 등장하거나 서포트 벡터 분류기에 대한 해를 계산하는 데 나타날 때마다 그것을 다음과 같은 내적의 일반화된 형태로 바꾼다고 해보자.

$$K(x_i, x_{i'}) \tag{9.20}$$

여기서, K는 *커널(kernel)*이라고 언급될 어떤 함수이다. 커널은 두 관측치들의 유사성(similarity)을 수량화하는 함수이다. 예를 들어, 커널은 단순히 서포트 벡터 분류기를 제공하는 다음 형태를 취할 수 있다.

$$K(x_i, x_{i'}) = \sum_{j=1}^{p} x_{ij} x_{i'j} \tag{9.21}$$

식 (9.21)은 *선형 커널*이라고 알려져 있는데, 그 이유는 서포트 벡터 분류기가 변수들에 선형적이기 때문이다. 선형 커널은 본질적으로 피어슨(Pearson) (표준) 상관을 사용하여 관측치 쌍의 유사성을 수량화한다. 그러나, (9.20)의 형태를 다른 것으로 선택할 수 있다. 예를 들어, 모든 $\sum_{j=1}^{p} x_{ij} x_{i'j}$를 다음 식으로 바꿀 수 있다.

$$K(x_i, x_{i'}) = (1 + \sum_{j=1}^{p} x_{ij} x_{i'j})^d \tag{9.22}$$

이것은 차수가 d인 *다항식 커널*로 알려져 있다. 여기서, d는 양의 정수이다. 표준 선형커널 (9.21) 대신 $d > 1$인 커널을 서포트 벡터 분류기 알고리즘에 사용하면 훨씬 더 유연한 결정경계가 만들어진다. 이것은 본질적으로 원래의 변수공간에서가 아니라 차수가 d인 다항식들이 관련되는 더 높은 차원의 공간에서 서포트 벡터 분류기를 적합하는 것이다. 서포트 벡터 분류기가 (9.22)와 같은 비선형 커널과

---

[2] (9.19)의 각 내적을 전개함으로써 $f(x)$는 x 좌표들의 선형함수라는 것을 쉽게 알 수 있다. 내적의 전개는 또한 α_i와 원래의 파라미터 β_j가 대응한다는 것을 확인해 준다.

결합될 때 얻어지는 분류기는 서포트 벡터 머신이라고 알려져 있다. 이 경우, 이 (비선형) 함수는 다음 형태를 가진다.

$$f(x) = \beta_0 + \sum_{i \in \mathcal{S}} \alpha_i K(x, x_i) \qquad (9.23)$$

그림 9.9의 왼쪽 패널은 그림 9.8의 비선형 데이터에 적용된 다항식 커널을 가진 SVM의 예를 보여준다. 이 적합은 선형 서포트 벡터 분류기에 비해 상당히 향상된 것이다. $d = 1$일 때, SVM은 이 장의 앞 부분에서 살펴보았던 서포트 벡터 분류기가 된다.

(9.22)에 보여준 다항식 커널은 비선형 커널의 한 예이며, 수많은 대안들이 있다. 널리 사용되는 또 다른 커널은 *방사커널(radial kernel)*로, 다음 형태를 가진다.

$$K(x_i, x_{i'}) = \exp\left(-\gamma \sum_{j=1}^{p} (x_{ij} - x_{i'j})^2\right) \qquad (9.24)$$

(9.24)에서 γ는 양의 상수이다. 그림 9.9의 오른쪽 패널은 비선형 데이터에서 방사커널을 가진 SVM의 예를 보여주며, 두 클래스가 잘 분류된다.

방사 커널 (9.24)는 실제로 어떻게 동작하는가? 만약 주어진 검정 관측치 $x^* = (x_1^*, \ldots, x_p^*)^T$가 훈련 관측치 x_i로부터 유클리드 거리(Euclidean distance)로 멀리 떨어져 있으면, $\sum_{j=1}^{p}(x_j^* - x_{ij})^2$은 큰 값이 될 것이다. 그래서 $K(x^*, x_i) = \exp(-\gamma \sum_{j=1}^{p}(x_j^* - x_{ij})^2)$은 아주 작은 값이 될 것이다. 이것은 (9.23)에서 x_i가 $f(x^*)$에 사실상 아무 역할을 하지 않을 것임을 의미한다. 검정 관측치 x^*에 대한 예측된 클래스 라벨(label)은 $f(x^*)$의 부호에 기반을 두고 있다는 것을 기억해보자. 다르게 말하면, x^*에서 멀리 떨어져 있는 훈련 관측치들은 x^*에 대한 예측된 클래스 라벨에 실질적으로 아무 역할도 하지 않을 것이다. 이것은 주변 관측치들만이 검정 관측치의 클래스 라벨에 영향을 준다는 점에서 방사 커널이 아주 *국소적인(local)* 방식으로 동작한다는 것을 의미한다.

(9.16)에서와 같이 원래 변수들의 함수들을 이용하여 단순히 변수공간을 확장하는 대신에 커널을 사용하는 장점은 무엇인가? 한 가지는 장점은 계산상의 잇점으로, 커널을 사용하면 $\binom{n}{2}$개의 서로 다른 모든 쌍 i, i'에 대해 단지 $K(x_i, x_{i'})$만을 계산하면 된다. 이것은 확장된 변수공간에서 명시적으로 계산하지 않고도 얻을 수 있다. 이 사실이 중요한 이유는 SVMs을 사용하는 많은 응용에서, 확장된

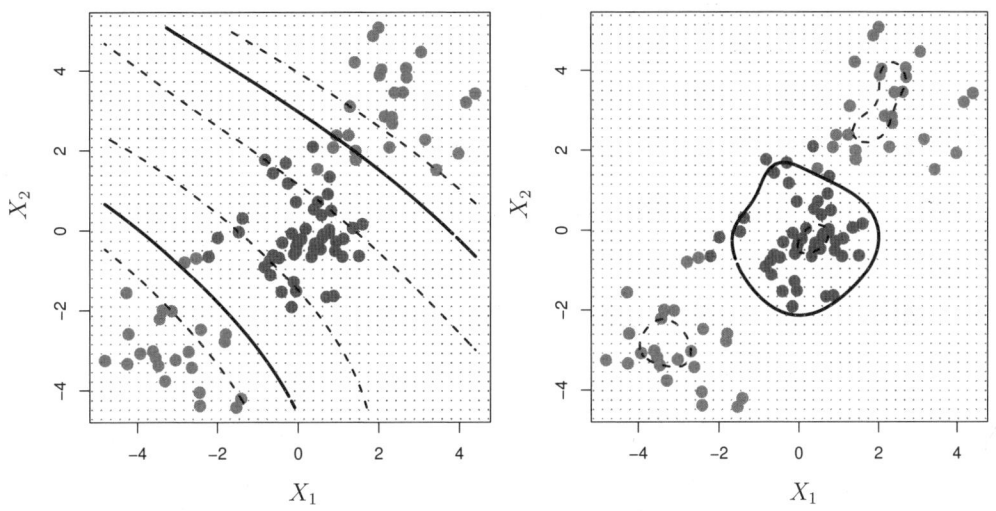

그림 9.9: 왼쪽: 차수 3의 다항식 커널을 가진 SVM이 그림 9.8의 비선형 데이터에 적용되어 훨씬 더 잘 맞는 결정규칙이 얻어진다. 오른쪽: 방사 커널을 가진 SVM이 적용된다. 이 예에서 두 커널 모두 결정경계를 포착(capturing)할 수 있다.

변수공간이 너무 커서 계산하기가 아주 힘들 수 있기 때문이다. 방사 커널 (9.24)과 같은 어떤 커널의 경우, 변수공간은 명시적이지 않고 차원이 무한하다. 그래서 이 경우는 계산 자체가 가능하지 않다!

9.3.3 심장질환 자료에 적용

8장에서 의사결정트리와 관련된 방법들을 Heart 자료에 적용하였다. 목적은 Age, Sex, Chol과 같은 13개의 설명변수들을 사용하여 어떤 개인이 심장질환이 있는지 예측하려는 것이다. 이제, 이 데이터에서 SVM이 LDA와 어떻게 비교되는지 살펴본다. 값이 없는 6개의 관측치를 제외하면 데이터는 297개로 구성되며, 207개는 훈련 관측치로 나머지 90개는 검정 관측치로 랜덤하게 나눈다.

먼저 LDA와 서포트 벡터 분류기를 훈련 데이터에 적합한다. 서포트 벡터 분류기는 차수 $d = 1$인 다항식 커널을 사용하는 SVM과 같다. 그림 9.10의 왼쪽 패널은 LDA와 서포트 벡터 분류기의 훈련 셋 예측에 대한 ROC 곡선(4.4.3절에서 설명됨)을 나타낸다. 두 분류기는 각 관측치에 대해 $\hat{f}(X) = \hat{\beta}_0 + \hat{\beta}_1 X_1 + \hat{\beta}_2 X_2 + \cdots + \hat{\beta}_p X_p$ 형태의 점수를 계산한다. 임의의 주어진 절단점(cutoff) t에 대해,

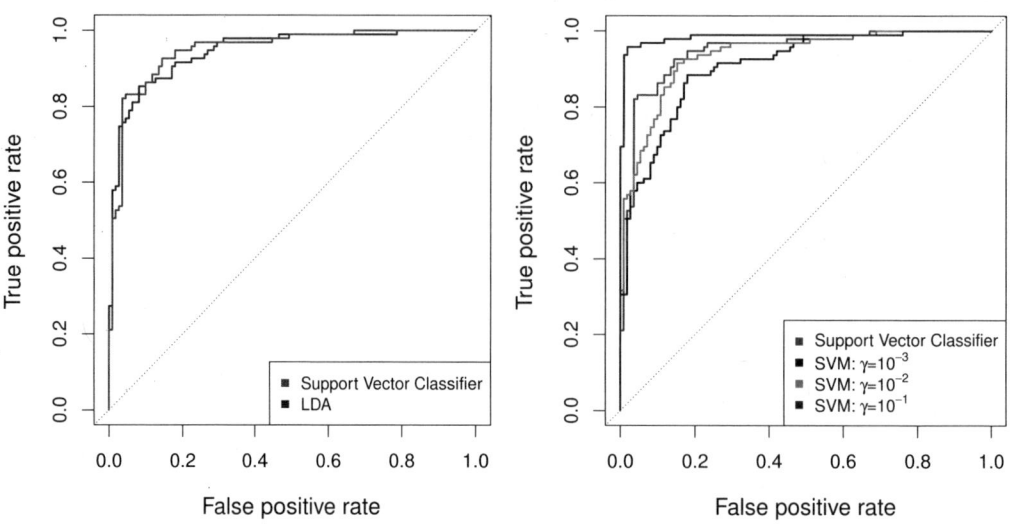

그림 9.10: Heart 자료의 훈련셋에 대한 ROC 곡선. 왼쪽: 서포트 벡터 분류기와 LDA가 비교된다. 오른쪽: 서포트 벡터 분류기가 $\gamma = 10^{-3}$, 10^{-2}, 그리고 10^{-1}을 가지는 방사 기저 커널을 사용하는 SVM과 비교된다.

$\hat{f}(X) < t$ 또는 $\hat{f}(X) \geq t$에 따라 관측치들을 *심장병* 또는 *심장병이 아닌* 범주로 분류한다. ROC 곡선은 이러한 예측을 구하고 t 값의 범위에 대해 허위긍정(false positive) 및 참긍정(true positive) 비율을 계산함으로써 얻어진다. 최적 분류기의 ROC 그래프는 왼쪽 맨 위 모서리에 밀착될 것이다. 이 예에서, LDA와 서포트 벡터 분류기 둘 다 잘 동작하지만 서포트 벡터 분류기가 약간 더 나을 수 있음을 시사한다.

그림 9.10의 오른쪽 패널은 다양한 γ 값의 방사커널을 사용한 SVMs에 대한 ROC 곡선을 나타낸다. γ가 증가하고 적합이 더 비선형적으로 됨에 따라 ROC 곡선은 개선된다. $\gamma = 10^{-1}$인 경우 ROC 곡선은 거의 완벽해 보인다. 하지만, 이 곡선은 훈련 오차율을 나타내며, 새로운 검정 데이터에 대한 성능으로 오인하게 할 수 있다. 그림 9.11은 90개의 검정 관측치에 대해 계산된 ROC 곡선을 나타낸다. 살펴보면 훈련 ROC 곡선과는 몇 가지 차이가 있다. 그림 9.11의 왼쪽 패널에서는 서포트 벡터 분류기가 LDA 보다 약간 나아 보인다(비록 그 차이는 통계적으로 유의하지 않지만). 오른쪽 패널에서, $\gamma = 10^{-1}$인 SVM은 훈련 데이터에 대해서는 가장 좋은 결과를 보이는데 검정 데이터에 대해서는 가장 나쁜 추정

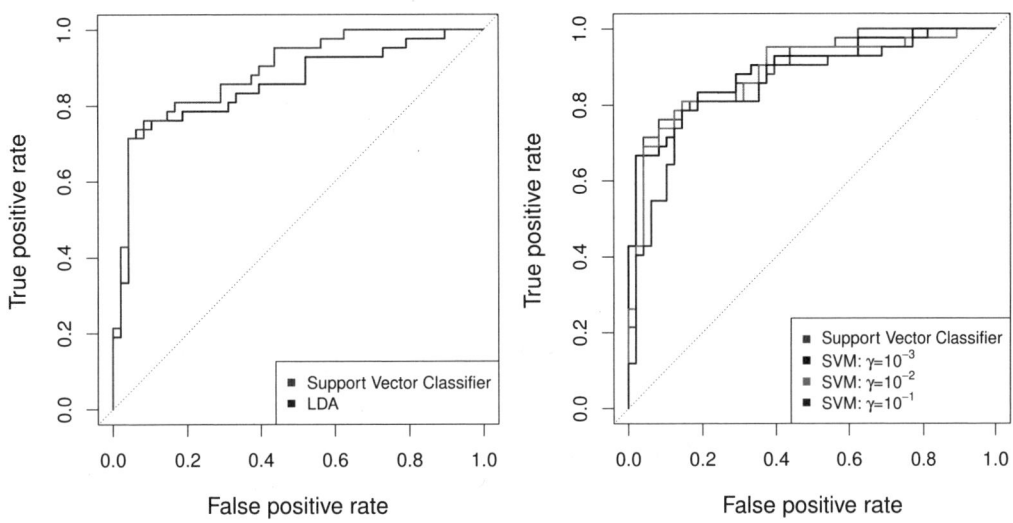

그림 9.11: Heart 자료의 검정셋에 대한 ROC 곡선. 왼쪽: 서포트 벡터 분류기와 LDA가 비교된다. 오른쪽: 서포트 벡터 분류기가 $\gamma = 10^{-3}$, 10^{-2}, 그리고 10^{-1}을 가지는 방사 기저 커널을 사용하는 SVM과 비교된다.

치를 제공한다. 이것은 유연한 방법일수록 보통 더 낮은 훈련오차율을 보이지만 검정 데이터에 대해 반드시 더 나은 성능을 낸다는 것이 아니라는 것을 다시 한번 보여준다. $\gamma = 10^{-2}$와 $\gamma = 10^{-3}$의 SVM 은 서포트 벡터 분류기와 비슷한 성능을 보이며 이 셋 모두 $\gamma = 10^{-1}$인 SVM보다 성능이 더 낮다.

9.4 클래스가 2개보다 많은 SVM

지금까지는 2진 분류, 즉 클래스가 2개인 분류에 대해서만 다루었다. 어떻게 하면 SVMs을 임의의 클래스 수를 가지는 좀 더 일반적인 경우로 확장할 수 있는가? SVM이 기반으로 하는 분리 초평면의 개념은 클래스 수가 2개보다 많은 경우에는 잘 맞지 않는다. SVM을 K-클래스의 경우로 확장하는 제안들이 다수 있지만 가장 널리 사용되는 두 가지는 일대일(*one-versus-one*) 기법과 일대전부(*one-versus-all*) 기법이다. 여기서 이 두 기법에 대해 간략히 살펴본다.

9.4.1 일대일 분류

SVM을 사용하여 분류를 수행하고자 하는데 $K > 2$ 클래스들이 있다고 해보자. 일대일 또는 모든 쌍 (all-pairs) 기법은 $\binom{K}{2}$개의 SVM을 구성하고 각각은 한 쌍의 클래스를 비교한다. 예를 들어, 한 SVM이 +1로 코딩된 k번째 클래스와 -1로 코딩된 k'번째 클래스를 비교할 수 있다. 한 검정 관측치는 $\binom{K}{2}$개의 분류기 각각을 사용하여 분류되고, 이 검정 관측치가 각각의 K 클래스에 할당되는 횟수를 기록한다. 마지막으로, 이 검정 관측치를 $\binom{K}{2}$개의 쌍별 분류(pairwise classifications)에서 가장 자주 할당된 클래스에 할당함으로써 분류가 완료된다.

9.4.2 일대전부(One-Versus-All) 분류

일대전부 기법은 SVM을 $K > 2$개의 클래스가 있는 경우에 적용하는 다른 절차이다. K개의 SVM을 적합하는데, 매번 K개 클래스 중 하나를 나머지 $K-1$개 클래스와 비교한다. $\beta_{0k}, \beta_{1k}, \ldots, \beta_{pk}$은 k번째 클래스(+1로 코딩된)를 다른 클래스들(-1로 코딩된)과 비교하는 SVM을 적합한 결과로 얻은 파라미터들이라고 하자. 그리고, x^*는 검정 관측치라고 하자. 이 관측치는 $\beta_{0k} + \beta_{1k}x_1^* + \beta_{2k}x_2^* + \cdots + \beta_{pk}x_p^*$가 가장 큰 클래스에 할당되는데, 이 검정 관측치가 다른 어떠한 클래스가 아니라 k번째 클래스에 속하게 될 신뢰수준이 이 경우에 높게 되기 때문이다.

9.5 로지스틱 회귀에 대한 상관관계

SVM은 1990년대 중반에 처음 소개되었을 때 통계 및 기계학습 분야에 큰 반향을 일으켰다. 데이터를 가능한 한 잘 분리하는(일부 위반을 허용하면서) 초평면을 찾는 개념은 로지스틱 회귀와 선형판별분석과 같은 고전적인 분류기법과는 명백히 다른 것처럼 보였다. 더욱이, 비선형 클래스 경계를 수용하기 위해 변수공간을 확장는 데 커널(kernel)을 사용하는 개념은 독특하고 귀중한 특징처럼 여겨졌다.

하지만, 그 이후 SVM과 좀 더 고전적인 다른 통계방법들 사이에 깊은 관련성이 있음이 드러났다. 서포트 벡터 분류기 $f(X) = \beta_0 + \beta_1 X_1 + \cdots + \beta_p X_p$를 적합하기 위한 기준 (9.12)-(9.15)를 다음과 같이 다시 쓸 수 있다는 것이 판명되었다.

$$\underset{\beta_0,\beta_1,\ldots,\beta_p}{\text{minimize}} \left\{ \sum_{i=1}^{n} \max\left[0, 1 - y_i f(x_i)\right] + \lambda \sum_{j=1}^{p} \beta_j^2 \right\} \qquad (9.25)$$

여기서, λ는 음수가 아닌 조율 파라미터이다. λ가 클 때, $\beta_1,\ldots,\beta_p$는 작고 마진에 대한 더 많은 위반이 용인되어 분산은 낮지만 편향이 높은 분류기가 얻어질 것이다. λ가 작을 때는 마진에 대한 위반이 거의 발생하지 않을 것이어서 분산은 높지만 편향이 낮은 분류기 얻어진다. 따라서, (9.25)에서 작은 λ 값은 (9.15)의 C 값이 작게 한다. (9.25)에서 $\lambda \sum_{j=1}^{p} \beta_j^2$ 항은 6.2.1절의 능형페널티(ridge penalty) 항이고 서포트 벡터 분류기에 대한 편향-분산 절충을 제어하는 데에서 유사한 역할을 한다.

이제, (9.25)는 이 책에서 반복하여 보았던 다음과 같은 "손실 + 페널티" 형태를 취한다.

$$\underset{\beta_0,\beta_1,\ldots,\beta_p}{\text{minimize}} \left\{ L(\mathbf{X}, \mathbf{y}, \beta) + \lambda P(\beta) \right\} \qquad (9.26)$$

(9.26)에서, $L(\mathbf{X}, \mathbf{y}, \beta)$는 β에 의해 파라미터화된 모델이 데이터 $(\mathbf{X}, \mathbf{y})$를 어느 정도까지 적합하는지를 수량화하는 어떤 손실함수이고, $P(\beta)$는 음수가 아닌 조율 파라미터 λ에 효과가 제어되는 파라미터 벡터 β에 대한 페널티 함수이다. 예를 들어, 능형회귀와 lasso는 둘 다 다음의 손실함수를 가지고,

$$L(\mathbf{X}, \mathbf{y}, \beta) = \sum_{i=1}^{n} \left(y_i - \beta_0 - \sum_{j=1}^{p} x_{ij} \beta_j \right)^2$$

페널티 함수는 능형회귀의 경우 $P(\beta) = \sum_{j=1}^{p} \beta_j^2$이고 lasso의 경우는 $P(\beta) = \sum_{j=1}^{p} |\beta_j|$이다. (9.25)의 경우, 손실함수는 다음의 형태를 가진다.

$$L(\mathbf{X}, \mathbf{y}, \beta) = \sum_{i=1}^{n} \max\left[0, 1 - y_i(\beta_0 + \beta_1 x_{i1} + \cdots + \beta_p x_{ip})\right]$$

이것은 힌지 손실(hinge loss)로 알려져 있고, 그림 9.12에 도시되어 있다. 하지만 힌지 손실함수는 그림 9.12에 또한 도시된 로지스틱 회귀에 사용된 손실함수와 밀접하게 관련되어 있다.

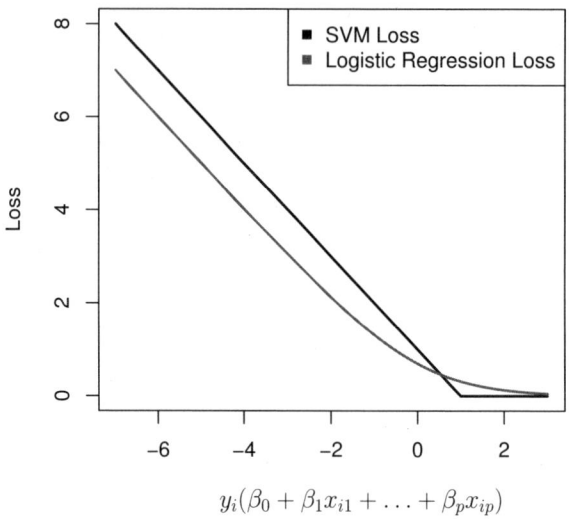

그림 9.12: SVM과 로지스틱 회귀의 손실함수가 $y_i(\beta_0 + \beta_1 x_{i1} + \cdots + \beta_p x_{ip})$의 함수로서 비교된다. $y_i(\beta_0 + \beta_1 x_{i1} + \cdots + \beta_p x_{ip})$가 1보다 클 때, 이것은 마진의 올바른 쪽에 있는 관측치에 대응하므로 SVM 손실은 영이다. 전반적으로 두 손실함수는 상당히 유사한게 동작한다.

서포트 벡터 분류기의 흥미로운 특징은 서포트 벡터들만이 분류기에서 역할을 한다는 것이다. 즉, 마진의 올바른 쪽에 있는 관측치들은 분류기에 영향을 주지 않는다. 이유는 그림 9.12에 보여준 손실함수는 $y_i(\beta_0 + \beta_1 x_{i1} + \cdots + \beta_p x_{ip}) \geq 1$가 되는 관측치에 대해 그 값이 영이기 때문이다. 이것은 마진의 올바른 쪽에 있는 관측치들에 대응한다.[3] 이에 반해, 그림 9.12의 로지스틱 회귀에 대한 손실함수는 어디에서도 정확하게 영이 되지 않는다. 그러나 결정경계에서 멀리 떨어진 관측치들에 대한 손실함수 값은 아주 작다. 손실함수의 유사성 때문에, 로지스틱 회귀와 서포트 벡터 분류기는 보통 매우 흡사한 결과를 준다. 클래스들이 잘 분리되어 있을 때는 SVM이 로지스틱 회귀보다 더 나은 경향이 있으며, 좀 겹치는 경우에는 보통 로지스틱 회귀가 선호된다.

서포트 벡터 분류기와 SVM이 처음 도입되었을 때, (9.15)의 조율 파라미터는 어떤 디폴트(default) 값(예를 들어, 1)으로 설정될 수 있는 중요하지 않은 "성가신(nuisance)" 파라미터로 간주되었다. 하

---

[3] 힌지 손실 + 페널티 표현에서 마진은 값이 1인 것에 대응하고 마진의 폭은 $\sum \beta_j^2$에 의해 결정된다.

지만, 서포트 벡터 분류기에 대한 "손실 + 페널티" 표현 (9.25)는 그렇지 않다는 것을 나타낸다. 조율 파라미터의 선택은 매우 중요하며, 그림 9.7에서 예로 보여준 것처럼 모델이 데이터를 과소적합 또는 과대적합하는 정도를 결정한다.

서포트 벡터 분류기는 로지스틱 회귀와 기존의 다른 통계방법들과 밀접한 관련이 있다는 것을 알아보았다. SVM이 비선형 클래스 경계를 수용하기 위해 변수공간을 확장하는 데 커널을 사용하는 것이 독특한(특별한) 것인가? 이 질문에 대한 답은 "그렇지 않다"이다. 로지스틱 회귀 또는 이 책에서 살펴본 많은 다른 분류방법들도 비선형 커널을 사용하여 수행될 수 있다. 이것은 7장에서 보았던 일부 비선형 기법들과 밀접한 관련이 있다. 하지만, 역사적인 이유로 비선형 커널을 사용하는 것은 로지스틱 회귀 또는 다른 방법들보다 SVM과 관련하여 훨씬 널리 알려졌다.

여기서는 다루지 않지만, *서포트 벡터 회귀*라고 불리는 회귀에 대한(즉, 질적 반응변수가 아니라 양적 반응변수에 대한) SVM의 확장이 있다. 3장에서 최소제곱회귀는 잔차제곱합이 가능한 한 작게 하는 그러한 계수 $\beta_0, \beta_1, \ldots, \beta_p$를 찾고자 한다는 것을 살펴보았다(3장을 기억해 보면, 잔차는 $y_i - \beta_0 - \beta_1 x_{i1} - \cdots - \beta_p x_{ip}$로 정의된다). 서포트 벡터 회귀는 대신에 다른 유형의 손실을 최소로 하는 계수를 찾고자 하는데, 여기서는 절대값이 어떤 양의 상수보다 큰 잔차들만이 손실함수에 영향을 준다. 이것은 서포트 벡터 분류기에서 사용된 마진을 회귀에 확장한 것이다.

9.6 Lab: 서포트 벡터 머신

R의 e1071 라이브러리를 사용하여 서포트 벡터 분류기와 SVM을 살펴본다. 또 다른 옵션은 LiblineaR 라이브러리를 사용하는 것인데, 이것은 아주 큰 선형문제에 유용하다.

9.6.1 서포트 벡터 분류기

e1071 라이브러리에는 다수의 통계학습방법이 구현되어 있다. 특히, svm() 함수는 인자 kernel="linear" 가 사용될 경우 서포트 벡터 분류기를 적합하는 데 사용될 수 있다. 이 함수는 서포트 벡터 분류기에 대한 (9.14) 및 (9.25)와 약간 다른 식을 사용한다. cost 인자는 마진 위반에 대한 비용을 지정한다. cost 인자가 작으면, 마진이 넓을 것이고 많은 서포트 벡터들이 마진 상에 있거나 마진을 위반할 것이다.

cost 인자가 큰 경우, 마진이 좁을 것이고 마진 상에 있거나 마진을 위반하는 서포트 벡터들은 소수일 것이다.

이제, svm() 함수를 사용하여 주어진 cost 파라미터 값에 대해 서포트 벡터 분류기를 적합한다. 여기서는 이 함수를 2차원 예제에 사용하여 결정경계를 그래프로 나타낼 수 있게 한다. 먼저, 두 클래스에 속하는 관측치들을 생성한다.

```
> set.seed(1)
> x=matrix(rnorm(20*2), ncol=2)
> y=c(rep(-1,10), rep(1,10))
> x[y==1,]=x[y==1,] + 1
```

클래스들이 선형적으로 분리가능한지 검사하는데, 선형적 분리가 가능하지 않다.

```
> plot(x, col=(3-y))
```

다음으로, 서포트 벡터 분류기를 적합한다. svm() 함수가 분류를 수행하기 위해서는(SVM-기반의 회귀와 반대로) 반응변수를 요인(factor) 변수로 코딩해야 한다. 이제 반응변수가 요인으로 코딩된 데이터 프레임을 생성한다.

```
> dat=data.frame(x=x, y=as.factor(y))
> library(e1071)
> svmfit=svm(y~., data=dat, kernel="linear", cost=10,
    scale=FALSE)
```

인자 scale=FALSE를 사용하면 svm() 함수는 변수 스케일링(평균이 0, 표준편차가 1이 되도록)을 하지 않는다. 응용에 따라서는 scale=TRUE로 사용하는 것을 선호할 수도 있다.

이제 얻어진 서포트 벡터 분류기를 그래프로 나타낼 수 있다.

```
> plot(svmfit, dat)
```

plot.svm() 함수의 두 인자는 svm()에 대한 호출 결과와 svm() 호출에 사용된 데이터이다. −1 클래스에 할당될 변수공간의 영역은 밝은 청색으로, +1 클래스로 할당될 영역은 보라색으로 나타낸다. 라이브러리의 그래프 함수 구현방식 때문에 그래프의 결정경계가 다소 들쭉날쭉해 보이지만 두 클래스 사이의 결정경계는 선형이다(인자 kernel="linear"을 사용하였으므로). 이 예에서는 단지 한 개의 관측치만 잘못 분류된다는 것을 볼 수 있다(R의 일반적인 plot() 함수와 반대로, 여기서는 두 번째 변수가 x축에 표시되고 첫 번째 변수는 y축에 표시된다). 서포트 벡터들은 ×로 표시되고 나머지 관측치들은 원으로 표시된다. 7개의 서포트 벡터가 있음을 볼 수 있으며, 이들을 다음처럼 식별할 수 있다.

```
> svmfit$index
[1]  1  2  5  7  14  16  17
```

summary() 명령을 사용하여 서포트 벡터 분류기에 대한 일부 기본적인 정보를 얻을 수 있다.

```
> summary(svmfit)
Call:
svm(formula = y ~ ., data = dat, kernel = "linear", cost = 10,
    scale = FALSE)
Parameters:
   SVM-Type:  C-classification
 SVM-Kernel:  linear
       cost:  10
      gamma:  0.5
Number of Support Vectors:  7
 ( 4 3 )
Number of Classes:  2
Levels:
 -1 1
```

예를 들어, 선형 커널이 cost=10을 가지고 사용되었으며, 7개의 서포트 벡터가 있는데, 한 클래스에 4개 다른 클래스에 3개가 있음을 알 수 있다.

더 작은 값의 cost 파라미터를 사용하면 어떻게 될까?

```
> svmfit=svm(y~., data=dat, kernel="linear", cost=0.1,
    scale=FALSE)
> plot(svmfit, dat)
> svmfit$index
[1]  1  2  3  4  5  7  9  10  12  13  14  15  16  17  18  20
```

cost 파라미터 값이 작아지면 마진이 넓어지기 때문에 더 많은 수의 서포트 벡터를 얻는다. 유감스럽게도 svm() 함수는 서포트 벡터 분류기가 적합될 때 얻어진 선형 결정경계의 계수들을 명시적으로 출력하지 않고 마진의 폭(넓이)도 제공하지 않는다.

e1071 라이브러리는 교차검증을 수행하기 위해 내장 함수 tune()을 포함한다. 기본적으로 tune()은 관심있는 모델 셋(집합)에 대해 10-fold 교차검증을 수행한다. 이 함수를 사용하기 위해서는 고려 중인 모델 셋에 대한 관련 정보를 전달한다. 다음은 어떤 범위의 cost 파라미터 값을 사용하여 SVMs을 선형 커널과 비교하고자 한다는 것을 나타낸다.

```
> set.seed(1)
> tune.out=tune(svm,y~.,data=dat,kernel="linear",
    ranges=list(cost=c(0.001, 0.01, 0.1, 1,5,10,100)))
```

summary() 명령을 사용하면 각 모델에 대한 교차검증 오차를 쉽게 볼 수 있다.

```
> summary(tune.out)
Parameter tuning of 'svm':
- sampling method: 10-fold cross validation
- best parameters:
 cost
  0.1
- best performance: 0.1
- Detailed performance results:
   cost error dispersion
1 1e-03  0.70    0.422
2 1e-02  0.70    0.422
3 1e-01  0.10    0.211
4 1e+00  0.15    0.242
5 5e+00  0.15    0.242
6 1e+01  0.15    0.242
7 1e+02  0.15    0.242
```

cost=0.1인 경우에 교차검증 오차율이 가장 낮다는 것을 알 수 있다. tune() 함수는 얻어진 최고 모델을 저장하며, 이것은 다음과 같이 액세스될 수 있다.

```
> bestmod=tune.out$best.model
> summary(bestmod)
```

predict() 함수는 어떤 주어진 cost 파리미터 값에서 검정 관측치셋의 클래스 라벨을 예측하는 데 사용될 수 있다. 먼저 검정 데이터셋을 생성해보자.

```
> xtest=matrix(rnorm(20*2), ncol=2)
> ytest=sample(c(-1,1), 20, rep=TRUE)
> xtest[ytest==1,]=xtest[ytest==1,] + 1
> testdat=data.frame(x=xtest, y=as.factor(ytest))
```

이제 이들 검정 관측치들의 클래스 라벨을 예측한다. 예측에는 교차검증을 통해 얻은 최고의 모델을 사용한다.

```
> ypred=predict(bestmod,testdat)
> table(predict=ypred, truth=testdat$y)
       truth
predict -1  1
     -1 11  1
      1  0  8
```

이 cost 값으로 검정 관측치 중 19개가 올바르게 분류된다. cost=0.01을 사용하면 결과는 어떤가?

```
> svmfit=svm(y~., data=dat, kernel="linear", cost=.01,
    scale=FALSE)
> ypred=predict(svmfit,testdat)
> table(predict=ypred, truth=testdat$y)
       truth
predict -1  1
     -1 11  2
      1  0  7
```

이 경우에는 잘못 분류되는 관측치가 하나 늘어난다.

이제 두 클래스가 선형적으로 분리가능한 경우를 고려해보자. svm() 함수를 사용하여 분리 초평면을 찾을 수 있다. 먼저, 모의 데이터의 두 클래스를 더 분리하여 선형적으로 분리가능하게 한다.

```
> x[y==1,]=x[y==1,]+0.5
> plot(x, col=(y+5)/2, pch=19)
```

이제 관측치들은 겨우 선형적으로 분리가능하다. 어떠한 관측치도 잘못 분류되지 않도록 아주 큰 값의 cost를 사용하여 서포트 벡터 분류기를 적합하고 결과 초평면을 그래프로 나타낸다.

```
> dat=data.frame(x=x,y=as.factor(y))
> svmfit=svm(y~., data=dat, kernel="linear", cost=1e5)
> summary(svmfit)
Call:
svm(formula = y ~ ., data = dat, kernel = "linear", cost = 1e
    +05)
Parameters:
   SVM-Type:  C-classification
 SVM-Kernel:  linear
       cost:  1e+05
      gamma:  0.5
Number of Support Vectors:  3
 ( 1 2 )
Number of Classes:  2
Levels:
 -1 1
> plot(svmfit, dat)
```

훈련오차는 발생되지 않았고 세 개의 서포트 벡터들만 사용되었다. 하지만, 그림에서 볼 수 있듯이 마진은 아주 좁다(원으로 표시된 서포트 벡터가 아닌 관측치들이 결정경계에 아주 가깝기 때문에). 이 모델은 검정 데이터에 대해 성능이 좋지 않을 것이다. 이제 좀 더 작은 값의 cost를 시험해보자.

```
> svmfit=svm(y~., data=dat, kernel="linear", cost=1)
> summary(svmfit)
> plot(svmfit,dat)
```

cost=1을 사용하면 훈련 관측치를 하나 잘못 분류하지만 훨씬 더 넓은 마진을 얻으며 7개의 서포트 벡터를 활용하게 된다. 이 모델은 cost=1e5인 모델보다 검정 데이터에 대한 성능이 더 나을 것이다.

9.6.2 서포트 벡터 머신

비선형 커널을 사용하여 SVM을 적합하기 위해 다시 한번 svm() 함수를 사용한다. 하지만, 이번에는 다른 값의 kernel 파라미터를 사용한다. 다항식 커널을 가지고 SVM을 적합하기 위해서는 kernel="polynomia"을 사용하고, 방사커널로 SVM을 적합하는 데는 kernel="radial"을 사용한다. 전자의 경우 degree 인자도 사용하여 다항식 커널에 대한 차수((9.22)의 d)를 지정하고, 후자의 경우에는 gamma를 사용하여 방사기저커널 (9.24)에 대한 γ 값을 지정한다.

먼저, 비선형 클래스 경계를 가지는 데이터를 다음과 같이 생성한다.

```
> set.seed(1)
> x=matrix(rnorm(200*2), ncol=2)
> x[1:100,]=x[1:100,]+2
> x[101:150,]=x[101:150,]-2
> y=c(rep(1,150),rep(2,50))
> dat=data.frame(x=x,y=as.factor(y))
```

데이트를 그래프로 나타내어 보면 클래스 경계가 비선형이라는 것을 명백히 알 수 있다.

```
> plot(x, col=y)
```

데이터는 랜덤으로 훈련 및 검정 그룹으로 분할된다. 그다음에 방사커널과 $\gamma = 1$을 가지고 svm() 함수를 사용하여 훈련 데이터를 적합한다.

```
> train=sample(200,100)
> svmfit=svm(y~., data=dat[train,], kernel="radial",   gamma=1,
    cost=1)
> plot(svmfit, dat[train,])
```

그래프를 보면 결과 SVM은 확실한 비선형 결정경계를 갖는다는 것을 알 수 있다. summary() 함수는 SVM 적합에 대한 일부 정보를 얻는 데 사용될 수 있다.

```
> summary(svmfit)
Call:
svm(formula = y ~ ., data = dat, kernel = "radial",
    gamma = 1, cost = 1)
Parameters:
   SVM-Type:  C-classification
 SVM-Kernel:  radial
       cost:  1
      gamma:  1
Number of Support Vectors:  37
 ( 17 20 )
Number of Classes:  2
Levels:
 1 2
```

그림을 보면, 이 SVM 적합에는 상당한 수의 훈련오차가 있음을 알 수 있다. cost의 값을 증가시키면 훈련오차의 수를 줄일 수 있다. 하지만 이것은 데이터를 과대적합할 위험이 있는 더 불규칙한 결정경계를 초래한다.

```
> svmfit=svm(y~., data=dat[train,], kernel="radial",gamma=1,
    cost=1e5)
> plot(svmfit,dat[train,])
```

tune()를 이용한 교차검증을 수행하여 방사커널의 SVM에 대한 최상의 γ와 cost를 선택할 수 있다.

```
> set.seed(1)
> tune.out=tune(svm, y~., data=dat[train,], kernel="radial",
    ranges=list(cost=c(0.1,1,10,100,1000),
    gamma=c(0.5,1,2,3,4)))
> summary(tune.out)
Parameter tuning of 'svm':
- sampling method: 10-fold cross validation
- best parameters:
 cost gamma
    1     2
- best performance: 0.12
- Detailed performance results:
    cost gamma error dispersion
1  1e-01   0.5  0.27    0.1160
2  1e+00   0.5  0.13    0.0823
3  1e+01   0.5  0.15    0.0707
4  1e+02   0.5  0.17    0.0823
5  1e+03   0.5  0.21    0.0994
6  1e-01   1.0  0.25    0.1354
7  1e+00   1.0  0.13    0.0823
...
```

그러므로, 선택된 최상의 파라미터는 cost=1, gamma=2이다. 이 모델에 대한 검정셋 예측값은 데이터에 predict() 함수를 적용하면 볼 수 있으며, 여기서 데이터프레임 dat의 서브셋은 −train을 인덱스셋으로 사용한다.

```
> table(true=dat[-train,"y"], pred=predict(tune.out$best.model,
    newdata=dat[-train,]))
```

이 SVM은 검정 관측치의 10%를 잘못 분류한다.

9.6.3 ROC 곡선

ROCR 패키지는 그림 9.10, 9.11과 같은 ROC 곡선을 제공하는 데 사용될 수 있다. 먼저, 주어진 벡터 pred와 thuth에 대해 ROC 곡선를 그리는 함수를 작성해보자. 여기서, pred는 각 관측치에 대한 수치형 점수(numerical score)를 포함하는 벡터이고 truth는 각 관측치에 대한 클래스 라벨을 포함하는 벡터이다.

```
> library(ROCR)
> rocplot=function(pred, truth, ...){
+   predob = prediction(pred, truth)
+   perf = performance(predob, "tpr", "fpr")
+   plot(perf,...)}
```

SVMs과 서포트 벡터 분류기는 각 관측치에 대한 클래스 라벨을 출력한다. 하지만, 각 관측치에 대한 적합 값을 얻는 것도 가능하며, 이 적합 값은 클래스 라벨을 얻는 데 사용된 수치형 점수이다. 예를 들어, 서포트 벡터 분류기의 경우 관측치 $X = (X_1, X_2, \ldots, X_p)^T$에 대한 적합 값은 $\hat{\beta}_0 + \hat{\beta}_1 X_1 + \hat{\beta}_2 X_2 + \cdots + \hat{\beta}_p X_p$의 형태를 갖는다. 비선형 커널을 가진 SVM의 경우, 적합 값을 제공하는 식은 (9.23)으로 주어진다. 본질적으로, 적합 값의 부호는 결정경계의 어느 쪽에 관측치가 놓이는지를 결정한다. 그러므로, 주어진 관측치에 대한 적합 값과 클래스 예측값 사이의 상관관계는 단순하다. 즉, 적합 값이 0을 초과하면 관측치는 어느 한쪽의 클래스에 할당되고, 0보다 작으면 다른쪽 클래스에 할당된다. 주어진 SVM 모델 적합에 대한 적합 값을 얻기 위해서는 svm()을 적합할 때 decision.values=TRUE를 사용한다. 그러면, predict() 함수가 적합 값들을 출력할 것이다.

```
> svmfit.opt=svm(y~., data=dat[train,], kernel="radial",
         gamma=2, cost=1,decision.values=T)
> fitted=attributes(predict(svmfit.opt,dat[train,],decision.
    values=TRUE))$decision.values
```

이제, ROC 그래프를 생성할 수 있다.

```
> par(mfrow=c(1,2))
> rocplot(fitted,dat[train,"y"],main="Training Data")
```

SVM은 정확한 예측값을 제공하는 것 같다. γ을 증가시키면 더 유연한 적합을 얻을 수 있고 정확도를 더욱 개선할 수 있다.

```
> svmfit.flex=svm(y~., data=dat[train,], kernel="radial",
    gamma=50, cost=1, decision.values=T)
> fitted=attributes(predict(svmfit.flex,dat[train,],decision.
    values=T))$decision.values
> rocplot(fitted,dat[train,"y"],add=T,col="red")
```

하지만, 이 ROC 곡선들은 모두 훈련 데이터에 대한 것이다. 실제로 더 관심있는 것은 검정 데이터에 대한 예측 정확도 수준이다. 검정 데이터에 대해 ROC 곡선을 계산할 때 $\gamma = 2$인 모델이 가장 정확한 결과를 제공하는 것 같다.

```
> fitted=attributes(predict(svmfit.opt,dat[-train,],decision.
    values=T))$decision.values
> rocplot(fitted,dat[-train,"y"],main="Test Data")
> fitted=attributes(predict(svmfit.flex,dat[-train,],decision.
    values=T))$decision.values
> rocplot(fitted,dat[-train,"y"],add=T,col="red")
```

9.6.4 다중클래스 SVM

반응변수가 2보다 큰 수준(레벨)을 포함하는 요인(factor)이면, svm() 함수는 일대일(one-versus-one) 기법을 사용하여 다중클래스분류를 수행할 것이다. 이것에 대해서는 관측치들의 세 번째 클래스를 생성하여 살펴본다.

```
> set.seed(1)
> x=rbind(x, matrix(rnorm(50*2), ncol=2))
> y=c(y, rep(0,50))
> x[y==0,2]=x[y==0,2]+2
> dat=data.frame(x=x, y=as.factor(y))
> par(mfrow=c(1,1))
> plot(x,col=(y+1))
```

이제 SVM을 데이터에 적합해보자.

```
> svmfit=svm(y~., data=dat, kernel="radial", cost=10, gamma=1)
> plot(svmfit, dat)
```

만약 svm()에 전달되는 반응변수 벡터가 요인(factor)이 아니라 수치형(numerical)이면 e1071 라이브러리는 서포트 벡터 회귀를 수행하는 데도 사용될 수 있다.

9.6.5 유전자 발현 자료에 적용

Khan 자료를 조사해보자. 이 자료는 작고 둥근 푸른 셀 종양의 4가지 유형에 대응하는 다수의 조직 표본으로 구성된다. 각 조직표본에 대해 이용할 수 있는 유전자 발현 측정치들이 있다. 자료는 훈련 데이터 xtrain 및 ytrain과 검정 데이터 xtest 및 ytest로 구성된다.

자료의 차원을 조사해보자.

```
> library(ISLR)
> names(Khan)
[1]    "xtrain"   "xtest"   "ytrain"   "ytest"
> dim(Khan$xtrain)
[1]    63 2308
> dim(Khan$xtest)
[1]    20 2308
> length(Khan$ytrain)
[1] 63
> length(Khan$ytest)
[1] 20
```

이 자료는 2,308개 유전자 발현에 대한 측정치로 구성되며, 훈련셋은 63개, 검정셋은 20개의 관측치를 갖는다.

```
> table(Khan$ytrain)
 1  2  3  4
 8 23 12 20
> table(Khan$ytest)
1 2 3 4
3 6 6 5
```

유전자 발현 측정치를 이용하여 암의 하위유형(subtype)을 예측하는 데 서포트 벡터 기법을 사용할 것이다. 이 자료에서는 관측치 수에 비해 변수의 수가 아주 큰데, 이것은 선형커널을 사용해야 함을 시사한다. 왜냐하면, 다항식 또는 방사커널을 사용하여 얻게 될 추가적인 유연성이 필요하지 않기 때문이다.

```
> dat=data.frame(x=Khan$xtrain, y=as.factor(Khan$ytrain))
> out=svm(y~., data=dat, kernel="linear",cost=10)
> summary(out)
Call:
svm(formula = y ~ ., data = dat, kernel = "linear",
    cost = 10)
Parameters:
   SVM-Type:  C-classification
 SVM-Kernel:  linear
       cost:  10
      gamma:  0.000433
Number of Support Vectors:  58
 ( 20 20 11 7 )
Number of Classes:  4
Levels:
 1 2 3 4
> table(out$fitted, dat$y)

     1  2  3  4
  1  8  0  0  0
  2  0 23  0  0
  3  0  0 12  0
  4  0  0  0 20
```

결과를 보면 훈련오차가 하나도 없는데, 이것은 별로 놀랍지 않다. 왜냐하면, 관측치 수에 비해 변수의 수가 아주 크면 클래스들을 완전히 분리하는 초평면을 찾기가 쉽기 때문이다. 실제로 가장 관심있는 것은 훈련 관측치가 아니라 검정 관측치에 대한 분류기의 성능이다.

```
> dat.te=data.frame(x=Khan$xtest, y=as.factor(Khan$ytest))
> pred.te=predict(out, newdata=dat.te)
> table(pred.te, dat.te$y)

pred.te 1 2 3 4
      1 3 0 0 0
      2 0 6 2 0
      3 0 0 4 0
      4 0 0 0 5
```

cost=10을 사용한 이 결과는 검정셋오차가 2개 발생한다는 것을 보여준다.

9.7 연습문제

1. 이 문제는 2차원의 초평면(hyperplane)에 관련된다.

    (a) 초평면 $1 + 3X_1 - X_2 = 0$을 스케치하여라. $1 + 3X_1 - X_2 > 0$인 점들의 셋(집합)과 $1 + 3X_1 - X_2 < 0$인 점들의 셋을 나타내어라.

    (b) 동일한 그래프 상에 초평면 $-2 + X_1 + 2X_2 = 0$을 스케치하여라. $-2 + X_1 + 2X_2 > 0$인 점들의 셋과 $-2 + X_1 + 2X_2 < 0$인 점들의 셋을 나타내어라.

2. $p = 2$차원에서 선형 결정경계는 $\beta_0 + \beta_1 X_1 + \beta_2 X_2 = 0$의 형태를 가진다는 것을 알았다. 이제 비선형 결정경계를 살펴본다.

    (a) 다음 곡선을 스케치하여라.

    $$(1 + X_1)^2 + (2 - X_2)^2 = 4$$

    (b) 다음의 각 식을 만족하는 점들의 셋을 나타내어라.

    $$(1 + X_1)^2 + (2 - X_2)^2 > 4$$

    $$(1 + X_1)^2 + (2 - X_2)^2 \leq 4$$

    (c) 분류기는 다음 식이 만족되면 관측치를 blue 클래스에 할당하고, 그렇지 않으면 red 클래스에 할당한다고 해보자.

    $$(1 + X_1)^2 + (2 - X_2)^2 > 4$$

    관측치 $(0, 0)$은 어느 클래스로 분류되는가? $(-1, 1)$? $(2, 2)$? $3, 8$?

    (d) (c)의 결정경계는 X_1과 X_2에 대해 선형이 아니지만 X_1, X_1^2, X_2, X_2^2에 대해서는 선형이라고 주장하고 설명하여라.

3. 여기서는 최대 마진 분류기에 대해 살펴본다.

   (a) $p = 2$차원의 $n = 7$개 관측치가 주어진다. 각 관측치에 대해 표와 같은 관련된 클래스 라벨이 있다. 이 관측치들을 스케치하여라.

관측치	X_1	X_2	Y
1	3	4	Red
2	2	2	Red
3	4	4	Red
4	1	4	Red
5	2	1	Blue
6	4	3	Blue
7	4	1	Blue

   (b) 최적의 분리 초평면을 스케치하고 이 초평면에 대한 식((9.1)의 형태)을 제공하여라.

   (c) 최대 마진 분류기의 분류규칙을 기술하여라. 이것은 "$\beta_0 + \beta_1 X_1 + \beta_2 X_2 > 0$이면 Red로 분류하고, 그렇지 않으면 Blue로 분류한다"는 형식이어야 한다. $\beta_0, \beta_1, \beta_2$에 대한 값을 제공하여라.

   (d) 최대 마진 초평면에 대한 마진을 스케치에 나타내어라.

   (e) 최대 마진 분류기에 대한 서포트 벡터들을 나타내어라.

   (f) 7번째 관측치를 약간 움직여도 최대 마진 초평면에 영향이 없을 것이라고 주장하고 설명하여라.

   (g) 최적의 분리 초평면이 아닌 초평면을 스케치하고 이 초평면에 대한 식을 제공하여라.

   (h) 그래프 상에 관측치를 하나 더 그려 넣어 초평면으로는 더 이상 두 클래스를 분리할 수 없도록 하여라.

4. 100개의 관측치와 2개의 변수를 가지는 모의 2-클래스 자료를 생성하여라. 이 자료의 두 클래스는 선명하게 비선형적으로 분리되어 있다. 이 경우, 다항식 커널(차수가 1보다 큰) 또는 방사커널(radial kernel)을 가진 서포트 벡터 머신은 훈련 데이터에 대해 서포트 벡터 분류기보다 더 나은 성능을 제공한다는 것을 보여라. 검정 데이터에 대해 가장 성능이 좋은 기법은 어느 것인가? 그래프를 그리고 훈련 및 검정오차율을 제공하여라.

5. 비선형 커널을 가진 SVM을 적합하여 비선형 결정경계를 이용한 분류를 수행할 수 있다는 것을 보았다. 이제, 변수들의 비선형 변환을 이용하여 로지스틱 회귀를 수행함으로써 비선형 결정경계를 얻을 수도 있다는 것을 살펴볼 것이다.

    (a) $n = 500$, $p = 2$인 자료를 생성하여라. 자료의 관측치들이 속한 두 클래스 사이에는 2차 결정경계가 있다. 예를 들어, 아래와 같이 할 수 있다.

    ```
    > x1=runif(500)-0.5
    > x2=runif(500)-0.5
    > y=1*(x1^2-x2^2 > 0)
    ```

    (b) 클래스 라벨에 따라 색깔을 다르게 하여 관측치들을 그래프로 나타내어라. 그래프의 x축은 X_1, y축은 X_2를 표시해야 한다.

    (c) X_1과 X_2를 설명변수로 사용하여 로지스틱 회귀모델을 자료에 적합하여라.

    (d) 이 모델을 훈련 데이터에 적용하여 각 훈련 관측치에 대한 예측된 클래스 라벨을 구하여라. 예측된 클래스 라벨에 따라 색깔을 다르게 하여 관측치들을 그래프로 나타내어라. 결정경계는 선형이어야 한다.

    (e) X_1과 X_2의 비선형 함수를 설명변수로 사용하여(예를 들어, $X_1^2, X_1 \times X_2, \log X_2$ 등) 로지스틱 회귀모델을 자료에 적합하여라.

    (f) 이 모델을 훈련 데이터에 적용하여 각 훈련 관측치에 대한 예측된 클래스 라벨을 구하여라. 예측된 클래스 라벨에 따라 색깔을 다르게 하여 관측치들을 그래프로 나타내어라. 결정

경계는 물론 비선형이어야 한다. 만약 비선형이 아니라면 예측된 클래스 라벨이 분명히 비선형이 되는 예를 얻을 때까지 (a)-(e)를 반복하여라.

(g) X_1과 X_2를 설명변수로 하는 서포트 벡터 분류기를 자료에 적합하여라. 각 훈련 관측치에 대한 클래스 예측을 구하여라. 예측된 클래스 라벨에 따라 색깔을 다르게 하여 관측치들을 그래프로 나타내어라.

(h) 비선형 커널을 사용하는 SVM을 자료에 적합하여라. 각 훈련 관측치에 대한 클래스 예측을 구하여라. 예측된 클래스 라벨에 따라 색깔을 다르게 하여 관측치들을 그래프로 나타내어라.

6. 9.6.1절의 마지막에서 살펴보았던 간신히 선형적으로 분리가능한 자료의 경우, 두어 개의 훈련 관측치를 잘못 분류하는 작은 cost 값을 가진 서포트 벡터 분류기가 어떠한 관측치도 잘못 분류하지 않는 아주 큰 값의 cost를 가진 분류기보다 검정 데이터에 대한 성능이 더 나을 수 있다고 주장하였다. 이제 이 주장에 대해 살펴볼 것이다.

    (a) 클래스들이 간신히 선형적으로 분리가능하도록 $p = 2$인 2-클래스 자료를 생성하여라.

    (b) 어떤 범위의 cost 값을 가지고 서포트 벡터 분류기에 대한 교차검증 오차율을 계산하여라. 고려된 각 cost 값에 대해 잘못 분류된 훈련오차는 얼마나 되고, 이것이 교차검증 오차와 어떠한 관련이 있는가?

    (c) 적절한 검정 데이터셋을 생성하여 고려된 각 cost 값에 대응하는 검정오차를 계산하여라. 가장 작은 검정오차를 제공하는 cost 값은 어느 것인가? 이것을 가장 작은 훈련오차와 가장 작은 교차검증 오차를 제공하는 cost 값과 비교하여라.

7. 서포트 벡터 기법을 사용하여 주어진 자동차의 연비가 높은지 또는 낮은지를 Auto 자료를 기반으로 예측할 것이다.

    (a) 자동차의 연비가 메디안보다 높으면 1, 그렇지 않으면 0을 가지는 2진 변수를 생성하여라.

(b) 다양한 값의 cost를 가지고 서포트 벡터 분류기를 데이터에 적합하여 자동차의 연비가 높은지 또는 낮은지 예측하여라. cost 값과 관련된 교차검증 오차를 제공하고 설명하여라.

(c) 방사 및 다항식 커널을 가진 SVM을 사용하여 다른 값의 gamma, degree, cost에 대해 (b)를 반복하여라.

(d) (b)와 (c) 결과를 뒷받침해주는 그래프를 몇 개 그려라.

힌트: *lab*에서 $p = 2$인 경우에만 *svm* 객체에 대해 *plot()* 함수를 사용하였다. $p > 2$일 때는 *plot()* 함수를 사용하여 변수쌍들을 한꺼번에 나타내는 그래프를 생성할 수 있다. *svmfit*은 적합된 모델을 포함하고 *dat*은 데이터를 포함하는 데이터 프레임인 경우, 기본적으로 다음과 같이 입력하는 대신에,

```
> plot(svmfit, dat)
```

아래와 같이 입력하여 첫 번째와 네 번째 변수만 그래프로 나타낸다.

```
> plot(svmfit, dat, x1~x4)
```

하지만 x1과 x4는 실제 변수이름으로 바꿔야 한다. 더 자세한 내용은 ?plot.svm을 사용하여 볼 수 있다.

8. 이 문제는 ISLR 패키지의 일부인 OJ 자료에 관련된다.

   (a) 800개 관측치의 랜덤 표본을 포함하는 훈련셋과 나머지 관측치들을 포함하는 검정셋을 생성하여라.

   (b) cost=0.01을 사용하여 서포트 벡터 분류기를 훈련셋에 적합하여라. 여기서 Purchase는 반응변수로, 다른 변수들은 설명변수로 사용한다. summary() 함수를 사용하여 요약통계를 제공하고 결과를 설명하여라.

   (c) 훈련 및 검정오차율은 얼마인가?

   (d) tune() 함수를 사용하여 최적의 cost 값을 선택하여라. 값의 범위는 0.01에서 10까지 고려한다.

(e) (d)에 얻은 최적의 cost 값을 사용하여 훈련 및 검정오차율을 계산하여라.

(f) 방사커널을 가진 서포트 벡터 머신을 사용하여 (b)에서 (e)까지 반복하여라. gamma 값은 기본값(디폴트)를 사용한다.

(g) 다항식 커널을 가진 서포트 벡터 머신을 사용하여 (b)에서 (e)까지 반복하여라. degree=2 로 설정한다.

(h) 이 자료에서 가장 좋은 결과를 제공하는 기법은 어느 것인가?

비지도학습

Unsupervised Learning

CHAPTER 10

이 책의 대부분은 회귀 및 분류와 같은 *지도학습(supervised learning)*에 관련된다. 지도학습에서는 보통 n개 관측치에 대해 측정된 p개 변수 $X_1, X_2, \ldots, X_p$와 또한 동일한 n개 관측치에 대해 측정된 반응변수 Y에 접근할 수 있다. 목적은 $X_1, X_2, \ldots, X_p$를 사용하여 Y를 예측하는 것이다.

이 장에서는 *비지도학습(unsupervised learning)*에 중점을 둔다. 비지도 학습은 n개 관측치에 대해 측정된 일련의 변수들 $X_1, X_2, \ldots, X_p$만을 가지는 설정을 위한 통계적 도구이다. 여기서는 연관된 반응변수 Y가 없기 때문에 예측에는 관심이 없다. 대신에, $X_1, X_2, \ldots, X_p$ 측정에 대해 흥미로운 것들을 발견하고자 하는 것이 목적이다. 데이터를 시각화하는 유익한 방법이 있는가? 변수 또는 관측치들 중에서 서브그룹(subgroup)들을 찾을 수 있는가? 비지도학습은 이러한 것들과 같은 질문에 대답하기 위한 다양한 기법들을 말한다. 이 장에서는 두 가지 특정한 유형의 비지도학습인 *주성분분석(principal components analysis)*과 *클러스터링(clustering)*에 대해 집중할 것이다. 주성분분석은 지도기법이 적용되기 전에 데이터를 시각화하거나 전처리(pre-processing)하는데 사용되는 도구이며, 클러스터링은 데이터의 알려지지 않은 서브그룹들을 발견하기 위한 광범위한 부류의 방법들이다.

10.1 비지도학습의 어려움

지도학습은 잘 알려진 분야이다. 만약 이 책의 앞 장들을 읽었다면 지금쯤은 지도학습에 대해 잘 알고 있을 것이다. 예를 들어, 어떤 데이터셋에서 2진 결과를 예측하라고 하면, 우리는 원하는 대로 사용할 수 있는 (로지스틱 회귀, 선형판별분석, 분류트리, 서포트 벡터 머신 등과 같은) 매우 잘 알려진 도구들을 사용할 수 있고, 얻은 결과의 질을 (교차검증, 독립된 검정셋에 대한 검증 등을 사용하여) 어떻게 평가하는지에 대해서도 명확하게 이해하고 있다.

이에 반해, 비지도학습은 보통 훨씬 더 어렵다. 연습은 훨씬 더 주관적인 경향이 있고 반응변수의 예측과 같은 분석에 대한 단순한 목적이 없다. 비지도학습은 보통 *탐색적 자료분석(exploratory data analysis)*의 일부로서 수행된다. 더욱이, 비지도학습 방법들로부터 얻은 결과를 평가하기가 어려울 수 있다. 이유는 교차검증을 수행하거나 독립적인 데이터셋에 대해 결과를 검증하는 보편적으로 용인된 메커니즘이 없기 때문이다. 이렇게 차이가 나는 이유는 간단하다. 만일 지도학습기법을 사용하여 예측모델을 적합하면, 모델을 적합하는 데 사용되지 않은 관측치들에 대한 반응변수 Y를 모델이 얼마나 잘 예측하는지 확인함으로써 적합을 *점검*할 수 있다. 하지만, 비지도학습에서는 실제로 답을 모르기 때문에—문제가 비지도적(자율적)이므로—결과를 점검할 방법이 없다.

비지도학습 기법들은 많은 분야에서 중요도가 증가하고 있다. 암 연구자가 유방암을 가진 100명의 환자에게서 유전자 발현 수준을 분석할 수 있다. 이 경우, 연구자는 이 질병에 대해 더 잘 이해하기 위해 유방암 표본들 또는 유전자들 중에서 서브그룹(subgroup)들을 찾아볼 수도 있다. 온라인 쇼핑 사이트는 유사한 브라우징(browsing) 및 구매이력을 가진 구매자들의 그룹들을 구별하고, 각 그룹 내에서 구매자들이 특별히 관심을 가지는 항목들도 식별하고자 할 수 있다. 그러면 유사한 구매자들의 구매이력을 기반으로 개별 구매자가 특별히 관심을 가질 것 같은 항목들을 우선적으로 보여줄 수 있다. 검색엔진은 유사한 검색패턴을 가진 다른 사람들의 클릭(click) 이력을 기반으로 특정 개인에게 보여줄 검색결과를 선택할 수 있다. 이러한 통계학습 작업과 많은 다른 일들은 비지도학습 기법을 통해 수행될 수 있다.

10.2 주성분분석

*주성분(principal components)*에 대해서는 6.3.1절에서 주성분회귀와 관련하여 논의되었다. 상관된 변수들로 구성된 큰 집합에 직면했을 때, 주성분들은 원래 집합의 대부분의 변동성(variability)을 총체적으로 설명하는 적은 수의 대표적인 변수들을 가지고 이 집합을 요약할 수 있게 해준다. 6.3.1절에서 주성분의 방향들은 변수공간에서의 방향들로 설명되며, 원래 데이터는 이 방향들을 따라 높은 *변동성*을 보인다. 또한, 이러한 방향들은 데이터 클라우드에 *가능한 한 까까운* 직선들과 부분공간(subspace)들을 정의한다. 주성분회귀를 수행하기 위해서는 단순히 주성분들을 크기가 더 큰 원래의 변수들의 집합 대신에 회귀모델의 설명변수들로서 사용한다.

*주성분분석(PCA)*은 주성분들을 계산하는 과정과, 그후 데이터를 이해하는 데 이 주성분들을 사용하는 것을 말한다. PCA는 변수들 $X_1, X_2, \ldots, X_p$만을 이용하고 연관된 반응변수 Y가 없기 때문에 비지도 접근방식이다. PCA는 지도학습 문제에 사용하기 위한 파생 변수(derived variable)들을 생성하는 것뿐만 아니라 데이터 시각화(관측치 또는 변수들의 시각화)를 위한 도구로서도 사용된다. 이제, PCA에 대해 상세히 살펴볼 것인데, 이 장의 주제를 유지하면서 비지도적 자료탐색을 위한 도구로 PCA를 사용하는 것에 중점을 둔다.

10.2.1 주성분은 무엇인가?

탐색적 자료분석의 일부로서, p개 변수 $X_1, X_2, \ldots, X_p$에 대한 측정으로 n개 관측치를 시각화하고자 한다고 해보자. 이것은 자료의 2차원 산점도(scatter plot)들을 조사함으로써 가능한데, 각 산점도는 두 변수에 대한 n개 관측치의 측정치들을 포함한다. 하지만, 이러한 산점도는 $\binom{p}{2} = p(p-1)/2$개 있다. 예를 들어, $p = 10$일 때 산점도는 45개이 있다! 만약 p가 크면, 이들을 모두 살펴보는 것은 어려울 것이다. 더욱이, 각각의 산점도는 자료에 존재하는 총 정보의 작은 부분만을 포함하기 때문에 어느 것도 유용하지 않을 가능성이 높다. 명백히, p가 클 때 n개 관측치를 시각화하는 데는 더 나은 방법이 필요하다. 특히, 가능한 한 많은 정보를 제공할 수 있는 저차원 표현을 찾고자 한다. 예를 들어, 자료에 대해 대부분의 정보를 제공하는 2차원 표현을 얻을 수 있다면 이 저차원 공간에 관측치들을 나타낼 수 있다.

PCA는 이러한 것을 하기 위한 도구를 제공한다. PCA는 가능한 한 많은 변동성을 포함하는 자료에 대한 저차원 표현을 찾는다. 이 개념은 n개 관측치 각각은 p 차원 공간에 있지만 모든 차원에 동등하게 관심이 있는 것은 아니라는 것이다. PCA는 가능한 한 관심도가 높은 작은 차원을 찾는 것이다. 여기서, *관심있는(interesting)*이란 개념은 관측치들이 각 차원을 따라 변하는 정도에 의해 측정된다. PCA에 의해 발견된 각 차원은 p개 변수들의 선형결합이다. 이제, 이들 차원 또는 주성분들을 찾는 방식에 대해 설명한다.

변수 $X_1, X_2, \ldots, X_p$의 첫 번째 주성분은 가장 큰 분산을 가지게 되는 이 변수들의 정규화된(normalized) 선형결합이다.

$$Z_1 = \phi_{11}X_1 + \phi_{21}X_2 + \cdots + \phi_{p1}X_p \qquad (10.1)$$

*정규화된*이란 의미는 $\sum_{j=1}^{p} \phi_{j1}^2 = 1$임을 말한다. $\phi_{11}, \ldots, \phi_{p1}$은 첫 번째 주성분의 로딩*(loadings)*이라 하고, 주성분로딩벡터 $\phi_1 = (\phi_{11}\ \phi_{21}\ \cdots\ \phi_{p1})^T$를 구성한다. 로딩은 그 제곱합이 1이 되게 제한하는데, 그렇지 않을 경우 로딩요소들의 절대값이 임의의 큰 값이 되어 분산이 커질 수 있기 때문이다.

주어진 $n \times p$ 자료 **X**에 대해 어떻게 첫 번째 주성분을 계산하는가? 분산에만 관심이 있기 때문에, **X**의 각 변수는 평균이 0이 되게 중심화(평균 중심화)하였다고 가정한다(즉, **X**의 열 평균은 0이다). 그다음에, $\sum_{j=1}^{p} \phi_{j1}^2 = 1$의 제한하에서 가장 큰 표본 분산을 가지는 다음 형태의 표본 변수값들의 선형결합을 찾는다.

$$z_{i1} = \phi_{11}x_{i1} + \phi_{21}x_{i2} + \cdots + \phi_{p1}x_{ip} \qquad (10.2)$$

다시 말하면, 주성분로딩벡터는 다음 최적화 문제를 푼다.

$$\underset{\phi_{11},\ldots,\phi_{p1}}{\text{maximize}} \left\{ \frac{1}{n}\sum_{i=1}^{n}\left(\sum_{j=1}^{p}\phi_{j1}x_{ij}\right)^2 \right\} \text{ subject to } \sum_{j=1}^{p}\phi_{j1}^2 = 1 \qquad (10.3)$$

(10.2)로부터 (10.3)의 목적함수를 $\frac{1}{n}\sum_{i=1}^{n} z_{i1}^2$으로 다시 쓸 수 있다. $\frac{1}{n}\sum_{i=1}^{n} x_{ij} = 0$이므로, $z_{11}, \ldots, z_{n1}$의 평균도 영이 될 것이다. 따라서, (10.3)에서 최대로 하려는 목적함수는 단순히 n개 z_{i1} 값의 표본 분산이다. $z_{11}, \ldots, z_{n1}$은 첫 번째 주성분의 점수*(점수)(scores)*라고 한다. 문제 (10.3)은 선형대수학에서 표준적 기법인 고유값 분해(eigen decomposition)를 통해 풀 수 있지만, 자세한 내용은 이 책의 범위를 벗어난다.

첫 번째 주성분에 대해 유용한 기하학적 해석이 있다. 원소 $\phi_{11}, \phi_{21}, \ldots, \phi_{p1}$을 가지는 로딩벡터 ϕ_1은 데이터가 가장 많이 변화되는 변수공간의 방향을 정의한다. 만약 n개 데이터 포인트들 $x_1, \ldots, x_n$을 이 방향위로 투영하면, 투영된 값들은 주성분점수 $z_{11}, \ldots, z_{n1}$ 그 자체이다. 예를 들어, 그림 6.14는 광고자료에 대한 첫 번째 주성분로딩벡터(녹색 실선)를 나타낸다. 이 자료에서는 단지 두 개의 변수만 있어 관측치들과 첫 번째 주성분로딩벡터를 쉽게 표시할 수 있다. (6.19)에서 볼 수 있듯이, 이 자료에서 $\phi_{11} = 0.839$이고 $\phi_{21} = 0.544$이다.

변수들의 첫 번째 주성분 Z_1이 결정된 후, 두 번째 주성분 Z_2를 찾을 수 있다. 두 번째 주성분은 Z_1과 *상관되지 않은(uncorrelated)* $X_1, \ldots, X_p$의 모든 선형결합 중에서 분산을 최대로 하는 선형결합이다. 두 번째 주성분점수 $z_{12}, z_{22}, \ldots, z_{n2}$는 다음과 같다.

$$z_{i2} = \phi_{12}x_{i1} + \phi_{22}x_{i2} + \cdots + \phi_{p2}x_{ip} \tag{10.4}$$

여기서, ϕ_2는 원소가 $\phi_{12}, \phi_{22}, \ldots, \phi_{p2}$인 두 번째 주성분로딩벡터이다. Z_2가 Z_1과 상관되지 않게 제한하는 것은 ϕ_2의 방향이 ϕ_1의 방향과 직교(수직)하게 제한하는 것과 같다. 그림 6.14의 예에서는 관측치들이 2차원 공간($p = 2$이므로)에 있으므로, ϕ_1을 찾고 나면 ϕ_2로 가능한 것은 하나밖에 없고 그것이 파란색 파선으로 도시되어 있다(6.3.1절에서 $\phi_{12} = 0.544, \phi_{22} = -0.839$이다). 그러나, $p > 2$인 변수들을 가지는 더 큰 자료에서는 다수의 서로 다른 주성분들이 있고 이들은 유사한 방식으로 정의된다. ϕ_2를 찾기 위해, ϕ_1을 ϕ_2로 바꾼 (10.3)과 유사한 문제를 풀며 ϕ_2는 ϕ_1에 직교한다는 추가적인 제한조건이 있다.[1]

주성분들을 계산하고 나면, 이들을 서로에 대해 그래프로 나타내어 데이터의 저차원 뷰(view)를 제공할 수 있다. 예를 들어, 점수 벡터 Z_1 대 Z_2, Z_1 대 Z_3, Z_2 대 Z_3 등을 그래프로 나타낼 수 있다. 이것은 기하학적으로 원래의 데이터를 ϕ_1, ϕ_2, ϕ_3에 의해 생성된(spanned) 부분공간상으로 투영하여 이 투영된 점들을 그래프로 나타내는 것이다.

---

[1] 주성분 방향들 $\phi_1, \phi_2, \phi_3, \ldots$은 행렬 $\mathbf{X}^T\mathbf{X}$의 고유벡터들의 정렬된 시퀀스(sequence)이고, 주성분들의 분산은 고유값이다. 최대 $\min(n-1, p)$개의 주성분이 있다.

	PC1	PC2
Murder	0.5358995	−0.4181809
Assault	0.5831836	−0.1879856
UrbanPop	0.2781909	0.8728062
Rape	0.5434321	0.1673186

표 10.1: USArrests 자료에 대한 주성분로딩벡터 ϕ_1과 ϕ_2. 이것은 그림 10.1에도 나타낸다.

USArrests 자료에 PCA를 사용한 것을 예로서 살펴보자. 이 자료는 미국의 50개 각 주에서 주민 10만 명당 Assault, Murder, 그리고 Rape의 각 범죄에 대한 체포횟수를 포함한다 또한, 이것은 UrbanPop(각 주에서 도시지역에 거주하는 인구 비율)도 포함한다. 주성분점수벡터들은 길이가 $n = 50$이고, 주성분로딩벡터들은 길이가 $p = 4$이다. PCA는 평균이 0, 분산이 1이 되게 표준화한 후 수행된다. 그림 10.1은 이 자료의 첫 번째와 두 번째 주성분을 나타낸 그래프이다. 이 그림은 주성분의 점수벡터 및 로딩벡터를 하나의 행렬도(biplot) 표시로 나타낸다. 이 로딩(loadings)은 표 10.1에도 주어진다.

그림 10.1에서, 첫 번째 로딩벡터는 Assault, Murder, 그리고 Rape에 대해 거의 동일한 가중치를 주고 UrbanPop에 대해서는 훨씬 낮은 가중치를 부여한다. 따라서 이 성분은 대략 전체 중범죄율의 측도에 대응한다. 두 번째 로딩벡터는 대부분의 가중치를 UrbanPop에 주고 다른 세 변수에는 훨씬 낮은 가중치를 부여한다. 따라서 이 성분은 대략 그 주의 도시화(urbanization) 수준에 대응한다. 전체적으로, 범죄관련 변수들(Murder, Assault, Rape)은 서로 가까이 위치하고, UrbanPop 변수는 다른 세 변수와 멀리 떨어져 있다. 이것은 범죄관련 변수들은 서로 상관되어 있고—살인율이 높은 주는 폭력 및 강간율도 높은 경향이 있다—UrbanPop 변수는 다른 세 변수와 관련성이 낮다는 것을 나타낸다.

그림 10.1에 도시된 두 개의 주성분점수벡터를 통해 주(state) 사이의 차이를 조사할 수 있다. 로딩벡터들에 대한 논의는 첫 번째 주성분에 대해 큰 양의 점수(점수)를 가지는 캘리포니아, 네바다, 플로리다와 같은 주들은 범죄율이 높다는 것을 시사한다. 반면에, 첫 번째 주성분에 대해 음수의 점수를 가지는 노스다코타(North Dakota)와 같은 주들은 범죄율이 낮다. 캘리포니아는 또한 두 번째 주성분에 대해서도 높은 점수를 가지는데, 이것은 높은 수준의 도시화를 나타낸다. 이에 반해, 미시시피 같은 주들은 그 반대이다. 인디애나와 같이 이 두 성분에 대한 점수가 영에 가까운 주들은 범죄율과 도시화가 대략 평균 수준이다.

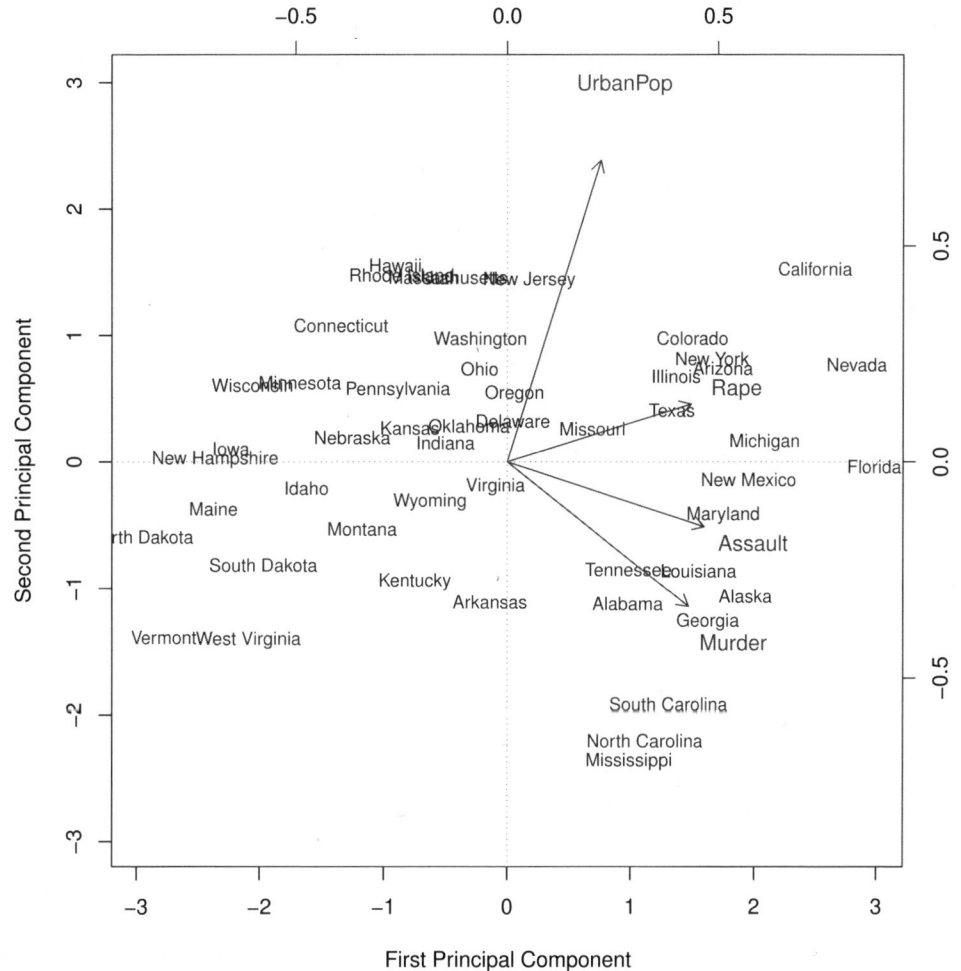

그림 10.1: USArrests 자료에 대한 첫 두 주성분. 파란색의 주 이름은 첫 두 주성분들에 대한 점수를 나타낸다. 오렌지색 화살표들은 첫 두 주성분로딩벡터들을 나타낸다(축은 위쪽과 오른쪽에 표시). 예를 들어, 첫 번째 주성분에 대한 Rape의 로딩은 0.54이고, 두 번째 주성분에 대한 Rape의 로딩은 0.17이다 (단어 Rape은 (0.54, 0.17)에 중심이 놓인다). 이 그림은 행렬도로 알려져 있는데, 그 이유는 이것이 주성분점수와 주성분로딩을 둘 다 표시하기 때문이다.

10.2.2 주성분의 다른 해석

모의 3차원 자료에서 첫 두 주성분로딩벡터들은 그림 10.2의 왼쪽 패널에 되시된다. 이들 두 로딩벡터들은 평면을 생성(span)하는데, 이 평면을 따라 관측치들은 가장 높은 분산을 가진다.

앞 절에서, 주성분로딩벡터들은 데이터가 가장 많이 변하는 변수공간 내의 방향들로 설명되며, 주성분점수는 이 방향들을 따른 투영으로 설명된다. 하지만, 주성분에 대한 다른 해석도 유용할 수 있다. 즉, 주성분들은 관측치들에 *가장 가까운(closest)* 저차원 선형 표면(surface)들을 제공한다. 여기서 이러한 해석에 대해 자세히 알아본다.

첫 번째 주성분로딩벡터는 아주 특별한 성질을 가진다. 이것은 n개 관측치에 *가장 가까운 p* 차원 공간의 직선이다(가까움의 측도로서 유클리드 거리 제곱의 평균을 사용). 이 해석은 그림 6.15의 왼쪽 패널에서 볼 수 있으며, 여기서 파선들은 각 관측치와 첫 번째 주성분로딩벡터 사이의 거리를 나타낸다. 이러한 해석은 명백히 모든 데이터 포인트에 가능한 한 가깝게 놓이는 데이터의 단일 차원을 찾고자 하는 것인데, 그 이유는 이러한 직선이 데이터에 대한 개요(summary)를 잘 제공할 것이기 때문이다.

주성분들을 n개 관측치에 가장 가까운 차원들로 보는 개념은 첫 번째 주성분을 넘어 확대된다. 예를 들어, 자료의 첫 두 주성분은 유클리드 거리 제곱의 평균이 n개 관측치에 가장 가까운 평면을 생성(span)한다. 그림 10.2의 왼쪽 패널에 한 예가 도시된다. 자료의 첫 세 주성분들은 n개 관측치에 가장 가까운 3차원 초평면(hyperplane)을 생성한다.

이러한 해석을 사용하여 처음 M개 주성분점수벡터와 첫 M개 주성분로딩벡터는 함께 i번째 관측치 x_{ij}에 대한 최고의 M 차원 근사치(유클리드 거리 측면에서)를 제공한다. 이 표현은 다음과 같이 쓸 수 있다(원래 데이터 행렬 **X**가 열-중심화(column-centered)되어 있다고 가정하면).

$$x_{ij} \approx \sum_{m=1}^{M} z_{im}\phi_{jm} \tag{10.5}$$

다시 말하면, M 주성분점수벡터들과 M 주성분로딩벡터들은 함께 M이 충분히 클 때 데이터에 대한 좋은 근사치를 제공할 수 있다. $M = \min(n-1, p)$일 경우, 이 표현은 정확하게 $x_{ij} = \sum_{m=1}^{M} z_{im}\phi_{jm}$ 이다.

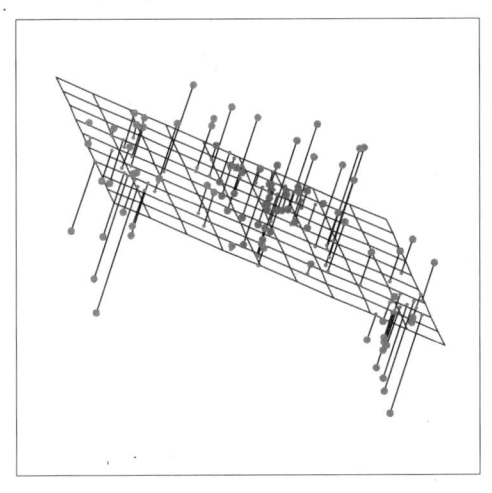 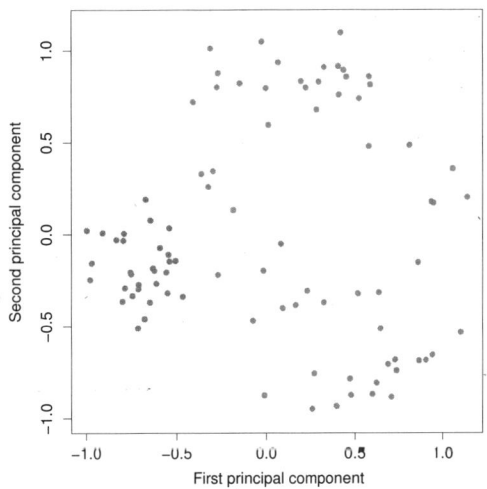

그림 10.2: 3차원으로 된 90개의 모의 관측치. 왼쪽: 첫 두 주성분 방향은 데이터를 가장 잘 적합하는 평면을 생성(span)한다. 이것은 각 점에서 평면까지의 거리제곱의 합을 최소로 한다. 오른쪽: 첫 두 주성분점수벡터들은 90개 관측치들을 이 평면상으로 투영한 좌표들을 제공한다. 이 평면 내의 분산은 최대로 된다.

10.2.3 PCA에 대해 더 알아보기

변수 스케일링

이미 언급하였듯이, PCA를 수행하기 전에 변수들은 평균이 영이 되게 하여야 한다. 더욱이, *PCA*를 수행할 때 얻어지는 결과들은 변수들이 개별적으로 스케일링되었는지에 따라 다를 것이다(각각에 다른 상수가 곱해짐). 이것은 선형회귀와 같은 일부 다른 지도 및 비지도학습 기법들의 경우 변수 스케일링이 전혀 영향을 주지 않는 것과는 다르다(선형회귀에서 변수에 c를 곱하는 것은 단순히 대응하는 계수 추정치에 $1/c$을 곱하는 것이 될 것이며, 따라서 얻어진 모델에 실질적인 영향을 주지 않을 것이다).

예를 들어, 그림 10.1은 각 변수를 스케일링하여 표준편차가 1이 되게 한 후에 얻어졌다. 이것은 그림 10.3의 왼쪽 패널에 다시 도시되었다. 변수를 스케일링하는 것이 왜 중요한가? 이 자료에서 변수들은 측정 단위가 다르다. Murder, Rape, Assault는 인구 10만 명당 발생횟수이고, UrbanPop은 도시지역에 거주하는 주 인구의 백분율이다. 이들 4 변수의 분산은 각각 18.97, 87.73, 6945.16, 209.5이다. 따라서, 스케일링되지 않은 변수에 PCA를 수행하면 Assault 변수가 다른 변수들에 비해 월등히 큰 분산을 가지므로 첫 번째 주성분로딩벡터는 Assault에 대해 매우 큰 로딩을 가지게 될 것이다. 그림 10.3의 오른쪽 그림은 USArrests 자료에 대한 처음 두 주성분들을 나타내며, 여기서 이 자료의 변수들은 표준편차가 1이 되도록 스케일링되지 않았다. 예상대로, 첫 번째 주성분로딩벡터는 가중치의 거의 대부분을 Assault에 주고, 반면에 두 번째 주성분로딩벡터는 가중치의 거의 대부분을 UrbanPop에 부여한다. 왼쪽과 오른쪽 그림을 비교해 보면 스케일링이 얻어진 결과에 상당한 영향을 준다는 것을 알 수 있다.

하지만, 이 결과는 단순히 변수들이 측정된 스케일의 영향이다. 예를 들어, 만일 Assault가 인구 100명당(10만 명당이 아니라) 발생횟수 단위로 측정되면 이 변수의 모든 로딩 원소들은 1,000으로 나눈 값이 될 것이다. 그러면, 이 변수의 분산은 아주 작아지고 그 결과 첫 번째 주성분로딩벡터는 이 변수에 대해 매우 작은 값을 가지게 될 것이다. 얻은 주성분들이 임의의 스케일링에 의존적인 것은 바람직하지 않기 때문에, 보통은 PCA를 수행하기 전에 각 변수를 스케일링하여 표준편차가 1이 되도록 한다.

하지만, 어떤 설정에서는 변수들이 같은 단위로 측정될 수 있다. 이러한 경우, PCA를 수행하기 전에 표준편차가 1이 되도록 변수들을 스케일링하는 것을 원하지 않을 수 있다. 예를 들어, 주어진 자료의

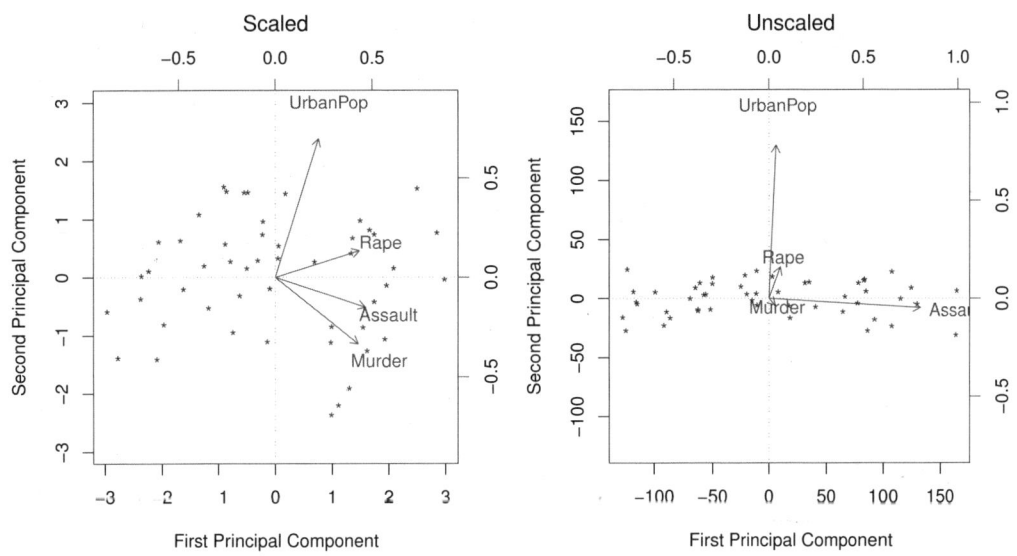

그림 10.3: USArrests 자료에 대한 두 주성분의 행렬도. 왼쪽: 그림 10.1과 동일한 그래프로, 변수들은 단위 표준편차를 가지도록 스케일링됨. 오른쪽: 스케일링되지 않은 데이터를 사용한 주성분들. Assault 는 4개 변수 중에서 가장 높은 분산을 가지기 때문에 첫 번째 주성분에 대한 로딩이 월등히 크다. 일반적으로, 표준편차가 1이 되도록 변수들을 스케일링하는 것이 권장된다.

변수들이 p개의 유전자 발현 수준들에 대응한다고 해보자. 그러면, 각 유전자에 대한 발현 수준은 같은 "단위"로 측정되므로 유전자들을 스케일링하지 않을 수도 있다.

주성분의 고유성

각 주성분로딩벡터는 부호는 다를 수 있지만 고유하다(unique). 이것은 다른 소프트웨어 패키지가 로딩벡터들의 부호는 다를 수 있지만 동일한 주성분로딩벡터들을 제공할 것이라는 의미이다. 부호가 다를 수 있는 이유는 각 주성분로딩벡터는 p차원 공간에서 방향을 지정하는데 부호가 바뀌어도 방향에 아무 영향이 없기 때문이다(그림 6.14를 고려해보자. 주성분로딩벡터는 양쪽 방향으로 확장되는 직선이며, 그 부호가 바뀌어도 아무 영향이 없다). 마찬가지로, 점수 벡터들도 부호는 다를 수 있지만 고유하다. 이유는 Z의 분산은 $-Z$의 분산과 같기 때문이다. x_{ij}에 대한 근사치를 구하기 위해 (10.5)를 사용할 때 z_{im}에 ϕ_{jm}을 곱한다. 따라서, 만약 로딩벡터와 점수 벡터의 부호가 둘 다 바뀌면 그들의 곱은 바뀌지 않는다.

설명되는 분산의 비율

그림 10.2에서 3차원 자료에 대해 PCA를 수행하고(왼쪽 패널), 이 데이터를 처음 두 주성분로딩벡터들에 투영하여 2차원 뷰를 얻는다(즉, 오른쪽 패널의 주성분점수벡터들). 3차원 데이터를 이렇게 2차원으로 표현하는 것은 데이터의 주요 패턴을 성공적으로 포착한다는 것을 볼 수 있다. 3차원 공간에서 서로 근처에 있는 오렌지색, 녹색, 그리고 청록색 관측치들은 2차원 표현에서도 서로 가까이에 있다. 유사하게, USArrests 자료에서도 50개 관측치와 4개 변수들을 첫 두 주성분의 점수 벡터들과 로딩벡터들을 사용하여 요약할 수 있다는 것을 보았다.

 이제 다음 질문을 고려해보자. 관측치들을 처음 몇 개의 주성분들로 투영함으로써 잃게되는 주어진 자료의 정보는 얼마나 되는가? 즉, 처음 몇 개의 주성분들에 포함되지 않는 데이터 내 분산은 얼마나 되는가? 좀 더 일반적으로, 각 주성분에 의해 *설명되는 분산의 비율*(PVE)을 알고자 한다. 자료에 존재하는 총 *분산*은 (평균이 0이 되도록 변수들이 중심화되었다고 가정할 경우) 다음과 같이 정의되고 m번째 주성분에 의해 설명되는 분산은 다음과 같다.

$$\sum_{j=1}^{p}\text{Var}(X_j) = \sum_{j=1}^{p}\frac{1}{n}\sum_{i=1}^{n}x_{ij}^2 \tag{10.6}$$

$$\frac{1}{n}\sum_{i=1}^{n} z_{im}^2 = \frac{1}{n}\sum_{i=1}^{n}\left(\sum_{j=1}^{p}\phi_{jm}x_{ij}\right)^2 \tag{10.7}$$

그러므로, m번째 주성분의 PVE는 아래 식으로 주어진다.

$$\frac{\sum_{i=1}^{n}\left(\sum_{j=1}^{p}\phi_{jm}x_{ij}\right)^2}{\sum_{j=1}^{p}\sum_{i=1}^{n}x_{ij}^2} \tag{10.8}$$

각 주성분의 PVE는 양수이다. 처음 M개 주성분들의 누적 PVE를 계산하기 위해서는 단순히 처음 M개 PVE 각각에 대한 (10.8)을 더할 수 있다. 총 $\min(n-1,p)$개의 주성분이 있고 이들의 PVE들은 더하면 1이 된다.

USArrests 자료에서 첫 번째 주성분은 데이터 내 분산의 62.0%를 설명하고, 그다음 주성분은 분산의 24.7%를 설명한다. 처음 두 개의 주성분들은 함께 데이터 내 분산의 거의 87%를 설명하고 마지막 두 주성분들은 단지 분산의 13%만 설명한다. 이것이 의미하는 것은 그림 10.1은 단지 2차원을 사용하여 상당히 정확하게 데이터를 요약한다는 것이다. 각 주성분의 PVE와 누적 PVE가 그림 10.4에 도시되어 있다. 왼쪽 패널은 스크리 그래프(scree plot)로 알려져 있으며 다음으로 논의할 것이다.

몇 개의 주성분들을 사용할지에 대한 결정

일반적으로, $n \times p$ 데이터 행렬 **X**는 $\min(n-1,p)$개의 서로 다른 주성분들을 가진다. 하지만, 보통 이들 모두에 관심이 있는 것이 아니다. 대신에 처음 몇 개의 주성분들을 사용하여 데이터를 시각화하고 해석하고자 한다. 사실상, 데이터를 잘 이해하는 데 필요한 가장 적은 수의 주성분들을 사용하고자 한다. 얼마나 많은 주성분들이 필요한가? 유감스럽게도 이 질문에 대한 단순한 답은 없다.

보통은 그림 10.4의 왼쪽 패널에 보여준 것과 같은 스크리 그래프를 조사함으로써 데이터를 시각화하는 데 필요한 주성분의 수를 결정한다. 데이터 내 분산의 상당한 양을 설명하는 데 필요한 가장 적은 수의 주성분을 선택한다. 이것은 스크리 그래프에서 각각의 후속(subsequent) 주성분에 의해 설명되는 분산의 비율이 크게 떨어지는 지점을 눈대중으로 찾음으로써 된다. 이 지점을 흔히 스크리 그래프의

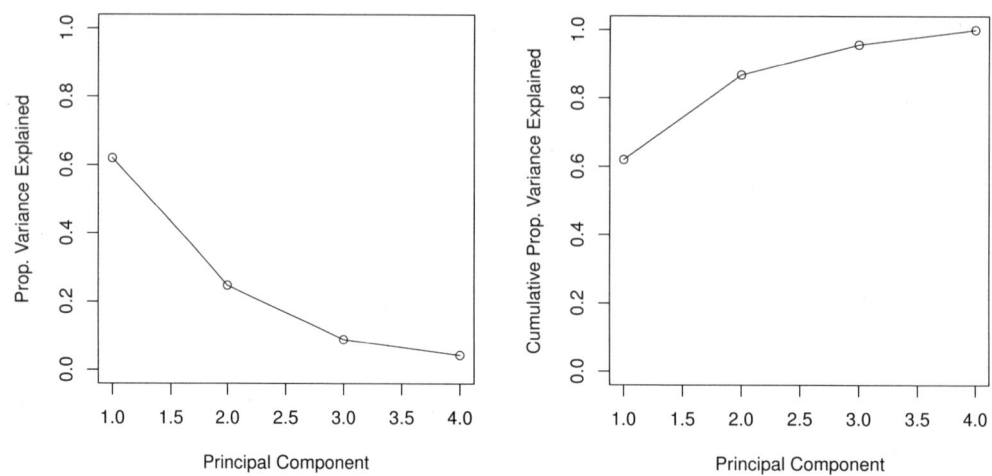

그림 10.4: 왼쪽: USArrests 자료에서 4개의 주성분 각각에 의해 설명되는 분산의 비율을 나타낸 스크리 그래프. 오른쪽: USArrests 자료에서 4개의 주성분들에 의해 설명되는 분산의 누적 비율.

엘보우(elbow)라고 한다. 예를 들어, 그림 10.4를 살펴보면 상당한 양의 분산이 처음 두 개의 주성분에 의해 설명되며 두 번째 주성분 이후에 엘보우가 있다고 결론을 내릴 수 있다. 결국, 세 번째 주성분은 데이터 내 분산의 10% 미만을 설명하고 네 번째 주성분은 세 번째 주성분의 절반도 안되는 분산을 설명하므로 기본적으로 중요하지 않다.

하지만, 이런 형식의 시각적 분석은 본질적으로 임시적(ad hoc)이다. 유감스럽게도, 얼마나 많은 수의 주성분이면 충분한지 결정하기 위한 널리 용인된(well-accepted) 객관적인 방식은 없다. 사실, 얼마나 많은 수의 주성분이면 충분한가라는 질문은 본질적으로 불명확하고 특정 응용분야와 특정 자료에 따라 다를 것이다. 현실에서는 데이터에서 관심있는 패턴을 찾기 위해 처음 몇 개의 주성분들을 살펴보는 경향이 있다. 처음 몇 개의 주성분에서 관심있는 패턴이 발견되지 않는다면 그다음의 주성분들이 흥미로운 결과를 줄 가능성은 거의 없다. 반대로, 처음 몇 개의 주성분이 흥미롭다면 보통 더 이상 관심있는 패턴이 발견되지 않을 때까지 계속해서 후속 주성분들을 살펴본다. 이것은 결국 주관적인 기법이며 PCA가 일반적으로 탐색적 자료분석을 위한 도구로 사용된다는 사실을 반영한다.

반면에, 6.3.1절에서 설명된 주성분회귀와 같은 지도 분석에서 사용하기 위해 주성분들을 계산한다면 사용할 주성분의 수를 결정하기 위한 단순하고 객관적 방법이 있다. 회귀에서 사용될 주성분점수 벡터들의 수를 교차검증 또는 관련 기법을 통해 선택될 조율 파라미터로 취급할 수 있다. 지도 분석을 위해 주성분의 수를 선택하는 것이 상대적으로 단순한 것은 지도분석이 비지도분석보다 더 명백하게 정의되고 더 객관적으로 평가되는 경향이 있다는 사실을 보여주는 것이다.

10.2.4 주성분에 대한 다른 사용 예

6.3.1절에서 주성분점수벡터들을 설명변수로 사용하여 회귀를 수행할 수 있음을 살펴보았다. 사실, 회귀, 분류, 클러스터링과 같은 많은 통계 기법들은 $n \times p$ 데이터 행렬을 사용하는 대신에 열들이 처음 $M \ll p$개의 주성분점수벡터들인 $n \times M$ 행렬을 사용하도록 쉽게 조정될 수 있다. 이것은 잡음이 적은 (less noisy) 결과를 얻을 수 있는데, 그 이유는 자료의 신호(signal)는 보통 (잡음과 반대로) 처음 몇 개의 주성분에 집중되기 때문이다.

10.3 클러스터링 방법

클러스터링(clustering) 은 자료에서 서브그룹 또는 클러스터들을 찾는 광범위한 기법들을 말한다. 자료의 관측치들을 클러스터링할 때, 이 관측치들을 서로 다른 그룹들로 분리하는데, 각 그룹 내의 관측치들은 서로 상당히 유사하지만 다른 그룹들의 관측치들과는 상당히 다르게 나누고자 한다. 물론, 이것을 구체적으로 하려면, 두 개 이상의 관측치들이 *유사하다* 또는 *다르다*는 것이 무엇을 의미하는지 정의해야 한다. 이것은 보통 고려 중인 데이터에 대한 지식을 기반으로 결정되어야 하는 도메인 특정 (domain-specific) 사항이다.

예를 들어, n개 관측치가 있고 각각은 p개 변수를 가진다고 해보자. 이 n개 관측치는 유방함을 가진 환자들의 조직 샘플(tissue sample)들에 대응되고, p개 변수는 각 조직 샘플에 대해 수집된 측정치에 대응될 수 있다. 이 측정치들은 종양의 단계 또는 등급과 같은 임상적 측정치일 수 있고, 또는 유전자 발현 측정치일 수도 있다. 이러한 n개 조직 샘플들 사이에 어떤 이질성이 있다고 믿을만한 근거가 있을 수 있다. 예를 들어, 몇 가지 다른 알려지지 않은 유방암의 종류가 있을 수 있다. 클러스터링은 이러한 서브그룹들을 찾는 데 사용될 수 있다. 이것은 자료를 기반으로 구조(structure)—이 경우, 차이가 나는 클러스터들—를 발견하고자 하기 때문에 비지도 문제이다. 이에 반해, 지도 문제의 목적은 약물 치료에 대한 생존 기간 또는 반응과 같은 어떤 결과벡터(outcome vector)를 예측하고자 하는 것이다.

클러스터링과 PCA 둘 다 적은 수의 개요(summary)를 통해 데이터를 간단하게 나타내려고 하지만 그 방법은 서로 다르다.

- PCA는 분산의 많은 비율을 설명하는 관측치들의 저차원 표현을 찾으려 한다.

- 클러스터링은 관측치들 중에서 동종의 서브그룹들을 찾으려 한다.

클러스터링의 또 다른 응용분야는 마케팅이다. 많은 수의 사람들에 대한 다수의 측정치(예를 들어, 중간 가계 소득, 직업, 가장 가까운 도시지역으로부터의 거리 등)가 있다고 해보자. 우리의 목적은 특정 형태의 광고에 더 수용적이거나 특정 제품을 더 잘 구매할 것 같은 사람들의 서브그룹들을 식별하여 *마켓 세분화(market segmentation)*를 하는 것이다. 이러한 마케 세분화를 수행하는 것은 자료에 있는 사람들을 클러스터링하는 것이 된다.

클러스터링은 많은 분야에서 널리 사용되므로, 다수의 클러스터링 방법들이 있다. 이 절에서는 아마도 가장 잘 알려진 두 가지 클러스터링 기법인 K-*평균 클러스터링*과 *계층적 클러스터링(hierarchical clustering)*에 중점을 둔다. K-평균 클러스터링에서는 관측치들을 미리 지정된 수의 클러스터들로 나누려고 한다. 반면에, 계층적 클러스터링에서는 얼마나 많은 클러스터들이 필요한지 미리 알지 못하며, 관측치들에 대한 시각적 표현은 결국 *덴드로그램(dengrogram)*이라 불리는 나무 모양이 된다. 덴드로그램은 1에서 n까지 가능한 수의 각 클러스터에 대해 얻어진 클러스터들을 한눈에 볼 수 있게 해준다. 이러한 각 클러스터링 기법에는 장단점이 있으며 이들에 대해서 이 장에서 살펴본다.

일반적으로, 변수들을 기반으로 관측치들을 클러스터링하여 이 관측치들 사이에서 서브그룹들을 식별할 수 있거나, 또는 반대로 관측치들을 기반으로 변수들을 클러스터링하여 이 변수들 사이에서 서브그룹들을 발견할 수 있다. 논의를 단순화하기 위해 변수들을 기반으로 관측치들을 클러스터링하는 것에 대해 살펴볼 것이다(그 반대는 단순히 데이터 행렬을 전치(transpose)함으로써 수행될 수 있다).

10.3.1 K-평균 클러스터링

K-평균 클러스터링은 자료를 K개의 서로 다른 겹치지 않는 클러스터로 분할하는 단순하고 훌륭한 기법이다. K-평균 클러스터링을 수행하기 위해서는 먼저 원하는 클러스터의 수 K를 정해야 한다. 그다음에 K-평균 알고리즘은 각 관측치를 이 K개 클러스터 중 정확하게 하나에 할당할 것이다. 그림 10.5는 2차원의 150개 관측치로 구성된 모의 데이터에 대해 3개의 다른 K 값을 사용하여 K-평균 클러스터링을 수행한 결과를 보여준다.

K-평균 클러스터링 절차(procedure)는 단순하고 직관적인 수학적 문제의 결과이다. $C_1, \ldots, C_K$는 각 클러스터 내 관측치들의 인덱스들을 포함하는 집합들이라 하자. 이 집합들은 다음 두 성질을 만족한다.

1. $C_1 \cup C_2 \cup \ldots \cup C_k = \{1, \ldots, n\}$. 다시 말하면, 각 관측치는 K개 클러스터 중 적어도 하나에 속한다.

2. 모든 $k \neq k'$에 대해, $C_k \cap C_{k'} = \emptyset$. 다시 말하면, 클러스터들은 겹치지 않는다. 즉, 어떠한 관측치도 두 개 이상의 클러스터에 속하지 않는다.

예를 들어, i번째 관측치가 k번째 클러스터 내에 있으면 $i \in C_k$이다. K-평균 클러스터링의 개념은 클러스터 내 변동(within-cluster variation)이 가능한 한 작은 것이 좋은 클러스터링이라는 것이다. 클러스터 C_k에 대한 클러스터 내 변동은 클러스터 내의 관측치들이 서로 다른 정도를 나타내는 측도 $W(C_k)$이다. 따라서, 다음 문제를 풀고자 한다.

$$\underset{C_1,\ldots,C_K}{\text{minimize}} \left\{ \sum_{k=1}^{K} W(C_k) \right\} \tag{10.9}$$

이 식은 K개 클러스터 모두에 대해 합산한 클러스터 내 총변동이 가능한 한 작게 되도록 관측치들을 K개 클러스터들로 분할하고자 한다는 것을 의미한다.

(10.9)의 해를 구하는 것이 합리적인 생각이긴 하지만 실제로 적용하기 위해서는 클러스터 내 변동을 정의해야 한다. 이러한 개념은 여러 가지 방식으로 정의할 수 있지만, 가장 일반적인 것은 유클리드 거리 제곱(squared Euclidean distance)이 관련된다. 즉, 다음을 정의한다.

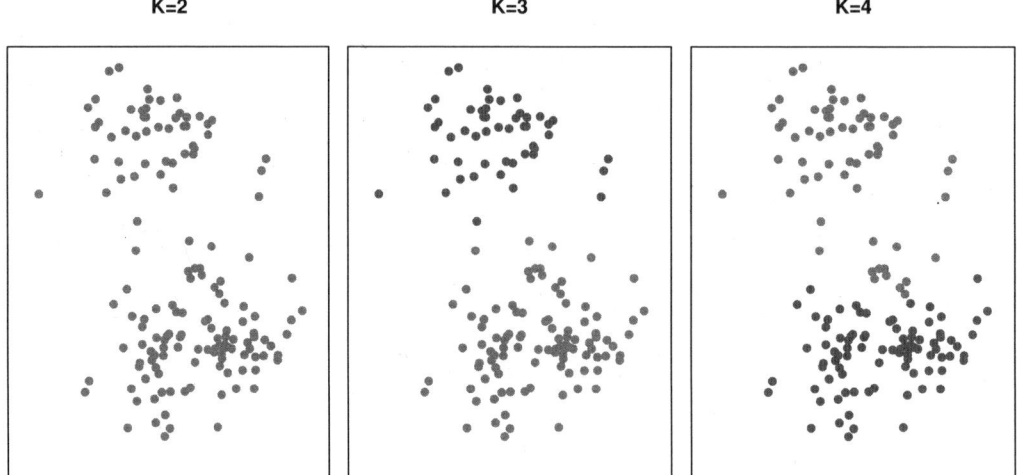

그림 10.5: 2차원 공간에 150개의 관측치를 가진 모의 자료. 패널들은 클러스터의 수 K 값이 다른 K-평균 클러스터링을 적용한 결과를 보여준다. 각 관측치의 색깔은 K-평균 클러스터링 알고리즘에 의해 이 관측치가 할당된 클러스터를 나타낸다. 클러스터의 순서는 없으므로 클러스터의 색깔은 임의로 나타낸 것이다. 이러한 클러스터 표시들은 클러스터링에 사용된 것이 아니라 클러스터링 절차의 출력이다.

$$W(C_k) = \frac{1}{|C_k|} \sum_{i,i' \in C_k} \sum_{j=1}^{p} (x_{ij} - x_{i'j})^2 \tag{10.10}$$

여기서, $|C_k|$는 k번째 클러스터 내 관측치들의 수를 나타낸다. 다시 말하면, k번째 클러스터에 대한 클러스터 내 변동은 k번째 클러스터 내의 관측치들 사이의 모든 쌍별(pairwise) 유클리드 거리 제곱의 합을 k번째 클러스터 내의 총 관측치 수로 나눈 것이다. (10.9)와 (10.10)을 결합하면 K-평균 클러스터링을 정의하는 최적화 문제가 얻어진다.

$$\underset{C_1,\ldots,C_K}{\text{minimize}} \left\{ \sum_{k=1}^{K} \frac{1}{|C_k|} \sum_{i,i' \in C_k} \sum_{j=1}^{p} (x_{ij} - x_{i'j})^2 \right\} \tag{10.11}$$

이제, (10.11)을 푸는 알고리즘, 즉, (10.11)의 목적값이 최소가 되도록 관측치들을 K개 클러스터로

이제, (10.11)을 푸는 알고리즘, 즉, (10.11)의 목적값이 최소가 되도록 관측치들을 K개 클러스터로 분할하는 방법을 찾고자 한다. 이 문제는 정확히 풀기에는 실제로 매우 어려운데, 그 이유는 n개 관측치들을 K개 클러스터로 분할하는 방법이 거의 K^n개 있기 때문이다. K와 n이 아주 작은 값이 아니라면 이 수는 엄청나다! 다행스럽게도 아주 간단한 알고리즘이 K-평균 최적화 문제 (10.11)에 대한 국소 최적값—꽤 좋은 해결책—을 제공한다는 것을 보여줄 수 있다. 이 기법은 알고리즘 10.1에서 설명된다.

알고리즘 10.1 *K-평균 클러스터링*

1. 각 관측치에 1에서 K까지의 숫자를 랜덤하게 할당한다. 이것은 관측치들에 대한 초기 클러스터 할당으로 작용한다.

2. 클러스터 할당이 변하지 않을 때까지 다음을 반복한다:

    (a) K개 클러스터 각각에 대해 클러스터 *무게중심*을 계산한다. k번째 클러스터 무게중심은 k번째 클러스터 내 관측치들에 대한 p 변수 평균들의 벡터이다.

    (b) 각 관측치를 그 무게중심이 가장 가까운 클러스터에 할당한다(여기서 *가장 가까운*이란 것은 유클리드 거리를 사용하여 정의된다).

알고리즘 10.1은 각 단계에서 목적값 (10.11)의 감소를 보장한다. 이유를 이해하기 위해 다음 항등식을 살펴보자.

$$\frac{1}{|C_k|} \sum_{i,i' \in C_k} \sum_{j=1}^{p} (x_{ij} - x_{i'j})^2 = 2 \sum_{i \in C_k} \sum_{j=1}^{p} (x_{ij} - \bar{x}_{kj})^2 \tag{10.12}$$

여기서, $\bar{x}_{kj} = \frac{1}{|C_k|} \sum_{i \in C_k} x_{ij}$는 클러스터 C_k 내의 변수 j에 대한 평균이다. Step 2(a)에서 각 변수에 대한 클러스터 평균들은 편차제곱합(sum of squared deviation)을 최소로 하는 상수들이고, Step 2(b)에서 관측치들을 재할당하는 것은 단지 (10.12)를 향상시킨다. 이것은 알고리즘 실행이 진행됨에 따라 얻어지는 클러스터링은 결과가 더 이상 변하지 않을 때까지 계속 향상될 것이라는 것을 의미한다. (10.11)의 목적값은 결코 증가하지 않을 것이다. 결과가 더 이상 변하지 않을 때 국소 *최적값*에 도달한 것이다. 그림 10.6은 그림 10.5의 예제에 대한 이 알고리즘의 진행과정을 보여준다. K-평균 클러스터링이란 이름은 Step 2(a)에서 각 클러스터의 무게중심이 그 클러스터에 할당된 관측치들의 평균으로 계산된다는 사실에서 비롯되었다.

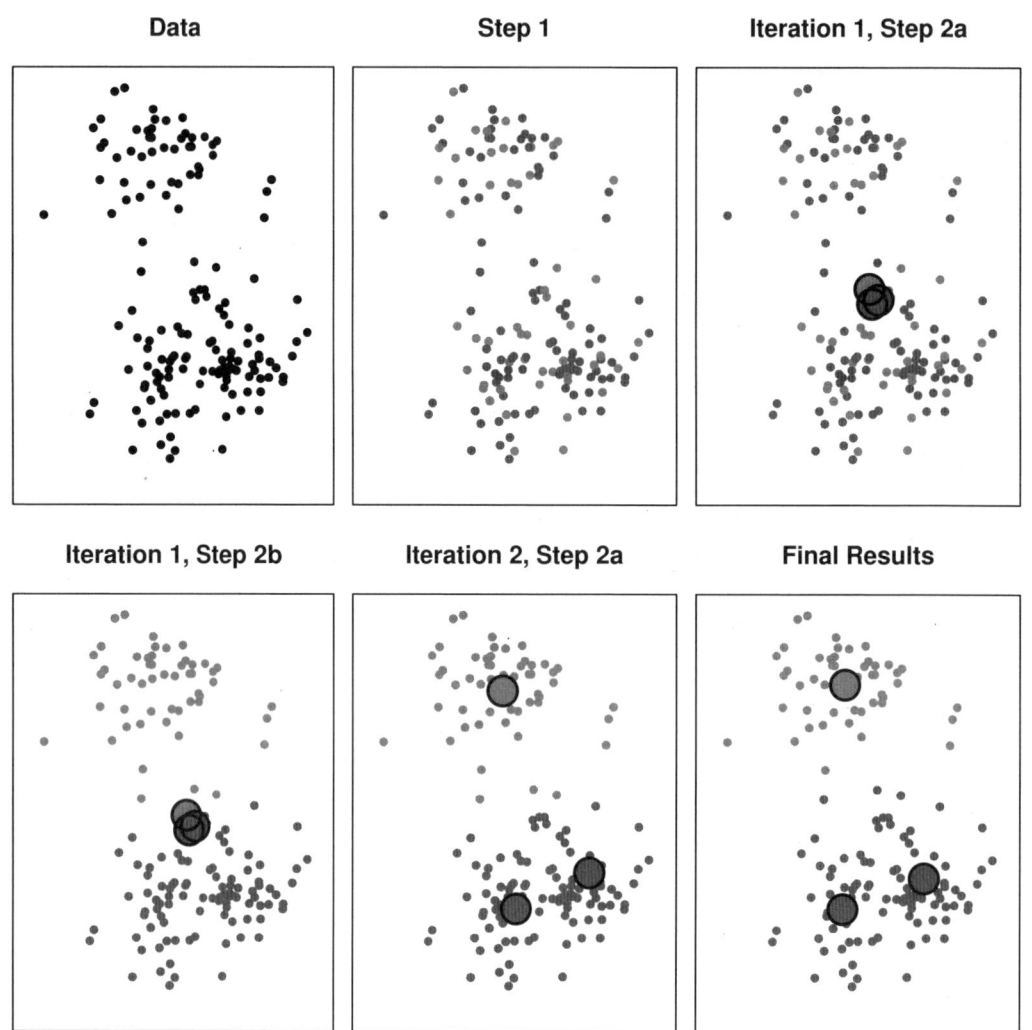

그림 10.6: 그림 10.5의 예에 대해 $K = 3$인 K-평균 알고리즘의 진행과정. 왼쪽 위: 관측치들이 도시된다. 중앙 위: 알고리즘의 Step 1에서 각 관측치는 랜덤하게 클러스터에 할당된다. 오른쪽 위: Step 2(a)에서 각 클러스터의 무게중심이 계산된다. 이 무게중심들은 큰 컬러 디스크로 표시된다. 초기에는 클러스터 할당이 랜덤하게 선택되므로 이 무게중심들은 거의 완전히 겹쳐져 있다. 왼쪽 아래: Step 2(b)에서 각 관측치는 가장 가까운 무게중심에 할당된다. 중앙 아래: Step 2(a)가 다시 한번 수행되어 새로운 클러스터 무게중심이 계산된다. 오른쪽 아래: 10번 반복 후의 결과.

K-평균 알고리즘은 전역 최적이 아니라 국소 최적을 찾기 때문에, 얻어진 결과들은 알고리즘 10.1의 Step 1에서 각 관측치에 주어진 초기의 (랜덤) 클러스터 할당에 따라 다를 것이다. 이러한 이유로 초기의 랜덤 할당을 다르게 하여 알고리즘을 여러 번 실행하는 것이 중요하다. 그다음에 *최고 솔루션*, 즉 목적값 (10.11)이 가장 작은 것을 선택한다. 그림 10.7은 그림 10.5의 데이터에 대해 6가지 다른 초기 클러스터 할당을 가지고 K-평균 클러스터링을 실행하여 얻은 국소 최적 솔루션을 보여준다. 이 경우, 가장 좋은 클러스터링은 목적값이 235.8인 것이다.

앞서 살펴보았듯이, K-평균 클러스터링을 수행하기 위해서는 데이터에서 예상되는 클러스터의 수를 결정해야 한다. K를 선택하는 것은 전혀 단순한 문제가 아니다. 이 문제와 K-평균 클러스터링을 수행하는 데 발생되는 다른 현실적 고려사항에 대해서는 10.3.3절에서 논의한다.

10.3.2 계층적 클러스터링

K-평균 클러스터링의 한 가지 단점은 클러스터의 수 K를 미리 지정해야 한다는 것이다. *계층적 클러스터링(hierarchical clustering)*은 K 값의 지정이 필요하지 않은 다른 기법이다. 계층적 클러스터링은 K-평균 클러스터링에 비해 또 다른 장점이 있는데, 그것은 관측치들을 *덴드로그램(dendrogram)*이라고 하는 트리 기반으로(tree-based) 표현한다는 것이다.

이 절에서 *상향식(bottom-up)* 또는 *응집(agglomerative)* 클러스터링을 설명한다. 이것은 가장 보편적인 유형의 계층적 클러스터링으로, 덴드로그램(일반적으로 거꾸로 된 나무로 나타냄. 그림 10.9 참조)이 잎(leaves)에서 시작하여 줄기(trunk)까지 클러스터들을 결합하여 만들어진다는 사실을 말한다. 덴드로그램을 해석하는 방법에 대해 먼저 살펴보고, 그다음에 계층적 클러스터링이 실제로 어떻게 수행되는지—즉, 덴드로그램이 어떻게 만들어지는지—논의한다.

덴드로그램의 해석

2차원 공간에 있는 45개의 관측치로 구성된 그림 10.8의 모의 자료를 살펴보자. 이 자료는 3-클래스 모델으로부터 생성되었다. 각 관측치에 대해 이 관측치가 속하는 실제 클래스는 서로 다른 색깔로 표시된다. 실제 클래스에 대한 표시가 없다고 가정하고 이 데이터에 대해 계층적 클러스터링을 수행하고자 한다고 해보자. 계층적 클러스터링(나중에 완전연결(complete linkage)을 가지고 설명함)은 그림 10.9의 왼쪽 패널에 보여준 결과를 제공한다. 이 덴드로그램을 어떻게 해석할 수 있는가?

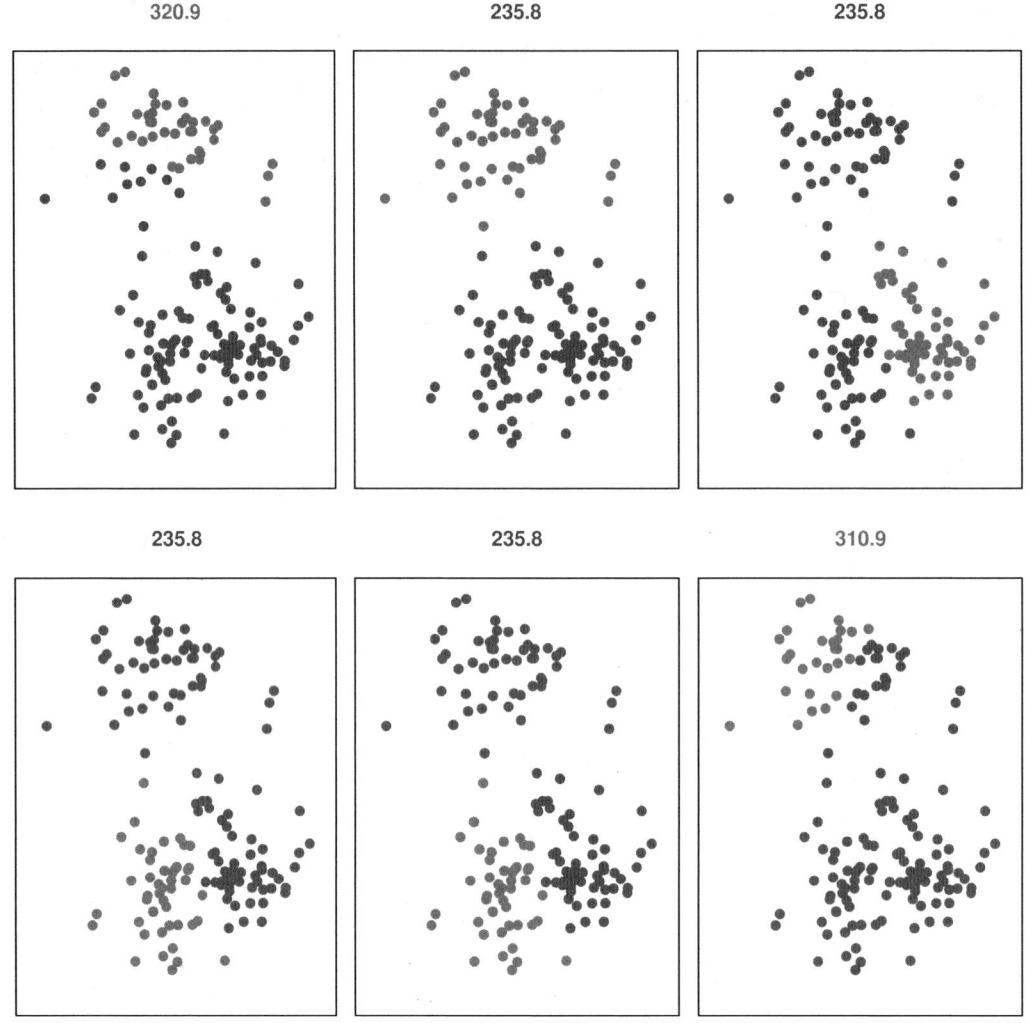

그림 10.7: 그림 10.5의 데이터에 대해 6번 수행된 K-평균 클러스터링. $K = 3$이고 K-평균 알고리즘의 Step 1에서 매번 다르게 관측치들을 랜덤 할당. 위의 각 그래프는 목적함수(10.11)의 값이다. 세 개의 다른 국소 최적값이 얻어지며, 그중 하나는 목적 값이 다른 것보다 작고 클러스터들 사이의 분리도 더 잘 이루어진다. 붉은색으로 표시된 것들은 모두 같은 최고 솔루션으로 목적값은 235.8이다.

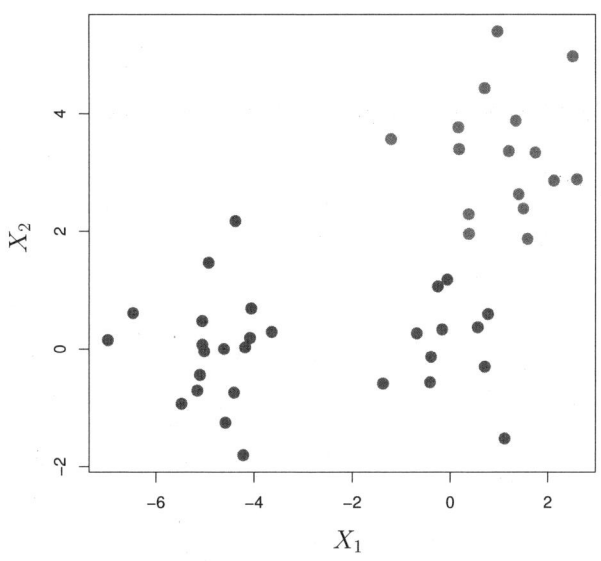

그림 10.8: 2차원 공간에 생성된 45개의 관측치. 실제로는 다른 색깔로 표시된 3개의 클래스가 있다. 하지만, 이 클래스 표시들은 알려지지 않은 것으로 간주하고 데이터에서 이 클래스들을 찾아내기 위해 관측치들을 클러스터링하고자 할 것이다.

그림 10.9의 왼쪽 패널에서 덴드로그램의 각 *leaf*(잎)는 그림 10.8의 45개 관측치 중 하나를 나타낸다. 하지만 트리의 위로 올라감에 따라 leaf들은 가지(branch)로 합쳐진다(융합된다). 가지는 서로 유사한 관측치들에 대응된다. 트리를 더 높이 올라가면, 가지들은 leaf들 또는 다른 가지들과 합쳐진다. 융합이 일찍 일어날수록(융합이 일어나는 트리의 높이가 낮을수록) 관측치 그룹들의 유사성은 더 높다. 반면에, 융합이 늦게(트리의 거의 꼭대기에서) 일어나는 관측치들은 서로 상당히 다를 수 있다. 사실, 임의의 두 관측치에 대해 이 두 관측치를 포함하는 가지들이 처음으로 융합되는 트리 내의 지점(위치)을 찾을 수 있다. 이러한 융합되는 위치의 높이는 수직축상에서 측정되며 두 관측치가 얼마나 다른지를 나타낸다. 따라서, 트리의 맨 아래에서 융합되는 관측치들은 서로 상당히 유사하고, 반면에 트리의 꼭대기 가까운 곳에서 융합되는 관측치들은 상당히 다른 경향이 있을 것이다.

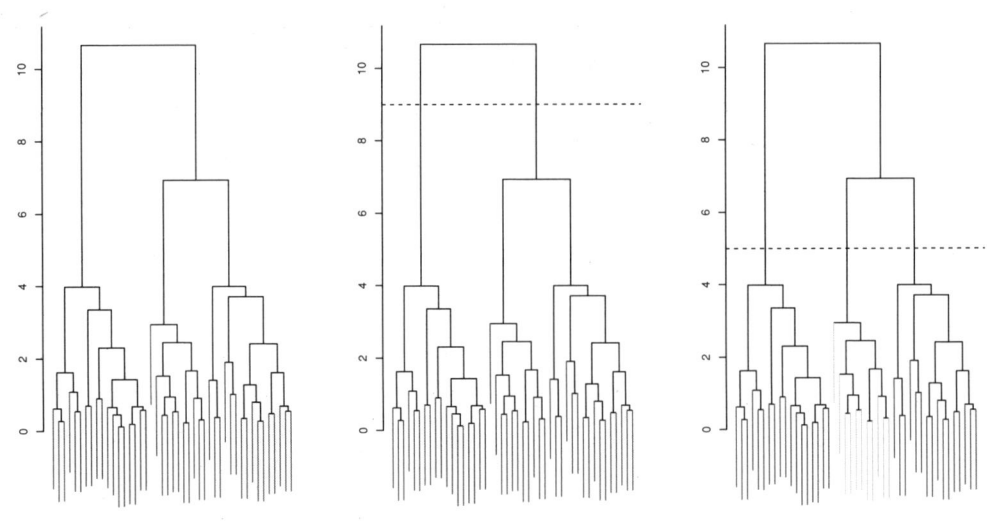

그림 10.9: 왼쪽: 그림 10.8의 데이터를 완전 연결 및 유클리드 거리를 가지고 계층적으로 클러스터링하여 얻은 덴드로그램. 중앙: 왼쪽 패널의 덴드로그램을 높이 9에서 절단한 것(파선으로 나타냄). 이 절단으로 다른 색깔로 표시된 두 개의 클러스터가 얻어진다. 오른쪽: 왼쪽 패널의 덴드로그램을 높이 5에서 절단한 것. 이 절단으로 다른 색깔로 표시된 3개의 클러스터가 얻어진다.

이것은 덴드로그램 해석에서 흔히 오해하는 매우 중요한 점을 강조한다. 그림 10.10의 왼쪽 패널을 고려해보자. 이것은 9개 관측치에 대해 계층적 클러스터링을 수행하여 얻은 단순한 덴드로그램을 보여준다. 관측치 5와 7은 덴드로그램의 가장 낮은 지점에서 융합되므로 서로 상당히 유사하다는 것을 알 수 있다. 관측치 1과 6도 서로 상당히 유사하다. 하지만, 관측치 9와 2는 덴드로그램상에서 서로 가까이 있다는 것에 기초하여 서로 상당히 유사하다고 결론을 내리기 쉽지만 이것은 옳지 않다. 사실, 이 덴드로그램에 포함된 정보에 의하면 관측치 9는 관측치 8, 5, 7에 비해 관측치 2와 더 유사한 것이 아니다(이것은 원래 데이터가 표시된 그림 10.10의 오른쪽 패널에서 알 수 있다). 수학적으로 말해, n이 leaf들의 개수라면 이 덴드로그램을 재정렬할 수 있는 가능한 경우의 수는 2^{n-1}이다. 이것은 융합이 발생되는 $n-1$개의 각 위치에서 융합된 두 가지(branche)의 위치들이 덴드로그램의 의미에 영향없이 교환될 수 있기 때문이다. 그러므로, 수평축(horizontal axis)에 따른 가까움(proximity)을 기반으로 두

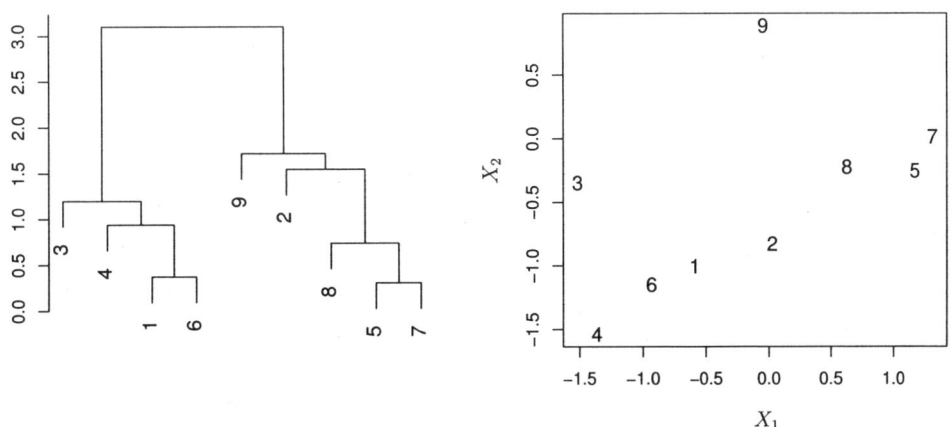

그림 10.10: 2차원 공간에서 9개 관측치를 가진 덴드로그램을 올바르게 해석하는 법을 보여주는 도면. 왼쪽: 유클리드 거리와 완전연결을 사용하여 만들어진 덴드로그램. 관측치 5와 7은 서로 상당히 유사하며 관측치 1과 6도 마찬가지이다. 하지만 관측치 9는 수평거리로는 관측치 2에 가깝지만 관측치 8, 5, 7에 비해 관측치 2와 더 유사한 것이 아니다. 이것은 관측치 2, 8, 5, 7은 모두 관측치 9와 같은 높이(대략 1.8)에서 융합되기 때문이다. 오른쪽: 덴드로그램을 만드는 데 사용된 원래 데이터를 보면 관측치 9는 관측치 8, 5, 7에 비해 관측치 2와 더 유사한 것이 아니라는 것을 확인할 수 있다.

관측치의 유사성에 대한 결론을 내릴 수는 없다. 오히려, 두 관측치에 대한 유사성은 이 두 관측치를 포함하는 가지들이 처음 융합되는 수직축의 위치에 기초한다.

그림 10.9의 왼쪽 패널을 해석하는 방법을 이해하였다면, 이제 덴드로그램을 기반으로 클러스터들을 식별하는 문제를 살펴보자. 클러스터를 식별하기 위해서는 그림 10.9의 중앙과 오른쪽 패널에서 보여준 것과 같이 덴드로그램을 수평으로 절단한다. 절단부분 아래에 있는 관측치들의 각 집합들이 클러스터들로 해석될 수 있다. 그림 10.9의 중앙 패널에서 덴드로그램을 높이 9에서 절단하면 두 개의 클러스터가 얻어지며 이들은 다른 색깔로 표시된다. 오른쪽 패널에서는 덴드로그램을 높이 5에서 절단하여 3개의 클러스터가 얻어진다. 아래로 내려가며 덴드로그램을 더 절단하면 얻어지는 클러스터 수는 1(절단하지 않은 경우에 해당함)과 n(높이 0에서 절단하는 경우에 해당하며 각 관측치는 그 자체로 클러스터임) 사이의 임의의 수이다. 다시 말하면, 덴드로그램을 절단하는 높이는 K-평균 클러스터링에서 얻어지는 클러스터의 수를 제어하는 K와 같은 역할을 한다.

그림 10.9는 계층적 클러스터링에서 매우 흥미로운 측면을 강조한다. 즉 하나의 단일 덴드로그램은 임의의 수의 클러스터들을 얻는 데 사용될 수 있다는 것이다. 실제로는 보통 덴드로그램을 보고 융합의 높이와 원하는 클러스터 수를 기반으로 합리적인 클러스터 수를 눈으로 선택한다. 그림 10.9의 경우, 2개 또는 3개의 클러스터를 선택할 수 있다. 하지만, 보통 덴드로그램의 어디에서 절단할지 선택하는 것은 그렇게 명확하지 않다.

*계층적*이란 용어는 주어진 높이에서 덴드로그램을 절단하여 얻은 클러스터들은 임의의 더 높은 높이에서 그 덴드로그램을 절단하여 얻는 클러스터들 내에 반드시 중첩(nested)(포함)된다는 사실을 말한다. 하지만, 임의의 자료에서 이러한 계층적 구조에 대한 가정은 비현실적일 수 있다. 예를 들어, 관측치들은 남녀가 절반씩인 사람들의 그룹에 대응되고, 미국인, 일본인, 프랑스인 사이에서 남녀비는 똑같다고 해보자. 생각해 볼 수 있는 최고의 분할 시나리오는 2개 그룹으로 분할하는 경우에는 성별에 따라 나누고, 3개 그룹인 경우에는 국적에 따라 나누는 것이다. 이 경우, 실제 클러스터들은 중첩되어 있지 않은데, 3개 그룹으로의 분할은 2개 그룹으로 분할을 하고 분할된 두 그룹 중 어느 하나를 분할하여 얻는 것이 아니라는 의미에서 그렇다. 결과적으로 이 상황은 계층적 클러스터링으로 잘 표현할 수 없다. 이와 같은 상황때문에 계층적 클러스터링은 가끔 K-평균 클러스터링보다 *좋지 않은*(즉, 정확도가 낮은) 결과를 제공할 수 있다.

계층적 클러스터링 알고리즘

계층적 클러스터링 덴드로그램은 매우 간단한 알고리즘을 사용하여 얻어진다. 먼저, 각 관측치 쌍 사이의 일종의 *비유사성(dissimilarity)* 측도를 정의한다. 유클리드 거리가 가장 자주 사용된다. 비유사성 측도를 선택하는 것에 대해서는 이 장의 뒷부분에서 논의할 것이다. 알고리즘은 반복적으로(iteratively) 진행된다. 덴드로그램의 바닥에서 시작하여 n개 관측치 각각은 그 자체로 클러스터로 취급된다. 그다음에 서로 가장 유사한 두 개의 클러스터들이 융합되어(합쳐져) $n-1$개의 클러스터가 된다. 그다음에 다시 서로 가장 유사한 두 클러스터들이 합쳐지고 클러스터 수는 $n-2$가 된다. 알고리즘은 이런 방식으로 모든 관측치들이 하나의 단일 클러스터에 속할 때까지 진행되고 덴드로그램이 완성된다. 그림 10.11은 그림 10.9의 데이터에 대해 이 알고리즘의 처음 몇 단계를 보여준다. 이 계층적 클러스터링 알고리즘은 알고리즘 10.2에 요약되어 있다.

알고리즘 10.2 *계층적 클러스터링*

1. n개 관측치와 $\binom{n}{2} = n(n-1)/2$개의 모든 쌍별 비유사성의 측도(예를 들어, 유클리드 거리)를 가지고 시작한다. 각 관측치 자체를 클러스터로 취급한다.

2. $i = n, n-1, \ldots, 2$에 대해,

    (a) i개 클러스터들 사이에서 모든 쌍별 클러스터 간 비유사성을 조사하여 비유사성이 가장 낮은(즉, 가장 유사한) 클러스터들의 쌍을 식별한다. 이 두 클러스터를 융합한다. 이 두 클러스터 사이의 비유사성은 덴드로그램에서 융합이 이루어져야 하는 높이를 나타낸다.

    (b) 남아 있는 $i-1$개의 클러스터들 사이에서 새로운 쌍별 클러스터 간 비유사성을 계산한다.

이 알고리즘은 충분히 단순해 보이지만 한가지 해결되지 않은 사안(issue)이 있다. 그림 10.11의 오른쪽 아래 패널을 고려해보자. 클러스터 {5, 7}이 클러스터 {8}과 합쳐져야 된다는 것을 어떻게 결정했는가? 관측치 쌍들 간에 비유사성의 개념이 있지만, 만약 하나의 클러스터 또는 두 클러스터 모두 다수의 관측치들을 포함하는 경우 두 클러스터 사이의 비유사성을 어떻게 정의하는가? 한 쌍의 관측치들 사이의 비유사성에 대한 개념이 한 쌍의 *관측치* 그룹들로 확장되어야 한다. 이러한 확장은 두 관측치 그룹들 사이의 비유사성을 정의하는 *연결(linkage)*의 개념을 사용하면 된다. 4가지 가장 보편적 유형의 연결—완전연결, 평균연결, 단일연결, 그리고 *무게중심연결*—에 대해 표 10.2에서 간략히 설명한다. 평균, 완전, 그리고 단일연결은 통계학자들 사이에서 가장 널리 사용된다. 평균연결과 완전연결이 일반적으로 단일연결보다 선호되는데, 그 이유는 이들이 좀 더 균형잡힌 덴드로그램을 제공하는 경향이 있기 때문이다. 무게중심연결은 보통 기하학에서 사용되지만, *인버전(inversion)*이 발생하여 두 클러스터들이 덴드로그램에서 개별 클러스터 중 어느 하나보다 낮은 높이에서 융합될 수 있는 주요 결점이 있다. 이러한 인버전은 덴드로그램의 시각화와 해석을 어렵게 할 수 있다. 계층적 알고리즘의 Step 2(b)에서 계산된 비유사성은 사용된 연결유형뿐만 아니라 비유사성 측도의 선택에 따라 다를 것이다. 따라서, 얻어진 덴드로그램은 보통 그림 10.12에서 보여준 것과 같이 사용된 연결유형에 상당히 의존적이다.

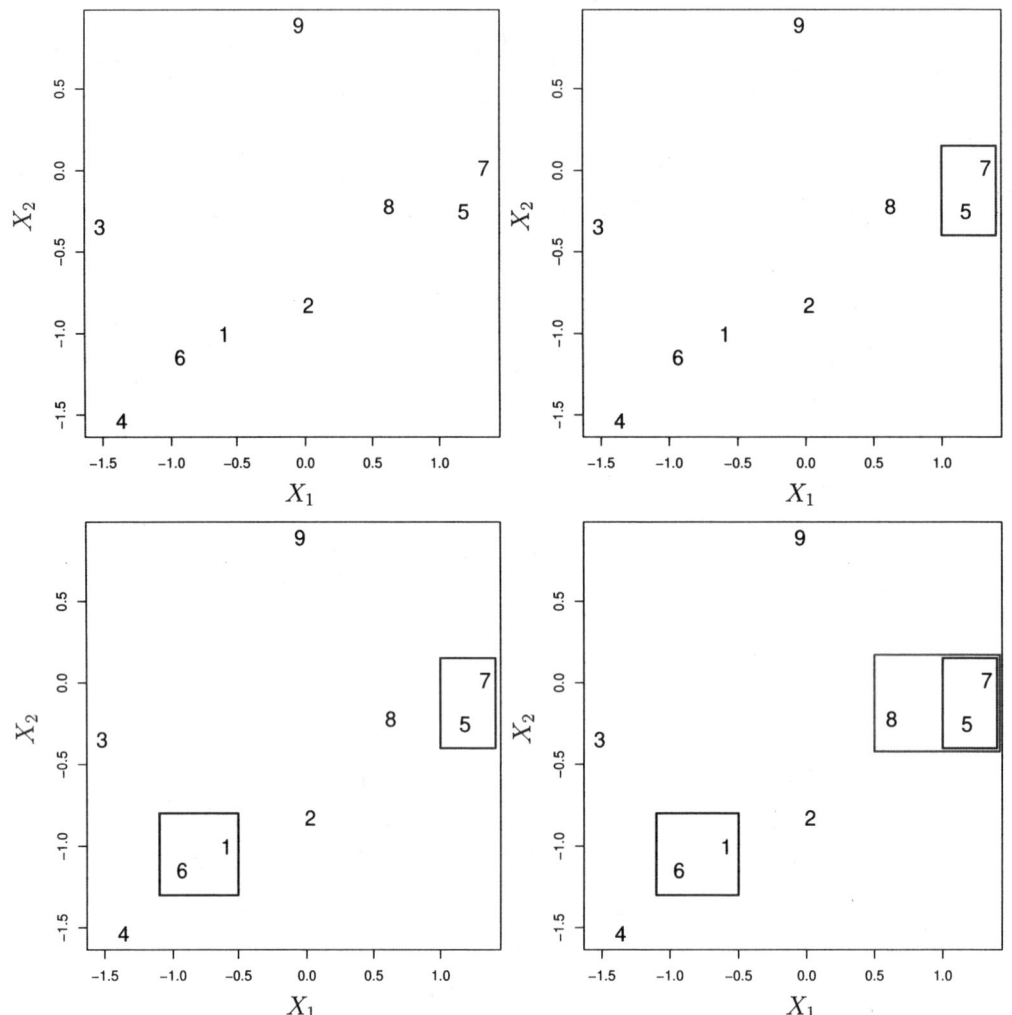

그림 10.11: 그림 10.10의 데이터에 완전연결과 유클리드 거리를 사용하는 계층적 클러스터링 알고리즘을 적용하는 처음 몇 단계를 보여주는 도면. 왼쪽 위: 초기에 9개의 다른 클러스터 {1},{2},...,{9}가 있다. 오른쪽 위: 서로 가장 가까운 두 개의 클러스터 {5}와 {7}이 하나의 클러스터로 융합된다. 왼쪽 아래: 가장 가까운 두 클러스터 {6}과 {1}이 하나의 클러스터로 합쳐진다. 오른쪽 아래: 가장 가까운 두 클러스터 {8}과 {5, 7}이 완전연결을 사용하여 하나의 클러스터로 합쳐진다.

연결(Linkage)	설명(Description)
완전연결 (Complete)	최대 클러스터 간 비유사성. 클러스터 A 내의 관측치들과 클러스터 B 내의 관측치들 사이의 모든 쌍별 비유사성을 계산하여 비유사성이 *가장 큰 것*을 기록한다.
단일연결 (Single)	최소 클러스터 간 비유사성. 클러스터 A 내의 관측치들과 클러스터 B 내의 관측치들 사이의 모든 쌍별 비유사성을 계산하여 비유사성이 *가장 작은 것*을 기록한다. 단일연결은 단일 관측치들이 한번에 하나씩 융합되는 확장된 후행(trailing) 클러스터들을 초래할 수 있다.
평균연결 (Average)	평균 클러스터 간 비유사성. 클러스터 A 내의 관측치들과 클러스터 B 내의 관측치들 사이의 모든 쌍별 비유사성을 계산하여 이들 비유사성의 *평균*을 기록한다.
무게중심연결 (Centroid)	클러스터 A에 대한 무게중심(길이가 p인 평균벡터)과 클러스터 B에 대한 무게중심 사이의 비유사성. 무게중심연결은 바람직하지 않은 *인버전(inversions)*을 초래할 수 있다.

표 10.2: 계층적 클러스터링에서 가장 보편적으로 사용되는 4가지 연결유형에 대한 요약.

비유사성 측도 선택

지금까지 이장의 예제는 유클리드 거리를 비유사성 측도로 사용하였다. 그러나, 때로는 다른 비유사성 측도가 선호될 수 있다. 예를 들어, *상관 기반의 거리(correlation-based distance)*는 두 관측치의 변수들이 상관성이 높으면 관측된 값들이 유클리드 거리로는 멀리 떨어져 있더라도 유사하다고 간주한다. 이것은 상관관계를 특이하게 사용하는 것이다. 상관관계는 보통 변수들 사이에서 계산되는데, 여기서는 각 관측치 쌍에 대한 관측 프로파일들(profiles) 사이에서 계산된다. 그림 10.13은 유클리드 거리와 상관 기반의 거리 사이의 차이를 보여준다. 상관 기반의 거리는 관측 프로파일들의 크기보다는 그들의 모양에 중점을 둔다.

비유사성 측도의 선택은 얻어지는 덴드로그램에 큰 영향을 주기 때문에 매우 중요하다. 일반적으로, 클러스터링되는 데이터의 유형과 클러스터링을 통해 얻고자 하는 것에 세심한 주의를 기울여야 한다. 이러한 고려사항들을 기반으로 계층적 클러스터링에 사용될 비유사성 측도의 유형이 결정되어야 한다.

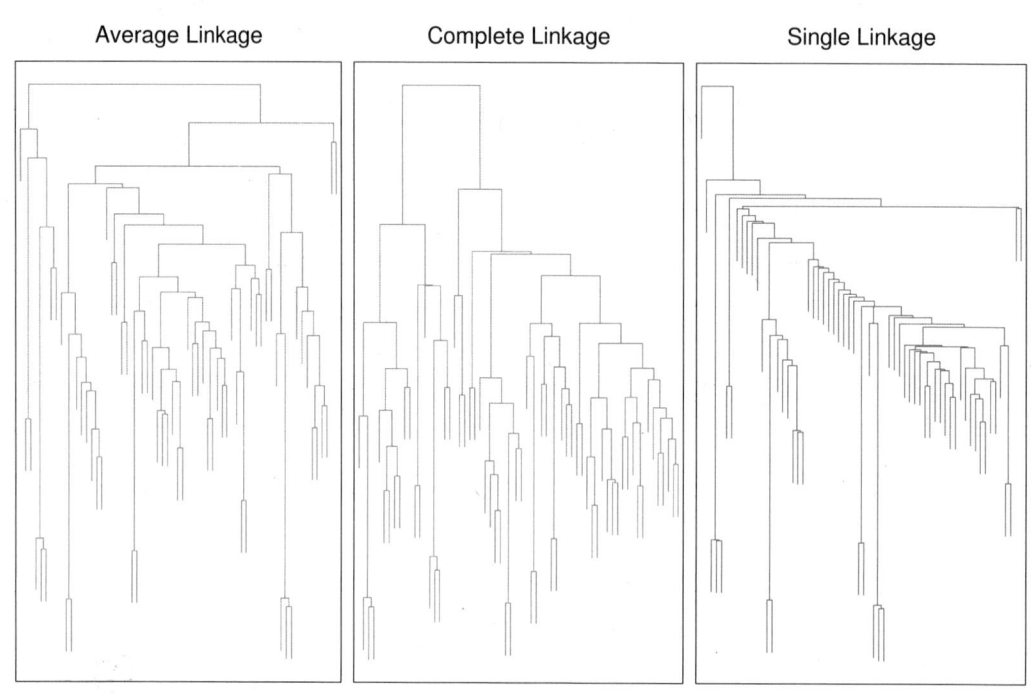

그림 10.12: 예제의 자료에 평균, 완전, 그리고 단일연결이 적용된 도면. 평균연결과 완전연결은 좀 더 균형잡힌 클러스터들을 제공하는 경향이 있다.

예를 들어, 어떤 온라인 소매업자가 구매자들의 과거 이력을 기반으로 그들을 클러스터링하고자 한다고 해보자. 목적은 *유사한* 구매자들의 서브그룹들을 식별하여 각 그룹 내의 구매자들에게 특별히 관심이 있을 것 같은 품목과 광고를 보여줄 수 있게 하는 것이다. 데이터는 행렬 형태를 가지며, 이 행렬의 행들은 구매자들이고 열들은 구입이 가능한 품목들이라고 해보자. 이 데이터 행렬의 원소들은 주어진 구매자가 주어진 품목을 구입한 횟수를 나타낸다(즉, 구매자가 이 품목을 구매한 적이 없으면 0, 한 번 구매했으면 1, 등등). 이러한 구매자들을 클러스터링하는 데 어떤 유형의 비유사성 측도를 사용해야 하는가? 만약 유클리드 거리가 사용되면, 전반적으로 아주 작은 수의 품목을 구입한 구매자들(즉, 이 온라인 쇼핑 사이트를 자주 사용하지 않는 사용자들)이 함께 클러스터링될 것이다. 이것은 바람직하지 않을 수 있다. 반면에, 상관 기반의 거리가 사용되면, 유사한 기호를 가진 구매자들(예를 들어, 품목 A와 B는 구입했지만 품목 C와 D는 구매한 적이 없는 구매자들)이 함께 클러스터링될 것이다(심지어 이러한 기호를 가진 구매자 중 일부는 다른 구매자들보다 구매 수량이 더 많지만). 그러므로, 이 경우에는 상관 기반의 거리가 더 나은 선택일 수 있다.

사용될 비유사성 측도를 주의깊게 선택하는 것 이외에, 관측치들 사이의 비유사성을 계산하기 전에 표준편차가 1이 되도록 변수들을 스케일링해야 할지도 고려해야 한다. 이 점을 보여주기 위해 좀 전에 설명한 온라인 쇼핑 예를 계속 살펴보자. 어떤 품목들은 다른 것들보다 더 자주 구매될 수 있다. 예를 들어, 어떤 구매자는 일년에 10쌍의 양말을 살 수 있지만 컴퓨터는 거의 한 대도 사지 않을 수 있다. 그러므로, 양말과 같은 구매 횟수가 많은 것은 컴퓨터와 같이 자주 구매하지 않는 것보다 구매자 간 비유사성에 훨씬 더 많은 영향을 주고, 그래서 결국 클러스터링에 더 많은 영향을 주는 경향이 있다. 이것은 바람직하지 않을 수 있다. 만약 관측치 간 비유사성이 계산되기 전에 변수들이 스케일링되어 표준편차가 1이 된다면, 계층적 클러스터링에서 각 변수에 주어진 중요도는 사실상 동일할 것이다. 관측치들이 다른 스케일로 측정된 경우에도 표준편차가 1이 되도록 변수들을 스케일링하기를 원할 수 있다. 그렇지 않으면, 특정 변수에 대한 단위의 선택(예를 들어, 센티미터 또는 킬로미터)이 얻어지는 비유사성 측도에 상당한 영향을 줄 것이다. 비유사성 측도를 계산하기 전에 변수들을 스케일링하는 것이 좋은 결정인지는 적용되는 응용에 따라 다를 것이다. 그림 10.14는 한 예를 보여준다. 클러스터링을 수행하기 전에 변수들을 스케일링할지에 대한 문제는 K-평균 클러스터링에도 적용된다.

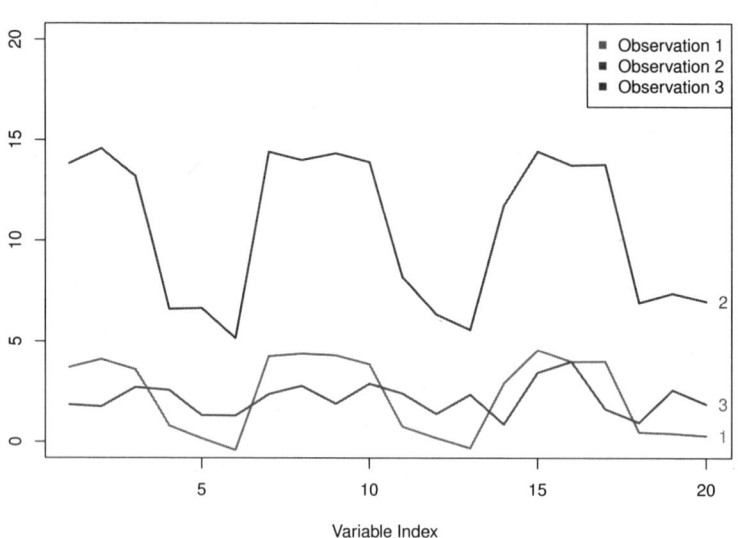

그림 10.13: 20개 변수에 대해 측정된 3개의 관측치가 도시된다. 관측치 1과 3은 각 변수에 대해 유사한 값을 가지고 있어 이들 사이의 유클리드 거리는 작다. 그러나, 이들은 서로 아주 약하게 상관되어 있어 상관 기반의 거리는 크다. 반면에, 관측치 1과 2는 각 변수에 대해 상당히 다른 값을 가지며, 그래서 이들 사이의 유클리드 거리는 크다. 그러나, 이들은 상관성이 높아 상관 기반의 거리는 작다.

10.3.3 클러스터링에서의 실질적 이슈

클러스터링은 비지도 설정에서 데이터 분석을 위한 아주 유용한 도구일 수 있다. 하지만 클러스터링을 수행하는 데는 여러가지 이슈가 있다. 이들 이슈 중 몇 가지를 여기서 설명한다.

큰 결과 작은 결정(Small Decisions with Big Consequences)

클러스터링을 수행하기 위해서는 몇 가지 의사결정을 해야하는 것이 있다.

- 관측치들 또는 변수들이 어떤 식으로든 먼저 표준화되어야 하는가? 예를 들어, 변수들은 평균이 0이 되게 중심화되고 표준편차가 1이 되도록 스케일링되어야 한다.

- 계층적 클러스터링의 경우,

    – 어떤 비유사성 측도를 사용해야 하는가?

    – 어떤 연결을 사용해야 하는가?

    – 클러스터들을 얻기 위해 어디에서 덴드로그램을 절단해야 하는가?

- K-평균 클러스터링의 경우, 데이터에서 몇 개의 클러스터들을 찾아야 하는가?

이들 각각에 대한 결정은 얻게 될 결과에 상당한 영향을 미칠 수 있다. 실제로는 몇 가지 다른 선택을 시험해 보고 가장 유용하거나 해석가능한 솔루션을 찾는다. 이러한 방법들로는 하나의 정답이 있지 않고, 데이터에 대해 어떤 흥미로운 측면을 드러내는 어떠한 솔루션도 고려되어야 한다.

클러스터들에 대한 검증

어떤 자료에 대해 클러스터링을 수행하면 언제나 클러스터들을 찾게 될 것이다. 그러나, 우리는 찾은 클러스터들이 데이터 내의 실제 서브그룹들을 대표하는지 또는 단순히 잡음(노이즈) 클러스터링의 결과인지 알고 싶어 한다. 예를 들어, 어떤 독립적인 관측치들의 집합이 있다면 이 관측치들에서도 동일한 클러스터들이 발견되는가? 이것은 답하기 어려운 질문이다. 클러스터가 우연에 의한 것이 아닌 어떤

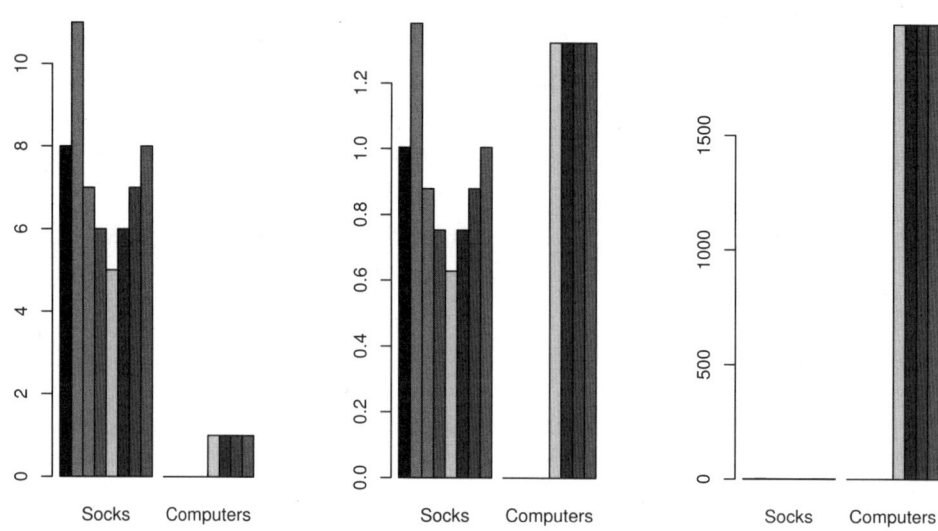

그림 10.14: 온라인 소매업자는 양말과 컴퓨터 두 가지 품목을 판매한다. 왼쪽: 8명의 구매자가 구입한 양말과 컴퓨터 수를 나타내며, 각 구매자는 다른 색으로 표시된다. 원래의 변수들에 대해 유클리드 거리를 사용하여 관측치 간 비유사성을 계산하면, 각 구매자가 구입한 양말의 수가 비유사성에 주로 영향을 주고 구매한 컴퓨터 수는 거의 영향을 미치지 못할 것이다. 이것은 바람직하지 않을 수 있는데, 그 이유는 (1) 컴퓨터는 양말보다 더 비싸므로 온라인 판매자는 구매자가 양말보다는 컴퓨터를 사게 하는 데 더 관심이 있을 수 있고, (2) 두 구매자가 구입한 양말 수에 있어서의 큰 차이는 구입한 컴퓨터 수의 작은 차이에 비해 구매자들의 전반적인 쇼핑 기호에 대해 적은 정보를 줄 수 있기 때문이다. 중앙: 동일한 데이터가 도시되며, 각 변수는 그 표준편차만큼 스케일링된 것이다. 이제, 구입한 컴퓨터 수는 관측치 간 비유사성에 훨씬 더 큰 영향을 줄 것이다. 오른쪽: 동일한 데이터가 도시되며, y 축은 각 온라인 구매자가 양말과 컴퓨터에 지출한 금액을 달러로 나타낸다. 컴퓨터는 양말보다 훨씬 더 비싸므로 컴퓨터 구매이력이 관측치 간 비유사성에 주된 영향을 미칠 것이다.

증거가 있는지 평가하기 위해 클러스터에 p-값을 할당하는 다수의 기법들이 존재한다. 하지만, 어느 것이 가장 좋은 기법인지에 대한 일치된 의견은 없다.

클러스터링에서 다른 고려사항

K-평균과 계층적 클러스터링은 둘 다 각 관측치를 하나의 클러스터에 할당할 것이다. 하지만, 이것은 적절하지 않을 수 있다. 예를 들어, 대부분의 관측치들은 실제로 작은 수의 (알려지지 않은) 서브그룹들에 속하고, 일부 소수의 관측치들은 서로 상당히 다르며 또한 다른 모든 관측치들과 상당히 다르다고 해보자. 그러면, K-평균과 계층적 클러스터링은 모든 관측치를 하나의 클러스터에 할당하므로 발견된 클러스터들은 어느 클러스터에도 속하지 않는 특이점(outlier)들의 존재로 인해 심하게 왜곡될 수 있다. 혼합모델(mixture model)들은 이러한 특이점들의 존재를 수용하는 흥미로운 기법이다. 이러한 혼합모델들은 K-평균 클러스터링의 소프트(soft) 버전이 된다.

또한, 클러스터링 방법들은 일반적으로 데이터의 교란(작은 변동)(perturbations)에 대해 그렇게 로버스트(robust)하지 않다. 예를 들어, n개 관측치들을 클러스터링하고, 그다음에 n개 관측치 중 일부를 랜덤하게 제외하고 다시 클러스터링을 한다고 해보자. 얻어진 두 개의 클러스터 집합들이 상당히 유사하리라고 희망하지만 보통은 그렇지 않다!

클러스터링의 결과 해석에 대한 접근방법

클러스터링과 관련된 몇 가지 이슈를 살펴보았다. 하지만, 클러스터링은 올바르게 사용되면 매우 유용하고 유효한 통계적 도구일 수 있다. 앞에서 언급하였듯이, 데이터는 어떻게 표준화되고 어떤 연결을 사용해야 하는지와 같은 클러스터링이 어떻게 수행될지에 대한 작은 결정들은 결과에 큰 영향을 줄 수 있다. 그러므로, 이들 파라미터들을 다르게 선택하여 여러 번의 클러스터링을 수행하고, 결과들을 모두 살펴서 어떤 패턴들이 지속적으로 드러나는지 알아볼 것을 권장한다. 클러스터링은 로버스트하지 않을 수 있으므로, 클러스터들이 어느 정도 로버스트한지 감을 얻기 위해 데이터의 부분집합들에 대해 클러스터링을 수행할 것을 권장한다. 가장 중요하게는 어떻게 클러스터링 분석 결과를 제공할지 주의해야 한다는 것이다. 이러한 결과들은 자료에 대한 절대적 진리로 받아들여서는 안된다. 결과들은 과학적 가설 개발에 대한 출발점이 되며, 바람직하게는 독립적인 자료를 가지고 더 연구되어야 한다.

10.4 Lab 1: 주성분분석

기본 R 패키지에 포함된 USArrests 자료에 대해 PCA를 수행한다. 이 자료의 행은 알파벳 순으로 미국의 50개 주를 포함한다.

```
> states=row.names(USArrests)
> states
```

이 자료의 열은 4개의 변수를 포함한다.

```
> names(USArrests)
[1] "Murder"   "Assault"  "UrbanPop" "Rape"
```

먼저, 자료를 간단히 조사해보자.

```
> apply(USArrests, 2, mean)
  Murder  Assault UrbanPop     Rape
    7.79   170.76    65.54    21.23
```

apply() 함수는 자료의 각 행 또는 열에 어떤 함수, 이 예의 경우 mean() 함수를 적용하게 해준다. 두 번째 입력은 행(1)의 평균 또는 열(2)의 평균을 계산하고자 하는지 나타낸다. 자료에 따르면, 강간은 살인의 평균 3배이고 폭행은 강간보다 평균 8배 이상 더 많다. apply() 함수를 사용하여 4개 변수들의 분산을 조사할 수도 있다.

```
> apply(USArrests, 2, var)
  Murder  Assault UrbanPop     Rape
    19.0   6945.2    209.5     87.7
```

변수에 따라 분산이 크게 다르다. UrbanPop 변수는 각 주에서 교외 지역에 거주하는 인구의 백분율을 측정하며, 이것은 각 주의 인구 10만 명당 강간횟수와는 비교될 수 없는 값이다. PCA를 수행하기 전에 변수를 스케일링하지 않으면 관측하게 될 주성분의 대부분은 Assault 변수에 의해 주어질 것이다. 왜냐하면, Assault 변수가 월등하게 큰 평균과 분산을 가지기 때문이다. 따라서, PCA를 수행하기 전에 변수를 표준화하여 평균이 0, 표준편차가 1이 되게 하는 것이 중요하다.

이제, PCA를 수행하는 R의 몇몇 함수 중 하나인 prcomp()를 사용하여 주성분분석을 수행한다.

```
> pr.out=prcomp(USArrests, scale=TRUE)
```

기본적으로, prcomp() 함수는 평균이 0이 되게 변수들을 중심화한다. 옵션 scale=TRUE를 사용하여 표준편차가 1이 되게 변수를 스케일링한다. prcomp()의 출력은 다수의 유용한 값을 포함한다.

```
> names(pr.out)
[1] "sdev"     "rotation" "center"   "scale"    "x"
```

center 및 scale은 PCA를 구현하기 이전에 스케일링을 위해 사용된 변수의 평균과 표준편차에 해당한다.

```
> pr.out$center
  Murder  Assault UrbanPop    Rape
    7.79   170.76    65.54   21.23
> pr.out$scale
  Murder  Assault UrbanPop    Rape
    4.36    83.34    14.47    9.37
```

rotation 행렬은 주성분로딩을 제공한다. pr.out$rotation의 각 열은 대응하는 주성분로딩벡터를 포함한다.[2]

```
> pr.out$rotation
            PC1    PC2    PC3    PC4
Murder   -0.536  0.418 -0.341  0.649
Assault  -0.583  0.188 -0.268 -0.743
UrbanPop -0.278 -0.873 -0.378  0.134
Rape     -0.543 -0.167  0.818  0.089
```

4개의 주성분이 있음을 볼 수 있다. 이것은 예상된 것으로 n개 관측치와 p개 변수를 갖는 자료에서는 일반적으로 $\min(n-1, p)$개의 주성분들이 있다.

주성분점수벡터를 얻기 위해, prcomp() 함수를 사용하여 데이터와 주성분로딩벡터를 명시적으로 곱할 필요는 없다. 50×4 행렬 x는 주성분점수벡터를 열로서 갖는다. 즉, k번째 열은 k번째 주성분점수벡터이다.

```
> dim(pr.out$x)
[1] 50  4
```

첫 2개의 주성분을 다음과 같이 그래프로 나타낼 수 있다.

```
> biplot(pr.out, scale=0)
```

---

[2] 회전행렬이라고 하는 이유는 **X** 행렬을 pr.out$rotation과 행렬곱셈을 할 때 데이터의 좌표가 회전좌표계로 제공되기 때문이다. 이러한 좌표가 주성분점수이다.

biplot()의 scale=0 인자는 로딩을 표현하는 데 화살표가 스케일링되게 한다. scale에 다른 값을 사용하면 약간 다른 행렬도(biplot)가 제공된다.

이 그림은 그림 10.1의 거울 이미지(mirror image)이다. 주성분들은 부호변경에도 고유하므로 몇몇 작은 변화를 주어 그림 10.1을 다시 그릴 수 있다.

```
> pr.out$rotation=-pr.out$rotation
> pr.out$x=-pr.out$x
> biplot(pr.out, scale=0)
```

prcomp() 함수는 각 주성분의 표준편차도 제공한다. 예를 들어, USArrests 자료에서 이 표준편차들은 다음과 같이 액세스할 수 있다.

```
> pr.out$sdev
[1] 1.575 0.995 0.597 0.416
```

각 주성분에 의해 설명되는 분산은 이 편차를 제곱하면 된다.

```
> pr.var=pr.out$sdev^2
> pr.var
[1] 2.480 0.990 0.357 0.173
```

각 주성분에 의해 설명되는 분산의 비율을 계산하기 위해서는 각 주성분에 의해 설명되는 분산을 4개의 주성분 모두에 의해 설명되는 총 분산으로 나누면 된다.

```
> pve=pr.var/sum(pr.var)
> pve
[1] 0.6201 0.2474 0.0891 0.0434
```

위 결과를 보면, 첫 번째 주성분은 데이터 내 분산의 62%를 설명하고 그다음 주성분은 분산의 24.7%를 설명한다. 각 주성분에 의해 설명되는 PVE와 누적 PVE를 다음과 같이 그래프로 나타낼 수 있다.

```
> plot(pve, xlab="Principal Component", ylab="Proportion of
    Variance Explained", ylim=c(0,1),type='b')
> plot(cumsum(pve), xlab="Principal Component", ylab="
    Cumulative Proportion of Variance Explained", ylim=c(0,1),
    type='b')
```

결과는 그림 10.4에 도시되어 있다. 함수 cumsum()은 수치형 벡터 원소들의 누적합을 계산한다.

```
> a=c(1,2,8,-3)
> cumsum(a)
[1] 1 3 11 8
```

10.5 Lab 2: 클러스터링

10.5.1 K-평균 클러스터링

함수 kmeans()는 K-평균 클러스터링을 수행한다. 데이터에 실제로 두 개의 클러스터가 있는 간단한 모의 예를 살펴보자. 이 데이터에서 처음 25개의 관측치는 다음 25개의 관측치와는 다른 평균을 가진다.

```
> set.seed(2)
> x=matrix(rnorm(50*2), ncol=2)
> x[1:25,1]=x[1:25,1]+3
> x[1:25,2]=x[1:25,2]-4
```

이제, $K = 2$인 K-평균 클러스터링을 수행해보자.

```
> km.out=kmeans(x,2,nstart=20)
```

50개 관측치의 클러스터 할당 결과는 km.out$cluster에 포함되어 있다.

```
> km.out$cluster
 [1] 2 2 2 2 2 2 2 2 2 2 2 2 2 2 2 2 2 2 2 2 2 2 2 2 2 2 1 1 1 1
[30] 1 1 1 1 1 1 1 1 1 1 1 1 1 1 1 1 1 1 1 1 1
```

K-평균 클러스터링은 kmeans()에 어떠한 그룹 정보도 제공하지 않았지만 관측치들을 완벽하게 두 클러스터로 분리하였다. 각 관측치를 할당된 클러스터에 따라 다른 색갈로 표시하여 그래프로 나타낼 수 있다.

```
> plot(x, col=(km.out$cluster+1), main="K-Means Clustering
    Results with K=2", xlab="", ylab="", pch=20, cex=2)
```

여기서는 관측치들이 2차원이므로 쉽게 그래프로 나타낼 수 있다. 만약 변수의 수가 2개보다 많았으면, PCA를 수행하여 첫 2개의 주성분점수벡터들을 그래프로 그릴 수도 있다.

이 예에서는 모의 데이터를 사용하므로 실제로 클러스터의 수가 2개라는 것을 알고 있었다. 하지만, 실제 데이터의 경우에는 일반적으로 클러스터의 수를 모른다. 이 예의 경우에도 $K = 3$인 K-평균 클러스터링을 수행할 수도 있다.

```
> set.seed(4)
> km.out=kmeans(x,3,nstart=20)
> km.out
K-means clustering with 3 clusters of sizes 10, 23, 17

Cluster means:
        [,1]         [,2]
1   2.3001545  -2.69622023
2  -0.3820397  -0.08740753
3   3.7789567  -4.56200798

Clustering vector:
 [1] 3 1 3 1 3 3 3 1 3 1 3 1 3 1 3 1 3 3 3 3 3 1 3 3 3 2 2 2
     2 2 2 2 2 2 2 2 2 2 2 2 2 1 2 1 2 2 2 2

Within cluster sum of squares by cluster:
[1] 19.56137 52.67700 25.74089
 (between_SS / total_SS =  79.3 %)

Available components:

[1] "cluster"       "centers"       "totss"         "withinss"
    "tot.withinss" "betweenss"     "size"
> plot(x, col=(km.out$cluster+1), main="K-Means Clustering
    Results with K=3", xlab="", ylab="", pch=20, cex=2)
```

$K = 3$일 때, K-평균 클러스터링은 두 클러스터를 분할한다.

R에서 다수의 초기 클러스터 할당으로 kmeans() 함수를 실행하기 위해서는 nstart 인자를 사용한다. 사용된 nstart의 값이 1보다 크면 K-평균 클러스터링은 알고리즘 10.1의 Step 1에서 다수의 랜덤 할당을 사용하여 수행될 것이고, kmeans() 함수는 가장 좋은 결과를 제공할 것이다. 다음은 nstart=1과 nstart=20을 사용하여 비교한다.

```
> set.seed(3)
> km.out=kmeans(x,3,nstart=1)
> km.out$tot.withinss
[1] 104.3319
> km.out=kmeans(x,3,nstart=20)
> km.out$tot.withinss
[1] 97.9793
```

km.out$tot.withinss는 클러스터 내 제곱합의 총합이고, K-평균 클러스터링을 수행함으로써 (10.11)을 최소화하고자 한다. 각 클러스터 내 제곱합은 km.out$withinss에 포함되어 있다.

K-평균 클러스터링은 항상 20 또는 50과 같이 큰 값의 nstart을 가지고 실행할 것을 권장한다. 왜냐하면, 그렇지 않을 경우 바람직하지 않은 국소 최적(local optimum)이 얻어질 수도 있기 때문이다.

K-평균 클러스터링을 수행할 때, 다수의 초기 클러스터 할당 외에도 set.seed() 함수를 사용하여 랜덤 시드를 설정하는 것이 중요하다. 이렇게 함으로써, Step 1의 초기 클러스터 할당이 반복될 수 있고 동일한 K-평균 클러스터링 결과가 얻어질 것이다.

10.5.2 계층적 클러스터링

함수 hclust()는 계층적 클러스터링을 구현한다. 다음 예에서는 10.5.1절의 데이터를 사용하여 계층적 클러스터링 덴드로그램을 그린다. 이 때, 완전연결, 단일연결, 그리고 평균연결 클러스터링이 사용되고 비유사성 측도는 유클리드 거리가 사용된다. 먼저, 완전연결을 사용하여 관측치를 클러스터링한다. dist() 함수는 50 × 50 관측치 간 유클리드 거리의 행렬을 계산하는 데 사용된다.

```
> hc.complete=hclust(dist(x), method="complete")
```

평균연결 또는 단일연결의 계층적 클러스터링도 쉽게 수행할 수 있다.

```
> hc.average=hclust(dist(x), method="average")
> hc.single=hclust(dist(x), method="single")
```

보통의 plot() 함수를 사용하여 얻어진 덴드로그램을 그래프로 나타낼 수 있다. 그래프 맨 아랫부분의 숫자는 각 관측치를 구별한다.

```
> par(mfrow=c(1,3))
> plot(hc.complete,main="Complete Linkage", xlab="", sub="",
    cex=.9)
> plot(hc.average, main="Average Linkage", xlab="", sub="",
    cex=.9)
> plot(hc.single, main="Single Linkage", xlab="", sub="",
    cex=.9)
```

각 관측치에 대해 주어진 덴드로그램 절단과 관련된 클러스터 라벨을 결정하기 위해 cutree() 함수를 사용할 수 있다.

```
> cutree(hc.complete, 2)
 [1] 1 1 1 1 1 1 1 1 1 1 1 1 1 1 1 1 1 1 1 1 1 1 1 1 1 1 1 1 1 2 2 2
[30] 2 2 2 2 2 2 2 2 2 2 2 2 2 2 2 2 2 2 2 2 2
> cutree(hc.average, 2)
 [1] 1 1 1 1 1 1 1 1 1 1 1 1 1 1 1 1 1 1 1 1 1 1 1 1 1 1 1 1 1 2 2 2
[30] 2 2 1 2 2 2 2 2 2 2 2 2 1 2 1 2 2 2 2
> cutree(hc.single, 2)
 [1] 1 1 1 1 1 1 1 1 1 1 1 1 1 1 1 2 1 1 1 1 1 1 1 1 1 1 1 1 1 1 1 1
[30] 1 1 1 1 1 1 1 1 1 1 1 1 1 1 1 1 1 1 1
```

이 데이터의 경우, 완전연결과 평균연결은 대체로 관측치들을 올바른 그룹으로 분리한다. 하지만, 단일연결은 한 점을 그 자신만의 클러스터에 속하는 것으로 구분한다. 더 합리적인 답은 한원소집합(singleton)이 2개 있지만 4개의 클러스터가 선택될 때 얻어진다.

```
> cutree(hc.single, 4)
 [1] 1 1 1 1 1 1 1 1 1 1 1 1 1 1 1 2 1 1 1 1 1 1 1 1 1 1 1 3 3 3
[30] 3 3 3 3 3 3 3 3 3 3 4 3 3 3 3 3 3 3 3
```

계층적 클러스터링을 수행하기 전에 변수를 스케일링하려면 scale() 함수를 사용한다.

```
> xsc=scale(x)
> plot(hclust(dist(xsc), method="complete"), main="Hierarchical
    Clustering with Scaled Features")
```

상관 기반의 거리는 as.dist() 함수를 사용하여 계산될 수 있다. 이 함수는 임의의 정방대칭행렬을 hclust() 함수가 거리행렬(distance matrix)로 인식하는 형태로 변환한다. 하지만, 이것은 적어도 3개의 변수가 있는 데이터에 대해서만 의미가 있다. 왜냐하면, 두 변수에 대한 측정치를 갖는 임의의 두 관측치 간 절대상관(absolute correlation)은 항상 1이기 때문이다. 따라서, 아래에서는 3차원 자료를 클러스터링해본다.

```
> x=matrix(rnorm(30*3), ncol=3)
> dd=as.dist(1-cor(t(x)))
> plot(hclust(dd, method="complete"), main="Complete Linkage
    with Correlation-Based Distance", xlab="", sub="")
```

10.6 Lab 3: NCI60 데이터 예제

비지도 기법들은 유전체(게놈)(genomic) 데이터의 분석에 자주 사용되며, PCA와 계층적 클러스터링은 특히 인기 있는 도구이다. NCI60 암세포주 데이터를 사용하여 이러한 기법들을 살펴본다. NCI60 데이터는 64개 암세포주에 대한 6,830개의 유전자 발현 관측치로 구성된다.

```
> library(ISLR)
> nci.labs=NCI60$labs
> nci.data=NCI60$data
```

각 세포주는 암 유형을 가지고 표시된다. PCA와 클러스터링은 비지도 기법이므로 암 유형을 사용하지 않는다. 하지만, PCA와 클러스터링을 수행한 후에는 암 유형들이 어느 정도까지 비지도 기법의 결과와 일치하는지 검사할 것이다.

자료는 64개 행과 6,830개 열을 가진다.

```
> dim(nci.data)
[1]   64 6830
```

먼저, 세포주에 대한 암 유형을 조사해보자.

```
> nci.labs[1:4]
[1] "CNS"    "CNS"    "CNS"    "RENAL"
> table(nci.labs)
nci.labs
     BREAST             CNS           COLON K562A-repro K562B-repro
          7               5               7           1           1
   LEUKEMIA MCF7A-repro MCF7D-repro    MELANOMA       NSCLC
          6           1           1           8           9
    OVARIAN    PROSTATE           RENAL     UNKNOWN
          6           2               9           1
```

10.6.1 NCI60 데이터에 대한 PCA

표준편차가 1이 되도록 변수(유전자)들을 스케일링한 후(유전자를 스케일링하지 않는 것이 낫다고 주장할 수도 있지만) PCA를 수행한다.

```
> pr.out=prcomp(nci.data, scale=TRUE)
```

처음 몇몇 주성분점수벡터들을 그래프로 그려 데이터를 시각화한다. 주어진 암 유형에 대응하는 관측치(세포주)들은 동일한 색으로 표시되어 한 암 유형의 관측치들이 어느 정도까지 서로 유사한지 볼 수 있다. 수치형 벡터의 각 원소에 다른 색을 할당하는 간단한 함수를 먼저 만들어보자. 이 함수는 대응하는 암 유형에 기초하여 64개 각 세포주에 색을 할당하는 데 사용될 것이다.

```
Cols=function(vec){
+    cols=rainbow(length(unique(vec)))
+    return(cols[as.numeric(as.factor(vec))])
+  }
```

rainbow() 함수는 양의 정수를 인자로 하여 서로 다른 색의 수를 포함하는 벡터를 반환한다. 이제 주성분점수벡터들을 그려보자.

```
> par(mfrow=c(1,2))
> plot(pr.out$x[,1:2], col=Cols(nci.labs), pch=19,
   xlab="Z1",ylab="Z2")
> plot(pr.out$x[,c(1,3)], col=Cols(nci.labs), pch=19,
   xlab="Z1",ylab="Z3")
```

결과는 그림 10.15에 도시되어 있다. 대체로 단일 암 유형에 대응하는 세포주들은 처음 몇몇 주성분점수벡터들의 값이 유사한 경향이 있다. 이것은 같은 암 유형의 세포주들은 상당히 유사한 유전자 발현 수준을 갖는다는 것을 나타낸다.

prcomp 객체에 대해 summary()를 사용하여 처음 몇몇 주성분의 PVE(설명되는 분산의 비율)에 대한 요약정보를 얻을 수 있다(아래 결과는 일부만 보여줌).

```
> summary(pr.out)
Importance of components:
                         PC1      PC2      PC3      PC4      PC5
Standard deviation     27.853  21.4814  19.8205  17.0326  15.9718
Proportion of Variance  0.114   0.0676   0.0575   0.0425   0.0374
Cumulative Proportion   0.114   0.1812   0.2387   0.2812   0.3185
```

plot() 함수를 사용하여 처음 몇몇 주성분에 의해 설명되는 분산도 그래프로 나타낼 수 있다.

```
> plot(pr.out)
```

막대 그래프에서 각 막대의 높이는 pr.out$sdev의 대응하는 원소를 제곱하면 얻어진다. 하지만, 각 주

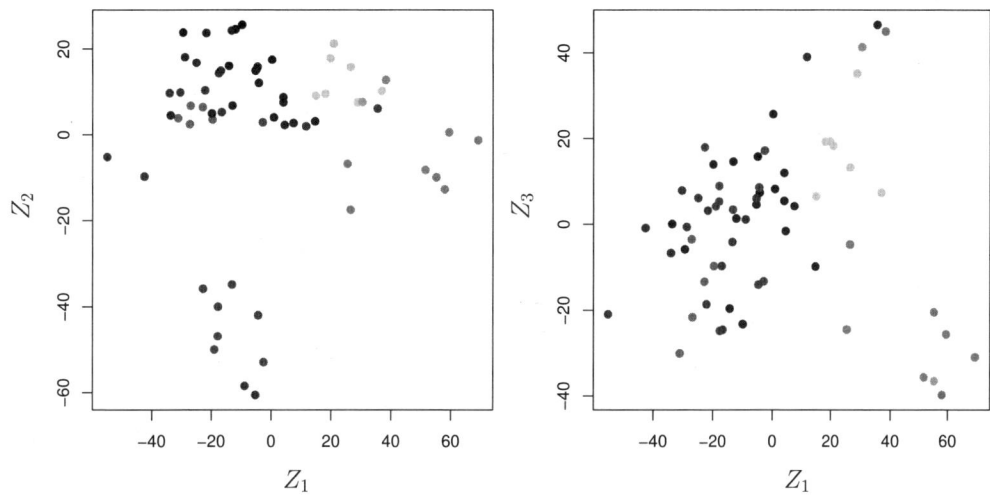

그림 10.15: NCI60 암세포주들을 처음 세개의 주성분들로 투영한 것(즉, 처음 세 주성분들에 대한 점수). 대체로 단일 암 유형에 속하는 관측치들은 서로 가까이 놓이는 경향이 있다. 이 데이터는 PCA와 같은 차원축소를 사용하지 않고는 시각화할 수 없을 것이다. 왜냐하면, 전체 자료에 기초하는 경우 $\binom{6,830}{2}$개의 산점도가 그려질 수 있고, 그 중 어느 것도 특별히 유용하지는 않을 것이기 때문이다.

성분의 PVE(즉, 스크리 그래프(scree plot))와 누적 PVE를 그리는 것이 더 유용하다. 이것은 다음과 같이 하면 된다.

```
> pve=100*pr.out$sdev^2/sum(pr.out$sdev^2)
> par(mfrow=c(1,2))
> plot(pve, type="o", ylab="PVE", xlab="Principal Component",
    col="blue")
> plot(cumsum(pve), type="o", ylab="Cumulative PVE", xlab="
    Principal Component", col="brown3")
```

(pve의 원소들은 summary(pr.out)$importance[2,]를 사용하여, 그리고 cumsum(pve)의 원소들은 summary(pr.out)$importance[3,]를 사용하여 직접 얻을 수도 있다). 결과 그래프는 그림 10.16에 주어진다. 그림을 보면, 처음 7개의 주성분은 데이터 내 분산의 약 40%를 설명한다. 이것은 그렇게 많은 양이 아니다. 하지만, 스크리 그래프를 보면 처음 7개의 각 주성분은 상당한 양의 분산을 설명하지만 그 이후의 주성분에 의해 설명되는 분산은 크게 감소한다. 즉, 대략 7번째 주성분 이후에 그래프가 크게

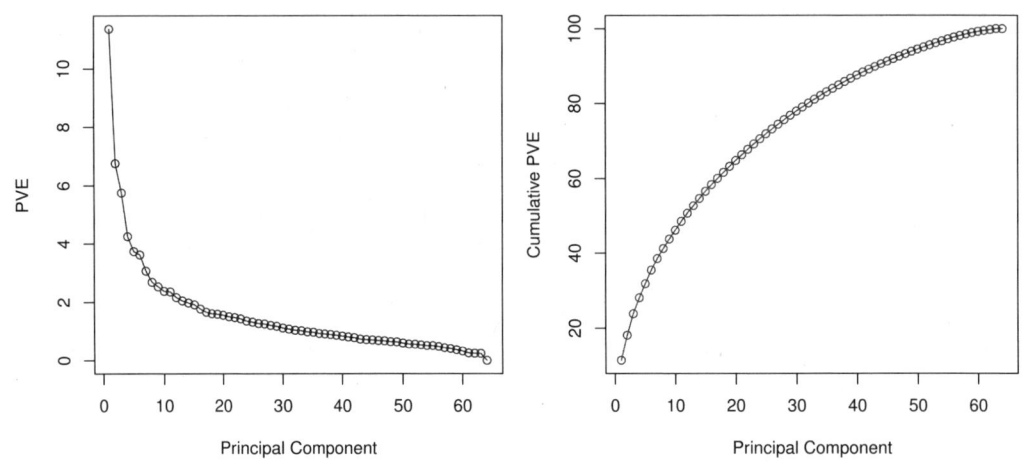

그림 10.16: NCI60 암세포주 자료의 주성분들의 PVE. 왼쪽: 각 주성분의 PVE. 오른쪽: 주성분들의 누적 PVE. 주성분 모두를 합치면 분산의 100%를 설명한다.

떨어진다. 이것은 7번째 이후의 주성분을 조사하는 것은 거의 필요가 없을 수 있음을 시사한다(심지어 7번째 까지의 주성분을 조사하는 것도 어려울 수 있지만).

10.6.2 NCI60 데이터의 관측치에 대한 클러스터링

이제, NCI60 데이터의 세포주들을 계층적 클러스터링해보자. 목적은 관측치들이 다른 암 유형들로 클러스터링되는지 알아보는 것이다. 먼저, 평균이 0, 표준편차가 1이 되게 변수들을 표준화한다. 앞에서 언급했듯이, 이 단계는 선택적이며 각 유전자가 동일한 스케일이 되기를 원하는 경우에만 수행하면 된다.

```
> sd.data=scale(nci.data)
```

완전연결, 평균연결, 그리고 단일연결을 사용하여 관측치들의 계층적 클러스터링을 수행해보자. 유클리드 거리가 비유사성 측도로서 사용된다.

```
> par(mfrow=c(1,3))
> data.dist=dist(sd.data)
> plot(hclust(data.dist), labels=nci.labs, main="Complete
    Linkage", xlab="", sub="",ylab="")
> plot(hclust(data.dist, method="average"), labels=nci.labs,
    main="Average Linkage", xlab="", sub="",ylab="")
> plot(hclust(data.dist, method="single"), labels=nci.labs,
    main="Single Linkage", xlab="", sub="",ylab="")
```

결과는 그림 10.17에 도시되어 있다. 그림을 보면, 연결유형이 결과에 영향을 준다는 것을 볼 수 있다. 단일연결을 사용하면 보통 *길게 늘어지는(trailing)* 클러스터가 만들어지고, 반면에 완전연결과 평균연결은 좀 더 균형잡힌 클러스터를 생성하는 경향이 있다. 이러한 이유로 완전연결과 평균연결이 단일연결에 비해 선호된다. 비록 클러스터링이 완벽하지는 않지만, 단일 암 유형 내의 세포주들은 명백히 함께 클러스터링되는 경향이 있다. 완전연결 계층적 클러스터링을 사용하여 아래의 분석을 진행한다.

특정 개수의 클러스터, 이를테면 4개의 클러스터를 생성하는 높이에서 덴드로그램을 절단할 수 있다.

```
> hc.out=hclust(dist(sd.data))
> hc.clusters=cutree(hc.out,4)
> table(hc.clusters,nc1.labs)
```

명백한 패턴이 몇 가지 있다. 백혈병(leukemia) 세포주들은 모두 클러스터 3에 속하지만, 유방암(breast cancer) 세포주들은 3개의 다른 클러스터에 퍼져있다. 이들 4개의 클러스터가 생성되는 덴드로그램 절단을 그래프에 표시할 수 있다.

```
> par(mfrow=c(1,1))
> plot(hc.out, labels=nci.labs)
> abline(h=139, col="red")
```

abline() 함수는 존재하는 그래프 상에 직선을 그린다. 인자 h=139는 덴드로그램의 높이 139에서 수평선을 그린다. 이 높이에서 절단해야 4개의 클러스터가 만들어진다. 결과 클러스터들이 cutree(hc.out, 4)를 사용하여 얻은 것과 동일하다는 것을 확인하는 것은 어렵지 않다.

hclust의 결과를 출력하면 그 객체에 대한 유용한 요약정보를 얻는다.

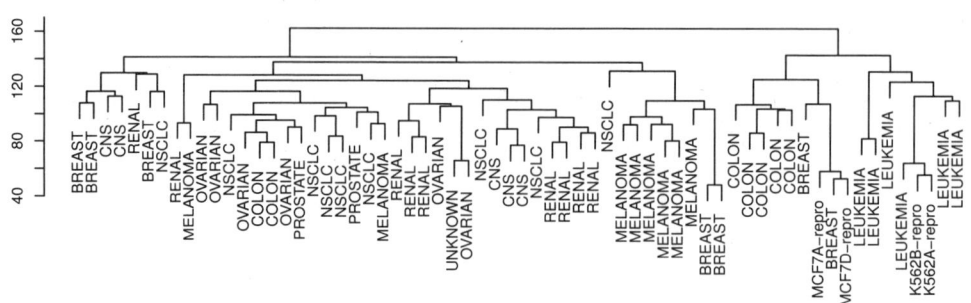

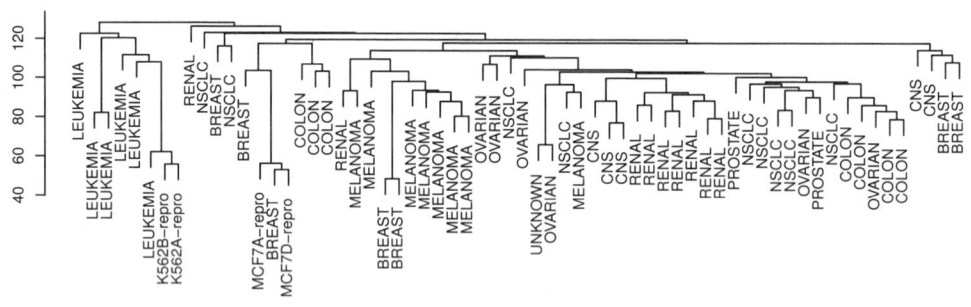

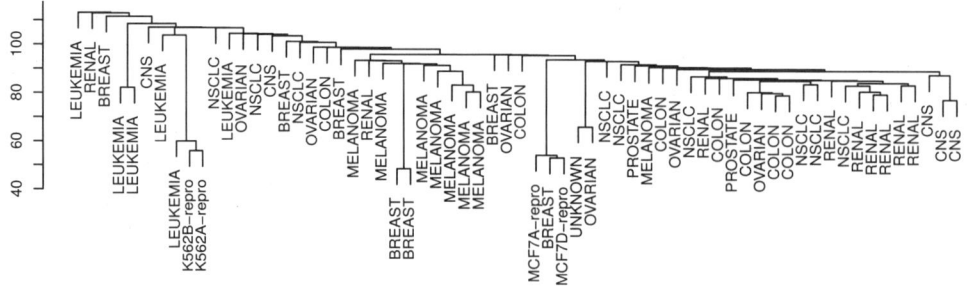

그림 10.17: 유클리드 거리를 비유사성 측도로 사용하여 완전연결, 평균연결, 그리고 단일연결로 클러스터링된 NCI60 암세포주 데이터. 완전연결과 평균연결은 균일크기의 클러스터를 제공하지만 단일연결은 길게 늘어진 클러스터를 생성하는 경향이 있다.

```
> hc.out

Call:
hclust(d = dist(dat))

Cluster method   : complete
Distance         : euclidean
Number of objects: 64
```

10.3.2절에서 주장하였듯이, K-평균 클러스터링과 같은 수의 클러스터를 얻기 위해 덴드로그램을 절단한 계층적 클러스터링은 아주 다른 결과를 제공할 수 있다. NCI60의 계층적 클러스터링 결과는 $K = 4$인 K-평균 클러스터링을 수행할 경우 얻게될 결과와 어떻게 비교되는가?

```
> set.seed(2)
> km.out=kmeans(sd.data, 4, nstart=20)
> km.clusters=km.out$cluster
> table(km.clusters,hc.clusters)
           hc.clusters
km.clusters  1  2  3  4
          1 11  0  0  9
          2  0  0  8  0
          3  9  0  0  0
          4 20  7  0  0
```

결과를 보면, 계층적 클러스터링과 K-평균 클러스터링을 사용하여 얻은 4개의 클러스터는 다소 다르다. K-평균 클러스터링의 클러스터 2는 계층적 클러스터링의 클러스터 3과 동일하다. 하지만, 다른 클러스터들은 같지 않다. 예를들어, K-평균 클러스터링의 클러스터 4는 계층적 클러스터링에서 클러스터 1에 할당된 관측치의 일부와 클러스터 2에 할당된 관측치 모두를 포함한다.

전체 데이터 행렬에 대해 계층적 클러스터링을 수행하는 것이 아니라 처음 몇몇 주성분점수벡터들에 대해서만 계층적 클러스터링을 수행할 수 있다.

```
> hc.out=hclust(dist(pr.out$x[,1:5]))
> plot(hc.out, labels=nci.labs, main="Hier. Clust. on First
    Five Score Vectors")
> table(cutree(hc.out,4), nci.labs)
```

이 결과는 전체 자료에 대해 계층적 클러스터링을 수행하여 얻은 결과와는 다르다. 때로는 처음 몇몇 주성분점수벡터들에 대해 클러스터링을 수행하는 것이 전체 데이터를 사용하는 것보다 더 나은 결과를 제공할 수 있다. 이러한 경우, 주성분을 얻는 단계를 데이터의 노이즈(noise)를 제거하는 것으로 볼 수 있다. 전체 자료가 아니라 처음 몇몇 주성분점수벡터들에 대해 K-평균 클러스터링을 수행할 수도 있다.

10.7 연습문제

1. 이 문제는 K-평균 클러스터링 알고리즘에 관련된다.

    (a) (10.12)를 증명하여라.

    (b) K-평균 클러스터링 알고리즘(알고리즘 10.1)이 각 이터레이션에서 목적함수 (10.11)을 감소시킨다는 것을 설명하여라.

2. 네 개의 관측치가 있고, 이들에 대해 다음과 같이 주어진 비유사성 행렬을 계산한다고 해보자.

$$\begin{bmatrix} & 0.3 & 0.4 & 0.7 \\ 0.3 & & 0.5 & 0.8 \\ 0.4 & 0.5 & & 0.45 \\ 0.7 & 0.8 & 0.45 & \end{bmatrix}$$

예를 들어, 첫 번째와 두 번째 관측치 사이의 비유사성은 0.3이고 두 번째와 네 번째 관측치 사이의 비유사성은 0.8이다.

   (a) 비유사성 행렬을 기반으로 완전 연결(complete linkage)을 사용해 4개의 관측치들을 계층적으로 클러스터링한 결과인 덴드로그램(dendrogram)을 스케치하여라. 덴드로그램에서 융합(fusion)이 이루어지는 곳의 높이와 각 leaf에 대응하는 관측치들을 그래프 상에 표시해야 한다.

   (b) 단일 연결(single linkage) 클러스터링을 사용하여 (a)를 반복하여라.

   (c) (a)에서 얻은 덴드로그램을 두 개의 클러스터가 나오도록 절단한다고 해보자. 각 클러스터에는 어느 관측치들이 있는가?

   (d) (b)에서 얻은 덴드로그램을 두 개의 클러스터가 나오도록 절단한다고 해보자. 각 클러스터에는 어느 관측치들이 있는가?

(e) 이 장에서 언급한 바에 따르면, 덴드로그램의 각 융합지점에서 융합되는 두 클러스터의 위치는 덴드로그램의 의미 변경없이 서로 교환될 수 있다. (a)의 덴드로그램과 동등한 덴드로그램을 그려라. 이 동등 덴드로그램은 2개 또는 그 이상의 leaf 위치가 변경되지만 덴드로그램의 의미는 동일하다.

3. 이 문제에서는 관측치 개수가 $n = 6$이고 변수의 수가 $p = 2$인 표본에 대해 $K = 2$인 K-평균 클러스터링을 수행할 것이다. 관측치들은 다음과 같다.

관측치	X_1	X_2
1	1	4
2	1	3
3	0	4
4	5	1
5	6	2
6	4	0

(a) 관측치들을 그래프로 나타내어라.

(b) 각 관측치에 클러스터 라벨을 랜덤으로 할당하여라. 이를 위해 R의 sample() 명령을 사용할 수 있다. 각 관측치에 대한 클러스터 라벨을 제공하여라.

(c) 각 클러스터에 대한 무게중심(centroid)을 계산하여라.

(d) 각 관측치를 유클리드 거리가 가장 가까운 무게중심에 할당하여라. 각 관측치에 대한 클러스터 라벨을 제공하여라.

(e) 얻어지는 결과가 변경되지 않을 때까지 (c)와 (d)를 반복하여라.

(f) (a)로부터의 그래프에 얻어진 클러스터 라벨에 따라 관측치를 색칠하여라.

4. 특정 자료에 대해 단일 연결 및 완전 연결을 사용하여 계층적 클러스터링을 한다고 해보자. 두 개의 덴드로그램이 얻어진다.

(a) 단일 연결 덴드로그램의 특정 지점에서 클러스터 {1, 2, 3}과 {4, 5}가 융합된다. 완전 연결 덴드로그램의 클러스터 {1, 2, 3}과 {4, 5}도 특정 지점에서 융합된다. 두 융합이 트리의 동일한 높이에서 이루어지는지 또는 어느 하나의 융합이 더 높은 지점에서 이루어지는지 또는 답을 하기에 충분한 정보가 없는지 설명하여라.

(b) 단일 연결 덴드로그램의 특정 지점에서 클러스터 {5}와 {6}이 융합된다. 완전 연결 덴드로그램의 클러스터 {5}와 {6}도 특정 지점에서 융합된다. 두 융합이 트리의 동일한 높이에서 이루어지는지 또는 어느 하나의 융합이 더 높은 지점에서 이루어지는지 또는 답을 하기에 충분한 정보가 없는지 설명하여라.

5. 그림 10.14에서 8명의 쇼핑객의 양말과 컴퓨터 구입에 기초하여 쇼핑객들에 대한 $K = 2$인 K-평균 클러스터링을 하는 경우 예상되는 결과를 기술하여라. 그림의 각 변수 스케일에 대해 하나씩 답하고 설명하여라.

6. 한 연구원이 100개 조직표본에서 1,000개 유전자 발현 측정치를 수집한다. 이 데이터는 $\mathbf{X}$라는 $1,000 \times 100$ 행렬로 표현될 수 있고, 행렬의 각 행은 유전자를 나타내고 각 열(칼럼)은 조직표본을 나타낸다. 각 조직표본은 다른 날짜에 처리되었고, $\mathbf{X}$의 열은 먼저 처리된 표본이 왼쪽에 나중에 처리된 표본은 오른쪽으로 가도록 정렬된다. 조직표본은 통제(C)와 치료(T) 그룹에 속한다. C와 T 표본들은 임의의 순서로 처리되었다. 연구원은 각 유전자의 발현 관측치가 치료와 통제 그룹 간에 다른지 결정하기를 원한다.

(T와 C를 비교하기 전에) 사전분석으로서 연구원은 데이터의 주성분분석을 수행하고, 첫 번째 주성분(길이가 100인 벡터)이 왼쪽에서 오른쪽으로 강한 선형 추세를 가지며 분산의 10%를 설명한다는 것을 발견한다. 연구원은 각 환자의 표본이 두 개의 기계 A와 B 중 어느 하나에서 실행되었고, A 기계는 초기에, B 기계는 나중에 더 자주 사용되었다는 것을 기억한다. 연구원은 어느 표본이 어느 기계에서 실행되었는지에 대한 기록을 가지고 있다.

(a) 첫 번째 주성분이 "분산의 10%를 설명한다"는 것이 무슨 의미인지 설명하여라.

(b) 연구원은 $\mathbf{X}$의 (j, i)번째 원소를 다음 값으로 바꾸기로 결정한다.

$$x_{ji} - \phi_{j1} z_{i1}$$

여기서, z_{i1}은 첫 번째 주성분에 대한 i번째 점수이고 ϕ_{j1}은 j번째 로딩이다. 그다음에, 이 새로운 데이터셋의 각 유전자에 대해 2-샘플 t-검정을 수행하여 두 조건 사이의 유전자 발현이 다른지 결정한다. 이 방법에 대해 비평하고 더 나은 기법을 제안하여라. (주성분분석은 $\mathbf{X}^T$에 대해 수행된다).

(c) 제안한 방식이 더 낫다는 것을 보여주기 위한 작은 모의 실험을 고안하여 실행하여라.

7. 이 장에서 언급한 바에 따르면, 상관(correlation) 기반의 거리와 유클리드 거리가 계층적 클러스터링에 대한 비유사성 측도로서 사용될 수 있다. 이 두 측도는 거의 동등하다. 만일 각 관측치의 평균이 0이고 표준편차가 1이 되게 하고, r_{ij}가 i번째와 j번째 관측치 사이의 상관을 나타내면 $1 - r_{ij}$는 i번째와 j번째 관측치 사이의 제곱 유클리드 거리에 비례한다.

USArrests 자료에서 이 비례관계가 성립한다는 것을 보여라.

힌트: 유클리드 거리는 *dist()* 함수를 사용하여 계산할 수 있고 상관은 *cor()* 함수를 사용하여 계산할 수 있다.

8. 10.2.3절에서 PVE를 계산하는 식으로 (10.8)이 주어졌다. PVE는 prcomp() 함수의 sdev 출력을 사용하여 얻을 수도 있다.

USArrests 자료에 대해 PVE를 두 가지 방식으로 계산하여라.

(a) 10.2.3절에서와 같이 prcomp() 함수의 sdev 출력을 사용하여라.

(b) 식 (10.8)을 직접 적용하여라. 즉, prcomp() 함수를 사용하여 주성분로딩(principal component loadings)을 계산한다. 그다음에, 식 (10.8)에 이 로딩을 사용하여 PVE를 얻는다.

이 두 기법은 동일한 결과를 제공해야 한다.

힌트: (a)와 (b)에서 동일한 데이터가 사용되면 얻어지는 결과도 동일할 것이다. 예를 들어, (a)에서 중심화되고 스케일링된 변수들을 사용하여 prcomp()을 수행하면 (b)에서 식 (10.3)을 적용하기 전에 변수를 중심화하고 스케일링해야 한다.

9. USArrests 자료를 고려하여 미국의 주(state)들에 대해 계층적 클러스터링을 수행할 것이다.

    (a) 완전연결과 유클리드 거리를 가지고 미국 주들에 대한 계층적 클러스터링을 하여라.

    (b) 3개의 다른 클러스터가 만들어지는 높이에서 덴드로그램을 절단하여라. 어느 주가 어느 클러스터에 속하는가?

    (c) 표준편차가 1이 되도록 변수를 스케일링한 후 완전연결과 유클리드 거리를 사용하여 주들을 계층적으로 클러스터링하여라.

    (d) 변수를 스케일링하는 것은 얻어지는 계층적 클러스터링에 어떤 영향을 주는가? 관측치 간 비유사성을 계산하기 전에 변수 스케일링을 해야 하는지 의견을 말하고 설명하여라.

10. 모의 자료를 생성하여 PCA와 K-평균 클러스터링를 수행한다.

    (a) 세 개의 각 클래스에 20개의 관측치(즉, 총 60개의 관측치)와 50개의 변수를 갖는 모의 자료를 생성하여라.

    힌트: R에는 데이터를 생성하는 데 사용할 수 있는 함수가 다수 있다. 한 예로 rnorm() 함수가 있고, runif()도 사용할 수 있다. 각 클래스 내 관측치들의 평균을 바꾸어 반드시 세 개의 다른 클래스가 생기게 한다.

    (b) 60개의 관측치에 대해 PCA를 수행하고 첫 2개의 주성분점수벡터를 그래프로 나타내어라. 다른 색깔을 사용하여 각 클래스의 관측치들을 표시한다. 그래프에서 세 클래스가 분리된 것처럼 보이면 (c)를 진행하고, 그렇지 않으면 (a)로 돌아가 세 클래스가 더 잘 분리되게 모의 자료를 다시 생성한다. 세 클래스에서 적어도 첫 2개의 주성분점수벡터는 분리되어 보일 때까지 (c)를 진행하지 않는다.

    (c) 관측치들에 대해 $K = 3$인 K-평균 클러스터링을 수행하고 K-평균 클러스터링으로 얻은 클러스터를 실제 클래스 라벨과 비교하여라.

힌트: R의 *table()* 함수를 사용하여 실제 클래스 라벨을 클러스터링으로 얻은 클래스 라벨과 비교할 수 있다. 결과를 해석할 때 주의해야 한다. K-평균 클러스터링은 클러스터에 임의로 번호를 붙이므로 실제 클래스 라벨과 클러스터링 라벨이 동일한지 단순히 체크할 수는 없다.

(d) $K = 2$인 K-평균 클러스터링을 수행하고 결과를 설명하여라.

(e) $K = 4$인 K-평균 클러스터링을 수행하고 결과를 설명하여라.

(f) 데이터의 첫 2개의 주성분점수벡터에 대해 $K = 3$인 K-평균 클러스터링을 수행하고 결과를 설명하여라. 즉, 60×2 행렬에 대해 K-평균 클러스터링을 수행하며, 이 행렬의 첫 번째 열은 첫 번째 주성분점수벡터이고 두 번째 열은 두 번째 주성분점수벡터이다.

(g) scale() 함수를 사용하여 *각 변수가 표준편차 1*을 갖도록 스케일링한 후 $K = 3$인 K-평균 클러스터링을 수행하여라. 이 결과를 (b)에서 얻은 결과와 비교하여 설명하여라.

11. 웹사이트 www.StatLearning.com에 유전자 발현 자료(Ch10Ex11.csv)가 있다. 이 자료는 1,000개의 유전에 대한 측정치를 갖는 40개의 조직표본으로 구성된다. 처음 20개 표본은 건강한 사람의 것이고 나머지 20개는 질병이 있는 그룹으로부터 얻었다.

   (a) read.csv()를 사용하여 데이터를 로딩하여라. header=F를 선택할 필요가 있을 것이다.

   (b) 상관 기반의 거리를 사용하여 표본에 계층적 클러스터링을 적용하고 덴드로그램을 그려라. 유전자에 의해 표본들이 두 개의 그룹으로 분리되는가? 사용된 연결(linkage) 유형에 따라 결과가 다른가?

   (c) 어느 유전자들이 두 그룹 간에 가장 다른지 알고자 한다. 어떻게 하면 될지 방법을 제시하고 그 방법을 여기에 적용하여라.